Ravikumar Kurup
Parameswara Achutha Kurup

Medicina Mitocondrial - Doenças Mitocondriais Adquiridas

Ravikumar Kurup
Parameswara Achutha Kurup

Medicina Mitocondrial - Doenças Mitocondriais Adquiridas

A Base da Medicina Metabólica

ScienciaScripts

Imprint

Any brand names and product names mentioned in this book are subject to trademark, brand or patent protection and are trademarks or registered trademarks of their respective holders. The use of brand names, product names, common names, trade names, product descriptions etc. even without a particular marking in this work is in no way to be construed to mean that such names may be regarded as unrestricted in respect of trademark and brand protection legislation and could thus be used by anyone.

Cover image: www.ingimage.com

This book is a translation from the original published under ISBN 978-620-3-19834-8.

Publisher:
Sciencia Scripts
is a trademark of
Dodo Books Indian Ocean Ltd. and OmniScriptum S.R.L publishing group

120 High Road, East Finchley, London, N2 9ED, United Kingdom
Str. Armeneasca 28/1, office 1, Chisinau MD-2012, Republic of Moldova, Europe
Managing Directors: Ieva Konstantinova, Victoria Ursu
info@omniscriptum.com

Printed at: see last page
ISBN: 978-620-3-25120-3

MEDICINA MITOCONDRIAL - DOENÇAS MITOCONDRIAIS ADQUIRIDAS - A BASE DA MEDICINA METABÓLICA

RAVIKUMAR Kurup A. e Parameswara Achutha Kurup

O Centro de Investigação de Perturbações Metabólicas

TC 4/1525, Gouri Sadan, Estrada de Kattu

Norte de Cliff House, Kowdiar PO

Trivandrum, Kerala, Índia

Email: ravikurup13@yahoo.in

MEDICINA MITOCONDRIAL - DOENÇAS MITOCONDRIAIS ADQUIRIDAS - A BASE DA MEDICINA METABÓLICA

As mitocôndrias são a casa do poder da célula e evolutivamente consideradas como rickettsia prowazeki que simbializavam com a célula. As mitocôndrias têm o seu próprio ADN. As proteínas mitocondriais são codificadas por ADN nuclear e ADN mitocondrial. O ADN mitocondrial tem uma herança maternal. A espécie homo sapien tem um metabolismo aeróbico predominante e uma energia mitocondrial. A espécie homo neanderthalic tem o fenótipo Warburg com metabolismo glicólico anaeróbico e disfunção mitocondrial. Isto forma a base de todas as doenças civilizacionais incluindo cancros, neurodegenerações, principais desordens depressivas, esquizofrenia, doenças auto-imunes e síndrome metabólica. As células cancerígenas descritas por Otto Warburg têm a glicólise aeróbica como fonte de energia e disfunção mitocondrial. A disfunção mitocondrial gera espécies de radicais livres que promovem a proliferação celular e a oncogénese. As doenças mitocondriais formam a base de doenças inflamatórias como infecções virais e doenças auto-imunes. A tempestade de citocinas gerada por doenças inflamatórias abre o PT mitocondrial e a disfunção mitocondrial. O ADN mitocondrial contém base metilada e são antigénicos que estabelecem uma resposta auto-imune. A disfunção mitocondrial gera radicais livres que podem promover a activação imunitária. Os radicais livres são mensageiros do metabolismo viral. As neurodegenerações também são precipitadas pela disfunção mitocondrial. A disfunção mitocondrial leva à activação do NMDA e à excitotoxicidade do glutamato, levando à morte celular. A disfunção mitocondrial também gera radicais livres que podem abrir o poro PT levando à cascata de caspase e à morte celular. A disfunção mitocondrial também pode levar a distúrbios neuropsiquiátricos. A deficiência de carnitina envolvida na oxidação mitocondrial de ácidos gordos e a deficiência de taurina que estabiliza a membrana mitocondrial podem levar a uma grande desordem depressiva. Deficiência de NAD uma parte da cadeia de transporte de electrões mitocondriais pode levar à esquizofrenia. A síndrome metabólica também se deve principalmente à disfunção mitocondrial e a uma oxidação da glucose defeituosa. De facto, doenças civilizacionais como cancros, neurodegenerações, grandes perturbações depressivas, esquizofrenia, doenças auto-imunes e síndrome metabólica têm como base a disfunção mitocondrial. As doenças civilizacionais eram mais comuns em Neandertais com simbiose arqueal. O aquecimento global leva à simbiose arqueal e mais de Neo-neandertais com o seu fenótipo Warburg e disfunção mitocondrial. A disfunção mitocondrial é tratável. Existem doenças mitocondriais genéticas e doenças mitocondriais adquiridas, como as doenças civilizacionais. Suplementos mitocondriais como a CoQ, idebenona, metformina, edavarona, carnitina, ácido lipóico e taurina ajudarão a corrigir a função mitocondrial. O transporte mitocondrial de cálcio pode ser modulado por drogas que regulam a proteína ciclofilina e a droga clássica é a ciclosporina tomada em doses de 4-6 mg/kg de peso corporal. As partículas mitocondriais livres estão disponíveis no sangue e podem ser centrifugadas e administradas como transplantes mitocondriais. As modificações de proteínas mitocondriais como a fixação de resíduos de lisina, succinil e malonil podem ser moduladas por NAD. A dieta rica em fibras promove a função mitocondrial. A fibra alimentar é actuada pela microflora intestinal e convertida em butirato. O butirato melhora a função mitocondrial. A medicina mitocondrial é basicamente medicina metabólica, bem como medicina personalizada. É a medicina do futuro.

Aquecimento global, metabolonomia e doença mitocondrial adquirida

O aquecimento global induz uma mudança genómica nos seres humanos. O aquecimento global induz o crescimento endosibiótico do arquebactéria e do RNA viroidal. As porfirinas formam um modelo para a formação de viroides de RNA, viroides de ADN, priões, isoprenoides e polissacáridos. Podem simbionar juntos para formar arcaicas primitivas. A arcaea pode ainda induzir alfa HIF, redutose aldose e fructólise, resultando em mais porfirinogénese e auto-replicação arqueal. O ADN do arquebactéria primitivo é integrado juntamente com os viroides de RNA que são convertidos no seu ADN correspondente pela acção da transcriptase reversa HERV induzida por stress redox no genoma humano pela integrase HERV induzida por stress redox. As sequências de DNA arqueal que são integradas no genoma humano formam sequências genómicas humanas endógenas semelhantes às sequências HERV e podem funcionar como genes saltadores que regulam a flexibilidade do DNA genómico. As sequências genómicas endógenas integradas do arquebactéria podem ser expressas na presença de stress redox formando partículas endosimbióticas do arquebactéria que podem funcionar como uma nova organela chamada arquebactérias. O arquebactérias pode exprimir a via fructolítica que constitui uma organela chamada fructosoma, via catabólica do colesterol e digoxina sintética formando uma organela chamada esteroidelle, a via do ácido chiquímico formando uma organela chamada neurotransminoide, vitamina E antioxidante e organela sintética de vitamina C chamada vitaminócito, bem como a organela sintética de glicosaminoglicano chamada glicosaminoglicóide. A arcaeaon que segrega o RNA viroids é chamada viroidelle.

O aumento da EDLF endógena, um potente inibidor da membrana Na+-K+ ATPase, pode diminuir esta actividade enzimática. Os resultados mostraram um aumento da síntese endógena de EDLF como evidenciado pelo aumento da actividade da HMG CoA redutase, que funciona como a etapa limitadora da taxa da via isoprenoide. Estudos no nosso laboratório demonstraram que a EDLF é sintetizada pela via isoprenoidal. As sequências arqueológicas endossimbióticas no genoma humano são expressas por stress redox e stress osmótico do aquecimento global. Isto resulta na indução de alfa HIF que upregulará a fructólise e a glicólise. No cenário do stress redox, toda a glucose é convertida em frutose pela indução de enzimas aldose redutase e sorbitol desidrogenase. A aldose redutase converte glucose em sorbitol e a sorbitol desidrogenase converte sorbitol em frutose. Uma vez que a frutose é preferencialmente fosforilada por cetohexokinases, a célula é esvaziada de ATP e a fosforilação por glicose pára. A frutose torna-se o açúcar dominante que é metabolizado pela fructólise em partículas arqueológicas expressas na célula funcionando como organela chamada fructosoides. A frutose é fosforilada a 1-fosfato de frutose, que é actuada pela aldolase B, que a converte em 3-fosfato de gliceraldeído e fosfato de diidroxi acetona. O 3-fosfato de gliceraldeído é convertido em D 1,3-bifosfoglicérato que é depois convertido em 3-fosfoglicérato. O 3-fosfoglicerato é convertido em 2-fosfoglicerato. O 2-fosfoglicérato é convertido em piruvato de fosfenol pela enzima enolase. O piruvato de fosfenol é convertido em piruvato pela enzima piruvic quinase. A arcaeaon induz alfa HIF que uprega a fructólise e a glicólise mas inibe a desidrogenase pirúvica. O metabolismo avançado do piruvato é interrompido. A desfosforilação do piruvato de fosfenol é inibida na inibição da quinase pirúvica. O piruvato de fosfenol entra na via do ácido chiquímico onde é convertido em corismate. O ácido chiquímico é sintetizado por uma via a partir do 3-fosfato de gliceraldeído. O 3-fosfato de gliceraldeído combina com a via do metabolito sedoheptulose 7-fosfato de fosfato pentose que é convertido em eritrose 4-fosfato. A via do fosfato pentose é upregulada na presença da supressão da via glicolítica. O eritróxido de 4-fosfato combina com o piruvato de fosfenol para gerar ácido chiquímico. O ácido chiquímico combina-se com outra molécula de piruvato de fosfogenol para gerar corismate. O corismate é convertido em ácido prefénico e depois em ácido paraidroxi fenil pirúvico. O ácido paraidroxi fenil pirúvico é convertido em tirosina e triptofano, bem como em alcalóides neuroactivos. A via do ácido chiquímico é estruturada em organela de arcaeaon expressa chamada neurotransminoide. Os intermediários frutolíticos gliceraldeídos 3-fosfato e piruvato são os pontos de partida da via DXP de síntese do colesterol. O 3-fosfato de gliceraldeído combina com o piruvato para formar 1-deoxi D-xilulose fosfato (DOXP) que é depois convertido em 2-C metil eritritol fosfato. O 2-C fosfato de metil eritritol pode ser sintetizado a partir de eritrose 4-fosfato, um metabolito da via do ácido chiquímico. DXP combina com MEP para formar isopentenil pirofosfato que é convertido em colesterol. O colesterol é catabolizado por oxidases arqueológicas de colesterol para gerar digoxina. Os açúcares digoxina digitoxose e ramnose são sintetizados pelo caminho do fosfato de pentose upregulado. A supressão glicolítica leva à upregulação da via de fosfato de pentose. A organela arcaica expressa preocupada com o catabolismo do colesterol e a síntese da digoxina é chamada de esteroidelle. A supressão da glicólise e a estimulação da frucólise resulta na upregulação da via da hexosamina. A frutose é convertida em fructose 6-fosfato por ketohexokinases. A frutose 6-fosfato é convertida em glucosamina 6-fosfato pela acção da glutamina fructose 6-fosfato amidotransferase (GFAT). A glucosamina 6-fosfato é convertida em N-acetil glucosamina UDP que é depois convertida em N-acetil glucosamina e vários aminoácidos. A glicose UDP é convertida em ácido UDP D-glucurónico. O ácido UDP D-glucurónico é convertido em ácido glucurónico. Isto forma a via sintética do ácido urónico. Os ácidos urónicos e hexosaminas formam unidades repetidas de glicosaminoglicanos. No cenário da supressão glicolítica e do metabolismo fructolítico, a fructuólise leva ao aumento da síntese de hexosaminas e da síntese de GAG. Os GAG que sintetizam partículas de arcaeaon são chamados glicosaminoglicósidos. As partículas de arcaeaon expressas são capazes de sintetizar a vitamina C e E antioxidante. A UDP D-glucose é convertida em ácido UDP D-glucurónico. O ácido UDP D-glucurónico é convertido em ácido D-glucurónico. O ácido D-glucurónico é convertido em L-gulonato pela enzima aldoketo reductases. O L-gulonato é convertido em L-gulonolactona por lactonase. A L-gulonolactona é convertida em ácido ascórbico pela acção da L-gulo oxidase arqueal. A vitamina E é sintetizada a partir do xiquimato que é convertida em tirosina e depois em ácido pirúvico parafidroxi fenil. O ácido paraidroxi fenil pirúvico é convertido em homogenizado. O homogentissato é convertido em benzoquinona 2-metil

6-fitril, que é convertida em alfa-tocoferol. Benzoquinona 2-metil 6-fittilo é convertida em benzoquinona 2,3-metil 6-fittilo e gama-tocoferol. A vitamina E também pode ser sintetizada pela via DXP. Gliceraldeído 3-fosfato e piruvato combinados para formar 1-deoxi D-xilulose 5-fosfato que é convertido em 3-isopentenil pirofosfato. 3-isopentenil pirofosfato e dimetil pirofosfato de alilo combinado para formar 2-metil 6-fitril benzoquinona que é convertido em tocoferóis. A ubiquinona, outro importante antioxidante de membrana e parte da cadeia de transporte de electrões mitocondriais, é sintetizada pela via do ácido chiquímico e pela via do DXP. A moiety isoprenoidal da ubiquinona é contribuída pela via do DXP e o resto por catabolismo da tirosina. A tirosina é gerada pela via do ácido chiquímico. As partículas arcaicas preocupadas com a síntese de vitamina C, vitamina E e ubiquinona, que são todas antioxidantes, são denominadas como o vitaminócito.

Porfírios, organismos supramoleculares auto-replicativos e doença mitocondrial adquirida

Há um aumento da síntese da porfirina que conduz à porfirinúria e à porfiria. O estímulo para a síntese da porfirina provém da deficiência de heme. O Heme suprime a ALA synthase. O stress induz a heme oxigenase que converte heme em monóxido de carbono e bilirrubina. Assim, o heme é esgotado do sistema. A heme oxigenase é induzida pelo stress ambiental. As alterações climáticas do aquecimento global e da idade do gelo podem induzir a heme oxigenase. A heme oxigenase é também induzida pela poluição do ambiente pelos campos electromagnéticos. Assim, há um aumento da síntese de porfirina a partir de succinil CoA e glicina. Defeito na síntese de heme e esgotamento de heme leva à deficiência de enzimas heme. Deficiência de citocromo C oxidase e aconitase leva a defeitos de fosforilação oxidativa mitocondrial e defeitos do ciclo TCA. Isto leva à deficiência de desidrogenase pirúvel e defeito na síntese de acetil CoA. Há um aumento da glicólise em consequência da geração de radicais livres induzida pela foto-oxidação da porfirina e indução alfa HIF. Isto produz o fenótipo de Warburg. O aumento do nível de piruvato que é gerado é convertido em glutamato e amoníaco. Assim, existe hiperamonemia como consequência do defeito metabólico. Uma vez que a glicina é utilizada para síntese de porfirina, a serina não é sintetizada levando à deficiência do substrato para síntese de cistathionina. Isto leva à acumulação de homocisteína e homocistinúria. A deficiência de acetil CoA leva a defeitos na via isoprenoide e a uma síntese defeituosa de colesterol e ubiquinona. Há também deficiência da heme contendo colesterol sintetizando a enzima lanosterol sintase. Isto leva a um estado de esgotamento do colesterol.

O aumento das porfirinas leva à disfunção cortical e à atrofia do córtex pré-frontal. As porfirinas podem destruir os retrovírus endógenos humanos e os genes saltadores, levando à falta de dinamismo do genoma. Isto leva a um mal desenvolvimento do córtex pré-frontal. Isto leva ao domínio cerebelar e a um distúrbio cognitivo afectivo cerebelar. Isto produz uma percepção quântica relacionada com a porfirina. As porfirinas são moléculas dipolares e no cenário de membrana mediada de porfirina sódio potássico ATPase inibição induzida pelo sistema fonónico bombeado pode produzir um estado perceptivo quântico. As porfirinas são macromoléculas que podem ter uma existência de ondas e partículas e podem fazer a ponte entre o mundo das partículas e o mundo quântico. A inibição da porfirina dipolar mediada pelo sistema de porfirina bombeada por bomba de membrana de potássio ATPase pode levar a um estado de plasma celular e a uma transdução de sinal EM F. Macromoléculas como RNA, ADN, proteína e a própria célula podem ter uma assinatura de CEM. Esta porfirina gerada por macromolecular assinatura de CEM celular é importante na regulação da função celular. As porfirinas podem ter uma percepção quântica de campos EMF de baixo nível, levando à atrofia do córtex pré-frontal. Isto leva à disfunção cortical e à falta de funcionamento do cérebro consciente. O cerebelo domina e o inconsciente toma o controlo. Isto leva à Neanderthalização do cérebro e esquizofrenia e autismo. A deficiência de heme leva à falta de síntese das hormonas sexuais dependentes da enzima heme citocromo P420 e a um estado assexuado generalizado. A disfunção mitocondrial conduz à resistência à insulina e à síndrome metabólica X. O fenótipo de Warburg e o aumento da glicólise conduz à oncogénese. A disfunção mitocondrial pode produzir neurodegeneração. O aumento da glicólise linfocitária pode produzir activação imunitária e doença auto-imune. Assim, a porfíria induzida pelo stress devido às alterações climáticas e à poluição ambiental pode levar a doenças civilizacionais.

As porfirinas podem organizar-se para formar estruturas macromoleculares que se podem auto-replicar para formar um organismo de porfirina. A transferência de electrões induzida por fotões ao longo da macromolécula pode levar à síntese de ATP induzida pela luz. As porfirinas podem formar um modelo no qual o RNA e o ADN podem formar viroides geradores. As porfirinas podem também formar um modelo no qual os priões podem formar priões. Todas elas podem juntar-se - viroides de RNA, viroides de ADN, priões - para formar arquebactérias primitivas. Assim, as arcaeas são capazes de se auto-replicarem em modelos de porfirina. A arcaea auto-replicativa pode sentir a gravidade que dá origem à consciência. Podem também sentir os campos anti-gravidade que dão origem ao cérebro inconsciente. Assim, pode haver tanto arcaea auto-replicativa como anti-arcaea que regula o cérebro consciente e inconsciente. Assim, o stress das alterações climáticas mediado pela síntese crescente de porfirina leva à atrofia do córtex pré-frontal, dominância cerebelar, distúrbio cognitivo afectivo cerebelar, percepção quântica e Neanderthalização da população. Os porfírios são organismos supramoleculares auto-replicativos que formam o modelo precursor sobre o qual os viroides, priões e nanoarqueia se originam.

Endosimose arqueal, disfunção mitocondrial e doença mitocondrial adquirida

A endosimbiose arqueal leva à indução do fenótipo Warburg e ao aumento da glicólise, bem como à disfunção mitocondrial. Isto leva à glicólise anaeróbica e ao bloqueio do esquema de fosforilação oxidativa mitocondrial. Isto é indicado pela baixa coenzima Q do soro e baixa ATP do soro. A digoxina arqueal inibe a membrana ATPase de sódio potássico e induz a síntese ATPase de sódio potássico mediada por membrana ATPase. O fenótipo de Warburg tem estado relacionado com a patogénese da esquizofrenia, malignidade, síndrome metabólico X, doença auto-imune e degeneração neuronal. A endosimose arqueal resultante do aquecimento global leva à neandertalização da espécie e à geração de uma nova espécie chamada homo neoneanderthalis com o fenótipo característico de Warburg. A célula com o seu envelope e conteúdo arqueológico está sintonizada com o processo citosólico anaeróbico glicólico como o modo de produção de energia. A célula neoneandertalica antiga, bem como a nova neoneandertalica é do fenótipo de Warburg com uma antipatia à função mitocondrial. Isto resulta na extrusão das mitocôndrias da célula e mais de bactérias extracelulares flutuantes livres como as mitocôndrias agindo como organismo vivo livre, semelhante a uma infecção rickettsial. Isto desencadeia uma activação imunitária e um processo auto-imune. A supressão da energia mitocondrial leva à activação de NMDA e à neurodegeneração excitotóxica. A supressão da energia mitocondrial e disfunção da via tálamo-cortico-talâmica NMDA/GABA leva a perturbações da consciência como esquizofrenia, perturbações do humor e autismo. A disfunção mitocondrial leva ao desenvolvimento do fenótipo da síndrome metabólica. O aumento do fenótipo de Warburg relacionado com glicólise produz oncogénese. A geração de radicais livres relacionada com a disfunção mitocondrial produz mais replicação viral com os radicais livres a actuarem como mensageiros moleculares para a tomada de controlo viral da célula.

CAPÍTULO 2

ENDOSIMOSE ARQUEAL RELACIONADA COM O AQUECIMENTO GLOBAL, SÍNDROME DO CONFLITO MITOCONDRIAL E DOENÇA HUMANA - EVOLUÇÃO CELULAR REGRESSIVA

A disfunção mitocondrial forma o substrato básico das perturbações psiquiátricas, neoplasias malignas, neurodegeneração, síndrome metabólico X, infecções virais emergentes e doenças auto-imunes. As mitocôndrias evoluíram na célula por mecanismos simbióticos. A teoria simbiótica da evolução celular apresentada por Margulis descreveu a célula como um aglomerado simbiótico. O núcleo é um vírus da varíola, as mitocôndrias são bactérias rickettsianas, o envelope celular é derivado de uma arcaea, o citoesqueleto e o fuso mitótico são derivados de espiroquetas e o peroxisoma do acinetobactor aceti. As mitocôndrias têm o seu próprio ADN, que é semelhante ao ADN rickettsial bacteriano. As mitocôndrias são capazes de fissão e fusão. As mitocôndrias podem ser extrudidas da célula e as mitocôndrias livres capazes de fissão como as bactérias podem ser vistas em circulação. Comportam-se como bactérias comuns e as mitocôndrias são reconhecidas pelo receptor de pedágio que conduz à estimulação imunitária. O ADN mitocondrial comporta-se como um ADN bacteriano estranho e cria uma cascata auto-imune. As disfunções mitocondriais podem levar à geração de radicais livres. O stress dos radicais livres está relacionado com a resistência à insulina e a síndrome metabólica X. Os radicais livres podem activar NFKB produzindo activação imunitária e doença auto-imune. Os radicais livres podem abrir o PT mitocondrial, produzir libertação de cito C e activar a cascata de caspase. Isto produz a morte celular e a degeneração neuronal. Os radicais livres podem activar o receptor NMDA e induzir a enzima GAD geradora de GABA. Isto activa a via tálamo-cortico-talâmica NMDA/GABA que medeia a percepção consciente. O aumento da geração de radicais livres também pode iniciar esquizofrenia. A disfunção mitocondrial pode levar a excitotoxicidade e neurodegeneração do NMDA. Os radicais livres podem também produzir activação oncogénica e transformação maligna. Os radicais livres podem produzir inibição do HDAC e geração de HERV. O encapsulamento de partículas HERV em vesículas de fosfolípidos pode mediar a geração da síndrome da imunodeficiência adquirida. Os radicais livres podem também promover a aterogénese. A disfunção mitocondrial pode levar à geração de radicais livres e os radicais livres actuam como mensageiros moleculares virais promovendo a replicação viral. Assim, a disfunção mitocondrial constitui a base de doenças sistémicas - perturbações psiquiátricas, neoplasias malignas, neurodegeneração, síndrome metabólico X, infecções virais emergentes e doença auto-imune. A endosimbiose arqueal pode levar a disfunção mitocondrial. O aquecimento global leva a um aumento do endosi-mioótico e do crescimento de arquebactérias extremas do cólon. A endosimbiose arqueal leva à indução do fenótipo Warburg e ao aumento da glicólise, bem como à disfunção mitocondrial. Isto leva à glicólise anaeróbica e ao bloqueio do esquema de fosforilação oxidativa mitocondrial. Isto é indicado pela baixa coenzima Q do soro e baixa ATP do soro. A digoxina arqueal inibe a membrana ATPase de sódio potássico e induz a síntese ATPase de sódio potássico mediada por membrana ATPase. O fenótipo de Warburg tem estado relacionado com a patogénese da esquizofrenia, malignidade, síndrome metabólico X, doença auto-imune e degeneração neuronal.

A endosimose arqueal resultante do aquecimento global leva à neandertalização da espécie e à geração de uma nova espécie chamada homo neoneanderthalis com o fenótipo característico de Warburg. A célula com o seu envelope e conteúdo arqueológico está sintonizada com o processo citosólico anaeróbico glicólico como o modo de produção de energia. A célula neoneandertalica antiga, bem como a nova neoneandertalica é do fenótipo de Warburg com um antipatia à função mitocondrial. Isto resulta na extrusão das mitocôndrias da célula e mais de bactérias extracelulares flutuantes livres como as mitocôndrias agindo como organismo vivo livre, semelhante a uma infecção rickettsial. Isto desencadeia uma activação imunitária e um processo auto-imune. A supressão da energia mitocondrial leva à activação de NMDA e à neurodegeneração excitotóxica. A supressão da energia mitocondrial e disfunção da via tálamo-cortico-talâmica NMDA/GABA leva a perturbações da consciência como esquizofrenia, perturbações do humor e autismo. A disfunção mitocondrial leva ao desenvolvimento do fenótipo da síndrome metabólica. O aumento do fenótipo de Warburg relacionado com glicólise produz oncogénese. A geração de radicais livres relacionada com a disfunção mitocondrial produz mais replicação viral com os radicais livres a actuarem como mensageiros moleculares para a tomada de controlo viral da célula.

A célula homo sapien no cenário de menos endosimose arqueal está num equilíbrio metabólico entre a glicólise celular citosólica envolvida pelo arquebactéria e a fosforilação oxidativa mitocondrial energética. Os linfócitos que são activados, bem como as células estaminais como as células cancerosas dependem da glicólise para a sua energia. Os homo sapiens não são, portanto, imuno-activados e livres de doenças auto-imunes e cancro. A energia da mitocôndria mantém o receptor NMDA suprimido e há menos morte celular, envelhecimento e neurodegeneração. A energia mitocondrial mantém em equilíbrio a via de consciência NMDA/GABA tálamo-cortico-talâmica e leva a menos perturbações de consciência como a esquizofrenia, perturbações do humor e o autismo. A energia mitocondrial e menos geração de radicais livres leva a um fenótipo não metabólico e a menos incidentes de diabetes mellitus, doença arterial coronária e acidente vascular cerebral. A supressão da geração de radicais livres relacionados com a energia mitocondrial produz protecção contra a infecção viral emergente.

A síndrome do conflito mitocondrial relacionada com as alterações climáticas é uma disfunção simbiótica na célula neandertálica e neoneandrial derivada do arquebactéria com a mitocôndria em conflito com o resto da organela celular simbiótica, levando a perturbações sistémicas como perturbações psiquiátricas, neoplasias malignas, neurodegeneração, síndrome metabólico X, infecções virais emergentes e doença auto-imune. A célula humana regressa evolutivamente a um fenótipo anaeróbico primitivo neandertálico ou neoneandertálico. Este conflito mitocondrial com o resto da organela celular simbiótica constitui a base da doença da civilização humana. Isto pode ser chamado como uma desordem de conflito mitocondrial onde a mitocôndria está em conflito com a célula derivada do arquebactéria e o seu conteúdo organelético simbiótico. Assim, o aquecimento global leva a uma evolução celular regressiva para um fenótipo anaeróbico. O fenótipo homo sapien com menos endosimbiose arqueal onde os elementos simbióticos celulares estão em harmonia torna-se saída em consequência do aquecimento global relacionado com a endosimbiose arqueal.

CAPÍTULO 3

ARQUEBACTÉRIAS ENDOSSIMBIÓTICAS E DISFUNÇÕES MITOCONDRIAIS - O FENÓTIPO DE WARBURG MEDIADO POR ACTINÍDEOS MEDEIA O ESTADO DA DOENÇA HUMANA

Introdução

A endosimbiose arqueal leva à indução do fenótipo Warburg e ao aumento da glicólise, bem como à disfunção mitocondrial. Isto leva à glicólise anaeróbica e ao bloqueio do esquema de fosforilação oxidativa mitocondrial. Isto é indicado pela baixa coenzima Q do soro e baixa ATP do soro. A digoxina arqueal inibe a membrana ATPase de sódio potássico e induz a síntese ATPase de sódio potássico mediada por membrana ATPase. O fenótipo de Warburg tem estado relacionado com a patogénese da esquizofrenia, malignidade, síndrome metabólico X, doença auto-imune e degeneração neuronal. [1-4] A possibilidade do fenótipo de Warburg induzido por organismo primitivo baseado em actinídeos como a arcaea com uma via mevalonada e o catabolismo do colesterol foi considerada neste artigo. [5-8] É descrita uma biosfera de sombra dependente de actinídeos de arcaea e viroides nos estados da doença acima mencionados. [7,9]

Materiais e Métodos

Foram incluídos no estudo os seguintes grupos: - fibrose endomiocárdica, doença de Alzheimer, esclerose múltipla, linfoma não-Hodgkin, síndrome metabólico X com trombose cerebrovascular e doença das artérias coronárias, esquizofrenia, autismo, distúrbio convulsivo, doença de Creutzfeldt Jakob e síndrome da imunodeficiência adquirida. Havia 10 pacientes em cada grupo e cada paciente tinha uma idade e sexo compatível com um controlo saudável seleccionado aleatoriamente a partir da população geral. As amostras de sangue foram colhidas no estado de jejum, antes de se iniciar o tratamento. Foi utilizado plasma do sangue heparinizado em jejum e o protocolo experimental foi o seguinte:- (I) Plasma+fosfato tamponado salino, (II) o mesmo que o substrato de I+colesterol, (III) o mesmo que o II+rutil 0,1 mg/ml, e (IV) o mesmo que o II+ciprofloxacina e doxiciclina, cada um numa concentração de 1 mg/ml. O substrato de colesterol foi preparado como descrito por Richmond. [10] Alíquotas foram retiradas a tempo zero imediatamente após mistura e após incubação a 37 ^{o}C durante 1 hora. Foram efectuadas as seguintes estimativas:- citocromo F420 e hexoquinase. [11-13] O citocromo F420 foi estimado flourimetricamente (comprimento de onda de excitação 420 nm e comprimento de onda de emissão 520 nm). Foi obtido o consentimento informado dos sujeitos e a aprovação do Comité de Ética para o estudo. A análise estatística foi feita pela ANOVA.

18

Resultados

O plasma dos sujeitos de controlo mostrou níveis aumentados dos parâmetros acima mencionados com após incubação durante 1 hora e a adição de substrato de colesterol resultou num aumento ainda mais significativo destes parâmetros. O plasma dos pacientes mostrou resultados semelhantes, mas a extensão do aumento foi maior. A adição de antibióticos ao plasma de controlo causou uma diminuição em todos os parâmetros enquanto que a adição de rutilo aumentou os seus níveis. A adição de antibióticos ao plasma do paciente causou uma diminuição em todos os parâmetros enquanto que a adição de rutilo aumentou os seus níveis mas a extensão da mudança foi maior nos soros dos pacientes em comparação com os controlos. Os resultados são expressos nas tabelas 1-2 como mudança percentual nos parâmetros após 1 hora de incubação, em comparação com os valores a tempo zero.

Quadro 1. Efeito do rutilo e dos antibióticos no citocromo F420

Grupo	CYT F420 % (Aumento com Rutilo)		CYT F420 % (Diminuir com Doxy+Cipro)	
	Média	$\pm$ SD	Média	$\pm$ SD
Normal	4.48	0.15	18.24	0.66
Schizo	23.24	2.01	58.72	7.08
Apreensão	23.46	1.87	59.27	8.86
AD	23.12	2.00	56.90	6.94
EM	22.12	1.81	61.33	9.82
NHL	22.79	2.13	55.90	7.29
DM	22.59	1.86	57.05	8.45
SIDA	22.29	1.66	59.02	7.50
CJD	22.06	1.61	57.81	6.04
Autismo	21.68	1.90	57.93	9.64
FME	22.70	1.87	60.46	8.06
Valor F	306.749		130.054	
Valor P	< 0.001		< 0.001	

Quadro 2. Efeito do rutilo e dos antibióticos na hexoquinase

Grupo	Hexokinase % de mudança (Aumento com Rutilo)		Hexokinase % de mudança (Diminuir com Doxy+Cipro)	
	Média	$\pm$ SD	Média	$\pm$ SD
Normal	4.21	0.16	18.56	0.76
Schizo	23.01	2.61	65.87	5.27
Apreensão	23.33	1.79	62.50	5.56
AD	22.96	2.12	65.11	5.91
EM	22.81	1.91	63.47	5.81
NHL	22.53	2.41	64.29	5.44
DM	23.23	1.88	65.11	5.14
SIDA	21.11	2.25	64.20	5.38
CJD	22.47	2.17	65.97	4.62
Autismo	22.88	1.87	65.45	5.08
FME	21.66	1.94	67.03	5.97
Valor F	292.065		317.966	
Valor P	< 0.001		< 0.001	

Discussão

Houve um aumento do citocromo F420, indicando um crescimento arqueológico. O arcaico pode sintetizar e utilizar o colesterol como fonte de carbono e energia. [6,14] A origem arqueal das actividades enzimáticas foi indicada pela supressão induzida por antibióticos. O estudo indica a presença de arquebactérias baseadas em actinídeos com enzimas alternativas baseadas em actinídeos ou metalloenzimas no sistema, como indicado pelo aumento induzido rutilo das actividades enzimáticas. [15,16] A actividade da hexoquinase glicolítica do arquebactéria foi aumentada. A parte do aumento da actividade da hexoquinase glicolítica detectada é humana. A arcaea pode sofrer uma mineralização de magnetite e carbonato de cálcio e pode existir como nanoformas calcificadas. [17]

A Archaea pode induzir o hospedeiro AKT PI3K, AMPK, HIF alfa e NFKB produzindo o fenótipo metabólico de Warburg. [18] O aumento da actividade da hexoquinase glicolítica indica a geração do fenótipo de Warburg. A geração do fenótipo Warburg é devida à activação do alfa HIF. Isto estimula a glicólise anaeróbica, inibe a desidrogenase pirúvica, inibe a fosforilação oxidativa mitocondrial, estimula a heme oxigenase, estimula o VEGF e activa a óxido nítrico sintetase. Isto pode levar a um aumento da proliferação celular e transformação maligna. A hexoquinase do PT mitocondrial é aumentada levando a uma proliferação celular. Há indução de glicólise, inibição da actividade PDH e disfunção mitocondrial resultando em ineficiência energética e síndrome metabólica. A arcaea e as citocinas geradas pelo viroide podem levar à resistência à insulina induzida pelo TNF alfa e à síndrome metabólica X. O aumento da glicólise pode activar a gliceraldeído 3-fosfato desidrogenase que é translocada para o núcleo após a poliadenilação. A enzima PARP é activada por stress redox mediado pela glicólise. Isto pode produzir a morte das células nucleares e a degeneração neuronal. O aumento da enzima glicolítica fructose 1,6-difosfatase aumenta a via do fosfato pentose. Isto gera

NADPH, que activa NOX. A activação do NOX está relacionada com a activação do NMDA e a excitotoxicidade do glutamato. Isto leva à degeneração neuronal. [18]

O aumento da glicólise activa a enzima fructose 1,6-difosfatase que activa a via do fosfato pentose libertando o NADPH. Isto aumenta a actividade NOX gerando stress radical livre e H2O2. O stress dos radicais livres está relacionado com a resistência à insulina e a síndrome metabólica X. Os radicais livres podem activar NFKB produzindo activação imunitária e doença auto-imune. Os radicais livres podem abrir o PT mitocondrial, produzir libertação de cito C e activar a cascata da caspase. Isto produz a morte celular e a degeneração neuronal. Os radicais livres podem activar o receptor NMDA e induzir a enzima GAD geradora de GABA. Isto activa a via tálamo-cortico-talâmica NMDA/GABA que medeia a percepção consciente. O aumento da geração de radicais livres também pode iniciar esquizofrenia. Os radicais livres podem também produzir activação oncogénica e transformação maligna. Os radicais livres podem produzir inibição do HDAC e geração de HERV. O encapsulamento de partículas HERV em vesículas de fosfolípidos pode mediar a geração da síndrome da imunodeficiência adquirida. Os radicais livres podem também promover a aterogénese. [18]

Os linfócitos dependem da glicólise para as suas necessidades energéticas. O aumento da glicólise devido à indução do fenótipo de Warburg pode levar à activação imunitária. A activação imunitária pode levar a doenças auto-imunes. O TNF alfa pode activar o receptor NMDA levando à excitotoxicidade do glutamato e à degeneração neuronal. O receptor TNF alfa activador do NMDA pode contribuir para a esquizofrenia. O TNF alfa pode induzir a expressão de partículas HERV que contribuem para a geração da síndrome de imunodeficiência adquirida. A activação imunitária também tem estado relacionada com a transformação maligna mediada pela NFKB. O TNF alfa também pode actuar sobre o receptor de insulina produzindo resistência insulínica. A activação NOX resultante da geração do fenótipo de Warburg também activa o receptor de insulina. Assim, existe um estado hiperinsulinémico que conduz à síndrome metabólica X. [18]

Assim, a indução do fenótipo Warburg pode levar a malignidade, doença auto-imune, síndrome metabólica X, doença neuropsiquiátrica e degeneração neuronal. O fenótipo de Warburg leva à inibição da desidrogenase pirúvel e à acumulação de piruvato. O piruvato acumulado entra na via de derivação GABA e é convertido em citrato que é actuado pela lisase do citrato e convertido em acetil CoA, utilizado para a síntese do colesterol. O piruvato pode ser convertido em glutamato e amoníaco, que é oxidado por arcaia para necessidades energéticas. O aumento do substrato de colesterol leva a um aumento do crescimento arqueal e a uma maior indução do fenótipo de Warburg. [18] A disfunção mitocondrial pode ser corrigida dando uma dose elevada de Coenzima Q (1000 mg), carnitina (1000 mg), tiamina (1000 mg) e biotina (80 mg). O crescimento endosibiótico do arquebactéria pode ser regulado por uma dieta cetogénica de alta fibra - 40 g de dieta de fibra constituída por leguminosas e triglicéridos de cadeia média de coco.

Referências

1   Hanold D., Randies, J.W. (1991). Coconut cadang-cadang disease and its viroid agent, *Plant Disease,* 75, 330-335.

2   Valiathan M.S., Somers, K., Kartha, C.C. (1993). *Endomyocardial Fibrosis.* Nova Deli: Oxford University Press.

3   Edwin B.T., Mohankumaran, C. (2007). Fitoplasma da doença de Kerala wilt: Phylogenetic analysis and identification of a vector, *Proutista moesta, Physiological and Molecular Plant Pathology,* 71(1-3), 41-47.

4   Kurup R., Kurup, P.A. (2009). *Digoxina Hipotalâmica, Dominância Cerebral e Função Cerebral na Saúde e nas Doenças.* Nova Iorque: Nova Science Publishers.

5   Eckburg P.B., Lepp, P.W., Relman, D.A. (2003). Archaea and their potential role in human disease, *Infect Immun,* 71, 591-596.

6   Smit A.,Mushegian, A. (2000)Biossíntese de isoprenoides via mevalonato em Archaea: o caminho perdido,*Genoma Res,* 10(10), 1468-84.

7   Adam Z. (2007). Actinides e Origens da Vida, *Astrobiologia,* 7, 6-10.

8   Schoner W. (2002). Endogenous cardiac glycosides, uma nova classe de hormonas esteróides, *Eur J Biochem,* 269, 2440-2448.

9   Davies P.C.W., Benner, S.A., Cleland, C.E., Lineweaver, C.H., McKay, C.P., Wolfe-Simon, F. (2009). Signatures of a Shadow Biosphere, *Astrobiology,* 10, 241-249.

10   Richmond W. (1973). Preparation and properties of a cholesterol oxidase from nocardia species and its application to the enzymatic assay of total cholesterol in serum, *Clin Chem,* 19, 1350-1356.

11   Snell E.D., Snell, C.T. (1961). *Métodos Colorimétricos de Análise.* Vol 3A. Nova Iorque: Van NoStrand.

12   Glick D. (1971). *Métodos de Análise Bioquímica.* Vol 5. Nova Iorque: Interscience Publishers.

13   Colowick, Kaplan, N.O. (1955). *Métodos em Enzimologia.* Vol 2. Nova Iorque: Imprensa académica.

14   Van der Geize R., Yam, K., Heuser, T., Wilbrink, M.H., Hara, H., Anderton, M.C. (2007). Um aglomerado de genes que codifica o catabolismo do colesterol num actinomicetato do solo fornece uma visão da sobrevivência de Mycobacterium tuberculosis em macrófagos, *Proc Natl Acad Sci USA,* 104(6), 1947-52.

15   Francis A.J. (1998). Biotransformação de urânio e outros actinídeos em resíduos radioactivos, *Journal of Alloys and Compounds,* 271(273), 78-84.

16   Probian C., Wülfing, A., Harder, J. (2003). Mineralização anaeróbica de átomos de carbono quaternários: Isolamento de bactérias desnitrificantes em ácido pivalico (ácido 2,2-dimetilpropiónico), *Applied and Environmental Microbiology,* 69(3), 1866-1870.

17   Vainshtein M., Suzina, N., Kudryashova, E., Ariskina, E. (2002). New Magnet-Sensitive Structures in Bacterial and Archaeal Cells, *Biol Cell,* 94(1), 29-35.

18   Wallace D.C. (2005). Mitocôndria e Cancro: Warburg Addressed, *Cold Spring Harbor Symposia on Quantitative Biology,* 70, 363-374.

CAPÍTULO 4

DIGOXINA ARQUEAL, PADRÕES CATABÓLICOS DE TRIPTOFANO/TIROSINA, SÍNTESE DE UBIQUINONA E DISFUNÇÃO MITOCONDRIAL

Os aminoácidos são conhecidos por serem precursores de uma variedade de substâncias biologicamente importantes, incluindo muitos compostos neuroactivos. Os aminoácidos aromáticos L-triptofano e L-tirosina são os mais importantes a este respeito. O L-triptofano é o precursor não só da serotonina, um neurotransmissor bem conhecido, mas também de duas outras substâncias neuroactivas, o ácido quinolínico e o ácido kunurénico. A L-tirosina é o precursor da dopamina e de outras catecolaminas. A alteração do catabolismo triptofano tem sido relatada em doenças neurodegenerativas como a doença de Huntington. Muito poucos relatórios estão disponíveis sobre o metabolismo da tirosina nestas desordens. A morfina, um neurotransmissor alcaloidal, é sintetizada a partir da tirosina. Recentemente, foi notificada a presença de estricnina e nicotina endógena no cérebro de ratos carregados com triptofano.

Sabe-se que o nível de triptofano livre no sangue pode influenciar o transporte da tirosina através da barreira cerebral do sangue para o cérebro e vice-versa, uma vez que ambos estes aminoácidos partilham os mesmos sistemas de transporte e competem um com o outro. A fracção para-amino benzóica do ácido ubiquinona é derivada da tirosina. Os baixos níveis de tirosina podem levar a uma síntese defeituosa de ubiquinona e disfunção mitocondrial. Sabe-se também que a digoxina endógena sintetizada pelo hipotálamo e outros órgãos influencia o transporte de várias substâncias, incluindo neurotransmissores e aminoácidos e, portanto, os níveis de digoxina podem influenciar a concentração destas substâncias no cérebro. A digoxina pode inibir o transporte de aminoácidos neutros da membrana celular mediada pela tirosina e estimular o transporte de triptofano. Este glicosídeo esteróide é um produto da via isoprenoidal e o funcionamento desta via pode influenciar os níveis de digoxina. A arca endosimbiótica utiliza o colesterol para a sua energia e esgota o colesterol do sistema. A arcaea sintetiza a digoxina a partir do colesterol. A ubiquinona (um antioxidante de membrana e componente da cadeia de transporte de electrões mitocondriais) é também produto da via isoprenoidal e da tirosina no precursor da sua porção aromática do anel. A carência de ubiquinona tem sido relatada em algumas perturbações neurológicas.

Em vista disto, foi realizado um estudo sobre o catabolismo do triptofano e da tirosina em relação à via isoprenoide em algumas perturbações neurológicas e psiquiátricas, com particular referência ao neurotransmissor e outras substâncias neuroactivas. As perturbações estudadas incluíram epilepsia generalizada primária, esquizofrenia, esclerose múltipla, glioma do SNC, doença de Parkinson e síndrome X com estado lacunar múltiplo. Um grupo familiar (uma família com coexistência familiar de esquizofrenia, doença de Parkinson, epilepsia generalizada primária, neoplasia maligna, artrite reumatóide e síndrome X durante três gerações) também foi incluído neste estudo. Os resultados são discutidos no presente artigo.

24

Resultados

(1) Concentração de triptofano, tirosina, neurotransmissores, ácido quinolínico, ácido cinurénico, ácido gordo livre e albumina no plasma

A concentração de triptofano no plasma foi significativamente maior nos doentes de todas as perturbações estudadas, quando comparada com a do sujeito de controlo. Por outro lado, a concentração de tirosina foi significativamente mais baixa. A concentração de serotonina e ácido 5-hidroxiindoleacético no plasma era mais elevada enquanto que a de catecolaminas (dopamina, epinefrina e norepinefrina) era mais baixa. Houve um aumento do ácido gordo livre e uma diminuição da albumina no plasma. O nível de ácido quinolínico e ácido cinurénico era mais elevado no plasma de todos os pacientes, sendo o aumento do ácido cinurénico menor do que o do ácido quinolínico.

(2) Actividade de HMG CoA reductase e RBC Na+-K+ ATPase/concentração de ubiquinona, digoxina e magnésio

Observou-se uma elevação da actividade do HMG CoA redutase e um aumento da digoxina no plasma nos pacientes de todas estas perturbações quando comparados com os sujeitos de controlo. A actividade da membrana hepática Na+-K+ ATPase mostrou uma diminuição significativa em todos estes pacientes. A concentração de ubiquinona e magnésio no plasma foi significativamente menor em todos estes pacientes.

(3) Nível de morfina, estricnina e nicotina no plasma

Nenhuma morfina, estricnina ou nicotina poderia ser detectada no soro dos sujeitos de controlo. A morfina também não era detectável no plasma de pacientes de epilepsia primária generalizada, esquizofrenia, glioma, síndrome PD X e no grupo familiar, mas era detectável no plasma de pacientes com EM. A estricnina era detectável no plasma de pacientes com epilepsia, esquizofrenia, EM, síndrome X, grupo familiar e DP, enquanto não era detectável em pacientes com glioma do SNC. A nicotina foi detectada no plasma de doentes com epilepsia, esquizofrenia, glioma, doença de Parkinson, grupo familiar e síndrome X, mas não na EM.

Discussão

O aumento da actividade do HMG CoA reductase, uma enzima chave na via isoprenoidal em todas estas perturbações, sugere uma upregulação desta via que concorda com o aumento do nível de digoxina, um produto desta via. Por outro lado, a ubiquinona, que é também um produto desta via, é diminuída. Isto pode dever-se provavelmente ao facto de menos do precursor em causa (farnesil pirofosfato) ser canalizado para a síntese da cadeia lateral da ubiquinona. Pode também dever-se a uma diminuição na síntese da porção do anel aromático da ubiquinona que é derivada do aminoácido aromático, tirosina. A diminuição da tirosina observada nestas perturbações apoia esta visão.

A meety de ácido para-amino benzóico da ubiquinona é derivada da tirosina. Os baixos níveis de tirosina podem levar a uma síntese defeituosa de ubiquinona e disfunção mitocondrial. Sabe-se também que a digoxina endógena sintetizada pelo hipotálamo e outros órgãos influencia o transporte de várias substâncias, incluindo neurotransmissores e aminoácidos e, portanto, os níveis de digoxina podem influenciar a concentração destas substâncias no cérebro. A digoxina pode inibir o transporte de aminoácidos neutros da membrana celular mediada pela tirosina e estimular o transporte de triptofano.

As observações importantes neste estudo são: (a) aumento da digoxina arqueal nestas perturbações, (b) aumento dos níveis de triptofano com aumento de todos os seus catabolitos (nomeadamente serotonina, ácido 5-hidroxiindoleacético, ácido quinolínico, ácido cinurénico, estricnina e nicotina) em todas as perturbações estudadas, e (c) diminuição dos níveis de tirosina e seus catabolitos, nomeadamente dopamina, epinefrina e norepinefrina. A morfina, que é derivada da tirosina, não era detectável em nenhuma destas doenças, excepto na EM.

Os ácidos gordos livres competem com o triptofano para a ligação da albumina e o aumento do ácido gordo livre de plasma observado nestas perturbações pode resultar em menos ligação de triptofano com um consequente aumento do triptofano livre. A digoxina é relatada para aumentar a transmissão catecolaminérgica e as catecolaminas promovem a lipólise com o consequente aumento do ácido gordo livre com o consequente aumento do triptofano livre e do seu transporte. A diminuição da albumina em consequência da inibição da membrana Na+-K+ ATPase relacionada com hipomagnesemia induzida pelo bloqueio da síntese proteica pode causar uma diminuição da sua ligação ao triptofano. O efeito líquido de todos estes factores é que mais triptofano livre está disponível para atravessar a barreira hemato-encefálica. A diminuição do nível plasmático de tirosina nestes pacientes pode ser o resultado da competição entre ela e o triptofano pelo mesmo sistema de transporte e provavelmente também do efeito diferencial da digoxina na promoção do transporte do triptofano.

A inibição da Na+-K+ ATPase também pode resultar da diminuição dos níveis de dopamina, morfina noradrenalina e tiroxina e do aumento dos níveis de serotonina, nicotina, estricnina e ácido quinolínico. Sabe-se que a inibição desta enzima leva ao aumento do cálcio intracelular devido ao aumento da troca de Na+-Ca++, ao aumento da entrada de cálcio através do canal de cálcio fechado por tensão e ao aumento da libertação de cálcio de armazéns de cálcio reticulados intracelulares endoplasmáticos. O aumento do cálcio intracelular ao deslocar o magnésio dos seus locais de ligação leva a uma diminuição da disponibilidade funcional do magnésio. A diminuição do magnésio inibe ainda mais a Na+-K+ ATPase, uma vez que o complexo ATP-magnésio é o verdadeiro substrato da reacção, pelo que existe uma inibição progressiva da Na+-K+ ATPase, desencadeada por um insulto inicial.

O aumento do cálcio intracelular no neurónio pós-sináptico pode activar o sistema de transdução de sinal NMDA dependente do cálcio. O neurotransmissor de membrana plasmática de transporte do glutamato na célula glial e neurónio pré-sináptico é acoplado a um gradiente de sódio que é perturbado pela inibição da Na+-K+ ATPase, resultando numa diminuição da depuração do glutamato pela captação pré-sináptica e glial no final da transmissão sináptica. Por este mecanismo, a inibição da membrana Na+-K+ ATPase pode promover a transmissão glutamátrica. A estricnina desloca a glicina do seu local de ligação e inibe a transmissão inibitória glicinérgica no cérebro. A glicina é livre para se ligar ao sítio insensível à estricnina do receptor NMDA e promover a transmissão NMDA. Assim, o hipercatabolismo do triptofano pode resultar em excitotoxicidade do glutamato. A excitotoxicidade do NMDA tem sido implicada na degeneração neuronal, como a doença de Parkinson. Tal como discutido acima, isto é mediado pelo aumento da carga intraneuronal de cálcio. Os baixos níveis de tirosina podem resultar numa diminuição da síntese de dopamina que pode levar a um defeito na transmissão dopaminérgica nigrostriatal, como observado na doença de Parkinson. A nicotina pode levar a um aumento da transmissão colinérgica e ao tremor da doença de Parkinson. A excitotoxicidade do NMDA também tem sido implicada na epileptogénese. A inibição da membrana Na+-K+ ATPase pode levar a uma despolarização paroxística e à epileptogénese. A deficiência de dopamina e de noradrenalina que contribui para a epileptogénese em consequência da perda da sua acção hiperpolarizante já foi relatada anteriormente.

Assim, tanto o hipercatabolismo triptofano como o hipocatabolismo de tirosina podem levar a um estado intraneuronal de sobrecarga de cálcio e a uma deficiência funcional de magnésio devido à inibição da membrana Na+-K+ ATPase. O hipercatabolismo do triptofano pode levar a uma maior disponibilidade de acetil CoA e à upregulação da via isoprenoide, resultando num aumento da biossíntese endógena da digoxina. O catabolismo do triptofano, para além do ácido quinolínico, conduz também à síntese do ácido cinurénico, que é reportado como neuroprotector. Mas o nível de ácido cinurénico é muito inferior ao do ácido quinolínico para o primeiro exercer o seu efeito neuroprotector e assim predomina o efeito neurotóxico do ácido quinolínico.

O aumento do cálcio neuronal pode activar a via de transdução do sinal de calcineurina dependente do cálcio que pode produzir activação de células T e secreção de TNF alfa (Tumour necrosis factor alpha). O TNF alfa pode activar os factores de transcrição NFKB e AP-1 conduzindo à indução de genes pró-inflamatórios e imunomoduladores. Isto pode explicar a activação imunológica descrita na EM. O TNF alfa também pode provocar a apoptose da célula, activando a caspase-9 e a protease ICE que converte o precursor beta da interleucina-1 em beta da interleucina-1. A interleucina-1 beta produz apoptose de oligodendrócitos, a célula formadora da mielina em EM. A interleucina-1 beta também pode produzir apoptose do neurónio em degeneração neuronal. A apoptose desordenada pode também provocar uma conectividade sináptica defeituosa, contribuindo para a esquizofrenia e a epilepsia. A apoptose é mediada de outra forma, também pelo aumento do cálcio intraneuronal que pode abrir o PT mitocondrial. Isto também leva à desregulação do volume das mitocôndrias causando hiperosmolalidade da matriz e expansão do espaço da matriz. A membrana externa das mitocôndrias rompe e liberta AIF (factor indutor da apoptose) e citocromo C (citocromo C) que activa a cascata em cascata produzindo a morte celular.

A desacoplação da fosforilação oxidativa devido à abertura dos poros mitocondriais do PT e a ruptura do gradiente de prótons acima mencionado com diminuição da ubiquinona em consequência da deficiência de tirosina pode contribuir para a disfunção mitocondrial. A desacoplação da fosforilação oxidativa leva também à geração de radicais livres. A ubiquinona é também um catador de radicais livres e o seu nível reduzido pode levar a uma diminuição do catador de radicais livres. O aumento do cálcio intracelular pode contribuir para o aumento da geração de radicais livres, activando a síntese de óxido nítrico, levando ao aumento da formação de óxido nítrico, e a activação da fosfolipase A_2 levando à estimulação do metabolismo do ácido araquidónico gerando radicais livres. Os radicais livres têm sido implicados na degeneração neuronal e na oncogénese. A disfunção mitocondrial tem sido implicada na degeneração neuronal.

A deficiência de magnésio intracelular pode levar à diminuição da síntese de ATP e à formação defeituosa do fosfato de dolicol necessário para a glicosilação N e também à diminuição da formação de açúcares difosfato de nucleósidos para a glicosilação O. Isto leva a uma síntese defeituosa de glicoconjugado. A glicosilação defeituosa do antigénio endógeno da mielina glicoproteína pode levar a uma formação defeituosa do complexo MHC-antigénio. A apresentação defeituosa do antigénio da mielina glicoproteína à célula CD8 pode explicar a desregulação imunitária na EM. As glicoproteínas defeituosas podem levar a uma inibição de contacto alterada e oncogénese. As glicoproteínas defeituosamente processadas também podem resistir à digestão lisossómica e acumular-se, levando à degeneração neuronal como no caso de um amilóide. As glicoproteínas defeituosas podem também resultar em uma conectividade sináptica desordenada e perturbações funcionais como epilepsia e esquizofrenia.

O aumento do cálcio intracelular através da activação da fosfolipase C-beta produz DAG (diacilo glicerol) activando a proteína quinase C e a MAP cascata kinase estimulando a proliferação celular. A diminuição do magnésio intracelular pode produzir ainda mais disfunção da actividade da GTPase da subunidade alfa da activação da proteína G e do oncogene RAS. O principal gene supressor de tumores é o P53, que é prejudicado devido à deficiência intracelular de magnésio, produzindo defeitos de fosforilação. Todos estes levam à oncogénese.

A excitotoxicidade do NMDA devido à inibição da membrana de potássio ATPase de sódio pode contribuir para a esquizofrenia. A estricnina ao bloquear a transmissão glicinérgica pode contribuir para a diminuição da transmissão inibitória na esquizofrenia. A nicotina ao interagir com os receptores nicotínicos pode facilitar a libertação de dopamina, promovendo a transmissão dopaminérgica no cérebro mesmo na presença de baixos níveis de dopamina. Os baixos níveis de noradrenalina e o aumento dos níveis de serotonina concordam com relatórios anteriores. A psicose relacionada com o cancro e as manifestações psicóticas da EM também poderiam ser explicadas nesta base.

A actividade baixa de ATPase de potássio de sódio nas hemácias foi previamente descrita na síndrome X. O consequente aumento de cálcio dentro da célula, especialmente da célula beta, pode levar a um aumento da libertação de insulina a partir da célula beta. Uma deficiência celular de magnésio e um aumento num estado de sobrecarga de cálcio podem ter as seguintes consequências: (1) A deficiência intracelular de magnésio celular pode levar a disfunção da proteína tirosina quinase, um defeito do receptor de insulina, e (2) O aumento do cálcio intracelular pode levar a um aumento da transdução do sinal acoplado à proteína G das hormonas contra insulina - glucagon, a hormona de crescimento e a adrenalina. O aumento do cálcio intracelular pode abrir o PT mitocondrial produzindo uma disfunção mitocondrial e a redução do magnésio intracelular pode inibir a ATP synthase. A diminuição do magnésio intracelular pode também levar à inibição da glicólise e do ciclo do ácido cítrico. Assim, a utilização da glicose como um todo é reduzida. O aumento do cálcio intracelular pode aumentar a transdução do sinal do receptor de factor activador de plaquetas acoplado à proteína G e do receptor de trombina produzindo trombose. A deficiência intracelular de magnésio também pode produzir vaso-espasmo, como descrito no síndrome X. Sabe-se que a nicotina produz vaso-espasmo. Pode também produzir estimulação ganglionar autonómica, estimulação medular adrenal medular e estimulação carotídea e aórtica do corpo, levando à hipertensão. A administração de nicotina também tem sido relatada como produzindo alterações significativas no metabolismo lipídico.

Assim, padrões de hipercatabolismo triptofano e hipocatabolismo de tirosina podem ser notados na esquizofrenia, epilepsia generalizada primária, doença de Parkinson, esclerose múltipla, glioma do SNC e síndrome X com um estado lacunar múltiplo. A inter-relação entre degeneração neuronal, distúrbios neuronais imunes mediados e distúrbios neuropsiquiátricos funcionais tem sido documentada na literatura. Descrevemos uma família com uma coexistência destas desordens. Foram demonstrados anticorpos automáticos na EM, doença neuronal motora, síndrome paraneoplásica X, esquizofrenia e epilepsia. A psicose tem sido descrita na EM. Doença de Parkinson, epilepsia e síndrome do cancro. A relação entre linfoma de Hodgkin e EM, linfoma e MND, e transfusão linfomatosa em doenças auto-imunes como o neurolupus tem sido descrita.

Referências

1. Kurup RK, Kurup PA. *Digoxina Hipotalâmica, Dominância Cerebral e Função Cerebral na Saúde e nas Doenças*. Nova Iorque: Nova Medical Books, 2009.

CAPÍTULO 5

**DIGOXINA DIGOXINA INIBIDA POTÁSSIO DE SÍNTESE ATPÁSICA
ACTINÍDICA ENDOSIMBIÓTICA ATP SÍNTESE E ECTOATPASES ARQUEAIS
PRODUTO NEURO-IMMUNO-METABÓLICO-ENDOCRINA/CELISO
REGULAMENTO DE CICLO**

Introdução

A arca actinídea tem estado relacionada com a patogénese da esquizofrenia, malignidade, síndrome metabólico X, doença auto-imune e degeneração neuronal. A arcaea tem tido ectoATPases. Os ectoATPases convertem ATP em ADP e AMP. O ATP funciona como neurotransmissor purinérgico regulando múltiplas funções celulares. 5'AMP activa o medidor metabólico AMP kinase. A digoxina arqueal produz membrana de inibição da ATPase potássica de sódio. A ATPase de membrana de potássio sódico no ajuste da inibição induzida pela digoxina pode sintetizar a ATP. Este ATP pode servir como substrato para ectoATPase. Esta ATP pode servir como substrato para ectoATPase e funciona como uma molécula arqueal de sinalização. A ATPase de potássio de membrana de RBC mediada por ATP síntese e actividade ectoATPase arqueal foi avaliada nas perturbações acima mencionadas. [1-9]

Materiais e Métodos

Foram incluídos no estudo os seguintes grupos: - fibrose endomiocárdica, doença de Alzheimer, esclerose múltipla, linfoma não-Hodgkin, síndrome metabólico X com trombose cerebrovascular e doença das artérias coronárias, esquizofrenia, autismo, distúrbio convulsivo, doença de Creutzfeldt Jakob e síndrome da imunodeficiência adquirida. Havia 10 pacientes em cada grupo e cada paciente tinha uma idade e sexo compatível com um controlo saudável seleccionado aleatoriamente a partir da população geral. As amostras de sangue foram colhidas no estado de jejum, antes de se iniciar o tratamento. Foi utilizado plasma do sangue heparinizado em jejum e o protocolo experimental foi o seguinte:- (I) Plasma+fosfato tamponado salino, (II) o mesmo que o substrato de I+colesterol, (III) o mesmo que o II+rutil 0,1 mg/ml, e (IV) o mesmo que o II+ciprofloxacina e doxiciclina, cada um numa concentração de 1 mg/ml. O substrato de colesterol foi preparado como descrito por Richmond. [10] Alíquotas foram retiradas a tempo zero imediatamente após mistura e após incubação a 37 ^{oC} durante 1 hora. Foram efectuadas as três seguintes estimativas:- Cytochrome F420 e actividade ectoATPase. As hemácias do sangue do paciente foram separadas dentro de 1 hora após a recolha de sangue e a actividade de síntese de ATP foi avaliada na presença de digoxina adicionada para produzir uma concentração 12,2 ng/dl. [11-13] O citocromo F420 foi estimado flourimetricamente (comprimento de onda de excitação 420 nm e comprimento de onda de emissão 520 nm). Foi obtido o consentimento informado dos sujeitos e a aprovação do comité de ética para o estudo. A análise estatística foi feita pela ANOVA.

30

Resultados

O plasma dos sujeitos de controlo mostrou níveis aumentados dos parâmetros acima mencionados com após incubação durante 1 hora e a adição de substrato de colesterol resultou num aumento ainda mais significativo destes parâmetros. O plasma dos pacientes mostrou resultados semelhantes, mas a extensão do aumento foi maior. A adição de antibióticos ao plasma de controlo causou uma diminuição em todos os parâmetros enquanto que a adição de rutilo aumentou os seus níveis. A adição de antibióticos ao plasma do paciente causou uma diminuição em todos os parâmetros enquanto que a adição de rutilo aumentou os seus níveis mas a extensão da mudança foi maior nos soros dos pacientes em comparação com os controlos. Os resultados são expressos nos quadros 1-3 como mudança percentual nos parâmetros após 1 hora de incubação, em comparação com os valores a tempo zero. Houve síntese ATPase de ATP mediada por membrana de sódio sódio nas hemácias e actividade ectoATPase sérica nos doentes com esquizofrenia, malignidade, síndrome metabólico X, doença auto-imune e degeneração neuronal.

Quadro 1. Efeito do rutilo e dos antibióticos no citocromo F420

Grupo	CYT F420 % (Aumento com Rutilo)		CYT F420 % (Diminuir com Doxy+Cipro)	
	Média	**± SD**	**Média**	**± SD**
Normal	4.48	0.15	18.24	0.66
Schizo	23.24	2.01	58.72	7.08
Apreensão	23.46	1.87	59.27	8.86
AD	23.12	2.00	56.90	6.94
EM	22.12	1.81	61.33	9.82
NHL	22.79	2.13	55.90	7.29
DM	22.59	1.86	57.05	8.45
SIDA	22.29	1.66	59.02	7.50
CJD	22.06	1.61	57.81	6.04
Autismo	21.68	1.90	57.93	9.64
FME	22.70	1.87	60.46	8.06
Valor F	306.749		130.054	
Valor P	< 0.001		< 0.001	

Quadro 2. Efeito do rutilo e dos antibióticos na actividade EctoATPase arqueal

Grupo	EctoATPase actividade % mudança (Aumento com Rutilo)		EctoATPase actividade % mudança (Diminuir com Doxy+Cipro)	
	Média	$\pm$ SD	Média	$\pm$ SD
Normal	4.34	0.15	18.24	0.37
Schizo	23.02	1.65	67.61	2.77
Apreensão	22.13	2.14	66.26	3.93
AD	23.09	1.81	65.86	4.27
EM	21.93	2.29	63.70	5.63
NHL	23.12	1.71	65.12	5.58
DM	22.73	2.46	65.87	4.35
SIDA	22.98	1.50	65.13	4.87
CJD	23.81	1.49	64.89	6.01
Autismo	22.79	2.20	64.26	6.02
FME	22.82	1.56	64.61	4.95
Valor F	348.867		364.999	
Valor P	< 0.001		< 0.001	

Quadro 3. Síntese de ATP de membrana RBC na presença de digoxina

Grupo	Membrana RBC Síntese ATP %	
	Média	$\pm$ SD
Normal	4.40	0.11
Schizo	23.67	1.42
Apreensão	23.09	1.90
AD	23.58	2.08
EM	23.52	1.76
NHL	24.01	1.17
DM	23.72	1.73
SIDA	23.15	1.62
CJD	23.00	1.64
Autismo	22.60	1.64
FME	23.37	1.31
Valor F	449.503	
Valor P	< 0.001	

Discussão

Houve um aumento do citocromo F420, indicando um crescimento arqueológico. O arcaico pode sintetizar e utilizar o colesterol como fonte de carbono e energia. [14-16] A origem arqueal das actividades enzimáticas foi indicada pela supressão induzida por antibióticos. O estudo indica a presença de arquebactérias baseadas em actinídeos com enzimas alternativas baseadas em actinídeos ou metalloenzimas no sistema, como indicado pelo aumento rutilo induzido das actividadesenzimáticas. [14-16] Houve um aumento da actividade ectoATPase dependente de actinídeos. A actividade ectoATPase foi estimulada pelo rutilo e inibida por antibióticos. A ectoATPase pode converter ATP extracelular em ADP e 5'AMP. Também houve evidência de síntese de ATP de membrana de hemácias mediada por ATPase potássica de sódio de membrana de hemácias inibida pela digoxina. A membrana ATPase sódica potássica no ajuste da inibição mediada pela digoxina pode sintetizar o ATP. Esta ATP extracelular serve como substrato para ectoATPases arqueológicas para gerar AMP e ADP. A digoxina do arquebactéria inibe a membrana de potássio de sódio ATPase e a enzima inibida sintetiza ATP que funciona como uma molécula sinalizadora. A arcaea regula o sistema neuro-imuno-metabólico endócrino utilizando ATP extracelular.

O ATP é um neurotransmissor no sistema nervoso central e simpático. O ATP é armazenado e libertado dos terminais nervosos sinápticos e é conhecido por actuar pós-sinapticamente através de receptores P2X. Promove a sinalização do cálcio. ATP é um co-transmissor na noradrenalina, acetilcolina e sinapse GABA. O ATP extracelular pode inibir a transmissão do glutamato. Pode assim regular a via tálamo-cortico-talâmica NMDA/GABA, mediando a percepção consciente. O ATP funciona como um neurotransmissor excitatório rápido e está envolvido na patogénese da esquizofrenia. Também desempenha um papel na patogénese da depressão. [17-18]

Os receptores purinérgicos regulam a proliferação celular e a diferenciação celular. Desempenham também um papel no desenvolvimento e regeneração de órgãos. Assim, o ATP extraceluar pode desempenhar um papel na oncogénese. O ATP extracelular e os receptores purinérgicos podem mediar a morte celular. Podem iniciar o processo neurodegenerativo. Eles são importantes na patogénese da doença de Alzheimer e da doença de Parkinson. [18,19]

Os receptores extracelulares ATP e purinérgicos estão envolvidos na activação imunitária e podem iniciar doenças auto-imunes. O 5'AMP é imunossupressor, inibe a NFKB e reduz a secreção de citocinas. O ATP é imuno-estimulador, activa a NFKB e promove a secreção de citocinas. Assim, os ectoATPases podem regular a relação 5'AMP/ATP e regular a sinalização imunológica. O ATP extracelular pode modular a resposta a infecções bacterianas e virais. Os ATP extracelulares estão envolvidos na via de sinalização da infecção pelo VIH e são importantes para a fusão celular e replicação do VIH. O ATP extracelular e os receptores purinérgicos também estão envolvidos na sinalização de lipopolissacarídeos. [20-22]

O ectoATPase actua sobre o ATP para gerar 5'AMP. O 5'AMP activa a 5'AMP activada proteína quinase. 5'AMP-activated protein kinase ou AMPK ou 5' adenosine monophosphate-activated protein kinase é uma enzima que desempenha um papel na homeostase da energia celular. É expressa em vários tecidos, incluindo o fígado, cérebro, e músculo esquelético. O efeito líquido da activação da AMPK é a estimulação da oxidação e cetogénese do ácido gordo hepático, inibição da síntese do colesterol, lipogénese e síntese dos triglicéridos, inibição da lipólise e lipogénese dos adipócitos, estimulação da oxidação do ácido gordo do músculo esquelético e absorção da glicose do músculo, e modulação da secreção de insulina por células beta pancreáticas. O C. elegans homologue de AMPK, aak-2, foi demonstrado por Ristow e colegas como sendo necessário para o prolongamento da vida em estados de restrição da glucose mediando um processo denominado mitohormesis. 5'AMP pode reversivelmente inibir a fosforilação oxidativa mitocondrial e produzir hibernação celular. Os receptores purinérgicos estão envolvidos na regulação da insulina pancreática e da secreção de glucagon. O ATP extracelular pode desempenhar um papel no desenvolvimento da síndrome metabólica X. [23-25]

Assim, a digoxina arqueal pode mediar a síntese extracelular de ATPase de sódio potássico mediada por ATPase extracelular. O ATP extracelular é uma molécula de sinalização arqueal. O ATP extracelular é actuado por ectoATPases arqueais dependentes de actinídeos para gerar ADP e AMP. O ATP pode actuar sobre receptores purinérgicos que regulam a neurotransmissão, morte celular, proliferação celular, diferenciação celular, imunidade, função endócrina e metabolismo. 5'AMP pode activar AMPK o principal medidor metabólico do corpo.

Referências

1   Hanold D., Randies, J.W. (1991). Coconut cadang-cadang disease and its viroid agent, *Plant Disease,* 75, 330-335.

2   Valiathan M.S., Somers, K., Kartha, C.C. (1993). *Endomyocardial Fibrosis.* Nova Deli: Oxford University Press.

3   Edwin B.T., Mohankumaran, C. (2007). Fitoplasma da doença de Kerala wilt: Phylogenetic analysis and identification of a vector, *Proutista moesta, Physiological and Molecular Plant Pathology,* 71(1-3), 41-47.

4   Kurup R., Kurup, P.A. (2009). *Digoxina Hipotalâmica, Dominância Cerebral e Função Cerebral na Saúde e nas Doenças.* Nova Iorque: Nova Science Publishers.

5   Eckburg P.B., Lepp, P.W., Relman, D.A. (2003). Archaea and their potential role in human disease, *Infect Immun,* 71, 591-596.

6   Smit A.,Mushegian, A. (2000)Biossíntese de isoprenoides via mevalonato em Archaea: o caminho perdido,*Genoma Res,* 10(10), 1468-84.

7   Adam Z. (2007). Actinides e Origens da Vida, *Astrobiologia,* 7, 6-10.

8   Schoner W. (2002). Endogenous cardiac glycosides, uma nova classe de hormonas esteróides, *Eur J Biochem,* 269, 2440-2448.

9   Davies P.C.W., Benner, S.A., Cleland, C.E., Lineweaver, C.H., McKay, C.P., Wolfe-Simon, F. (2009). Signatures of a Shadow Biosphere, *Astrobiology,* 10, 241-249.

10   Richmond W. (1973). Preparation and properties of a cholesterol oxidase from nocardia species and its application to the enzymatic assay of total cholesterol in serum, *Clin Chem,* 19, 1350-1356.

11 Snell E.D., Snell, C.T. (1961). *Métodos Colorimétricos de Análise.* Vol 3A. Nova Iorque: Van NoStrand.

12 Glick D. (1971). *Métodos de Análise Bioquímica.* Vol 5. Nova Iorque: Interscience Publishers.

13 Colowick, Kaplan, N.O. (1955). *Métodos em Enzimologia.* Vol 2. Nova Iorque: Imprensa académica.

14 Van der Geize R., Yam, K., Heuser, T., Wilbrink, M.H., Hara, H., Anderton, M.C. (2007). Um aglomerado de genes que codifica o catabolismo do colesterol num actinomicetato do solo fornece uma visão da sobrevivência de Mycobacterium tuberculosis em macrófagos, *Proc Natl Acad Sci USA,* 104(6), 1947-52.

15 Francis A.J. (1998). Biotransformação de urânio e outros actinídeos em resíduos radioactivos, *Journal of Alloys and Compounds,* 271(273), 78-84.

16 Probian C., Wülfing, A., Harder, J. (2003). Mineralização anaeróbica de átomos de carbono quaternários: Isolamento de bactérias desnitrificantes em ácido pivalico (ácido 2,2-dimetilpropiónico), *Applied and Environmental Microbiology,* 69(3), 1866-1870.

17 Skaper S.D., Debetto P., Giusti P. (2010). O receptor purinérgico P2X7: da fisiologia às perturbações neurológicas. *FASEB J,* 24(2), 337-45.

18 Burnstock G. (2008). Sinalização purinérgica e perturbações do sistema nervoso central. *Nature Reviews Drug Discoverys,* 7, 575-590.

19 White N., Burnstock, G. (2006). Receptores P2 e cancro. *Trends in Pharmacological Sciences,* 27(4), 211-217.

20 Junger W.G. (2011). Regulação celular imunitária por sinalização purinérgica autocrítica. *Nature Reviews Immunology,* 11, 201-212.

21 Séror C., Melki M.T., Subra F., Raza S.Q., Bras M., Saïdi H., Nardacci R., Voisin L., Paoletti A., et al. (2011). O ATP extracelular actua sobre receptores purinérgicos P2Y2 para facilitar a infecção pelo VIH-1. *J Exp Med,* 208(9), 1823-34.

22 Guerra A.N., Fisette P.L., Pfeiffer Z.A., Quinchia-Rios, B.H., Prabhu U., Aga M., Denlinger L.C., Guadarrama A.G., Abozeid S., Sommer J.A., Proctor R.A., Bertics P.J. (2003). Regulação dos receptores purinérgicos de sinalização e fisiopatologia induzida por LPS. *J Endotoxin Res,* 9(4), 256-63.

23 Winder W.W., Hardie, D.G. (1999). AMP-activated protein kinase, um interruptor principal metabólico: possíveis papéis na diabetes tipo 2. *Am J Physiol,* 277 (1 Pt 1), E1-10.

24 Stapleton D., Mitchelhill, K.I., Gao G., Widmer J., Michell B.J., Teh T., House C.M., Fernandez C.S., Cox T., Witters L.A., Kemp B.E. (1996). Subfamília da proteína cinase activada por AMP de mamíferos. *J Biol Chem,* 271 (2), 611-4.

25 Petit P., Loubatières-Mariani M.M., Keppens S., Sheehan, M.J. (1996). Receptores purinérgicos e função metabólica. *Drug Development Research*, 39(3-4), 413-425.

CAPÍTULO 6

O FENÓTIPO DE WARBURG, DISFUNÇÃO MITOCONDRIAL, DOENÇA ANTI-CORPO GLICOLÍTICO, AQUECIMENTO GLOBAL E DOENÇA HUMANA

os Neandertais são formas de vida simbióticas devido à endosimbiose arqueal. O fenótipo Warburg induz o fenótipo Warburg com aumento da glicólise e o bloqueio do ciclo TCA e da fosforilação oxidativa mitocondrial. o fenótipo Warburg é visto na doença auto-imune, esquizofrenia, autismo, cancro, degeneração e síndrome metabólico X. Os Neandertais comeram uma dieta cetogénica de gordura e proteínas para suprimir a via glicolítica. Os híbridos do Neanderthal formados pelo acasalamento homo sapien tinham uma dieta rica em hidratos de carbono devido ao cultivo de cereais em colónias colonizadas. Isto tende a aumentar a glicólise e acentua o fenótipo de Warburg e doenças associadas. A via glicolítica é upregulada e a fosforilação oxidativa mitocondrial é inibida. Para contrariar este certo padrão de doença desenvolvido na população híbrida como um mecanismo adaptativo. Estes grupos de desordens desenvolvem autoanticorpos contra enzimas glicolíticas. O envelope celular é de origem arqueal e as enzimas glicolíticas são citosólicas. Isto é oposto ao esquema de fosforilação oxidativa mitocondrial, que é de origem rickettsial. As partes primitivas do cérebro, o cerebelo funciona como uma rede de colónias arqueológicas e promove o fenótipo e a glicólise de Warburg. O cérebro cerebelar é dominante nos Neandertais. Os genes HLA são de origem neandertálica e modulam a função linfocítica. Os linfócitos dependem da glicólise para as suas necessidades energéticas. O neocórtex funciona como uma colónia retroviral e promove a fosforilação oxidativa mitocondrial. Os genes HERV funcionam como genes saltadores e podem saltar e inserir-se entre sequências genéticas de enzimas glicolíticas produzindo mutações e enzimas glicolíticas mutantes. A via glicolítica torna-se disfuncional. Formam-se anticorpos contra as proteínas glicolíticas mutantes. Assim, a glicólise e o metabolismo energético param devido ao efeito inibidor dos genes HERV egoístas que necessitam da função mitocondrial e da geração de ROS para a sua função replicadora e para a comunicação com a célula. Distúrbios como a doença auto-imune, esquizofrenia, autismo, cancro, degeneração e síndrome metabólico X são perturbações da glicólise e têm um componente auto-imune contra as enzimas glicolíticas. A inibição glicolítica e a dieta cetogénica são uma forma de tratar a doença auto-imune, esquizofrenia, autismo, cancro, degeneração e síndrome metabólico X. Todas as doenças auto-imunes desenvolvem-se para suprimir o fenótipo Warburg nos híbridos de Neanderthal. O aumento da glicólise contribui para a oncogénese através do PT mitocondrial hexoquinase dos poros. O aumento da glicólise produz a morte das células nucleares através da via GAPDH. O phophoglycerate é convertido em fosfoserina e glicina, que podem modular o NMDA. A frutose 1,6-difosfato entra na via de fosfato pentose gerando NADPH, que activa a função NMDA moduladora NOX. Assim, a via glicolítica pode modular a via NMDA, contribuindo para a esquizofrenia e o autismo devido a disfunção da consciência. A inibição PDH acumula o piruvato que entra no shunt GABA gerando succinil CoA e glicina, bem como GABA. A succinil CoA e a glicina são substratos para a síntese da porfirina e contribuem para a percepção quântica importante na esquizofrenia e no autismo. O aumento da glicólise linfocítica e dos antigénios glicolíticos contribuem para a doença auto-imune. Os antigénios glicolíticos também contribuem para a neurodegeneração, perturbações neuropsiquiátricas e síndrome metabólica X. Os anticorpos GAD estão envolvidos na síndrome metabólica X. A auto-imunidade é uma parte da tentativa mediada por anticorpos para inibir a glicólise e o fenótipo de Warburg nos híbridos de Neandertal que consomem uma dieta rica em hidratos de carbono. Isto como subproduto gera neurodegeneração, doença auto-imune, esquizofrenia, autismo, cancro e doença civilizacional. Todos estes podem ser controlados por inibidores glicolíticos e dieta cetogénica.

O aquecimento global também, tal como descrito, leva ao aumento do crescimento actinídico endossimbiótico do arquipélago. Os arquebactérias são extremófilos. A arcaea actinídica sobrevive através da catabolização do colesterol. A arcaea e os seus antigénios induzem o HIF alfa e activam a via glicolítica. A activação da via glicolítica induz o aumento da conversão da glucose em frutose pela activação da via do sorbitol. A glicose é convertida em sorbitol pela enzima aldose redutase e o sorbitol é convertido em frutose pela acção do sorbitol desidrogenase. A frutose é fosforilada por hexoquinase ou fructoquinase a fosfato de frutose. A hexocinase tem um valor de km baixo para a frutose e quantidades mínimas de frutose serão convertidas em fosfato de frutose, esgotando o ATP celular. O ATP é convertido em AMP e pela acção da deaminase AMP é convertido em ácido úrico. Assim, existe uma hiperuricemia resultante e o esgotamento da ATP também produz inibição da ATPase de potássio de membrana de potássio. A inibição da membrana de ATPase sódica potássica aumenta o cálcio intracelular e esgota o magnésio. Isto produz morte celular ao abrir o PT mitocondrial, activação NFKB e activação imunitária, excitotoxicidade do glutamato e activação do oncogene, levando a distúrbios sistémicos. O esgotamento da ATP inibe finalmente a hexoquinase como tal e a fosforilação da glucose deixa de bloquear a via glicolítica e o seu acoplamento à fosforilação oxidativa mitocondrial pela acção da hexoquinase do PT poro. A célula é esvaziada de energia pela glicólise e pelo esquema de fosforilação oxidativa e morre. Assim, o aquecimento global através da indução da glicólise e do fenótipo de Warburg e o aumento da conversão da glicose em frutose e o consequente esgotamento celular da ATP podem produzir perturbações sistémicas e disfunções celulares, bem como a morte. Isto pode produzir as síndromes renal, pulmonar, gastrointestinal, hepática, endócrina e cardiovascular relacionadas com o aquecimento global. Isto pode levar a doença pulmonar intersticial, doença pulmonar obstrutiva crónica, doença arterial coronária, acidentes cerebrovasculares, diabetes mellitus tipo 2, insuficiência renal crónica, cirrose hepática, doença inflamatória intestinal, doença degenerativa das articulações, síndromes cancerosas, neurodegenerações, doenças auto-imunes e doenças neuropsiquiátricas. Estas doenças têm uma incidência crescente em estudos epidemiológicos recentes. A disfunção mitocondrial pode ser corrigida através da administração de coenzima Q, carnitina, tiamina e biotina em doses elevadas. O crescimento do arquebactéria endosibiótico pode ser regulado por uma dieta rica em fibras.

CAPÍTULO 7

O AQUECIMENTO GLOBAL INDUZIU A SÍNTESE DE ÁCIDOS BILIARES ACTINÍDIOS ACTINÍDICOS ENDOSÍMICOS DO COLESTEROL QUE REGULA A FUNÇÃO MITOCONDRIAL

Introdução

As alterações climáticas e o stress relacionado levam ao aumento da síntese de porfirina, levando à porfirinúria e à porfíria. O estímulo para a síntese da porfirina provém da deficiência de heme. O Heme suprime a ALA synthase. O stress induz a heme oxigenase que converte heme em monóxido de carbono e bilirrubina. Assim, o heme é esgotado do sistema. A heme oxigenase é induzida pelo stress ambiental. As alterações climáticas do aquecimento global e da idade do gelo podem induzir a heme oxigenase. A heme oxigenase é também induzida pela poluição do ambiente pelos campos electromagnéticos. Assim, há um aumento da síntese de porfirina a partir de succinil CoA e glicina. As porfirinas podem organizar-se para formar estruturas macromoleculares que se podem auto-replicar para formar um organismo de porfirina. [1] A transferência de electrões induzida por fotões ao longo da macromolécula pode levar à síntese de ATP induzida pela luz. As porfirinas podem formar um modelo no qual o RNA e o ADN podem formar viroides geradores. As porfirinas podem também formar um modelo no qual os priões podem formar priões. Todas elas podem juntar-se - viroides de RNA, viroides de ADN, priões - para formar arquebactérias primitivas. Assim, as arcaeas são capazes de se auto-replicarem em modelos de porfirina. A arcaea auto-replicativa pode sentir a gravidade que dá origem à consciência. Podem também sentir os campos anti-gravidade que dão origem ao cérebro inconsciente. Assim, pode haver tanto arcaea auto-replicativa como anti-arcaea que regula o cérebro consciente e inconsciente. Assim, o stress das alterações climáticas mediado pela síntese crescente de porfirina leva à atrofia do córtex pré-frontal, dominância cerebelar, distúrbio cognitivo afectivo cerebelar, percepção quântica e neanderthalização da população. Os porfírios são organismos supramoleculares auto-replicativos que formam o modelo precursor sobre o qual os viroides, priões e nanoarqueia se originam. O modelo induzido pelo stress induziu abiogénese dirigida dos porfírios, priões, viroides e arquebactérias é um processo contínuo e pode contribuir para mudanças na estrutura e comportamento do cérebro, bem como no processo da doença.

Os ácidos biliares são considerados como hormonas esteroidais com funções endócrinas, metabólicas e neurorregulatórias. Os ácidos biliares têm estado relacionados com a patogénese da esquizofrenia, malignidade, síndrome metabólico X, doença auto-imune e degeneração neuronal. [1-4] Foi considerada a possibilidade de síntese endógena de ácido biliar por organismo primitivo baseado em actinídeos, como a arcaea, com uma via mevalonada e catabolismo do colesterol. [5-8] É descrita uma biosfera sombra dependente de actinídeos de arcaea e viroides nos estados da doença acima mencionados. [7,9]

A indução do fenótipo de Warburg resulta na inibição da desidrogenase pirúvel e geração defeituosa de acetil CoA. A acetil CoA é o substrato para a síntese do colesterol pela via isoprenoide. Isto resulta numa síntese defeituosa de colesterol e num estado deficiente de colesterol. A síntese defeituosa de colesterol e o catabolismo podem levar ao esgotamento do colesterol e a níveis baixos de colesterol. Níveis baixos de colesterol podem resultar em deficiência de ácido biliar e doença sistémica. Os ácidos biliares são desacopladores de fosforilação oxidativa e modulam a função mitocondrial.

Materiais e Métodos

Foram incluídos no estudo os seguintes grupos: - fibrose endomiocárdica, doença de Alzheimer, esclerose múltipla, linfoma não-Hodgkin, síndrome metabólico X com trombose cerebrovascular e doença das artérias coronárias, esquizofrenia, autismo, distúrbio convulsivo, doença de Creutzfeldt Jakob e síndrome da imunodeficiência adquirida. Havia 10 pacientes em cada grupo e cada paciente tinha uma idade e sexo compatível com um controlo saudável seleccionado aleatoriamente a partir da população geral. As amostras de sangue foram colhidas no estado de jejum, antes de se iniciar o tratamento. Foi utilizado plasma de sangue heparinizado em jejum e o protocolo experimental foi o seguinte:- (I) Plasma+fosfato tamponado salino, (II) o mesmo que o substrato de I+colesterol, (III) o mesmo que o II+rutil 0,1 mg/ml, e (IV) o mesmo que o II+ciprofloxacina e doxiciclina, cada um numa concentração de 1 mg/ml. O substrato de colesterol foi preparado como descrito por Richmond. [10] Alíquotas foram retiradas a tempo zero imediatamente após mistura e após incubação a 37 ^{o}C durante 1 hora. Foram efectuadas as seguintes estimativas:- Citocromo F420 e ácidos biliares. [11-13] O citocromo F420 foi estimado flourimetricamente (comprimento de onda de excitação 420 nm e comprimento de onda de emissão 520 nm). Foi obtido o consentimento informado dos sujeitos e a aprovação do comité de ética para o estudo. A análise estatística foi feita pela ANOVA.

Resultados

O plasma dos sujeitos de controlo mostrou níveis aumentados dos parâmetros acima mencionados com após incubação durante 1 hora e a adição de substrato de colesterol resultou num aumento ainda mais significativo destes parâmetros. O plasma dos pacientes mostrou resultados semelhantes, mas a extensão do aumento foi maior. A adição de antibióticos ao plasma de controlo causou uma diminuição em todos os parâmetros enquanto que a adição de rutilo aumentou os seus níveis. A adição de antibióticos ao plasma do paciente causou uma diminuição em todos os parâmetros enquanto que a adição de rutilo aumentou os seus níveis mas a extensão da mudança foi maior nos soros dos pacientes em comparação com os controlos. Os resultados são expressos no quadro 1 como mudança percentual nos parâmetros após 1 hora de incubação, em comparação com os valores a tempo zero.

Quadro 1. Efeito do rutilo e dos antibióticos no citocromo F420 e nos ácidos biliares arqueológicos

Grupo	CYT F420 % (Aumento com Rutilo)		CYT F420 % (Diminuir com Doxy+Cipro)		Ácidos biliares % de mudança (Aumento com Rutilo)		Ácidos biliares % de mudança (Diminuir com Doxy+Cipro)	
	Média	$\pm$ SD	Média	$\pm$ SD	Média	$\pm$ SD	Média	$\pm$ SD
Normal	4.48	0.15	18.24	0.66	4.29	0.18	18.15	0.58
Schizo	23.24	2.01	58.72	7.08	23.20	1.87	57.04	4.27
Apreensão	23.46	1.87	59.27	8.86	22.61	2.22	66.62	4.99
AD	23.12	2.00	56.90	6.94	22.12	2.19	62.86	6.28
EM	22.12	1.81	61.33	9.82	21.95	2.11	65.46	5.79
NHL	22.79	2.13	55.90	7.29	22.98	2.19	64.96	5.64
DM	22.59	1.86	57.05	8.45	22.87	2.58	64.51	5.93
SIDA	22.29	1.66	59.02	7.50	22.29	1.47	64.35	5.58
CJD	22.06	1.61	57.81	6.04	23.30	1.88	62.49	7.26
Autismo	21.68	1.90	57.93	9.64	22.21	2.04	63.84	6.16
FME	22.70	1.87	60.46	8.06	23.41	1.41	58.70	7.34
Valor F	306.749		130.054		290.441		203.651	
Valor P	< 0.001		< 0.001		< 0.001		< 0.001	

Discussão

Houve um aumento do citocromo F420, indicando um crescimento arqueológico. O arcaico pode sintetizar e utilizar o colesterol como fonte de carbono e energia. [6,14] A origem arqueal das actividades enzimáticas foi indicada pela supressão induzida por antibióticos. O estudo indica a presença de arquebactérias baseadas em actinídeos com enzimas alternativas baseadas em actinídeos ou metalloenzimas no sistema, como indicado pelo aumento induzido rutilo das actividades enzimáticas. [15] A actividade do colesterol hidroxilase arqueal, indicando síntese de ácido biliar, foi aumentada. [8]

Os ácidos biliares arcaicos são hormonas esteróides que podem ligar GPCR e modular D2 regulando a conversão de T4 para T3 que activa as proteínas de desacoplamento reduzindo o stress redox. Os ácidos biliares podem activar o factor de transcrição NRF ½ induzindo NQO1, GST, HOI reduzindo o stress redox. Os ácidos biliares são neuroprotectores e ajudam a prevenir o processo neurodegenerativo. Os ácidos biliares podem ligar FXR regulando a sensibilidade do receptor de insulina. A deficiência de ácido biliar leva à resistência à insulina e à síndrome metabólica X. Os ácidos biliares podem ligar PXR induzindo a via de derivação do ácido biliar da desintoxicação do colesterol. [25] A deficiência de ácido biliar conduz à toxicidade do colesterol. A ligação do ácido biliar ao receptor FXR inibe a fibrose dos tecidos e a deposição do tecido conjuntivo. A deficiência de ácido biliar pode desempenhar um papel na deposição de MPS e colagénio em campos electromagnéticos, PCC, MNG e angiopatia mucóide. Os ácidos biliares podem ligar macrófagos GPCR e VDR, produzindo imunossupressão e inibindo a NFKB. Isto ajuda a modular a arcaea e a activação imunitária crónica induzida pelo viroide. A deficiência de ácido biliar pode contribuir para a doença auto-imune. Os ácidos biliares arquebílicos são quimicamente diversos e estruturalmente diferentes dos ácidos biliares humanos. Os ácidos biliares arqueais podem ligar receptores GPCR olfactivos e estimular o lóbulo límbico produzindo um sentido de identidade social. O domínio dos ácidos biliares arqueológicos sobre os ácidos biliares humanos na estimulação da via olfactiva GPCR- lóbulo límbico leva à perda da identidade social e ao esquizofrenia/autismo. Os ácidos biliares tendem a ter um efeito inibidor sobre a proliferação celular e a prevenir a transformação maligna. [16]

Os ácidos biliares arcaicos ligados ao VDR têm um efeito inibidor sobre a proliferação celular. Os ácidos biliares podem assim modular a morte celular e a proliferação celular. Pode regular o metabolismo através da modulação das proteínas de desacoplamento mitocondrial e através da sensibilidade do receptor de insulina FXR. Os ácidos biliares podem modular o lóbulo límbico e as funções cerebrais via receptor GPCR e vias olfactivas. Os ácidos biliares podem regular a função imunitária através de macrófagos GPCR e VDR. Os ácidos biliares arcais podem produzir integração neuro-imuno-endócrina. A deficiência de ácidos biliares arqueais pode contribuir para a patogénese da fibrose endomiocárdica, doença de Alzheimer, esclerose múltipla, linfoma não-Hodgkin, síndrome metabólico X com trombose cerebrovascular e doença arterial coronária, esquizofrenia, autismo, distúrbio convulsivo, doença de Creutzfeldt Jakob e síndrome de imunodeficiência adquirida. A disfunção mitocondrial pode ser corrigida dando coenzima Q em doses elevadas, carnitina, tiamina e biotina. O crescimento do arquebactéria endosibiótico pode ser regulado por uma dieta rica em fibras.

Referências

1   Hanold D., Randies, J.W. (1991). Coconut cadang-cadang disease and its viroid agent, *Plant Disease,* 75, 330-335.

2   Valiathan M.S., Somers, K., Kartha, C.C. (1993). *Endomyocardial Fibrosis.* Nova Deli: Oxford University Press.

3   Edwin B.T., Mohankumaran, C. (2007). Fitoplasma da doença de Kerala wilt: Phylogenetic analysis and identification of a vector, *Proutista moesta, Physiological and Molecular Plant Pathology,* 71(1-3), 41-47.

4   Kurup R., Kurup, P.A. (2009). *Digoxina Hipotalâmica, Dominância Cerebral e Função Cerebral na Saúde e nas Doenças.* Nova Iorque: Nova Science Publishers.

5   Eckburg P.B., Lepp, P.W., Relman, D.A. (2003). Archaea and their potential role in human disease, *Infect Immun,* 71, 591-596.

6   Smit A.,Mushegian, A. (2000)Biossíntese de isoprenoides via mevalonato em Archaea: o caminho perdido,*Genoma Res,* 10(10), 1468-84.

7   Adam Z. (2007). Actinides e Origens da Vida, *Astrobiologia,* 7, 6-10.

8   Schoner W. (2002). Endogenous cardiac glycosides, uma nova classe de hormonas esteróides, *Eur J Biochem,* 269, 2440-2448.

9   Davies P.C.W., Benner, S.A., Cleland, C.E., Lineweaver, C.H., McKay, C.P., Wolfe-Simon, F. (2009). Signatures of a Shadow Biosphere, *Astrobiology,* 10, 241-249.

10   Richmond W. (1973). Preparation and properties of a cholesterol oxidase from nocardia species and its application to the enzymatic assay of total cholesterol in serum, *Clin Chem,* 19, 1350-1356.

11   Snell E.D., Snell, C.T. (1961). *Métodos Colorimétricos de Análise.* Vol 3A. Nova Iorque: Van NoStrand.

12   Glick D. (1971). *Métodos de Análise Bioquímica.* Vol 5. Nova Iorque: Interscience Publishers.

13   Colowick, Kaplan, N.O. (1955). *Métodos em Enzimologia.* Vol 2. Nova Iorque: Imprensa académica.

14   Van der Geize R., Yam, K., Heuser, T., Wilbrink, M.H., Hara, H., Anderton, M.C. (2007). Um aglomerado de genes que codifica o catabolismo do colesterol num actinomicetato do solo fornece uma visão da sobrevivência de Mycobacterium tuberculosis em macrófagos, *Proc Natl Acad Sci USA,* 104(6), 1947-52.

15   Francis A.J. (1998). Biotransformação de urânio e outros actinídeos em resíduos radioactivos, *Journal of Alloys and Compounds,* 271(273), 78-84.

16   Lefebvre P., Cariou, B., Lien, F., Kuipers, F., Staels, B. (2009). Role of Bile Acids and Bile Acid Receptors in Metabolic Regulation, *Physiol Rev,* 89(1), 147 - 191.

CAPÍTULO 8

A DOENÇA GLICOLÍTICA E A SÍNDROME DO CONFLITO MITOCONDRIAL RELACIONADA COM O AQUECIMENTO GLOBAL

Os padrões metabólicos do Neanderthal eram diferentes dos padrões homo sapiens. O stress da idade do gelo levou à indução de HO1. HO1 converte heme em bilirrubina e monóxido de carbono. Isto resulta no empobrecimento do heme. O depleção de heme induz a ALA synthase e resulta em porfirinogénese. A fotooxidação da porfirina resulta na geração de ROS e indução do alfa HIF resultando no fenótipo de Warburg com aumento da glicólise, inibição de PDH e disfunção mitocondrial. A depleção do Heme leva a uma função defeituosa da enzima aconitase heme do ciclo TCA e da enzima mitocondrial citocondrial C oxidase. Isto resulta na geração de energia pelo corpo através da glicólise, bem como a inibição da membrana de potássio ATPase ATPase induzida pela síntese de ATP. A disfunção mitocondrial leva à resistência à insulina.

A inibição do PDH leva a níveis inferiores do substrato acetil CoA para a via isoprenoidal de síntese do colesterol. O baixo nível de síntese de colesterol leva a baixos níveis de cortisol, testosterona, estrogénio, vitamina D, coenzima Q e ácidos biliares. A deficiência de ácido biliar pode levar a uma modulação defeituosa de LXR, FXR e PXR levando a síndrome metabólica X. A deficiência de CoQ leva a disfunção mitocondrial. A deficiência de vitamina D leva a uma activação imunitária. Baixos níveis de cortisol conduzem a uma resposta defeituosa ao stress. Baixa testosterona e estrogénio conduz a um estado assexuado.

A arcaea pode induzir a transmutação biológica dos metais. Há conversão de magnésio em cálcio. Isto resulta em disfunção do PT mitocondrial e morte celular, activação NFKB e estimulação imunitária, libertação de neurotransmissores monoamínicos resultando em esquizofrenia e autismo, activação oncogénica induzida pelo cálcio e secreção de insulina defeituosa produzindo síndrome metabólico. Há também a conversão de zinco em cobre. O zinco é necessário para a transmissão do glutamato e GABA. O zinco funciona como um neurotransmissor no córtex pré-frontal. Os neurónios que contêm zinco são chamados neurónios glutinérgicos. O cobre é necessário para a transmissão de monoamina e a função do cerebelo, do tronco cerebral e dos gânglios basais as partes primitivas do cérebro. Assim, a conversão do zinco em cobre resulta na atrofia do córtex pré-frontal e no domínio cerebelar. A transmutação biológica também pode gerar energia.

O fenótipo de Warburg induzido pelo arquebactérias pode produzir bloqueio PDH e acumulação de pirúvio. O piruvato entra no shunt GABA gerando succinil CoA e glicina, resultando na síntese de porfirina. A porfirina pode produzir percepção quântica de CEM de baixo nível resultando em atrofia do córtex pré-frontal e domínio cerebelar. Uma vez que a glicina é utilizada para a síntese da porfirina, a serina não é formada. Não há síntese de   cistathionina que conduza à hiperhomocysteinemia. O bloqueio de PDB resulta na acumulação de piruvato que se converte em glutamato e amoníaco, resultando numa síndrome hiperamonémica.

A enzima BKCD tem uma estrutura semelhante à PDH. A deficiência de BKCD resulta na acumulação de aminoácidos de cadeia ramificada. Para contrariar esta situação, os Neandertais desenvolveram defeitos no transportador renal de aminoácidos neutros. Isto resultou numa mutação da doença de Hartnup e numa deficiência de ácido nicotínico em consequência da perda de triptofano. A função das sirtuínas, um inibidor da deacetilase histonal também envolvido na acetilação de proteínas, é afectada. Os ácidos nicotínicos são inibidores das sirtuínas. O bloqueio PDH resulta na geração defeituosa de acetil CoA e na acetilação defeituosa da proteína. Existem cerca de 3500 proteínas acetiladas. Assim, o bloqueio de PDH pode modular a proteonómica.

Os viroides de RNA induzidos pelo arcaico podem bloquear o mRNA e regular a função do RNA. As porfirinas podem intercalar-se com ADN e RNA modulando a sua função. A inibição HDAC induzida pela sirtuina modulada pela mutação da doença de Hartnup e a deficiência de ácido nicotínico também pode modular a função genómica. Os viroides de RNA gerados por arcaea podem ser integrados no ADN, funcionar como genes saltadores e modular a função genómica.

A arcaea pode catabolizar o colesterol para a digoxina que pode produzir inibição da membrana de potássio ATPase de sódio aumentando o cálcio intracelular e reduzindo o magnésio intracelular. Há diminuição do magnésio e aumento do cálcio resulta em disfunção do PT mitocondrial e morte celular, activação NFKB e estimulação imunitária, libertação de neurotransmissores monoamínicos resultando em esquizofrenia e autismo, activação oncogénica induzida pelo cálcio e secreção de insulina defeituosa produzindo síndrome metabólico.

O aquecimento global leva a um aumento do crescimento actinídico endosibiótico do arquipélago. Os arquebactérias são extremófilos. A arcaea actinídica sobrevive através da catabolização do colesterol. A arcaea e os seus antigénios induzem o HIF alfa e activam a via glicolítica. A activação da via glicolítica induz o aumento da conversão da glucose em frutose pela activação da via do sorbitol. A glicose é convertida em sorbitol pela enzima aldose redutase e o sorbitol é convertido em frutose pela acção do sorbitol desidrogenase. A frutose é fosforilada por hexoquinase ou fructoquinase a fosfato de frutose. A hexocinase tem um valor de km baixo para a frutose e quantidades mínimas de frutose serão convertidas em fosfato de frutose, esgotando o ATP celular. O ATP é convertido em AMP e pela acção da deaminase AMP é convertido em ácido úrico. Assim, existe uma hiperuricemia resultante e o esgotamento da ATP também produz inibição da ATPase de potássio de membrana de potássio. A inibição da membrana de ATPase sódica potássica aumenta o cálcio intracelular e esgota o magnésio. Isto produz morte celular ao abrir o PT mitocondrial, activação NFKB e activação imunitária, excitotoxicidade do glutamato e activação do oncogene, levando a perturbações sistémicas. O esgotamento da ATP inibe finalmente a hexoquinase como tal e a fosforilação da glucose deixa de bloquear a via glicolítica e o seu acoplamento à fosforilação oxidativa mitocondrial pela acção da hexoquinase do PT poro. A célula é esvaziada de energia pela glicólise e pelo esquema de fosforilação oxidativa e morre. Assim, o aquecimento global através da indução da glicólise e do fenótipo de Warburg e o aumento da conversão da glicose em frutose e o consequente esgotamento celular da ATP podem produzir perturbações sistémicas e disfunções celulares, bem como a morte. Isto pode produzir a síndrome sistémica relacionada com o aquecimento global.

O aquecimento global leva à neandertalização da espécie humana em consequência do crescimento da arcaia actinídea. Os Neandertais estavam habituados a uma dieta ketogénica com elevado teor de gordura e de proteínas. Os corpos cetónicos foram oxidados para gerar ATP nas mitocôndrias. Os neandertais humanos devido ao crescimento actinídico do arquebactéria devido ao consumo de uma dieta glucogénica levam à indução de enzimas glicolíticas. As enzimas glicolíticas são citosólicas. As enzimas glicolíticas são antigénicas nos seres humanos neanderthalizados. As enzimas glicolíticas foram suprimidas na dieta homo neanderthalis que comia cetogénica. Isto resulta na supressão das enzimas glicolíticas induzidas pela formação de anticorpos nos homo neandertalis que surgem devido ao crescimento arqueológico resultante do aquecimento global. O bloqueio da glicólise resulta no bloqueio da energia celular. Isto resulta em hiperglicemia e síndrome metabólico X. A glucose é convertida em sorbitol por aldose redutase e o sorbitol é convertido em frutose por fructoquinase. A enzima fructoquinase é nativa dos Neandertais, uma vez que estes consumiam fruta juntamente com gordura e proteínas da carne. A frutose é fosforilada a fosfato de frutose, o que esgota a célula de ATP. Isto inibe a membrana de ATPase de potássio de sódio, levando ao aumento do cálcio intracelular e à redução do magnésio intracelular. Isto produz excitotoxicidade de glutamato e neurodegeneração, activação oncogénica e malignidade, activação NFKB e doença auto-imune, libertação de neurotransmissores monoaminas de vesículas pré-sinápticas e esquizofrenia e todas as doenças sistémicas. O aumento da glicose é metabolizado por glicólise arqueal e ciclo do ácido cítrico. O piruvato gerado pela glicólise arqueal entra no esquema de derivação GABA gerando succinil CoA e glicina que são substratos para a síntese da porfirina. O ciclo do ácido cítrico arqueal pode ser redutor gerando fixação de dióxido de carbono semelhante ao ciclo Calvin de fotossíntese ou oxidativo gerando acetil CoA que é utilizado para a síntese do colesterol pela via do mevalonato arqueal. A glicólise do arquebactéria também gera 1,6-difosfato de frutose que entra na via do fosfato pentose produzindo fosfato D-xilulose que é um substrato para a via DXP da síntese do colesterol do arquebactéria. A arcaea sintetiza o colesterol tanto pela via do mevalonato como pela via do DXB. A arcaea pode usar o colesterol para a energia, catabolizando-o. O anel de colesterol é oxidado a piruvato que entra na derivação GABA que fornece substratos para o ciclo do ácido cítrico. O piruvato é convertido em glutamato e amoníaco. O arcaico pode oxidar o amoníaco para obter energia. A cadeia lateral do colesterol é oxidada em butirato e propionato, que também pode ser mais utilizada para fins energéticos. A energia arqueal depende da glicólise, do ciclo do ácido cítrico, da oxidação do amoníaco e do catabolismo do colesterol. Os anticorpos contra as enzimas glicolíticas aldolase, enolase, GAPDH e quinase pirúvica contribuem para a síndrome metabólica X, esquizofrenia, perturbações do humor, autismo, esclerose múltipla, lúpus, doença de Alzheimer e doença de Parkinson. A upregulação da glicólise contribui para o estado neoplásico. Os anticorpos são produzidos contra as enzimas glicolíticas induzidas, bem como contra as enzimas glicolíticas arqueológicas. O bloqueio da glicólise leva a uma disfunção mitocondrial secundária. O esquema glicolítico é acoplado à fosforilação oxidativa mitocondrial por hexoquinase do PT mitocondrial. Os anticorpos contra a glicólise bloqueiam a glicólise e produzem uma disfunção mitocondrial secundária. A célula utiliza toda a sua energia. O esgotamento da ATP por fosforilação da frutose produz inibição da membrana de ATPase sódica de potássio e hibernação celular, bem como a transformação das células estaminais. Os sistemas de tecidos humanos param e formam uma estrutura para que as colónias arqueológicas prosperem. O corpo humano torna-se um zombie para as colónias arqueológicas que são eternas. Isto afecta a função de sistemas de órgãos como o fígado que produz cirrose, o pulmão que produz doença pulmonar intersticial, fibrose renal e CRF, cardiomiopatia e doença de Alzheimer. Isto pode ser chamado como a síndrome do zombie. O esgotamento da ATP por fosforilação da frutose gera ADP e AMP que por acção da deaminase AMP produz ácido úrico e hiperuricemia. A síndrome do zombie converte o corpo humano numa estrutura para uma rede de colónias arqueológicas. A arcaea pode secretar RNA e viroides de ADN que podem recombinar com sequências retrovirais endógenas humanas e sequências de ADN humano gerando novos vírus de RNA, vírus de ADN e bactérias. Assim, a síndrome do zombie resulta na geração de novas bactérias e vírus. A síndrome do zombie pode ser tratada através da supressão da glicólise. Isto pode ser feito dando uma dieta cetogénica derivada de ácidos gordos de cadeia curta de fibras - butirato e acetato, ácidos gordos polinsaturados e ácidos gordos de cadeia curta como o ácido láurico.

A síndrome do aquecimento global zombie resulta na conversão da glucose em frutose pela indução da aldose redutase resultante da desidratação. A glucose é primeiro convertida em sorbitol pela aldose redutase e depois por sorbitol desidrogenase em frutose. A frutose tem um elevado valor para a cetoquinase e é fosforilada e entra na via do fosfato pentose. A frutose é convertida em fosfato de glucosamina e fosfato de galactosamina. Há uma síntese aumentada de glicosaminoglicanos. Isto produz uma acumulação de GAG nos vasos que produzem angiopatia mucóide, Rins que produzem HOMEN, CEM que produzem coração, Pâncreas que produzem PCC e Tiróide que produzem MNG. Pode também resultar em fibrose do pulmão e fígado produzindo cirrose e doença intersticial pulmonar. Estas doenças são comuns em países tropicais quentes, a sul do equador e podem ser chamadas de síndrome lemuriana. O aumento do valor em km da frutose para a cetoquinase resulta num aumento da fosforilação da frutose sobre a glicose produzindo hiperglicemia e síndrome metabólica. A fosforilação da frutose esgota a célula de ATP e converte ATP em AMP e ADP, sobre o qual actua a deaminase ATP que produz ácido úrico. A canalização da frutose para a via do fosfato pentose resulta no aumento da produção de ribose e síntese de ácido nucleico e produção de ácido úrico em consequência da degradação da purina. Há hiperuricemia. O defeito tubular do HOMEM produz hipocalemia e hiponatremia. O aumento da frutose produz a glicação de frutose das proteínas, resultando na formação de proteínas antigénicas e doenças auto-imunes. A frutose pode produzir inflamação e auto-imunidade. A isto chama-se fructosite. O aumento da frutose que é canalizada para a via do fosfato pentose e síntese de ribose resulta num aumento da síntese de ácido nucleico e na formação de cancro. O esgotamento do ATP celular em consequência da fosforilação da frutose resulta em morte celular e degeneração neuronal. A morte celular na mucosa intestinal rompe a barreira intestinal do sangue produzindo síndrome das entranhas com fugas, resposta de fase aguda e síndrome metabólico X, bem como auto-imunidade. A fosforilação da frutose e o esgotamento da

ATP resulta na inibição da ATPase de potássio de membrana e aumento do cálcio intracelular e redução do magnésio intracelular. Isto resulta em resistência à insulina, excitotoxicidade do glutamato, activação oncogénica, secreção monoamina de vesículas pré-sinápticas e esquizofrenia, bem como activação de NFKB e auto-imunidade. A canalização da frutose para a síntese de glucosamina e o aumento da síntese de GAG resulta num aumento da síntese de sulfato de heparano que se combinará com proteínas formando amilóide. A formação amilóide é a base da doença dos neurónios motores onde as ribonucleoproteínas formam a amilóide. Na doença de Parkinson, a alfa sinucleína forma amilóide. Na doença de Alzheimer forma-se a amilóide beta. As proteínas supressoras de tumores formam amilóide e resultam em oncogénese. O polipéptido amilóide associado à ilhota forma a base de uma secreção defeituosa de insulina na síndrome metabólica X.

O aquecimento global leva à indução de aldose redutase. A aldose redutase converte glicose em sorbitol. O sorbitol é convertido em frutose por sorbitol desidrogenase. A frutose é fosforilada pela fructoquinase e as ketokinases têm um valor de km mais elevado para a frutose do que a glicose. Isto resulta numa rápida fosforilação da frutose e no esgotamento da ATP celular. O esgotamento da ATP celular tem duas consequências. O ATP é convertido em ADP e AMP. O ADP e o AMP são actuados por deaminases geradoras de ácido úrico. A hiperuricemia é uma característica dos fenómenos metabólicos relacionados com o aquecimento global. O esgotamento do ATP resulta em disfunção tubular renal produzindo perda de electrólitos e aminoácidos. Isto resulta em aminoaciduria não específica, hipocalemia e hiponatremia. Não há edema ou hipertensão. Isto produz uma doença tubulointersticial crónica chamada nefropatia mesoamericana. O esgotamento celular do ATP pode produzir a morte celular levando à degeneração neuronal. A depleção de ATP produz inibição da ATPase de potássio de membrana e aumento do cálcio intracelular e redução do magnésio intracelular. Isto produz activação imunitária por indução NFKB, activação oncogénica, excitotoxicidade do glutamato e neurodegeneração, libertação de monoaminas na junção sináptica e esquizofrenia. O esgotamento do ATP pode também afectar a barreira do sangue intestinal produzindo uma resposta de fase aguda e uma síndrome de fuga do intestino. A resposta de fase aguda pode levar à síndrome metabólica X. O esgotamento do ATP devido à afinidade das cetokinases para a frutose leva à falta de fosforilação da glicose. Isto leva à hiperglicemia e ao síndrome metabólico X. A glucose que se acumula é convertida em frutose produzindo o síndrome da fructosite.

A frutose tem dois destinos metabólicos. A frutose pode ser fosforilada a fosfato de frutose e entrar na via do fosfato pentose gerando ribose importante na síntese do ácido nucleico. O catabolismo purínico pode gerar ácido úrico. A síntese do ácido nucleico pode levar ao aumento da proliferação celular e à oncogénese. Assim, a fructosite relacionada com o aquecimento global pode levar à oncogénese. A frutose que se acumula também pode entrar na via da síntese de glicosaminoglicanos e proteoglicanos. A frutose é fosforilada e convertida em fosfato de frutose que pode ser convertida em glucosamina e galactosamina que são substratos para a síntese de glicosaminoglicanos. Isto resulta numa acumulação de mucopolissacarídeos do tecido conjuntivo no corpo e tecidos que conduzem a estados de doença como fibrose endomiocárdica, pancreatite calcária crónica, bócio multinodular e angiopatia mucóide que podem ser classificados como uma síndrome cardiovascular e endócrina de origem desconhecida relacionada com o aquecimento global, semelhante ao HOMEM. A acumulação de mucopolissacáridos pode ocorrer no fígado produzindo cirrose hepática e no pulmão produzindo doença pulmonar intersticial. O mucopolissacarídeo, sulfato de heparan pode combinar-se com proteínas de prião produzindo deposição amilóide que conduz a doenças conformacionais. Isto inclui as proteínas de prião que levam à doença de Creutzfeldt Jakob, dismutase de cobre zinco e doença do neurónio motor, alfa sinucleína e doença de Parkinson e proteína supressora de tumores e cancro. A relação entre o polipéptido amilóide associado à ilhota e a diabetes mellitus é bem conhecida. Assim, a conversão da frutose em GAG resulta em doença conformacional e acumulação de amilóide.

A acumulação de frutose resulta na fructosilação de proteínas, semelhante à glicação de proteínas. As proteínas fructosiladas são antigénicas. Isto resulta no aumento da frequência de doenças auto-imunes como o lúpus e a esclerose múltipla. A conversão para glucose em frutose e a sua fosforilação esgota a célula de ATP e resulta na inibição da membrana de ATPase potássica de sódio. Isto aumenta o cálcio intracelular que liberta os neurotransmissores das vesículas pré-sinápticas. Assim, há um aumento do glutamato e da transmissão monoaminérgica que conduz à esquizofrenia e ao autismo. O aumento do cálcio intracelular pode abrir o PT mitocondrial libertando o cito C que activa a cascata de caspase e a morte celular. Isto produz a degeneração neuronal.

A conversão da glucose em frutose e a fosforilação da frutose resulta no esgotamento do ATP celular. Isto pára a fosforilação da glucose pela glucocinase e a geração de glicose 6-fosfato pára. O processo glicolítico, o ciclo TCA e o seu acoplamento à fosforilação oxidativa mitocondrial é inibido. O corpo depende de ácidos gordos e aminoácidos para a energia. O corpo pode sobreviver apenas com uma dieta cetogénica. A glicose acumulada forma um substrato para utilização pela arca endosibiótica. As arcaias têm uma via glicolítica que pode converter a glicose em piruvato. O piruvato pode então entrar na via de derivação GABA gerando succinil CoA e glicina, os substratos para a síntese da porfirina por arcaea e humanos. As matrizes supramoleculares de porfirina ou os porfírios podem transferir electrões sintetizando ATP. A arcaea também tem um ciclo parcial de ácido cítrico e o piruvato gerado pela glicólise arqueal pode entrar no ciclo parcial do ácido cítrico. O citrato pode ser utilizado para a síntese lipídica. O acetil CoA gerado a partir do piruvato por arcaia pode ser utilizado para a síntese do colesterol. A arcaea pode catabolizar o colesterol para gerar energia. O anel de colesterol é oxidado para piruvato e a cadeia lateral é oxidada para butirato e propionato. Isto pode ser utilizado para a geração mitocondrial de ATP. O piruvato gerado pela glicólise arqueal também pode sofrer um ciclo inverso de ácido cítrico para fixação do dióxido de carbono semelhante ao ciclo de Calvin. Assim, a glicólise arqueal, ciclo parcial de ácido cítrico, ciclo inverso de fixação do dióxido de carbono, síntese do colesterol pelo caminho do mevalonato e DXP e catabolismo do colesterol dominam. A frutose gerada pela conversão em glucose pode entrar na via do fosfato pentose geradora de D xilofosfato de celulose e pode ser utilizada para sintetizar o colesterol. O piruvato arqueal gerado pela glicólise também pode ser convertido em acetil CoA que pode entrar na via arqueal mevalonate da síntese do colesterol. Assim, o arquebactéria tem tanto a via de síntese do colesterol - a via DXP como a via do mevalonato. A frutose gerada pela conversão da glucose devido ao aquecimento global entra na via DXP de síntese do colesterol, na via do fosfato pentose e na via da síntese do ácido nucleico e da síntese do GAG. Isto pode levar à disfunção de múltiplos órgãos com fibrose e acumulação de mucopolissacarídeos, que pode ser chamada síndrome de Lemurian. O grupo inicial de doenças EMF, PCC, MNG e angiopatia mucóide ocorre a sul do equador na Índia do Sul, África do Sul e América do Sul. Os HOMEN relacionados com o aquecimento global são relatados da América Central e da América do Sul. O HOMEM pertence ao grupo dos CEM, PCC, MNG e angiopatia mucóide. Isto pode ser chamado de síndrome lemuriana, uma vez que a África do Sul, Índia do Sul, Austrália e partes da América do Sul faziam parte de uma única entidade continental no passado longínquo, quando existiam os Neandertais. O aquecimento global e a consequente conversão da glucose em frutose resulta no esgotamento do ATP devido a uma fosforilação mais eficiente da frutose sobre a glucose. Isto resulta numa fosforilação ineficaz da glucose e numa acumulação que leva ao crescimento arqueológico. A frutose acumulada é convertida em fosfato de D xilulose e utilizada para a via DXP de síntese do colesterol pela arcaea. O colesterol é catabolizado pela arca actinídea actinídea endosymbiotic gerando digoxina. O crescimento da arca actinídica resulta num aumento da síntese da porfirina e da percepção de campos electromagnéticos de baixo nível pelos sistemas quânticos de porfirina dipolar mediados por sistemas quânticos. A inibição da ATPase de potássio de membrana de sódio induzida pela digoxina no ajuste das porfirinas dipolares na célula pode produzir um sistema fonónico bombeado de percepção quântica. Isto resulta na atrofia do córtex pré-frontal e no domínio cerebelar, levando à neandertalização do cérebro humano. Isto resulta do crescimento arqueológico endosibiótico resultante da metabolonomia relacionada com o aquecimento global. O mesmo metabolonómico relacionado com o aquecimento global resulta na génese da síndrome lemuriana descrita acima.

Esta síndrome também pode ser designada como fructosemia ou fructosite. O stress oxidativo pode induzir aldose redutase e converter glucose em frutose. A arca endosibiótica sintetiza a digoxina pelo catabolismo do colesterol. A digoxina inibe a membrana potássica de sódio ATPase e aumenta o cálcio intracelular abrindo o PT mitocondrial. Isto produz disfunção mitocondrial e stress oxidativo. O stress oxidativo pode induzir a aldose redutase e converter toda a glicose em frutose. A frutose tem um valor baixo de km para a cetoquinase em comparação com a glicose e é preferencialmente fosforilada. A glucose permanece sem fosforilação e o esquema glicolítico e a sua fosforilação oxidativa mitocondrial acoplada é retardada ou inibida. A ATP mitocondrial e o citrato podem inibir a fosfofructoquinase e a glicólise, mas não podem inibir a fructoquinase ou a aldose redutase. Por conseguinte, a conversão da glucose em frutose continua. A frutose gerada pode inibir a função mitocondrial levando a mais stress oxidativo e ainda mais indução da aldose redutase. A eficiente fosforilação da frutose esgota a célula de ATP produzindo stress oxidativo e indução de NFKB resultando em inflamação crónica. O stress oxidativo devido ao esgotamento de ATP pode produzir ainda mais indução de aldose redutase e geração de frutose. O esgotamento de ATP faz com que o paciente se sinta fatigado. O aumento da frutose inibe a saciedade e o comportamento alimentar do paciente é alterado, levando à obesidade. Isto leva a uma síndrome metabólica X. A síndrome metabólica X é uma síndrome de armazenamento de gordura, semelhante à hibernação. A frutose que é gerada é convertida em alfa-glicerofosfato que é utilizado para a síntese de triglicéridos. O consumo de frutose pode aumentar a síntese de triglicéridos e de fígado gordo. O ATP esgotado devido à fosforilação da frutose gera AMP e ADP que é convertido em ácido úrico por deaminases. O ácido úrico pode inibir a função mitocondrial. O ácido úrico pode contribuir para a resistência à insulina e síndrome metabólica X. O ácido úrico também pode produzir disfunção endotelial, contribuindo para a doença arterial coronária e acidente vascular cerebral. O ácido úrico inibe a aconitase, o que leva à acumulação de citrato. O ácido úrico pode induzir a lisase do citrato e a acyl CoA sintase gorda, conduzindo à síntese de ácido gordo. O citrato acumulado pode bloquear a via glicolítica. A glicose acumulada é convertida em frutose por aldose redutase. O ácido úrico diminui o NADPH reduzido e o NAD+ oxidado. Isto afecta o potencial redox e conduz a stress oxidativo que induz ainda mais a aldose redutase. A aldose redutase pode ser induzida por stress hiperosmótico. Isto inclui o criado pela hiperglicemia resultante do bloqueio da fosforilação da glucose como resultado da fosforilação selectiva da frutose, devido ao baixo valor km da frutose para a cetoquinase. O mesmo mecanismo funciona na desidratação induzida pelo aquecimento global. Isto leva à hiperosmolaridade que induz a aldose reductase. Estes mecanismos são semelhantes ao que acontece na hibernação em animais. Os animais em hibernação desenvolvem uma síndrome metabólica colocada no peso, armazenam gordura, aumentam os triglicéridos, desenvolvem fígado gordo e desenvolvem resistência à insulina. A hibernação e a síndrome metabólica X são síndromes de armazenamento de gordura. Os Neandertais evoluíram nas estepes eurasiáticas frias e desenvolveram uma síndrome de hibernação semelhante à síndrome metabólica com armazenamento de gordura. O stress da idade do gelo teria induzido o stress redox, induzido aldose redutase e convertido glucose em frutose. A frutose teria sido selectivamente fosforilada a fosfato de frutose que teria entrado na via do fosfato pentose gerando ribose para síntese de ácido nucleico, a via da glucosamina para síntese de glicosaminoglicanos e/ou convertida em glicerofosfato alfa para síntese de ácidos gordos e triglicéridos. A fructosamia também pode afectar a função cerebral. A frutose pode inibir a BDNF e inibir o crescimento cortical produzindo um cérebro cerebelar dominante e atrofia do córtex pré-frontal. Isto teria resultado na neandertalização do cérebro. A conversão do fosfato de frutose em ribose através da via do fosfato pentose aumenta a síntese do ácido nucleico e a proliferação celular. Isto leva à oncogénese. A proliferação celular também pode contribuir para o fenótipo volumoso da população do Neandertal. A enzima fructoquinase actua como um interruptor da obesidade. A abertura do interruptor da obesidade também contribui para o fenótipo volumoso da população do Neandertal. O stress oxidativo e o stress osmótico da idade do gelo e do aquecimento global podem induzir a conversão da glucose em frutose através da enzima sorbitol desidrogenase. Isto também leva à indução de fructoquinase, geração de frutose, fructosemia e fructosite. O aumento da frutose pode produzir proteínas fructosiladas que produzem proteínas antigénicas e doenças auto-imunes. Assim, a fructosemia pode contribuir para a oncogénese, síndrome metabólica X, neurodegeneração, doenças psiquiátricas como a esquizofrenia e o autismo, bem como a doença auto-imune. A fructosemia pode contribuir para a resistência à insulina. A fosforilação selectiva da frutose devido ao baixo valor km da cetoquinase para a frutose resulta na não fosforilação da glucose e hiperglicemia. A resistência à insulina leva a uma maior indução de aldose redutase e fructoquinase. A frutose pode produzir depleção de

ATP e stress oxidativo. O stress oxidativo pode induzir NFKB produzindo inflamação crónica e o TNF alfa pode produzir resistência insulínica actuando ao nível do receptor de insulina. A resistência à insulina activa ainda mais o sistema da aldose redutase fructoquinase, que também é activado pelo stress osmótico e oxidativo dos extremos do clima, como o aquecimento global e a idade glacial. Isto leva à síndrome sistémica lemuriana de fructosemia e fructosite.

A via metabólica da frutose é chamada fructólise. O stress oxidativo e o stress osmótico devido ao aquecimento global e ao crescimento actinídico do arquebactéria leva à indução da aldose redutase. Isto converte glucose em sorbitol e o sorbitol é actuado por sorbitol desidrogenase produz frutose. A frutose é normalmente submetida a fructólise. A glicólise é inibida ao nível da fosfofructoquinase por ATP e citrato. A via fructolítica e o metabolismo da frutose limita-se ao fígado e a certos tecidos e não se encontra sob este controlo regulamentar. A frutose é convertida em 1-fosfato de frutose por fructoquinase. A fructose 1-fosfato é actuada pela aldolase B ou pela fructose 1-fosfato aldolase convertendo-a em dihidroxi acetona fosfato. O fosfato dihidroxi acetona tem dois destinos. É agido por triose fosfato isomerase a 3-fosfato de gluceraldeído. O 3-fosfato de gliceraldeído é convertido em 6-fosfato de glucose e depois em 1-fosfato de glucose. O 1-fosfato de glicose é utilizado para a glicogénese. O fosfato de di-hidroxi acetona é actuado pelo 3-fosfato de glicerol desidrogenase para o 3-fosfato de glicerol. O 1-fosfato de frutose pode ser oxidado a piruvato. O piruvato pode ser descarboxilado a acetil CoA. A acetil CoA é utilizada para a síntese de ácidos gordos e colesterol. Assim, leva à síntese de triglicéridos e à formação de VLDL. A frutose pode assim ser convertida em glicogénio de armazenamento, triglicéridos e colesterol. O aquecimento global e a idade do gelo são estados extremofílicos. O corpo humano entra num estado de hibernação e armazena nutrientes como glicogénio e triglicéridos. A frutose pode aumentar as enzimas piruvato quinase, malato desidrogenase, citrato lisase, acetil CoA carboxilase, piruvato desidrogenase e ácido gordo sintetase. Assim, o metabolismo é mudado para o modo hibernatório a partir do catabolismo da glucose. O catabolismo da glicose pára. A glicose que se acumula entra no ciclo primitivo arquebactérias glicolítico e ácido cítrico parcial, bem como na via de derivação GABA. A via de derivação GABA da arcaia gera succinil CoA e glicina os substratos para a síntese da porfirina. As porfirinas podem auto-organizar-se para formar estruturas supramoleculares que se podem auto-replicar chamadas porfírios. Os porfiriões são os derradeiros auto-replicadores. Podem ter uma cadeia de transporte de electrões induzidos por fotoindução e síntese de ATP. Os porfírios são dipolares e no ajuste da membrana celular intercaladora de porfirina produzindo uma inibição de ATPase de potássio sódico pode produzir um sistema de fónon bombeado. Este é um estado supercondutor à temperatura ambiente e pode produzir uma percepção quântica. As porfirinas são estruturas macromoleculares com uma existência particular de onda. Os porfírios são o último observador quântico e medeiam a conversão da espuma quântica para o mundo das partículas. Este aquecimento global induziu a fructosemia e a glicose livre acumulada é catabolizada pelo ciclo parcial do ácido cítrico e GABA shunt de arcaea para porfirinas geradoras de porfirinas que podem assumir o estado de espuma quântica e habitar um universo de multiverso com uma existência eterna. Os porfírios podem ser submetidos a fotooxidação gerando stress redox. O stress redox induzirá ainda mais a aldose redutase e aumentará a fructosemia. A glucose permanece sem fosforilação devido ao elevado valor km de glicose para a cetoquinase, em comparação com a frutose. A glicose livre é catabolizada por enzimas arqueológicas a porfirinas e porfírios. O corpo humano torna-se um zombie para os porfírios auto-reproduzidos. Os porfírios têm uma percepção quântica de baixo nível de CEM. Isto produz atrofia do córtex pré-frontal e domínio cerebelar, levando à neandertalização do cérebro humano. As vias metabólicas humanas de glicólise e fosforilação oxidativa estão bloqueadas. A síntese de glicogénio, lípidos, colesterol e glicosaminoglicanos domina. O corpo muda para o modo anabólico hibernatório. A fructoquinase induzida pelo stress osmótico e o stress oxidativo do aquecimento global é a mudança para o modo hibernatório, levando à síndrome metabólica ou doença de armazenamento de gordura. A glicose livre sofre catabolismo por glicólise arqueal e GABA shunt a porfírios. As porfirinas podem actuar como modelo de formação de viroides de RNA, viroides de ADN, priões e acabam por simbionar e viver juntas como nanoarquéia. Assim, a nanoarqueia pode surgir a partir de modelos de porfirina. As matrizes supramoleculares de porfirina podem ter uma cadeia de transporte de electrões e síntese de ATP, uma forma primitiva de mitocôndrias. A nanoarqueia pode formar-se e auto-replicar-se em modelos de porfirina. As matrizes supramoleculares de porfirina ou porfírios também se podem auto-replicar. O corpo humano torna-se um zombie para as porfírias e nanoarréias abiogénicas. Os porfírios podem ter uma existência quântica macroscópica e habitar universos multiverso. Assim, o metabolismo humano pára e o mundo da nanoarqueia e das porfírias que são passos eternos. A raça humana tal como a conhecemos extingue-se devido à metabolonomia do aquecimento global. Volta ao quadro de trabalho da evolução uma vez mais.

Os Neandertais viviam na Estepe Eurasiana, que era fria. Desenvolveram o metabolismo hibernatório e uma síndrome de armazenamento de gordura para os proteger do frio. Os Neandertais evoluíram devido ao crescimento endosibiótico do arquebactéria. As artérias endosibióticas são extremófitas e crescem em extremos do clima - a era glaciar e o aquecimento global. O aquecimento global resulta no aumento do crescimento dos arquebactérias endosibióticas e na neanderthalização das espécies homo sapiens. A neanderthalização é um fenómeno simbiótico. O aquecimento global pode levar à desidratação e ao stress osmótico. O arquebactérias pode catabolizar o colesterol gerando digoxina que pode induzir o stress redox. O stress osmótico e o stress redox levam à indução da enzima aldose redutase que converte glicose em sorbitol. O sorbitol é actuado pela sorbitol desidrogenase e convertido em frutose. A frutose pode entrar em três esquemas metabólicos. A frutose é convertida em alfa glicerofosfato e triglicéridos. Isto resulta no armazenamento de glicose e frutose como gordura e uma síndrome de armazenamento de gordura. A gordura subcutânea protege contra as variações da temperatura climática. A frutose pode inibir a função mitocondrial e a oxidação beta mitocondrial dos ácidos gordos, acentuando o armazenamento de gordura. A gordura pode aumentar a resistência à insulina pelos ácidos gordos que actuam sobre o receptor de insulina. A resistência à insulina conduz ainda mais à indução da aldose redutase. A frutose também pode entrar na via da glucosamina resultando na síntese de GAG e acumulação de mucopolissacáridos e proteoglicanos. Isto pode levar à acumulação sistémica de tecido conjuntivo em órgãos viscerais como o fígado produzindo cirrose, pulmão produzindo doença pulmonar interstical, rim produzindo a síndrome MEN, pâncreas produzindo fibrose pancreática e PCC, coração produzindo cardiomiopatia e

CEM e árvore vascular produzindo angiopatia mucóide. A frutose tem um baixo valor de km para as cetokinases em comparação com a glicose e é selectivamente fosforilada. Isto resulta no esgotamento celular de ATP e na inibição da ATPase de potássio de membrana de potássio, resultando no aumento do cálcio intracelular. O cálcio produz disfunção dos poros mitocondriais do PT e stress redox. O stress redox pode induzir aldose reductase. O esgotamento da ATP resulta numa maior inibição da fosforilação da glucose. Isto resulta em hiperglicemia. A arcaea tem a via glicolítica, um ciclo parcial de ácido cítrico e um ciclo inverso de ácido cítrico para fixação do dióxido de carbono. A arcaea pode induzir o fenótipo de Warburg nos tecidos humanos com aumento da glicólise, inibição da desidrogenase pirúvel e inibição da fosforilação oxidativa mitocondrial. Isto resulta na acumulação de piruvato que entra no esquema de derivação GABA gerando succinil CoA e glicina para síntese de porfirina. A glicose acumulada devido ao bloqueio da fosforilação da glicose é metabolizada por arquebactérias geradoras de piruvato. O piruvato pode entrar no ciclo do TCA através da piruvato desidrogenase gerando acetil CoA para a síntese de ácidos gordos e colesterol. A arcaea pode catabolizar o colesterol e gerar energia. O arquebactérias pode converter o piruvato via GABA shunt, como já foi dito, em porfirinas. Assim, há um aumento da síntese de porfirinas, síntese de colesterol e catabolismo, síntese de triglicéridos, síntese de ácidos nucleicos e síntese de GAG. Os padrões metabólicos mudam. O bloqueio da fosforilação da glucose pela frutose resulta em hiperglicemia que pode bloquear ou inibir a acumulação da porfirina. As porfirinas têm uma existência de partículas de onda no estado macroscópico e contribuem para a percepção quântica ou percepção extra-sensorial em homo neanderthalis. O esgotamento celular do ATP em consequência da fosforilação da frutose resulta na geração de ADP e AMP que são actuados por deaminases que produzem ácido úrico. O ácido úrico pode bloquear a função mitocondrial gerando stress redox e maior indução de aldose redutase. O ácido úrico pode inibir o ciclo do TCA devido à inibição da aconitase. Isto resulta numa acumulação de citrato que bloqueia ainda mais a glicólise. O citrato é actuado pela lisase do citrato induzido e pela sintetase do ácido gordo que produz ácidos gordos. Isto pode levar à síntese e acumulação de triglicéridos e a uma síndrome de armazenamento de gordura. Os ácidos gordos podem bloquear o metabolismo da glicose e a via glicolítica. A função mitocondrial é bloqueada pelo ácido úrico, frutose e digoxina. As matrizes de porfirina podem funcionar como um organismo supramolecular chamado porfiriões e electrões de transferência e fotões. Isto funciona como uma forma primitiva de mitocôndria geradora de ATP. A inibição da membrana de potássio de sódio ATPase devido ao esgotamento de ATP resulta na síntese de ATP de potássio de membrana ATPase mediada por ATP. A matriz de porfirina e membrana de ATPase sódica de potássio mediada por ATPase pode fornecer a energia corporal. A fructosemia pode levar a um aumento da síntese de ribose através da via do fosfato pentose, induzindo a síntese de ácido nucleico e a proliferação celular. Isto pode levar à oncogénese. A fructosemia pode levar à fructosilação de proteínas que produzem proteínas antigénicas. O esgotamento do ATP resultante da fosforilação da frutose pode produzir stress redox, activação NFKB e activação imunitária. Isto leva a doenças auto-imunes. A frutose pode inibir o factor de crescimento neurotrófico derivado do cérebro e levar à génese da esquizofrenia e do autismo. O esgotamento celular do ATP devido à fosforilação da frutose pode levar à morte celular e à neurodegeneração. O baixo valor de km de frutose para a cetoquinase pode levar à fosforilação selectiva da frutose a um rápido esgotamento da célula das lojas de ATP. Isto inibe a fosforilação da glucose produzindo inibição do metabolismo da glucose resultando em hiperglicemia e síndrome metabólica. O ácido úrico gerado por esta via pode resultar em disfunção endotelial, doença arterial coronária e acidentes vasculares cerebrais. Assim, o crescimento actinídico relacionado com o aquecimento global pode levar à fructosite, fructosemia e uma síndrome lemuriana que afecta múltiplos sistemas de órgãos.

CAPÍTULO 9

MUDANÇA CLIMÁTICA E BIOLOGIA DE CÉLULAS - GLICÓLISE, SÍNDROME MITOCHONDRIAL CONFLITAL E TRANSFORMAÇÃO DE CÉLULAS ESTAMINAIS HUMANAS

Endosimbiótica arquebactérias e metabolonómica das células estaminais

os Neandertais são formas de vida simbióticas devido à endosimbiose arqueal. O fenótipo Warburg induz o fenótipo Warburg com glicólise aumentada e o bloqueio do ciclo TCA e da fosforilação oxidativa mitocondrial. o fenótipo Warburg é visto na doença auto-imune, esquizofrenia, autismo, cancro, degeneração e síndrome metabólico X. Os Neandertais comeram uma dieta cetogénica de gordura e proteínas para suprimir a via glicolítica. Os híbridos do Neanderthal formados pelo acasalamento homo sapien tinham uma dieta rica em hidratos de carbono devido ao cultivo de cereais em colónias colonizadas. Isto tende a aumentar a glicólise e acentua o fenótipo de Warburg e doenças associadas. A via glicolítica é upregulada e a fosforilação oxidativa mitocondrial é inibida. Para contrariar este certo padrão de doença desenvolvido na população híbrida como um mecanismo adaptativo. Estes grupos de doenças desenvolvem autoanticorpos contra as enzimas glicolíticas. O envelope celular é de origem arqueal e as enzimas glicolíticas são citosólicas. Isto é contrário ao esquema de fosforilação oxidativa mitocondrial, que é de origem rickettsial. As partes primitivas do cérebro, o cerebelo funciona como uma rede de colónias arqueológicas e promove o fenótipo e a glicólise de Warburg. O cérebro cerebelar é dominante nos Neandertais. Os genes HLA são de origem neandertálica e modulam a função linfocítica. Os linfócitos dependem da glicólise para as suas necessidades energéticas. O neocórtex funciona como uma colónia retroviral e promove a fosforilação oxidativa mitocondrial. Os genes HERV funcionam como genes saltadores e podem saltar e inserir-se entre sequências genéticas de enzimas glicolíticas produzindo mutações e enzimas glicolíticas mutantes. A via glicolítica torna-se disfuncional. Formam-se anticorpos contra as proteínas glicolíticas mutantes. Assim, a glicólise e o metabolismo energético param devido ao efeito inibidor dos genes HERV egoístas que necessitam da função mitocondrial e da geração de ROS para a sua função replicadora e para a comunicação com a célula. O fenótipo de Warburg resulta na conversão da célula somática para um fenótipo de célula estaminal.

Endosymbiotic archaea e fenótipo de Warburg

Distúrbios como doença auto-imune, esquizofrenia, autismo, cancro, degeneração e síndrome metabólico X são distúrbios de glicólise e têm um componente auto-imune contra enzimas glicolíticas. A inibição glicolítica e a dieta cetogénica são uma forma de tratar a doença auto-imune, esquizofrenia, autismo, cancro, degeneração e síndrome metabólico X. Todas as doenças auto-imunes desenvolvem-se para suprimir o fenótipo Warburg nos híbridos de Neanderthal. O aumento da glicólise contribui para a oncogénese através do PT mitocondrial hexoquinase dos poros. O aumento da glicólise produz a morte das células nucleares através da via GAPDH. O fosfoglicérato é convertido em fosfoserina e glicina, que podem modular o NMDA. A frutose 1,6-difosfato entra na via de fosfato pentose gerando NADPH, que activa a função NMDA moduladora NOX. Assim, a via glicolítica pode modular a via NMDA, contribuindo para a esquizofrenia e o autismo devido a disfunção da consciência. A inibição PDH acumula o piruvato que entra no shunt GABA gerando succinil CoA e glicina, bem como GABA. A succinil CoA e a glicina são substratos para a síntese da porfirina e contribuem para a percepção quântica importante na esquizofrenia e no autismo. O aumento da glicólise linfocítica e dos antigénios glicolíticos contribuem para a doença auto-imune. Os antigénios glicolíticos também contribuem para a neurodegeneração, perturbações neuropsiquiátricas e síndrome metabólica X. Os anticorpos GAD estão envolvidos na síndrome metabólica X. A auto-imunidade é uma parte da tentativa mediada por anticorpos para inibir a glicólise e o fenótipo de Warburg nos híbridos de Neandertal que consomem uma dieta rica em hidratos de carbono. Isto como subproduto gera neurodegeneração, doença auto-imune, esquizofrenia, autismo, cancro e doença civilizacional. Todos estes podem ser controlados por inibidores glicolíticos e dieta cetogénica.

O fenótipo de Warburg e o aumento da glicólise e transformação das células estaminais resulta em doença civilizacional. O aumento da glicólise e da hexoquinase do PT mitocondrial resulta em crescimento celular, proliferação e cancro. O aumento do GAPDH e a sua poli-ribosilação pelas enzimas PARP resulta na morte das células nucleares e na neurodegeneração. O aumento do fosfoglicérato intermediário glicolítico resulta no aumento da serina e da glicina, contribuindo para a excitotoxicidade NMDA, a base da neurodegeneração e dos distúrbios neuropsiquiátricos. A supressão da fosforilação oxidativa mitocondrial, bem como as alterações na transmissão glutamátrica pancreática podem contribuir para a síndrome metabólica X.

O aquecimento global leva a um aumento do crescimento actinídico endosibiótico do arquipélago. Os arquebactérias são extremófilos. A arcaea actinídica sobrevive através da catabolização do colesterol. A arcaea e os seus antigénios induzem o HIF alfa e activam a via glicolítica. A activação da via glicolítica induz o aumento da conversão da glucose em frutose pela activação da via do sorbitol. A glicose é convertida em sorbitol pela enzima aldose redutase e o sorbitol é convertido em frutose pela acção do sorbitol desidrogenase. A frutose é fosforilada por hexoquinase ou fructoquinase a fosfato de frutose. A hexocinase tem um valor de km baixo para a frutose e quantidades mínimas de frutose serão convertidas em fosfato de frutose, esgotando o ATP celular. O ATP é convertido em AMP e pela acção da deaminase AMP é convertido em ácido úrico. Assim, existe uma hiperuricemia resultante e o esgotamento da ATP também produz inibição da ATPase de potássio de membrana de potássio. A inibição da membrana de ATPase sódica potássica aumenta o cálcio intracelular e esgota o magnésio. Isto produz morte celular ao abrir o PT mitocondrial, activação NFKB e activação imunitária, excitotoxicidade do glutamato e activação do oncogene, levando a perturbações sistémicas. O esgotamento da ATP inibe finalmente a hexoquinase como tal e a fosforilação da glucose deixa de bloquear a via glicolítica e o seu acoplamento à fosforilação oxidativa mitocondrial pela acção da hexoquinase do PT poro. A célula é esvaziada de energia pela glicólise e pelo esquema de fosforilação oxidativa e morre. Assim, o aquecimento global através da indução da glicólise e do fenótipo de Warburg e o aumento da conversão da glicose em frutose e o consequente esgotamento celular da ATP podem produzir perturbações sistémicas e disfunções celulares, bem como a morte. Isto pode produzir a síndrome sistémica relacionada com o aquecimento global.

Endossimbiótico de arca e metabolismo da frutose

O aquecimento global leva à neandertalização da espécie humana em consequência do crescimento da arcaia actinídea. Os Neandertais estavam habituados a uma dieta ketogénica com elevado teor de gordura e de proteínas. Os corpos cetónicos foram oxidados para gerar ATP nas mitocôndrias. Os neandertais humanos devido ao crescimento actinídico do arquebactéria devido ao consumo de uma dieta glucogénica levam à indução de enzimas glicolíticas. As enzimas glicolíticas são citosólicas. As enzimas glicolíticas são antigénicas nos seres humanos neanderthalizados. As enzimas glicolíticas foram suprimidas na dieta homo neanderthalis que comia cetogénica. Isto resulta na supressão das enzimas glicolíticas induzidas pela formação de anticorpos nos homo neandertalis que surgem devido ao crescimento arqueológico resultante do aquecimento global. O bloqueio da glicólise resulta no bloqueio da energia celular. Isto resulta em hiperglicemia e síndrome metabólico X. A glucose é convertida em sorbitol por aldose redutase e o sorbitol é convertido em frutose por fructoquinase. A enzima fructoquinase é nativa dos Neandertais, uma vez que estes consumiam fruta juntamente com gordura e proteínas da carne. A frutose é fosforilada a fosfato de frutose, o que esgota a célula de ATP. Isto inibe a membrana de ATPase de potássio de sódio, levando ao aumento do cálcio intracelular e à redução do magnésio intracelular. Isto produz excitotoxicidade de glutamato e neurodegeneração, activação oncogénica e malignidade, activação NFKB e doença auto-imune, libertação de neurotransmissores monoaminas de vesículas pré-sinápticas e esquizofrenia e todas as doenças sistémicas. O aumento da glicose é metabolizado por glicólise arqueal e ciclo do ácido cítrico. O piruvato gerado pela glicólise arqueal entra no esquema de derivação GABA gerando succinil CoA e glicina que são substratos para a síntese da porfirina. O ciclo do ácido cítrico arqueal pode ser redutor gerando fixação de dióxido de carbono semelhante ao ciclo Calvin de fotossíntese ou oxidativo gerando acetil CoA que é utilizado para a síntese do colesterol pela via do mevalonato arqueal. A glicólise do arquebactéria também gera 1,6-difosfato de frutose que entra na via do fosfato pentose produzindo fosfato de D xilulose que é um substrato para a via DXP da síntese do colesterol do arquebactéria. A arcaea sintetiza o colesterol tanto pela via do mevalonato como pela via do DXB. A arcaea pode usar o colesterol para a energia, catabolizando-o. O anel de colesterol é oxidado a piruvato que entra na derivação GABA que fornece substratos para o ciclo do ácido cítrico. O piruvato é convertido em glutamato e amoníaco. O arcaico pode oxidar o amoníaco para obter energia. A cadeia lateral do colesterol é oxidada em butirato e propionato, que também pode ser mais utilizada para fins energéticos. A energia arqueal depende da glicólise, do ciclo do ácido cítrico, da oxidação do amoníaco e do catabolismo do colesterol. Os anticorpos contra as enzimas glicolíticas aldolase, enolase, GAPDH e quinase pirúvica contribuem para a síndrome metabólica X, esquizofrenia, perturbações do humor, autismo, esclerose múltipla, lúpus, doença de Alzheimer e doença de Parkinson. A upregulação da glicólise contribui para o estado neoplásico. Os anticorpos são produzidos contra as enzimas glicolíticas induzidas, bem como contra as enzimas glicolíticas arqueológicas. O bloqueio da glicólise leva a uma disfunção mitocondrial secundária. O esquema glicolítico é acoplado à fosforilação oxidativa mitocondrial por hexoquinase do PT mitocondrial. Os anticorpos contra a glicólise bloqueiam a glicólise e produzem uma disfunção mitocondrial secundária. A célula utiliza toda a sua energia. O esgotamento da ATP por fosforilação da frutose produz inibição da membrana de ATPase sódica de potássio e hibernação celular, bem como a transformação das células estaminais. Os sistemas de tecidos humanos param e formam uma estrutura para que as colónias arqueológicas prosperem. O corpo humano torna-se um zombie para as colónias arqueológicas que são eternas. Isto afecta a função de sistemas de órgãos como o fígado que produz cirrose, o pulmão que produz doença pulmonar intersticial, fibrose renal e CRF, cardiomiopatia e doença de Alzheimer. Isto pode ser chamado como a síndrome do zombie. O esgotamento do ATP por fosforilação da frutose gera ADP e AMP que por acção da deaminase AMP produz ácido úrico e hiperuricemia. A síndrome do zombie converte o corpo humano numa estrutura para uma rede de colónias arqueológicas. A arcaea pode secretar RNA e viroides de ADN que podem recombinar com sequências retrovirais endógenas humanas e sequências de ADN humano gerando novos vírus de RNA, vírus de ADN e bactérias. Assim, a síndrome do zombie resulta na geração de novas bactérias e vírus. A síndrome do zombie pode ser tratada através da supressão da glicólise. Isto pode ser feito dando uma dieta cetogénica derivada de ácidos gordos de cadeia curta de fibras - butirato e acetato, ácidos gordos polinsaturados e ácidos gordos de cadeia curta como o ácido láurico.

Referências

1. Kurup, R.K. e Kurup, P.A. *A Ontogenia da Síndrome Metabólica - Diabetes Mellitus Tipo 2 com Doença das Artérias Coronárias e AVC - Colónias Arqueológicas Atavisticas Humanas com Metabolonomia Neandertal.* Nova Iorque: Open Science Publishers, 2016.

CAPÍTULO 10

ALTERAÇÕES CLIMÁTICAS, ESTRUTURA CELULAR E SÍNDROME DO CONFLITO MITOCONDRIAL - A CONVERSÃO DE CÉLULAS ESTAMINAIS ARQUEAL INDUZIDA PRODUZ UMA SÍNDROME DE BENJAMIM EPIDÉMICO QUE INVERTE O ENVELHECIMENTO LEVANDO A DOENÇAS SISTÉMICAS E NEUROPSIQUIÁTRICAS E A UM CÉREBRO MALÉFICO ESPIRITUAL E SURREALISTA

Introdução

O aquecimento global produz um aumento da acidez e do dióxido de carbono atmosférico, resultando em simbiose arqueológica extremófila nos seres humanos. A simbiose arqueal resulta na neandertalização dos seres humanos. A arcaea induziu o desacoplamento de proteínas produzindo o fenótipo primitivo Warburg e a metabolonomia das células estaminais. Os metabolitos arquebactérias da digoxina do colesterol, ácidos biliares e ácidos gordos de cadeia curta induzem o desacoplamento de proteínas. As enzimas lisossómicas um marcador da conversão das células estaminais são marcadamente aumentadas juntamente com a génese do fenótipo arqueal na síndrome metabólica X, degenerações, doenças auto-imunes, cancro, esquizofrenia e autismo. Em todas estas doenças sistémicas existe a transformação de células somáticas em células estaminais e perda de função. Os neurónios tornam-se imaturos e perdem as suas espinhas dendríticas e a sua conectividade. Isto resulta na perda da função neuronal e na reversão à percepção extra-sensorial mediada por magnetite arqueal de baixo nível de CEM. A exposição a baixo nível de CEM resulta em alterações cerebrais. Isto resulta em atrofia do córtex pré-frontal. As áreas cerebrais primitivas do cerebelo e do tronco encefálico tornam-se hipertróficas. A célula somática e neuronal prolifera e há uma neandertalização do cérebro e do corpo. [1-17]

A ideia de bondade é baseada na razão e na lógica. O julgamento da razão e da lógica é uma função do córtex cerebral, especialmente do lóbulo pré-frontal. A função do lóbulo pré-frontal necessita de uma conectividade sináptica dinâmica que é produzida por genes de salto mediados por sequências retrovirais endógenas humanas. A bondade está correlacionada com o céu. A ideia do mal é baseada no inconsciente e no comportamento impulsivo relacionado com áreas subcorticais, especialmente o cerebelo. O cerebelo é o local do comportamento impulsivo e do comportamento inconsciente. As ligações cerebelar e subcortical são predominantemente redes de colónias arqueológicas. A ideia do mal está relacionada com o inferno. A ideia de actos de julgamento consciente e actos impulsivos inconscientes, céu e inferno, bondade e maldade são justaposições. O aquecimento global e a exposição a baixo nível de CEM leva ao crescimento actinídico do cérebro e ao aumento da percepção mediada da magnetite arqueal de baixo nível de CEM. Isto leva à atrofia do córtex pré-frontal e ao domínio cerebelar. O consciente torna-se mínimo e o cérebro inconsciente toma o controlo. O estudo avaliou o crescimento arqueal como avaliado pela actividade do citocromo F420 e pela metabolonomia do tipo de células estaminais em doenças sistémicas, distúrbios neuropsiquiátricos e indivíduos normais com

60

perfil psicológico diferente - prisioneiros, indivíduos criativos e homens de negócios de senso comum modulados. [1-17] Os resultados são apresentados no presente artigo.

Materiais e Métodos

As amostras de sangue foram retiradas de quatro grupos de população psicologicamente diferentes, prisioneiros criminosos, artistas criativos e homens de negócios. Havia 15 membros em cada grupo. As amostras de sangue foram também colhidas de 15 casos de síndrome metabólica, degeneração - doença de Alzheimer, doença auto-imune - LES, glioma cerebral, esquizofrenia e autismo. As estimativas feitas nas amostras de sangue recolhidas incluem a actividade do citocromo F420. Foram estimados o lactato de sangue, piruvato, hexoquinase, citocromo C, citocromo F420, digoxina, ácidos biliares, butirato e propionato.

Resultados

Os resultados mostraram que os indivíduos espirituais, artísticos criativos e prisioneiros criminosos tinham aumentado a actividade do citocromo F420 e os níveis de digoxina das hemácias. Os resultados mostraram que os homens de negócios tinham diminuído a actividade do citocromo F420 e os níveis de digoxina das hemácias. As amostras de sangue da doença de Alzheimer, doença auto-imune - LES, glioma cerebral cancerígeno, esquizofrenia e autismo tinham aumentado o lactato de sangue e o piruvato, aumentado a hexoquinase das hemácias, aumentado o citocromo C e o citocromo F420, aumentado a digoxina sérica, os ácidos biliares, o butirato e o propionato. O estado da doença tinha aumentado a actividade do citocromo F420. Os níveis séricos de citocromo C no sangue foram aumentados. Isto sugeriu disfunção mitocondrial. Houve um aumento na glicólise como sugerido pelo aumento da actividade da hexoquinase hepática e acidose láctica. Devido à disfunção mitocondrial e à inibição da desidrogenase pirúvica, houve acumulação pirúvica. O piruvato foi convertido em lactato pelo ciclo de Cori e também em glutamato e amoníaco. Este metabolismo é sugestivo do fenótipo de Warburg e da conversão de células estaminais. As células estaminais dependem da glicólise anaeróbica de Warburg para a energia e têm uma disfunção mitocondrial. A actividade da enzima lisossomal beta galactosidase foi aumentada no grupo da doença e em artistas criativos e criminosos sugerindo a conversão de células estaminais. Isto sugere que os criativos artísticos, os criminosos e os indivíduos espirituais tendem a ter metabolonómicos de células estaminais e conversão de células estaminais.

Quadro 1. Metabolonomia Arqueal

Grupo	Citocromo F 420		Soro Cyto C (ng/ml)		Lactato (mg/dl)		Pyruvate (umol/l)		RBC Hexokinase (ug glu fos/ hr/mgpro)	
	Média	± SD	Média	± SD	Média	± SD	Média	± SD	Média	± SD
População normal	1.00	0.00	2.79	0.28	7.38	0.31	40.51	1.42	1.66	0.45
Espiritual	4.00	0.00	12.39	1.23	25.99	8.10	100.51	12.32	5.46	2.83
Capitalista aquisitivo	0.00	0.00	1.21	0.38	2.75	0.41	23.79	2.51	0.68	0.23
Artístico	4.00	0.00	12.84	0.74	23.64	1.43	96.19	12.15	10.12	1.75
Criminalidade	4.00	0.00	12.72	0.92	25.35	5.52	103.32	13.04	9.44	3.40
Schizo	4.00	0.00	11.58	0.90	22.07	1.06	96.54	9.96	7.69	3.40
Apreensão	4.00	0.00	12.06	1.09	21.78	0.58	90.46	8.30	6.29	1.73
HD	4.00	0.00	12.65	1.06	24.28	1.69	95.44	12.04	9.30	3.98
AD	4.00	0.00	11.94	0.86	22.04	0.64	97.26	8.26	8.46	3.63
EM	4.00	0.00	11.81	0.67	23.32	1.10	102.48	13.20	8.56	4.75
SLE	4.00	0.00	11.73	0.56	23.06	1.49	100.51	9.79	8.02	3.01
NHL	4.00	0.00	11.91	0.49	22.83	1.24	95.81	12.18	7.41	4.22
Glio	4.00	0.00	13.00	0.42	22.20	0.85	96.58	8.75	7.82	3.51
DM	4.00	0.00	12.95	0.56	25.56	7.93	96.30	10.33	7.05	1.86
CAD	4.00	0.00	11.51	0.47	22.83	0.82	97.29	12.45	8.88	3.09
CVA	4.00	0.00	12.74	0.80	23.03	1.26	103.25	9.49	7.87	2.72
SIDA	4.00	0.00	12.29	0.89	24.87	4.14	95.55	7.20	9.84	2.43
CJD	4.00	0.00	12.19	1.22	23.02	1.61	96.50	5.93	8.81	4.26
Autismo	4.00	0.00	12.48	0.79	21.95	0.65	92.71	8.43	6.95	2.02
DS	4.00	0.00	12.79	1.15	23.69	2.19	91.81	4.12	8.68	2.60
Paralisia Cerebral	4.00	0.00	12.14	1.30	23.12	1.81	95.33	11.78	7.92	3.32
CRF	4.00	0.00	12.66	1.01	23.42	1.20	97.38	10.76	7.75	3.08
Falha Cirr/Hep	4.00	0.00	12.81	0.90	26.20	5.29	97.77	13.24	8.99	3.27
Radiação de fundo de baixo nível	4.00	0.00	12.26	1.00	23.31	1.46	103.28	11.47	7.58	3.09
Valor F	0.001		445.772		162.945		154.701		18.187	
Valor P	< 0.001		< 0.001		< 0.001		< 0.001		< 0.001	

Quadro 2. Endosimbiótica e transformação de células estaminais

Grupo	ACOA (mg/dl)		Glutamato (mg/dl)		Se. Amoníaco (ug/dl)		Digoxina RBC (ng/ml RBC Susp)		Actividade da Beta galactosidase em soro (UI/ml)	
	Média	± SD	Média	± SD	Média	± SD	Média	± SD	Média	± SD
População normal	8.75	0.38	0.65	0.03	50.60	1.42	0.58	0.07	17.75	0.72
Espiritual	2.51	0.36	3.19	0.32	93.43	4.85	1.41	0.23	55.17	5.85
Capitalista aquisitivo	16.49	0.89	0.16	0.02	23.92	3.38	0.18	0.05	8.70	0.90
Artístico	2.51	0.42	3.11	0.36	92.40	4.34	1.40	0.32	46.37	4.87
Criminalidade	2.19	0.19	3.27	0.39	95.37	5.76	1.51	0.29	47.47	4.34
Schizo	2.51	0.57	3.41	0.41	94.72	3.28	1.38	0.26	51.17	3.65
Apreensão	2.15	0.22	3.67	0.38	95.61	7.88	1.23	0.26	50.04	3.91
HD	1.95	0.06	3.14	0.32	94.60	8.52	1.34	0.31	51.16	7.78
AD	2.19	0.15	3.53	0.39	95.37	4.66	1.10	0.08	51.56	3.69
EM	2.03	0.09	3.58	0.36	93.42	3.69	1.21	0.21	47.90	6.99
SLE	2.54	0.38	3.37	0.38	101.18	17.06	1.50	0.33	48.20	5.53
NHL	2.30	0.26	3.48	0.46	91.62	3.24	1.26	0.23	51.08	5.24
Glio	2.34	0.43	3.28	0.39	93.20	4.46	1.27	0.24	51.57	2.66
DM	2.17	0.40	3.53	0.44	93.38	7.76	1.35	0.26	51.98	5.05
CAD	2.37	0.44	3.61	0.28	93.93	4.86	1.22	0.16	50.00	5.91
CVA	2.25	0.44	3.31	0.43	103.18	27.27	1.33	0.27	51.06	4.83
SIDA	2.11	0.19	3.45	0.49	92.47	3.97	1.31	0.24	50.15	6.96
CJD	2.10	0.27	3.94	0.22	93.13	5.79	1.48	0.27	49.85	6.40
Autismo	2.42	0.41	3.30	0.32	94.01	5.00	1.19	0.24	52.87	7.04
DS	2.01	0.08	3.30	0.48	98.81	15.65	1.34	0.25	47.28	3.55
Paralisia Cerebral	2.06	0.35	3.24	0.34	92.09	3.21	1.44	0.19	53.49	4.15
CRF	2.24	0.32	3.26	0.43	98.76	11.12	1.26	0.26	49.39	5.51
Falha Cirr/Hep	2.13	0.17	3.25	0.40	94.77	2.86	1.50	0.20	46.82	4.73
Radiação de fundo de baixo nível	2.14	0.19	3.47	0.37	102.62	26.54	1.41	0.30	51.01	4.77
Valor F	1871.04		200.702		61.645		60.288		194.418	
Valor P	< 0.001		< 0.001		< 0.001		< 0.001		< 0.001	

Discussão

Endosymbiotic archaea e transformação de células estaminais

As doenças sistémicas e as perturbações neuropsiquiátricas tendem a ter um metabolismo glicolítico anaeróbico predominante e a fosforilação oxidativa mitocondrial é suprimida. O metabolismo é semelhante ao metabolismo da célula estaminal. Os níveis de piruvato e lactato são aumentados com uma diminuição da acetil coenzima A e ATP. A via glicolítica e a hexoquinase são aumentadas. Isto indica um fenótipo de Warburg dependente da glicólise anaeróbica para a energia. As enzimas lisossómicas beta galactosidase um marcador de células estaminais é aumentado. O citocromo F420 também é aumentado, bem como a arqueal catabolite digoxina que suprime a ATPase potássica de sódio. As bactérias e as arcaeas são supostas induzir a transformação das células estaminais. A indução de proteínas de desacoplamento leva à transformação das células estaminais. As proteínas desacoplantes inibem a fosforilação oxidativa e os substratos são dirigidos para a glicólise anaeróbica. A digoxina inibindo a ATPase de potássio sódico pode aumentar o cálcio intracelular, induzir a permeabilidade mitocondrial função transitória dos poros e desacoplar a fosforilação oxidativa. A cadeia lateral do colesterol é catabolizada pelo ácido arcaico ao ácido butírico e ao ácido propiónico que desacoplam a fosforilação oxidativa. A cadeia lateral arqueal da hidroxilase converte o colesterol em ácidos biliares que desacoplam a fosforilação oxidativa. Assim, a simbiose arqueal na célula resulta no catabolismo do colesterol e os catabolitos digoxina, ácidos biliares e ácidos gordos de cadeia curta desacoplam a fosforilação oxidativa, inibem a função mitocondrial e promovem a glicólise anaeróbica. A conversão de células somáticas em células estaminais ajuda na persistência arqueal dentro da célula e na simbiose. A infecção por Mycobacterium leprae pode converter células de Schwann em células estaminais. A infecção arqueal produz a conversão de células somáticas em células estaminais para a persistência do arquebactéria. A conversão em células estaminais resulta em proliferação e perda de função resultando em doença sistémica e distúrbios neuropsiquiátricos. A conversão de neurónios em células estaminais e perda de função resulta no desenvolvimento de um novo fenótipo psicológico. [1-17]

Transformação de células estaminais e doença humana

A célula sistémica e neuronal na síndrome metabólica X, cancro, doença auto-imune, degenerações, esquizofrenia e autismo comportam-se como a célula estaminal. É plausível a hipótese de uma conversão de células somáticas em células estaminais nestas perturbações. As células diferenciadas por indução arqueal são convertidas em células estaminais. A célula estaminal é uma célula imatura com perda de função. Os neurónios perdem as suas espinhas dendríticas e perda de conectividade. A função cerebral torna-se primitiva. Os neurónios são adendríticos e desligados. Isto resulta em estruturas cerebrais complexas como o córtex cerebral moderno e a atrofia do córtex pré-frontal. As partes primitivas do cérebro, o tronco cerebral e as hipertrofias do cerebelo. Isto resulta na neandertalização do cérebro com um proeminente pão occipital e atrofia do córtex pré-frontal. A atrofia do córtex pré-frontal resulta em perda de lógica, julgamento, raciocínio e funções executivas. A hipertrofia do cerebelo e do tronco cerebral resulta no domínio do comportamento impulsivo. A diferença entre realidade e sonhos é perdida. O cérebro é governado pelos sentidos e impulsos. O cérebro torna-se disfuncional com um comportamento mais violento, agressivo e canibalista. A arte torna-se mais abstracta e relacionada com o inconsciente. O mundo do cérebro inconsciente, com os seus arquétipos, assume o controlo. Há perda do mundo do raciocínio, da lógica e do julgamento. É um mundo de impulsividade em que as tendências primitivas em relação ao inconsciente se tornam dominantes. Isto produz mais comportamentos ritualizados, tendências violentas e agressivas, terrorismo, guerra, obscenidades sexuais e sexualidade alternada. É um mundo dos sentidos. É também intensamente maléfico, bem como espiritual. A inibição do consciente devido à perda das funções corticais e ao domínio do inconsciente leva à experiência mística. Há um transbordamento de espiritualidade. O lado paradoxal deste comportamento também domina. A violência, a agressão, a sexualidade obsessiva, o realismo mágico na literatura, a pintura abstracta, a música e dança rock e a poesia moderna, bem como a literatura, produzem uma transcendência de um tipo diferente. Isto resulta em surrealismo e sintetizismo. A perda da função dos neurónios resulta em esquizofrenia, autismo e degenerações. O aumento da proliferação arqueal induzida de células estaminais resulta num cérebro e tronco de grande tamanho como nos Neandertais. Esta simbiose arqueal produz neandertalização e uma síndrome das células estaminais. Isto produz um envelhecimento inverso que pode ser chamado de síndrome de Benjamin Button epidémico. As células estaminais linfocitárias têm uma proliferação descontrolada e resultam em doenças auto-imunes. A proliferação de células estaminais resulta em oncogénese. A metabolonomia das células estaminais com função mitocondrial inibida e glicólise anaeróbica resulta em síndrome metabólica X. Os marcadores de células estaminais estão aumentados em esquizofrenia e autismo e os neurónios carecem de espinhas dendríticas. Os marcadores de células estaminais estão também aumentados na doença auto-imune. O metabolismo diabético é semelhante ao metabolismo das células estaminais. A célula cancerígena comporta-se como a célula estaminal. [1-17]

Endosymbiotic archaea e a biologia do bem contra o mal

Na metafísica do mal, o inconsciente domina e o comportamento é impulsivo ditado por pensamentos primitivos. O inconsciente modulado pelo cerebelo é responsável por actos automáticos que produzem o que é chamado de automatismo psíquico. O inconsciente é paralelo ao que Jung descreveu como os arquétipos do inconsciente colectivo. A metafísica do mal conduz a um cérebro sintético com o domínio da força de vontade. Os arquétipos primitivos produzem conceitos de pintura abstracta, música e dança psicadélica e literatura pós-moderna ou realismo mágico. Todos estes são modos de ligação com o inconsciente. O inconsciente produz tendências egoístas primitivas que conduzem ao individualismo e ao capitalismo. O inconsciente ajuda a transcender os tabus e cria o mundo surrealista. O inconsciente colectivo também produz um sentido de espiritualidade e unicidade. É um cérebro impulsivo com fixações e obsessões primitivas. Existe um automatismo psíquico cerebelar. Isto leva a comportamentos ritualizados. O domínio do inconsciente colectivo resulta em comportamentos ritualizados característicos do culto religioso. O inconsciente colectivo também leva à criação de arte e literatura obscenas, bem como à violência, que é uma forma de transcendência. Cerimónias de rituais religiosos coprolálicos tinham sido descritas em algumas partes do mundo. O terrorismo e os actos de violência são também um tipo de transcendência. Os mesmos fenómenos ocorrem em sacrifícios rituais na religião, na violência da guerra e na ganância do capitalismo. O inconsciente primitivo leva à vontade de poder. Isto produz capitalismo ganancioso, ditadura e fascismo. A vontade de poder resulta na adoração dos poderosos. Trata-se de um mundo individualista, anárquico e egoísta. O mundo cerebelar é o mundo primitivo dos arquétipos no inconsciente colectivo. As pinturas abstractas têm ligações com o inconsciente colectivo. A música rock ou música moderna contém sons rítmicos primitivos e caóticos que saem do inconsciente colectivo. O inconsciente colectivo primitivo liga a literatura pós-moderna ou realismo mágico com violência, amor, ódio, maldade, obscenidades e morte. Assim, a literatura, a música, a dança e a pintura ajudam a superar a realidade e a racionalidade produzindo transcendência. O cérebro inconsciente é formado por uma rede de colónias arqueológicas e é dinâmico e inflexível. Há uma epidemia de autismo e esquizofrenia. A perda da função dos neurónios leva a um aumento da percepção extra-sensorial através da magnetite arqueal. Isto pode levar à falta de desenvolvimento da fala e a comportamentos ritualizados do autismo. Isto também produz a desordem do pensamento, alucinações e delírios de esquizofrenia. Parece uma desordem cognitiva e afectiva cerebelar epidémica. [1-17]

A bondade está relacionada com o cérebro consciente localizado nas áreas corticais. As áreas corticais mediam o comportamento moralista, funcionalmente ateísta, da sociedade civil. A sociedade civil depende do bem comum. O mundo cortical é um mundo de moralidade, racionalidade, altruísmo, civilidade e decências. Isto necessita do poder inibitório do córtex cerebral. Tal sociedade é não capitalista e trabalha para o bem comum. Tende a ser não criativa. A espiritualidade colectiva primitiva e a unicidade perde-se. É substituída pela bondade baseada no julgamento, raciocínio e moralidade. É um mundo moralista onde os tabus são proibidos. Isto requer plasticidade sináptica e é modulado por genes de salto mediados por HERV. Isto necessita de um cérebro dinâmico e o córtex cerebral humano evoluiu devido aos genes de salto gerados a partir de sequências retrovirais endógenas humanas. O mundo cerebelar comparativamente é impulsivo, criminoso, violento, terrorista com amor à guerra, egoísta, aquisitivo, espiritual, autista, obsessivo, esquizofrénico, obsceno, maligno, ritualizado, artístico, ilógico e cruel. É mediada pela rede de colónias arqueológicas. A transformação de células estaminais de células somáticas resulta em resistência HERV e resistência retroviral. A digoxina arqueal inibe a transcriptase inversa ao produzir deficiência de magnésio, bem como modula a edição viral do RNA, inibindo a replicação retroviral. Isto produz falta de genes de salto HERV neste cérebro de células estaminais e falta de plasticidade sináptica e dinâmica. A síndrome das células estaminais é caracterizada pela resistência retroviral. A simbiose arqueal inibe a infecção retroviral. O homo sapiens com menos simbiose arqueal torna-se susceptível à infecção viral retroviral e outros RNA e é exterminado. Os homo neoneanderthalis são resistentes à infecção viral retroviral e a outras infecções virais por RNA e persistem. O homo neoneandertal domina em todo o mundo. Mas os homo neoneanderthalis são propensos a doenças civilizacionais como malignidade, doença auto-imune, neurodegeneração, síndrome metabólica e perturbações neuropsiquiátricas. O homo neoneanderthalis torna-se extinto após um período de tempo. [1-17]

Endosymbiotic archaea e síndrome epidémica de Benjamin Buttons

A síndrome das células estaminais arqueológicas induzidas ou neanderthalização é devida ao aquecimento global e às chuvas ácidas que resultam num aumento da simbiose arqueológica extremisfílica. O arquebactérias cataboliza o colesterol e gera digoxina, ácidos biliares e ácidos gordos de cadeia curta que produzem indução de proteínas desacopladas. Isto produz disfunções mitocondriais e a célula obtém a sua energia a partir da glicólise. A digoxina arqueal produz membrana de inibição da ATPase de potássio de sódio, que também contribui para a conversão das células estaminais. Todo o corpo somático e cérebro sofre uma conversão de células estaminais e torna-se um fenótipo de células estaminais com o fenótipo metabólico de Warburg. A acidez generalizada devido ao aquecimento global e ao aumento do dióxido de carbono atmosférico também facilita o crescimento arqueológico e a transformação das células estaminais. O pH ácido devido ao fenótipo de Warburg e ao aumento do dióxido de carbono atmosférico também resulta na conversão de células estaminais. A célula somática diferenciada a ser convertida em células estaminais perde a sua função e torna-se disfuncional metabolicamente, neurologicamente, imunologicamente e endocrinologicamente. Isto produz a epidemia de Benjamin button syndrome e a espécie humana torna-se neandertálica e uma colecção de células estaminais imaturas. Isto resulta na síndrome metabólica epidémica X, degenerações, cancro, doença auto-imune, autismo e esquizofrenia. O cérebro converte-se numa colecção de células estaminais que são desdiferenciadas com perda de função e é como uma rede de colónias arqueológicas. A percepção torna-se extra-sensorial e quântica, dependendo da magnetite arqueal. O aumento da quantidade de percepção de CEM de baixo nível resulta em atrofia cortical pré-frontal. Também produz hipertrofia cerebelar e a função cognitiva cerebelar assume o seu lugar. Isto também resulta em mudanças societais onde o mal e a espiritualidade dominam. O mundo da sociedade civil lógica do mundo cristão chega ao fim e o comportamento pagão assume o seu lugar. A sociedade torna-se egoísta e dominada pelo consumismo impulsivo e pelo capitalismo aquisitivo. O mundo torna-se cruel, violento, agressivo e terrorista. A arte torna-se caótica e abstracta de acordo com os sentidos e inconsciente. Há uma predominância da sexualidade obsessiva e alternada. O comportamento criminoso e a crueldade dominam. O mundo é psicopático impulsivo, autista criativo com características de aforradores idiotas, ritualista, caótico, sexual, feio, anárquico, violento, maligno, pagão, obsceno, ateisticamente espiritual, bem como egoísta. Mimetiza o mundo Niezteschean, o mundo desconstruído de Derrida, o mundo surrealista de Bataille e o mundo niilista e anárquico. Há a morte do indivíduo e a vida torna-se um valor social. É um mundo acefalista de Freud e Jung. A arte é abstracta, a literatura é magicamente real, a música é rock e a dança é caótica. Tudo isto resulta da extinção da racionalidade e do domínio do comportamento impulsivo primitivo. Uma civilização dos sentidos dominada pelo inconsciente toma o controlo. A vontade de bondade dada pelo córtex cerebral é perdida. Isto resulta no desenvolvimento de uma nova espécie humana homo neoneandertal com o seu cérebro cerebelar maléfico e espiritual dominante. Produz um cérebro malévolo surrealista com o domínio dos sentidos, arquétipos, espiritualidade maléfica e impulsividade a tomar o controlo. É um reino do capitalismo colectivo inconsciente e egoísta com a vontade de poder e o reino dos sentidos. [1-17]

Referências

1. Weaver TD, Hublin JJ. Neandertal Birth Canal Shape and the Evolution of Human Childbirth. *Proc. Natl. Acad. Sci. USA* 2009; 106:8151-8156.

2. Kurup RA, Kurup PA. Endosymbiotic Actinidic Archaeal Mediated Warburg Fenótipo Mediates Human Disease State. *Avanços nas Ciências Naturais* 2012; 5(1):81-84.

3. Morgan E. The*Neanderthal*theory of*autism,*Asperger and ADHD; 2007, www.rdos.net/eng/asperger.htm.

4. Graves P. Novos Modelos e Metáforas para o Debate sobre o Neandertal. *Antropologia actual* 1991; 32(5): 513-541.

5. Sawyer GJ, Maley B. Neanderthal Reconstructed. *The Anatomical Record Part B: The New Anatomist* 2005; 283B(1):23-31.

6. Bastir M, O'Higgins P, Rosas A. Facial Ontogeny in Neanderthals and Modern Humans. *Proc. Biol. Sci.* 2007; 274:1125-1132.

7. Neubauer S, Gunz P, Hublin JJ. Mudanças na Forma Endocraniana durante o Crescimento em Chimpanzés e Humanos: Uma Análise Morfométrica de Aspectos Únicos e Partilhados. *J. Hum. Evol.* 2010; 59:555-566.

8. Courchesne E, Pierce K. Brain Overgrowth in Autism during a Critical Time in Development: Implicações para o Desenvolvimento e Conectividade do Neurónio Piramidal Frontal e Interneuronal. *Int. J. Dev. Neurosci.* 2005; 23:153–170.

9. Green RE, Krause J, Briggs AW, Maricic T, Stenzel U, Kircher M, Patterson N, Li H, Zhai W, *et al.* A Draft Sequence of the Neandertal Genome. *Ciência* 2010; 328:710-722.

10. Mithen SJ. *The Singing Neanderthals: The Origins of Music, Language, Mind and Body*; 2005, ISBN 0-297-64317-7.

11. Bruner E, Manzi G, Arsuaga JL. Encephalization and Allometric Trajectories in the Genus Homo: Evidências das linhagens Neandertal e Moderna. *Proc. Natl. Acad. Sci. USA* 2003; 100:15335-15340.

12. Gooch S. *The Dream Culture of the Neanderthals: Os Guardiães da Sabedoria Antiga.* Inner Traditions, Wildwood House, Londres; 2006.

13. Gooch S. *The Neanderthal Legacy: Reawakening Our Genetic and Cultural Origins (Despertar as nossas origens genéticas e culturais).* Inner Traditions, Wildwood House, Londres; 2008.

14. Kurtén B. *Den Svarta Tigern*, Editora ALBA, Estocolmo, Suécia; 1978.

15. Spikins P. Autismo, as Integrações da 'Diferença' e as Origens do Comportamento Humano Moderno. *Cambridge Archaeological Journal* 2009; 19(2):179-201.

16. Eswaran V, Harpending H, Rogers AR. Genomics Refute an Exclusively African Origin of Humans. *Journal of Human Evolution* 2005; 49(1):1-18.

17. Ramachandran V.S. The Reith lectures, BBC Londres. 2012.

CAPÍTULO 11

ARQUEBACTÉRIAS ENDOSSIMBIÓTICAS, DISFUNÇÃO MITOCONDRIAL E SÍNDROME HIPERAMONÉMICA

Introdução

A arca actinídea tem estado relacionada com a patogénese da esquizofrenia, malignidade, síndrome metabólico X, doença auto-imune e degeneração neuronal. As artérias actinídicas utilizam o colesterol como fonte de carbono e energia. [1-9] O aquecimento global leva à endosimbiose arqueal e à geração do fenótipo neoneandertálico. A endosimbiose arqueal leva à indução do fenótipo Warburg e à disfunção mitocondrial. Há supressão da actividade da desidrogenase pirúvica e da acumulação pirúvica. O catabolismo do colesterol arcaico mediado pela oxidase do colesterol arcaico pode produzir oxidação do anel de colesterol para gerar o piruvato. O piruvato é convertido em glutamato pela enzima soro glutamato piruvato transaminase. O glutamato é actuado pela glutamato desidrogenase para gerar amoníaco. A urease arqueal pode actuar sobre a ureia geradora de amoníaco e tiocianato. O amoníaco e o tiocianato servem o propósito da regulação celular e neuro-imune endócrina. Os arquebactérias são oxidantes do amoníaco e podem utilizar o amoníaco para a sua energia. A actividade da urease arqueal relacionada com a síntese de amónia e tiocianato, bem como a actividade da oxidase do colesterol gerando piruvato e amónia foi estudada na esquizofrenia, malignidade, síndrome metabólico X, doença auto-imune e degeneração neuronal.

A endosimbiose arqueal leva à indução do fenótipo Warburg e ao aumento da glicólise, bem como à disfunção mitocondrial. O piruvato gerado em consequência da cascata glicolítica entra no shunt GABA onde é convertido em glutamato, GABA e succinil CoA. O piruvato é convertido em glutamato, sobre o qual se actua por glutamato desidrogenase gerando amoníaco. A arca endosibiótica pode oxidar o amoníaco pela sua energia. A hiperamonemia pode ser tratada através da administração de ornitina-aspartato (6 g por dia) e benzoato de sódio (1 g por dia). Assim, a síndrome de hiperamonemia mediada por endosimiotic archaea pode ser regulada. O crescimento do arquebactéria endosibiótico pode ser regulado por uma dieta cetogénica de 40 g de fibras derivadas de leguminosas e triglicéridos de cadeia média de coco.

Materiais e Métodos

Foram incluídos no estudo os seguintes grupos: - fibrose endomiocárdica, doença de Alzheimer, esclerose múltipla, linfoma não-Hodgkin, síndrome metabólico X com trombose cerebrovascular e doença das artérias coronárias, esquizofrenia, autismo, distúrbio convulsivo, doença de Creutzfeldt Jakob e síndrome da imunodeficiência adquirida. Havia 10 pacientes em cada grupo e cada paciente tinha uma idade e sexo compatível com um controlo saudável seleccionado aleatoriamente a partir da população geral. As amostras de sangue foram colhidas no estado de jejum, antes de se iniciar o tratamento. Foi utilizado plasma de sangue heparinizado em jejum e o protocolo experimental foi o seguinte:- (I) Plasma+fosfato tamponado salino, (II) o mesmo que o substrato de I+colesterol, (III) o mesmo que o II+rutil 0,1 mg/ml, e (IV) o mesmo que o II+ciprofloxacina e doxiciclina, cada um numa concentração de 1 mg/ml. O substrato de colesterol foi preparado como descrito por Richmond. [10] Alíquotas foram retiradas a tempo zero imediatamente após mistura e após incubação a 37 ^{o}C durante 1 hora. Foram efectuadas as seguintes estimativas:- Citocromo F420, peróxido de hidrogénio, piruvato, amónia, glutamato, tiocianato e actividade da urease. [11-13] O citocromo F420 foi estimado flourimetricamente (comprimento de onda de excitação 420 nm e comprimento de onda de emissão 520 nm). Foi obtido o consentimento informado dos sujeitos e a aprovação do Comité de Ética para o estudo. A análise estatística foi feita pela ANOVA.

Resultados

O plasma dos sujeitos de controlo mostrou níveis aumentados dos parâmetros acima mencionados com após incubação durante 1 hora e a adição de substrato de colesterol resultou num aumento ainda mais significativo destes parâmetros. O plasma dos pacientes mostrou resultados semelhantes, mas a extensão do aumento foi maior. A adição de antibióticos ao plasma de controlo causou uma diminuição em todos os parâmetros enquanto que a adição de rutilo aumentou os seus níveis. A adição de antibióticos ao plasma do paciente causou uma diminuição em todos os parâmetros enquanto que a adição de rutilo aumentou os seus níveis mas a extensão da mudança foi maior nos soros dos pacientes em comparação com os controlos. Os resultados são expressos nos quadros 1-4 como mudança percentual nos parâmetros após 1 hora de incubação, em comparação com os valores a tempo zero. Os resultados mostram um aumento da actividade da urease arqueal gerando amónia e tiocianato nos estados da doença. Também mostra um aumento da actividade do anel de colesterol oxidase gerando piruvato. O piruvato é convertido pelo SGPT em glutamato. A glutamato desidrogenase converte o glutamato em amoníaco. Há geração de amoníaco por urease arqueal e actividade de oxidase do colesterol.

Quadro 1. Efeito do rutilo e dos antibióticos no citocromo F420

Grupo	CYT F420 % (Aumento com Rutilo)		CYT F420 % (Diminuir com Doxy+Cipro)	
	Média	$\pm$ SD	Média	$\pm$ SD
Normal	4.48	0.15	18.24	0.66
Schizo	23.24	2.01	58.72	7.08
Apreensão	23.46	1.87	59.27	8.86
AD	23.12	2.00	56.90	6.94
EM	22.12	1.81	61.33	9.82
NHL	22.79	2.13	55.90	7.29
DM	22.59	1.86	57.05	8.45
SIDA	22.29	1.66	59.02	7.50
CJD	22.06	1.61	57.81	6.04
Autismo	21.68	1.90	57.93	9.64
FME	22.70	1.87	60.46	8.06
Valor F	306.749		130.054	
Valor P	< 0.001		< 0.001	

Quadro 2. Efeito do rutilo e dos antibióticos sobre o piruvato e o glutamato

Grupo	Pyruvate % mudança (Aumento com Rutilo)		Pyruvate % mudança (Diminuir com Doxy+Cipro)		Glutamato (Aumento com Rutilo)		Glutamato (Diminuir com Doxy+Cipro)	
	Média	$\pm$ SD	Média	$\pm$ SD	Média	$\pm$ SD	Média	$\pm$ SD
Normal	4.34	0.21	18.43	0.82	4.21	0.16	18.56	0.76
Schizo	20.99	1.46	61.23	9.73	23.01	2.61	65.87	5.27
Apreensão	20.94	1.54	62.76	8.52	23.33	1.79	62.50	5.56
AD	22.63	0.88	56.40	8.59	22.96	2.12	65.11	5.91
EM	21.59	1.23	60.28	9.22	22.81	1.91	63.47	5.81
NHL	21.19	1.61	58.57	7.47	22.53	2.41	64.29	5.44
DM	20.67	1.38	58.75	8.12	23.23	1.88	65.11	5.14
SIDA	21.21	2.36	58.73	8.10	21.11	2.25	64.20	5.38
CJD	21.07	1.79	63.90	7.13	22.47	2.17	65.97	4.62
Autismo	21.91	1.71	58.45	6.66	22.88	1.87	65.45	5.08
FME	22.29	2.05	62.37	5.05	21.66	1.94	67.03	5.97
Valor F	321.255		115.242		292.065		317.966	
Valor P	< 0.001		< 0.001		< 0.001		< 0.001	

Quadro 3. Efeito do rutilo e dos antibióticos no peróxido de hidrogénio e no amoníaco

Grupo	H2O2 % (Aumento com Rutilo)		H2O2 % (Diminuir com Doxy+Cipro)		Amoníaco % (Aumento com Rutilo)		Amoníaco % (Diminuir com Doxy+Cipro)	
	Média	$\pm$ SD	Média	$\pm$ SD	Média	$\pm$ SD	Média	$\pm$ SD
Normal	4.43	0.19	18.13	0.63	4.40	0.10	18.48	0.39
Schizo	22.50	1.66	60.21	7.42	22.52	1.90	66.39	4.20
Apreensão	23.81	1.19	61.08	7.38	22.83	1.90	67.23	3.45
AD	22.65	2.48	60.19	6.98	23.67	1.68	66.50	3.58
EM	21.14	1.20	60.53	4.70	22.38	1.79	67.10	3.82
NHL	23.35	1.76	59.17	3.33	23.34	1.75	66.80	3.43
DM	23.27	1.53	58.91	6.09	22.87	1.84	66.31	3.68
SIDA	23.32	1.71	63.15	7.62	23.45	1.79	66.32	3.63
CJD	22.86	1.91	63.66	6.88	23.17	1.88	68.53	2.65
Autismo	23.52	1.49	63.24	7.36	23.20	1.57	66.65	4.26
FME	23.29	1.67	60.52	5.38	22.29	2.05	61.91	7.56
Valor F	380.721		171.228		372.716		556.411	
Valor P	< 0.001		< 0.001		< 0.001		< 0.001	

Quadro 4. Efeito do rutilo e dos antibióticos na urease arqueal e no tiocianato

Grupo	Tiocianato % (Aumento com Rutilo)		Tiocianato % (Diminuir com Doxy+Cipro)		Urease arqueal (Aumento com Rutilo)		Urease arqueal (Diminuir com Doxy+Cipro)	
	Média	$\pm$ SD	Média	$\pm$ SD	Média	$\pm$ SD	Média	$\pm$ SD
Normal	4.40	0.10	18.48	0.39	4.45	0.14	18.25	0.72
Schizo	22.52	1.90	66.39	4.20	23.01	1.69	59.49	4.30
Apreensão	22.83	1.90	67.23	3.45	22.67	2.29	57.69	5.29
AD	23.67	1.68	66.50	3.58	23.26	1.53	60.91	7.59
EM	22.38	1.79	67.10	3.82	22.83	1.78	59.84	7.62
NHL	23.34	1.75	66.80	3.43	22.84	1.42	66.07	3.78
DM	22.87	1.84	66.31	3.68	23.40	1.55	65.77	5.27
SIDA	23.45	1.79	66.32	3.63	23.23	1.97	65.89	5.05
CJD	23.17	1.88	68.53	2.65	23.46	1.91	61.56	4.61
Autismo	23.20	1.57	66.65	4.26	22.61	1.42	64.48	6.90
FME	22.29	2.05	61.91	7.56	23.73	1.38	65.20	6.20
Valor F	372.716		556.411		391.318		257.996	
Valor P	< 0.001		< 0.001		< 0.001		< 0.001	

Discussão

Houve um aumento do citocromo F420, indicando um crescimento arqueológico. O arcaico pode sintetizar e utilizar o colesterol como fonte de carbono e energia. [14-16] A origem arqueal das actividades enzimáticas foi indicada pela supressão induzida por antibióticos. O estudo indica a presença de arquebactérias baseadas em actinídeos com enzimas alternativas baseadas em actinídeos ou metalloenzimas no sistema, como indicado pelo aumento induzido rutilo das actividadesenzimáticas. [14-16] A actividade do colesterol oxidase arqueal foi aumentada, resultando na geração de piruvato e peróxido de hidrogénio. [14-16] O piruvato é convertido em glutamato por transaminase de glutamato de soro piruvato. O glutamato é actuado pelo glutamato desidrogenase gerando alfa cetoglutarato e amoníaco. A urease arqueal actua sobre a ureia como substrato e gera tiocianato e amoníaco. A urease arqueal e a oxidase de colesterol são dependentes de actinídeos e activadas por rutilo. São suprimidos pelos antibióticos. A amónia e o tiocianato servem o propósito da regulação celular e neuro-imune endócrina. As arcaeias são oxidantes do amoníaco e podem utilizar o amoníaco para a sua energia.

O amoníaco arqueal pode regular o funcionamento do cérebro. O amoníaco pode funcionar como um gasotransmissor sináptico. A amónia pode estimular receptores GABA a níveis elevados e receptores NMDA a níveis baixos. Assim, a amónia tem uma acção bifásica na medida em que pode modular tanto os receptores GABA como os receptores NMDA. Assim, o amoníaco pode regular a via NMDA/GABA tálamo-cortico-talâmica mediando a percepção consciente. A amónia está envolvida na patogénese da esquizofrenia e das perturbações do humor. O amoníaco pode estimular a actividade da membrana ATPase de potássio sódico. A ATPase sódica de membrana de potássio quando estimulada leva à diminuição do cálcio intracelular e ao aumento do magnésio intracelular resultando na modulação de múltiplos sistemas neurotransmissores. A libertação de neurotransmissores das vesículas pré-sinápticas é dependente do cálcio. [17-20]

A ATPase de potássio sódico de membrana utiliza 80% do ATP mitocondrial sintetizado. Os níveis elevados de amoníaco resultam numa membrana hiperactiva de ATPase sódica potássica e esgotam todas as reservas de ATP. As mitocôndrias ficam fatigadas levando a disfunções mitocondriais. A amónia pode abrir a permeabilidade mitocondrial transitória, produzir a libertação de citocromo C e activar a cascata de caspase. O ião cianeto libertado pela acção da urease pode produzir inibição do citocromo C oxidase e disfunção mitocondrial. A disfunção mitocondrial pode levar à degeneração neuronal. [17-20]

A amónia inibe a libertação de insulina das células beta que contribuem para o estado diabético. A membrana hiperactiva de potássio sódico ATPase devido ao aumento dos níveis de amoníaco produz uma maior utilização de ATP e fadiga mitocondrial. A abertura dos poros mitocondriais PT por amoníaco e disfunção mitocondrial relacionada leva à ineficiência energética e à síndrome metabólica X. A actividade da urease arqueal gera o ião tiocianato a partir da ureia. O cianeto inibe a citocondria mitocondrial C oxidase e produz a disfunção mitocondrial. A toxicidade do cianeto tem estado relacionada com a angiopatia mucóide implicada na doença arterial coronária e nos acidentes vasculares cerebrais. A toxicidade do cianeto leva à disfunção pancreática e diabetes mellitus manifestando-se como pancreatite calcária crónica. A toxicidade do cianeto também pode levar a bócio multinodular e fibrose endomiocárdica. Assim, a geração de tiocianato a partir da ureia pela actividade da urease arqueal pode contribuir para uma síndrome endócrina cardíaca. O tiocianato também pode modular a função e estrutura proteica ligando-se às proteínas. Isto produz tiocianização das proteínas. Assim, o tiocianato pode modular a função celular. [18-23] A amónia pode funcionar como mutagénico e contribuir para a alteração da função do ADN.

A amónia também pode modular a função imunitária. Pode alterar a função da célula T e da célula B. A amónia pode ser imuno-estimuladora ou imunossupressora, dependendo dos seus níveis. A amónia pode contribuir para a génese da doença auto-imune. [24-26] A amónia pode também produzir proliferação celular e transformação oncogénica como exemplificado no carcinoma gástrico e hepatomas. Durante a autofagia, porções do citoplasma são sequestradas em autofagosomas e digeridas por hidrolases lisossómicas. A autofagia maciça pode ser induzida nos tecidos dos mamíferos de forma coordenada através da privação de nutrientes, o que levou à procura de metabolitos solúveis que podem estimular a autofagia. A amónia, que é gerada como um subproduto da glutaminólise, foi identificada como um factor difusível que estimula a autofagia. Intrigantemente, as células cancerosas aumentam a taxa de glutaminólise e o fluido intersticial dos cancros contém concentrações fisiológicas de amoníaco superiores ao normal, sugerindo um caminho previamente desconhecido através do qual as células tumorais podem condicionar o seu microambiente. [27,28]

Assim, o amoníaco e o tiocianato produzidos pelo metabolismo endosibiótico do arquebactéria modulam a transmissão neural, a função metabólica/mitocondrial, a imunidade, a morte celular, a proliferação celular e a função endócrina/pancreática. Assim, o arquebactéria pode usar amónia como molécula de sinalização para produzir integração neuro-imunometabólica endócrina. As arcaias são oxidantes do amoníaco e podem utilizar o amoníaco para a sua energia. [29] A utilização arqueal do amoníaco como molécula de sinalização e para fins energéticos pode ser um resquício de formas de vida e metabolismo primitivo baseado no amoníaco. O amoníaco líquido pode substituir a água como um solvente para que a vida tenha origem.

Referências

1   Hanold D., Randies, J.W. (1991). Coconut cadang-cadang disease and its viroid agent, *Plant Disease,* 75, 330-335.

2   Valiathan M.S., Somers, K., Kartha, C.C. (1993). *Endomyocardial Fibrosis.* Nova Deli: Oxford University Press.

3   Edwin B.T., Mohankumaran, C. (2007). Fitoplasma da doença de Kerala wilt: Phylogenetic analysis and identification of a vector, *Proutista moesta, Physiological and Molecular Plant Pathology,* 71(1-3), 41-47.

4   Kurup R., Kurup, P.A. (2009). *Digoxina Hipotalâmica, Dominância Cerebral e Função Cerebral na Saúde e nas Doenças.* Nova Iorque: Nova Science Publishers.

5   Eckburg P.B., Lepp, P.W., Relman, D.A. (2003). Archaea and their potential role in human disease, *Infect Immun,* 71, 591-596.

6   Smit A.,Mushegian, A. (2000)Biossíntese de isoprenoides via mevalonato em Archaea: o caminho perdido,*Genoma Res,* 10(10), 1468-84.

7   Adam Z. (2007). Actinides e Origens da Vida, *Astrobiologia,* 7, 6-10.

8   Schoner W. (2002). Endogenous cardiac glycosides, uma nova classe de hormonas esteróides, *Eur J Biochem,* 269, 2440-2448.

9   Davies P.C.W., Benner, S.A., Cleland, C.E., Lineweaver, C.H., McKay, C.P., Wolfe-Simon, F. (2009). Signatures of a Shadow Biosphere, *Astrobiology,* 10, 241-249.

10   Richmond W. (1973). Preparation and properties of a cholesterol oxidase from nocardia species and its application to the enzymatic assay of total cholesterol in serum, *Clin Chem,* 19, 1350-1356.

11   Snell E.D., Snell, C.T. (1961). *Métodos Colorimétricos de Análise.* Vol 3A. Nova Iorque: Van NoStrand.

12   Glick D. (1971). *Métodos de Análise Bioquímica.* Vol 5. Nova Iorque: Interscience Publishers.

13   Colowick, Kaplan, N.O. (1955). *Métodos em Enzimologia.* Vol 2. Nova Iorque: Imprensa académica.

14   Van der Geize R., Yam, K., Heuser, T., Wilbrink, M.H., Hara, H., Anderton, M.C. (2007). Um aglomerado de genes que codifica o catabolismo do colesterol num actinomicetato do solo fornece uma visão da sobrevivência de Mycobacterium tuberculosis em macrófagos, *Proc Natl Acad Sci USA,* 104(6), 1947-52.

15   Francis A.J. (1998). Biotransformação de urânio e outros actinídeos em resíduos radioactivos, *Journal of Alloys and Compounds,* 271(273), 78-84.

16   Probian C., Wülfing, A., Harder, J. (2003). Mineralização anaeróbica de átomos de carbono quaternários: Isolamento de bactérias desnitrificantes em ácido pivalico (ácido 2,2-dimetilpropiónico), *Applied and Environmental Microbiology,* 69(3), 1866-1870.

17   Jones EA. (2002). Amoníaco, o sistema GABA neurotransmissor, e encefalopatia hepática. *Metab Brain Dis.* 17(4), 275-81.

18   Veauvy CM, Wang Y, Walsh PJ, Pérez-Pinzón MA. (2002). Comparação dos efeitos do amoníaco sobre a função mitocondrial cerebral em ratos e sapos-marinhos. *Am J Physiol Regul Integr Comp Physiol.* 283(3), R598-603.

19   Norenberg MD, Rama Rao KV, Jayakumar AR. (2004) A neurotoxicidade da amónia e a transição da permeabilidade mitocondrial. *J Bioenerg Biomembr,* 36(4):303-7.

20   Xue Z, Li B, Gu L, Hu X, Li M, Butterworth RF, Peng L. (2010). Aumento da expressão do gene Na, K-ATPase alfa2 isoforma por amoníaco em astrocitos e no cérebro in vivo. Neuroquímica Int. , 57(4):395-403.

21   Wu J., Wu G., Wu L. (2008). Tiocianato de Compostos Aromáticos e Heteroaromáticos Utilizando Tiocianato de Amónio e I2O5. *ChemInform*, 39 (51)

22   Jensen P., Wilson M.T., Aasa R., Malmström B.G. (1984). Cyanide inhibition of cytochrome c oxidase. A rapid-freeze e.p.r. investigation. *Biochem J*, 224(3), 829-837.

23   Emmanuel B., Thompson J.R., Christopherson R.J., Milligan L.P., Berzins, R. (1982). Inter-relações entre ureia, amónia, glucose, insulina e adrenalina durante a toxicosis de amónia-ureia em ovinos (*Ovis aries*). *Comparative Biochemistry and Physiology Part A: Physiology*, 72(4), 697-702.

24   Liu, C.H., Chen, J.C. (2004). Effect of ammonia on the immune response of white shrimpLitopenaeus *vannamei* and its susceptibility to *Vibrio alginolyticus. Imunologia dos peixes e mariscos, 16*(3), 321-334

25   Cheng W., Hsiao I.S., Chen J.C. (2004). Effect de amoníaco sobre a resposta imunitária do haliotis diversicolor supertexta de Taiwan e a sua susceptibilidade ao Vibrio parahaemolyticus. *Peixes & Shellfish Imunologia, 17,* 193e20

26   von Borell E, Özpinar A, Eslinger KM, et al. (2007). Efeitos agudos e prolongados do amoníaco sobre as variáveis hematológicas, respostas ao stress, desempenho e comportamento dos porcos de berçário. *J Swine Health Prod,* 15(3), 137-145.

27   Mariño G., Kroemer G. (2010). Amoníaco: Um Factor Difusível Liberado pelas Células Proliferantes que Induzem a Autofagia. *Sinal Sci.* **3**, pe19.

28   Tsujii M, Kawano S, Tsuji S, Takei Y, Tamura K, Fusamoto H, Kamada T. (1995). Mecanismo de promoção da carcinogénese gástrica em ratos, induzida pelo amoníaco. *Carcinogénese*, 16(3), 563-6.

29   You J., Das A., Dolan E.M., Hu, Z. (2009). Arcaea oxidante de amónia envolvida na remoção de azoto. *Water Research*, 43(7), 1801-1809.

CAPÍTULO 12

**SÍNDROME DO CONFLITO MITOCONDRIAL E O CAMINHO DE GABA
SHUNT**

Introdução

O aquecimento global leva à endosimose arqueal e à geração do fenótipo neoneandertálico. A endosimbiose arqueal leva à indução do fenótipo Warburg e à disfunção mitocondrial. Há supressão da actividade da desidrogenase pirúvica e da acumulação pirúvica. O catabolismo do colesterol tem estado relacionado com a patogénese da esquizofrenia, malignidade, síndrome metabólico X, doença auto-imune e degeneração neuronal. [4] A possibilidade de síntese do catabolismo do colesterol por organismo primitivo baseado em actinídeos, como o arquebactéria geradora de piruvato e a sua subsequente canalização para a via de derivação GABA, foi avaliada nestes estados da doença. [5-8] É descrita uma biosfera sombra dependente de actinídeos de arquebactérias e viroides nos estados da doença acima mencionados. [7,9]

Materiais e Métodos

Foram incluídos no estudo os seguintes grupos: - fibrose endomiocárdica, doença de Alzheimer, esclerose múltipla, linfoma não-Hodgkin, síndrome metabólico X com trombose cerebrovascular e doença das artérias coronárias, esquizofrenia, autismo, distúrbio convulsivo, doença de Creutzfeldt Jakob e síndrome da imunodeficiência adquirida. Havia 10 pacientes em cada grupo e cada paciente tinha uma idade e sexo compatível com um controlo saudável seleccionado aleatoriamente a partir da população geral. As amostras de sangue foram colhidas no estado de jejum, antes de se iniciar o tratamento. Foi utilizado plasma do sangue heparinizado em jejum e o protocolo experimental foi o seguinte:- (I) Plasma+fosfato tamponado salino, (II) o mesmo que o substrato de I+colesterol, (III) o mesmo que o II+rutil 0,1 mg/ml, e (IV) o mesmo que o II+ciprofloxacina e doxiciclina, cada um numa concentração de 1 mg/ml. O substrato de colesterol foi preparado como descrito por Richmond. [10] Alíquotas foram retiradas a tempo zero imediatamente após mistura e após incubação a 37 ^oC durante 1 hora. Foram efectuadas as seguintes estimativas:- Citocromo F420, peróxido de hidrogénio, piruvato, amoníaco e glutamato. [11-13] O citocromo F420 foi estimado flourimetricamente (comprimento de onda de excitação 420 nm e comprimento de onda de emissão 520 nm). Foi obtido o consentimento informado dos sujeitos e a aprovação do Comité de Ética para o estudo. A análise estatística foi feita pela ANOVA.

Resultados

77

O plasma dos sujeitos de controlo mostrou níveis aumentados dos parâmetros acima mencionados com após incubação durante 1 hora e a adição de substrato de colesterol resultou num aumento ainda mais significativo destes parâmetros. O plasma dos pacientes mostrou resultados semelhantes, mas a extensão do aumento foi maior. A adição de antibióticos ao plasma de controlo causou uma diminuição em todos os parâmetros enquanto que a adição de rutilo aumentou os seus níveis. A adição de antibióticos ao plasma do paciente causou uma diminuição em todos os parâmetros enquanto que a adição de rutilo aumentou os seus níveis mas a extensão da mudança foi maior nos soros dos pacientes em comparação com os controlos. Os resultados são expressos nos quadros 1-3 como mudança percentual nos parâmetros após 1 hora de incubação, em comparação com os valores a tempo zero.

Quadro 1. Efeito do rutilo e dos antibióticos no citocromo F420

Grupo	CYT F420 % (Aumento com Rutilo)		CYT F420 % (Diminuir com Doxy+Cipro)	
	Média	$\pm$ SD	Média	$\pm$ SD
Normal	4.48	0.15	18.24	0.66
Schizo	23.24	2.01	58.72	7.08
Apreensão	23.46	1.87	59.27	8.86
AD	23.12	2.00	56.90	6.94
EM	22.12	1.81	61.33	9.82
NHL	22.79	2.13	55.90	7.29
DM	22.59	1.86	57.05	8.45
SIDA	22.29	1.66	59.02	7.50
CJD	22.06	1.61	57.81	6.04
Autismo	21.68	1.90	57.93	9.64
FME	22.70	1.87	60.46	8.06
Valor F	306.749		130.054	
Valor P	< 0.001		< 0.001	

Quadro 2. Efeito do rutilo e dos antibióticos sobre o piruvato e o glutamato

Grupo	Pyruvate % mudança (Aumento com Rutilo)		Pyruvate % mudança (Diminuir com Doxy+Cipro)		Glutamato (Aumento com Rutilo)		Glutamato (Diminuir com Doxy+Cipro)	
	Média	$\pm$ SD	Média	$\pm$ SD	Média	$\pm$ SD	Média	$\pm$ SD
Normal	4.34	0.21	18.43	0.82	4.21	0.16	18.56	0.76
Schizo	20.99	1.46	61.23	9.73	23.01	2.61	65.87	5.27
Apreensão	20.94	1.54	62.76	8.52	23.33	1.79	62.50	5.56
AD	22.63	0.88	56.40	8.59	22.96	2.12	65.11	5.91
EM	21.59	1.23	60.28	9.22	22.81	1.91	63.47	5.81
NHL	21.19	1.61	58.57	7.47	22.53	2.41	64.29	5.44
DM	20.67	1.38	58.75	8.12	23.23	1.88	65.11	5.14
SIDA	21.21	2.36	58.73	8.10	21.11	2.25	64.20	5.38
CJD	21.07	1.79	63.90	7.13	22.47	2.17	65.97	4.62
Autismo	21.91	1.71	58.45	6.66	22.88	1.87	65.45	5.08
FME	22.29	2.05	62.37	5.05	21.66	1.94	67.03	5.97
Valor F	321.255		115.242		292.065		317.966	
Valor P	< 0.001		< 0.001		< 0.001		< 0.001	

Quadro 3. Efeito do rutilo e dos antibióticos no peróxido de hidrogénio e no amoníaco

Grupo	H2O2 % (Aumento com Rutilo)		H2O2 % (Diminuir com Doxy+Cipro)		Amoníaco % (Aumento com Rutilo)		Amoníaco % (Diminuir com Doxy+Cipro)	
	Média	$\pm$ SD	Média	$\pm$ SD	Média	$\pm$ SD	Média	$\pm$ SD
Normal	4.43	0.19	18.13	0.63	4.40	0.10	18.48	0.39
Schizo	22.50	1.66	60.21	7.42	22.52	1.90	66.39	4.20
Apreensão	23.81	1.19	61.08	7.38	22.83	1.90	67.23	3.45
AD	22.65	2.48	60.19	6.98	23.67	1.68	66.50	3.58
EM	21.14	1.20	60.53	4.70	22.38	1.79	67.10	3.82
NHL	23.35	1.76	59.17	3.33	23.34	1.75	66.80	3.43
DM	23.27	1.53	58.91	6.09	22.87	1.84	66.31	3.68
SIDA	23.32	1.71	63.15	7.62	23.45	1.79	66.32	3.63
CJD	22.86	1.91	63.66	6.88	23.17	1.88	68.53	2.65
Autismo	23.52	1.49	63.24	7.36	23.20	1.57	66.65	4.26
FME	23.29	1.67	60.52	5.38	22.29	2.05	61.91	7.56
Valor F	380.721		171.228		372.716		556.411	
Valor P	< 0.001		< 0.001		< 0.001		< 0.001	

Discussão

Houve um aumento do citocromo F420, indicando um crescimento arqueológico. O arcaico pode sintetizar e utilizar o colesterol como fonte de carbono e energia. [6,14] A origem arqueal das actividades enzimáticas foi indicada pela supressão induzida por antibióticos. O estudo indica a presença de arquebactérias baseadas em actinídeos com enzimas alternativas baseadas em actinídeos ou metalloenzimas no sistema, como indicado pelo aumento induzido rutilo das actividades enzimáticas. [15,16] A actividade de oxidase de colesterol do arquebactéria foi aumentada resultando na geração de piruvato e peróxido de hidrogénio. [14] O piruvato é convertido em glutamato por transaminase de glutamato de soro piruvato. O glutamato é actuado pelo glutamato desidrogenase gerando alfa cetoglutarato e amoníaco. O glutamato pode também entrar na via de derivação GABA. O glutamato é convertido em GABA pela enzima decarboxilase do ácido glutâmico. O GABA é convertido em semialdeído succínico e depois em ácido succínico. O ácido succínico entra na sequência de TCA. A arcaea pode ser submetida à mineralização de magnetite e carbonato de cálcio e pode existir como nanoformas calcificadas. [17]

O piruvato arqueal pode produzir inibição da deacetylase histonal resultando em transcriptase reversa endógena (HERV) e expressão integrase. Isto pode integrar o ADN complementar do RNA HERV na região não codificante do ADN eucariótico não codificante utilizando a integrase HERV, tal como foi descrito para os vírus borna e ebola. [18,19] O ADN não codificador é alargado através da integração do ADN complementar de RNA HERV com a integração em curso como um evento contínuo. O genoma arquebactérias também pode ser integrado no genoma humano utilizando integrase, tal como foi descrito para os tripanossomas. [20] O ADN complementar HERV RNA integrado e o arquebactérias podem sofrer transmissão vertical e podem existir como parasitas genómicos. [19,20] Isto aumenta o comprimento e altera a gramática da região não codificante, produzindo memes ou memória de caracteres adquiridos, bem como a especiação eucariótica e a individualidade. [21] O ADN complementar HERV RNA pode funcionar como genes saltadores produzindo um genoma dinâmico importante no armazenamento de informação sináptica, expressão do gene HLA e expressão do gene de desenvolvimento. Os viroides do RNA podem regular a função do mRNA por interferência do RNA. [18] O fenómeno da interferência do RNA pode modular a função das células T e B, o metabolismo lipídico sinalizador da insulina, o crescimento e diferenciação celular, apoptose, transmissão neuronal e expressão da eucromatina/heterocromatina. Assim, o piruvato arqueal pode modular a transmissão genómica. O RNA HERV pode ser encapsulado em microvesículas que contribuem para o estado retroviral. A conformação da proteína priónica é modulada pela ligação do RNA HERV que produz a doença priónica.

O piruvato arqueal pode produzir inibição deacetylase histone, que é citoprotectora. O piruvato arqueal também pode funcionar como um necrófago radical livre. O piruvato arquebactéria pode proteger contra a degeneração neuronal. O glutamato gerado pelo piruvato pode produzir excitotoxicidade do glutamato e degeneração neuronal. O amoníaco gerado pela acção do glutamato desidrogenase tem múltiplas acções. O amoníaco aumenta a actividade da ATPase sódio-potássio que aumenta a função mitocondrial, a exaustão celular e a morte celular. O amoníaco tem uma acção bifásica na medida em que pode estimular o receptor NMDA produzindo excitotoxicidade do glutamato. O amoníaco pode, portanto, agir como um gasotransmissor. O amoníaco gerado pode desempenhar um papel na degeneração neuronal.

O arcaico e os viroides podem regular o sistema nervoso, incluindo o caminho tálamo-cortico-talâmico NMDA/GABA, mediando a percepção consciente. [4,22] O anel de colesterol oxidase gerado pela pirúvia pode ser convertido pela via de derivação GABA para glutamato e GABA. O glutamato desidrogenase gerado amoníaco pode estimular tanto o receptor GABA como o NMDA, actuando como um gasotransmissor. O anel de colesterol oxidase gerado por H2O2 pode aumentar a transmissão de NMDA e activar o GAD gerando GABA. Assim, o H2O2, amoníaco, glutamato e GABA gerado pelo metabolismo pirúvio pode modular a via talamo-cortico-talâmica. A magnetite dipolar do arquebactéria dipolar no ajuste do colesterol oxidase gerado por H2O2 e glutamato desidrogenase gerado por amónia induzida pelo potássio sódico ATPase inibição pode produzir um sistema de fónon bombeado mediado pelo modelo de Frohlich estado supercondutor22 induzindo a percepção quântica com a gravidade nanoarqueal sentida produzindo a redução orquestrada das possibilidades quânticas para o mundo macroscópico. [4,22] O piruvato arqueal pode ser convertido em acetil CoA e acetil colina. A acetilcolina é o principal neurotransmissor mediador da memória e cognição. A acetilcolina é também o principal neurotransmissor parassimpático que regula o sistema visceral. O maior grau de integração da arcaea no genoma produz uma maior síntese de digoxinas produzindo uma dominância hemisférica direita e um menor grau produzindo uma dominância hemisférica esquerda. [4] O maior grau de integração da arcaea no genoma neuronal pode produzir aumento do colesterol oxidase mediado pela transmissão NMDA produzindo esquizofrenia e autismo.

O piruvato arqueal e o cetoglutarato alfa gerado pela acção do GDH sobre o glutamato pode suprimir a NFKB produzindo imunossupressão e diminuição da secreção de citocinas. O succinato gerado pela via de derivação GABA pode activar o sistema imunitário e aumentar a secreção de citocinas. Assim, os metabolitos imunossupressores piruvato/alfa ketoglutarato e succinato imuno-estimulador têm um papel regulador no sistema imunitário. A perturbação do equilíbrio metabólico entre o piruvato/alfa ketoglutarato e a succinato pode levar a doenças auto-imunes. O amoníaco gerado pela acção do GDH é imunossupressor. O H2O2 gerado pela acção da oxidase do colesterol pode activar a NFKB. Assim, os gasotransmissores NH3 e H2O2 podem também regular o sistema imunitário. [4,23] O piruvato arqueal pode ser convertido em acetil CoA e acetil colina. A acetilcolina estimula o sistema vagal que é imunossupressor.

O Archaea pyruvate é convertido em glutamato. O glutamato é aplicado por GDH para gerar o alfa ketoglutarate. O glutamato pode entrar na via de derivação GABA gerando succinato. O cetoglutarato alfa inibe o factor de transcrição HIF alfa. O succinato estimula o factor de transcrição HIF alfa. A activação do alfa HIF estimula a glicólise, inibe a desidrogenase pirúvel, estimula a heme oxigenase, estimula o VEGF e activa a NOS. Assim, a activação da HIF alfa por succinato gera o fenótipo Warburg com aumento da glicólise. Isto pode levar a um aumento da proliferação celular e a uma transformação maligna. A hexoquinase do PT mitocondrial é aumentada levando a uma proliferação celular. O aumento da glicólise pode activar a gliceraldeído 3-fosfato-desidrogenase que é translocada para o núcleo após a poliadenilação. Isto pode produzir a morte e degeneração neuronal das células nucleares. O aumento da enzima glicolítica fructose 1,6-difosfatase aumenta a via do fosfato pentose. Isto gera NADPH, que activa NOX. A activação do

NOX está relacionada com a activação do NMDA e a excitotoxicidade do glutamato. Isto leva à degeneração neuronal. Os linfócitos dependem da glicólise para as suas necessidades energéticas. O aumento da glicólise devido à indução do fenótipo de Warburg pode levar à activação imunitária. A activação NOX resultante da geração do fenótipo de Warburg também activa o receptor de insulina. O pruvate e o succinato podem aumentar a secreção de insulina a partir das células beta do pâncreas. Assim, existe um estado hiperinsulinémico que leva à síndrome metabólica X. Assim, a indução do fenótipo de Warburg por succinato gerado através da via de derivação GABA pode levar à malignidade, doença auto-imune, síndrome metabólica X, doença neuropsiquiátrica e degeneração neuronal. [24]

O piruvato acumulado entra na via de derivação GABA e é convertido em citrato que é actuado pela lisase do citrato e convertido em acetil CoA, utilizado para a síntese do colesterol. [24] O piruvato pode ser convertido em glutamato e amoníaco, que é oxidado por arcaia para necessidades energéticas. O aumento do substrato de colesterol leva a um aumento do crescimento arqueal e à síntese de digoxinas, levando à canalização metabólica para a via do mevalonato. Assim, há também um aumento do colesterol e da síntese lipídica resultante da indução do fenótipo de Warburg. O aumento da síntese do colesterol leva a um maior crescimento do arquétipo.

Assim, o colesterol arquebactéria oxidase gerado pela piruvase pode alimentar a via de derivação GABA gerando o fenótipo Warburg e contribuir para a patogénese da esquizofrenia, malignidade, síndrome metabólico X, doença auto-imune e degeneração neuronal.

Referências

1   Hanold D., Randies, J.W. (1991). Coconut cadang-cadang disease and its viroid agent, *Plant Disease,* 75, 330-335.

2   Valiathan M.S., Somers, K., Kartha, C.C. (1993). *Endomyocardial Fibrosis.* Nova Deli: Oxford University Press.

3   Edwin B.T., Mohankumaran, C. (2007). Fitoplasma da doença de Kerala wilt: Phylogenetic analysis and identification of a vector, *Proutista moesta, Physiological and Molecular Plant Pathology,* 71(1-3), 41-47.

4   Kurup R., Kurup, P.A. (2009). *Digoxina Hipotalâmica, Dominância Cerebral e Função Cerebral na Saúde e nas Doenças.* Nova Iorque: Nova Science Publishers.

5   Eckburg P.B., Lepp, P.W., Relman, D.A. (2003). Archaea and their potential role in human disease, *Infect Immun,* 71, 591-596.

6   Smit A.,Mushegian, A. (2000)Biossíntese de isoprenoides via mevalonato em Archaea: o caminho perdido,*Genoma Res,* 10(10), 1468-84.

7   Adam Z. (2007). Actinides e Origens da Vida, *Astrobiologia*, 7, 6-10.

8   Schoner W. (2002). Endogenous cardiac glycosides, uma nova classe de hormonas esteróides, *Eur J Biochem*, 269, 2440-2448.

9   Davies P.C.W., Benner, S.A., Cleland, C.E., Lineweaver, C.H., McKay, C.P., Wolfe-Simon, F. (2009). Signatures of a Shadow Biosphere, *Astrobiology*, 10, 241-249.

10   Richmond W. (1973). Preparation and properties of a cholesterol oxidase from nocardia species and its application to the enzymatic assay of total cholesterol in serum, *Clin Chem*, 19, 1350-1356.

11   Snell E.D., Snell, C.T. (1961). *Métodos Colorimétricos de Análise*. Vol 3A. Nova Iorque: Van NoStrand.

12   Glick D. (1971). *Métodos de Análise Bioquímica*. Vol 5. Nova Iorque: Interscience Publishers.

13   Colowick, Kaplan, N.O. (1955). *Métodos em Enzimologia*. Vol 2. Nova Iorque: Imprensa académica.

14   Van der Geize R., Yam, K., Heuser, T., Wilbrink, M.H., Hara, H., Anderton, M.C. (2007). Um aglomerado de genes que codifica o catabolismo do colesterol num actinomicetato do solo fornece uma visão da sobrevivência de Mycobacterium tuberculosis em macrófagos, *Proc Natl Acad Sci USA*, 104(6), 1947-52.

15   Francis A.J. (1998). Biotransformação de urânio e outros actinídeos em resíduos radioactivos, *Journal of Alloys and Compounds*, 271(273), 78-84.

16   Probian C., Wülfing, A., Harder, J. (2003). Mineralização anaeróbica de átomos de carbono quaternários: Isolamento de bactérias desnitrificantes em ácido pivalico (ácido 2,2-dimetilpropiónico), *Applied and Environmental Microbiology*, 69(3), 1866-1870.

17   Vainshtein M., Suzina, N., Kudryashova, E., Ariskina, E. (2002). New Magnet-Sensitive Structures in Bacterial and Archaeal Cells, *Biol Cell*, 94(1), 29-35.

18   Tsagris E.M., de Alba, A.E., Gozmanova, M., Kalantidis, K. (2008). Viroids, *Cell Microbiol*, 10, 2168.

19   Horie M., Honda, T., Suzuki, Y., Kobayashi, Y., Daito, T., Oshida, T. (2010). Elementos endógenos não retrovirais do vírus RNA em genomas de mamíferos, *Nature*, 463, 84-87.

20   Hecht M., Nitz, N., Araujo, P., Sousa, A., Rosa, A., Gomes, D. (2010). Os genes do parasita Chagas podem ser transferidos para os seres humanos e ser transmitidos às crianças. Herança de ADN Transferido de Tripanossomas Americanos para Hospedeiros Humanos, *PLoS ONE*, 5, 2-10.

21   Flam F. (1994). Dicas de uma linguagem em ADN de lixo, *Science,* 266, 1320.

22   Lockwood, M. (1989). *Mind, Brain and the Quantum.* Oxford: B. Blackwell.

23   Eberl M., Hintz, M., Reichenberg, A., Kollas, A., Wiesner, J., Jomaa, H. (2010). Biossíntese isoprenoidal microbiana e humana $\gamma\delta$ Activação de células T, *Cartas FEBS,* 544(1), 4-10.

24   Wallace D.C. (2005). Mitocôndria e Cancro: Warburg Addressed, *Cold Spring Harbor Symposia on Quantitative Biology,* 70, 363-374.

CAPÍTULO 13

ARQUEBACTÉRIAS ENDOSSIMBIÓTICAS, SÍNDROMES DE DIGOXINAS E SÍNDROME DO CONFLITO MITOCONDRIAL - SIMBIOSE ARQUEAL E ESTADO DE DIGOXINA MODULA A EVOLUÇÃO DO HOMO SAPIENS E HOMO NEANDERTHALIS - A DIGOXINA É UMA HORMONA NEANDERTAL

Introdução

As alterações climáticas e o aquecimento global/idade do gelo resultam no crescimento endossimbiótico actinídico no sistema humano e no catabolismo do colesterol, resultando na síntese endógena de digoxinas. A arca endosibiótica cataboliza o colesterol para a sua energia e sintetiza a digoxina. A digoxina funciona como um inibidor endógeno de ATPase de sódio potássio e integrador neuro-imuno-endócrino. O aumento do crescimento endosibiótico do arquebactéria detectado no autismo e comunidades matrilineares com maior incidência de autismo e origem neandertálica leva à conclusão de que a digoxina actua como hormona neandertálica. O aumento do crescimento endosibiótico do arquebactéria e a consequente síntese endógena de digoxinas em relação às alterações climáticas e ao aquecimento global resulta na neanderthalização do homo sapiens e de doenças humanas, resultando na extinção do homo sapiens. A digoxina pode inibir a actividade da transcriptase inversa e a edição de ARN resultando na supressão do crescimento retroviral endógeno. Isto produz a inibição da expressão do HERV e fenómenos de genes de salto, produzindo uma adinamicidade do genoma humano. Os genes de salto relacionados com HERV são cruciais na diversidade sináptica, expressão HLA e imunomodulação, bem como na diversidade metabólica. A digoxina arqueal pode induzir o hospedeiro AKT PI3K, AMPK, HIF alfa e NFKB produzindo o fenótipo metabólico Warburg. Há indução de glicólise, inibição da actividade PDH e disfunção mitocondrial resultando em energia ineficiente e síndrome metabólica. A digoxina arqueal pode levar ao aumento da troca sódio-cálcio em consequência da inibição da ATPase potássica de sódio. A carga de cálcio mitocondrial aumenta produzindo disfunção mitocondrial em consequência da abertura do PT mitocondrial. A digoxina produz alteração na troca sódio-hidrogénio produzindo um pH ácido e actua como um factor de crescimento produzindo a transformação de células estaminais de células adultas. As células estaminais têm um metabolismo distinto com aumento da glicólise e supressão da PDH e da função mitocondrial. Isto pode resultar em cancro e síndrome metabólica. A interferência da digoxina na edição do RNA pode levar a vírus de RNA mutantes e a epidemias virais de RNA amplamente disseminadas. A interferência da digoxina com a expressão do HERV e a edição do RNA e a consequente inibição da diversidade genómica, metabólica, neural e imunitária produz doenças auto-imunes, cancro, síndrome metabólico, degenerações, esquizofrenia e autismo que estão a aumentar a taxas epidémicas na população humana. Os homo sapiens tendem a ter baixos níveis de actinídea actinídea endosibiótica e baixa síntese de digoxinas. Os homo sapiens têm baixa incidência de doença auto-imune, cancro, esquizofrenia, autismo e síndrome metabólico. A neanderthalização do homo sapiens em consequência do crescimento endosibiótico do arquebactéria actinídico e da síntese de digoxinas produz patologia humana e extinção. [1-16]

85

A hiperdigoxinemia pode ser tratada por suplementação de magnésio de 1 g por dia e inibidores naturais de HMG CoA redutase como na curcumina (1 g por dia). O crescimento do arquebactéria endosibiótico pode ser regulado por uma dieta cetogénica de altas fibras - 40 g de fibras derivadas de leguminosas e triglicéridos de cadeia média de óleo de coco.

Materiais e Métodos

Os níveis de digoxina endógena e de citocromo sérico F420 como marcador do crescimento arqueológico foram estimados em comunidades matrilineares, LES, esclerose múltipla, doença de Parkinson, doença de Alzheimer, glioma do SNC, mieloma múltiplo, síndrome metabólica X com CAD e CVA, esquizofrenia e autismo. Foram incluídos 15 números em cada grupo e cada paciente teve um controlo de idade e sexo compatível. A digoxina endógena foi estimada por Elisa e o citocromo F420 estimado por espectrofotometria. A análise estatística foi feita pela ANOVA.

Resultados

Quadro 1. Níveis de digoxina

Grupo	Digoxina (ng/ml) (Aumento com Cerium)		Digoxina (ng/ml) (Diminuir com Doxy+Cipro)	
	Média	$\pm$ SD	Média	$\pm$ SD
Homo sapiens	0.11	0.00	0.054	0.003
Schizo	0.55	0.06	0.219	0.043
Autismo	0.51	0.05	0.199	0.027
AD	0.55	0.03	0.192	0.040
EM	0.52	0.03	0.214	0.032
Glioma	0.54	0.04	0.210	0.042
DM	0.47	0.04	0.202	0.025
Mieloma	0.56	0.05	0.220	0.052
PD	0.53	0.06	0.212	0.045
Autismo	0.53	0.08	0.205	0.041
Neandertais	0.51	0.05	0.213	0.033
Valor F	135.116		71.706	
Valor P	< 0.001		< 0.001	

Quadro 2. Níveis de citocromo F420

Grupo	Citocromo F420 % (Aumento com Cerium)	
	Média	**± SD**
Homo sapiens	4.48	0.15
Schizo	23.24	2.01
Autismo	23.46	1.87
AD	23.12	2.00
EM	22.12	1.81
Glioma	22.79	2.13
DM	22.59	1.86
SLE	22.29	1.66
PD	22.06	1.61
Autismo	21.68	1.90
Neandertais	22.70	1.87
Valor F	306.749	
Valor P	< 0.001	

Os níveis de digoxina endógena e de citocromo F420 foram elevados em comunidades neandertais matrilineares, LES, esclerose múltipla, doença de Parkinson, doença de Alzheimer, glioma do SNC, mieloma múltiplo, síndrome metabólico X com CAD e CVA, esquizofrenia e autismo. Os níveis endógenos de digoxina e citocromo F420 eram baixos na população de homo sapiens não patrilineares.

Discussão

O aumento do crescimento endosibiótico do arquebactéria detectado no autismo e comunidades matrilineares com maior incidência de autismo e origem neandertálica leva à conclusão de que a digoxina actua como hormona neandertálica. O aumento do crescimento endosibiótico do arquebactéria e a consequente síntese endógena da digoxina em relação às alterações climáticas e ao aquecimento global resulta na neanderthalização do homo sapiens e da doença humana, resultando na extinção do homo sapiens. Os homo sapiens tendem a ter baixos níveis de arca actinídea actinídea endosibiótica e baixa síntese de digoxinas. Os homo sapiens têm baixa incidência de doença auto-imune, cancro, esquizofrenia, autismo e síndrome metabólico. A neanderthalização do homo sapiens em consequência do crescimento endosibiótico actinídico do arquebactéria e da síntese de digoxinas produz patologia humana e extinção.

As alterações climáticas e o aquecimento global/idade do gelo resultam no crescimento endossimbiótico actinídico no sistema humano e no catabolismo do colesterol, resultando na síntese endógena de digoxinas. O catabolismo do colesterol pode produzir a síntese endógena de digoxinas. A digoxina endógena pode modular o metabolismo do RNA. A digoxina pode inibir a actividade da transcriptase inversa e a edição do RNA resultando na supressão do crescimento retroviral endógeno. Altos níveis de digoxina endógena podem produzir resistência retroviral. Isto produz inibição da expressão do HERV e fenómenos de gene de salto produzindo em adinamicidade do genoma humano. HERV pode actuar como genes de salto produzindo a dinâmica genómica. Os genes de salto relacionados com HERV são cruciais na diversidade sináptica, expressão e imunomodulação HLA, bem como na diversidade metabólica. A interferência da digoxina com a expressão HERV e a edição do RNA e a consequente inibição da diversidade genómica, metabólica, neural e imunológica produz doenças auto-imunes, cancro, síndrome metabólico, degenerações, esquizofrenia e autismo que estão a aumentar a taxas epidémicas na população humana. Os genes de salto HERV produzem alterações no genoma resultando na diversidade sináptica e na especialização da rede neural. A ausência de expressão HERV resulta na atrofia do córtex pré-frontal e no domínio cerebelar. O cerebelo é suposto ter funções cognitivas. A disfunção cerebelar resulta na síndrome cognitiva afectiva cerebelar. A dominância cerebelar resulta na disfunção da fala e no desenvolvimento da música e da dança como forma de expressão. Cerebelo em preocupação com a intuição e percepção extra-sensorial. O cerebelo também medeia os transes hipnóticos e as experiências espirituais. O cerebelo preocupa-se com o comportamento impulsivo e com o medo, a fuga, as respostas de combate. O cerebelo é também o local da criatividade intuitiva. O Cerebellum modula a nossa interacção com a Internet. O domínio cerebelar resultante resulta em esquizofrenia, autismo, TDAH, dependência, criminalidade, fenómenos de savoir-faire autista, comportamento introvertido e sexualidade alternada. Resulta numa epidemia de síndrome do lóbulo frontal e na síndrome cognitiva afectiva cerebelar. A inibição da expressão do HERV resulta numa diminuição da diversidade da expressão do gene HLA e da doença auto-imune. A incidência da doença auto-imune está a aumentar neste século.

A digoxina produz alteração na troca sódio-hidrogénio produzindo um pH ácido e actua como um factor de crescimento produzindo a transformação de células estaminais de células adultas. As células estaminais têm um metabolismo distinto com aumento da glicólise e supressão da função PDH e mitocondrial. A metabolonomia das células estaminais resulta em síndrome metabólica X e diabetes mellitus com aumento da incidência de CVA e CAD. A Digoxin converte células adultas em células estaminais. O envelope de células adultas é de origem arqueal. Isto resulta em regressão ao estado endosibiótico do arquebactéria. O corpo humano é reduzido à rede de colónias arqueológicas ou zombie. A conversão em células estaminais resulta em proliferação celular e cancro. O cancro e a síndrome metabólica X está a aumentar em proporções epidémicas no presente século. Há um aumento da incidência de degenerações como a doença de Alzheimer e a doença de Parkinson. O aumento da digoxina pode aumentar a morte celular das células mitocondriais produtoras de cálcio, activando a cascata de caspase. A conversão de células adultas em células estaminais arqueológicas pela digoxina endógena pode alterar a metabolonomia celular e produzir disfunções mitocondriais resultando em degenerações.

O aquecimento global resulta num aumento do dióxido de carbono na atmosfera, do pH ácido e do crescimento arqueológico. Os arquebactérias são extremófilos. A neanderthalização do homo sapiens é uma transformação simbiótica devido ao crescimento dos arquebactérias. O aumento do crescimento actinídico endosibiótico do sistema humano, bem como a conversão de células adultas em células estaminais/arqueal resulta na neanderthalização do homo sapiens. Isto resulta numa maior incidência de doenças sistémicas no homo sapiens e na sua extinção. A interferência da digoxina na edição do RNA pode levar a vírus de RNA mutantes e a epidemias virais de RNA amplamente disseminadas. Há um aumento da incidência de epidemias virais de ARN em relação ao aquecimento global. As epidemias de H1N1, a síndrome da SRA e as epidemias crescentes de dengue fazem parte dos fenómenos. As epidemias virais de ARN podem resultar na extinção do homo sapiens. O aumento do crescimento actinídico arqueológico nos leitos oceânicos liberta metano que desloca as crostas continentais oceânicas resultando em terramotos e tsunamis. Isto pode levar a catástrofes generalizadas e à extinção da população humana homo sapiens enquanto tal. Este fenómeno é inevitável à medida que a civilização do homo sapiens se expande e a tecnologia cresce. O aumento da produção de gases com efeito de estufa como parte do crescimento civilizacional leva ao aquecimento global, ao crescimento actinídico dos arqueos, à neandertalização dos seres humanos e aos tsunamis e terramotos oceânicos relacionados com os arqueos, resultando na extinção humana catastrófica. Isto pode ser descrito como a hipótese de Cassandra.

Os homo sapiens tendem a ter baixos níveis de actinídea actinídea endosibiótica e baixa síntese de digoxinas. Os homo sapiens têm baixa incidência de doença auto-imune, cancro, esquizofrenia, autismo e síndrome metabólico. A neanderthalização do homo sapiens em consequência do crescimento endosibiótico do arquebactéria actinídico e da síntese de digoxinas produz patologia humana e extinção. Os homo neandertais têm taxas mais elevadas de simbiose actinídea e síntese de digoxinas com maior incidência de doença auto-imune, cancro, esquizofrenia, autismo e síndrome metabólico. A digoxina secretada por actinídeos arqueológicos funciona como uma hormona Neandertal.

A extinção do homo neanderthalis pode ser atribuída a compostos sintetizados arqueológicos, incluindo a digoxina. A digoxina arqueal pode regular o sistema nervoso, incluindo o NMDA/GABA tálamo-cortico-talâmico que medeia a percepção consciente. Os receptores NMDA/GABA podem ser modulados por oscilações de cálcio induzidas pela digoxina, resultando na indução da actividade NMDA/GAD. O PAH dipolar e a magnetite arqueal no cenário de inibição da ATPase de potássio de sódio induzida por digoxina pode produzir um sistema de fonon de bombeamento mediado pelo modelo de Frohlich supercondutor do estado induzindo a percepção quântica com a gravidade nanoarqueal sentida produzindo a redução orquestrada das possibilidades quânticas para o mundo macroscópico. O maior grau de integração da arcaea no genoma produz uma maior síntese de digoxinas produzindo uma dominância hemisférica direita e um menor grau produzindo uma dominância hemisférica esquerda. O maior grau de integração da arcaea no genoma neuronal pode produzir maior transmissão de NMDA mediada por digoxina produzindo esquizofrenia e autismo. As oscilações de cálcio induzidas pela digoxina podem activar a NFKB produzindo activação imunitária e secreção de citocinas. A activação imunitária crónica induzida pela digoxina pode levar à doença auto-imune. A digoxina arqueal pode induzir o hospedeiro AKT PI3K, AMPK, HIF alfa e NFKB produzindo o fenótipo metabólico de Warburg. Há indução de glicólise, inibição da actividade PDH e disfunção mitocondrial resultando em energia ineficiente e síndrome metabólica. As citoquinas geradas pela digoxina arqueal podem levar à resistência à insulina induzida pelo TNF alfa e ao síndrome metabólico X. A inibição da ATPase de sódio potássica induzida pela digoxina pode levar ao aumento da actividade da HMG CoA redutase e ao aumento da síntese do colesterol. O aumento do substrato de colesterol também leva ao aumento do crescimento arqueal e síntese de digoxina devido à canalização metabólica para a via mevalonate. A digoxina pode produzir inibição da ATPase sódico-potássica e movimento interno do colesterol da membrana plasmática. Isto produz detecção de SREBP defeituosa, aumento da actividade HMG CoA redutase e síntese do colesterol. O movimento para dentro induzido pela digoxina do colesterol da membrana plasmática pode alterar a relação colesterol/espincronização da membrana produzindo microdomínios lipídicos modificados. A modulação da microdomina lipídica induzida pela digoxina pode regular a adrenalina do casal GPCR, noradrenalina, receptores de glucagon e neuropeptídeos, bem como receptores de insulina ligados à proteína tirosina quinase. A digoxina mediada pela inibição da membrana nuclear potássica de sódio ATPase pode modular os microdomínios lipídicos da membrana nuclear e a função do receptor de ADN esteroidal/tiroxina. Assim, a digoxina endógena pode modular todos os receptores endócrinos, regulando os microdomínios lipídicos. A hiperdigoxinemia é importante na patogénese da aterogénese e da síndrome metabólica X. A inibição da ATPase de sódio potássica induzida pela digoxina resulta num efeito poupador de ATP. Oitenta por cento do ATP gerado é utilizado para fazer funcionar a bomba de ATPase sódica potássica. A inibição da digoxina da ATPase sódica potássica poupa esta ATP que é depois utilizada para a síntese lipídica. Assim, a digoxina endógena e a biosfera sombra gerada pelo fenótipo de Warburg pode produzir um aumento da síntese lipídica e obesidade importante na síndrome metabólica X. A gordura alimenta a resistência à insulina ligando-se ao receptor de toll e produzindo activação imunitária e infiltração imunitária do tecido adiposo. A activação de monócitos induzida pela digoxina arqueal e o fenótipo de Warburg induziu um aumento da síntese de colesterol, levando a uma aterogénese. O fenótipo de Warburg induziu o aumento do PT mitocondrial hexoquinase dos poros pode levar a uma transformação maligna. O aumento do cálcio intracelular induzido pela digoxina pode levar à disfunção do TP, morte celular e degeneração neuronal. A digoxina mediada pelo RNA HERV transcrito pode ser encapsulada em microvesículas que contribuem para o estado retroviral. A conformação da proteína priónica é modulada pela ligação do RNA HERV que produz a doença priónica. A digoxina arqueal e a depleção de magnésio induzida pelo rutilo podem conduzir à deposição de MPS e produzir CEM, PCC, MNG e angiopatia mucóide. Assim, a digoxina arqueal pode produzir integração neuro-imunetabolica-endocrino-genética. O aumento do catabolismo arqueal do colesterol e da secreção de digoxina pode levar a diversos estados patológicos de degeneração neuronal, síndrome metabólico X, doença auto-imune, malignidade e distúrbios psiquiátricos. Assim, os compostos sintetizados arqueológicos teriam levado à neandertalização do homo sapiens e à sua eventual extinção e morte destas grandes civilizações.

Referências

1. Weaver TD, Hublin JJ. Neandertal Birth Canal Shape and the Evolution of Human Childbirth. *Proc. Natl. Acad. Sci. USA* 2009; 106:8151-8156.

2. Kurup RA, Kurup PA. Endosymbiotic Actinidic Archaeal Mediated Warburg Fenótipo Mediates Human Disease State. *Avanços nas Ciências Naturais* 2012; 5(1):81-84.

3. Morgan E. The*Neanderthal*theory of*autism,*Asperger and ADHD; 2007, www.rdos.net/eng/asperger.htm.

4. Graves P. Novos Modelos e Metáforas para o Debate do Neandertal. *Antropologia actual* 1991; 32(5): 513-541.

5. Sawyer GJ, Maley B. Neanderthal Reconstructed. *The Anatomical Record Part B: The New Anatomist* 2005; 283B(1):23-31 .

6. Bastir M, O'Higgins P, Rosas A. Facial Ontogeny in Neanderthals and Modern Humans. *Proc. Biol. Sci.* 2007; 274:1125-1132.

7. Neubauer S, Gunz P, Hublin JJ. Mudanças na Forma Endocraniana durante o Crescimento em Chimpanzés e Humanos: Uma Análise Morfométrica de Aspectos Únicos e Partilhados. *J. Hum. Evol.* 2010; 59:555-566.

8. Courchesne E, Pierce K. Brain Overgrowth in Autism during a Critical Time in Development: Implicações para o Desenvolvimento e Conectividade do Neurónio Piramidal Frontal e Interneuronal. *Int. J. Dev. Neurosci.* 2005; 23:153–170.

9. Green RE, Krause J, Briggs AW, Maricic T, Stenzel U, Kircher M, Patterson N, Li H, Zhai W, et al. A Draft Sequence of the Neandertal Genome. *Ciência* 2010; 328:710-722.

10. Mithen SJ. *The Singing Neanderthals: The Origins of Music, Language, Mind and Body*; 2005, ISBN 0-297-64317-7 .

11. Bruner E, Manzi G, Arsuaga JL. Encephalization and Allometric Trajectories in the Genus Homo: Evidências das linhagens Neandertal e Moderna. *Proc. Natl. Acad. Sci. USA* 2003; 100:15335-15340.

12. Gooch S. *The Dream Culture of the Neanderthals: Os Guardiães da Sabedoria Antiga.* Inner Traditions, Wildwood House, Londres; 2006.

13. Gooch S. *The Neanderthal Legacy: Reawakening Our Genetic and Cultural Origins (Despertar as nossas origens genéticas e culturais).* Inner Traditions, Wildwood House, Londres; 2008.

14. Kurtén B. *Den Svarta Tigern*, Editora ALBA, Estocolmo, Suécia; 1978.

15. Spikins P. Autismo, as Integrações da 'Diferença' e as Origens do Comportamento Humano Moderno. *Cambridge Archaeological Journal* 2009; 19(2):179-201.

16. Eswaran V, Harpending H, Rogers AR. Genomics Refute an Exclusively African Origin of Humans. *Journal of Human Evolution* 2005; 49(1):1-18 .

CAPÍTULO 14

DIGOXINA ARQUEAL E SÍNDROME DO CONFLITO MITOCONDRIAL: SÍNTESE ACTINÍDICA ENDOSSIMMBIÓNICA DA DIGOXINA DO COLESTEROL REGULA A FUNÇÃO CELULAR E CONTRIBUI PARA A PATOLOGIA DA DOENÇA

Introdução

A digoxina endógena tem estado relacionada com a patogénese da esquizofrenia, malignidade, síndrome metabólico X, doença auto-imune e degeneração neuronal. [4] Foi considerada a possibilidade de síntese endógena de digoxina por organismo primitivo baseado em actinídeos, como a arcaea com uma via mevalonada e o catabolismo do colesterol. [1-8] A digoxina Arqueal pode induzir o hospedeiro AKT PI3K, AMPK, HIF alfa e NFKB produzindo o fenótipo metabólico de Warburg. Há indução de glicólise, inibição da actividade PDH e disfunção mitocondrial resultando em ineficiência energética e síndrome metabólica. A digoxina arqueal pode levar ao aumento da troca sódio-cálcio em consequência da inibição da ATPase potássica de sódio. A carga de cálcio mitocondrial aumenta produzindo disfunção mitocondrial em consequência da abertura do PT mitocondrial. Descreve-se uma biosfera de sombra de arcaia dependente de actinídeos nos estados da doença acima mencionados. [7,9]

Materiais e Métodos

Foram incluídos no estudo os seguintes grupos: - fibrose endomiocárdica, doença de Alzheimer, esclerose múltipla, linfoma não-Hodgkin, síndrome metabólico X com trombose cerebrovascular e doença das artérias coronárias, esquizofrenia, autismo, distúrbio convulsivo, doença de Creutzfeldt Jakob e síndrome da imunodeficiência adquirida. Havia 10 pacientes em cada grupo e cada paciente tinha uma idade e sexo compatível com um controlo saudável seleccionado aleatoriamente a partir da população geral. As amostras de sangue foram colhidas no estado de jejum, antes de se iniciar o tratamento. Foi utilizado plasma do sangue heparinizado em jejum e o protocolo experimental foi o seguinte:- (I) Plasma+fosfato tamponado salino, (II) o mesmo que o substrato de I+colesterol, (III) o mesmo que o II+rutil 0,1 mg/ml, e (IV) o mesmo que o II+ciprofloxacina e doxiciclina, cada um numa concentração de 1 mg/ml. O substrato de colesterol foi preparado como descrito por Richmond. [10] Alíquotas foram retiradas a tempo zero imediatamente após mistura e após incubação a 37 ^{oC} durante 1 hora. Foram efectuadas as seguintes estimativas:- citocromo F420 e digoxina. [11-13] O citocromo F420 foi estimado flourimetricamente (comprimento de onda de excitação 420 nm e comprimento de onda de emissão 520 nm). Foi obtido o consentimento informado dos sujeitos e a aprovação do comité de ética para o estudo. A análise estatística foi feita pela ANOVA.

Resultados

Quadro 1. Efeito do rutilo e dos antibióticos no citocromo F420

Grupo	CYT F420 % (Aumento com Rutilo)		CYT F420 % (Diminuir com Doxy+Cipro)	
	Média	$\pm$ SD	Média	$\pm$ SD
Normal	4.48	0.15	18.24	0.66
Schizo	23.24	2.01	58.72	7.08
Apreensão	23.46	1.87	59.27	8.86
AD	23.12	2.00	56.90	6.94
EM	22.12	1.81	61.33	9.82
NHL	22.79	2.13	55.90	7.29
DM	22.59	1.86	57.05	8.45
SIDA	22.29	1.66	59.02	7.50
CJD	22.06	1.61	57.81	6.04
Autismo	21.68	1.90	57.93	9.64
FME	22.70	1.87	60.46	8.06
Valor F	306.749		130.054	
Valor P	< 0.001		< 0.001	

Quadro 2. Efeito do rutilo e dos antibióticos na digoxina

Grupo	Digoxina (ng/ml) (Aumento com Rutilo)		Digoxina (ng/ml) (Diminuir com Doxy+Cipro)	
	Média	$\pm$ SD	Média	$\pm$ SD
Normal	0.11	0.00	0.054	0.003
Schizo	0.55	0.06	0.219	0.043
Apreensão	0.51	0.05	0.199	0.027
AD	0.55	0.03	0.192	0.040
EM	0.52	0.03	0.214	0.032
NHL	0.54	0.04	0.210	0.042
DM	0.47	0.04	0.202	0.025
SIDA	0.56	0.05	0.220	0.052
CJD	0.53	0.06	0.212	0.045
Autismo	0.53	0.08	0.205	0.041
FME	0.51	0.05	0.213	0.033
Valor F	135.116		71.706	
Valor P	< 0.001		< 0.001	

O plasma dos sujeitos de controlo mostrou níveis aumentados dos parâmetros acima mencionados com após incubação durante 1 hora e a adição de substrato de colesterol resultou num aumento ainda mais significativo destes parâmetros. O plasma dos pacientes mostrou resultados semelhantes, mas a extensão do aumento foi maior. A adição de antibióticos ao plasma de controlo causou uma diminuição em todos os parâmetros enquanto que a adição de rutilo aumentou os seus níveis. A adição de antibióticos ao plasma do paciente causou uma diminuição em todos os parâmetros enquanto que a adição de rutilo aumentou os seus níveis mas a extensão da mudança foi maior nos soros dos pacientes em comparação com os controlos. Os resultados são expressos nas tabelas 1-2 como mudança percentual nos parâmetros após 1 hora de incubação, em comparação com os valores a tempo zero.

Discussão

Houve um aumento do citocromo F420, indicando um crescimento arqueológico. O arcaico pode sintetizar e utilizar o colesterol como fonte de carbono e energia. [6,14] A origem arqueal das actividades enzimáticas foi indicada pela supressão induzida por antibióticos. O estudo indica a presença de arquebactérias baseadas em actinídeos com enzimas alternativas baseadas em actinídeos ou metalloenzimas no sistema, como indicado pelo aumento induzido rutilo das actividades enzimáticas. [15,16] A actividade da beta-hidroxil esteroide desidrogenase do arquebactéria indicando a síntese de digoxina foi aumentada. [8] O arquebactérias pode sofrer mineralização de magnetite e carbonato de cálcio e pode existir como nanoformas calcificadas. [17]

O stress redox induzido pela digoxina arqueal pode produzir inibição da deacetylase histonal resultando em transcriptase reversa endógena (HERV) e expressão integrase. A digoxina pode cortar e colar o RNA HERV, modulando a emenda do RNA gerando diversidade viroideal do RNA. [18] Isto também pode integrar o ADN complementar de RNA HERV na região não codificante do ADN eucariótico não codificante utilizando a integrase HERV. [19] O ADN não codificador é alargado através da integração do ADN complementar do RNA HERV com a integração em curso como um evento contínuo. O genoma arquebactéria também pode ser integrado no genoma humano utilizando integrase, tal como foi descrito para os tripanossomas. [20] O arquebactérias integrado pode sofrer transmissão vertical e pode existir como parasitas genómicos. [19,20] Isto aumenta o comprimento e altera a gramática da região não codificante produzindo memes ou memória de caracteres adquiridos, bem como a especiação eucariótica e a individualidade. [21] O ADN complementar HERV RNA pode funcionar como genes saltadores produzindo um genoma dinâmico importante no armazenamento de informação sináptica, expressão do gene HLA e expressão do gene de desenvolvimento. O RNA HERV pode regular a função do mRNA por interferência do RNA. [18] O fenómeno da interferência do RNA pode modular a função das células T e B, o metabolismo lipídico sinalizador da insulina, o crescimento e diferenciação celular, apoptose, transmissão neuronal e expressão da eucromatina/heterocromatina.

A digoxina arqueal pode regular o sistema nervoso, incluindo o NMDA/GABA tálamo-cortico-talâmico que medeia a percepção consciente. [4,22] Os receptores NMDA/GABA podem ser modulados por oscilações de cálcio induzidas pela digoxina, resultando na indução da actividade NMDA/GAD. [4] O PAH dipolar e a magnetite arqueal no cenário de inibição da ATPase de potássio de sódio induzida por digoxina pode produzir um sistema de fonon de bombeamento mediado pelo modelo de Frohlich modelo supercondutor22 induzindo a percepção quântica com a gravidade nanoarqueal sentida produzindo a redução orquestrada das possibilidades quânticas para o mundo macroscópico. [4,22] O maior grau de integração da arcaea no genoma produz uma maior síntese de digoxinas produzindo uma dominância hemisférica direita e um menor grau produzindo uma dominância hemisférica esquerda. [4] O maior grau de integração da arcaea no genoma neuronal pode produzir maior transmissão de NMDA mediada por digoxina produzindo esquizofrenia e autismo. As oscilações de cálcio induzidas pela digoxina podem activar a NFKB produzindo activação imunitária e secreção de citocinas. A activação imunitária crónica induzida pela digoxina pode levar à doença auto-imune. [23] A digoxina arqueal pode induzir o hospedeiro AKT PI3K, AMPK, HIF alfa e NFKB produzindo o fenótipo metabólico Warburg. [24] Há indução de glicólise, inibição da actividade PDH e disfunção mitocondrial resultando em energia ineficiente e síndrome metabólica. As citoquinas geradas pela digoxina arqueal podem levar à resistência à insulina induzida pelo TNF alfa e ao síndrome metabólico X. A inibição da ATPase de sódio potássica induzida pela digoxina pode levar ao aumento da actividade da HMG CoA redutase e ao aumento da síntese do colesterol. O aumento do substrato de colesterol também leva ao aumento do crescimento arqueal e síntese de digoxina devido à canalização metabólica para a via mevalonate. A digoxina pode produzir inibição da ATPase potássica de sódio e movimento interno do colesterol da membrana plasmática. Isto produz detecção de SREBP defeituosa, aumento da actividade HMG CoA redutase e síntese do colesterol. O movimento para dentro induzido pela digoxina do colesterol da membrana plasmática pode alterar a relação colesterol/espincronização da membrana produzindo microdomínios lipídicos modificados. A modulação da microdomina lipídica induzida pela digoxina pode regular a adrenalina do casal GPCR, noradrenalina, receptores de glucagon e neuropeptídeos, bem como receptores de insulina ligados à proteína tirosina quinase. A inibição mediada pela digoxina da membrana nuclear sódio-potássio ATPase pode modular os microdomínios lipídicos da membrana nuclear e a função do receptor de ADN esteroidal/tiroxina. Assim, a digoxina endógena pode modular todos os receptores endócrinos, regulando os microdomínios lipídicos. A hiperdigoxinemia é importante na patogénese da aterogénese e da síndrome metabólica X. A inibição da ATPase de sódio potássica induzida pela digoxina resulta num efeito poupador de ATP. Oitenta por cento do ATP gerado é utilizado para fazer funcionar a bomba de ATPase sódica potássica. A inibição da digoxina da ATPase sódica potássica poupa esta ATP que é depois utilizada para a síntese lipídica. Assim, a digoxina endógena e a biosfera sombra gerada pelo fenótipo de Warburg pode produzir um aumento da síntese lipídica e obesidade importante na síndrome metabólica X. A gordura alimenta a resistência à insulina ligando-se ao receptor de toll e produzindo activação imunitária e infiltração imunitária do tecido adiposo. A activação de monócitos induzida pela digoxina arqueal e o fenótipo de Warburg induziu um aumento da síntese de colesterol, levando a uma aterogénese. O fenótipo de Warburg induziu o aumento do PT mitocondrial hexoquinase dos poros pode levar a uma transformação maligna. O aumento do cálcio intracelular induzido pela digoxina pode levar à disfunção do TP, morte celular e degeneração neuronal. [4] O RNA HERV mediado pela digoxina transcrita pode ser encapsulado em microvesículas que contribuem para o estado retroviral. A conformação da proteína priónica é modulada pela ligação do RNA HERV que produz a doença priónica. A digoxina arqueal e a depleção de magnésio induzida pelo rutilo podem conduzir à deposição de MPS e produzir CEM, PCC, MNG e angiopatia mucóide. [4] Assim, a digoxina arqueal pode produzir integração neuro-imunetabolica-endocrino-genética. O aumento do catabolismo arqueal do colesterol e da secreção da digoxina pode levar a diversos estados patológicos de degeneração neuronal, síndrome metabólico X, doença auto-imune, malignidade e distúrbios psiquiátricos.

Referências

1   Hanold D., Randies, J.W. (1991). Coconut cadang-cadang disease and its viroid agent, *Plant Disease,* 75, 330-335.

2   Valiathan M.S., Somers, K., Kartha, C.C. (1993). *Endomyocardial Fibrosis.* Nova Deli: Oxford University Press.

3   Edwin B.T., Mohankumaran, C. (2007). Fitoplasma da doença de Kerala wilt: Phylogenetic analysis and identification of a vector, *Proutista moesta, Physiological and Molecular Plant Pathology,* 71(1-3), 41-47.

4   Kurup R., Kurup, P.A. (2009). *Digoxina Hipotalâmica, Dominância Cerebral e Função Cerebral na Saúde e nas Doenças.* Nova Iorque: Nova Science Publishers.

5   Eckburg P.B., Lepp, P.W., Relman, D.A. (2003). Archaea and their potential role in human disease, *Infect Immun,* 71, 591-596.

6   Smit A.,Mushegian, A. (2000)Biossíntese de isoprenoides via mevalonato em Archaea: o caminho perdido,*Genoma Res,* 10(10), 1468-84.

7   Adam Z. (2007). Actinides e Origens da Vida, *Astrobiologia,* 7, 6-10.

8   Schoner W. (2002). Endogenous cardiac glycosides, uma nova classe de hormonas esteróides, *Eur J Biochem,* 269, 2440-2448.

9   Davies P.C.W., Benner, S.A., Cleland, C.E., Lineweaver, C.H., McKay, C.P., Wolfe-Simon, F. (2009). Signatures of a Shadow Biosphere, *Astrobiology,* 10, 241-249.

10   Richmond W. (1973). Preparation and properties of a cholesterol oxidase from nocardia species and its application to the enzymatic assay of total cholesterol in serum, *Clin Chem,* 19, 1350-1356.

11   Snell E.D., Snell, C.T. (1961). *Métodos Colorimétricos de Análise.* Vol 3A. Nova Iorque: Van NoStrand.

12   Glick D. (1971). *Métodos de Análise Bioquímica.* Vol 5. Nova Iorque: Interscience Publishers.

13   Colowick, Kaplan, N.O. (1955). *Métodos em Enzimologia.* Vol 2. Nova Iorque: Imprensa académica.

14   Van der Geize R., Yam, K., Heuser, T., Wilbrink, M.H., Hara, H., Anderton, M.C. (2007). Um aglomerado de genes que codifica o catabolismo do colesterol num actinomicetato do solo fornece uma visão da sobrevivência de Mycobacterium tuberculosis em macrófagos, *Proc Natl Acad Sci USA,* 104(6), 1947-52.

15 Francis A.J. (1998). Biotransformação de urânio e outros actinídeos em resíduos radioactivos, *Journal of Alloys and Compounds,* 271(273), 78-84.

16 Probian C., Wülfing, A., Harder, J. (2003). Mineralização anaeróbica de átomos de carbono quaternários: Isolamento de bactérias desnitrificantes em ácido pivalico (ácido 2,2-dimetilpropiónico), *Applied and Environmental Microbiology,* 69(3), 1866-1870.

17 Vainshtein M., Suzina, N., Kudryashova, E., Ariskina, E. (2002). New Magnet-Sensitive Structures in Bacterial and Archaeal Cells, *Biol Cell,* 94(1), 29-35.

18 Tsagris E.M., de Alba, A.E., Gozmanova, M., Kalantidis, K. (2008). Viroids, *Cell Microbiol,* 10, 2168.

19 Horie M., Honda, T., Suzuki, Y., Kobayashi, Y., Daito, T., Oshida, T. (2010). Elementos endógenos não retrovirais do vírus RNA em genomas de mamíferos, *Nature,* 463, 84-87.

20 Hecht M., Nitz, N., Araujo, P., Sousa, A., Rosa, A., Gomes, D. (2010). Os genes do parasita Chagas podem ser transferidos para os humanos e ser transmitidos às crianças. Herança de ADN Transferido de Tripanossomas Americanos para Hospedeiros Humanos, *PLoS ONE,* 5, 2-10.

21 Flam F. (1994). Dicas de uma linguagem em ADN de lixo, *Science,* 266, 1320.

22 Lockwood, M. (1989). *Mind, Brain and the Quantum.* Oxford: B. Blackwell.

23 Eberl M., Hintz, M., Reichenberg, A., Kollas, A., Wiesner, J., Jomaa, H. (2010). Biossíntese isoprenoidal microbiana e humana $\gamma\delta$ Activação de células T, *Cartas FEBS,* 544(1), 4-10.

24 Wallace D.C. (2005). Mitocôndria e Cancro: Warburg Addressed, *Cold Spring Harbor Symposia on Quantitative Biology,* 70, 363-374.

CAPÍTULO 15

ALTERAÇÕES CLIMÁTICAS, ARQUEBACTÉRIAS ENDOSSIMBIÓTICAS, PORFÍRIA, SÍNDROME DO CONFLITO MITOCONDRIAL E DESESE SISTÉMICA

A endosimbiose arqueal leva ao aumento da síntese de porfirina, levando à porfirinúria e à porfíria. O estímulo para a síntese da porfirina provém da deficiência de heme. O cânhamo suprime a ALA synthase. O stress induz a heme oxigenase que converte heme em monóxido de carbono e bilirrubina. Assim, o heme é esgotado do sistema. A heme oxigenase é induzida pelo stress ambiental. As alterações climáticas do aquecimento global e da idade do gelo podem induzir a heme oxigenase. A heme oxigenase é também induzida pela poluição do ambiente pelos campos electromagnéticos. Assim, há um aumento da síntese de porfirina a partir de succinil CoA e glicina. Defeito na síntese de heme e esgotamento de heme leva à deficiência de enzimas heme. Deficiência de citocromo C oxidase e aconitase leva a defeitos de fosforilação oxidativa mitocondrial e defeitos do ciclo TCA. Isto leva à deficiência de desidrogenase pirúvel e defeito na síntese de acetil CoA. Há um aumento da glicólise em consequência da geração de radicais livres induzida pela foto-oxidação da porfirina e indução alfa HIF. Isto produz o fenótipo de Warburg. O aumento do nível de piruvato que é gerado é convertido em glutamato e amoníaco. Assim, existe hiperamonemia como consequência do defeito metabólico. Uma vez que a glicina é utilizada para síntese de porfirina, a serina não é sintetizada levando à deficiência do substrato para síntese de cistathionina. Isto leva à acumulação de homocisteína e homocistinúria. A deficiência de acetil CoA leva a defeitos na via isoprenoide e a uma síntese defeituosa de colesterol e ubiquinona. Há também deficiência da heme contendo colesterol sintetizando a enzima lanosterol sintase. Isto leva a um estado de esgotamento do colesterol.

O aumento das porfirinas leva à disfunção cortical e à atrofia do córtex pré-frontal. As porfirinas podem destruir os retrovírus endógenos humanos e os genes saltadores, levando à falta de dinamismo do genoma. Isto leva a um mal desenvolvimento do córtex pré-frontal. Isto leva ao domínio cerebelar e a um distúrbio cognitivo afectivo cerebelar. Isto produz uma percepção quântica relacionada com a porfirina. As porfirinas são moléculas dipolares e no cenário de membrana mediada de porfirina sódio potássico ATPase inibição induzida pelo sistema fonónico bombeado pode produzir um estado perceptivo quântico. As porfirinas são macromoléculas que podem ter uma existência de ondas e partículas e podem fazer a ponte entre o mundo das partículas e o mundo quântico. A inibição da porfirina dipolar mediada pelo sistema de porfirina bombeada por bomba de membrana de potássio ATPase pode levar a um estado de plasma celular e a uma transdução de sinal EMF. Macromoléculas como RNA, ADN, proteínas e a própria célula podem ter uma assinatura de CEM. Esta porfirina gerada por macromolecular assinatura de campos electromagnéticos celulares é importante na regulação da função celular. As porfirinas podem ter uma percepção quântica de campos EMF de baixo nível, levando à atrofia do córtex pré-frontal. Isto leva à disfunção cortical e à falta de funcionamento do cérebro consciente. O cerebelo domina e o inconsciente toma o

100

controlo. Isto leva à neandertalização do cérebro e à esquizofrenia e ao autismo. A deficiência de heme leva à falta de síntese das hormonas sexuais dependentes da enzima heme citocromo P420 e a um estado assexuado generalizado. A disfunção mitocondrial leva à resistência à insulina e à síndrome metabólica X. O fenótipo de Warburg e o aumento da glicólise leva à oncogénese. A disfunção mitocondrial pode produzir neurodegeneração. O aumento da glicólise linfocitária pode produzir activação imunitária e doença auto-imune. Assim, a porfíria induzida pelo stress devido às alterações climáticas e à poluição ambiental pode levar a doenças civilizacionais.

As porfirinas podem organizar-se para formar estruturas macromoleculares que se podem auto-replicar para formar um organismo de porfirina. A transferência de electrões induzida por fotões ao longo da macromolécula pode levar à síntese de ATP induzida pela luz. As porfirinas podem formar um modelo no qual o RNA e o ADN podem formar viroides geradores. As porfirinas podem também formar um modelo no qual os priões podem formar priões. Todas elas podem juntar-se - viroides de RNA, viroides de ADN, priões - para formar arquebactérias primitivas. Assim, as arcaeas são capazes de se auto-replicarem em modelos de porfirina. A arcaea auto-replicativa pode sentir a gravidade que dá origem à consciência. Podem também sentir os campos anti-gravidade que dão origem ao cérebro inconsciente. Assim, pode haver tanto arcaea auto-replicativa como anti-arcaea que regula o cérebro consciente e inconsciente. Assim, o stress das alterações climáticas mediado pela síntese crescente de porfirina leva à atrofia do córtex pré-frontal, dominância cerebelar, distúrbio cognitivo afectivo cerebelar, percepção quântica e neanderthalização da população. Os porfírios são organismos supramoleculares auto-replicativos que formam o modelo precursor sobre o qual os viroides, priões e nanoarqueia se originam.

A arca actinídea tem estado relacionada com a patogénese da esquizofrenia, malignidade, síndrome metabólico X, doença auto-imune e degeneração neuronal. É descrita uma biosfera sombra dependente de actinídeos de arcaea e viroides nos estados da doença acima mencionados. As arcaias actinídicas têm uma via mevalonada e estão a catabolizar o colesterol. [1-5] Podem usar o colesterol como fonte de carbono e energia. O catabolismo do colesterol arcaico pode gerar porfirinas através do anel de colesterol oxidase gerado pela via pirúvia e GABA shunt. A arcaea pode produzir uma porfíria secundária induzindo a enzima heme oxidase resultando no esgotamento da heme e activação da enzima ALA synthase. As porfirinas têm estado relacionadas com esquizofrenia, síndrome metabólico X, malignidade, lúpus eritematose sistémica, esclerose múltipla e doenças de Alzheimer. O papel das porfirinas arqueológicas na regulação das funções celulares e na integração neuro-imuno-endócrina é discutido. As porfirinas são moléculas prebióticas que estão envolvidas na abiogénese e origem da vida. [1-5] Os porfírios são organismos supramoleculares auto-replicativos que formam o modelo precursor sobre o qual os viroides, priões e nanoarqueia se originam. O modelo induzido pelo stress induziu abiogénese dirigida dos porfírios, priões, viroides e arquebactérias é um processo contínuo e pode contribuir para mudanças na estrutura e comportamento do cérebro, bem como no processo da doença.

Materiais e Métodos

Foram incluídos no estudo os seguintes grupos: - fibrose endomiocárdica, doença de Alzheimer, esclerose múltipla, linfoma não-Hodgkin, síndrome metabólico X com trombose cerebrovascular e doença das artérias coronárias, esquizofrenia, autismo, distúrbio convulsivo, doença de Creutzfeldt Jakob e síndrome da imunodeficiência adquirida. Havia 10 pacientes em cada grupo e cada paciente tinha uma idade e sexo compatível com um controlo saudável seleccionado aleatoriamente a partir da população geral. As amostras de sangue foram colhidas no estado de jejum, antes de se iniciar o tratamento. Foi utilizado plasma de sangue heparinizado em jejum e o protocolo experimental foi o seguinte:- (I) Plasma+fosfato tamponado salino, (II) o mesmo que o substrato de I+colesterol, (III) o mesmo que o II+rutil 0,1 mg/ml, e (IV) o mesmo que o II+ciprofloxacina e doxiciclina, cada um numa concentração de 1 mg/ml. O substrato de colesterol foi preparado como descrito por Richmond. As alíquotas foram retiradas a tempo zero imediatamente após a mistura e após incubação a 37 ^{oC} durante 1 hora. Foram efectuadas as seguintes estimativas:- citocromo F420, RNA livre, DNA livre, hidrocarboneto aromático policíclico, peróxido de hidrogénio, piruvato, amónia, glutamato, ácido delta aminolevulínico, succinato, glicina e digoxina. O citocromo F420 foi estimado flourimetricamente (comprimento de onda de excitação 420 nm e comprimento de onda de emissão 520 nm). O hidrocarboneto policíclico aromático foi estimado medindo o peróxido de hidrogénio libertado através da utilização de reagente de glucose. O estudo também envolveu a estimativa dos seguintes parâmetros na população de doentes - digoxina, ácido biliar, hexoquinase, porfirinas, piruvato, glutamato, amónia, acetil CoA, acetil colina, HMG CoA redutase, citocromo C, ATP sanguíneo, ATP sintetase, ERV RNA (RNA retroviral endógeno), H2O2 (peróxido de hidrogénio), NOX (NADPH oxidase), TNF alfa e heme oxigenase. [6-9] Foi obtido o consentimento informado dos sujeitos e a aprovação do comité de ética para o estudo. A análise estatística foi feita pela ANOVA.

Resultados

O plasma dos sujeitos de controlo mostrou níveis aumentados dos parâmetros acima mencionados com após incubação durante 1 hora e a adição de substrato de colesterol resultou num aumento ainda mais significativo destes parâmetros. O plasma dos pacientes mostrou resultados semelhantes, mas a extensão do aumento foi maior. A adição de antibióticos ao plasma de controlo causou uma diminuição em todos os parâmetros enquanto que a adição de rutilo aumentou os seus níveis. A adição de antibióticos ao plasma do paciente causou uma diminuição em todos os parâmetros enquanto que a adição de rutilo aumentou os seus níveis mas a extensão da mudança foi maior nos soros dos pacientes em comparação com os controlos. Os resultados são expressos na secção 1: tabelas 1-6 como mudança percentual nos parâmetros após 1 hora de incubação, em comparação com os valores a tempo zero. Houve síntese não-preparada de porfirina arqueal na população de doentes, que era de origem arqueal como indicado pela catálise actinídea das reacções. A via de oxidase do colesterol gerou piruvato que entrou na via de derivação GABA. Isto resultou na síntese de succinato e glicina que são substratos da ALA synthase.

O estudo mostrou que o sangue do paciente e o seu domínio hemisférico direito tinham aumentado a actividade da heme oxigenase e das porfirinas. A actividade da hexoquinase era elevada. Os níveis de piruvato, glutamato e amoníaco foram elevados, indicando bloqueio da actividade de PDH, e operação da via de derivação GABA. Os níveis de acetil CoA eram baixos e a acetil colina foi diminuída. Os níveis de cito C foram aumentados no soro indicando disfunção mitocondrial sugerida por baixos níveis de ATP sanguíneo. Isto era indicativo do fenótipo de Warburg. Houve um aumento dos níveis de NOX e TNF alfa indicando activação imunitária. A actividade da HMG CoA redutase era alta, indicando síntese de colesterol. Os níveis de ácido biliar eram baixos, indicando o esgotamento do citocromo P450. A população normal com domínio hemisférico direito tinha valores semelhantes aos da população de doentes com síntese aumentada de porfirina. A população normal com dominância hemisférica esquerda apresentava valores baixos com diminuição da síntese de porfirina.

Secção 1: Estudo experimental

Quadro 1. Efeito do rutilo e dos antibióticos no citocromo F420 e HAP

Grupo	CYT F420 % (Aumento com Rutilo)		CYT F420 % (Diminuir com Doxy+Cipro)		PAH % mudança (Aumento com Rutilo)		PAH % mudança (Diminuir com Doxy+Cipro)	
	Média	$\pm$ SD	Média	$\pm$ SD	Média	$\pm$ SD	Média	$\pm$ SD
Normal	4.48	0.15	18.24	0.66	4.45	0.14	18.25	0.72
Schizo	23.24	2.01	58.72	7.08	23.01	1.69	59.49	4.30
Apreensão	23.46	1.87	59.27	8.86	22.67	2.29	57.69	5.29
AD	23.12	2.00	56.90	6.94	23.26	1.53	60.91	7.59
EM	22.12	1.81	61.33	9.82	22.83	1.78	59.84	7.62
NHL	22.79	2.13	55.90	7.29	22.84	1.42	66.07	3.78
DM	22.59	1.86	57.05	8.45	23.40	1.55	65.77	5.27
SIDA	22.29	1.66	59.02	7.50	23.23	1.97	65.89	5.05
CJD	22.06	1.61	57.81	6.04	23.46	1.91	61.56	4.61
Autismo	21.68	1.90	57.93	9.64	22.61	1.42	64.48	6.90
FME	22.70	1.87	60.46	8.06	23.73	1.38	65.20	6.20
Valor F	306.749		130.054		391.318		257.996	
Valor P	< 0.001		< 0.001		< 0.001		< 0.001	

Quadro 2. Efeito do rutilo e dos antibióticos no ARN e ADN livres

Grupo	ADN % mudança (Aumento com Rutilo)		ADN % mudança (Diminuir com Doxy+Cipro)		RNA % mudança (Aumento com Rutilo)		RNA % mudança (Diminuir com Doxy+Cipro)	
	Média	± SD	Média	± SD	Média	± SD	Média	± SD
Normal	4.37	0.15	18.39	0.38	4.37	0.13	18.38	0.48
Schizo	23.28	1.70	61.41	3.36	23.59	1.83	65.69	3.94
Apreensão	23.40	1.51	63.68	4.66	23.08	1.87	65.09	3.48
AD	23.52	1.65	64.15	4.60	23.29	1.92	65.39	3.95
EM	22.62	1.38	63.82	5.53	23.29	1.98	67.46	3.96
NHL	22.42	1.99	61.14	3.47	23.78	1.20	66.90	4.10
DM	23.01	1.67	65.35	3.56	23.33	1.86	66.46	3.65
SIDA	22.56	2.46	62.70	4.53	23.32	1.74	65.67	4.16
CJD	23.30	1.42	65.07	4.95	23.11	1.52	66.68	3.97
Autismo	22.12	2.44	63.69	5.14	23.33	1.35	66.83	3.27
FME	22.29	2.05	58.70	7.34	22.29	2.05	67.03	5.97
Valor F	337.577		356.621		427.828		654.453	
Valor P	< 0.001		< 0.001		< 0.001		< 0.001	

Quadro 3. Efeito do rutilo e dos antibióticos na digoxina e no ácido aminolevulínico delta

Grupo	Digoxina (ng/ml) (Aumento com Rutilo)		Digoxina (ng/ml) (Diminuir com Doxy+Cipro)		ALA % (Aumento com Rutilo)		ALA % (Diminuir com Doxy+Cipro)	
	Média	± SD	Média	± SD	Média	± SD	Média	± SD
Normal	0.11	0.00	0.054	0.003	4.40	0.10	18.48	0.39
Schizo	0.55	0.06	0.219	0.043	22.52	1.90	66.39	4.20
Apreensão	0.51	0.05	0.199	0.027	22.83	1.90	67.23	3.45
AD	0.55	0.03	0.192	0.040	23.67	1.68	66.50	3.58
EM	0.52	0.03	0.214	0.032	22.38	1.79	67.10	3.82
NHL	0.54	0.04	0.210	0.042	23.34	1.75	66.80	3.43
DM	0.47	0.04	0.202	0.025	22.87	1.84	66.31	3.68
SIDA	0.56	0.05	0.220	0.052	23.45	1.79	66.32	3.63
CJD	0.53	0.06	0.212	0.045	23.17	1.88	68.53	2.65
Autismo	0.53	0.08	0.205	0.041	23.20	1.57	66.65	4.26
FME	0.51	0.05	0.213	0.033	22.29	2.05	61.91	7.56
Valor F	135.116		71.706		372.716		556.411	
Valor P	< 0.001		< 0.001		< 0.001		< 0.001	

Quadro 4. Efeito do rutilo e dos antibióticos no succinato e na glicina

Grupo	Succinate % Succinate (Aumento com Rutilo)		Succinate % Succinate (Diminuir com Doxy+Cipro)		Glycine % mudança (Aumento com Rutilo)		Glycine % mudança (Diminuir com Doxy+Cipro)	
	Média	± SD	Média	± SD	Média	± SD	Média	± SD
Normal	4.41	0.15	18.63	0.12	4.34	0.15	18.24	0.37
Schizo	22.76	2.20	67.63	3.52	22.79	2.20	64.26	6.02
Apreensão	22.28	1.52	64.05	2.79	22.82	1.56	64.61	4.95
AD	23.81	1.90	66.95	3.67	23.12	1.71	65.12	5.58
EM	24.10	1.61	65.78	4.43	22.73	2.46	65.87	4.35
NHL	23.43	1.57	66.30	3.57	22.98	1.50	65.13	4.87
DM	23.70	1.75	68.06	3.52	23.81	1.49	64.89	6.01
SIDA	23.66	1.67	65.97	3.36	23.09	1.81	65.86	4.27
CJD	22.92	2.14	67.54	3.65	21.93	2.29	63.70	5.63
Autismo	21.88	1.19	66.28	3.60	23.02	1.65	67.61	2.77
FME	22.29	1.33	65.38	3.62	22.13	2.14	66.26	3.93
Valor F	403.394		680.284		348.867		364.999	
Valor P	< 0.001		< 0.001		< 0.001		< 0.001	

Quadro 5. Efeito do rutilo e dos antibióticos sobre o piruvato e o glutamato

Grupo	Pyruvate % mudança (Aumento com Rutilo)		Pyruvate % mudança (Diminuir com Doxy+Cipro)		Glutamato (Aumento com Rutilo)		Glutamato (Diminuir com Doxy+Cipro)	
	Média	± SD	Média	± SD	Média	± SD	Média	± SD
Normal	4.34	0.21	18.43	0.82	4.21	0.16	18.56	0.76
Schizo	20.99	1.46	61.23	9.73	23.01	2.61	65.87	5.27
Apreensão	20.94	1.54	62.76	8.52	23.33	1.79	62.50	5.56
AD	22.63	0.88	56.40	8.59	22.96	2.12	65.11	5.91
EM	21.59	1.23	60.28	9.22	22.81	1.91	63.47	5.81
NHL	21.19	1.61	58.57	7.47	22.53	2.41	64.29	5.44
DM	20.67	1.38	58.75	8.12	23.23	1.88	65.11	5.14
SIDA	21.21	2.36	58.73	8.10	21.11	2.25	64.20	5.38
CJD	21.07	1.79	63.90	7.13	22.47	2.17	65.97	4.62
Autismo	21.91	1.71	58.45	6.66	22.88	1.87	65.45	5.08
FME	22.29	2.05	62.37	5.05	21.66	1.94	67.03	5.97
Valor F	321.255		115.242		292.065		317.966	
Valor P	< 0.001		< 0.001		< 0.001		< 0.001	

Quadro 6. Efeito do rutilo e dos antibióticos no peróxido de hidrogénio e no amoníaco

Grupo	H2O2 % (Aumento com Rutilo)		H2O2 % (Diminuir com Doxy+Cipro)		Amoníaco % (Aumento com Rutilo)		Amoníaco % (Diminuir com Doxy+Cipro)	
	Média	$\pm$ SD	Média	$\pm$ SD	Média	$\pm$ SD	Média	$\pm$ SD
Normal	4.43	0.19	18.13	0.63	4.40	0.10	18.48	0.39
Schizo	22.50	1.66	60.21	7.42	22.52	1.90	66.39	4.20
Apreensão	23.81	1.19	61.08	7.38	22.83	1.90	67.23	3.45
AD	22.65	2.48	60.19	6.98	23.67	1.68	66.50	3.58
EM	21.14	1.20	60.53	4.70	22.38	1.79	67.10	3.82
NHL	23.35	1.76	59.17	3.33	23.34	1.75	66.80	3.43
DM	23.27	1.53	58.91	6.09	22.87	1.84	66.31	3.68
SIDA	23.32	1.71	63.15	7.62	23.45	1.79	66.32	3.63
CJD	22.86	1.91	63.66	6.88	23.17	1.88	68.53	2.65
Autismo	23.52	1.49	63.24	7.36	23.20	1.57	66.65	4.26
FME	23.29	1.67	60.52	5.38	22.29	2.05	61.91	7.56
Valor F	380.721		171.228		372.716		556.411	
Valor P	< 0.001		< 0.001		< 0.001		< 0.001	

Secção 2: Estudo do paciente

Quadro 1

Grupo	Digoxina RBC (ng/ml RBC Susp)		Citocromo F 420		HERV RNA (ug/ml)		H2O2 (umol/ml RBC)	
	Média	$\pm$ SD	Média	$\pm$ SD	Média	$\pm$ SD	Média	$\pm$ SD
NO/BHCD	0.58	0.07	1.00	0.00	17.75	0.72	177.43	6.71
RHCD	1.41	0.23	4.00	0.00	55.17	5.85	278.29	7.74
LHCD	0.18	0.05	0.00	0.00	8.70	0.90	111.63	5.40
Schizo	1.38	0.26	4.00	0.00	51.17	3.65	274.88	8.73
Apreensão	1.23	0.26	4.00	0.00	50.04	3.91	278.90	11.20
HD	1.34	0.31	4.00	0.00	51.16	7.78	295.37	3.78
AD	1.10	0.08	4.00	0.00	51.56	3.69	277.47	10.90
EM	1.21	0.21	4.00	0.00	47.90	6.99	280.89	11.25
SLE	1.50	0.33	4.00	0.00	48.20	5.53	278.59	11.51
NHL	1.26	0.23	4.00	0.00	51.08	5.24	283.39	10.67
Glio	1.27	0.24	4.00	0.00	51.57	2.66	278.19	12.80
DM	1.35	0.26	4.00	0.00	51.98	5.05	280.89	10.58
CAD	1.22	0.16	4.00	0.00	50.00	5.91	280.89	13.79
CVA	1.33	0.27	4.00	0.00	51.06	4.83	287.33	9.47
SIDA	1.31	0.24	4.00	0.00	50.15	6.96	278.58	12.72
CJD	1.48	0.27	4.00	0.00	49.85	6.40	286.16	10.90
Autismo	1.19	0.24	4.00	0.00	52.87	7.04	274.52	9.29
DS	1.34	0.25	4.00	0.00	47.28	3.55	283.04	9.17

Paralisia Cerebral	1.44	0.19	4.00	0.00	53.49	4.15	273.70	12.37
CRF	1.26	0.26	4.00	0.00	49.39	5.51	285.51	8.79
Falha Cirr/Hep	1.50	0.20	4.00	0.00	46.82	4.73	275.97	10.66
Muc Angio	1.40	0.32	4.00	0.00	46.37	4.87	290.37	9.10
FME	1.51	0.29	4.00	0.00	47.47	4.34	287.49	9.81
CCP	1.35	0.22	4.00	0.00	48.54	5.97	277.50	7.51
Exposição aos CEM	1.41	0.30	4.00	0.00	51.01	4.77	276.49	10.92
Valor F	60.288		0.001		194.418		713.569	
Valor P	< 0.001		< 0.001		< 0.001		< 0.001	

Quadro 2

Grupo	NOX (OD dif/hr/mgpro)		TNF ALP (pg/ml)		ALA (umol24)		PBG (umol24)	
	Média	$\pm$ SD	Média	$\pm$ SD	Média	$\pm$ SD	Média	$\pm$ SD
NO/BHCD	0.012	0.001	17.94	0.59	15.44	0.50	20.82	1.19
RHCD	0.036	0.008	78.63	5.08	63.50	6.95	42.20	8.50
LHCD	0.007	0.001	9.29	0.81	3.86	0.26	12.11	1.34
Schizo	0.036	0.009	78.23	7.13	66.16	6.51	42.50	3.23
Apreensão	0.038	0.007	79.28	4.55	68.28	6.02	46.54	4.55
HD	0.035	0.011	82.13	3.97	67.30	5.98	47.25	4.19
AD	0.036	0.007	79.65	5.57	67.32	5.40	49.83	3.45
EM	0.034	0.009	80.18	5.67	64.00	7.33	46.85	3.49
SLE	0.038	0.008	81.03	6.22	65.01	5.42	48.55	3.81
NHL	0.041	0.006	77.98	5.68	63.21	6.55	47.17	4.86
Glio	0.038	0.007	79.18	5.88	67.67	5.69	46.84	4.43
DM	0.041	0.005	78.36	6.68	64.72	6.81	48.15	3.36
CAD	0.038	0.009	78.15	3.72	66.66	7.77	47.00	3.81
CVA	0.037	0.007	77.59	5.24	69.02	4.86	46.33	4.01
SIDA	0.039	0.010	79.17	5.88	67.78	4.41	48.03	3.64
CJD	0.039	0.006	80.41	5.70	66.99	3.71	47.94	5.33
Autismo	0.036	0.006	76.71	5.25	68.16	4.92	42.04	2.38
DS-50	0.035	0.009	80.30	6.65	64.99	6.72	45.69	4.18
Paralisia Cerebral	0.038	0.008	80.02	6.82	65.56	6.28	44.58	4.52
CRF	0.039	0.008	81.36	5.37	67.61	5.55	46.81	4.62
Falha Cirr/Hep	0.037	0.010	77.61	4.42	66.28	6.55	48.23	2.36
Muc Angio	0.039	0.010	79.38	5.14	67.86	5.65	44.08	2.81
FME	0.035	0.008	80.04	4.69	64.76	5.23	44.82	3.46
CCP	0.040	0.006	80.34	4.73	66.68	4.14	48.70	3.35
Exposição aos CEM	0.038	0.007	76.41	5.96	68.41	5.53	47.27	3.42
Valor F	44.896		427.654		295.467		183.296	
Valor P	< 0.001		< 0.001		< 0.001		< 0.001	

Quadro 3

Grupo	Uroporfirina (nmol24)		Coproporfirina (nmol/24)		Protoporfirina (unidade Ab)		Heme (uM)	
	Média	$\pm$ SD	Média	$\pm$ SD	Média	$\pm$ SD	Média	$\pm$ SD
NO/BHCD	50.18	3.54	137.94	4.75	10.35	0.38	30.27	0.81
RHCD	250.28	23.43	389.01	54.11	42.46	6.36	12.47	2.82
LHCD	9.51	1.19	64.33	13.09	2.64	0.42	50.55	1.07
Schizo	267.81	64.05	401.49	50.73	44.30	2.66	12.82	2.40
Apreensão	290.44	57.65	436.71	52.95	49.59	1.70	13.03	0.70
HD	286.84	24.18	432.22	50.11	49.36	4.18	11.81	0.80
AD	259.61	33.18	433.17	45.61	49.68	3.30	12.09	1.12
EM	277.36	15.48	440.35	25.34	50.81	3.21	11.87	1.84
SLE	294.51	58.62	447.39	39.84	52.94	3.67	12.95	1.53
NHL	310.25	40.44	495.98	39.11	54.80	4.04	11.76	1.37
Glio	304.19	14.16	479.35	58.86	53.73	5.34	13.68	1.67
DM	285.46	29.46	422.27	33.86	49.80	4.01	12.83	2.07
CAD	314.01	17.82	426.14	24.28	49.51	2.27	11.39	1.10
CVA	320.85	24.73	402.16	33.80	46.74	4.28	11.26	0.95
SIDA	306.61	22.47	429.72	24.97	49.32	5.13	11.60	1.23
CJD	317.92	29.63	429.24	18.29	50.02	4.58	11.76	1.32
Autismo	318.84	82.90	423.29	47.57	47.50	2.87	12.37	2.09
DS-50	258.33	37.85	421.52	36.57	50.97	7.07	11.81	1.14
Paralisia Cerbral	280.16	26.14	431.39	28.88	49.23	3.91	11.61	1.36
CRF	301.78	48.22	427.57	33.55	49.66	4.41	12.03	1.40
Falha Cirr/Hep	276.51	16.66	436.44	25.65	50.56	1.63	11.92	1.33
Muc Angio	303.86	13.91	441.58	25.51	47.86	3.34	12.13	1.10
FME	300.90	31.96	443.22	38.14	51.37	4.86	12.61	2.00
CCP	287.09	15.63	442.85	49.61	50.36	3.49	12.01	1.53
Exposição aos CEM	288.21	26.17	444.94	38.89	50.59	1.71	12.36	1.26
Valor F	160.533		279.759		424.198		1472.05	
Valor P	< 0.001		< 0.001		< 0.001		< 0.001	

Quadro 4

Grupo	Bilirubin (mg/dl)		Biliverdin (unidade Ab)		ATP Synthase (umol/gHb)		SE ATP (umol/dl)	
	Média	± SD	Média	± SD	Média	± SD	Média	± SD
NO/BHCD	0.55	0.02	0.030	0.001	0.36	0.13	0.42	0.11
RHCD	1.70	0.20	0.067	0.011	2.73	0.94	2.24	0.44
LHCD	0.21	0.00	0.017	0.001	0.09	0.01	0.02	0.01
Schizo	1.74	0.08	0.073	0.013	2.66	0.58	1.26	0.19
Apreensão	1.84	0.07	0.070	0.015	3.09	0.65	1.66	0.56
HD	1.83	0.09	0.071	0.014	3.34	0.84	1.27	0.26
AD	1.77	0.13	0.073	0.016	3.34	0.75	2.06	0.19
EM	1.81	0.10	0.079	0.007	3.05	0.52	1.63	0.26
SLE	1.82	0.08	0.061	0.006	2.85	0.34	1.59	0.22
NHL	1.84	0.08	0.077	0.011	3.01	0.55	1.73	0.26
Glio	1.76	0.11	0.073	0.012	2.70	0.62	1.48	0.32
DM	1.77	0.19	0.067	0.014	3.19	0.89	1.97	0.11
CAD	1.75	0.12	0.080	0.007	2.99	0.65	1.57	0.37
CVA	1.82	0.10	0.079	0.009	2.98	0.78	1.49	0.27
SIDA	1.79	0.08	0.072	0.013	3.29	0.63	1.59	0.38
CJD	1.82	0.09	0.066	0.009	3.21	0.95	1.69	0.43
Autismo	1.83	0.16	0.072	0.014	2.67	0.80	2.03	0.12
DS-50	1.85	0.07	0.071	0.015	3.15	0.73	1.17	0.11
Paralisia Cerebral	1.85	0.09	0.069	0.012	3.14	0.46	1.56	0.39
CRF	1.76	0.22	0.070	0.012	3.14	0.57	1.53	0.33
Falha Cirr/Hep	1.81	0.10	0.076	0.009	3.01	0.47	1.32	0.26
Muc Angio	1.78	0.24	0.067	0.014	2.92	0.55	1.35	0.29
FME	1.79	0.07	0.074	0.009	3.12	0.60	1.56	0.48
CCP	1.84	0.07	0.073	0.011	3.15	0.46	1.51	0.38
Exposição aos CEM	1.75	0.22	0.073	0.013	3.39	1.03	1.37	0.27
Valor F	370.517		59.963		54.754		67.588	
Valor P	< 0.001		< 0.001		< 0.001		< 0.001	

Quadro 5

Grupo	Cyto C (ng/ml)		Lactato (mg/dl)		Pyruvate (umol/l)		RBC Hexokinase (ug glu fos/ hr/mgpro)	
	Média	+ SD	Média	+ SD	Média	+ SD	Média	+ SD
NO/BHCD	2.79	0.28	7.38	0.31	40.51	1.42	1.66	0.45
RHCD	12.39	1.23	25.99	8.10	100.51	12.32	5.46	2.83
LHCD	1.21	0.38	2.75	0.41	23.79	2.51	0.68	0.23
Schizo	11.58	0.90	22.07	1.06	96.54	9.96	7.69	3.40
Apreensão	12.06	1.09	21.78	0.58	90.46	8.30	6.29	1.73
HD	12.65	1.06	24.28	1.69	95.44	12.04	9.30	3.98
AD	11.94	0.86	22.04	0.64	97.26	8.26	8.46	3.63
EM	11.81	0.67	23.32	1.10	102.48	13.20	8.56	4.75
SLE	11.73	0.56	23.06	1.49	100.51	9.79	8.02	3.01
NHL	11.91	0.49	22.83	1.24	95.81	12.18	7.41	4.22
Glio	13.00	0.42	22.20	0.85	96.58	8.75	7.82	3.51
DM	12.95	0.56	25.56	7.93	96.30	10.33	7.05	1.86
CAD	11.51	0.47	22.83	0.82	97.29	12.45	8.88	3.09
CVA	12.74	0.80	23.03	1.26	103.25	9.49	7.87	2.72
SIDA	12.29	0.89	24.87	4.14	95.55	7.20	9.84	2.43
CJD	12.19	1.22	23.02	1.61	96.50	5.93	8.81	4.26
Autismo	12.48	0.79	21.95	0.65	92.71	8.43	6.95	2.02
DS-50	12.79	1.15	23.69	2.19	91.81	4.12	8.68	2.60
Paralisia Cerebral	12.14	1.30	23.12	1.81	95.33	11.78	7.92	3.32
CRF	12.66	1.01	23.42	1.20	97.38	10.76	7.75	3.08
Falha Cirr/Hep	12.81	0.90	26.20	5.29	97.77	13.24	8.99	3.27
Muc Angio	12.84	0.74	23.64	1.43	96.19	12.15	10.12	1.75
FME	12.72	0.92	25.35	5.52	103.32	13.04	9.44	3.40
CCP	12.23	0.94	23.66	1.64	94.36	8.06	8.53	2.64
Exposição aos CEM	12.26	1.00	23.31	1.46	103.28	11.47	7.58	3.09
Valor F	445.772		162.945		154.701		18.187	
Valor P	< 0.001		< 0.001		< 0.001		< 0.001	

Quadro 6

Grupo	ACOA (mg/dl)		ACH (ug/ml)		Glutamato (mg/dl)	
	Média	+ SD	Média	+ SD	Média	+ SD
NO/BHCD	8.75	0.38	75.11	2.96	0.65	0.03
RHCD	2.51	0.36	38.57	7.03	3.19	0.32
LHCD	16.49	0.89	91.98	2.89	0.16	0.02
Schizo	2.51	0.57	48.52	6.28	3.41	0.41
Apreensão	2.15	0.22	33.27	5.99	3.67	0.38
HD	1.95	0.06	35.02	5.85	3.14	0.32
AD	2.19	0.15	42.84	8.26	3.53	0.39
EM	2.03	0.09	39.99	12.61	3.58	0.36
SLE	2.54	0.38	49.30	7.26	3.37	0.38
NHL	2.30	0.26	50.58	3.82	3.48	0.46
Glio	2.34	0.43	42.51	11.58	3.28	0.39
DM	2.17	0.40	41.31	10.69	3.53	0.44
CAD	2.37	0.44	49.19	6.86	3.61	0.28
CVA	2.25	0.44	37.45	7.93	3.31	0.43
SIDA	2.11	0.19	38.40	7.74	3.45	0.49
CJD	2.10	0.27	34.97	4.24	3.94	0.22
Autismo	2.42	0.41	50.61	6.32	3.30	0.32
DS-50	2.01	0.08	39.34	8.15	3.30	0.48
Paralisia Cerebral	2.06	0.35	40.79	9.34	3.24	0.34
CRF	2.24	0.32	37.52	4.37	3.26	0.43
Falha Cirr/Hep	2.13	0.17	46.20	4.95	3.25	0.40
Muc Angio	2.51	0.42	45.51	7.56	3.11	0.36
FME	2.19	0.19	42.48	8.62	3.27	0.39
CCP	2.04	0.10	37.95	8.82	3.33	0.25
Exposição aos CEM	2.14	0.19	37.75	7.31	3.47	0.37
Valor F	1871.04		116.901		200.702	
Valor P	< 0.001		< 0.001		< 0.001	

Quadro 7

Grupo	Se. Amoníaco (ug/dl)		HMG Co A (HMG CoA/MEV)		Ácido biliar (mg/ml)	
	Média	**+ SD**	**Média**	**+ SD**	**Média**	**+ SD**
NO/BHCD	50.60	1.42	1.70	0.07	79.99	3.36
RHCD	93.43	4.85	1.16	0.10	25.68	7.04
LHCD	23.92	3.38	2.21	0.39	140.40	10.32
Schizo	94.72	3.28	1.11	0.08	22.45	5.57
Apreensão	95.61	7.88	1.14	0.07	22.98	5.19
HD	94.60	8.52	1.08	0.13	28.93	4.93
AD	95.37	4.66	1.10	0.07	26.26	7.34
EM	93.42	3.69	1.13	0.08	24.12	6.43
SLE	101.18	17.06	1.14	0.07	19.62	1.97
NHL	91.62	3.24	1.12	0.10	23.45	5.01
Glio	93.20	4.46	1.10	0.09	23.43	6.03
DM	93.38	7.76	1.09	0.12	22.77	4.94
CAD	93.93	4.86	1.07	0.12	24.55	6.26
CVA	103.18	27.27	1.05	0.09	22.39	3.35
SIDA	92.47	3.97	1.08	0.11	23.28	5.81
CJD	93.13	5.79	1.09	0.12	21.26	4.81
Autismo	94.01	5.00	1.12	0.06	23.16	5.78
DS-50	98.81	15.65	1.09	0.11	21.31	4.49
Paralisia Cerebral	92.09	3.21	1.07	0.09	22.80	5.02
CRF	98.76	11.12	1.03	0.10	26.47	5.30
Falha Cirr/Hep	94.77	2.86	1.04	0.10	24.91	5.06
Muc Angio	92.40	4.34	1.12	0.08	24.37	4.38
FME	95.37	5.76	1.08	0.08	25.17	3.80
CCP	93.42	5.34	1.01	0.09	23.87	4.00
Exposição aos CEM	102.62	26.54	1.00	0.07	22.58	5.07
Valor F	61.645		159.963		635.306	
Valor P	< 0.001		< 0.001		< 0.001	

Abreviaturas
NO/BHCD: Dominância química normal/Bi-hemisférica
RHCD: Domínio químico hemisférico direito
LHCD: Domínio químico hemisférico esquerdo
Esquizofrenia: Esquizofrenia
HD: Doença de Huntington
AD: doença de Alzheimer
EM: Esclerose múltipla
LES: Lúpus eritematoso sistémico
NHL: Linfoma não-Hodgkin
Glio- Glioma
DM: Diabetes mellitus
CAD: Doença das artérias coronárias
AVC: Acidente vascular encefálico
SIDA: Síndrome de imunodeficiência adquirida
CJD: doença de Creutzfeldt Jakob
DS: Síndrome de Down
CRF: Insuficiência renal crónica
Cirr/ Falha Hepática - Cirrose/ Falha Hepática
FME: Fibrose endomiocárdica
PCC: Pancreatite Crónica do Pacífico

Discussão

Houve um aumento do citocromo F420, indicando um crescimento arqueológico. O arcaico pode sintetizar e utilizar o colesterol como fonte de carbono e energia. [2,10] A origem arqueal das actividades enzimáticas foi indicada pela supressão induzida por antibióticos. O estudo indica a presença de arquebactérias baseadas em actinídeos com enzimas alternativas baseadas em actinídeos ou metalloenzimas no sistema, como indicado pelo aumento induzido rutilo das actividades enzimáticas. [11] A actividade da beta-hidroxil esteroide desidrogenase do arquebactéria indica a síntese de digoxina. [12] A actividade do colesterol oxidase arqueal foi aumentada resultando na geração de piruvato e peróxido de hidrogénio. [10] O piruvato é convertido em glutamato e amoníaco pela via de derivação GABA. O piruvato é convertido em glutamato por transaminase de glutamato de soro piruvato. O glutamato é convertido em glutamato desidrogenase para gerar cetoglutarato alfa e amoníaco. A alanina é mais comummente produzida pela aminação redutiva da piruvato através da alanina transaminase. Esta reacção reversível envolve a interconversão de alanina e piruvato, associada à interconversão de alfa-ketoglutarato (2-oxoglutarato) e glutamato. A alanina pode contribuir para a glicina. O glutamato é actuado pela decarboxilase do ácido glutâmico para gerar GABA. GABA é convertido em semialdeído succínico pela transaminase GABA. A semialdeído succínico é convertido em ácido succínico por semialdeído succinico desidrogenase. Glycine combina com succinil CoA para gerar ácido aminolevulínico delta catalisado pela enzima ALA synthase. Havia síntese de porfirina arqueal upregulada na população de doentes que era de origem arqueal como indicado pela catálise actinídea das reacções. A via da oxidase do colesterol gerou piruvato que entrou na via de derivação GABA. Isto resultou na síntese de succinato e glicina que são substratos da ALA synthase. A arcaea pode sofrer a mineralização de magnetite e carbonato de cálcio e pode existir como nanoformas calcificadas. [13]

A possibilidade do fenótipo de Warburg induzido pelo organismo primitivo baseado em actinídeos como o arquebactérias com uma via mevalonada e o catabolismo do colesterol foi considerada neste artigo. O fenótipo de Warburg resulta na inibição da desidrogenase pirúvel e do ciclo TCA. O piruvato entra na via de derivação GABA onde é convertido em succinil CoA. A via glicolítica é upregulada e o metabolito glicolítico fosfoglicérato é convertido em serina e glicina. A glicina e a succinil CoA são os substratos para a síntese de ALA. A arcaea induz a enzima heme oxigenase. A Heme oxigenase converte a heme em bilirrubina e biliverdina. Isto esgota a heme do sistema e resulta na upregulação da actividade da ALA synthase, resultando na porfíria. O heme inibe a HIF alfa. O esgotamento do heme resulta na upregulação da actividade HIF alfa e no reforço do fenótipo Warburg. A auto oxidação da porfirina resulta em stress redox que activa o alfa HIF e gera o fenótipo de Warburg. O fenótipo Warburg resulta na canalização de acetil CoA para a síntese do colesterol, uma vez que o ciclo TCA e a fosforilação oxidativa mitocondrial são bloqueados. A arcaea utiliza o colesterol como um substrato energético. A porfirina e o ALA inibem a ATPase de sódio potássico. Isto aumenta a síntese do colesterol ao agir sobre a SREBP intracelular. O colesterol é metabolizado para piruvitar e depois a via de derivação GABA para utilização final na síntese da porfirina. As porfirinas podem auto-organizar-se e auto-replicar-se em arrays macromoleculares. As matrizes de porfirina comportam-se como um organismo autónomo e podem ter transporte intramolecular de electrões gerando ATP. As macroarrays de porfirina podem armazenar informação e podem ter percepção quântica. Os macroarrays de porfirina servem o propósito da energia arqueal e da percepção sensorial. O fenótipo Warburg está associado à malignidade, doença auto-imune e síndrome metabólica X.

O papel das porfirinas arqueológicas na regulação das funções celulares e na integração neuro-imuno-endocrina é discutido. A protoporfirina liga-se ao receptor periférico de benzodiazepina que regula a síntese de esteróides e digoxinas. O aumento dos metabolitos da porfirina pode contribuir para a hiperdigoxinemia. A digoxina pode modular o sistema neuro-imuno-endócrino. As porfirinas podem combinar com a função de membrana moduladora das membranas. As porfirinas podem combinar-se com proteínas oxidando a sua tirosina, triptofano, cisteína e resíduos de histidina produzindo reticulação e alterando a conformação e função proteica. As porfirinas podem complexar com ADN e ARN modulando a sua função. A interpolação da porfirina com ADN pode alterar a transcrição e gerar a expressão HERV. A deficiência de hemoglobina também pode resultar em estados de doença. A deficiência de heme resulta em deficiência de enzimas heme. Há deficiência de citocromo C oxidase e disfunção mitocondrial. O glutatião peroxidase é disfuncional e o sistema de glutatião de radicais livres não funciona. As enzimas do citocromo P450 envolvidas na síntese de esteroides e ácidos biliares reduziram a actividade levando a estados de esteroides - cortisol e hormonas sexuais, bem como deficiência de ácido biliar. A deficiência de heme resulta em disfunção de óxido nítrico sintase, heme oxigenase e cistina beta-sintase, resultando na falta de gasotransmissores que regulam o sistema vascular e receptor NMDA - NO, CO e H2S. O Heme tem efeitos citoprotectores, neuroprotectores, anti-inflamatórios e antiproliferativos. O Heme também está envolvido na resposta ao stress. A deficiência de Heme leva a síndrome metabólica, doenças imunitárias, degenerações e cancro. [3-5]

As porfirinas podem ser submetidas a fotooxidação e autooxidação gerando radicais livres. As porfirinas arqueológicas podem produzir lesões por radicais livres. Os radicais livres produzem activação NFKB, abrem o PT mitocondrial resultando em morte celular, produzem activação oncogénica, activam o receptor NMDA e a enzima GAD que regula a neurotransmissão e geram os fenótipos de Warburg que activam a glicólise e inibem o ciclo/oxposição do TCA. As porfirinas têm estado relacionadas com esquizofrenia, síndrome metabólica X, malignidade, lúpus eritematoso sistémico, esclerose múltipla e doenças de Alzheimer. As porfirinas podem complexar e intercalar-se com a membrana celular que produz a inibição da ATPase de potássio sódico, adicionando à inibição mediada pela digoxina. As porfirinas podem complexar com proteínas e ácido nucleico produzindo emissão de biofotão. A complexação das porfirinas com proteínas pode modular a estrutura e função das proteínas. A complexação das porfirinas com ADN e ARN pode modular a transcrição e tradução. A porfirina especialmente as protoporfirinas podem ligar-se aos receptores periféricos de benzodiazepina nas mitocôndrias e modular a sua função, transporte do colesterol mitocondrial e esteroidogénese. A modulação dos receptores periféricos de benzodiazepina por protoporfirinas pode regular a morte celular, a proliferação celular, a imunidade e as funções neurais. A foto-oxidação da porfirina gera radicais livres que podem modular a função enzimática. As enzimas Redox moduladas por stress incluem desidrogenase pirúvel, óxido nítrico sintase, beta-sintase de cistina e heme oxigenase. Os radicais livres podem modular a função dos poros mitocondriais do PT. Os radicais livres podem modular a função da membrana celular e inibir a actividade da ATPase potássica de sódio. Assim, as porfirinas são moléculas reguladoras chave modulando todos os aspectos da função celular. [3-5] Houve um aumento de RNA livre indicando viroides auto-replicativos de RNA e DNA livre indicando geração de cordões de DNA complementares do viroide por actividade de transcriptase inversa arqueal. Os actinídeos e as porfirinas modulam o RNA dobrando e catalisando a sua acção ribozymal. A Digoxin pode cortar e colar os cordões viroidais, modulando a emenda do RNA gerando a diversidade viroidiana do RNA. Os viroides são intrões evolutivamente escapados do grupo I do arquipélago, que têm retrotransposição e qualidades de auto emenda. O piruvato arqueal produzindo inibição da deacetylase histonal e as porfirinas intercaladas com ADN podem produzir retroviral endógeno (HERV) transcriptase inversa e expressão integrase. Isto pode integrar o ADN complementar viroidiano do RNA na região não codificante do ADN eucariótico não codificante utilizando a integrase HERV, tal como foi descrito para os vírus borna e ebola. O arquebactérias e os viroides também podem induzir a síntese de porfirina celular. As infecções bacterianas e virais podem precipitar a porfíria. Assim, as porfirinas podem regular a função genómica. A expressão aumentada do RNA HERV pode resultar em síndrome de imunodeficiência adquirida, doença auto-imune, degenerações neuronais, esquizofrenia e malignidade. [14,15]

O arcaico e os viroides podem regular o sistema nervoso, incluindo o caminho tálamo-cortico-talâmico NMDA/GABA, mediando a percepção consciente. A foto-oxidação da porfirina pode gerar radicais livres que podem modular a transmissão NMDA. Os radicais livres podem aumentar a transmissão de NMDA. Os radicais livres podem induzir GAD e aumentar a síntese GABA. O ALA bloqueia a transmissão GABA e upregula o NMDA. As protoporfirinas ligam-se ao receptor GABA e promovem a transmissão GABA. Assim, as porfirinas podem modular a via tálamo-cortico-talâmica da percepção consciente. As porfirinas dipolares, PAH e magnetite arqueal no cenário de inibição da ATPase de potássio de sódio induzida por digoxina podem produzir um sistema de fonon de bombeamento mediado pelo modelo de Frohlich supercondutor do estado induzindo a percepção quântica com a gravidade nanoarqueal sentida produzindo a redução orquestrada das possibilidades quânticas para o mundo macroscópico. O ALA pode produzir inibição da ATPase de potássio de sódio resultando num estado quântico mediado por um sistema de fonão bombeado envolvendo porfirinas dipolares. As moléculas de porfirina têm uma existência de partículas de onda e podem atravessar a linha divisória entre o estado quântico e o estado particulado. Assim, as porfirinas podem mediar a percepção consciente e quântica. As porfirinas ligadas a proteínas, ácidos nucleicos e membranas celulares podem produzir emissão de biofotões. As porfirinas por autooxidação podem gerar biofotões e estão envolvidas na percepção quântica. Os biofotões podem mediar a percepção quântica. A fotooxidação da porfirina celular está envolvida na detecção de campos magnéticos terrestres e de campos biomagnéticos de baixo nível. Assim, as profefirinas podem mediar a percepção extra-sensorial. As porfirinas podem modular a dominância hemisférica. Há maior síntese de porfirina e dominância química hemisférica direita e diminuição da síntese de porfirina na dominância química hemisférica esquerda. O aumento das porfirinas arqueológicas pode contribuir para a patogénese da esquizofrenia e do autismo. A porfíria pode levar a distúrbios psiquiátricos e convulsões. O metabolismo alterado da porfirina tem sido descrito no autismo. A porfirina através da modulação da percepção consciente e quântica está envolvida na patogénese da esquizofrenia e do autismo. As protoporfirinas bloqueiam a transmissão da acetilcolina, produzindo uma neuropatia vagal com sobreactividade simpática. A neuropatia vagal resulta em activação imunitária, vasospasam e doença vascular. Uma neuropatia vagal sublinha processos neoplásicos e auto-imunes, bem como a síndrome metabólica X. A porfirina induzida pelo aumento da transmissão NMDA e a lesão dos radicais livres pode contribuir para a degeneração neuronal. Os radicais livres podem produzir disfunção dos poros mitocondriais. Isto pode levar à fuga de cito C e à activação da cascata de caspase, levando à apoptose e à morte celular. O metabolismo alterado da porfirina tem sido descrito na doença de Alzheimer. O aumento da fotooxidação da porfirina gerou radicais livres mediados pela transmissão NMDA também pode contribuir para a epileptogénese. As protoporfirinas ligadas aos receptores mitocondriais benzodiazepínicos podem regular a função cerebral e a morte celular. [3,4,16]

A foto-oxidação da porfirina pode gerar radicais livres que podem activar o NFKB. Isto pode produzir activação imunitária e lesão mediada por citocinas. O aumento das porfirinas arqueológicas pode levar a doenças auto-imunes como o LES e a EM. Foi descrita uma forma hereditária de EM e LES relacionada com o metabolismo alterado da porfirina. As protoporfirinas ligadas aos receptores mitocondriais de benzodiazepinas podem modular a função imunitária. As porfirinas podem combinar-se com proteínas oxidando a sua tirosina, triptofano, cisteína e resíduos de histidina produzindo ligações cruzadas e alterando a conformação e função proteica. As porfirinas podem complexar com ADN e ARN modulando a sua estrutura. As porfirinas complexadas com proteínas e ácidos nucleicos são antigénicas e podem conduzir a doenças auto-imunes. [3,4] A foto-oxidação da porfirina mediada por uma lesão radical livre pode levar à resistência à insulina e à aterogénese. Assim, as porfirinas arqueológicas podem contribuir para a síndrome metabólica X. A glucose tem um efeito negativo sobre a actividade da ALA sintetase. Portanto, a hiperglicemia pode ser um mecanismo protector reactivo ao aumento da síntese da porfirina do arquebactéria. As protoporfirinas ligadas aos receptores mitocondriais de benzodiazepina podem modular a esteroidogénese e o metabolismo mitocondriais. O metabolismo alterado da porfirina tem sido descrito na síndrome metabólica X. As porfírias podem levar a trombose vascular. [3,4] A fotooxidação da porfirina pode gerar radicais livres induzindo o alfa HIF e produzindo activação oncogénica. A deficiência de hemoglobina pode levar à activação de HIF alfa e oncogénese. Isto pode levar à oncogénese. As porfírias hepáticas induziram carcinoma hepatocelular. As protoporfirinas ligadas aos receptores mitocondriais de benzodiazepinas podem regular a proliferação celular. [3,4] A porfirina pode combinar-se com as proteínas do prião modulando a sua conformação. Isto leva a uma conformação e degradação anormais da proteína do prião. As porfirinas arqueológicas podem contribuir para a doença do prião. As porfirinas podem intercalar-se com a expressão do ADN que produz HERV. As partículas HERV geradas podem contribuir para o estado retroviral. As porfirinas no sangue podem combinar-se com bactérias e vírus e a fotooxidação gerada pelos radicais livres pode matá-los. As porfirinas arqueológicas podem modular as infecções bacterianas e virais. As porfirinas arqueais são moléculas reguladoras que mantêm outras procariotas e vírus sob controlo. [3,4] Assim, as porfirinas do arquebactéria podem contribuir para a patogénese da síndrome metabólica X, malignidade, perturbações psiquiátricas, doença auto-imune, SIDA, doença do prião, degeneração neuronal e epileptogénese. A síntese da porfirina arqueal é crucial para a patogénese destas perturbações. As porfirinas podem servir como moléculas reguladoras moduladoras dos sistemas imunitário, neural, endócrino, metabólico e genético. A fotooxidação das porfirinas geradas pelos radicais livres pode produzir activação imunitária, produzir morte celular, activar a proliferação celular, produzir resistência à insulina e modular a percepção consciente/quântica. As porfirinas arqueológicas funcionam como moléculas reguladoras chave com receptores mitocondriais de benzodiazepina a desempenhar um papel importante. [3,4]

Os actinídeos metálicos fornecem energia radiolítica, catálise para a formação de oligómeros e fornecem um íon coordenador para metalloenzimas, todos importantes na abiogénese6. As superfícies de actinídeos metálicos gerariam, por metabolismo superficial, porfirinas a partir de compostos simples como o ácido succínico e a glicina. As porfirinas podem existir como formas de onda e formas de partículas e podem atravessar a linha divisória entre o mundo quântico e o mundo das partículas. As moléculas de porfirina podem organizar-se em organismos com transdução de energia, síntese de ATP e armazenamento de informação com capacidade de replicação. Um microrganismo de porfirina auto-replicativo pode ter desempenhado um papel na origem da vida. As porfirinas podem formar modelos em que macromoléculas como polissacarídeos, proteínas e ácidos nucleicos podem formar. As macromoléculas geradas em modelos de porfirinas actinídicas teriam contribuído para a nanoarqueia actinídica e para os organismos originais na terra. Os dados apoiam a persistência de uma biosfera de sombra actinídica arqueal que lança luz sobre a origem actinídica da vida e das porfirinas como a principal molécula prebiótica. [17,18]

As porfirinas desempenham um papel importante na génese do universo biológico. As macroarrays de porfirina podem formar-se no espaço interestelar por si só, pois as porfirinas podem existir tanto como partículas como ondas. As porfirinas formam a ligação de ponte entre o mundo quântico e o mundo das partículas. As porfirinas auto-geradas a partir da espuma quântica podem organizar-se para formar macroarrays, podem armazenar informação e auto-replicar-se. Isto pode ser chamado como um organismo abiótico de porfirina. O modelo de porfirina teria gerado ácidos nucleicos, proteínas, polissacáridos e isoprenóides. Isto teria gerado nanoarqueia actinídica no espaço interestelar. As porfirinas têm propriedades magnéticas e o organismo da porfirina interestelar pode contribuir para os grãos interestelares e para os campos magnéticos interestelares. [37] Os grãos de poeira cósmica de macroarrays/nanoarqueal de porfirina ocupam o espaço intergaláctico e pensa-se que sejam formados por bactérias magnetotácticas identificadas de acordo com as suas assinaturas espectrais. De acordo com a hipótese de Hoyle, os grãos de poeira cósmica de porfirina macroarrays/nanoarchaeal desempenham um papel na formação do campo magnético intergaláctico. Um campo magnético igual em força a cerca de um milhão de parte do campo magnético da terra existe em grande parte da nossa galáxia. Os ficheiros magnéticos podem ser utilizados para traçar os braços em espiral da galáxia seguindo um padrão de linhas de campo que ligam estrelas jovens e pó, nas quais novas estrelas são formadas a um ritmo rápido. Estudos têm demonstrado que uma fracção das partículas de poeira têm forma alongada semelhante aos bacilos e são sistematicamente alinhadas na nossa galáxia. Além disso, a direcção do alinhamento é tal que os longos eixos do pó tendem a estar em ângulos rectos em relação à direcção do campo magnético galáctico em cada ponto. Os macroarrays de porfirina magnetotáctica/organismos nano-arqueal têm a propriedade de afectar o grau de alinhamento que é observado. O facto de os macroarrays/nanoarqueias de porfirina magnetotáctica parecerem estar ligados às linhas do campo magnético que se enroscam através dos braços espirais da galáxia ligando uma região de formação estelar a outra suportam um papel para eles na formação estelar e na distribuição da massa e rotação das estrelas. O fornecimento de nutrientes para uma população de macroarrays/nanoarqueas de porfirina interestelar vem de fluxos de massa de supernovas que povoam a galáxia. Os gigantes que surgem na evolução de tais estrelas experimentam um fenómeno em que material contendo azoto, monóxido de carbono, hidrogénio, hélio, água e oligoelementos essenciais para a vida flui continuamente para o espaço. Os organismos interestelares necessitam de água líquida. A água só existe como vapor ou sólido no espaço interestelar e só através da formação de estrelas que conduzem aos planetas e corpos cometários associados pode haver acesso a água líquida. O controlo das condições que levam à formação estelar é de importância primordial em biologia cósmica. A taxa de formação estelar é controlada por dois factores: Uma taxa demasiado elevada de formação estelar produz um efeito destrutivo da radiação UV e destrói a biologia cósmica. A formação estelar, tal como foi dito anteriormente, produz água crucial para o crescimento do organismo. A biologia cósmica dos organismos magnetotácticos e a formação estelar estão assim intimamente interligadas. Sistemas como os sistemas solares não surgem na condensação aleatória de manchas de gás interestelar. Só através de um controlo rigoroso da rotação de várias partes do sistema é que as galáxias e o sistema solar evoluiriam. A chave para manter o controlo sobre a rotação parece residir no campo magnético intergaláctico como, de facto, todo o fenómeno de formação de estrelas. Os campos magnéticos intergalácticos devem a sua origem ao alinhamento de macroarrays de porfirina magnetotáctica/nanoarqueal e à biologia cósmica dos organismos interestelares só podem prosperar se se mantiver um controlo firme sobre o campo magnético interestelar e, portanto, sobre a taxa de formação de estrelas e o tipo de sistema estelar produzido. Isto aponta para uma inteligência cósmica ou cérebro capaz de computação, análise e exploração do universo em geral - de macroarrays/nanoarqueal de porfirinas magnetotácticas/redes de organismos nano-arqueais. A origem da vida na Terra, de acordo com a hipótese de Hoyle, seria a semeadura de macroarrays/nanoarqueal de porfirina a partir do espaço intergaláctico exterior. O organismo da porfirina também pode ser gerado em superfícies actinídicas na terra. Cometas portadores de organismos porfirínicos teriam interagido com a terra. Uma pele fina de material grafitado em torno de um único macroarrays porphyrin/nanoarchaeal organismo ou tufos de organismo pode proteger o interior da destruição pela luz UV. O súbito aumento e diversificação de espécies de plantas e animais e a sua igualmente súbita extinção tem visto de registos fósseis apontar para uma evolução esporádica produzida pela indução de genes cometários frescos com a chegada de cada nova cultura importante de cometas38,39. O organismo macroarrays da porfirina pode ter uma existência de partículas de onda e fazer a ponte entre o mundo dos bósons e dos férmions. O organismo macroarrays/nanoarchaeal da porfirina pode formar biofilmes e o organismo da porfirina pode formar uma nuvem de computação quântica molecular no biofilme que forma uma inteligência interestelar regulando a formação de sistemas estelares e galáxias. A macroarrays porphyrin/nanoarchaeal organism quantal computing cloud pode fazer a ponte entre o mundo das partículas de onda que funciona como o observador antrópico que orquestra a redução do mundo quântico das possibilidades para o mundo macroscópico. O macroarrays/nanoarchaeal organismo baseado em actinídeos regula o sistema humano e o universo biológico. [19-21]

As porfirinas também têm um significado evolutivo, uma vez que a porfiria está relacionada com as raças cítricas e contribui para as características comportamentais e intelectuais deste grupo populacional. As porfirinas podem intercalar-se no ADN e produzir expressão HERV. O RNA HERV pode ser convertido em ADN por transcriptase inversa, que pode ser integrado no ADN por integrase. Isto tende a aumentar o comprimento da região não codificante do ADN. O aumento da região não codificante do ADN está envolvido na evolução do primata e do ser humano. Assim, o aumento das taxas de síntese de porfirina estaria correlacionado com o aumento do comprimento não codificador do ADN. A alteração do comprimento da região não codificante do ADN contribui para a natureza dinâmica do genoma. Assim, as porfirias genéticas e adquiridas podem levar a alterações na região não codificante do genoma. A alteração do comprimento da região não codificante do ADN contribui para as diferenças raciais e individuais das populações. Um aumento do comprimento da região não codificante, bem como uma maior síntese de porfirina, leva a um aumento da função cognitiva e criativa dos neurónios. As porfirinas estão envolvidas na percepção quântica e na regulação da via tálamo-cortico-talâmica da percepção consciente. Assim, as porfirias genéticas e adquiridas contribuem para uma maior capacidade cognitiva e criativa de certas raças. As porfirias são comuns entre as raças ciáticas eurasiáticas que têm assumido papéis de liderança em comunidades e grupos. As porfirinas têm contribuído para a evolução humana e dos primatas. [3,4]

As porfirinas dipolares, PAH e magnetite arqueal no cenário de inibição da ATPase de potássio de sódio induzida por digoxina podem produzir um sistema de fonon de bombeamento mediado pelo modelo de Frohlich supercondutor do estado induzindo a percepção quântica com a gravidade nanoarqueal sentida produzindo a redução orquestrada das possibilidades quânticas para o mundo macroscópico. O ALA pode produzir inibição da ATPase de potássio de sódio resultando num estado quântico mediado por um sistema de fonão bombeado envolvendo porfirinas dipolares. As porfirinas por autooxidação podem gerar biofotões e estão envolvidas na percepção quântica. Os biofotões podem mediar a percepção quântica. A fotooxidação das porfirinas celulares está envolvida na detecção de campos magnéticos terrestres e de campos biomagnéticos de baixo nível. As porfirinas podem assim contribuir para a percepção quântica. Campos electromagnéticos de baixo nível e luz podem induzir a síntese das porfirinas. CEM de baixo nível podem produzir inibição de ferrochelatase, bem como indução de heme oxigenase, contribuindo para o esgotamento de heme, indução de ALA sintase e aumento da síntese da porfirina. A luz também induz a síntese de ALA sintase e a síntese de porfirina. O aumento da síntese da porfirina pode contribuir para o aumento da percepção quântica e pode modular a percepção consciente. Os biofotões e campos quânticos induzidos pela porfirina podem modular a fonte a partir da qual foram gerados

CEM de baixo nível e campos fóticos. Assim, a porfirina gerada por campos EMF e campos fóticos estranhos de baixo nível pode interagir com a fonte de campos EMF e campos fóticos de baixo nível, modulando-a. Assim, as porfirinas podem servir de ponte entre o cérebro humano e a fonte de campos EMF e campos fóticos de baixo nível. Isto serve como um modo de comunicação entre o cérebro humano e os dispositivos de armazenamento de campos fóbicos como a Internet. As porfirinas também podem servir como fonte de comunicação com o ambiente. Os CEM ambientais e as substâncias químicas produzem indução de heme oxigenase e esgotamento de heme, aumentando a síntese da porfirina, a percepção quântica e a comunicação nos dois sentidos. Assim, a indução da síntese da porfirina pode servir como um mecanismo de comunicação entre o cérebro humano e o ambiente através da percepção extra-sensorial.

Os porfírios são organismos supramoleculares auto-replicativos que formam o modelo precursor sobre o qual os viroides, priões e nanoarqueia se originam. O modelo induzido pelo stress induziu abiogénese dirigida dos porfírios, priões, viroides e arquebactérias é um processo contínuo e pode contribuir para mudanças na estrutura e comportamento do cérebro, bem como no processo da doença.

Referências

1   Eckburg P.B., Lepp, P.W., Relman, D.A. (2003). Archaea and their potential role in human disease, *Infect Immun,* 71, 591-596.

2   Smit A.,Mushegian, A. (2000)Biossíntese de isoprenoides via mevalonato em Archaea: o caminho perdido,*Genoma Res,* 10(10), 1468-84.

3   Puy, H., Gouya, L. , Deybach, J.C. (2010). Porfirias. *The Lancet,* 375(9718), 924 - 937.

4   Kadish, K.M., Smith, K.M., Guilard, C. (1999). *Porphyrin Hand Book.* Academic Press, Nova Iorque: Elsevier.

5   Gavish M., Bachman, I., Shoukrun, R., Katz, Y., Veenman, L., Weisinger, G.,Weizman,A. (1999). Enigma do Receptor Periférico de Benzodiazepinas. *Revisões farmacológicas,* 51(4), 629-650.

6   Richmond W. (1973). Preparation and properties of a cholesterol oxidase from nocardia species and its application to the enzymatic assay of total cholesterol in serum, *Clin Chem,* 19, 1350-1356.

7   Snell E.D., Snell, C.T. (1961). *Métodos Colorimétricos de Análise.* Vol 3A. Nova Iorque: Van NoStrand.

8   Glick D. (1971). *Métodos de Análise Bioquímica.* Vol 5. Nova Iorque: Interscience Publishers.

9   Colowick, Kaplan, N.O. (1955). *Métodos em Enzimologia.* Vol 2. Nova Iorque: Imprensa académica.

10   Van der Geize R., Yam, K., Heuser, T., Wilbrink, M.H., Hara, H., Anderton, M.C. (2007). Um aglomerado de genes que codifica o catabolismo do colesterol num actinomicetato do solo fornece uma visão da sobrevivência de Mycobacterium tuberculosis em macrófagos, *Proc Natl Acad Sci USA,* 104(6), 1947-52.

11   Francis A.J. (1998). Biotransformação de urânio e outros actinídeos em resíduos radioactivos, *Journal of Alloys and Compounds,* 271(273), 78-84.

12   Schoner W. (2002). Endogenous cardiac glycosides, uma nova classe de hormonas esteróides, *Eur J Biochem,* 269, 2440-2448.

13   Vainshtein M., Suzina, N., Kudryashova, E., Ariskina, E. (2002). New Magnet-Sensitive Structures in Bacterial and Archaeal Cells, *Biol Cell,* 94(1), 29-35.

14   Tsagris E.M., de Alba, A.E., Gozmanova, M., Kalantidis, K. (2008). Viroids, *Cell Microbiol,* 10, 2168.

15   Horie M., Honda, T., Suzuki, Y., Kobayashi, Y., Daito, T., Oshida, T. (2010). Elementos endógenos não retrovirais do vírus RNA em genomas de mamíferos, *Nature,* 463, 84-87.

16   Kurup R., Kurup, P.A. (2009). *Digoxina Hipotalâmica, Dominância Cerebral e Função Cerebral na Saúde e nas Doenças.* Nova Iorque: Nova Science Publishers.

17   Adam Z. (2007). Actinides e Origens da Vida, *Astrobiologia,* 7, 6-10.

18   Davies P.C.W., Benner, S.A., Cleland, C.E., Lineweaver, C.H., McKay, C.P., Wolfe-Simon, F. (2009). Signatures of a Shadow Biosphere, *Astrobiology,* 10, 241-249.

19   Tielens A.G.G.M. (2008). Interstellar Polycyclic Aromatic Hydrocarbon Molecules, *Annual Review of Astronomy and Astrophysics,* 46, 289-337.

20   Wickramasinghe C. (2004). O universo: um habitat criogénico para a vida microbiana, *Criobiologia,* 48(2), 113-125.

21   Hoyle F., Wickramasinghe, C. (1988). *Cosmic Life-Force.* Londres: J.M. Dent and Sons Ltd.

CAPÍTULO 16

**O FENÓTIPO DE WARBURG INDUZIDO PELO ENDOSÍMIO ACTINÍDICO E
O FENÓTIPO DE WARBURG INDUZIDO PELO VIRÓIDE PODE SER
INVERTIDO POR UMA DIETA VEGETARIANA MODIFICADA DE ALTA
FIBRA, TRIGLICÉRIDOS CETOGÉNICOS DE CADEIA MÉDIA ALTA**

Introdução

A arca actinídea tem estado relacionada com a patogénese da esquizofrenia, malignidade, síndrome metabólico X, doença auto-imune e degeneração neuronal. É descrita uma biosfera sombra dependente de actinídeos de arcaea e viroides nos estados da doença acima mencionados. O fenótipo de Warburg induzido por actinídeos e viróides contribui para a patologia dos estados da doença acima mencionados. A possibilidade de administração de triglicéridos de cadeia média alta, dieta cetogénica de alta fibra em organismos primitivos baseados em actinídeos como a arcaea com uma via mevalonada e o catabolismo do colesterol foi considerada nestes estados da doença. [1-10] Foi também estudado o efeito de um triglicérido de cadeia média alta e de uma dieta vegetariana de alta fibra cetogénica modificada sobre o fenótipo de Warburg. Os ácidos gordos de cadeia curta como o butirato derivado do metabolismo microbiano da fibra alimentar levam à estimulação da função mitocondrial e da energia mitocondrial, corrigindo o fenótipo de Warburg e a desordem do conflito mitocondrial.

A dieta cetogénica é uma dieta rica em gorduras, proteínas adequadas e com baixo teor de hidratos de carbono que na medicina é utilizada principalmente para tratar epilepsia (refractária) difícil de controlar em crianças. A dieta imita aspectos da fome, forçando o corpo a queimar gorduras em vez de hidratos de carbono. No entanto, se houver muito poucos hidratos de carbono na dieta, o fígado converte a gordura em ácidos gordos e corpos cetónicos. Os corpos cetónicos passam para o cérebro e substituem a glicose como uma fonte de energia. Um nível elevado de corpos cetónicos no sangue, um estado conhecido como cetose, leva a uma redução na frequência das convulsões epilépticas. A dieta cetogénica resulta em alterações adaptativas ao metabolismo da energia cerebral que aumenta as reservas energéticas; os corpos cetónicos são um combustível mais eficiente do que a glicose, e o número de mitocôndrias é aumentado. Isto pode ajudar os neurónios a permanecerem estáveis face ao aumento da procura de energia durante uma convulsão, e pode conferir um efeito neuroprotector. [10-15]

A fibra dietética e os triglicéridos de cadeia média têm efeitos antivirais e antibacterianos. Uma dieta pobre em hidratos de carbono gera menos glicose para o corpo e inibe a glicólise. A fibra dietética gera ácidos gordos de cadeia curta butirato e propionato, que são imunossupressores. A diminuição das citocinas tem um efeito inibidor sobre a geração do fenótipo Warburg. [10-15] Os resultados do estudo sobre o efeito de uma dieta vegetariana com elevado teor de fibras e de MCT na arca actinídea e no fenótipo de Warburg induzido por viroides são apresentados neste artigo.

122

Materiais e Métodos

Foram incluídos no estudo os seguintes grupos: - fibrose endomiocárdica, doença de Alzheimer, esclerose múltipla, linfoma não-Hodgkin, síndrome metabólico X com trombose cerebrovascular e doença das artérias coronárias, esquizofrenia, autismo, distúrbio convulsivo, doença de Creutzfeldt Jakob e síndrome da imunodeficiência adquirida. Havia 10 pacientes em cada grupo e cada paciente tinha uma idade e sexo compatível com um controlo saudável seleccionado aleatoriamente a partir da população geral. O sangue foi retirado do, (1) em casos recentemente diagnosticados no estado de jejum antes do início do tratamento, e (2) após 15 dias de uma dieta vegetariana de alta fibra e elevado MCT de triglicéridos de cadeia média (150 g de óleo de coco), fibra (45 g de fibra de caule de banana) e proteínas vegetais (proteína de grama preta 100 g/dia) com 50 g de carbohidrato (polissacarídeo de grama preta). As amostras de sangue foram colhidas no estado de jejum antes de se iniciar o tratamento. Foi utilizado plasma de sangue heparinizado em jejum e o protocolo experimental foi o seguinte:- (I) Plasma+fosfato tamponado salino, (II) o mesmo que o substrato I+colesterol, (III) o mesmo que o II+rutil 0,1 mg/ml, e (IV) o mesmo que o II+ciprofloxacina e doxiciclina cada um numa concentração de 1 mg/ml. O substrato de colesterol foi preparado como descrito por Richmond. [16] Alíquotas foram retiradas a tempo zero imediatamente após a mistura e após incubação a 37 °C durante 1 hora. Foram efectuadas as seguintes estimativas:- citocromo F420, RNA livre, DNA livre, actividade de hexoquinase e actividade de oxidase de colesterol arqueal, medida pela libertação de peróxido de hidrogénio. [17-19] O citocromo F420 foi estimado flourimetricamente (comprimento de onda de excitação 420 nm e comprimento de onda de emissão 520 nm). Foi obtido o consentimento informado dos sujeitos e a aprovação do Comité de Ética para o estudo. A análise estatística foi feita pela ANOVA.

Resultados

O plasma dos sujeitos de controlo mostrou níveis aumentados dos parâmetros acima mencionados com após incubação durante 1 hora e a adição de substrato de colesterol resultou num aumento ainda mais significativo destes parâmetros. O plasma dos pacientes mostrou resultados semelhantes, mas a extensão do aumento foi maior. A adição de antibióticos ao plasma de controlo causou uma diminuição em todos os parâmetros enquanto que a adição de rutilo aumentou os seus níveis. A adição de antibióticos ao plasma do paciente causou uma diminuição em todos os parâmetros enquanto que a adição de rutilo aumentou os seus níveis mas a extensão da mudança foi maior nos soros dos pacientes em comparação com os controlos. Os resultados são expressos nos quadros 1-5 como mudança percentual nos parâmetros após 1 hora de incubação, em comparação com os valores a tempo zero. Os pacientes com dieta cetogénica modificada mostraram uma diminuição em todos os parâmetros. As dietas cetogénicas vegetarianas baseadas em fibras elevadas e triglicéridos de cadeia média elevada têm um efeito inibidor sobre o crescimento de arcaias e viroides, bem como sobre a actividade da oxidase do colesterol do arquebactéria. A dieta cetogénica vegetariana com o seu elevado teor de fibras e MCT inverteu o fenótipo de Warburg, indicando uma redução na actividade da hexoquinase.

Quadro 1. Efeito do rutilo, antibióticos e da dieta cetogénica no citocromo F420

Grupo	CYT F420 % (Aumento com Rutilo)		CYT F420 % (Diminuir com Doxy+Cipro)		CYT F420 % (Diminuir com a dieta Ketogenic)	
	Média	± SD	Média	± SD	Média	± SD
Normal	4.48	0.15	18.24	0.66	18.25	0.72
Schizo	23.24	2.01	58.72	7.08	59.49	4.30
Apreensão	23.46	1.87	59.27	8.86	57.69	5.29
AD	23.12	2.00	56.90	6.94	60.91	7.59
EM	22.12	1.81	61.33	9.82	59.84	7.62
NHL	22.79	2.13	55.90	7.29	66.07	3.78
DM	22.59	1.86	57.05	8.45	65.77	5.27
SIDA	22.29	1.66	59.02	7.50	65.89	5.05
CJD	22.06	1.61	57.81	6.04	61.56	4.61
Autismo	21.68	1.90	57.93	9.64	64.48	6.90
FME	22.70	1.87	60.46	8.06	65.20	6.20
Valor F	306.749		130.054		257.996	
P valor`	< 0.001		< 0.001		< 0.001	

Quadro 2. Efeito do rutilo, dos antibióticos e da dieta cetogénica sobre o ARN livre

Grupo	RNA % mudança (Aumento com Rutilo)		RNA % mudança (Diminuir com Doxy+Cipro)		RNA % mudança (Diminuir com a dieta Ketogenic)	
	Média	± SD	Média	± SD	Média	± SD
Normal	4.37	0.13	18.38	0.48	18.15	0.58
Schizo	23.59	1.83	65.69	3.94	57.04	4.27
Apreensão	23.08	1.87	65.09	3.48	66.62	4.99
AD	23.29	1.92	65.39	3.95	62.86	6.28
EM	23.29	1.98	67.46	3.96	65.46	5.79
NHL	23.78	1.20	66.90	4.10	64.96	5.64
DM	23.33	1.86	66.46	3.65	64.51	5.93
SIDA	23.32	1.74	65.67	4.16	64.35	5.58
CJD	23.11	1.52	66.68	3.97	62.49	7.26
Autismo	23.33	1.35	66.83	3.27	63.84	6.16
FME	22.29	2.05	67.03	5.97	58.70	7.34
Valor F	427.828		654.453		203.651	
Valor P	< 0.001		< 0.001		< 0.001	

Quadro 3. Efeito do rutilo, dos antibióticos e da dieta cetogénica no ADN

Grupo	ADN % mudança (Aumento com Rutilo)		ADN % mudança (Diminuir com Doxy+Cipro)		ADN % mudança (Diminuir com a dieta Ketogenic)	
	Média	$\pm$ SD	Média	$\pm$ SD	Média	$\pm$ SD
Normal	4.37	0.15	18.39	0.38	18.78	0.11
Schizo	23.28	1.70	61.41	3.36	67.39	3.13
Apreensão	23.40	1.51	63.68	4.66	66.15	4.09
AD	23.52	1.65	64.15	4.60	66.21	3.69
EM	22.62	1.38	63.82	5.53	67.05	3.00
NHL	22.42	1.99	61.14	3.47	66.66	3.84
DM	23.01	1.67	65.35	3.56	66.25	3.69
SIDA	22.56	2.46	62.70	4.53	66.48	4.17
CJD	23.30	1.42	65.07	4.95	66.67	4.21
Autismo	22.12	2.44	63.69	5.14	66.86	4.21
FME	22.29	2.05	58.70	7.34	63.97	3.62
Valor F	337.577		356.621		673.081	
Valor P	< 0.001		< 0.001		< 0.001	

Quadro 4. Efeito do rutilo, dos antibióticos e da dieta cetogénica na actividade da hexoquinase

Grupo	Hexokinase % de mudança (Aumento com Rutilo)		Hexokinase % de mudança (Diminuir com Doxy+Cipro)		Hexokinase % de mudança (Diminuir com a dieta Ketogenic)	
	Média	$\pm$ SD	Média	$\pm$ SD	Média	$\pm$ SD
Normal	4.21	0.16	18.56	0.76	18.43	0.82
Schizo	23.01	2.61	65.87	5.27	61.23	9.73
Apreensão	23.33	1.79	62.50	5.56	62.76	8.52
AD	22.96	2.12	65.11	5.91	56.40	8.59
EM	22.81	1.91	63.47	5.81	60.28	9.22
NHL	22.53	2.41	64.29	5.44	58.57	7.47
DM	23.23	1.88	65.11	5.14	58.75	8.12
SIDA	21.11	2.25	64.20	5.38	58.73	8.10
CJD	22.47	2.17	65.97	4.62	63.90	7.13
Autismo	22.88	1.87	65.45	5.08	58.45	6.66
FME	21.66	1.94	67.03	5.97	62.37	5.05
Valor F	292.065		317.966		115.242	
Valor P	< 0.001		< 0.001		< 0.001	

Quadro 5. Efeito do rutilo, dos antibióticos e da dieta cetogénica na actividade da oxidase do colesterol

Grupo	Actividade da oxidase do colesterol % (Aumento com Rutilo)		Actividade da oxidase do colesterol % (Diminuir com Doxy+Cipro)		Actividade da oxidase do colesterol % (Diminuir com a dieta Ketogenic)	
	Média	+ SD	Média	+ SD	Média	+ SD
Normal	4.43	0.19	18.13	0.63	18.48	0.39
Schizo	22.50	1.66	60.21	7.42	66.39	4.20
Apreensão	23.81	1.19	61.08	7.38	67.23	3.45
AD	22.65	2.48	60.19	6.98	66.50	3.58
EM	21.14	1.20	60.53	4.70	67.10	3.82
NHL	23.35	1.76	59.17	3.33	66.80	3.43
DM	23.27	1.53	58.91	6.09	66.31	3.68
SIDA	23.32	1.71	63.15	7.62	66.32	3.63
CJD	22.86	1.91	63.66	6.88	68.53	2.65
Autismo	23.52	1.49	63.24	7.36	66.65	4.26
FME	23.29	1.67	60.52	5.38	61.91	7.56
Valor F	380.721		171.228		556.411	
Valor P	< 0.001		< 0.001		< 0.001	

Discussão

Houve um aumento do citocromo F420, indicando um crescimento arqueológico. O arcaico pode sintetizar e utilizar o colesterol como fonte de carbono e energia, como indicado pela actividade da oxidase do colesterol. [20-22] A origem arqueal das actividades enzimáticas foi indicada pela supressão induzida por antibióticos. O estudo indica a presença de arquebactérias baseadas em actinídeos com enzimas alternativas baseadas em actinídeos ou metalloenzimas no sistema, como indicado pelo aumento rutilo induzido das actividades enzimáticas. [20-22] A actividade de oxidase de colesterol do arquebactéria foi aumentada resultando na geração de peróxido de hidrogénio. [20-22] A actividade da hexoquinase glicolítica do arquebactéria foi aumentada. O arquebactérias pode sofrer mineralização de magnetite e carbonato de cálcio e pode existir como nanoformas calcificadas. [17] Houve um aumento de RNA livre indicando viroides auto-replicativos de RNA e DNA livre indicando geração de cordões de DNA complementar de viroides por actividade de transcriptase inversa do arquebactéria. A dieta vegetariana com elevado teor de fibras e MCT modificado pode bloquear a multiplicação arqueal e viroidiana. A fibra e o MCT têm um efeito anti-arqueal e anti-viroideal. [11-15]

A Archaea pode induzir o hospedeiro AKT PI3K, AMPK, HIF alfa e NFKB produzindo o fenótipo metabólico Warburg. [10] O aumento da actividade da hexoquinase glicolítica indica a geração do fenótipo de Warburg. Uma dieta vegetariana com elevado teor de fibra e de MCT modificado pode inibir a actividade da hexoquinase e da glicólise e inverter o fenótipo de Warburg. A geração do fenótipo de Warburg deve-se à activação do alfa HIF. Isto estimula a glicólise anaeróbica, inibe a desidrogenase pirúvica, inibe a fosforilação oxidativa mitocondrial, estimula a heme oxigenase, estimula o VEGF e activa a óxido nítrico sintetase. A dieta pobre em carboidratos gera menos glicose e inibe a via glicolítica. Isto inverte o fenótipo de Warburg. O elevado consumo de fibras gera ácidos gordos de cadeia curta, butirato e propionato. Os ácidos gordos de cadeia curta ligam-se aos receptores GPCR linfocitários e são imunossupressores. A redução da geração de citocinas inibe o fenótipo de Warburg. A acção anti-arqueal e anti-viroideal do MCT e da fibra alimentar também inibe a geração do fenótipo de Warburg. [11-15]

O fenótipo de Warburg gera patologias malignas, auto-imunes, neurodegenerativas, síndrome metabólica X e esquizofrénicas. O fenótipo Warburg pode levar a um aumento da proliferação celular e transformação maligna. O PT mitocondrial hexoquinase do poro mitocondrial é aumentado levando a uma proliferação celular. Há indução de glicólise, inibição da actividade PDH e disfunção mitocondrial resultando em ineficiência energética e síndrome metabólica. A arcaea e as citocinas geradas pelo viroide podem levar à resistência à insulina induzida por TNF alfa e à síndrome metabólica X. O aumento da glicólise pode activar a gliceraldeído 3-fosfato desidrogenase que é translocada para o núcleo após a poliadenilação. A enzima PARP é activada por stress redox mediado pela glicólise. Isto pode produzir a morte das células nucleares e a degeneração neuronal. O aumento da enzima glicolítica fructose 1,6-difosfatase aumenta a via do fosfato pentose. Isto gera NADPH, que activa NOX. A activação do NOX está relacionada com a activação do NMDA e a excitotoxicidade do glutamato. Isto leva à degeneração neuronal. [10]

O aumento da glicólise activa a enzima fructose 1,6-difosfatase que activa a via do fosfato pentose libertando o NADPH. Isto aumenta a actividade NOX gerando stress radical livre e H2O2. O stress dos radicais livres está relacionado com a resistência à insulina e a síndrome metabólica X. Os radicais livres podem activar NFKB produzindo activação imunitária e doença auto-imune. Os radicais livres podem abrir o PT mitocondrial, produzir libertação de cito C e activar a cascata da caspase. Isto produz a morte celular e a degeneração neuronal. Os radicais livres podem activar o receptor NMDA e induzir a enzima GAD geradora de GABA. Isto activa a via tálamo-cortico-talâmica NMDA/GABA que medeia a percepção consciente. O aumento da geração de radicais livres também pode iniciar esquizofrenia. Os radicais livres podem também produzir activação oncogénica e transformação maligna. Os radicais livres podem produzir inibição do HDAC e geração de HERV. O encapsulamento de partículas HERV em vesículas de fosfolípidos pode mediar a geração da síndrome da imunodeficiência adquirida. Os radicais livres podem também promover a aterogénese. [10]

Os linfócitos dependem da glicólise para as suas necessidades energéticas. O aumento da glicólise devido à indução do fenótipo de Warburg pode levar à activação imunitária. A activação imunitária pode levar a doenças auto-imunes. O TNF alfa pode activar o receptor NMDA levando à excitotoxicidade do glutamato e à degeneração neuronal. O TNF alfa activador do receptor NMDA pode contribuir para a esquizofrenia. O TNF alfa pode induzir a expressão de partículas HERV que contribuem para a geração da síndrome de imunodeficiência adquirida. A activação imunitária também tem estado relacionada com a transformação maligna mediada pela NFKB. O TNF alfa também pode actuar sobre o receptor de insulina produzindo resistência insulínica. A activação NOX resultante da geração do fenótipo de Warburg também activa o receptor de insulina. Assim, existe um estado hiperinsulinémico que conduz à síndrome metabólica X. [10]

Assim, a indução do fenótipo Warburg pode levar a malignidade, doença auto-imune, síndrome metabólica X, doença neuropsiquiátrica e degeneração neuronal. O fenótipo de Warburg leva à inibição da desidrogenase pirúvel e à acumulação de piruvato. O piruvato acumulado entra na via de derivação GABA e é convertido em citrato que é actuado pela lisase do citrato e convertido em acetil CoA, utilizado para a síntese do colesterol. O piruvato pode ser convertido em glutamato e amoníaco, que é oxidado por arcaia para necessidades energéticas. O aumento do substrato de colesterol leva a um aumento do crescimento arqueal e a uma maior indução do fenótipo de Warburg. [10]

Uma dieta cetogénica é a dieta normal dos caçadores-colectores humanos primitivos. Baseia-se numa dieta pobre em hidratos de carbono, alta em gordura saturada e alta em proteínas. Neste estudo, foi utilizada uma dieta cetogénica modificada. Incluiu triglicéridos de cadeia média alta de óleo de coco, fibra alta de caule de banana, proteína de grama preta alta e polissacarídeo de grama preta baixa como fonte de hidratos de carbono. Tratava-se de uma dieta vegetariana modificada e cetogénica rica em MCT e fibra. Esta dieta tem uma actividade anti-viroidal e anti-arqueal e pode inverter o fenótipo de Warburg, a base de diversas patologias malignas, auto-imunes, neurodegenerativas, síndrome metabólica X e esquizofrénicas. [11-15]

Referências

1   Hanold D., Randies, J.W. (1991). Coconut cadang-cadang disease and its viroid agent, *Plant Disease,* 75, 330-335.

2   Valiathan M.S., Somers, K., Kartha, C.C. (1993). *Endomyocardial Fibrosis.* Nova Deli: Oxford University Press.

3   Edwin B.T., Mohankumaran, C. (2007). Fitoplasma da doença de Kerala wilt: Phylogenetic analysis and identification of a vector, *Proutista moesta, Physiological and Molecular Plant Pathology,* 71(1-3), 41-47.

4   Kurup R., Kurup, P.A. (2009). *Digoxina Hipotalâmica, Dominância Cerebral e Função Cerebral na Saúde e nas Doenças.* Nova Iorque: Nova Science Publishers.

5   Eckburg P.B., Lepp, P.W., Relman, D.A. (2003). Archaea and their potential role in human disease, *Infect Immun,* 71, 591-596.

6   Smit A.,Mushegian, A. (2000)Biossíntese de isoprenoides via mevalonato em Archaea: o caminho perdido,*Genoma Res,* 10(10), 1468-84.

7   Adam Z. (2007). Actinides e Origens da Vida, *Astrobiologia,* 7, 6-10.

8   Schoner W. (2002). Endogenous cardiac glycosides, uma nova classe de hormonas esteróides, *Eur J Biochem,* 269, 2440-2448.

9   Davies P.C.W., Benner, S.A., Cleland, C.E., Lineweaver, C.H., McKay, C.P., Wolfe-Simon, F. (2009). Signatures of a Shadow Biosphere, *Astrobiology*, 10, 241-249.

10   Wallace D.C. (2005). Mitocôndria e Cancro: Warburg Addressed, *Cold Spring Harbor Symposia on Quantitative Biology*, 70, 363-374.

11   Liu, Y.M. (2008). Terapia cetogénica dos triglicéridos de cadeia média (MCT). *Epilepsia*, 49 S(8), 33-6.

12   Gasior, M., Rogawski, M.A., Hartman, A.L. (2006). Efeitos neuroprotectores e modificadores de doenças da dieta cetogénica. *Behav Pharmacol*, 17(5-6), 431-9.

13   Maalouf, M., Rho, J.M., Mattson, M.P. (2009). As propriedades neuroprotectoras da restrição calórica, a dieta ketogénica, e os corpos cetónicos. *Brain Res Rev*, 59(2), 293-315.

14   Barbary, O.M., El-Sohaimy, S.A., El-Saadani, M.A., Zeitoun, A.M.A. (2010). Actividades antioxidantes, antimicrobianas e anti-HCV de lignan extraído de sementes de linhaça. *Research Journal of Agriculture and Biological Sciences*, 6(3), 247-256.

15   Lieberman, S., Enig, M.G., Preuss, H.G. (2006). Uma revisão da monolaurina e do ácido láurico. Agentes virucidas e Bactericidas naturais. *Terapias Alternativas e Complementares*, 1, 310-314

16   Richmond W. (1973). Preparation and properties of a cholesterol oxidase from nocardia species and its application to the enzymatic assay of total cholesterol in serum, *Clin Chem*, 19, 1350-1356.

17   Snell E.D., Snell, C.T. (1961). *Métodos Colorimétricos de Análise*. Vol 3A. Nova Iorque: Van NoStrand.

18   Glick D. (1971). *Métodos de Análise Bioquímica*. Vol 5. Nova Iorque: Interscience Publishers.

19   Colowick, Kaplan, N.O. (1955). *Métodos em Enzimologia*. Vol 2. Nova Iorque: Imprensa académica.

20   Van der Geize R., Yam, K., Heuser, T., Wilbrink, M.H., Hara, H., Anderton, M.C. (2007). Um aglomerado de genes que codifica o catabolismo do colesterol num actinomicetato do solo fornece uma visão da sobrevivência de Mycobacterium tuberculosis em macrófagos, *Proc Natl Acad Sci USA*, 104(6), 1947-52.

21   Francis A.J. (1998). Biotransformação de urânio e outros actinídeos em resíduos radioactivos, *Journal of Alloys and Compounds*, 271(273), 78-84.

22   Probian C., Wülfing, A., Harder, J. (2003). Mineralização anaeróbica de átomos de carbono quaternários: Isolamento de bactérias desnitrificantes em ácido pivalico

(ácido 2,2-dimetilpropiónico), *Applied and Environmental Microbiology*, 69(3), 1866-1870.

CAPÍTULO 17

UMA DIETA ALTAMENTE FIBROSA, TRIGLICÉRIDO DE CADEIA MÉDIA ALTA, CETOGÉNICA FORMA O SUBSTRATO PARA UMA DENSIDADE ÓPTIMA DA POPULAÇÃO DE CÉLULAS ACTINÓIDES ENDOSIBIÓTICAS - O ELIXIR DA VIDA

Introdução

A arca actinídea endosibiótica constitui a base da vida e pode ser considerada como o terceiro elemento da célula. Ela regula a célula, o sistema neuro-imuno-endócrino e o cérebro consciente/inconsciente. A arca actinídea actinídea endosibiótica pode ser chamada como o elixir da vida. Uma população definida de arcaea actinídica endosibiótica é necessária para a existência e sobrevivência da vida. Uma maior densidade da população actinídea endosibiótica pode levar a doenças humanas. Assim, as arcaias actinídicas são importantes para a sobrevivência da vida humana e podem ser consideradas como cruciais para a mesma.

A simbiose por microrganismos, especialmente arcaea, impulsiona a evolução das espécies. Neste caso, a simbiose pode ser induzida por transferência de simbiontes de microflora e a evolução induzida. A endosimbiose por arquebiose, bem como os simbiontes arqueológicos no intestino podem modular o genótipo, o fenótipo, a classe social e o grupo racial do indivíduo. A simbiose arquebiótica pode ter transmissão horizontal e vertical. O crescimento dos arquebactérias simbióticas leva à neandertalização da espécie. A espécie neanderthalizada é a sociedade matrilinear e inclui os dravidianos, os celtas, os bascos e os berberes. A inibição do crescimento do endosymbiotic archaeal leva à evolução do homo sapiens. Isto inclui os africanos, os invasores arianos do Norte da Índia e a população europeia derivada dos arianos. A simbiose da evolução mediada depende da flora intestinal e da dieta alimentar. Isto tem sido demonstrado na pseudoobscura drosophila. Os companheiros drosophila só se encontram com outros indivíduos a comer a mesma dieta. Quando a microflora intestinal de drosophila é alterada pela alimentação com antibióticos, acasalam com outros indivíduos a comerem dietas diferentes. A dieta consumida pela drosophila regula a sua microflora intestinal e os seus hábitos de acasalamento. A combinação do genoma humano e do genoma microbiano simbiótico é chamada de hologenoma. O hologenoma, especialmente o seu componente microbiano simbiótico, impulsiona a evolução humana, bem como a evolução animal. A distância evolutiva entre espécies de vespa depende da microflora intestinal. A microflora intestinal humana regula os sistemas endócrino, genético e neuronal. A evolução humana e dos primatas depende da arca endosymbiotica e da microflora intestinal. O crescimento endosibiótico do arquebactéria determina as diferenças raciais entre as sociedades matrilineares Harappan/ Dravidianas e a sociedade ariarcal patriarcal ariana. A sociedade Harappan/ Dravidiana matrilinear era neandertálica e tinha aumentado o crescimento do arquebactéria endosibiótico. O crescimento do arquebactéria endosimbiótico e a neanderthalização podem levar a doenças auto-imunes, síndrome metabólica X, neurodegeneração, cancro, autismo e esquizofrenia. A flora intestinal do Neanderthal e a arquebactéria endosibiótica foi determinada pela dieta não vegetariana cetogénica com elevado teor de gordura e proteínas consumida por eles nas estepes eurasiáticas. O homo sapiens, incluindo as tribos arianas clássicas e africanas, comiam uma dieta rica em fibras e tinham um crescimento arqueológico inferior, tanto endosibiótico como intestinal. A ingestão de fibras alimentares determina a diversidade microbiana do intestino. O elevado consumo de fibras está associado ao aumento da geração de ácidos gordos de cadeia curta - ácido butírico pela flora intestinal. O butirato é um inibidor do HDAC e leva ao aumento da geração e incorporação de sequências endógenas retrovirais. A elevada ingestão de fibras alimentares relacionadas com o aumento das sequências HERV leva a uma maior conectividade sináptica e a um córtex frontal dominante, tal como se observa nas espécies homo sapiens. As espécies neandertálicas consomem uma dieta não vegetariana ketogenic high fat high protein low fibre. Isto leva a uma diminuição da geração de sequências HERV endógenas e a uma flexibilidade genómica reduzida nas espécies neandertálicas. Isto produz córtex cerebral mais pequeno e um córtex cerebelar dominante no cérebro neandertálico. As espécies neandertálicas homo neandertalicas pela baixa ingestão de fibras dietéticas, matam à fome o seu eu microbiano. Isto leva a um aumento do endosimbiotico e do crescimento do arquebelo intestinal. A membrana mucosa que reveste o intestino torna-se mais fina à medida que as bactérias intestinais se alimentam do revestimento mucoso do intestino. Isto resulta em fugas de endotoxina e arcaia do intestino para o sangue rompendo a barreira e produz um estado inflamatório imuno-estimulatório crónico que forma a base da doença auto-imune, síndrome metabólica, neurodegeneração, doenças oncogénicas e psiquiátricas. As espécies de Neandertal comem uma dieta pobre em fibras e têm uma deficiência de microbiota de acesso aos hidratos de carbono gerando ácido gordo de cadeia curta. Existe uma deficiência de butirato gerado no intestino a partir da fibra alimentar que pode produzir a supressão do processo inflamatório crónico. Os Neandertais têm a síndrome de deficiência de subproduto de fermentação. A indução de espécies neandertais depende da baixa ingestão de fibras induzidas pelo endosimbiotic de alta densidade arqueal e da microflora intestinal. As espécies homo sapiens consomem uma dieta rica em fibras gerando grandes quantidades de ácido gordo butírico de cadeia curta que inibe o endosimbiotico e o crescimento do arquebactéria intestinal. O eu microbiano da espécie homo sapiens é mais diversificado do que o das espécies neandertais e a densidade populacional do arquebactéria é menor. Isto resulta numa protecção contra a inflamação crónica e a indução de doenças como a doença auto-imune, síndrome metabólica, neurodegeneração, doenças oncogénicas e psiquiátricas. As espécies homo sapien têm uma maior ingestão de fibra alimentar contribuindo para cerca de 40 g/dia e uma flora intestinal microbiana diversificada com menor densidade populacional de arquebactérias. O butirato gerado a partir da fibra alimentar produz um estado imunossupressor. Assim, a microflora simbiótica com menor densidade arqueal induz uma espécie homo sapiens. Isto pode ser demonstrado pela indução experimental da evolução. Uma dieta rica em fibras MCT, bem como antibióticos derivados de plantas superiores e transferência de microbiota fecal de espécies de sapiens podem inibir a metabolonomia e fenótipo do Neanderthal e induzir a evolução do homo sapiens. Uma dieta pobre em fibras e rica em proteínas, bem como a transferência de microbiota fecal das espécies de Neanderthal pode produzir metabolonómica e fenótipo Neandertal induzindo a evolução do homo neanderthalis. A transferência da microflora cólica predominantemente arquebactéria e a modulação da arquebactéria endosibiótica por uma dieta paleo e antibióticos de plantas superiores pode levar à interconversão da espécie humana entre o homo neanderthalis e o homo sapiens. O hologenoma, especialmente a flora microbiana endosibiótica/gutânica, impulsiona a evolução humana e animal e pode ser induzido experimentalmente. A microflora simbiótica impulsiona a evolução. Cada animal, cada espécie humana, diferentes comunidades, diferentes raças e castas diferentes têm a sua assinatura endosibiótica e microflora intestinal que pode ser transmitida verticalmente e horizontalmente. Assim, a simbiose impulsiona a evolução humana e animal. A arca cólica e endosimbiótica e outros micróbios como os clusters clostridiais determinam a espécie, raça, casta, comunidade e identidade pessoal do indivíduo. A identidade do indivíduo - pessoal, comunidade, casta, raça, nacionalidade e espécie é determinada pelo arquebactéria cólon e endosimbiótico e pelos grupos clostridiais. A simbiose arqueal predominante produz homo neanderthalis e a simbiose arqueal menos proeminente e os clusters clostridiais dominantes no intestino produzem a espécie homo sapien. Cada indivíduo, raça, nacionalidade, casta, credo e comunidade tem a assinatura endosimbiótica e microbiota cólica. Esta assinatura da microbiota colónica e endosimbiótica é transferível pela mudança da microbiota endosimbiótica e colónica de um grupo para outro. Assim, a evolução e identidade baseada na individualidade, raça, nacionalidade, casta e credo pode ser induzida.

A arca actinídea tem estado relacionada com a patogénese da esquizofrenia, malignidade, síndrome metabólico X, doença auto-imune e degeneração neuronal. É descrita uma biosfera sombra dependente de actinídeos de arcaea e viroides nos estados da doença acima mencionados. O fenótipo de Warburg induzido por actinídeos e viróides contribui para a patologia dos estados da doença acima mencionados. A possibilidade de administração de triglicéridos de cadeia média alta, dieta cetogénica de alta fibra em organismos primitivos baseados em actinídeos como a arcaea com uma via mevalonada e o catabolismo do colesterol foi considerada nestes estados da doença. [1-10] Foi também estudado o efeito de um triglicérido de cadeia média alta e de uma dieta vegetariana de alta fibra cetogénica modificada sobre o fenótipo de Warburg. A dieta de triglicéridos de cadeia média alta de triglicéridos de alta fibra cetogénica cria a densidade ideal do arquebactéria endosibiótico para a sobrevivência e pode ser considerada como um substrato para o elixir da arca actinídica endosibiótica de vida. Os ácidos gordos de cadeia curta como o butirato derivado do metabolismo microbiano da fibra alimentar levam à estimulação da função mitocondrial e da energia mitocondrial, corrigindo o fenótipo de Warburg e a desordem do conflito mitocondrial.

A dieta cetogénica é uma dieta rica em gorduras, proteínas adequadas e com baixo teor de hidratos de carbono que na medicina é utilizada principalmente para tratar epilepsia (refractária) difícil de controlar em crianças. A dieta imita aspectos da fome, forçando o corpo a queimar gorduras em vez de hidratos de carbono. No entanto, se houver muito poucos hidratos de carbono na dieta, o fígado converte a gordura em ácidos gordos e corpos cetónicos. Os corpos cetónicos passam para o cérebro e substituem a glicose como uma fonte de energia. Um nível elevado de corpos cetónicos no sangue, um estado conhecido como cetose, leva a uma redução na frequência das convulsões epilépticas. A dieta cetogénica resulta em alterações adaptativas ao metabolismo da energia cerebral que aumenta as reservas energéticas; os corpos cetónicos são um combustível mais eficiente do que a glicose, e o número de mitocôndrias é aumentado. Isto pode ajudar os neurónios a permanecerem estáveis face ao aumento da procura de energia durante uma convulsão, e pode conferir um efeito neuroprotector. [10-15]

A fibra dietética e os triglicéridos de cadeia média têm efeitos antivirais e antibacterianos. Uma dieta pobre em hidratos de carbono gera menos glicose para o corpo e inibe a glicólise. A fibra dietética gera ácidos gordos de cadeia curta butirato e propionato, que são imunossupressores. A diminuição das citocinas tem um efeito inibidor sobre a geração do fenótipo Warburg. [10-15] Os resultados do estudo sobre o efeito de uma dieta vegetariana com elevado teor de fibras e MCT na arca actinídea e no fenótipo de Warburg induzido por viroides são apresentados neste artigo.

Materiais e Métodos

Foram incluídos no estudo os seguintes grupos: - fibrose endomiocárdica, doença de Alzheimer, esclerose múltipla, linfoma não-Hodgkin, síndrome metabólico X com trombose cerebrovascular e doença das artérias coronárias, esquizofrenia, autismo, distúrbio convulsivo, doença de Creutzfeldt Jakob e síndrome da imunodeficiência adquirida. Havia 10 pacientes em cada grupo e cada paciente tinha uma idade e sexo compatível com um controlo saudável seleccionado aleatoriamente a partir da população geral.

O sangue foi extraído do (1) em casos recentemente diagnosticados no estado de jejum antes de se iniciar o tratamento, e (2) após 15 dias de uma dieta vegetariana cetogénica de alta fibra, proteína vegetal e MCT elevada, constituída por 150 g de coco inteiro em pó, 100 g de fibra de caule de banana, 100 g de pó de grama preto, 100 g de cabaça de melão de inverno em pó, 100 g por dia de ptergosperma moringa, 5 g de curcuma longa, 10 g de Emblica officinalis, 10 g de arca probiótica actinídica.

As amostras de sangue foram colhidas no estado de jejum antes de se iniciar o tratamento. Foi utilizado plasma de sangue heparinizado em jejum e o protocolo experimental foi o seguinte:- (I) Plasma+fosfato tamponado salino, (II) o mesmo que o substrato de I+colesterol, (III) o mesmo que o II+rutil 0,1 mg/ml, e (IV) o mesmo que o II+ciprofloxacina e doxiciclina, cada um numa concentração de 1 mg/ml. O substrato de colesterol foi preparado como descrito por Richmond. [16] Alíquotas foram retiradas a tempo zero imediatamente após a mistura e após incubação a 37 °C durante 1 hora. Foram efectuadas as seguintes estimativas:- citocromo F420, RNA livre, DNA livre, actividade de hexoquinase e actividade de oxidase de colesterol arqueal, medida pela libertação de peróxido de hidrogénio. [17-19] O citocromo F420 foi estimado flourimetricamente (comprimento de onda de excitação 420 nm e comprimento de onda de emissão 520 nm). Foi obtido o consentimento informado dos sujeitos e a aprovação do Comité de Ética para o estudo. A análise estatística foi feita pela ANOVA.

O plasma dos sujeitos de controlo mostrou níveis aumentados dos parâmetros acima mencionados com após incubação durante 1 hora e a adição de substrato de colesterol resultou num aumento ainda mais significativo destes parâmetros. O plasma dos pacientes mostrou resultados semelhantes, mas a extensão do aumento foi maior. A adição de antibióticos ao plasma de controlo causou uma diminuição em todos os parâmetros enquanto que a adição de rutilo aumentou os seus níveis. A adição de antibióticos ao plasma do paciente causou uma diminuição em todos os parâmetros enquanto que a adição de rutilo aumentou os seus níveis mas a extensão da mudança foi maior nos soros dos pacientes em comparação com os controlos. Os resultados são expressos nos quadros 1-5 como mudança percentual nos parâmetros após 1 hora de incubação, em comparação com os valores a tempo zero. Os pacientes com dieta cetogénica modificada mostraram uma diminuição em todos os parâmetros. As dietas cetogénicas vegetarianas baseadas em fibras elevadas e triglicéridos de cadeia média elevada têm um efeito inibidor sobre o crescimento de arcaias e viroides, bem como sobre a actividade da oxidase do colesterol do arquebactéria. A dieta cetogénica vegetariana com o seu elevado teor de fibras e MCT inverteu o fenótipo de Warburg, indicando uma redução na actividade da hexoquinase.

Quadro 1. Efeito do rutilo, antibióticos e da dieta cetogénica no citocromo F420

Grupo	CYT F420 % (Aumento com Rutilo)		CYT F420 % (Diminuir com Doxy+Cipro)		CYT F420 % (Diminuir com a dieta Ketogenic)	
	Média	**± SD**	**Média**	**± SD**	**Média**	**± SD**
Normal	4.48	0.15	18.24	0.66	18.25	0.72
Schizo	23.24	2.01	58.72	7.08	59.49	4.30
Apreensão	23.46	1.87	59.27	8.86	57.69	5.29
AD	23.12	2.00	56.90	6.94	60.91	7.59
EM	22.12	1.81	61.33	9.82	59.84	7.62
NHL	22.79	2.13	55.90	7.29	66.07	3.78
DM	22.59	1.86	57.05	8.45	65.77	5.27
SIDA	22.29	1.66	59.02	7.50	65.89	5.05
CJD	22.06	1.61	57.81	6.04	61.56	4.61
Autismo	21.68	1.90	57.93	9.64	64.48	6.90
FME	22.70	1.87	60.46	8.06	65.20	6.20
Valor F	306.749		130.054		257.996	
Valor P	< 0.001		< 0.001		< 0.001	

Quadro 2. Efeito do rutilo, dos antibióticos e da dieta cetogénica sobre o ARN livre

Grupo	RNA % mudança (Aumento com Rutilo)		RNA % mudança (Diminuir com Doxy+Cipro)		RNA % mudança (Diminuir com a dieta Ketogenic)	
	Média	$\pm$ SD	Média	$\pm$ SD	Média	$\pm$ SD
Normal	4.37	0.13	18.38	0.48	18.15	0.58
Schizo	23.59	1.83	65.69	3.94	57.04	4.27
Apreensão	23.08	1.87	65.09	3.48	66.62	4.99
AD	23.29	1.92	65.39	3.95	62.86	6.28
EM	23.29	1.98	67.46	3.96	65.46	5.79
NHL	23.78	1.20	66.90	4.10	64.96	5.64
DM	23.33	1.86	66.46	3.65	64.51	5.93
SIDA	23.32	1.74	65.67	4.16	64.35	5.58
CJD	23.11	1.52	66.68	3.97	62.49	7.26
Autismo	23.33	1.35	66.83	3.27	63.84	6.16
FME	22.29	2.05	67.03	5.97	58.70	7.34
Valor F	427.828		654.453		203.651	
Valor P	< 0.001		< 0.001		< 0.001	

Quadro 3. Efeito do rutilo, dos antibióticos e da dieta cetogénica no ADN

Grupo	ADN % mudança (Aumento com Rutilo)		ADN % mudança (Diminuir com Doxy+Cipro)		ADN % mudança (Diminuir com a dieta Ketogenic)	
	Média	$\pm$ SD	Média	$\pm$ SD	Média	$\pm$ SD
Normal	4.37	0.15	18.39	0.38	18.78	0.11
Schizo	23.28	1.70	61.41	3.36	67.39	3.13
Apreensão	23.40	1.51	63.68	4.66	66.15	4.09
AD	23.52	1.65	64.15	4.60	66.21	3.69
EM	22.62	1.38	63.82	5.53	67.05	3.00
NHL	22.42	1.99	61.14	3.47	66.66	3.84
DM	23.01	1.67	65.35	3.56	66.25	3.69
SIDA	22.56	2.46	62.70	4.53	66.48	4.17
CJD	23.30	1.42	65.07	4.95	66.67	4.21
Autismo	22.12	2.44	63.69	5.14	66.86	4.21
FME	22.29	2.05	58.70	7.34	63.97	3.62
Valor F	337.577		356.621		673.081	
Valor P	< 0.001		< 0.001		< 0.001	

Quadro 4. Efeito do rutilo, dos antibióticos e da dieta cetogénica na actividade da hexoquinase

Grupo	Hexokinase % de mudança (Aumento com Rutilo)		Hexokinase % de mudança (Diminuir com Doxy+Cipro)		Hexokinase % de mudança (Diminuir com a dieta Ketogenic)	
	Média	**+ SD**	**Média**	**+ SD**	**Média**	**+ SD**
Normal	4.21	0.16	18.56	0.76	18.43	0.82
Schizo	23.01	2.61	65.87	5.27	61.23	9.73
Apreensão	23.33	1.79	62.50	5.56	62.76	8.52
AD	22.96	2.12	65.11	5.91	56.40	8.59
EM	22.81	1.91	63.47	5.81	60.28	9.22
NHL	22.53	2.41	64.29	5.44	58.57	7.47
DM	23.23	1.88	65.11	5.14	58.75	8.12
SIDA	21.11	2.25	64.20	5.38	58.73	8.10
CJD	22.47	2.17	65.97	4.62	63.90	7.13
Autismo	22.88	1.87	65.45	5.08	58.45	6.66
FME	21.66	1.94	67.03	5.97	62.37	5.05
Valor F	292.065		317.966		115.242	
Valor P	< 0.001		< 0.001		< 0.001	

Quadro 5. Efeito do rutilo, dos antibióticos e da dieta cetogénica na actividade da oxidase do colesterol

Grupo	Actividade da oxidase do colesterol % (Aumento com Rutilo)		Actividade da oxidase do colesterol % (Diminuir com Doxy+Cipro)		Actividade da oxidase do colesterol % (Diminuir com a dieta Ketogenic)	
	Média	**+ SD**	**Média**	**+ SD**	**Média**	**+ SD**
Normal	4.43	0.19	18.13	0.63	18.48	0.39
Schizo	22.50	1.66	60.21	7.42	66.39	4.20
Apreensão	23.81	1.19	61.08	7.38	67.23	3.45
AD	22.65	2.48	60.19	6.98	66.50	3.58
EM	21.14	1.20	60.53	4.70	67.10	3.82
NHL	23.35	1.76	59.17	3.33	66.80	3.43
DM	23.27	1.53	58.91	6.09	66.31	3.68
SIDA	23.32	1.71	63.15	7.62	66.32	3.63
CJD	22.86	1.91	63.66	6.88	68.53	2.65
Autismo	23.52	1.49	63.24	7.36	66.65	4.26
FME	23.29	1.67	60.52	5.38	61.91	7.56
Valor F	380.721		171.228		556.411	
Valor P	< 0.001		< 0.001		< 0.001	

Discussão

A arca actinídea endosibiótica constitui a base da vida e pode ser considerada como o terceiro elemento da célula. Ela regula a célula, o sistema neuro-imuno-endócrino e o cérebro consciente/inconsciente. A arca actinídea actinídea endosibiótica pode ser chamada como o elixir da vida. Uma população definida de arcaea actinídica endosibiótica é necessária para a existência e sobrevivência da vida. Uma maior densidade da população actinídea endosibiótica pode levar a doenças humanas. Assim, as arcaias actinídicas são importantes para a sobrevivência da vida humana e podem ser consideradas como cruciais para a mesma.

Houve um aumento do citocromo F420, indicando um crescimento arqueológico. O arcaico pode sintetizar e utilizar o colesterol como fonte de carbono e energia, como indicado pela actividade da oxidase do colesterol. [20-22] A origem arqueal das actividades enzimáticas foi indicada pela supressão induzida por antibióticos. O estudo indica a presença de arquebactérias baseadas em actinídeos com enzimas alternativas baseadas em actinídeos ou metalloenzimas no sistema, como indicado pelo aumento induzido rutilo das actividades enzimáticas. [20-22] A actividade de oxidase de colesterol do arquebactéria foi aumentada resultando na geração de peróxido de hidrogénio. [20-22] A actividade da hexoquinase glicolítica do arquebactéria foi aumentada. O arquebactérias pode sofrer mineralização de magnetite e carbonato de cálcio e pode existir como nanoformas calcificadas. [17] Houve um aumento de RNA livre indicando viroides auto-replicativos de RNA e DNA livre indicando geração de cordões de DNA complementar de viroides por actividade de transcriptase inversa do arquebactéria. A elevada fibra e a dieta vegetariana cetogénica modificada por MCT podem bloquear a multiplicação arqueal e viroideana. As fibras e o MCT têm um efeito anti-arqueal e anti-viroideal. [11-15] A dieta cetogénica com elevado teor de fibras de MCT mantém a densidade populacional do arquebactéria endosibiótico a níveis óptimos para uma sobrevivência saudável.

A Archaea pode induzir o hospedeiro AKT PI3K, AMPK, HIF alfa e NFKB produzindo o fenótipo metabólico Warburg. [10] O aumento da actividade da hexoquinase glicolítica indica a geração do fenótipo de Warburg. Uma dieta vegetariana com elevado teor de fibras e de MCT modificado pode inibir a actividade da hexoquinase e da glicólise e inverter o fenótipo de Warburg. A geração do fenótipo de Warburg deve-se à activação do alfa HIF. Isto estimula a glicólise anaeróbica, inibe a desidrogenase pirúvica, inibe a fosforilação oxidativa mitocondrial, estimula a heme oxigenase, estimula o VEGF e activa a óxido nítrico sintetase. A dieta pobre em carboidratos gera menos glicose e inibe a via glicolítica. Isto inverte o fenótipo de Warburg. O elevado consumo de fibras gera ácidos gordos de cadeia curta, butirato e propionato. Os ácidos gordos de cadeia curta ligam-se aos receptores GPCR linfocitários e são imunossupressores. A redução da geração de citocinas inibe o fenótipo de Warburg. A acção anti-arqueal e anti-viroideal do MCT e da fibra alimentar também inibe a geração do fenótipo de Warburg. [11-15]

O fenótipo de Warburg gera patologias malignas, auto-imunes, neurodegenerativas, síndrome metabólica X e esquizofrénicas. O fenótipo Warburg pode levar a um aumento da proliferação celular e transformação maligna. O PT mitocondrial hexoquinase do poro mitocondrial é aumentado levando a uma proliferação celular. Há indução de glicólise, inibição da actividade PDH e disfunção mitocondrial resultando em ineficiência energética e síndrome metabólica. A arcaea e as citocinas geradas pelo viroide podem levar à resistência à insulina induzida por TNF alfa e à síndrome metabólica X. O aumento da glicólise pode activar a gliceraldeído 3-fosfato desidrogenase que é translocada para o núcleo após a poliadenilação. A enzima PARP é activada por stress redox mediado pela glicólise. Isto pode produzir a morte das células nucleares e a degeneração neuronal. O aumento da enzima glicolítica fructose 1,6-difosfatase aumenta a via do fosfato pentose. Isto gera NADPH, que activa NOX. A activação do NOX está relacionada com a activação do NMDA e a excitotoxicidade do glutamato. Isto leva à degeneração neuronal. [10]

O aumento da glicólise activa a enzima fructose 1,6-difosfatase que activa a via do fosfato pentose libertando o NADPH. Isto aumenta a actividade NOX gerando stress radical livre e H2O2. O stress dos radicais livres está relacionado com a resistência à insulina e a síndrome metabólica X. Os radicais livres podem activar NFKB produzindo activação imunitária e doença auto-imune. Os radicais livres podem abrir o PT mitocondrial, produzir libertação de cito C e activar a cascata da caspase. Isto produz a morte celular e a degeneração neuronal. Os radicais livres podem activar o receptor NMDA e induzir a enzima GAD geradora de GABA. Isto activa a via tálamo-cortico-talâmica NMDA/GABA que medeia a percepção consciente. O aumento da geração de radicais livres também pode iniciar esquizofrenia. Os radicais livres podem também produzir activação oncogénica e transformação maligna. Os radicais livres podem produzir inibição do HDAC e geração de HERV. O encapsulamento de partículas HERV em vesículas de fosfolípidos pode mediar a geração da síndrome da imunodeficiência adquirida. Os radicais livres podem também promover a aterogénese. [10]

Os linfócitos dependem da glicólise para as suas necessidades energéticas. O aumento da glicólise devido à indução do fenótipo de Warburg pode levar à activação imunitária. A activação imunitária pode levar a doenças auto-imunes. O TNF alfa pode activar o receptor NMDA levando à excitotoxicidade do glutamato e à degeneração neuronal. O receptor TNF alfa activador do NMDA pode contribuir para a esquizofrenia. O TNF alfa pode induzir a expressão de partículas HERV que contribuem para a geração da síndrome de imunodeficiência adquirida. A activação imunitária também tem estado relacionada com a transformação maligna mediada pela NFKB. O TNF alfa também pode actuar sobre o receptor de insulina produzindo resistência insulínica. A activação NOX resultante da geração do fenótipo de Warburg também activa o receptor de insulina. Assim, existe um estado hiperinsulinémico que conduz à síndrome metabólica X. [10]

Assim, a indução do fenótipo Warburg pode levar a malignidade, doença auto-imune, síndrome metabólica X, doença neuropsiquiátrica e degeneração neuronal. O fenótipo de Warburg leva à inibição da desidrogenase pirúvel e à acumulação de piruvato. O piruvato acumulado entra na via de derivação GABA e é convertido em citrato que é actuado pela lisase de citrato e convertido em acetil CoA, utilizado para a síntese do colesterol. O piruvato pode ser convertido em glutamato e amoníaco, que é oxidado por arcaia para necessidades energéticas. O aumento do substrato de colesterol leva a um aumento do crescimento arqueal e a uma maior indução do fenótipo de Warburg. [10]

Uma dieta cetogénica é a dieta normal dos humanos caçadores-colectores primitivos. Baseia-se numa dieta pobre em hidratos de carbono, alta em gordura saturada e alta em proteínas. Neste estudo, foi utilizada uma dieta cetogénica modificada. Incluiu triglicéridos de cadeia média alta de óleo de coco, fibra alta de caule de banana, proteína de grama preta alta e polissacarídeo de grama preta baixa como fonte de hidratos de carbono. Tratava-se de uma dieta vegetariana modificada com elevado teor de cetogénicos em MCT e fibra. Esta dieta tem uma actividade anti-viroidal e anti-arqueal e pode inverter o fenótipo de Warburg, a base de diversas patologias malignas, auto-imunes, neurodegenerativas, síndrome metabólica X e esquizofrénicas. [11-15] A dieta cetogénica com elevado teor de fibras MCT mantém a densidade populacional endosibiótica do arquebactéria em níveis óptimos para uma sobrevivência saudável. A arca actinídica endosibiótica forma o elixir da vida e a dieta cetogénica com elevado teor de fibras de MCT forma o substrato para uma densidade populacional endosibiótica óptima necessária para a saúde e sobrevivência humana.

Referências

1   Hanold D., Randies, J.W. (1991). Coconut cadang-cadang disease and its viroid agent, *Plant Disease,* 75, 330-335.

2   Valiathan M.S., Somers, K., Kartha, C.C. (1993). *Endomyocardial Fibrosis.* Nova Deli: Oxford University Press.

3   Edwin B.T., Mohankumaran, C. (2007). Fitoplasma da doença de Kerala wilt: Phylogenetic analysis and identification of a vector, *Proutista moesta, Physiological and Molecular Plant Pathology,* 71(1-3), 41-47.

4   Kurup R., Kurup, P.A. (2009). *Digoxina Hipotalâmica, Dominância Cerebral e Função Cerebral na Saúde e nas Doenças.* Nova Iorque: Nova Science Publishers.

5   Eckburg P.B., Lepp, P.W., Relman, D.A. (2003). Archaea and their potential role in human disease, *Infect Immun,* 71, 591-596.

6   Smit A.,Mushegian, A. (2000)Biossíntese de isoprenoides via mevalonato em Archaea: o caminho perdido,*Genoma Res,* 10(10), 1468-84.

7   Adam Z. (2007). Actinides e Origens da Vida, *Astrobiologia,* 7, 6-10.

8   Schoner W. (2002). Endogenous cardiac glycosides, uma nova classe de hormonas esteróides, *Eur J Biochem,* 269, 2440-2448.

9   Davies P.C.W., Benner, S.A., Cleland, C.E., Lineweaver, C.H., McKay, C.P., Wolfe-Simon, F. (2009). Signatures of a Shadow Biosphere, *Astrobiology,* 10, 241-249.

10   Wallace D.C. (2005). Mitocôndria e Cancro: Warburg Addressed, *Cold Spring Harbor Symposia on Quantitative Biology,* 70, 363-374.

11   Liu, Y.M. (2008). Terapia cetogénica dos triglicéridos de cadeia média (MCT). *Epilepsia,* 49 S(8), 33-6.

12   Gasior, M., Rogawski, M.A., Hartman, A.L. (2006). Efeitos neuroprotectores e modificadores de doenças da dieta cetogénica. *Behav Pharmacol,* 17(5-6), 431-9.

13   Maalouf, M., Rho, J.M., Mattson, M.P. (2009). As propriedades neuroprotectoras da restrição calórica, a dieta ketogénica, e os corpos cetónicos. *Brain Res Rev,* 59(2), 293-315.

14   Barbary, O.M., El-Sohaimy, S.A., El-Saadani, M.A., Zeitoun, A.M.A. (2010). Actividades antioxidantes, antimicrobianas e anti-HCV de lignan extraído de sementes de linhaça. *Research Journal of Agriculture and Biological Sciences,* 6(3), 247-256.

15   Lieberman, S., Enig, M.G., Preuss, H.G. (2006). Uma revisão da monolaurina e do ácido láurico. Agentes virucidas e Bactericidas naturais. *Terapias Alternativas e Complementares.* 1, 310-314

16   Richmond W. (1973). Preparation and properties of a cholesterol oxidase from nocardia species and its application to the enzymatic assay of total cholesterol in serum, *Clin Chem,* 19, 1350-1356.

17   Snell E.D., Snell, C.T. (1961). *Métodos Colorimétricos de Análise.* Vol 3A. Nova Iorque: Van NoStrand.

18   Glick D. (1971). *Métodos de Análise Bioquímica.* Vol 5. Nova Iorque: Interscience Publishers.

19   Colowick, Kaplan, N.O. (1955). *Métodos em Enzimologia.* Vol 2. Nova Iorque: Imprensa académica.

20   Van der Geize R., Yam, K., Heuser, T., Wilbrink, M.H., Hara, H., Anderton, M.C. (2007). Um aglomerado de genes que codifica o catabolismo do colesterol num actinomicetato do solo fornece uma visão da sobrevivência de Mycobacterium tuberculosis em macrófagos, *Proc Natl Acad Sci USA,* 104(6), 1947-52.

21   Francis A.J. (1998). Biotransformação de urânio e outros actinídeos em resíduos radioactivos, *Journal of Alloys and Compounds,* 271(273), 78-84.

22   Probian C., Wülfing, A., Harder, J. (2003). Mineralização anaeróbica de átomos de carbono quaternários: Isolamento de bactérias desnitrificantes em ácido pivalico (ácido 2,2-dimetilpropiónico), *Applied and Environmental Microbiology,* 69(3), 1866-1870.

CAPÍTULO 18

DETECÇÃO DE ARCAEA ENDOSIBIÓTICA PATOGÉNICA EM DOENÇAS CRÓNICAS E TRATAMENTO COM AGENTES ANTI-ARQUEAL - INVERSÃO DO FENÓTIPO H. NEANDERTHALIS PARA O FENÓTIPO H. SAPIENS

Esta invenção diz respeito a um método de detecção de arcaico e síntese de digoxinas endosibióticas. É descrita uma nova formulação terapêutica para modulação do crescimento endosibiótico do arquebactéria e síntese endógena de digoxinas no tratamento da síndrome metabólica X, AVC, CAD, hiperlipidemia, diabetes mellitus, autoimune, neuropsiquiátrica, neurodegenerativa, cancro e infecções.

O trabalho de investigação realizado por nós durante um período de anos mostrou que os pacientes destas perturbações mencionadas mostram:

1. Diminuição da actividade de uma enzima de membrana celular conhecida como ATPase de sódio potássico. Uma inibição da ATPase de sódio potássico produz aumento do cálcio intracelular e diminuição do magnésio intracelular.

2. A inibição da ATPase de membrana de potássio de sódio é produzida pela digoxina endógena que é sintetizada a partir do colesterol pela arca actinídica que actua como endossímbolos na célula. A arcaea sintetiza a digoxina a partir do colesterol.

3. O crescimento actinídico arqueológico foi detectado na síndrome metabólica X, doenças das artérias coronárias, AVC, diabetes mellitus, hiperlipidemia, auto-imune, neuropsiquiátrica, neurodegenerativa, cancro e infecções

4. Ácido láurico, Curcuma longa, Emblica officinalis são agentes antiarqueal. Ácido láurico, Curcuma longa, ragi (Eleusine coracana), magnésio e Emblica officinalis bloqueiam a via do mevalonato arqueal. Isto diminui a síntese de digoxinas a partir do colesterol e trata estas doenças crónicas. Os ácidos gordos de cadeia curta como o butirato derivado do metabolismo microbiano da fibra alimentar levam à estimulação da função mitocondrial e da energia mitocondrial, corrigindo o fenótipo de Warburg e a desordem do conflito mitocondrial.

Detecção de arquebactérias actinídicas endógenas

Foram detectadas artérias actinídicas endógenas na síndrome metabólica X, diabetes mellitus, CAD, AVC, autismo, auto-imunes, neuropsiquiátricas, neurodegenerativas, cancro e infecções. As arcaeas são detectadas por espectrofotometria para o citocromo F420, o citocromo metanogénico no sangue. A arca actinídica endógena sintetiza o colesterol pela via mevalonada. O colesterol é catabolizado para a digoxina. A digoxina inibe a membrana sódio-potássio ATPase e aumenta o cálcio intracelular e esgota as reservas de magnésio na célula. Isto leva à síndrome metabólica X, diabetes mellitus, CAD, AVC, autismo, auto-imune, neuropsiquiátrica, neurodegenerativa, cancro e infecções. A síntese da digoxina pode ser demonstrada nos doentes, adicionando substrato de colesterol e cério ao soro do doente e verificando o aumento da actividade do citocromo F420 e dos níveis de digoxina. Os níveis de digoxina são testados por Elisa e o citocromo F420 por espectrofotometria. O teste está disponível no Centro de Doenças Metabólicas. Ao paciente em que é demonstrada a síntese endógena de arquebactérias e digoxinas são dados suplementos nutricionais alimentares para modular os efeitos das arquebactérias e da digoxina. Isto ajuda a amenizar as doenças crónicas como a síndrome metabólica X, diabetes mellitus, CAD, AVC, autismo, auto-imune, neuropsiquiátrica, neurodegenerativa, cancro e infecções.

Simbiose e evolução

A simbiose por microrganismos, especialmente arcaea, impulsiona a evolução das espécies. Neste caso, a simbiose pode ser induzida por transferência de simbiontes de microflora e a evolução induzida. A endosimbiose por arquebiose, bem como os simbiontes arqueológicos no intestino podem modular o genótipo, o fenótipo, a classe social e o grupo racial do indivíduo. A simbiose arquebiótica pode ter transmissão horizontal e vertical. O crescimento dos arquebactérias simbióticas leva à neandertalização da espécie. A espécie neanderthalizada é a sociedade matrilinear e inclui os dravidianos, os celtas, os bascos e os berberes. A inibição do crescimento do endosymbiotic archaeal leva à evolução do homo sapiens. Isto inclui os africanos, os invasores arianos do Norte da Índia e a população europeia derivada dos arianos. A simbiose da evolução mediada depende da flora intestinal e da dieta alimentar. Isto tem sido demonstrado na pseudoobscura drosophila. Os companheiros drosophila só se encontram com outros indivíduos a comer a mesma dieta. Quando a microflora intestinal de drosophila é alterada pela alimentação com antibióticos, acasalam com outros indivíduos a comerem dietas diferentes. A dieta consumida pela drosophila regula a sua microflora intestinal e os seus hábitos de acasalamento. A combinação do genoma humano e do genoma microbiano simbiótico é chamada de hologenoma. O hologenoma, especialmente o seu componente microbiano simbiótico, impulsiona a evolução humana, bem como a evolução animal. A distância evolutiva entre espécies de vespa depende da microflora intestinal. A microflora intestinal humana regula os sistemas endócrino, genético e neuronal. A evolução humana e dos primatas depende da arca endosymbiotica e da microflora intestinal. O crescimento endosibiótico do arquebactéria determina as diferenças raciais entre as sociedades matrilineares Harappan/ Dravidianas e a sociedade ariarcal patriarcal ariana. A sociedade Harappan/ Dravidiana matrilinear era neandertálica e tinha aumentado o crescimento do arquebactéria endosibiótico. O crescimento do arquebactéria endosimbiótico e a neanderthalização podem levar a doenças auto-imunes, síndrome metabólica X, neurodegeneração, cancro, autismo e esquizofrenia. A flora intestinal do Neanderthal e a arquebactéria endosibiótica foi determinada pela dieta não vegetariana cetogénica com elevado teor de gordura e proteínas consumida por eles nas estepes eurasiáticas. O homo sapiens, incluindo as tribos arianas clássicas e africanas, comiam uma dieta rica em fibras e tinham um crescimento arqueológico inferior, tanto endosibiótico como intestinal. A ingestão de fibras alimentares determina a diversidade microbiana do intestino. O elevado consumo de fibras está associado ao aumento da geração de ácidos gordos de cadeia curta - ácido butírico pela flora intestinal. O butirato é um inibidor do HDAC e leva ao aumento da geração e incorporação de sequências endógenas retrovirais. A elevada ingestão de fibras alimentares relacionadas com o aumento das sequências HERV leva a uma maior conectividade sináptica e a um córtex frontal dominante, tal como se observa nas espécies homo sapiens. As espécies neandertálicas consomem uma dieta não vegetariana ketogenic high fat high protein low fibre. Isto leva a uma diminuição da geração de sequências HERV endógenas e a uma flexibilidade genómica reduzida nas espécies neandertálicas. Isto produz córtex cerebral mais pequeno e um córtex cerebelar dominante no cérebro neandertálico. As espécies neandertálicas homo neandertalicas pela baixa ingestão de fibras dietéticas, matam à fome o seu eu microbiano. Isto leva a um aumento do endosimbiotico e do crescimento do arquebelo intestinal. A membrana mucosa que reveste o intestino torna-se mais fina à medida que as bactérias intestinais se alimentam do revestimento mucoso do intestino. Isto resulta em fugas de endotoxina e arcaia do intestino para o sangue rompendo a barreira e produz um estado inflamatório imuno-estimulatório crónico que forma a base da doença auto-imune, síndrome metabólica, neurodegeneração, doenças oncogénicas e psiquiátricas. As espécies de Neandertal comem uma dieta pobre em fibras e têm uma deficiência de microbiota de acesso aos hidratos de carbono gerando ácido gordo de cadeia curta. Existe uma deficiência de butirato gerado no intestino a partir da fibra alimentar que pode produzir a supressão do processo inflamatório crónico. Os Neandertais têm a síndrome de deficiência de subproduto de fermentação. A indução de espécies neandertais depende da baixa ingestão de fibras induzidas pelo endosimbiotic de alta densidade arqueal e da microflora intestinal. As espécies homo sapiens consomem uma dieta rica em fibras gerando grandes quantidades de ácido gordo butírico de cadeia curta que inibe o endosimbiotico e o crescimento do arquebactéria intestinal. O eu microbiano da espécie homo sapiens é mais diversificado do que o das espécies neandertais e a densidade populacional do arquebactéria é menor. Isto resulta numa protecção contra a inflamação crónica e a indução de doenças como a doença auto-imune, síndrome metabólica, neurodegeneração, doenças oncogénicas e psiquiátricas. As espécies homo sapien têm uma maior ingestão de fibra alimentar contribuindo para cerca de 40 g/dia e uma flora intestinal microbiana diversificada com menor densidade populacional de arquebactérias. O butirato gerado a partir da fibra alimentar produz um estado imunossupressor. Assim, a microflora simbiótica com menor densidade arqueal induz uma espécie homo sapiens. Isto pode ser demonstrado pela indução experimental da evolução. Uma dieta rica em fibras MCT, bem como antibióticos derivados de plantas superiores e transferência de microbiota fecal de espécies de sapiens podem inibir a metabolonomia e fenótipo do Neanderthal e induzir a evolução do homo sapiens. Uma dieta pobre em fibras e rica em proteínas, bem como a transferência de microbiota fecal das espécies de Neanderthal pode produzir metabolonómica e fenótipo Neandertal induzindo a evolução do homo neanderthalis. A transferência da microflora cólica predominantemente arquebactéria e a modulação da arquebactéria endosibiótica por uma dieta paleo e antibióticos de plantas superiores pode levar à interconversão da espécie humana entre o homo neanderthalis e o homo sapiens. O hologenoma, especialmente a flora microbiana endosibiótica/gutânica, impulsiona a evolução humana e animal e pode ser induzido experimentalmente. A microflora simbiótica impulsiona a evolução. Cada animal, cada espécie humana, diferentes comunidades, diferentes raças e castas diferentes têm a sua assinatura endosibiótica e microflora intestinal que pode ser transmitida verticalmente e horizontalmente. Assim, a simbiose impulsiona a evolução humana e animal. A arca cólica e endosimbiótica e outros micróbios como os clusters clostridiais determinam a espécie, raça, casta, comunidade e identidade pessoal do indivíduo. A identidade do indivíduo - pessoal, comunidade, casta, raça, nacionalidade e espécie é determinada pelo arquebactéria cólon e endosimbiótico e pelos grupos clostridiais. A simbiose arqueal predominante produz homo neanderthalis e a simbiose arqueal menos proeminente e os clusters clostridiais dominantes no intestino produzem a espécie homo sapien. Cada indivíduo, raça, nacionalidade, casta, credo e comunidade tem a assinatura endosimbiótica e microbiota cólica. Esta assinatura da microbiota colónica e endosimbiótica é transferível pela mudança da microbiota endosimbiótica e colónica de um grupo para outro. Assim, a evolução e identidade baseada na individualidade, raça, nacionalidade, casta e credo pode ser induzida.

Preparação e formulação

Esta invenção está relacionada com uma formulação que actuará como agente terapêutico para várias doenças. (1) Síndrome metabólico X com diabetes mellitus e doença vascular, (2) Autoimune, (3) Neuropsiquiátrica, (4) Neurodegenerativa, (5) Cancro, e (6) Infecções.

Até agora não existe um tratamento 100 por cento eficaz para a gestão destas perturbações e os medicamentos utilizados na medicina produzem efeitos secundários indesejáveis.

Portanto, há necessidade de desenvolver uma formulação segura e eficaz que possa ser utilizada para melhorar as perturbações e condições mencionadas acima.

O trabalho de investigação realizado por nós durante um período de anos demonstrou que os pacientes apresentam uma melhoria significativa desta doença ou condição quando o crescimento endógeno do arco e a síntese de digoxinas são demonstrados nos pacientes. (1) Curcuma longa, (2) Emblica officinalis, (3) Óxido de magnésio, (4) Ácido butírico, (5) Ácido láurico, e (6) Ragi (Eleusine coracana).

Cada uma das substâncias tem algum efeito numa ou mais doenças. No entanto, é apenas a combinação que mostra efeito total.

Método de preparação de extracto para formulação

Os materiais individuais foram congelados secos e em pó para obter 100-200 micron de tamanho. Depois foram misturados a uma concentração de 15 g cada e feitos até 100 g com 25 g de ragi de mesa em pó. Em seguida, foram misturados cuidadosamente e foram feitos biscoitos, 10 biscoitos. Cada paciente foi administrado 2 biscoitos diariamente. Foram avaliados antes de se iniciar o tratamento através de exame clínico e investigações laboratoriais. A duração do tratamento variou de 6 meses a 2 anos. Verificámos que, no caso, a formulação experimentada mostrou efeitos curativos significativos. Nenhuma da substância utilizada ou informação utilizada em combinação, tal como descrito acima, para os fins a que se destinava foi utilizada anteriormente.

Preparação da formulação

Foi feita a seguinte formulação na concentração mencionada.

1. Extracto seco de Curcuma longa - A

2. Extracto seco de Emblica officinalis - B

3. Óxido de magnésio (grau IP) - C

4. Ácido butírico - D

5. Ácido láurico - E

6. Ragi power - F

A concentração de cada uma delas é a seguinte: A - 15 g, B - 15 g, C - 15 g, D - 15 g, E - 15 g e F - 25 g. Os componentes A, B, C, D, E e F foram misturados para formar o biscoito.

Exemplo 1: Ensaios clínicos

Realizámos ensaios clínicos com esta formulação em pacientes com: (1) epilepsia primária generalizada, (2) esquizofrenia, (3) doença de Parkinson, (4) esclerose múltipla, (5) glioblastomas do SNC refratários, (6) envelhecimento neuronal e demência do tipo Alzheimer, (7) Síndrome de Down, (8) Síndrome da imunodeficiência adquirida, (9) Autismo, (10) CAD, (11) AVC, (12) Diabetes mellitus, e (13) Envelhecimento.

A cada paciente foram administrados 2 bolachas da formulação diariamente. Os doentes foram avaliados antes do início do tratamento clínico e por todas as investigações laboratoriais necessárias. A duração do tratamento variou entre 6 meses e 2 anos. A sua condição foi avaliada durante o tratamento e após o tratamento clinicamente e utilizando todas as investigações laboratoriais necessárias.

Verificámos que, nos casos experimentados, a formulação mostrou um efeito curativo significativo. Nenhuma das substâncias mencionadas na formulação foi utilizada antes, isoladamente ou em combinação, como descrito acima, para o fim para o qual foram descritas para serem utilizadas. A invenção será agora ilustrada com referência aos seguintes exemplos típicos.

1. Epilepsia refractária

Homem com 25 anos de idade com epilepsia primária generalizada. Este doente era refractário ao tratamento e tomava uma combinação de carbamazepina 1200 mg/dia, valproato de sódio - 1200 mg/dia e dilantina de sódio 800 mg/dia. A frequência de convulsões no início da terapia era de 12 episódios/dia. A nossa formulação I foi iniciada com a dose de carbamazepina, valproato de sódio e dilantina de sódio reduzida a metade da respectiva dose no primeiro mês e 1/4 da respectiva dose no segundo mês e retirada a partir do terceiro mês. A duração do tratamento foi de um ano. No final de um ano, a frequência das convulsões foi reduzida para 2 por mês. Não foram notados efeitos secundários.

2. Esquizofrenia refratária

Fêmea de 38 anos com esquizofrenia refratária de 3 anos de duração. A doente tomava risperidona - 9 mg/dia e clozapina - 75 mg/dia. A nossa formulação I foi iniciada e as doses de risperidona e clozapina reduzidas a metade da respectiva dose durante um mês, ¼ a respectiva dose para o segundo mês e completamente retirada a partir do terceiro mês. A duração do tratamento foi de um ano. Os valores de pontuação no início e no fim do tratamento foram os seguintes.

Pontuação

Pré-terapiaPós-terapia

A1 - Ilusão31

A2 - Alucinação30

A3 - Discurso desorganizado30

A4 - pensamento desorganizado31

A5 - Alogia, avolição, achatamento afectivo31

B   - Relação interpessoal10

Trabalho10

Educação10

Auto-cuidado10

Total163

3. Doença de Parkinson refractária

Homem com 70 anos de idade com doença de Parkinson idiopática. Estava em sindopa (L-dopa + Carbidopa - 2000 mg/dia, Bromocriptina - 7,5 mg/dia e pacitano - 12 mg/dia). A nossa formulação foi iniciada com syndopa, bromocriptina e pacitina reduzida a metade da respectiva dose no primeiro mês, e ¼ da respectiva dose no segundo mês. Estes fármacos foram retirados a partir do terceiro mês. A duração do tratamento foi de um ano. Foram utilizadas as escalas de classificação UPDRS que têm os seguintes parâmetros: (1) Orientação/ comportamento/ humor, (2) Actividades na vida diária, (3) Exame motor, e (4) Complicação da terapia.

IIIIIIV **Total**

Pontuação de pré-terapia514151246

Pontuação pós-terapia1251　　　**9**

Com base nas escalas da UPDRS, o paciente mostrou uma melhoria significativa. Não foram notados efeitos secundários durante o tratamento.

4. Esclerose múltipla refratária

Fêmea com 22 anos de idade diagnosticada como tendo esclerose múltipla com base nos critérios de Poser. A paciente estava em terapia imunossupressora de rotina com prednisolona - 60 mg/dia e azatioprina - 100 mg/dia. Ela foi colocada na nossa formulação I com as respectivas doses de prednisolona e azatioprina reduzidas a metade da respectiva dose no segundo mês e totalmente retiradas a partir do quarto mês. A duração do tratamento foi de dois anos.

Os parâmetros antes de iniciar a terapia foram: (1) Taxa de recidivas - 6 recidivas/ano, (2) Actividade da vida diária em escala - não pode levar a cabo as actividades da vida diária e foi de cama - grau IV, e (3) A ressonância magnética com contraste gadolínio mostrou lesões activas.

Os parâmetros após terapia durante três anos foram: (1) Taxa de recapse - 0 por ano. Não foram observadas recidivas, (2) Actividade da escala da vida diária - podia realizar actividades da vida diária sem ajuda, e (3) ressonância magnética com contraste gadolínio repetido ao ^{6o} mês, 1 ano, 1½ anos, 2 anos, 2½ anos e 3 anos não mostraram nenhuma lesão activa.

5. glioblastoma do SNC refractário

Homem de 43 anos de idade com glioblastoma frontoparietal maciço de esquerda com desvio da linha média. O paciente já tinha sido submetido à radioterapia de rotina e tinha feito o curso de quimioterapia. Foi colocado na nossa formulação I. A duração do tratamento foi de 5 anos.

Após 2 anos de tratamento, os exames de ressonância magnética repetida mostraram uma redução quantitativa de 60% no tamanho do tumor. Após 4 anos de tratamento, as repetições de ressonância magnética mostraram uma redução adicional de 25% (total de 85% do tamanho inicial) no tamanho dos tumores.

Antes de iniciar o tratamento com base nos seus resultados clínicos e de ressonância magnética, foi-lhe prognosticado que teria 3 meses de sobrevivência. Após o tratamento com a formulação, teve uma sobrevivência de 4 anos.

6. Síndrome de imunodeficiência adquirida

Homem de 26 anos de idade diagnosticado como tendo adquirido síndrome de imunodeficiência. Foi positivo para o VIH tanto por Elisa como por Western Blot. Tinha linfadenopatia generalizada e hepatoesplenomegalia. O seu peso era de 52 kg. A contagem inicial de CD4 era de 110 células/cumm.

Ele foi colocado na nossa formulação I. A duração do tratamento foi de um ano.

Após 6 meses de terapia, a contagem de CD4 aumentou para 400 células/cumm e após um ano de terapia para 500 células/cumm.

O peso aumentou para 65 kg. A sua linfadenopatia e hepatoesplenomegalia tinham regredido. A formulação foi eficaz no seu caso.

7. Síndrome X com diabetes mellitus, CAD e AVC

Fêmea com 49 anos de idade com diabetes mellitus não dependente de insulina recentemente diagnosticada, obesidade, hipertensão, hipertrigliceridemia, angina instável e episódios recorrentes de AIT.

Ela foi colocada na formulação I. A duração do tratamento foi de um ano. Os parâmetros antes de iniciar o tratamento foram os seguintes.

1. Rápido açúcar no sangue - 186 mg%

   Açúcar no sangue pós prandial - 420 mg%

2. Triglicéridos de soro - 600 mg%

3. Episódios de angina instável - 6/mês

   O ECG mostrou isquemia inferolateral

4. Episódios de ataque isquémico transitório do território do MCA - 3/ano

5. Peso do paciente - 85 kg

6. Insulina necessária - consumia 45 unidades de lente insulina diariamente

A duração do tratamento foi de 2 anos. Os parâmetros após o início do tratamento foram os seguintes.

1. Rápido açúcar no sangue - 96 mg

   Açúcar no sangue pós prandial - 142 mg%

2. Triglicéridos de soro - 120 mg%

3. Episódios de angina instável - nulo/mês

   O ECG não mostrou alterações

4. Episódios de ataque isquémico transitório do território do MCA - nulo/ano

5. Peso do paciente - 60 kg

6. Necessidade de insulina - foi reduzida para 25 unidades diárias de insulina de lente no primeiro mês, 15 unidades diárias de insulina de lente no segundo mês e retirada totalmente até ao terceiro mês.

Não houve efeitos secundários para o tratamento.

8. Envelhecimento neuronal e demência do tipo Alzheimer

Homem com 82 anos de idade diagnosticado como tendo a doença de Alzheimer pelos critérios da NINDS. O mini exame do estado mental antes da terapia deu uma pontuação de 6. Ele estava dependente de outros para as suas actividades da vida diária.

Ele foi colocado na nossa formulação I. A duração do tratamento foi de 2 anos.

A pontuação no exame de estado mental no final de 2 anos de tratamento era de 26. Era independente no que diz respeito às actividades da vida diária. O tratamento foi sem quaisquer efeitos secundários.

9. Síndrome de Down - trissomia do cromossoma 21

Homem com 12 anos de idade teve um grave atraso mental com um diagnóstico de trissomia do cromossomo 21. A sua avaliação de QI deu um valor de 20 antes da terapia.

O paciente foi submetido a esta formulação I durante 2 anos.

A avaliação do QI no final da terapia deu um valor de 55. Não se verificaram efeitos secundários para a terapia.

10. Desordem do espectro autista

Paciente do sexo masculino 5 anos com distúrbio do espectro autista. O paciente recebeu a formulação durante um ano. As pontuações cognitivas, o quociente emocional, a comunicação e a fala mostraram uma melhoria significativa. A cada um destes parâmetros foi atribuída uma pontuação de 2. pré-tratamento a pontuação foi de 1. pós-tratamento a pontuação foi de 4.

População de doentes incluída no ensaio em grande escala

Estes são exemplos típicos de um grande número de pacientes experimentados em cada caso. O número de pacientes incluídos no ensaio é o seguinte.

1. Epilepsia generalizada primária - 25 pacientes.

2. Esquizofrenia - 25 doentes.

3. Doença de Parkinson - 25 doentes.

4. Esclerose múltipla - 20 pacientes.

5. glioblastoma do SNC refractário - 10 pacientes

6. Diabetes mellitus - 50 doentes

7. Envelhecimento neuronal e demência do tipo Alzheimer - 25 pacientes

8. Síndrome de Down - 10 doentes

9. Síndrome de imunodeficiência adquirida - 15 pacientes

10. Autismo - 25 pacientes

11. CAD - 50 pacientes

12. AVC - 50 doentes

13. Síndrome de Lúpus - 25 doentes

CAPÍTULO 19

FIBRA ALIMENTAR, ENDOSIMOSE ARQUEAL, DOENÇA DA FRUTOSE E
SÍNDROME MUCOPOLISSACARIDÓTICO GLICOLÍTICO

A deficiência de fibras alimentares leva a um aumento do crescimento endosibiótico e do crescimento do cólon arqueal, contribuindo para a síndrome tropical disautonómica e mucopolissacaridótica. A arca endosibiótica regula as funções humanas e o tipo de espécie e depende da arca cólica cuja densidade é determinada pela ingestão de fibras. A densidade populacional do arquebactéria do cólon depende da ingestão de fibras alimentares. As populações com baixa ingestão de fibras têm menor densidade da microflora do cólon e da arquebactéria endosibiótica. A arca endosibiótica contribui para a neandertalização da espécie. As populações que consomem uma dieta rica em gordura saturada e proteínas com baixo consumo de fibras tendem a ter um aumento do crescimento do arquebactéria endosimbiótico e são neanderthalizadas. Populações com elevado consumo de fibras até 80 g/dia tendem a ter uma densidade arqueal reduzida no cólon e uma endosimose arqueal reduzida contribuindo para a homo sapienização da população. Assim, o consumo de fibras regula a densidade de endosimose do arquebactéria e o tipo de espécie humana.

Deficiência de fibras alimentares, arquebactérias endossimbióticas e metabolismo da frutose na síndrome disautonómica mucopolissacaridótica tropical

O aquecimento global induz o crescimento endosibiótico do arquebactéria e do RNA viroidal. As porfirinas formam um modelo para a formação de viroides de RNA, viroides de ADN, priões, isoprenoides e polissacáridos. Podem simbionar juntos para formar arcaicas primitivas. A arcaea pode ainda induzir alfa HIF, aldose redutase e fructólise, resultando em mais porfirinogénese e auto-replicação arqueal. O DNA primitivo do arquebactéria é integrado juntamente com os viroides de RNA que são convertidos no seu ADN correspondente pela acção da transcriptase reversa HERV induzida por stress redox no genoma humano pela integrase HERV induzida por stress redox. As sequências de DNA arqueal que são integradas no genoma humano formam sequências genómicas humanas endógenas semelhantes às sequências HERV e podem funcionar como genes saltadores que regulam a flexibilidade do DNA genómico. As sequências genómicas endógenas integradas do arquebactéria podem ser expressas na presença de stress redox formando partículas endosimbióticas do arquebactéria que podem funcionar como uma nova organela chamada arquebactérias. O arquebactérias pode exprimir a via fructolítica que constitui uma organela chamada fructosoma, via catabólica do colesterol e digoxina sintética formando uma organela chamada esteroidelle, a via do ácido chiquímico formando uma organela chamada neurotransminoide, vitamina E antioxidante e organela sintética de vitamina C chamada vitaminócito, bem como a organela sintética de glicosaminoglicano chamada glicosaminoglicóide. A arcaea pode secretar partículas capsuladas de RNA viroidal que podem funcionar como bloqueio do

152

metabolismo celular modulador dos RNAs e tais arcaeaon organelle são chamadas viroidelle. A arcaea suprime a desidrogenase pirúvel e promove a fructólise resultando na acumulação de pirúvel que entra na via de derivação GABA produzindo succinil CoA e glicina, os substratos para a síntese da porfirina. A porfirina forma um modelo para a formação de viroides de RNA, viroides de ADN, priões e isoprenóides que podem simbiosear juntos para formar uma arcaia. Assim, as arcaias endossimbióticas têm uma replicação abiogénica. Os arquebactérias preocupados com a via de derivação GABA e a porfirinogénese são chamados porfirinóides. A colónia de arcaias forma uma rede com diferentes áreas que mostram especialização diferencial de função - fructosoides, esteroidelle, vitaminocyte, viroidelle, neurotransminoide, porphyrinoids e glicosaminoglycoids. Isto forma uma estrutura viva organizada dentro das células e tecidos humanos, regulando a sua função e reduzindo o corpo humano a zombies que trabalham sob as direcções da colónia arqueal organizada. A colónia arqueal organizada tem replicação abiogénica e é eterna.

Deficiência de fibras alimentares, doença endosimbiótica da arca e frutose na síndrome mucopolissacaridótica disautonómica tropical

O aquecimento global pode levar a stress osmótico em consequência da desidratação. O aumento do crescimento actinídico arqueológico leva ao catabolismo do colesterol e à síntese de digoxinas. A digoxina produz inibição da membrana de potássio ATPase de sódio e aumento do cálcio intracelular produzindo disfunção mitocondrial. Isto resulta em stress oxidativo. O stress oxidativo e o stress osmótico podem induzir a enzima aldose redutase que converte glicose em frutose. A frutose tem um valor baixo de km para a cetoquinase em comparação com a glicose. Portanto, a frutose é mais fosforilada a fosfato de frutose e a célula é esvaziada de ATP. O esgotamento celular de ATP leva ao stress oxidativo e à inflamação crónica resultante da indução de NFKB. O fosfato de frutose pode entrar na via do fosfato pentose sintetizando ribose e ácido nucleico. O esgotamento do ATP celular resulta na geração de AMP e ADP que são actuados por deaminases causadoras de hiperuricemia. O ácido úrico também pode produzir disfunções mitocondriais. O fosfato de frutose pode entrar na via da glucosamina, sintetizando GAG e produzindo acumulação de mucopolissacarídeos. A frutose pode fructosilato proteínas, tornando-as antigénicas e produzindo uma resposta auto-imune. Isto pode levar a doenças auto-imunes relacionadas com o aquecimento global.

Deficiência de fibras alimentares, arquebactérias endossimbióticas e neanderthalisation na síndrome disautonómica mucopolissacaridótica tropical

A arca actinídea endosibiótica constitui a base da vida e pode ser considerada como o terceiro elemento da célula. Ela regula a célula, o sistema neuro-imuno-endócrino e o cérebro consciente/inconsciente. A arca actinídea actinídea endosibiótica pode ser chamada como o elixir da vida. Uma população definida de arcaea actinídica endosibiótica é necessária para a existência e sobrevivência da vida. Uma maior densidade da população actinídea endosibiótica pode levar a doenças humanas. Assim, as arcaias actinídicas são importantes para a sobrevivência da vida humana e podem ser consideradas como cruciais para a mesma. A simbiose por actinídea arcaica é a base da evolução do ser humano e dos primatas. O aumento do crescimento endosimbiótico dos arquebactérias pode levar à indução de homo neanderthalis. Esta arca endosimbiótica induz a neanderthalização da espécie leva a doenças humanas como a síndrome metabólica X, neurodegenerações, esquizofrenia e autismo, doenças auto-imunes e cancro. A redução do crescimento do arquebactéria endosibiótico por uma dieta de alta fibra, triglicéridos de cadeia média alta e proteína leguminosa cetogénica, antibióticos de plantas superiores como Curcuma longa, Emblica officianalis, Allium sativum, Withania somnifera, Moringa pterygosperma e Zingeber officianalis e transplante de microflora cólica da população normal de homo sapien pode levar à desneanderthalização das espécies e ao tratamento dos estados de doença acima mencionados. A microflora do cólon de estados patológicos neanderthalizados como a síndrome metabólica X, neurodegenerações, esquizofrenia e autismo, doença auto-imune e cancro quando transferida para a espécie homo sapien normal leva à geração e indução de homo neanderthalis. Assim, a evolução primata e humana é um evento simbiótico que pode ser induzido o crescimento modulante simbiótico do arquebactéria. As populações humanas podem ser divididas em populações matrilineares Neandertais em Dravidianos, Celtas, Bascos, Judeus e Berberes da Índia do Sul e a população Cro-Magnon vista em África e na Europa. A colonização simbiótica do arquipélago decide que espécie - Neandertal ou Cro-Magnon a que a sociedade pertence. É tentador postular a microflora simbiótica e a arcaea determinando o comportamento e os traços familiares, bem como o comportamento e os traços sociais e de casta. A célula foi postulada por Margulis para ser uma associação simbiótica de bactérias e vírus. Da mesma forma, a família, a casta, a comunidade, nacionalidades e a própria espécie é determinada pela simbiose arqueal e outras bactérias.

Deficiência de fibras alimentares, arca endosimbiótica e arca cólica na síndrome mucopolissacaridótica disautonómica tropical

A simbiose por microrganismos, especialmente arcaea, impulsiona a evolução das espécies. Neste caso, a simbiose pode ser induzida por transferência de simbiontes de microflora e a evolução induzida. A endosimbiose por arquebiose, bem como os simbiontes arqueológicos no intestino podem modular o genótipo, o fenótipo, a classe social e o grupo racial do indivíduo. A simbiose arquebiótica pode ter transmissão horizontal e vertical. O crescimento dos arquebactérias simbióticas leva à neandertalização da espécie. A espécie neanderthalizada é a sociedade matrilinear e inclui os dravidianos, os celtas, os bascos e os berberes. A inibição do crescimento do endosymbiotic archaeal leva à evolução do homo sapiens. Isto inclui os africanos, os invasores arianos do Norte da Índia e a população europeia derivada dos arianos. A simbiose da evolução mediada depende da flora intestinal e da dieta alimentar. Isto tem sido demonstrado na pseudoobscura drosophila. Os companheiros drosophila só se encontram com outros indivíduos a comer a mesma dieta. Quando a microflora intestinal de drosophila é alterada pela alimentação com antibióticos, acasalam com outros indivíduos a comerem dietas diferentes. A dieta consumida pela drosophila regula a sua microflora intestinal e os seus hábitos de acasalamento. A combinação do genoma humano e do genoma microbiano simbiótico é chamada de hologenoma. O hologenoma, especialmente o seu componente microbiano simbiótico, impulsiona a evolução humana, bem como a evolução animal. A distância evolutiva entre espécies de vespa depende da microflora intestinal. A microflora intestinal humana regula os sistemas endócrino, genético e neuronal. A evolução humana e dos primatas depende da arca endosymbiotica e da microflora intestinal. O crescimento endosibiótico do arquebactéria determina as diferenças raciais entre as sociedades matrilineares Harappan/Dravidianas e a sociedade ariarcal patriarcal ariana. A sociedade Harappan/ Dravidiana matrilinear era neandertálica e tinha aumentado o crescimento do arquebactéria endosibiótico. O crescimento do arquebactéria endosimbiótico e a neanderthalização podem levar a doenças auto-imunes, síndrome metabólica X, neurodegeneração, cancro, autismo e esquizofrenia. A flora intestinal do Neanderthal e a arquebactéria endosibiótica foi determinada pela dieta não vegetariana cetogénica com elevado teor de gordura e proteínas consumida por eles nas estepes eurasiáticas. O homo sapiens, incluindo as tribos arianas clássicas e africanas, comiam uma dieta rica em fibras e tinham um crescimento arqueológico inferior, tanto endosimbiotico como intestinal. A ingestão de fibras alimentares determina a diversidade microbiana do intestino. O elevado consumo de fibras está associado ao aumento da geração de ácidos gordos de cadeia curta - ácido butírico pela flora intestinal. O butirato é um inibidor do HDAC e leva ao aumento da geração e incorporação de sequências endógenas retrovirais. O elevado consumo de fibras alimentares relacionadas com o aumento das sequências HERV leva a uma maior conectividade sináptica e a um córtex frontal dominante, tal como se observa nas espécies homo sapien. As espécies neandertálicas consomem uma dieta ketogénica não vegetariana com elevado teor de gordura e proteínas e baixo teor de fibras. Isto leva a uma diminuição da geração de sequências HERV endógenas e a uma flexibilidade genómica reduzida nas espécies neandertálicas. Isto produz córtex cerebral mais pequeno e um córtex cerebelar dominante no cérebro neandertálico. As espécies neandertálicas homo neandertalicas pela baixa ingestão de fibras dietéticas, matam à fome o seu eu microbiano. Isto leva a um aumento do endosimbiotico e do crescimento do arquebelo intestinal. A membrana mucosa que reveste o intestino torna-se mais fina à medida que as bactérias intestinais se alimentam do revestimento mucoso do intestino. Isto resulta em fugas de endotoxina e arcaia do intestino para o sangue rompendo a barreira e produz um estado inflamatório imuno-estimulador crónico que forma a base da doença auto-imune, síndrome metabólica, neurodegeneração, doenças oncogénicas e psiquiátricas. As espécies de Neandertal comem uma dieta pobre em fibras e têm uma deficiência de microbiota de acesso aos hidratos de carbono gerando ácido gordo de cadeia curta. Existe uma deficiência de butirato gerado no intestino a partir da fibra alimentar que pode produzir a supressão do processo inflamatório crónico. Os Neandertais têm a síndrome de deficiência de subproduto de fermentação. A indução de espécies neandertais depende da baixa ingestão de fibras induzidas pelo endosimbiotic de alta densidade arqueal e da microflora intestinal. As espécies homo sapiens consomem uma dieta rica em fibras gerando grandes quantidades de ácido gordo butírico de cadeia curta que inibe o endosimbiotico e o crescimento do arquebactéria intestinal. O eu microbiano da espécie homo sapiens é mais diversificado do que o das espécies neandertais e a densidade populacional do arquebactéria é menor. Isto resulta numa protecção contra a inflamação crónica e a indução de doenças como a doença auto-imune, síndrome metabólica, neurodegeneração, doenças oncogénicas e psiquiátricas. As espécies homo sapien têm uma maior ingestão de fibra alimentar contribuindo para cerca de 40 g/dia e uma flora intestinal microbiana diversificada com menor densidade populacional de arquebactérias. O butirato gerado a partir da fibra alimentar produz um estado imunossupressor. Assim, a microflora simbiótica com menor densidade arqueal induz uma espécie homo sapiens. Isto pode ser demonstrado pela indução experimental da evolução. Uma dieta rica em fibras MCT, bem como antibióticos derivados de plantas superiores e transferência de microbiota fecal de espécies de sapiens podem inibir a metabolonomia e fenótipo do Neanderthal e induzir a evolução do homo sapiens. Uma dieta pobre em fibras e rica em proteínas, bem como a transferência de microbiota fecal das espécies de Neanderthal pode produzir metabolonómica e fenótipo Neandertal induzindo a evolução do homo neanderthalis. A transferência da microflora cólica predominantemente arquebactéria e a modulação da arquebactéria endosibiótica por uma dieta paleo e antibióticos de plantas superiores pode levar à interconversão da espécie humana entre o homo neanderthalis e o homo sapiens. O hologenoma, especialmente a flora microbiana endosibiótica/gutânica, impulsiona a evolução humana e animal e pode ser induzido experimentalmente. A microflora simbiótica impulsiona a evolução. Cada animal, cada espécie humana, diferentes comunidades, diferentes raças e castas diferentes têm a sua assinatura endosibiótica e microflora intestinal que pode ser transmitida verticalmente e horizontalmente. Assim, a simbiose impulsiona a evolução humana e animal.

Deficiência de fibras alimentares, arquebactérias endossimbióticas e consórcios de quase-espécies de ARN na síndrome mucopolissacaridótica disautonómica tropical

Isto pode ser interpretado com base na hipótese de Villarreal de identidade de grupo e de cooperação dos colectivos do RNA. A simbiose arqueal no intestino e nos espaços de tecido determina a especiação do ser humano como homo sapiens e homo neanderthalis. A arca endosimbiótica pode secretar viróides e vírus do RNA e existe uma relação hospedeiro viroido-arqueal entre os dois. Um estado dinâmico de lise e persistência de vírus pode ocorrer em arcaea sugerindo que a dependência viral pode ocorrer em arcaea. Os viroides do RNA na arcaea coordenam o seu comportamento através da troca de informação, modulação e inovação, gerando um novo conteúdo baseado em sequências. Isto ocorre devido a um fenómeno de simbiose em contraste com o conceito de sobrevivência do mais apto. A geração de novas sequências viroidais de RNA é o resultado da competência prática dos agentes vivos para gerar novas sequências por simbiose e partilha. Isto representa consórcios de quase-espécies de RNA viroidal altamente produtivos para a evolução, conservação e plasticidade de ambientes genómicos. Os motivos comportamentais do ARN são estruturas de um único laço de caule. Têm capacidades de auto-dobragem e de construção de grupos, dependendo das necessidades funcionais. O processo de evolução depende daquilo a que Villareal chama consórcios de laço estaminal de RNA. A entidade inteira só pode funcionar se os grupos participativos de viroides de RNA conseguirem coordenar a sua função. Há uma geração denovo competente de novas sequências por acção cooperativa e não por competição.

Estes consórcios de grupos viroides do RNA podem contribuir para a identidade do hospedeiro, identidade do grupo e imunidade do grupo. O termo utilizado para tal é comportamento sociológico viroideal do RNA. Os viroides do RNA podem construir grupos que invadem a arcaea e competir como um grupo por recursos limitados tais como genomas hospedeiros. Um motivo comportamental chave é capaz de integrar um estilo de vida persistente na colónia arqueal com o módulo de dependência formando grupos viroidais concorrentes que se contrabalançam uns aos outros juntamente com o sistema imunitário arqueo/hospedeiro. Isto leva à criação de uma identidade para a colónia arqueal e para o hospedeiro homo neanderthalis. Os viroides podem matar o seu hospedeiro e também colonizar o seu hospedeiro sem doenças e proteger o hospedeiro de vírus e viroides semelhantes. Juntamente com a lise e a protecção, vemos um hospedeiro colonizado por viroides que é simultaneamente simbiótico e inovador, adquirindo novos códigos competentes. Assim, a relação viroideo-anfitrião é uma força antiga e omnipresente na origem e evolução da vida. A evolução cumulativa ao nível dos viroides de RNA é como um efeito de catraca utilizado para a transmissão de memes culturais. Esta aprendizagem acumula para que cada nova geração não tenha de repetir todos os pensamentos e técnicas inovadoras. As quase-espécies de viroides de ARN são cooperativas e exclusivas de outras quase-espécies. Têm um reconhecimento de grupo que diferencia auto-grupos e grupos não autónomos, permitindo que as quase-espécies promovam a emergência de uma identidade de grupo. Com a identidade de grupo através de módulos de dependência relacionados com a dependência, dois componentes opostos devem estar presentes e trabalhar de forma coerente e definir o grupo como um todo. A identidade biológica é constituída pela interacção dinâmica de grupos cooperativos. O módulo de dependência de vírus é uma estratégia essencial para a existência da vida na virosfera. Os vírus são transmissíveis e podem persistir numa população hospedeira específica, levando a uma forma de imunidade/ identidade de grupo, uma vez que uma população hospedeira idêntica mas não-colonizada permanece susceptível a uma acção mortal de vírus líticos. Desta forma, vemos que os vírus são necessários, proporcionando funções opostas para a dependência (persistência/protecção e morte/litica). Os vírus podem funcionar como consórcios, um grupo essencial que interage e fornecer um mecanismo a partir do qual a função consorcial poderia emergir na origem da vida protobiótica. Os parasitas genéticos podem actuar como um grupo (qs-c). Mas para que este grupo seja coerente, devem atingir a identidade de grupo e isto é tipicamente através de uma estratégia de dependência. O próprio sistema antiviral e proviral na arcaea emergirá no hospedeiro a partir de informação derivada de vírus. Os próprios vírus arqueais fornecem a função crítica necessária para a defesa antiviral. As funções opostas são a base dos módulos de vício. Assim, a emergência da identidade do grupo torna-se um evento essencial e precoce na emergência da vida. Isto é coerente com o comportamento basicamente grupal dos viroides de ARN nos arcaicos. Esta selecção de grupo e identidade de grupo são necessárias para criar coerência de informação e formação de rede e para estabelecer um sistema de interacção competente em termos de código de comunicação. Esta identidade serve como informação também para aqueles que não partilham esta identidade. Este é o início da capacidade de diferenciação entre self/non-self. Desta forma, os viroides promovem a emergência de uma identidade de grupo nas colónias arqueológicas e nos seres humanos hospedeiros. A identidade da colónia arqueal depende do conjunto colonizador de viroides de ARN, produzindo uma rede coerente que é inclusive de funções opostas e favorece a persistência de novas informações derivadas de parasitas. Com base nas funções populacionais do ADN do ARN pode ser considerado como um habitat para o ARN dos consórcios. Assim, os viroides de RNA da arcaia estão envolvidos numa complexa identidade multicelular. Isto é chamado por Villarreal como a hipótese de Gangen. O Gangen descreve o surgimento do uso comum de código partilhado, da filiação em grupo e da função de vida colectiva dos viroides de RNA. A comunicação é uma interacção dependente do código e a transmissão do código infeccioso define a origem da virosfera. Esta questão refere-se à ideia de colectivo de viroides de ARN com características tóxicas e antitóxicas inerentes deve ser capaz de transmitir ou comunicar estes agentes e as suas características a uma população concorrente próxima. Favorece fortemente a sobrevivência da população de viroides de ARN com módulos de dependência compatíveis que inibirão a toxicidade dos agentes e permitirão a persistência de novos agentes. Isto é, portanto, a sobrevivência do conjunto persistentemente colonizado que é um processo inerentemente simbiótico e consorcial. Também promove a crescente complexidade e identidade/imunidade do colectivo hospedeiro através de uma nova colonização de agentes, e adição estável. Assim, a transmissão dos agentes de RNA atinge tanto a comunicação como o reconhecimento da pertença ao grupo. Desta forma, a emergência da virosfera deve ter sido um acontecimento precoce na origem da vida e da identidade do grupo. Os vírus e viroides são parasitas genéticos e as entidades vivas mais abundantes na Terra. A virosfera é uma rede de agentes genéticos infecciosos. A evolução, conservação e plasticidade das identidades genéticas são o resultado de consórcios cooperativos de viroides do ARN que são competentes para comunicar. Assim, os consórcios de viroides arqueológicos podem partilhar e comunicar simbioticamente produzindo novas sequências e dando uma identidade à colónia arqueal. A dieta pobre em fibras e as temperaturas extremas das estepes eurasiáticas conduzem à multiplicação e indução arqueal da espécie homo neanderthalis. As características da colónia arqueal são determinadas pelos consórcios cooperativos de RNA viroids na arcaia e a identidade da colónia arqueal determina a identidade do homo neanderthalis. Assim, as colónias arqueal com os seus consórcios quase-espécies de RNA viroids determinam a identidade homo neanderthalis. A nova geração de sequências dos consórcios de RNA viroides contribui para a diversidade no comportamento e criatividade da população homo neanderthalis. Os vírus e viroides do RNA arqueal e as próprias colónias arqueal protegem a população homo neanderthalis de infecções retrovirais. Assim, a população homo neanderthalis é resistente aos retrovirais e os consórcios de quase-espécies de arcaicas e de viroides arqueológicos dão-lhes uma identidade de grupo como resistentes aos retrovirais. Assim, os consórcios quase-espécies de arcaea e de viroides do ARN dão às colónias homo neandertais a sua identidade e ideia de si próprio. O homo neanderthalis é resistente à infecção retroviral como os aborígenes australianos e as sequências endógenas retrovirais no genoma Neandertal são limitadas. Isto leva à falta de plasticidade e dinamismo do genoma humano e do córtex cerebral no mal desenvolvido com um córtex cerebelar impulsivo dominante na população homo neandertal. Isto produz o cérebro neandertálico espiritual surrealista impulsivo criativo e surrealista. À medida que o extremo da temperatura dispara e a idade do gelo termina, a densidade populacional arqueal também diminui. Isto também pode resultar do consumo de uma dieta rica em fibras no continente africano. A dieta de alta fibra digerida por grupos clostridiais no cólon promove a síntese de butirato e o butirato induzirá a inibição do HDAC e a expressão de sequências retrovirais no genoma dos primatas. Isto leva ao aumento das sequências retrovirais endógenas no genoma humano, aumentando a dinâmica genómica e a evolução do complicado córtex cerebral dominante com a sua complexa conectividade sináptica no homo sapiens. Isto conduz a um cérebro homo sapiens lógico, com senso comum, pragmático e prático. O homo sapiens devido à falta de arcaea e os viroides do RNA são susceptíveis de infecção retroviral. Assim, as colónias arqueológicas e os consórcios de quase-espécies de RNA viroideos determinam a evolução da espécie humana e das redes cerebrais. Assim, extremos de temperatura, ingestão de fibras, densidade das colónias arqueológicas, quase-espécies do RNA viroideal, identidade de grupo e resistência retroviral decidem a evolução do homo sapiens e homo neanderthalis, bem como as redes cerebrais. Os actuais extremos de temperatura e baixa ingestão de fibras na sociedade civilizada podem levar a um aumento da densidade populacional de arqueias e quase-espécies de RNA viroidais gerando um novo homo neanderthalis numa nova era antropocénica neandertal, em oposição à actual idade antropocénica do homo sapiens. As densidades populacionais arqueológicas e quase-espécies das redes viroidais de RNA determinam espécies homo sapien/homo neanderthalis, raça, casta, comunidade, nacional, sexual, metabólico, fenotípico, imunitário, neuronal, genotípico e identidade individual. A arcaea segrega a digoxina de trefone que pode editar os viroides de RNA e gerar novas sequências. A magnetite dipolar arqueal e as porfirinas no cenário de inibição do ATPas de potássio de membrana de sódio induzido por digoxina pode produzir um sistema de fónon bombeado mediado pelo estado perceptivo quântico e comunicação quântica no sistema simbiótico viroideal do RNA gerando novas sequências por acção de edição enzimática da digoxina esteroidal. Isto dá origem à diversidade e identidade quase-espécie simbiótica do RNA viroidiano arqueal para espécies, raça, casta, sexo, cultura, identidade individual e nacional.

Deficiência de fibras alimentares, arquebactérias endossimbióticas e síndrome civilizacional - síndrome disautonómica mucopolissacaridótica tropical

As raízes da doença civilizacional ocidental podem estar relacionadas com a inanição da microflora cólica. A microflora cólica depende de hidratos de carbono complexos derivados da fibra alimentar. Os alimentos processados de alta proteína, gordura e açúcares são digeridos e absorvidos no estômago e intestino delgado. Muito pouco chega ao cólon e a utilização generalizada de antibióticos na medicina produziu a extinção em massa da microflora do cólon. A microflora do cólon é extremamente diversificada e a diversidade perde-se. Existem 100 triliões de bactérias no cólon pertencentes a 1200 espécies. Elas regulam o sistema imunitário, induzindo as células T-reguladoras. Uma dieta rica em fibras contribui para a diversidade da microbiota do cólon. A interacção com animais de criação como vacas e cães também contribui para a diversidade da microflora cólica. A dieta ocidental típica de gordura elevada, proteína elevada e açúcares diminui a diversidade da microbiota cólica e aumenta a arca cólica/endosibiótica produzindo metanogénese. A arca do cólon alimenta-se do revestimento mucoso do cólon e produz fugas de arca do cólon para o sistema de sangue e tecido produzindo arca do endosimbiótico. Isto resulta num estado inflamatório crónico. A dieta rica em fibras dos africanos, sul-americanos e índios produz uma maior diversidade de microbiota do cólon e um aumento dos grupos clostridiais gerando SCFA no intestino. A dieta rica em fibras é protectora contra a síndrome metabólica e a diabetes mellitus. A síndrome metabólica está relacionada com degeneração, cancro, doença neuropsiquiátrica e doença auto-imune. Uma dieta rica em fibras de até 40 g/dia pode ser chamada de dieta intestinal. A microflora cólica, especialmente o aglomerado clostridial, digere a fibra gerando ácidos gordos de cadeia curta que regula a imunidade e o metabolismo. A dieta com elevado teor de fibras aumenta a secreção de muco cónico e a espessura do revestimento mucoso. Uma dieta rica em fibras produz um aumento dos aglomerados clostridiais e da secreção de muco. Isto produz uma forte barreira sanguínea intestinal e previne a endotoxemia metabólica que produz uma resposta inflamatória crónica. A elevada ingestão de fibras alimentares e a diversidade da microflora cólica com SCFA proeminente produzindo aglomerados clostridiais estão interrelacionados. Os clusters clostridiais metabolizam os complexos hidratos de carbono na fibra alimentar para ácidos gordos de cadeia curta butrato, propionato e acetato. Aumentam a função reguladora do T. Uma dieta rica em fibras aumenta as bacteroides e reduz os firmes-circuitos da microflora do cólon. Uma dieta rica em fibras está associada a um baixo índice de massa corporal. Uma dieta pobre em fibras produz um aumento do crescimento do cólon arqueal, bem como do tecido endosibiótico e do arquebactérias sanguíneas. Isto produz mais metanogénese em vez de síntese de ácidos gordos de cadeia curta, contribuindo para a activação imunitária. Uma dieta pobre em fibras está associada a um alto índice de massa corporal e inflamação sistémica crónica. Os ratos sem germes mostram atrofia cardíaca, pulmonar e hepática. A microflora intestinal é necessária para a geração de sistemas de órgãos. A microflora intestinal é também necessária para a geração de células T-reguladoras. O elevado consumo de fibras produz mais diversidade de microbiota cólica e aumento de aglomerados clostridiais e fermentação por produtos como o butirato que suprime a inflamação e aumenta as células T-reguladoras. Uma dieta pobre em fibras produz aumento do crescimento arqueal, metanogénese, destruição do revestimento mucoso e fuga da arca do cólon produzindo tecido endosibiótico e arca do sangue. Isto produz uma hiper-reactividade imunitária que contribui para as pragas modernas da civilização - síndrome metabólico, esquizofrenia, autismo, cancro, auto-imunidade e degenerações. A microbiota intestinal impulsiona a evolução humana. Os humanos não hospedam a microbiota intestinal, mas a microbiota intestinal acolhe-nos. O sistema humano forma um elaborado laboratório de cultura para a propagação e sobrevivência da microbiota. O sistema humano é induzido pela microbiota para a sua sobrevivência e crescimento. O sistema humano existe para a microbiota e não o contrário. O mesmo mecanismo é válido para os sistemas vegetais. As plantas iniciaram a terra colonizada à medida que começaram a simbiose com bactérias nos sistemas radiculares que podem derivar nutrientes do solo. Os seres humanos formam um laboratório de cultura móvel para a propagação e sobrevivência mais eficazes da microbiota. A microbiota induz a formação de células imunitárias especializadas chamadas células linfóides inatas. As células linfóides inatas irão orientar os linfócitos para não atacarem as bactérias benéficas. Assim, a arca endosimbiótica e a arca intestinal induzem a evolução humana, primata e animal para gerar estruturas que lhes permitam sobreviver e propagar-se. A fonte da arca endosibiótica, o terceiro elemento da vida, é a arca cólica que vaza para os espaços de tecidos e sistemas sanguíneos devido à ruptura da barreira do sangue intestinal. O aumento da arca do cólon é devido à fome da microbiota intestinal resultante de uma dieta pobre em fibras. Isto resulta no aumento do crescimento do cólon arqueal e na destruição de aglomerados clostridiais e bacteroides. O aumento do crescimento do cólon do arquebactéria na presença de inanição intestinal devido a uma dieta pobre em fibras devora o muco e produz rupturas na barreira do sangue intestinal. A arca cólica entra na corrente sanguínea e produz endosimiosimose gerando endosimiosimiosóides e vários novos organelo-frutosoides, esteroidelle, vitaminócitos, viroidelle, neurotransminoides, porfirinoides e glicosaminoglicóides.

Deficiência de fibras alimentares, arquebactérias endossimbióticas e fructosite contribuem para a síndrome disautonómica mucopolissacaridótica tropical

O aumento da EDLF endógena, um potente inibidor da membrana Na+-K+ ATPase, pode diminuir esta actividade enzimática. Os resultados mostraram um aumento da síntese endógena de EDLF como evidenciado pelo aumento da actividade da HMG CoA redutase, que funciona como a etapa limitadora da taxa da via isoprenoide. Estudos no nosso laboratório demonstraram que a EDLF é sintetizada pela via isoprenoidal. As sequências arqueológicas endossimbióticas no genoma humano são expressas por stress redox e stress osmótico do aquecimento global. Isto resulta na indução de alfa HIF que upregulará a fructólise e a glicólise. No cenário do stress redox, toda a glucose é convertida em frutose pela indução de enzimas aldose redutase e sorbitol desidrogenase. A aldose redutase converte glucose em sorbitol e a sorbitol desidrogenase converte sorbitol em frutose. Uma vez que a frutose é preferencialmente fosforilada por cetohexokinases, a célula é esvaziada de ATP e a fosforilação por glicose pára. A frutose torna-se o açúcar dominante que é metabolizado pela fructólise em partículas arqueológicas expressas na célula funcionando como organela chamada fructosoides. A frutose é fosforilada a 1-fosfato de frutose, que é actuada pela aldolase B, que a converte em 3-fosfato de gliceraldeído e fosfato de diidroxi acetona. O 3-fosfato de gliceraldeído é convertido em D 1,3-bifosfoglicérato que é depois convertido em 3-fosfoglicérato. O 3-fosfoglicerato é convertido em 2-fosfoglicerato. O 2-fosfoglicérato é convertido em piruvato de fosfenol pela enzima enolase. O piruvato de fosfenol é convertido em piruvato pela enzima piruvic quinase. A arcaeaon induz alfa HIF que uprega a fructólise e a glicólise mas inibe a desidrogenase pirúvica. O metabolismo avançado do piruvato é interrompido. A desfosforilação do piruvato de fosfenol é inibida na inibição da quinase pirúvica. O piruvato de fosfenol entra na via do ácido chiquímico onde é convertido em corismate. O ácido chiquímico é sintetizado por uma via a partir do 3-fosfato de gliceraldeído. O 3-fosfato de gliceraldeído combina com a via do metabolito de fosfato pentose sedoheptulose 7-fosfato, que é convertido em eritrose 4-fosfato. A via do fosfato pentose é upregulada na presença da supressão da via glicolítica. O eritróxido de 4-fosfato combina com o piruvato de fosfenool para gerar ácido chiquímico. O ácido chiquímico combina-se com outra molécula de piruvato de fosfogenol para gerar corismate. O corismate é convertido em ácido prefénico e depois em ácido paraidroxi fenil pirúvico. O ácido paraidroxi fenil pirúvico é convertido em tirosina e triptofano, bem como em alcalóides neuroactivos. A via do ácido chiquímico é estruturada em organela de arcaeaon expressa chamada neurotransminoide. O intermediário fructolítico gluceraldeído 3-fosfato e piruvato são os pontos de partida da via DXP de síntese do colesterol. O gluceraldeído 3-fosfato combina com o piruvato para formar 1-deoxi D-xilulose fosfato (DOXP) que é depois convertido em 2-C metil eritritol fosfato. O 2-C fosfato de metil eritritol pode ser sintetizado a partir do eritróxido de 4-fosfato, um metabolito da via do ácido chiquímico. DXP combina com MEP para formar isopentenil pirofosfato que é convertido em colesterol. O colesterol é catabolizado por oxidases arqueológicas de colesterol para gerar digoxina. Os açúcares digoxina digitoxose e ramnose são sintetizados pelo caminho do fosfato de pentose upregulado. A supressão glicolítica leva à upregulação da via de fosfato de pentose. A organela arcaica expressa preocupada com o catabolismo do colesterol e a síntese da digoxina é chamada de esteroidelle. A supressão da glicólise e a estimulação da frucólise resulta na upregulação da via da hexosamina. A frutose é convertida em fructose 6-fosfato por ketohexokinases. A frutose 6-fosfato é convertida em glucosamina 6-fosfato pela acção da glutamina fructose 6-fosfato amidotransferase (GFAT). A glucosamina 6-fosfato é convertida em N-acetil glucosamina UDP que é depois convertida em N-acetil glucosamina e vários aminoácidos. A glicose UDP é convertida em ácido UDP D-glucurónico. O ácido UDP D-glucurónico é convertido em ácido glucurónico. Isto forma a via sintética do ácido urónico. Os ácidos urónicos e hexosaminas formam unidades repetidas de glicosaminoglicanos. No cenário da supressão glicolítica e do metabolismo fructolítico, a fructuólise leva ao aumento da síntese de hexosaminas e da síntese de GAG. Os GAG que sintetizam partículas de arcaeaon são chamados de glicosaminoglicóides. As partículas de arcaeaon expressas são capazes de sintetizar a vitamina C e E antioxidante. A UDP D-glucose é convertida em ácido UDP D-glucurónico. O ácido UDP D-glucurónico é convertido em ácido D-glucurónico. O ácido D-glucurónico é convertido em L-gulonato através de aldoketoreductases enzimáticas. O L-gulonato é convertido em L-gulonolactona por lactonase. A L-gulonolactona é convertida em ácido ascórbico pela acção da L-gulo oxidase arqueal. A vitamina E é sintetizada a partir do xiquimato que é convertida em tirosina e depois em ácido pirúvico parafidroxi fenil. O ácido paraidroxi fenil pirúvico é convertido em homogenitase. O homogentissato é convertido em benzoquinona 2-metil 6-fitril, que é convertida em alfa-tocoferol. Benzoquinona 2-metil 6-fittilo é convertida em benzoquinona 2,3-metil 6-fittilo e gama-tocoferol. A vitamina E também pode ser sintetizada pela via DXP. Gliceraldeído 3-fosfato e piruvato combinados para formar 1-deoxi D-xilulose 5-fosfato que é convertido em 3-isopentenil pirofosfato. 3-isopentenil pirofosfato e dimetil pirofosfato de alilo combinado para formar 2-metil 6-fitril benzoquinona que é convertido em tocoferóis. A ubiquinona, outro importante antioxidante de membrana e parte da cadeia de transporte de electrões mitocondriais, é sintetizada pela via do ácido chiquímico e pela via do DXP. A moiety isoprenoidal da ubiquinona é contribuída pela via do DXP e o resto por catabolismo da tirosina. A tirosina é gerada pela via do ácido chiquímico. As partículas arcaicas preocupadas com a síntese de vitamina C, vitamina E e ubiquinona, que são todas antioxidantes, são denominadas como o vitaminócito.

Deficiência de fibras alimentares, arquebactérias endossimbióticas e metabolismo da frutose contribuem para a activação imunitária na síndrome disautonómica mucopolissacaridótica tropical

O aquecimento global induz o crescimento endosibiótico do arquebactéria e do RNA viroidal. O endosymbiotic archaea e os viroides de RNA gerados induzem aldose reductase que converte glicose em sorbitol. Os polissacáridos e lipopolissacáridos do arquebactéria, bem como os viroides e vírus podem induzir aldose redutase. O sorbitol é actuado pela sorbitol desidrogenase para gerar frutose que entra na via fructolítica. A aldose redutase é também induzida pelo stress osmótico do aquecimento global e do stress redox. A aldose redutase é induzida por estímulos inflamatórios e imunitários. A digoxina endógena sintetizada arqueal pode produzir stress redox intracelular e activar NFKB que produz activação imunitária. Tanto o stress redox como a activação imunitária podem activar a aldose redutase, que converte a glucose em frutose. O stress hipóxico ou condições anaeróbias induz a HIF alfa que activa a cetohexoquinase C que fosforilate a frutose. A frutose é actuada pela fructoquinase, que converte a frutose em 1-fosfato de frutose. A frutose 1-fosfato é convertida em di-hidroxiacetona fosfato e 3-fosfato de gliceraldeído que é convertida em piruvato, acetil CoA e citrato. O citrato é utilizado para a síntese lipídica. A deposição de gordura ocorre nos órgãos viscerais como o fígado, coração e rim. Não há depósito subcutâneo de gordura. O metabolismo da frutose evita a fosfofructoquinase, que é inibida pelo citrato e ATP. O metabolismo da frutose não está portanto sob o controlo regulamentar da enzima fosfofructoquinase. O transporte e metabolismo da frutose não é regulado pela insulina. A frutose é transportada pelo receptor glut-5. A frutose não aumenta a secreção de insulina e, portanto, não activa a lipoproteína lipase. Isto resulta em adipogénese visceral. A frutose induz elementos ChREBP e SREBP. Isto resulta num aumento da lipogénese hepática pela indução da enzima ácido gordo sintetase, acetil CoA carboxilase e esteroil CoA desaturace. Isto aumenta os ácidos gordos e a síntese do colesterol. A frutose é um carboidrato lipofílico. A frutose pode ser convertida em 3-fosfato de glicerol e ácidos gordos envolvidos na síntese de triglicéridos. A administração de frutose leva ao aumento dos triglicéridos e VLDL. O consumo de frutose leva à resistência à insulina, acumulação de gordura em órgãos viscerais como fígado, coração e rim, resistência à insulina, dislipidemia com aumento de triglicéridos, VLDL e LDL, bem como a síndrome metabólica. A síndrome metabólica X pode ser considerada como uma síndrome fructolítica. A frutose irá aumentar o armazenamento de lípidos e promover a resistência à insulina. A frutose pode fructosilato proteínas produzindo disfunções. A frutose não tem qualquer efeito sobre a grelina e a leptina no cérebro e pode levar a um aumento do comportamento alimentar. A glicose diminui a grelina e aumenta os níveis de leptina. Isto leva à supressão do apetite. Assim, a frutose pode modular o comportamento alimentar levando à obesidade. A frutose resulta na activação de NFKB e secreção alfa de TNF. O TNF alfa pode modular o receptor de insulina produzindo resistência à insulina e síndrome metabólico X. A frutose também pode levar à resistência à leptina e à obesidade. Existe uma epidemia de síndrome metabólica X em relação ao aquecimento global.

Deficiência de fibras alimentares, arquebactérias endossimbióticas e hiperactividade simpática - relação com a síndrome disautonómica mucopolissacaridótica tropical

A frutose pode activar o sistema nervoso simpático. Isto leva à hipertensão e ao aumento do ritmo cardíaco. A frutose está envolvida na hipertrofia do ventrículo esquerdo, aumento da massa ventricular esquerda e diminuição da fracção de ejecção do ventrículo esquerdo na hipertensão. A frutose suprime o sistema nervoso parassimpático. A frutose actua como um indutor chave para a proliferação descontrolada e hipertrofia da musculatura cardíaca em consequência da hipertensão. O coração utiliza a oxidação beta dos ácidos gordos para gerar energia. No cenário de glicólise anaeróbica resultante de enfarte do miocárdio e hipertrofia hipertensiva do coração, há indução de HIF alfa. Isto produz um aumento da cetohexoquinase C no coração que fosforilatosse a frutose. A cetohexoquinase C é uma enzima hepática predominante, uma vez que o metabolismo da frutose está concentrado principalmente no fígado. No cenário da glicólise anaeróbica, a cetohexoquinase C também é produzida no cérebro e no coração. A ceto-hexoquinase A é a enzima predominante no coração e no cérebro. No cenário de glicólise aneróbia, a cetohexoquinase A que metaboliza preferencialmente a glicose é convertida em frutose metabolizadora da cetohexoquinase C através do mecanismo de emenda do ARN. As condições aneróbias podem induzir a HIF alfa que activa o factor de emenda SF3B1. Assim, a HIF alfa induzida pela glicólise induz a SF3B1 que induz a cetohexoquinase C produz fructólise no coração. A frutose é convertida em lípidos, glicogénio e glicosaminoglicanos no coração, produzindo hipertrofia cardíaca. O metabolismo da frutose não está sob controlo regulamentar da enzima chave fosfofructoquinase por citrato e ATP. A via fructolítica funciona como uma via desonesta não sujeita a qualquer controlo regulamentar. A frutose é um contribuinte chave. A sobreactividade simpática e o bloqueio parassimpático resultante da frutose podem produzir activação imunitária. A sobreactividade simpática e o bloqueio parassimpático podem levar à desregulação do sistema nervoso.

Deficiência de fibras alimentares, arquebactérias endossimbióticas e metabolismo da frutose, contribuindo para a auto-imunidade na síndrome disautonómica mucopolissacaridótica tropical

A frutose pode activar NFKB e o factor de necrose tumoral alfa. O bloqueio vagal produzido pela frutose também leva ao aumento da activação imunitária. A frutose pode inibir a fagocitose neutrofílica. O aumento da ingestão de frutose pode levar à activação imunitária e doenças respiratórias como bronquite crónica, DPOC e asma brônquica, bem como doença pulmonar intersticial. Esta activação imunitária induzida pela frutose é chamada fructosite. As proteínas fructosiladas podem servir como auto-antigénios. As proteínas fructosiladas podem ligar-se aos receptores RAGE produzindo uma activação imunitária. A doença da frutose induzida pelo aquecimento global é a base da epidemia de doença auto-imune que aumenta com o aquecimento global.

Deficiência de fibras alimentares, arquebactérias endossimbióticas e fructólise contribuem para a síndrome disautonómica mucopolissacaridótica tropical

A frutose aumenta o fluxo através da via de fosfato pentose. Isto aumenta a disponibilidade de açúcares hexose como a ribose para a síntese de ácido nucleico. Isto aumenta a síntese de ADN. Há também um consequente aumento na síntese de proteínas. As células tumorais podem provocar a formação de frutose. As células tumorais utilizam a frutose para a sua proliferação. As células fetais como as células tumorais também utilizam a frutose para a proliferação. A frutose pode promover depósitos metastásicos. As células tumorais utilizam a frutose de forma diferente da glicose. As células cancerígenas utilizam a frutose para apoiar a proliferação e a metástase. A frutose aumenta a síntese de ácido nucleico. A frutose pode ajudar as células cancerígenas a crescer rapidamente induzindo a enzima transketolase e a via do fosfato pentose. A administração de frutose aumenta o stress redox, os danos do ADN e a inflamação celular, contribuindo todos para a oncogénese. A frutose é o açúcar mais abundante nos tecidos fetais e é importante no desenvolvimento do feto ao promover a proliferação celular. A frutose é 20 vezes mais concentrada no sangue fetal do que a glicose. Os espermatozóides e os óvulos também utilizam a frutose para o metabolismo e a energia. Assim, todas as células que proliferam rapidamente - células cancerosas, células fetais e células reprodutivas - dependem da fructólise. A frutose é a principal dieta das células cancerígenas. O aquecimento global e o crescimento arqueológico resultam na indução alfa HIF. A HIF alfa induz o crescimento de tumores. A HIF alfa também aumenta a glicólise. Mas o alfa HIF induzido pelo arco também induz aldose redutase que converte a glicose em frutose e o metabolismo prossegue ao longo da via fructolítica. A fructosilação das enzimas glicolíticas faz parar a glicólise. A fructosilação do PT mitocondrial hexoquinase pode resultar na disfunção dos poros do PT e na proliferação celular. A via fructolítica é a principal via energética para a rápida proliferação de células cancerosas, células fetais e células estaminais. O aquecimento global irá induzir o fenótipo Warburg da variedade fructolítica. Isto leva a uma epidemia de cancro. Existe uma epidemia de cancro em relação ao aquecimento global. A via fructólítica pode levar a um aumento da síntese de ADN e RNA devido ao fluxo através da via do fosfato pentose. A via fructolítica pode ser direccionada para o shunt GABA gerando succinil CoA e glicina. Estes são substratos para os modelos de porfirina para formar os viroides de RNA. O stress redox induzido pelo Arqueal pode induzir a expressão endógena HERV e a expressão inversa da transcriptase. Os viroides de RNA são convertidos pela transcriptase reversa HERV para ADN correspondente e integrados no genoma pela integrase HERV. O ADN integrado relacionado com o RNA viroide pode funcionar como genes saltadores produzindo plasticidade genómica e mudança genómica.

A frutose, como já foi dito, induz o fluxo de transketolase dependente da tiamina. Aumenta tanto a via oxidativa como não oxidativa do fosfato pentose. Isto aumenta os ácidos nucleicos e a síntese de glicosaminoglicanos. A frutose é convertida em 1-fosfato de frutose que é actuado pela aldolase B, convertendo-a em gliceraldeído e fosfato de dihidroxi acetona. O gliceraldeído é convertido em 3-fosfato de gliceraldeído por triokinase. O DHAP pode ser convertido em 3-fosfato de gliceraldeído pela enzima triose fosfato isomerase. O 3-fosfato de gliceraldeído pode ser convertido em piruvato. Este piruvato pode ser canalizado para gluconeogénese e armazenamento de glicogénio pela acção da enzima carboxilase piruvato. Isto resulta na conversão de 3-fosfato de gliceraldeído em piruvato e através da carboxilase piruvada em 1-fosfato de glicose. O 1-fosfato de glucose é convertido em polímeros de glicogénio. Assim, a fructólise resulta no armazenamento de glicogénio. O piruvato gerado pela fructólise é convertido em glutamato que pode entrar na via de derivação GABA. A via de derivação GABA gera glicina e succinil CoA, que são substratos para a síntese ALA. Assim, a fructólise estimula a síntese da porfirina. As porfirinas podem auto-organizar-se para formar matrizes supramoleculares chamadas porfírios. Os porfírios podem auto-replicar-se utilizando outros porfírios como modelos. Os porfírios podem ter síntese energética e ATP por transporte de electrões ou fótons. Os porfírios são moléculas dipolares e no cenário de membrana induzida por digoxina de potássio de sódio ATPase inibição pode gerar um estado quântico e percepção quântica induzida por um sistema de fóton bombeado. Podem funcionar como computadores quânticos com armazenamento de informação. Os porfírios são estruturas vivas auto-replicativas básicas. As porfirinas podem funcionar como um modelo para a formação de RNA, ADN e proteínas. Os viroides de RNA, os viroides de ADN e as proteínas geradas pela abiogénese em modelos de porfirina podem autoorganizar-se para formar arquebactérias primitivas. As arcaeias são assim capazes de replicação abiogénica em modelos de porfirina. As arcaeas podem induzir alfa HIF e indução de aldose redutase promovendo a fructólise.

Deficiência de fibras alimentares, arquebactérias endossimbióticas e metabolismo da frutose produz disfunção cerebral na síndrome mucopolissacaridótica disautonómica tropical

A frutose é uma substância viciante. A frutose afecta os centros hedónicos do cérebro preocupados com o prazer e a recompensa. Na escala de dependência, a frutose é mais viciante do que a cocaína e a canábis. A frutose diminui a BDNF. A BDNF baixa produz alterações no cérebro resultando em esquizofrenia e depressão. A frutose também pode produzir inflamação crónica envolvida na esquizofrenia. A via fructolítica é importante na génese dos distúrbios psiquiátricos. O aumento da fructolise pode levar à fructosilação de lipoproteínas, especialmente a apoproteína E e a apoproteína B. Apo B pode sofrer fructosilação por lisina levando a um LDL defeituoso e à absorção de colesterol pelo cérebro. Isto resulta em autismo e esquizofrenia. A fructólise leva ao esgotamento do colesterol do cérebro. O colesterol é necessário para a formação de ligações sinápticas e córtex cerebral. Isto leva à atrofia da cortical cerebral e ao domínio cerebelar na presença de depleção do colesterol. Isto pode contribuir para a génese da síndrome cognitiva afectiva cerebelar, a base da esquizofrenia e do autismo. Existe uma epidemia de esquizofrenia e autismo que se correlaciona com o aquecimento global. A fructosilação do LDL e o esgotamento do colesterol cerebral podem levar a disfunções no transporte sináptico. Há mais libertação de glutamato no sináptico a partir do neurónio pré-sináptico em consequência de uma disfunção da membrana do neurónio pré-sináptico, como resultado do esgotamento do colesterol. Isto contribui para a excitotoxicidade do glutamato. A excitotoxicidade do glutamato pode contribuir para a degeneração neuronal.

A frutose também pode produzir deficiência de zinco. O aumento da ingestão de frutose produz depleção de zinco, levando a uma formação defeituosa de metalotioninas, levando a uma excreção defeituosa de metais pesados. Isto leva à toxicidade do mercúrio, cádmio e alumínio no cérebro, levando a perturbações psiquiátricas como o autismo e degenerações como a doença de Alzheimer. A deficiência de zinco resultante do excesso de frutose pode levar ao excesso de cobre. Os neurónios que contêm zinco no córtex cerebral são chamados de neurónios gluzinérgicos. O córtex cerebral, especialmente o córtex pré-frontal, irá atrofiar produzindo o domínio cerebelar e do tronco cerebral. O cobre é necessário para a dominância de estruturas cognitivas subcorticais. A ingestão de frutose também pode levar à deficiência de cálcio, que pode produzir uma sinalização defeituosa de cálcio. A ingestão de frutose leva à fructólise e à geração de espécies reactivas de 3-deoxiglucosona importantes na reacção do pato-real e na fructosilação das proteínas neuronais, levando à sua função defeituosa. Os distúrbios neuropsiquiátricos e neurodegenerativos podem ser descritos como doenças da frutose. Topiramato um análogo de frutose é utilizado para tratar doenças de neurónios motores. A mutação da frutose bifosfato aldolase B tem sido observada na esquizofrenia, distúrbios bipolares e depressão. Foram observadas na esquizofrenia anomalias de 6-fosfofruto 2-cinase e frutose 2,6-bifosfotase. Foram observadas anomalias do metabolismo da frutose na esquizofrenia, psicose maníaco-depressiva e autismo. A frutose inibe a plasticidade cerebral. A frutose inibe a capacidade dos neurónios de comunicarem entre si. A cablagem e a re-cablagem dos neurónios é inibida. A frutose leva a uma síndrome de desconexão neuronal.

Deficiência de fibras alimentares, arquebactérias endossimbióticas e metabolismo do tecido conjuntivo na síndrome disautonómica mucopolissacaridótica tropical

A frutose pode aumentar o fluxo através da via do fosfato pentose e da via da hexosamina, levando à síntese de glicosaminoglicanos. A acumulação de glicosaminoglicanos nos tecidos pode produzir mucopolissacaridose e fibrose. O aumento da acumulação de sulfato de heparano no cérebro leva à formação de placas amilóides e à doença de Alzheimer. A acumulação de tecido conjuntivo no pulmão leva à doença pulmonar intersticial, nos rins produz atrofia tubular e uma insuficiência renal crónica semelhante à nefropatia mesoamericana. A acumulação de tecido conjuntivo no coração pode levar a uma cardiomiopatia restritiva. A acumulação de GAG especialmente ácido hialurónico nos ossos e articulações leva à osteoartrose e espondilose. A acumulação de GAG nos órgãos endócrinos pode produzir disfunção da tiróide resultando em MNG e tiroidite, disfunção pancreática produzindo pancreatite calcária crónica e disfunção adrenal produzindo hipoadrenalismo. A acumulação de GAG nos tecidos vasculares pode resultar em angiopatia mucóide, contribuindo para a doença arterial coronária e acidente vascular cerebral. A acumulação de lípidos devido à via fructolítica juntamente com glicosaminoglicanos pode levar a um fígado gordo. Isto pode mais tarde levar à cirrose hepática. A frutose é o principal responsável pelo fígado adiposo e cirrose. A glicina sintetizada a partir do fosfoglicato intermediário fructolítico pode desempenhar um papel inibidor do fígado gorduroso. Existe uma epidemia de insuficiência renal crónica devido à fibrose tubular, doenças vasculares angiopáticas mucóides, cardiomiopatia, múltiplas falhas endócrinas, cirrose hepática, doença pulmonar intersticial, doenças degenerativas dos ossos e articulações e doenças degenerativas do cérebro como a doença de Alzheimer e a doença de Parkinson, como consequência do aquecimento global.

Deficiência de fibras alimentares, arquebactérias endossimbióticas e amiloidose na síndrome disautonómica mucopolissacaridótica tropical

O crescimento crescente do arcaico resulta no aumento da secreção de viroides de ARN arqueal. Podem interromper a função do RNAm e desregulamentar o metabolismo celular. Isto é pelo mecanismo do bloqueio do mRNA. O RNA viroideal pode combinar-se com proteínas geradoras de proteínas priónicas. Isto produz um defeito de conformação proteica. Isto produz uma doença da proteína do prião. Uma conformação proteica anormal de beta amilóide, alfa-sinucleína, ribonuceloproteínas, polipeptídeo de ilhotas associado a amilóide e proteína supressora de tumores pode levar a uma epidemia de doença de Alzheimer devido à acumulação de beta amilóide, acumulação de alfa-sinucleína produzindo a doença de Parkinson, priões como as ribonucleoproteínas produzindo a doença do neurónio motor, síndrome metabólico X devido a secreção de insulina defeituosa como resultado de IAPP e priões anormais como a proteína supressora de tumores produzindo tumores. Estas doenças do prião induzidas por viroides de RNA arqueal são também transmissíveis. Assim, a fructólise relacionada com o aquecimento global leva a doença do RNA viroide induzida por arqueal e amiloidose mediada por RNA. Isto levanta o espectáculo de uma síndrome de Cassandra de extinção humana.

Deficiência de fibras alimentares, arquebactérias endossimbióticas e estado hibernatório que contribuem para a síndrome mucopolissacaridótica disautonómica tropical

A frutose é fosforilada a 1-fosfato de frutose por cetohexoquinase C ou fructoquinase. A frutose 1-fosfato é convertida em gliceraldeído que é depois convertido em 3-fosfato de gliceraldeído e fosfato de dihidroxi acetona (DHAP). A frutose 1-fosfato é clivada em DHAP e o 3-fosfato de gluceraldeído. O DHAP pode entrar na via glicolítica ou pode ir para a via gluconeogénica. O DHAP gerado a partir de 1-fosfato de frutose pela acção da aldolase B é actuado por triose fosfato isomerase convertendo-o em 3-fosfato de gluceraldeído. O 3-fosfato de gliceraldeído pode ser fructolisado para piruvato e acetil CoA. A acetil CoA pode ser utilizada para a síntese do colesterol para armazenamento. O piruvato gerado a partir do 3-fosfato de gliceraldeído pode ser convertido em citrato que pode ser utilizado para a síntese de ácidos gordos pela acção das enzimas acetil CoA carboxilase, ácido gordo sintetase e malonato desidrogenase. O gliceraldeído é actuado pela acção da álcool desidrogenase que o converte em glicerol. O glicerol é actuado pela glicerolquinase que o converte em fosfato de glicerol utilizado para a síntese de fosfoglicéridos e triglicéridos. O gliceraldeído também pode ser actuado pela triokinase convertendo-o em 3-fosfato de gliceraldeído que é depois convertido em DHAP por triose fosfato isomerase. O fosfato gliceral e o fosfato dihidroxi acetona são interconvertíveis pela acção da enzima glicerol fosfato desidrogenase. O glicerol e os ácidos gordos gerados pela fructólise contribuem para a síntese lipídica e a gordura é armazenada. A frutose não aumenta a secreção de insulina e não necessita de insulina para ser transportada para a célula. A frutose é transportada pelo transportador de frutose GLUT-5. A Ketohexoquinase C é vista exclusivamente no fígado, que é o principal local do metabolismo da frutose. Na presença de hipoxia e estados aneróbicos, há indução de HIF alfa que pode induzir a cetohexoquinase C ou fructoquinase no fígado, rim, tracto gastrointestinal, cérebro e coração. A fructose 1-fosfato passa pela enzima fosfofructoquinase, que é a principal enzima reguladora da via glicolítica. A fosfofructoquinase é inibida pela ATP e pelo citrato. Assim, a fructólise induzida pelo stress é uma via não regulada, não passível de ser alterada por interruptores metabólicos. A frutose não depende da insulina para o seu transporte e fructólise. Por conseguinte, a fructólise não está sob controlo da insulina ou do endócrino. É uma via não regulada.

A fosforilação da frutose esgota a célula de ATP. As Ketohexokinases preferem a frutose fosforilato em detrimento da glicose, se esta estiver disponível. Na presença de stress redox, stress osmótico e archaea/viroids aldose reductase é induzido convertendo toda a glucose em frutose. A via glicolítica pára porque não há ATP disponível para a fosforilação da glicose e a glicose como tal é convertida em frutose. A fosforilação da frutose esgota a célula de ATP. O ATP é convertido em ADP e AMP, que é desaminado para produzir ácido úrico. A frutose aumenta o fluxo na via do fosfato pentose, aumentando a síntese do ácido nucleico. A degradação da purina resulta em hiperuricemia. Assim, a fructólise resulta em aumento da acumulação de ácido úrico no organismo. O ácido úrico irá suprimir a fosforilação oxidativa mitocondrial, bem como produzir disfunção endotelial. O esgotamento da ATP pela fosforilação da frutose resulta na inibição da membrana de ATPase de potássio de sódio. Isto resulta na redução das necessidades energéticas da célula, uma vez que 80% do ATP gerado pelo metabolismo é utilizado para manter a bomba de potássio de sódio. Isto resulta na inibição da membrana de ATPase gerada pelo estado hibernatório. O gliceraldeído 3-fosfato gerado pela fructólise pode ser convertido no piruvato e acetil CoA utilizado para a síntese do colesterol. O colesterol que é sintetizado é utilizado para a síntese da digoxina. A digoxina tem também uma parte de aglycone que contém açúcares como a digitoxose e a ramnose. A digitoxose e a ramnose são geradas pelo fluxo induzido pela frutose e pela actualização da via do fosfato de pentose. Assim, a fructólise resulta num estado hiperdigoxinémico e na inibição da ATPase de potássio de membrana de sódio. Isto resulta em protecção celular e hibernação.

A frutose produz fluxo ao longo da via de fosfato pentose e via de hexosamina. Isto resulta em GAG e síntese de ácido nucleico. A frutose é convertida em 1-fosfato de frutose, que é depois convertida em 5-fosfato de ribulose. O 5-fosfato de ribulose é actuado por uma isomerase convertendo-o em 5-fosfato de xilulose e 5-fosfato de ribose. O xilulose 5-fosfato e o ribose 5-fosfato interagem para produzir gliceraldeído 3-fosfato e sedoheptulose 7-fosfato que é então convertido em frutose 6-fosfato e eritrose 4-fosfato. A via do fosfato pentose gera ribose para a síntese do ácido nucleico. A via também gera hexosaminas para a síntese de GAG. A via do fosfato pentose também produz digitoxose e ramnose para a síntese de digoxinas.

O aquecimento global resulta num crescimento endosibiótico dos arquebactérias. A arcaea pode induzir a aldose redutase que converte glucose em frutose. A fructólise promove o fluxo ao longo da via de fosfato pentose gerando ácidos nucleicos e glicosaminoglicanos. A fructólise também gera 3-fosfato de gluceraldeído e mais piruvato. O piruvato pode entrar no esquema da carboxilase piruvada gerando gluconeogénese e síntese de glicogénio. Assim, a fructólise pode produzir armazenamento de glicogénio. O piruvato pode ser convertido em citrato para síntese lipídica. O piruvato também pode ser convertido em acetil CoA para a síntese do colesterol. O fluxo ao longo da via do fosfato pentose gera os açúcares digoxina, digitoxose e ramnose. O colesterol pode ser convertido em digoxina produzindo um estado hiperdigoxinémico. A digoxina produz a inibição da ATPase de potássio de membrana. A fosforilação selectiva da frutose pela fructoquinase esgota a célula da membrana produtora de ATP inibidora de ATPase sódica potássica. Isto resulta na geração de um estado hibernatório. A fructólise gerada pela piruvita pode ser convertida em glutamato que pode entrar na via de derivação GABA produzindo succinil CoA e glicina para síntese de porfirina. As porfirinas podem formar porfírios auto-replicativos ou actuar como modelo para a formação de viroides de RNA, viroides de ADN e priões que podem simbionar para formar arcaea. Assim, as arcaeias são capazes de se auto-replicar em modelos de porfirina. A fructólise produz assim uma síndrome hibernatória com síntese e armazenamento de gordura, glicogénio e ácido nucleico. A fructólise resulta na geração de uma espécie hibernatória, o homo neanderthalis. A fructólise gerou a inibição da membrana de potássio de sódio ATPase, resultando na hibernação celular e poupando o ATP. A falta de ATP e a inibição da ATPase potássica de membrana induzida por digoxina de potássio resulta em inibição cortical e domínio cerebelar. Isto produz um estado sonolento e uma desordem cognitiva cerebelar afectiva. Os porfírios gerados pela fructólise produzem percepção quântica e dominância cerebelar. O armazenamento de glicogénio, gordura e GAG resulta em obesidade. A síndrome cognitiva afectiva cerebelar resulta num estado hipersexual. A fructólise e a frutose podem activar NFKB produzindo uma activação imunitária. A fructosilação das proteínas glicolíticas e mitocondriais suprime a energia normal do corpo que depende da glicólise e da fosforilação oxidativa mitocondrial. A fructosilação das proteínas resulta no bloqueio da glicólise e da fosforilação mitocondrial oxidativa. As necessidades energéticas do corpo são produzidas por fructólise, cadeia de transporte de electrões mediada por matriz de porfirina e síntese de ATP, bem como membrana de sódio potássico ATPase de inibição da relação ATP síntese de ATP. Isto produz uma nova espécie por simbiose arqueal em consequência do aquecimento global - o homo neanderthalis. Isto pode ser chamado como a síndrome hibernatória tropical resultante do aquecimento global.

Deficiência de fibras alimentares, arquebactérias endossimbióticas e catabolismo de frutose upregulada relacionado com a síndrome hibernatória mucopolissacaridótica tropical

Isto também pode ser chamado como uma doença de frutose. Endosymbiotic archaea e viroids induzem aldose redutase e convertem glucose corporal em frutose, conduzindo à fosforilação preferencial da frutose por cetohexoquinase C. A frutose 1-fosfato é agida pela aldolase B, resultando na formação de gliceraldeído e di-hidroxi acetona fosfato. O gliceraldeído pode ser convertido em 3-fosfato de gliceraldeído, o que contribui para a formação de piruvato. O piruvato entra na derivação GABA resultando na formação de succinil CoA e glicina. São substratos para a síntese de porfirina e formação de porfirina. As porfirinas formam um modelo para a formação de viroides de RNA, viroides de ADN, priões, isoprenoides e polissacáridos. Podem simbionar juntos para formar arquebactérias primitivas. A arcaea pode ainda induzir alfa HIF, aldose redutase e fructólise, resultando em mais porfirinogénese e auto-replicação arqueal. A arcaea por metanogénese contribui para o aquecimento global, o que leva a um maior crescimento arqueal e a um ciclo vicioso, sem interrupções regulamentares. O caminho fructolítico induzido pela enzima reguladora fosfofructoquinase de by-pass archaea e é praticamente não regulado. A via fructolítica contribui para a síntese e armazenamento de glicogénio, lípidos, colesterol, açúcares hexagonais e mucopolissacáridos. Isto leva a um estado hibernatório e a uma simbiose arqueal induzida pela mudança de espécies resultando na neandertalização da espécie homo sapien. A digoxina e a fosforilação da frutose induzida pela ATP depleção leva à inibição da membrana de ATPase de potássio de sódio, poupando a ATP e a hibernação dos tecidos, uma vez que a maioria das necessidades energéticas do organismo são para o funcionamento da bomba de potássio de sódio. O colesterol que é sintetizado pela fructólise é o colesterol catabolizado oxidases para a energia arqueal. A arcaea também deriva a sua energia de uma forma primitiva de cadeia de transporte de electrões que funciona em matrizes de porfirina auto-replicativas. A digoxina do arquebactéria induzida pela inibição da ATPase de potássio de sódio pode levar à síntese de ATP de membrana. O arquebactérias e o novo fenótipo da espécie humana derivam a sua energia do mecanismo acima mencionado. As enzimas glicolíticas e o PT mitocondrial hexoquinase do poro mitocondrial são fructosiladas tornando-as disfuncionais. As enzimas glicolíticas fructosiladas levam à geração de anticorpos de enzimas antiglicolíticas e estados de doença. O principal método de glicólise dos tecidos energéticos do corpo humano e a fosforilação oxidativa param de moer. O corpo humano é tomado pelo crescimento excessivo da arca endosimbiótica e assume o estado hibernatório com acumulação de glicogénio, lípidos, mucopolissacáridos e ácidos nucleicos. As vias catabólicas de geração de energia relacionadas com a glicose, glicólise e esquema oxphos param. O corpo humano pode depender da cetogénese da gordura e das proteínas. A via frutolítica upregulada gera fosfoglicérato que se converte em fosfoserina e glicina. Podem ser convertidos para outros aminoácidos e utilizados para a cetogénese. O corpo assume um elevado índice de IMC e obesidade com armazenamento de gordura visceral e adiposidade semelhante ao fenótipo metabólico de Neanderthal. A inibição da ATPase de potássio de membrana induzida por digoxina de potássio resulta em disfunção cortical. As porfirinas cerebrais podem formar um sistema fonónico quântico bombeado, resultando em percepção quântica e baixo nível de absorção de CEM. Isto leva à atrofia do córtex pré-frontal e ao domínio cerebelar. A própria frutose leva à hiperactividade simpática e ao bloqueio parassimpático. Isto leva a uma forma funcional de cognição cerebelar e percepção quântica, resultando num novo fenótipo cerebral. A síndrome cognitiva cerebelar leva a um fenótipo humano robótico. O fenótipo é impulsivo, tem percepção extra-sensorial e tem menos produção da fala. A comunicação é por actos simbólicos. O fenótipo cerebelar não tem um controlo cortical e contribui para padrões de comportamento surrealistas. Isto produz um comportamento impulsivo e uma epidemia de surrealismo onde o córtex pré-frontal racional se extingue. Isto leva a extremos de espiritualidade, comportamento violento e terrorista e estados hipersexuais que contribuem para um estado de transcendência sublinhado e reforçado pela percepção quântica. O fenótipo cerebelar, devido à sua percepção quântica, comporta-se como uma comunidade e não como um indivíduo. Isto cria novos fenótipos sociais e psicológicos. A frutose induz a NFKB e a activação imunitária. Isto resulta num fenótipo de activação imunitária. As células T-reg cultivadas na dieta de frutose elevada têm 62% menos secreção de IL 40 do que os controlos. Isto resulta num estado hiperimune com proteínas fructosiladas actuando como antigénios. A via fructolítica pode levar ao aumento da síntese de ADN e síntese de ARN devido ao fluxo através da via de fosfato pentose. A via fructolítica pode ser dirigida à derivação GABA gerando succinil CoA e glicina. Estes são substratos para os modelos de porfirina para formar os viroides de RNA. O stress redox induzido pelo Arqueal pode induzir a expressão endógena HERV e a expressão inversa da transcriptase. Os viroides de RNA são convertidos pela transcriptase reversa HERV para ADN correspondente e integrados no genoma pela integrase HERV. O ADN integrado relacionado com o RNA viroide pode funcionar como genes saltadores produzindo plasticidade genómica e mudança genómica. Isto produz um novo genótipo. A fructosilação das proteínas corporais e enzimas resulta num defeito de processamento de proteínas, resultando na perda da função proteica. A função das células humanas devido à fructosilação das proteínas, defeitos de processamento das proteínas e defeitos de conformação das proteínas param de moer. A via fructolítica gera arrays de porfirina induzidos pela produção de ATP, membrana de potássio ATPase inibida pela síntese de ATP e geração de ATP induzida pela fructolíse. Isto fornece energia para a replicação arqueal induzida de modelo de porfirina. A digoxina e a fosforilação induzida por frutose ATP produz a inibição da membrana celular de ATPase sódica potássica e um estado hibernatório. Isto leva a um estado sonolento somnolento. O catabolismo do colesterol por oxidases de colesterol para a energia arqueal leva a uma síntese defeituosa de hormonas sexuais. Isto leva a um estado de assexualidade andrógino. A síndrome cognitiva cerebelar devido à atrofia cortical pré-frontal resultante da porfíria induzida pela percepção de CEM de baixo nível produz um estado hipersexual. Isto resulta em equidominância homem-mulher e mudanças no comportamento sexual da população. Assim, a doença da frutose resultante do aquecimento global resulta num novo fenótipo neuronal, imune, metabólico, sexual e social. O corpo humano é convertido num zombie para que a arquebactéria endosibiótica relacionada com o aquecimento global prospere. O fenótipo neuronal, metabólico, sexual e social cria a multiplicação endosimbiótica do ambiente e o corpo humano é convertido para um fenótipo zombie. Isto pode ser chamado como uma síndrome de zombie hibernatório. Devido ao novo fenótipo sexual e social com assexualidade e hipersexualidade e equidominância feminino-mulher, a população humana cai. O aquecimento global e a indução arqueal do alfa HIF resultando no fenótipo Warburg leva a mudanças no esquema metabólico das células que produzem a transformação das células do corpo em células estaminais. As células estaminais dependem de glicólise ou fructólise para as necessidades energéticas. O fenótipo de Warburg produz um pH ácido que pode resultar na conversão de células do corpo em células estaminais. A conversão de células estaminais resulta na perda da função do tecido. A conectividade sináptica do córtex cerebral é perdida e torna-se disfuncional, levando ao domínio cerebelar subcortical. As células estaminais imunitárias proliferam produzindo uma doença auto-imune. As várias células tecidulares a função especializada como neurónio, nefrónio e célula muscular, tudo devido à conversão de células estaminais torna-se disfuncional. Isto produz uma síndrome de células estaminais com células somáticas humanas a serem convertidas em células estaminais com perda da função e proliferação descontrolada. A fructosilação das proteínas resulta em defeitos da função proteica. A fructosilação das LDL resulta em transporte defeituoso do colesterol para as células. Isto resulta em defeitos de síntese de hormonas esteroidais. O colesterol é necessário para a formação de conectividade sináptica e isto leva a disfunções da cortical cerebral. A hemoglobina torna-se fructosilada e o transporte de oxigénio é afectado. Isto leva a hipoxia e estados anaeróbicos. A hipoxia e os estados anaeróbios induzem o alfa HIF e o fenótipo fructolítico de Warburg. O alfa HIF também induz a aldose redutase convertendo glucose em frutose e induzindo o esquema fructolítico. O caminho de derivação GABA induzido pela fructólise e a síntese da porfirina resulta em mais replicação relacionada com o modelo de porfirina arqueal. Isto resulta em mais fructólise induzida pela fructólise arqueal e o ciclo vicioso irreversível prossegue. O crescimento descontrolado do arquebactérias leva a um aquecimento global ainda maior. O mundo da arcaea eterna endossimbiótica toma conta e persiste durante as mudanças climáticas extremas do aquecimento global. Os seres humanos existem como zombies neandertálicos ao serviço da multiplicação arqueal. O homo sapiens é convertido num novo fenótipo, genótipo, imunótipo, tipo metabolonómico e tipo de cérebro. Isto é chamado como zombie hibernatório relacionado com o aquecimento global - homo neoneanderthalis.

Quadro 1. Metabolismo da frutose na síndrome disautonómica mucopolissacaridótica tropical

Grupo	Frutose sérica		Soro fructoquinase		Aldolase B		GAG total	
	Média	± SD	Média	± SD	Média	± SD	Média	± SD
Normal	2.50	0.195	8.50	0.405	3.50	1.304	3.50	0.707
FME	29.86	5.150	22.22	1.641	10.82	1.895	23.45	2.878
CCP	33.15	4.509	20.26	1.639	11.69	0.767	20.69	3.504
MNG	33.54	3.938	22.39	2.472	11.44	0.783	23.59	3.225
Valor F	17.373		13.973		13.903		21.081	
valor p	< 0.01		< 0.01		< 0.01		< 0.01	

Quadro 2. Catabolismo ATP na síndrome disautonómica mucopolissacaridótica tropical

Grupo	TG total		Níveis de soro ATP		Ácido úrico		Anti-aldolase	
	Média	± SD	Média	± SD	Média	± SD	Média	± SD
Normal	124.00	3.688	2.50	0.405	5.70	0.369	7.50	1.704
FME	289.82	23.406	0.70	0.115	9.53	0.783	1.81	0.402
CCP	294.14	39.903	0.76	0.161	8.32	0.712	1.82	0.691
MNG	293.84	31.555	0.74	0.134	9.52	1.059	2.14	0.572
Valor F	16.378		59.169		14.166		55.173	
valor p	< 0.01		< 0.01		< 0.01		< 0.01	

Quadro 3. Anticorpos antiglicólicos na síndrome disautonómica mucopolissacaridótica tropical

Grupo	Anti-enolase		Anti-pyruvatekinase		Anti-GAPDH	
	Média	± SD	Média	± SD	Média	± SD
Normal	1.50	0.358	50.40	5.960	5.20	0.363
FME	0.34	0.124	18.92	6.447	1.72	0.355
CCP	0.44	0.116	18.56	3.721	1.58	0.258
MNG	0.32	0.177	15.39	3.212	1.86	0.277
Valor F	14.091		21.073		58.769	
valor p	< 0.01		< 0.01		< 0.01	

Referências

1   Kurup RK, Kurup PA. *Aquecimento Global, Archaea e Evolução Humana Simbiótica Induzida por Viroides e o Fructosoid Organelle*. Nova Iorque: Open Science, 2016.

CAPÍTULO 20

ARQUEBACTÉRIAS ENDOSSIMBIÓTICAS E SÍNDROME MUCOPOLISSACARIDÓTICO

Deficiência de fibras alimentares, arquebactérias endossimbióticas e síndrome mucopolissacaridótico tropical

A deficiência de fibras alimentares leva a um aumento do crescimento endosibiótico e do cólon arqueal e a uma síndrome hibernatória mucopolissacaridótica tropical. O aquecimento global leva a um aumento do crescimento endosibiótico actinídico do arquebactéria. Os arquebactérias são extremófilos. A arcaea actinídica sobrevive através da catabolização do colesterol. A arcaea e os seus antigénios induzem o HIF alfa e activam a via glicolítica. A activação da via glicolítica induz o aumento da conversão da glucose em frutose pela activação da via do sorbitol. A glicose é convertida em sorbitol pela enzima aldose redutase e o sorbitol é convertido em frutose pela acção do sorbitol desidrogenase. A frutose é fosforilada por hexoquinase ou fructoquinase a fosfato de frutose. A hexocinase tem um valor de km baixo para a frutose e quantidades mínimas de frutose serão convertidas em fosfato de frutose, esgotando o ATP celular. O ATP é convertido em AMP e pela acção da deaminase AMP é convertido em ácido úrico. Assim, existe uma hiperuricemia resultante e o esgotamento da ATP também produz inibição da ATPase de potássio de membrana de potássio. A inibição da membrana de ATPase sódica potássica aumenta o cálcio intracelular e esgota o magnésio. Isto produz morte celular ao abrir o PT mitocondrial, activação NFKB e activação imunitária, excitotoxicidade do glutamato e activação do oncogene, levando a distúrbios sistémicos. O esgotamento da ATP inibe finalmente a hexoquinase como tal e a fosforilação da glucose deixa de bloquear a via glicolítica e o seu acoplamento à fosforilação oxidativa mitocondrial pela acção da hexoquinase do PT poro. A célula é esvaziada de energia pela glicólise e pelo esquema de fosforilação oxidativa e morre. Assim, o aquecimento global através da indução da glicólise e do fenótipo de Warburg e o aumento da conversão da glicose em frutose e o consequente esgotamento celular da ATP podem produzir perturbações sistémicas e disfunções celulares, bem como a morte. Isto pode produzir a síndrome sistémica relacionada com o aquecimento global.

Deficiência de fibras alimentares, arquebactérias endossimbióticas e neanderthalização na síndrome mucopolissacaridótica tropical

O aquecimento global leva à neandertalização da espécie humana em consequência do crescimento da arcaia actinídea. Os Neandertais estavam habituados a uma dieta ketogénica com elevado teor de gordura e de proteínas. Os corpos cetónicos foram oxidados para gerar ATP nas mitocôndrias. Os neandertais humanos devido ao crescimento actinídico do arquebactéria devido ao consumo de uma dieta glucogénica levam à indução de enzimas glicolíticas. As enzimas glicolíticas são citosólicas. As

175

enzimas glicolíticas são antigénicas nos seres humanos neanderthalizados. As enzimas glicolíticas foram suprimidas na dieta homo neanderthalis que comia cetogénica. Isto resulta na supressão das enzimas glicolíticas induzidas pela formação de anticorpos nos homo neandertalis que surgem devido ao crescimento arqueológico resultante do aquecimento global. O bloqueio da glicólise resulta no bloqueio da energia celular. Isto resulta em hiperglicemia e síndrome metabólico X. A glucose é convertida em sorbitol por aldose redutase e o sorbitol é convertido em frutose por fructoquinase. A enzima fructoquinase é nativa dos Neandertais, uma vez que estes consumiam fruta juntamente com gordura e proteínas da carne. A frutose é fosforilada a fosfato de frutose, o que esgota a célula de ATP. Isto inibe a membrana de ATPase de potássio de sódio, levando ao aumento do cálcio intracelular e à redução do magnésio intracelular. Isto produz excitotoxicidade de glutamato e neurodegeneração, activação oncogénica e malignidade, activação NFKB e doença auto-imune, libertação de neurotransmissores monoaminas de vesículas pré-sinápticas e esquizofrenia e todas as doenças sistémicas. O aumento da glicose é metabolizado por glicólise arqueal e ciclo do ácido cítrico. O piruvato gerado pela glicólise arqueal entra no esquema de derivação GABA gerando succinil CoA e glicina que são substratos para a síntese da porfirina. O ciclo do ácido cítrico arqueal pode ser redutor gerando fixação de dióxido de carbono semelhante ao ciclo Calvin de fotossíntese ou oxidativo gerando acetil CoA que é utilizado para a síntese do colesterol pela via do mevalonato arqueal. A glicólise do arquebactéria também gera 1,6-difosfato de frutose que entra na via do fosfato pentose produzindo fosfato de D xilulose que é um substrato para a via DXP da síntese do colesterol do arquebactéria. A arcaea sintetiza o colesterol tanto pela via do mevalonato como pela via do DXB. A arcaea pode usar o colesterol para a energia, catabolizando-o. O anel de colesterol é oxidado a piruvato que entra na derivação GABA que fornece substratos para o ciclo do ácido cítrico. O piruvato é convertido em glutamato e amoníaco. O arcaico pode oxidar o amoníaco para obter energia. A cadeia lateral do colesterol é oxidada em butirato e propionato, que também pode ser mais utilizada para fins energéticos. A energia arqueal depende da glicólise, do ciclo do ácido cítrico, da oxidação do amoníaco e do catabolismo do colesterol. Os anticorpos contra as enzimas glicolíticas aldolase, enolase, GAPDH e quinase pirúvica contribuem para a síndrome metabólica X, esquizofrenia, perturbações do humor, autismo, esclerose múltipla, lúpus, doença de Alzheimer e doença de Parkinson. A upregulação da glicólise contribui para o estado neoplásico. Os anticorpos são produzidos contra as enzimas glicolíticas induzidas, bem como contra as enzimas glicolíticas arqueológicas. O bloqueio da glicólise leva a uma disfunção mitocondrial secundária. O esquema glicolítico é acoplado à fosforilação oxidativa mitocondrial por hexoquinase do PT mitocondrial. Os anticorpos contra a glicólise bloqueiam a glicólise e produzem uma disfunção mitocondrial secundária. A célula utiliza toda a sua energia. O esgotamento da ATP por fosforilação da frutose produz inibição da membrana de ATPase sódica de potássio e hibernação celular, bem como a transformação das células estaminais. Os sistemas de tecidos humanos param e formam uma estrutura para que as colónias arqueológicas prosperem. O corpo humano torna-se um zombie para as colónias arqueológicas que são eternas. Isto afecta a função de sistemas de órgãos como o fígado que produz cirrose, o pulmão que produz doença pulmonar intersticial, fibrose renal e CRF, cardiomiopatia e doença de Alzheimer. Isto pode ser chamado como a síndrome do zombie. O esgotamento do ATP por fosforilação da frutose gera ADP e AMP que por acção da deaminase AMP produz ácido úrico e hiperuricemia. A síndrome do zombie converte o corpo humano numa estrutura para uma rede de colónias arqueológicas. A arcaea pode secretar RNA e viroides de ADN que podem recombinar com sequências retrovirais endógenas humanas e sequências de ADN humano gerando novos vírus de RNA, vírus de ADN e bactérias. Assim, a síndrome do zombie resulta na geração de novas bactérias e vírus. A síndrome do zombie pode ser tratada através da supressão da glicólise. Isto pode ser feito dando uma dieta cetogénica derivada de ácidos gordos de cadeia curta de fibras - butirato e acetato, ácidos gordos polinsaturados e ácidos gordos de cadeia curta como o ácido láurico.

Deficiência de fibras alimentares, arquebactérias endossimbióticas e catabolismo de frutose upregulated relacionado com a síndrome mucopolissacaridótico tropical

A síndrome do aquecimento global zombie resulta na conversão da glucose em frutose pela indução da aldose redutase resultante da desidratação. A glucose é primeiro convertida em sorbitol pela aldose redutase e depois por sorbitol desidrogenase em frutose. A frutose tem um elevado valor para a cetoquinase e é fosforilada e entra na via do fosfato pentose. A frutose é convertida em fosfato de glucosamina e fosfato de galactosamina. Há uma síntese aumentada de glicosaminoglicanos. Isto produz uma acumulação de GAG nos vasos que produzem angiopatia mucóide, Rins que produzem HOMEN, CEM que produzem coração, Pâncreas que produzem PCC e Tiróide que produzem MNG. Pode também resultar em fibrose do pulmão e fígado produzindo cirrose e doença intersticial pulmonar. Estas doenças são comuns em países tropicais quentes, a sul do equador e podem ser chamadas de síndrome lemuriana. O aumento do valor em km da frutose para a cetoquinase resulta num aumento da fosforilação da frutose sobre a glicose produzindo hiperglicemia e síndrome metabólica. A fosforilação da frutose esgota a célula de ATP e converte ATP em AMP e ADP, sobre o qual actua a deaminase ATP, produzindo ácido úrico. A canalização da frutose para a via do fosfato pentose resulta no aumento da produção de ribose e síntese de ácido nucleico e produção de ácido úrico em consequência da degradação da purina. Há hiperuricemia. O defeito tubular do HOMEM produz hipocalemia e hiponatremia. O aumento da frutose produz a glicação de frutose das proteínas, resultando na formação de proteínas antigénicas e doenças auto-imunes. A frutose pode produzir inflamação e auto-imunidade. A isto chama-se fructosite. O aumento da frutose que é canalizada para a via do fosfato pentose e síntese de ribose resulta num aumento da síntese de ácido nucleico e na formação de cancro. O esgotamento do ATP celular em consequência da fosforilação da frutose resulta em morte celular e degeneração neuronal. A morte celular na mucosa intestinal rompe a barreira intestinal do sangue produzindo síndrome das entranhas com fugas, resposta de fase aguda e síndrome metabólico X, bem como auto-imunidade. A fosforilação da frutose e o esgotamento da ATP resulta na inibição da membrana de potássio ATPase de sódio e aumento do cálcio intracelular e redução do magnésio intracelular. Isto resulta em resistência à insulina, excitotoxicidade do glutamato, activação oncogénica, secreção monoamina de vesículas pré-sinápticas e esquizofrenia, bem como activação de NFKB e auto-imunidade. A canalização da frutose para a síntese de glucosamina e o aumento da síntese de GAG resulta num aumento da síntese de sulfato de heparano que se combinará com proteínas formando amilóide. A formação amilóide é a base da doença dos neurónios motores onde as ribonucleoproteínas formam a amilóide. Na doença de Parkinson, a alfa sinucleína forma amilóide. Na doença de Alzheimer forma-se a amilóide beta. As proteínas supressoras de tumores formam amilóide e resultam em oncogénese. O polipéptido amilóide associado à ilhota forma a base de uma secreção defeituosa de insulina na síndrome metabólica X.

O aquecimento global leva à indução de aldose redutase. A aldose redutase converte glicose em sorbitol. O sorbitol é convertido em frutose por sorbitol desidrogenase. A frutose é fosforilada pela fructoquinase e as ketokinases têm um valor de km mais elevado para a frutose do que a glicose. Isto resulta numa rápida fosforilação da frutose e no esgotamento da ATP celular. O esgotamento da ATP celular tem duas consequências. O ATP é convertido em ADP e AMP. O ADP e o AMP são actuados por deaminases geradoras de ácido úrico. A hiperuricemia é uma característica dos fenómenos metabólicos relacionados com o aquecimento global. O esgotamento do ATP resulta em disfunção tubular renal produzindo perda de electrólitos e aminoácidos. Isto resulta em aminoaciduria não específica, hipocalemia e hiponatremia. Não há edema ou hipertensão. Isto produz uma doença tubulointersticial crónica chamada nefropatia mesoamericana. O esgotamento celular do ATP pode produzir a morte celular levando à degeneração neuronal. A depleção de ATP produz inibição da ATPase de potássio de membrana e aumento do cálcio intracelular e redução do magnésio intracelular. Isto produz activação imunitária por indução NFKB, activação oncogénica, excitotoxicidade do glutamato e neurodegeneração, libertação de monoaminas na junção sináptica e esquizofrenia. O esgotamento do ATP pode também afectar a barreira do sangue intestinal produzindo uma resposta de fase aguda e uma síndrome de fuga do intestino. A resposta de fase aguda pode levar à síndrome metabólica X. O esgotamento do ATP devido à afinidade das cetokinases para a frutose leva à falta de fosforilação da glicose. Isto leva à hiperglicemia e ao síndrome metabólico X. A glucose que se acumula é convertida em frutose produzindo o síndrome da fructosite.

A frutose tem dois destinos metabólicos. A frutose pode ser fosforilada a fosfato de frutose e entrar na via do fosfato pentose gerando ribose importante na síntese do ácido nucleico. O catabolismo purínico pode gerar ácido úrico. A síntese do ácido nucleico pode levar ao aumento da proliferação celular e à oncogénese. Assim, a fructosite relacionada com o aquecimento global pode levar à oncogénese. A frutose que se acumula também pode entrar na via da síntese de glicosaminoglicanos e proteoglicanos. A frutose é fosforilada e convertida em fosfato de frutose que pode ser convertida em glucosamina e galactosamina que são substratos para a síntese de glicosaminoglicanos. Isto resulta numa acumulação de mucopolissacarídeos do tecido conjuntivo no corpo e tecidos que conduzem a estados de doença como fibrose endomiocárdica, pancreatite calcária crónica, bócio multinodular e angiopatia mucóide que pode ser classificada como uma síndrome cardiovascular e endócrina de origem desconhecida relacionada com o aquecimento global, semelhante ao HOMEM. A acumulação de mucopolissacáridos pode ocorrer no fígado produzindo cirrose hepática e no pulmão produzindo doença pulmonar intersticial. O mucopolissacarídeo, sulfato de heparan pode combinar-se com proteínas de prião produzindo deposição amilóide que conduz a doenças conformacionais. Isto inclui as proteínas de prião que levam à doença de Creutzfeldt Jakob, dismutase de cobre zinco e doença do neurónio motor, alfa sinucleína e doença de Parkinson e proteína supressora de tumores e cancro. A relação entre o polipéptido amilóide associado à ilhota e a diabetes mellitus é bem conhecida. Assim, a conversão da frutose em GAG resulta em doença conformacional e acumulação de amilóide.

Deficiência de fibras alimentares, arquebactérias endossimbióticas e fructosite relacionada com auto-imunidade na síndrome mucopolissacaridótica tropical

A acumulação de frutose resulta na fructosilação de proteínas, semelhante à glicação de proteínas. As proteínas fructosiladas são antigénicas. Isto resulta no aumento da frequência de doenças auto-imunes como o lúpus e a esclerose múltipla. A conversão para glucose em frutose e a sua fosforilação esgota a célula de ATP e resulta na inibição da membrana de ATPase potássica de sódio. Isto aumenta o cálcio intracelular que liberta os neurotransmissores das vesículas pré-sinápticas. Assim, há um aumento do glutamato e da transmissão monoaminérgica que conduz à esquizofrenia e ao autismo. O aumento do cálcio intracelular pode abrir o PT mitocondrial libertando o cito C que activa a cascata de caspase e a morte celular. Isto produz a degeneração neuronal.

Deficiência de fibras alimentares, arquebactérias endossimbióticas e porfirinogénese na síndrome mucopolissacaridótica tropical

A conversão da glucose em frutose e a fosforilação da frutose resulta no esgotamento do ATP celular. Isto pára a fosforilação da glucose pela glucocinase e a geração de glicose 6-fosfato pára. O processo glicolítico, o ciclo TCA e o seu acoplamento à fosforilação oxidativa mitocondrial é inibido. O corpo depende de ácidos gordos e aminoácidos para a energia. O corpo pode sobreviver apenas com uma dieta cetogénica. A glicose acumulada forma um substrato para utilização pela arca endosibiótica. As arcaias têm uma via glicolítica que pode converter a glicose em piruvato. O piruvato pode então entrar na via de derivação GABA gerando succinil CoA e glicina, os substratos para a síntese da porfirina por arcaea e humanos. As matrizes supramoleculares de porfirina ou os porfírios podem transferir electrões sintetizando ATP. A arcaea também tem um ciclo parcial de ácido cítrico e o piruvato gerado pela glicólise arqueal pode entrar no ciclo parcial do ácido cítrico. O citrato pode ser utilizado para a síntese lipídica. O acetil CoA gerado a partir do piruvato por arcaia pode ser utilizado para a síntese do colesterol. A arcaea pode catabolizar o colesterol para gerar energia. O anel de colesterol é oxidado para piruvato e a cadeia lateral é oxidada para butirato e propionato. Isto pode ser utilizado para a geração mitocondrial de ATP. O piruvato gerado pela glicólise arqueal também pode sofrer um ciclo inverso de ácido cítrico para fixação do dióxido de carbono semelhante ao ciclo de Calvin. Assim, a glicólise arqueal, ciclo parcial de ácido cítrico, ciclo inverso de fixação do dióxido de carbono, síntese do colesterol pelo caminho do mevalonato e DXP e catabolismo do colesterol dominam. A frutose gerada pela conversão em glicose pode entrar na via do fosfato pentose geradora de fosfato D-xilulose e pode ser utilizada para sintetizar o colesterol. O piruvato arqueal gerado pela glicólise também pode ser convertido em acetil CoA que pode entrar na via arqueal mevalonate da síntese do colesterol. Assim, o arquebactéria tem tanto a via de síntese do colesterol - a via DXP como a via do mevalonato. A frutose gerada pela conversão da glucose devido ao aquecimento global entra na via DXP de síntese do colesterol, na via do fosfato pentose e na via da síntese do ácido nucleico e da síntese do GAG. Isto pode levar à disfunção de múltiplos órgãos com fibrose e acumulação de mucopolissacarídeos, que pode ser chamada síndrome de Lemurian. O grupo inicial de doenças EMF, PCC, MNG e angiopatia mucóide ocorre a sul do equador na Índia do Sul, África do Sul e América do Sul. Os HOMEN relacionados com o aquecimento global são relatados da América Central e da América do Sul. O HOMEM pertence ao grupo dos CEM, PCC, MNG e angiopatia mucóide. Isto pode ser chamado de síndrome lemuriana, uma vez que a África do Sul, Índia do Sul, Austrália e partes da América do Sul faziam parte de uma única entidade continental no passado longínquo, quando existiam os Neandertais. O aquecimento global e a consequente conversão da glucose em frutose resulta no esgotamento da ATP devido a uma fosforilação mais eficiente da frutose sobre a glucose. Isto resulta numa fosforilação ineficaz da glucose e numa acumulação que leva ao crescimento arqueológico. A frutose acumulada é convertida em fosfato D-xilulose e utilizada para a via DXP de síntese do colesterol pela arcaea. O colesterol é catabolizado pela arca actinídea actinídea endosymbiotic gerando digoxina. O crescimento da arca actinídica resulta num aumento da síntese da porfirina e da percepção de campos electromagnéticos de baixo nível pelos sistemas quânticos de porfirina dipolar mediados por sistemas quânticos. A inibição da ATPase de potássio de membrana de sódio induzida pela digoxina no ajuste das porfirinas dipolares na célula pode produzir um sistema fonónico bombeado de percepção quântica. Isto resulta na atrofia do córtex pré-frontal e no domínio cerebelar, levando à neandertalização do cérebro humano. Isto resulta do crescimento arqueológico endosibiótico resultante da metabolonomia relacionada com o aquecimento global. O mesmo metabolonómico relacionado com o aquecimento global resulta na génese da síndrome lemuriana descrita acima.

Deficiência de fibras alimentares, arquebactérias endossimbióticas e fructólise na síndrome mucopolissacaridótica tropical

A via metabólica da frutose é chamada fructólise. O stress oxidativo e o stress osmótico devido ao aquecimento global e ao crescimento actinídico do arquebactéria leva à indução da aldose redutase. Isto converte glucose em sorbitol e o sorbitol é actuado por sorbitol desidrogenase produz frutose. A frutose é normalmente submetida a fructólise. A glicólise é inibida ao nível da fosfofructoquinase por ATP e citrato. A via fructolítica e o metabolismo da frutose limita-se ao fígado e a certos tecidos e não se encontra sob este controlo regulamentar. A frutose é convertida em 1-fosfato de frutose por fructoquinase. A fructose 1-fosfato é actuada pela aldolase B ou pela fructose 1-fosfato aldolase convertendo-a em dihidroxi acetona fosfato. O fosfato dihidroxi acetona tem dois destinos: (1) É agido por triose fosfato isomerase a 3-fosfato de gluceraldeído. O 3-fosfato de gluceraldeído é coberto pelo 6-fosfato de glucose e depois pelo 1-fosfato de glucose. O 1-

fosfato de glicose é utilizado para a glicogénese. O fosfato de di-hidroxi acetona é actuado pelo 3-fosfato de glicerol desidrogenase a 3-fosfato de glicerol. O 1-fosfato de frutose pode ser oxidado a piruvato. O piruvato pode ser descarboxilado a acetil CoA. A acetil CoA é utilizada para a síntese de ácidos gordos e colesterol. Assim, leva à síntese de triglicéridos e à formação de VLDL. A frutose pode assim ser convertida em glicogénio de armazenamento, triglicéridos e colesterol. O aquecimento global e a idade do gelo são estados extremofílicos. O corpo humano entra num estado de hibernação e armazena nutrientes como glicogénio e triglicéridos. A frutose pode aumentar as enzimas piruvato quinase, malato desidrogenase, citrato lisase, acetil CoA carboxilase, piruvato desidrogenase e ácido gordo sintetase. Assim, o metabolismo é mudado para o modo hibernatório a partir do catabolismo da glucose. O catabolismo da glicose pára. A glicose que se acumula entra no ciclo primitivo arquebactérias glicolítico e ácido cítrico parcial, bem como na via de derivação GABA. A via de derivação GABA da arcaia gera succinil CoA e glicina os substratos para a síntese da porfirina. As porfirinas podem auto-organizar-se para formar estruturas supramoleculares que se podem auto-replicar chamadas porfírios. Os porfiriões são os derradeiros auto-replicadores. Podem ter uma cadeia de transporte de electrões induzidos por fotoindução e síntese de ATP. Os porfírios são dipolares e no ajuste da membrana celular intercaladora de porfirina produzindo uma inibição de ATPase de potássio sódico pode produzir um sistema de fónon bombeado. Este é um estado supercondutor à temperatura ambiente e pode produzir uma percepção quântica. As porfirinas são estruturas macromoleculares com uma existência particular de onda. Os porfírios são o último observador quântico e medeiam a conversão da espuma quântica para o mundo das partículas. Este aquecimento global induziu a fructosemia e a glicose livre acumulada é catabolizada pelo ciclo parcial do ácido cítrico e GABA shunt de arcaea para porfirinas geradoras de porfirinas que podem assumir o estado de espuma quântica e habitar um universo de multiverso com uma existência eterna. Os porfírios podem ser submetidos a fotooxidação gerando stress redox. O stress redox induzirá ainda mais a aldose redutase e aumentará a fructosemia. A glicose permanece sem fosforilação devido ao elevado valor km de glicose para a cetoquinase, em comparação com a frutose. A glicose livre é catabolizada por enzimas arqueológicas a porfirinas e porfírios. O corpo humano torna-se um zombie para os porfírios auto-replicativos. Os porfírios têm uma percepção quântica de baixo nível de CEM. Isto produz atrofia do córtex pré-frontal e domínio cerebelar, levando à neandertalização do cérebro humano. As vias metabólicas humanas de glicólise e fosforilação oxidativa estão bloqueadas. A síntese de glicogénio, lípidos, colesterol e glicosaminoglicanos domina. O corpo muda para o modo anabólico hibernatório. A fructoquinase induzida pelo stress osmótico e o stress oxidativo do aquecimento global é a mudança para o modo hibernatório, levando à síndrome metabólica ou doença de armazenamento de gordura. A glicose livre sofre catabolismo por glicólise arqueal e GABA shunt a porfírios. As porfirinas podem actuar como um modelo de formação de viroides de RNA, viroides de ADN, priões e acabam por simbionar e viver juntas como nanoarquéia. Assim, a nanoarqueia pode surgir a partir de modelos de porfirina. As matrizes supramoleculares de porfirina podem ter uma cadeia de transporte de electrões e síntese de ATP, uma forma primitiva de mitocôndrias. A nanoarqueia pode formar-se e auto-replicar-se em modelos de porfirina. As matrizes supramoleculares de porfirina ou porfírios também se podem auto-replicar. O corpo humano torna-se um zombie para as porfírias e nanoarréias abiogénicas. Os porfírios podem ter uma existência quântica macroscópica e habitar universos multiverso. Assim, o metabolismo humano pára e o mundo da nanoarqueia e das porfírias que são passos eternos. A raça humana tal como a conhecemos extingue-se devido à metabolonomia do aquecimento global. Volta ao quadro de trabalho da evolução uma vez mais.

Deficiência de fibras alimentares, arquebactérias endossimbióticas e fructosite na síndrome mucopolissacaridótico tropical

Esta síndrome também pode ser chamada de fructosemia ou fructosite. O stress oxidativo pode induzir aldose redutase e converter glucose em frutose. A arca endosibiótica sintetiza a digoxina pelo catabolismo do colesterol. A digoxina inibe a membrana potássica de sódio ATPase e aumenta o cálcio intracelular abrindo o PT mitocondrial. Isto produz disfunção mitocondrial e stress oxidativo. O stress oxidativo pode induzir a aldose redutase e converter toda a glicose em frutose. A frutose tem um valor baixo de km para a cetoquinase em comparação com a glicose e é preferencialmente fosforilada. A glucose permanece sem fosforilação e o esquema glicolítico e a sua fosforilação oxidativa mitocondrial acoplada é retardada ou inibida. A ATP mitocondrial e o citrato podem inibir a fosophofructoquinase e a glicólise, mas não podem inibir a fructoquinase ou a aldose redutase. Por conseguinte, a conversão da glucose em frutose continua. A frutose gerada pode inibir a função mitocondrial levando a mais stress oxidativo e ainda mais indução da aldose redutase. A eficiente fosforilação da frutose esgota a célula de ATP produzindo stress oxidativo e indução de NFKB resultando em inflamação crónica. O stress oxidativo devido ao esgotamento de ATP pode produzir ainda mais indução de aldose redutase e geração de frutose. O esgotamento de ATP faz com que o paciente se sinta fatigado. O aumento da frutose inibe a saciedade e o comportamento alimentar do paciente é alterado, levando à obesidade. Isto leva a uma síndrome metabólica X. A síndrome metabólica X é uma síndrome de armazenamento de gordura, semelhante à hibernação. A frutose que é gerada é convertida em alfa-glicerofosfato que é utilizado para a síntese de triglicéridos. O consumo de frutose pode aumentar a síntese de triglicéridos e de fígado gordo. O ATP esgotado devido à fosforilação da frutose gera AMP e ADP que é convertido em ácido úrico por deaminases. O ácido úrico pode inibir a função mitocondrial. O ácido úrico pode contribuir para a resistência à insulina e síndrome metabólica X. O ácido úrico também pode produzir disfunção endotelial, contribuindo para a doença arterial coronária e acidente vascular cerebral. O ácido úrico inibe a aconitase, o que leva à acumulação de citrato. O ácido úrico pode induzir a lisase do citrato e a acyl CoA sintase gorda, conduzindo à síntese de ácido gordo. O citrato acumulado pode bloquear a via glicolítica. A glicose acumulada é convertida em frutose por aldose redutase. O ácido úrico diminui o NADPH reduzido e o NAD+ oxidado. Isto afecta o potencial redox e conduz a stress oxidativo que induz ainda mais a aldose redutase. A aldose redutase pode ser induzida por stress hiperosmótico. Isto inclui o criado pela hiperglicemia resultante do bloqueio da fosforilação da glucose como resultado da fosforilação selectiva da frutose, devido ao baixo valor km da frutose para a cetoquinase. O mesmo mecanismo funciona na desidratação induzida pelo aquecimento global. Isto leva à hiperosmolaridade que induz a aldose reductase. Estes mecanismos são semelhantes ao que acontece na hibernação em animais. Os animais em hibernação desenvolvem uma síndrome metabólica colocada no peso, armazenam gordura, aumentam os triglicéridos, desenvolvem fígado gordo e desenvolvem resistência à insulina. A hibernação e a síndrome metabólica X são síndromes de armazenamento de gordura. Os Neandertais evoluíram nas estepes eurasiáticas frias e desenvolveram uma síndrome de hibernação semelhante à síndrome metabólica com armazenamento de gordura. O stress da idade do gelo teria induzido o stress redox, induzido aldose redutase e convertido glucose em frutose. A frutose teria sido selectivamente fosforilada a fosfato de frutose que teria entrado na via do fosfato pentose gerando ribose para síntese de ácido nucleico, a via da glucosamina para síntese de glicosaminoglicanos e/ou convertida em glicerofosfato alfa para síntese de ácidos gordos e triglicéridos. A fructosamia também pode afectar a função cerebral. A frutose pode inibir a BDNF e inibir o crescimento cortical produzindo um cérebro cerebelar dominante e atrofia do córtex pré-frontal. Isto teria resultado na neandertalização do cérebro. A conversão do fosfato de frutose em ribose através da via do fosfato pentose aumenta a síntese do ácido nucleico e a proliferação celular. Isto leva à oncogénese. A proliferação celular pode também contribuir para o fenótipo volumoso da população do Neandertal. A enzima fructoquinase actua como um interruptor da obesidade. A abertura do interruptor da obesidade também contribui para o fenótipo volumoso da população do Neandertal. O stress oxidativo e o stress osmótico da idade do gelo e do aquecimento global podem induzir a conversão da glucose em frutose através da enzima sorbitol desidrogenase. Isto também leva à indução da fructoquinase, geração de frutose, frucotsemia e fructosite. O aumento da frutose pode produzir proteínas fructosiladas que produzem proteínas antigénicas e doenças auto-imunes. Assim, a fructosemia pode contribuir para a oncogénese, síndrome metabólica X, neurodegeneração, doenças psiquiátricas como a esquizofrenia e o autismo, bem como a doença auto-imune. A fructosemia pode contribuir para a resistência à insulina. A fosforilação selectiva da frutose devido ao baixo valor km da cetoquinase para a frutose resulta na não fosforilação da glicose e hiperglicemia. A resistência à insulina leva a uma maior indução de aldose redutase e fructoquinase. A frutose pode produzir depleção de ATP e stress oxidativo. O stress oxidativo pode induzir NFKB produzindo inflamação crónica e o TNF alfa pode produzir resistência insulínica actuando ao nível do receptor de insulina. A resistência à insulina activa ainda mais o sistema da aldose redutase fructoquinase, que também é activado pelo stress osmótico e oxidativo dos extremos do clima, como o aquecimento global e a idade glacial. Isto leva à síndrome sistémica lemuriana de fructosemia e fructosite. A síndrome lemuriana pode produzir CKD de origem desconhecida, doença pulmonar, doença cardiovascular, cirrose hepática, doença gastro-intestinal e diabetes mellitus.

Deficiência de fibras alimentares, arquebactérias endossimbióticas e neanderthalização na síndrome mucopolissacaridótica tropical

Os Neandertais viviam na Estepe Eurasiática, que era fria. Desenvolveram o metabolismo hibernatório e uma síndrome de armazenamento de gordura para os proteger do frio. Os Neandertais evoluíram devido ao crescimento endosibiótico do arquebactéria.

As artérias endosibióticas são extremófitas e crescem em extremos do clima - a era glaciar e o aquecimento global. O aquecimento global resulta no aumento do crescimento dos arquebactérias endosibióticas e na neanderthalização das espécies homo sapiens. A neanderthalização é um fenómeno simbiótico. O aquecimento global pode levar à desidratação e ao stress osmótico. O arquebactérias pode catabolizar o colesterol gerando digoxina que pode induzir o stress redox. O stress osmótico e o stress redox levam à indução da enzima aldose redutase que converte glicose em sorbitol. O sorbitol é actuado pela sorbitol desidrogenase e convertido em frutose. A frutose pode entrar em três esquemas metabólicos. A frutose é convertida em alfa glicerofosfato e triglicéridos. Isto resulta no armazenamento de glicose e frutose como gordura e uma síndrome de armazenamento de gordura. A gordura subcutânea protege contra as variações da temperatura climática. A frutose pode inibir a função mitocondrial e a oxidação beta mitocondrial dos ácidos gordos, acentuando o armazenamento de gordura. A gordura pode aumentar a resistência à insulina pelos ácidos gordos que actuam sobre o receptor de insulina. A resistência à insulina conduz ainda mais à indução da aldose redutase. A frutose também pode entrar na via da glucosamina resultando na síntese de GAG e acumulação de mucopolissacáridos e proteoglicanos. Isto pode levar à acumulação sistémica de tecido conjuntivo em órgãos viscerais como o fígado produzindo cirrose, pulmão produzindo doença pulmonar intersticial, rim produzindo a síndrome MEN, pâncreas produzindo fibrose pancreática e PCC, coração produzindo cardiomiopatia e CEM e árvore vascular produzindo angiopatia mucóide. A frutose tem um baixo valor de km para as cetokinases em comparação com a glicose e é selectivamente fosforilada. Isto resulta no esgotamento celular de ATP e na inibição da ATPase de potássio de membrana de potássio, resultando no aumento do cálcio intracelular. O cálcio produz disfunção dos poros mitocondriais do PT e stress redox. O stress redox pode induzir aldose reductase. O esgotamento da ATP resulta numa maior inibição da fosforilação da glucose. Isto resulta em hiperglicemia. A arcaea tem a via glicolítica, um ciclo parcial de ácido cítrico e um ciclo inverso de ácido cítrico para fixação do dióxido de carbono. A arcaea pode induzir o fenótipo de Warburg nos tecidos humanos com aumento da glicólise, inibição da desidrogenase pirúvel e inibição da fosforilação oxidativa mitocondrial. Isto resulta na acumulação de piruvato que entra no esquema de derivação GABA gerando succinil CoA e glicina para síntese de porfirina. A glicose acumulada devido ao bloqueio da fosforilação da glicose é metabolizada por arquebactérias geradoras de piruvato. O piruvato pode entrar no ciclo do TCA através da piruvato desidrogenase gerando acetil CoA para a síntese de ácidos gordos e colesterol. A arcaea pode catabolizar o colesterol e gerar energia. O arquebactérias pode converter o piruvato via GABA shunt, como já foi dito, em porfirinas. Assim, há um aumento da síntese de porfirinas, síntese de colesterol e catabolismo, síntese de triglicéridos, síntese de ácidos nucleicos e síntese de GAG. O padrão metabólico muda. O bloqueio da fosforilação da glucose pela frutose resulta em hiperglicemia que pode bloquear ou inibir a acumulação da porfirina. As porfirinas têm uma existência de partículas de onda no estado macroscópico e contribuem para a percepção quântica ou percepção extra-sensorial em homo neanderthalis. O esgotamento celular do ATP em consequência da fosforilação da frutose resulta na geração de ADP e AMP que são actuados por deaminases que produzem ácido úrico. O ácido úrico pode bloquear a função mitocondrial gerando stress redox e maior indução de aldose redutase. O ácido úrico pode inibir o ciclo do TCA devido à inibição da aconitase. Isto resulta numa acumulação de citrato que bloqueia ainda mais a glicólise. O citrato é actuado pela lisase do citrato induzido e pela sintetase do ácido gordo que produz ácidos gordos. Isto pode levar à síntese e acumulação de triglicéridos e a uma síndrome de armazenamento de gordura. Os ácidos gordos podem bloquear o metabolismo da glicose e a via glicolítica. A função mitocondrial é bloqueada pelo ácido úrico, frutose e digoxina. As matrizes de porfirina podem funcionar como um organismo supramolecular chamado porfiriões e electrões de transferência e fotões. Isto funciona como uma forma primitiva de mitocôndria geradora de ATP. A inibição da membrana de potássio de sódio ATPase devido ao esgotamento de ATP resulta na síntese de ATP de potássio de membrana ATPase mediada por ATP. A matriz de porfirina e membrana de ATPase sódica de potássio mediada por ATPase pode fornecer a energia corporal. A fructosemia pode levar a um aumento da síntese de ribose através da via do fosfato pentose, induzindo a síntese de ácido nucleico e a proliferação celular. Isto pode levar à oncogénese. A fructosemia pode levar à fructosilação de proteínas que produzem proteínas antigénicas. O esgotamento do ATP resultante da fosforilação da frutose pode produzir stress redox, activação NFKB e activação imunitária. Isto leva a doenças auto-imunes. A frutose pode inibir o factor de crescimento neurotrófico derivado do cérebro e levar à génese da esquizofrenia e do autismo. O esgotamento celular do ATP devido à fosforilação da frutose pode levar à morte celular e à neurodegeneração. O baixo valor de km de frutose para a cetoquinase pode levar à fosforilação selectiva da frutose a um rápido esgotamento da célula das lojas de ATP. Isto inibe a fosforilação da glucose produzindo inibição do metabolismo da glucose resultando em hiperglicemia e síndrome metabólica. O ácido úrico gerado por esta via pode resultar em disfunção endotelial, doença arterial coronária e acidentes vasculares cerebrais. Assim, o crescimento actinídico relacionado com o aquecimento global pode levar a fructosite, fructosemia e uma síndrome lemuriana que afecta múltiplos sistemas de órgãos.

CAPÍTULO 21

FRUCTÓLISE, DIGOXINA ARQUEAL, DOMINÂNCIA CEREBRAL E REGULAÇÃO DA FUNÇÃO GASTROINTESTINAL

Introdução

O caminho da isoprenoide é uma via reguladora chave na célula. Produz colesterol, um componente importante das membranas celulares. O dolicol é importante na glicosilação N de proteínas e na biossíntese da glicoproteína. A digoxina é um inibidor endógeno da membrana Na+-K+ ATPase, crucial na regulação da transmissão sináptica. A inibição da membrana Na+-K+ ATPase pode levar a rácios CD4/CD8 alterados e a uma activação imunitária. A ubiquinona é um componente da cadeia de transporte de electrões mitocondriais.

Infecção persistente por helicobactérias pylori, transmissão histaminérgica/ colinérgica desordenada e secreção alterada de mucoproteína gástrica são importantes na patogénese da doença da úlcera péptica. A NMDA alterada, a transmissão dopaminérgica, serotoninérgica e colinérgica têm sido implicadas na patogénese da SII. Em doentes com IBD há relatos de isolados de variantes de parede celular de Pseudomonas sugerindo uma etiologia infecciosa para a doença. Os doentes com DII têm anticorpos humoral para as células do cólon, antigénios bacterianos como a E. coli, lipopolissacarídeo, e proteínas estranhas como a proteína do leite de vaca. Os complexos imunológicos também têm sido invocados para explicar manifestações extraintestinais da DII. Muitas anomalias da imunidade mediada por células na mucosa de doentes com DII também foram descritas. A inibição da membrana Na+-K+ ATPase pode levar a um aumento do cálcio intracelular e a uma redução do magnésio intracelular. A alteração das proporções intracelular de cálcio/magnésio pode levar a vasoespasmo e isquemia da artéria mesentérica. As cálculos biliares podem ocorrer em associação com obesidade e com o aumento da actividade da HMG CoA redutase a taxa limitadora das enzimas de síntese do colesterol hepático. Durante a micelação das vesículas, é transferido mais fosfolípido do que colesterol para micelas mistas, levando a vesículas instáveis, ricas em colesterol, que se agregam em vesículas multilamelares maiores a partir das quais os cristais de colesterol se agregam. As glicoproteínas não-mucina e mucina e a lisina fosfatidilcolina parecem ser factores pronucleares, enquanto as apolipoproteínas AI e AII e outras glicoproteínas são factores antinucleares. O lodo biliar pode desenvolver-se com distúrbios que causam hipomotilidade da vesícula biliar. A via do dolichol é importante nas alterações metabólicas do tecido conjuntivo da cirrose hepática. A via do colesterol e a síntese de lipoproteínas podem contribuir para a génese de fígado gordo importante na cirrose hepática. A digoxina pode também modular o transporte do triptofano e da tirosina. A tirosina pode contribuir para a síntese de morfina endógena importante na dependência alcoólica e o triptofano pode gerar ácido quinolínico, importante na patogénese da encefalopatia hepática. A função mitocondrial alterada tem sido relatada como contribuindo para a síndrome de Reye.

Uma vez que a digoxina pode regular múltiplos sistemas neurotransmissores, poderia também desempenhar um papel na génese do domínio hemisférico. A dominância hemisférica tem estado relacionada com doenças sistémicas. Por conseguinte, foi considerado pertinente estudar a via isoprenoidal e os seus metabolitos na doença gastrointestinal/hepática, bem como em indivíduos com diferente dominância hemisférica para correlacionar as mudanças na via isoprenoidal com a dominância hemisférica e a patogénese da doença gastrointestinal/hepática.

Materiais e Métodos

Nove conjuntos de pacientes foram escolhidos para o estudo. (1) 15 casos de doença péptica ácida, (2) 15 casos de colite ulcerosa, (3) 15 casos de síndrome do intestino irritável, (4) 15 casos de oclusão da artéria mesentérica, (5) 15 casos de pacientes com cálculos biliares, (6) 15 casos de fígado de cirrose criptogénica, (7) 15 casos de síndrome de Reye, (8) 15 casos de controles dominantes bio-hemisféricos de idade e sexo combinados, (9) 15 casos de cada um dos indivíduos dominantes hemisférico direito, hemisférico esquerdo e bio-hemisférico diagnosticados pelo teste de escuta dicótica. A idade da população de doentes variou entre os 50 e os 70 anos. Nenhum dos indivíduos estudados sob medicação na altura da remoção de sangue. Todos os indivíduos incluídos no estudo eram não fumadores (activos ou passivos). O sangue em jejum foi removido em tubos de citrato de cada um dos doentes acima mencionados. As hemácias foram separadas dentro de uma hora após a colheita de sangue para a estimativa da membrana Na+-K+ ATPase. O plasma foi utilizado para a análise de vários parâmetros. A metodologia utilizada no estudo foi a seguinte: Todos os bioquímicos utilizados neste estudo foram obtidos de M/s Sigma Chemicals, EUA. A actividade de HMQ CoA redutase do plasma foi determinada pelo método de Rao e Ramakrishnan, determinando a razão entre HMG CoA e mevalonate. Para a determinação da actividade do RBC Na+-K+ ATPase da membrana eritrocitária, foi utilizado o procedimento descrito por Wallach e Kamat. A digoxina no plasma foi determinada pelo procedimento descrito por Arun et al. Para a estimativa da ubiquinona e dolichol no plasma, foi utilizado o procedimento descrito por Palmer et al. O magnésio no plasma foi estimado por espectrofotometria de absorção atómica. Triptófano, tirosina, serotonina e catecolaminas foram estimados pelos procedimentos descritos nos métodos de análise bioquímica. O teor de ácido quinolínico do plasma foi estimado por HPLC (C18 coluna micro BondapakTM 4,6 x 150 mm), sistema solvente 0,01 M de tampão acetato (pH 3,0) e metanol (6:4), taxa de fluxo 1,0 ml/minuto e detecção UV 250 nm). A morfina, estricnina e nicotina foram estimadas pelo método descrito por Arun et al. A análise estatística foi feita por 'ANOVA'.

Resultados

(1) Os resultados mostraram que a actividade da HMG CoA redutase, digoxina sérica e dolichol foram aumentadas na IBD, oclusão da artéria mesentérica, APD, IBS, fígado cirrose, cálculos biliares e síndrome de Reye indicando upregulação da via isoprenóide

mas a ubiquinona sérica, a actividade da membrana RBC Na+-K+ ATPase e o magnésio sérico foram reduzidos.

(2) Os resultados mostraram que a concentração de triptofano, ácido quinolínico, serotonina, estricnina e nicotina era maior no plasma de pacientes com IBD, oclusão da artéria mesentérica, APD, IBS, cirrose hepática, cálculos biliares e síndrome de Reye enquanto que a de tirosina, dopamina, norepinefrina e morfina era menor.

(3) A concentração de GAG total aumentou no soro do grupo de pacientes. A concentração de ácido hialurónico (HA), sulfato de heparan (HS), heparina (H), sulfato de dermatan (DS) e sulfatos de condroitina (ChS) foram aumentados nos grupos de doentes. A concentração total de hexose, fucose e ácido siálico foram aumentadas nas glicoproteínas do soro nos grupos de doentes.

(4) A actividade das enzimas degradantes GAG beta glucuronidase, beta N-acetil hexosaminidase, hialuronidase e catepsina-D, foram aumentadas nos grupos de doentes quando comparadas com os controlos. A actividade da beta galactosidase, beta fucosidase e beta glucosidase aumentou nos grupos de doentes.

(5) A concentração de GAG total, hexose e fucose na membrana da hemácia diminuiu significativamente nos grupos de doentes. A concentração de colesterol aumentou e os fosfolípidos diminuíram na membrana das hemácias no grupo de doentes e a relação colesterol: fosfolípidos na membrana das hemácias aumentou significativamente.

(6) A actividade de superóxido dismutase (SOD), catalase, glutationa redutase e glutationa peroxidase nos eritrócitos diminuiu significativamente nos grupos de doentes. No grupo de doentes, a concentração de MDA, hidroperóxidos, dienos conjugados e NO aumentou significativamente. A concentração de glutatião reduzido diminuiu nos grupos de doentes.

(7) Os resultados mostraram que a actividade de HMG CoA redutase da digoxina e dolichol foi aumentada e a ubiquinona reduzida em indivíduos hemisféricos dominantes da mão esquerda/direita. Os resultados mostraram que a actividade sérica de HMG CoA redutase digoxina e dolichol foram reduzidas e a ubiquinona aumentou em indivíduos hemisféricos dominantes da mão direita/esquerda. Os resultados mostraram que a concentração de triptofano, serotonina de ácido quinolínico, estricnina e nicotina era maior no plasma dos indivíduos hemisféricos dominantes da mão esquerda/direita, enquanto que a de tirosina, dopamina, morfina e norepinefrina era menor. Os resultados mostraram que a concentração de triptofano, ácido quinolínico serotonina, estricnina e nicotina era menor no plasma dos indivíduos dominantes hemisféricos direito/esquerdo enquanto que a de tirosina, dopamina, morfina e norepinefrina era mais elevada.

Discussão

Digoxina arqueal e inibição da membrana Na+-K+ ATPase em relação à doença gastrointestinal/hepática

A via arcaica de esteroidelle DXP e a via de fosfato pentose upregulada contribuem para a síntese da digoxina. Na doença da úlcera péptica houve uma inibição significativa da membrana da hemácia Na+-K+ ATPase. A inibição da Na+-K+ ATPase pela EDLF é conhecida por causar um aumento do cálcio intracelular resultante do aumento da troca Na+-Ca++, aumento da entrada de Ca++ através do canal de cálcio fechado de tensão e aumento da libertação de Ca++ a partir de armazéns endoplasmáticos intracelulares de Ca++. Este aumento de Ca++ intracelular ao deslocar Mg++ dos seus locais de ligação, causa uma diminuição da disponibilidade funcional de Mg+++. Esta diminuição da disponibilidade de Mg+++ pode causar uma diminuição da formação de ATP mitocondrial que, juntamente com Mg+++ baixo, pode causar uma maior inibição da Na+-K+ ATPase, uma vez que o complexo ATP-Mg+++ é o substrato real para esta reacção. O cálcio livre de citosólico é normalmente tamponado por dois mecanismos, extrusão de cálcio dependente de ATP a partir de células e sequestro de cálcio dependente de ATP dentro do retículo endoplasmático. A disfunção mitocondrial intracelular relacionada com o esgotamento do Mg++ resulta numa extrusão defeituosa de cálcio a partir da célula. Há assim uma inibição progressiva da actividade Na+-K+ ATPase desencadeada pela EDLF. Mg+++ baixo intracelular e Ca+++ alto intracelular em consequência da inibição da Na+-K+ ATPase parecem ser cruciais para a fisiopatologia da DII, oclusão da artéria mesentérica, APD, SII, cirrose hepática, cálculos biliares e síndrome de Reye. O sinal intracelular positivo Ca++ e o sinal Mg++ negativo podem regular diversos processos celulares. O Ca+++ à entrada na célula é utilizado para carregar as reservas internas de retículo endoplasmático que depois libertam uma explosão de sinal de cálcio responsável pela activação de uma grande variedade de processos celulares dependentes do cálcio. A capacidade de processamento de informação do sistema de sinalização de cálcio é aumentada pela modulação de amplitude e frequência. O Ca++ é libertado a partir de canais nas ER internas individualmente ou em pequenos grupos (blip/quark e puffs/sparks). Uma maior diversidade de sinalização de cálcio é produzida pela compartimentação como sinal de cálcio citosólico e sinal de cálcio nuclear. O soro Mg++ foi avaliado em IBD, oclusão da artéria mesentérica, APD, IBS, cirrose hepática, cálculos biliares e síndrome de Reye, tendo-se constatado que foi reduzido. O aumento do cálcio das células parietais intracelulares e a redução do magnésio intracelular podem levar a um aumento da secreção de ácido gástrico. O aumento do cálcio intracelular pode também activar o receptor acoplado à proteína G - histamina, o que pode levar a um aumento da secreção de ácido gástrico. O aumento do cálcio intracelular pode activar a secreção de ácido gástrico relacionado com a gastrina e a acetilcolina. O aumento do cálcio intracelular no neurónio pré-sináptico pode promover a transmissão colinérgica. O aumento do neurónio pré-sináptico Ca++ pode produzir fosforilação cíclica dependente de AMP das sinapsinas, resultando numa maior libertação de neurotransmissor na junção sináptica e reciclagem vesicular. Isto promove a transmissão vagal colinérgica promovendo a secreção ácida e a formação de úlcera péptica. Baixo magnésio intracelular e elevado cálcio intracelular na célula muscular lisa podem contribuir para a desordem da motilidade intestinal na SII. Os bloqueadores dos canais de cálcio têm sido utilizados para tratar a SII. O magnésio pode promover a secreção biliar e na presença de hipomagnesemia há estagnação da secreção biliar.

O aumento do cálcio intracelular pode activar o receptor de angiotensina acoplado à proteína G produzindo hipertensão e o receptor de trombina acoplado à proteína G e o factor activador de plaquetas produzindo trombose observada na angina abdominal e na colite isquémica. A inibição da Na+-K+ ATPase relacionada com o aumento do cálcio muscular liso intracelular e a diminuição do magnésio intracelular pode contribuir para o vasoespasmo e isquemia observados na angina abdominal e na colite isquémica. A morfina pode actuar como vasodilatador e a sua deficiência pode contribuir para o vasoespasmo. Assim, o aumento da secreção de digoxina hipotalâmica ou endotelial poderia levar a vaso-espasmo agudo e trombose. Assim, uma disfunção neural poderia contribuir para a angina abdominal e para a colite isquémica. A inibição da Na+-K+ ATPase induziu a hipomagnesemia relacionada com glicoproteína alterada e a síntese da glicosaminoglicose pode contribuir para a arteriosclerose. O aumento do cálcio intracelular pode abrir o PT mitocondrial produzindo disfunção mitocondrial das células endoteliais. Isto resulta na alteração da fluidez da membrana do endotélio e no aumento da permeabilidade das células endoteliais à lipoproteína. O aumento do cálcio intracelular dentro da célula endotelial leva à fragmentação da membrana elástica e à calcificação. O aumento do cálcio intracelular produz alteração de configuração na elastina arterial, expondo os sítios hidrofóbicos da elastina, resultando num aumento da absorção do colesterol. O aumento do cálcio dentro da parede arterial altera a síntese, a rotação e a composição da elastina. A diminuição do magnésio intracelular pode produzir disfunção da lipoproteína lipase produzindo catabolismo defeituoso das lipoproteínas ricas em triglicéridos e hipertrigliceridemia. Na hipomagnesemia, a Lecithin cholesterol acyl transferase (LCAT) é defeituosa e há uma formação reduzida de ésteres de colesterol no HDL. Isto resulta na redução do colesterol HDL e no aumento dos triglicéridos, factores de risco para doenças vasculares. Também foi relatada deficiência de magnésio para aumentar os níveis de colesterol LDL. A administração de nicotina é conhecida por produzir vasoespasmo. Pode também produzir estimulação ganglionar autonómica, estimulação medular adrenal medular e estimulação carotídea/aórtica do corpo, levando à hipertensão. A administração de nicotina também tem sido relatada como produzindo alterações significativas no metabolismo lipídico. Há um aumento da colesterogénese dos tecidos, diminuição da degradação hepática do colesterol e aumento da síntese dos triglicéridos. A absorção de lipoproteína rica em triglicéridos circulantes é diminuída como revelado pela diminuição da actividade da lipoproteína extra hepática lipase. A actividade do LCAT plasmático é também reduzida na administração de nicotina. O colesterol HDL é diminuído enquanto que o colesterol LDL-VLDL é aumentado. Tudo isto pode contribuir para a aterosclerose que predispõe à angina abdominal e à colite isquémica. A deficiência intracelular de magnésio pode levar a uma disfunção da proteína tirosina quinase e a um defeito do receptor de insulina. O aumento do cálcio intracelular e a redução do magnésio intracelular podem levar a um aumento da secreção de insulina da célula beta da ilhota de Langerhans. Isto leva ao hiperinsulinismo. Os tecidos vasculares permanecem sensíveis à insulina. O hiperinsulinismo pela sua acção mitogénica sobre a célula muscular lisa vascular pode contribuir para a aterosclerose arterial mesentérica.

O aumento da síntese de digoxinas na síndrome de Reye é significativo. A administração de digoxina em animais experimentais tem sido relatada como levando a edema cerebral e alterações vacuolares no cérebro. O edema cerebral refractário na síndrome de Reye pode ser devido ao aumento dos níveis de digoxina.

Digoxina arqueal e regulação da síntese e função dos neurotransmissores em relação à doença gastrointestinal/hepática

A via arcaica do ácido chiquímico neurotransminoide contribui para a síntese de triptofano e tirosina e catabolismo gerando neurotransmissores e alcalóides neuroactivos. Há um aumento do triptofano e dos seus catabolitos e uma redução da tirosina e dos seus catabolitos no soro de pacientes com IBD, oclusão da artéria mesentérica, APD, IBS, cirrose hepática, cálculos biliares e síndrome de Reye. Isto pode ser devido ao facto de a EDLF poder regular o sistema de transporte de aminoácidos neutros com uma promoção preferencial do transporte de triptofano em detrimento da tirosina. A diminuição da actividade da membrana Na+-K+ ATPase na IBD, oclusão da artéria mesentérica, APR IBS, fígado cirrótico, cálculos biliares e síndrome de Reye poderia dever-se ao facto de os neurotransmissores hiperpolarizantes (dopamina, morfina e noradrenalina) serem reduzidos e os compostos neuroactivos despolarizantes (serotonina, estricnina, nicotina e ácido quinolínico) serem aumentados. A inibição da membrana Na+-K+ ATPase poderia levar a um aumento do cálcio intracelular e à redução do magnésio intracelular no músculo liso vascular e vasoespasmo. Isto poderia levar à oclusão da artéria mesentérica. Este padrão particular de neurotransmissor poderia contribuir para a hipomotilidade da vesícula biliar. O lodo biliar pode desenvolver-se com distúrbios que causam hipomotilidade da vesícula biliar. O aumento dos níveis de nicotina endógena também promove a secreção ácida e a formação de úlcera péptica.

A excitotoxicidade do glutamato pode resultar da inibição da membrana Na+-K+ ATPase. Na presença de hipomagnesmia, o bloco de Mg++ no receptor de NMDA é removido levando à excitotoxicidade de NMDA. O aumento do Ca++ neuronal pré-sináptico pode produzir fosforilação cíclica dependente de AMP das sinapsinas, resultando num aumento da libertação do neurotransmissor na junção sináptica e na reciclagem vesicular. O aumento do Ca++ intracelular no neurónio pós-sináptico pode também activar a transdução do sinal NMDA dependente de Ca++. O neurotransmissor de membrana plasmática (na superfície da célula glial e neurónio pré-sináptico) é acoplado a um gradiente de sódio que é perturbado pela inibição da Na+-K+ ATPase, resultando numa diminuição da depuração do glutamato pela captação pré-sináptica e glial no final da transmissão sináptica. Por estes mecanismos, a inibição da Na+-K+ ATPase pode promover a transmissão glutamatérgica. Os níveis elevados de ácido quinolínico, estricnina e serotonina podem também contribuir para a excitotoxicidade do NMDA. A estricnina desloca a glicina dos seus sítios de ligação e inibe a transmissão inibitória glicinérgica no cérebro. A glicina é livre de se ligar ao sítio insensível à estricnina do receptor NMDA e promove a transmissão excitatória de NMDA. O ácido quinolínico e a serotonina são também moduladores positivos do receptor de NMDA. O aumento da transmissão glutamátrica resultando em excitotoxicidade tem sido implicado na patogénese da SII. Anormalidades sensoriais incluindo hipersensibilidade visceral após estimulação sensibilizante foram descritas na SII e foram correlacionadas com a excitotoxicidade do NMDA (N-metil-D-aspartato). A transmissão colinérgica excessiva foi implicada na patogénese da SII, como indicado pela utilização de agentes anticolinérgicos na sua gestão. O excesso de nicotina endógena resultante do aumento da sua síntese a partir do triptofano aqui descrito é significativo. A nicotina pode promover a transmissão colinérgica ligando-se aos receptores centrais e periféricos de nicotina colinérgica. Isto é importante para a patogénese da SII. O aumento da serotonina pode contribuir para a alteração da motilidade intestinal na SII. Os bloqueadores da serotonina são úteis no tratamento da SII. O aumento da transmissão serotoninérgica pode ser importante na patogénese da SII. Isto pode ser devido ao aumento da síntese de serotonina a partir do triptofano, como demonstrado no estudo. A redução dos níveis de morfina e dopamina também pode contribuir para a patogénese da SII. Estudos demonstraram que existe síntese endógena de morfina a partir de tirosina e dopamina no cérebro humano. A redução dos níveis de morfina observada na SII poderia dever-se à sua reduzida síntese a partir da tirosina e da dopamina. A Kappa e o agonista opióide são úteis no tratamento das perturbações da motilidade intestinal. Os moduladores dos receptores de dopamina também têm sido utilizados para tratar a SII. A deficiência de dopamina demonstrada na SII devido à sua reduzida síntese a partir da tirosina é importante neste contexto.

A excitotoxicidade do NMDA é importante na patogénese da degeneração hepatocerebral. A redução dos níveis de tirosina pode levar à redução da síntese de dopamina, contribuindo para a síndrome extrapiramidal e reduzindo o estado de alerta da degeneração hepatocerebral adquirida. O aumento da síntese de nicotina a partir do triptofano é também significativo. A nicotina pode promover a transmissão colinérgica, contribuindo para o tremor da degenerescência hepatocerebral adquirida. O baixo nível de dopamina resultante da sua reduzida síntese devido à diminuição do nível de tirosina é significativo em relação à predisposição para a dependência alcoólica. Baixos níveis de dopamina em toxicodependentes podem levar à inibição do sistema mesolimbico-mesocortical dopaminérgico e ao abuso de substâncias. Os baixos níveis de tirosina observados nestes doentes conduzem a uma síntese reduzida de morfina. A morfina activa o sistema mesolímbico-mesocortical DA (dopaminérgico). Sabe-se que o agonista mu opioide pode excitar os neurónios DA (área tegmental ventral) através da hiperpolarização dos interneurónios locais. Na deficiência de morfina há inibição do sistema mesolimbic-mesocortical dopaminérgico. Deve-se também notar que existe uma hipótese que pode ligar a dependência do álcool também a este sistema. O álcool pode induzir a alteração da disposição química da dopamina. Em certos tecidos tais como o cérebro e o seu sistema mesolímbico-mesocortical DA, existe uma capacidade oxidante relativamente baixa de aldeídos. Neste contexto, a biotransformação do álcool para o seu metabolito activo, o acetaldeído, bloqueia a conversão normal do aldeído derivado de aminas para o seu ácido correspondente, devido à inibição da aldeído desidrogenase. O aldeído intermédio que se acumula é altamente reactivo e pode condensar-se com a amina mãe presente. No caso da DA e do seu aldeído, que é 3,4-dihidroxifenil acetaldeído, o composto de condensação é a tetrahidropapaverolina (Norlaudanosolina). A Norlaudanosolina pode continuar após várias etapas para formar alcalóides semelhantes à morfina com potencial viciante e a própria morfina. Numa tal cascata, é feita a hipótese de que o álcool poderia levar à produção endógena de morfina e compostos semelhantes à morfina para combater a deficiência endógena de morfina. O aumento da transmissão glutamátrica resultando em excitotoxicidade tem sido implicado no vício. Os aminoácidos excitatórios (EAA) podem promover a libertação de dopamina nos núcleos acumbens. Mas também há inactivação da despolarização dos neurónios DA com estimulação excessiva das CEA. Isto resulta na inactivação do sistema mesolimbic-mesocortical dopaminérgico. Assim, a membrana Na+-K+ ATPase induziu hipomagnesemia, serotonina, ácido quinolínico e estricnina, sendo todos eles moduladores positivos do receptor NMDA, podem contribuir para o vício alcoólico. O mesmo mecanismo é válido no caso de síntese excessiva de nicotina a partir do triptofano notado na dependência alcoólica. A nicotina também pode produzir um efeito bifásico nos neurónios mesolimbicomesocorticais dopaminérgicos com activação inicial seguida de inactivação de despolarização dos neurónios DA. Níveis elevados de nicotina podem produzir a inactivação permanente da despolarização dos neurónios DA do sistema mesolimbic-mesocortical dopaminérgico, levando à dependência. O aumento da síntese de estricnina a partir do triptofano demonstrado nestes casos é também significativo no que diz respeito à toxicodependência. A estricnina pode bloquear a transmissão inibitória glicinérgica no cérebro. Esta glicina é livre de modular a transmissão NMDA actuando no local sensível à estricnina do receptor NMDA e promove a excitotoxicidade glutamátrica. A activação dos receptores inibitórios GABA expressos nos neurónios VTA DA resulta na inibição da actividade dopaminérgica. A excitotoxicidade glutamatérgica induzida pela estricnina e a transmissão reduzida da glicina inibitória/GABA podem inibir a actividade dopaminérgica no sistema mesolimbico-mesocortical dopaminérgico, conduzindo ao abuso e dependência de substâncias. O aumento da excitotoxicidade de NMDA poderia contribuir para as convulsões na síndrome de Reye. A excitotoxicidade de NMDA poderia também contribuir para a degeneração neuronal observada na síndrome de Reye.

O ácido quinolínico tem estado implicado na activação imunitária em outras doenças imunitárias como o lúpus e poderia contribuir para o mesmo na DII. Os receptores de serotonina, dopamina e noradrenalina têm sido demonstrados nos linfócitos. Tem sido relatado que durante a activação imunitária a serotonina é aumentada com a correspondente redução de dopamina e noradrenalina nos núcleos monoaminérgicos do tronco cerebral. Assim, serotonina elevada e noradrenalina e dopamina reduzidas podem contribuir para a activação imunitária na DII. Já tínhamos mostrado a presença de morfina endógena no cérebro de ratos carregados com tirosina e estricnina endógena e nicotina no cérebro de ratos carregados com triptofano. O soro de pacientes com IBD mostrou a presença de estricnina e nicotina, mas a morfina estava ausente. A ausência de morfina em doentes com IBD é também significativa. A morfina pode inibir a resposta inflamatória e a ausência de morfina poderia contribuir para um exagero desta resposta.

O padrão neurotransmissor esquizóide de dopamina reduzida, noradrenalina e morfina e aumento da serotonina, estricnina e nicotina também é notado na IBD, oclusão da artéria mesentérica, APD, IBS, cirrose hepática, cálculos biliares e síndrome de Reye e pode predispor o seu desenvolvimento. O ácido quinolínico, um agonista da NMDA pode contribuir para a excitotoxicidade da NMDA relatada na esquizofrenia. A estricnina ao bloquear a transmissão glicinérgica pode contribuir para a diminuição da transmissão inibitória na esquizofrenia. Dados recentes sugerem que a anormalidade inicial na esquizofrenia envolve um estado hipodopaminérgico e os baixos níveis de dopamina agora observados concordam com isto. A nicotina ao interagir com os receptores de nicotina pode facilitar a libertação de dopamina, promovendo a transmissão dopaminérgica no cérebro. Isto pode explicar o aumento da transmissão dopaminérgica na presença da diminuição dos níveis de dopamina. O aumento da actividade serotoninérgica e a redução da saída noradrenérgica do locus coeruleus relatada anteriormente na esquizofrenia concorda com a nossa descoberta de níveis elevados de serotonina e redução dos níveis de noradrenalina. Um padrão de neurotransmissor esquizóide pode predispor à DII, oclusão da artéria mesentérica, DPA, SII, cirrose hepática, cálculos biliares e síndrome de Reye. Tem sido relatado que os pacientes com SII têm uma frequência crescente de diagnóstico psiquiátrico, incluindo distúrbios de personalidade, ansiedade, depressão, histeria e somatização.

Digoxina arqueal e regulação do corpo de Golgi/ função lisossomal em relação à IG/doença hepática

O arcaico glicosaminoglicóide e o fructosoide contribuem para a síntese de glicoconjugado e catabolismo através do processo de fructólise. A elevação do nível de dolichol pode sugerir a sua maior disponibilidade de N-glicosilação de proteínas. A deficiência de magnésio pode levar a um metabolismo defeituoso da esfinganina produzindo a sua acumulação que pode levar a um aumento da síntese de cerebroside e ganglioside. Na deficiência de Mg++ a glicólise, o ciclo do ácido cítrico e a fosforilação oxidativa são bloqueados e mais glicose 6-fosfato é canalizada para a síntese de glicosaminoglicanos (GAG). A deficiência intracelular de Mg++ também resulta num processamento proteolítico dependente da ubiquitina defeituoso dos glicoconjugados, uma vez que requer Mg++ para a sua função. O aumento da actividade das glicoidrolases e das enzimas degradantes de GAG pode ser devido a uma estabilidade lisossómica reduzida e consequente fuga de enzimas lisossómicas para o soro. O aumento da concentração de componentes carboidratos de glicoproteínas e GAG apesar do aumento da actividade de muitos glicoidrolases e enzimas degradantes de GAG pode dever-se à sua possível resistência à clivagem em consequência da alteração qualitativa da sua estrutura. Os complexos proteoglicanos formados na presença de rácios Ca++/Mg++ alterados intracelularmente podem ser estruturalmente anormais e resistentes às enzimas lisossómicas e podem acumular-se. A alteração das glicoproteínas e proteoglicanos pode alterar a mucosa gástrica e a secreção mucosa, tornando-a mais susceptível aos efeitos corrosivos da pepsina. Assim, a barreira mucosa que ajuda na defesa contra a doença da úlcera péptica é alterada. A alteração da matriz proteoglicana sulfatada das vesículas do neurotransmissor no mastócito pode produzir a quebra das vesículas devido à instabilidade estrutural e libertar histamina produzindo aumento da secreção ácida e formação de úlcera péptica.

As glicoproteínas e proteoglicanos estruturais anormais resistem ao catabolismo por enzimas lisossómicas e acumulam-se conduzindo à arteriosclerose. A interacção entre o heparan sulfato-proteoglicano e o condroitina sulfato-proteoglicano com lipoproteínas e a redução da digestão proteolítica destes complexos, levando à sua acumulação na parede vascular, pode levar à aterogénese. Uma série de fucose e ácido siálico contendo ligantes naturais estão envolvidos no tráfico de leucócitos e fissuras semelhantes na barreira cerebral do sangue e na adesão do linfócito que produz o tráfico de leucócitos e extravasamento para o espaço perivascular foram descritos na aterogénese. Foram postulados mecanismos imunitários para contribuir para a evolução da placa ateromatosa. Superfícies celulares alteradas de glicoproteínas, glicolípidos e GAG podem levar à inibição de contacto defeituoso e à proliferação de células musculares lisas, contribuindo para a anteriosclerose e a aterosclerose.

O defeito de processamento das proteínas pode resultar numa glicosilação defeituosa dos antigénios da glicoproteína MHC. Há também uma formação defeituosa de MHC - complexo de antigénios de Helicobacter pylori glycoprotein. O transportador de peptídeos ligado ao MHC, uma glicoproteína P que transporta o complexo de MHC-antigénio para a superfície celular que apresenta o antigénio, tem um local de ligação ATP. O transportador de peptídeo é disfuncional na presença de deficiência de Mg++. Isto resulta num transporte defeituoso do complexo antigénio Helicobacter pylori glicoproteína MHC classe-1 para a superfície celular que apresenta o antigénio, para reconhecimento pela célula CD4 ou CD8. A apresentação defeituosa do antigénio exógeno do Helicobacter pylori glycoprotein pode explicar a desregulação imunitária e a persistência da infecção por Helicobacter pylori na doença da úlcera péptica. Uma série de fucose e ácido siálico contendo ligantes naturais estão envolvidos no tráfico de leucócitos e podem desempenhar um papel na génese da resposta inflamatória na doença da úlcera péptica.

O fucoligand e o sialoligand podem também contribuir para a activação imunitária no IBD. A apresentação defeituosa do antigénio glicoproteico endógeno do cólon pode explicar a desregulação imunitária na DII. Os doentes com DII têm anticorpos humoral para as células do cólon. Os complexos imunitários também têm estado envolvidos para explicar as manifestações extraintestinais da DII. A síntese alterada de glicoconjugados pode levar à geração de novos antigénios endógenos do cólon, estabelecendo um processo auto-imune. A apresentação defeituosa dos antigénios de glicoproteínas exógenas bacterianas pode produzir evasão imunitária pelas bactérias e persistência bacteriana, especialmente de pseudomonas na DII.

A alteração da matriz proteoglicana sulfatada das vesículas sinápticas pode alterar a libertação do neurotransmissor na sinapse e produzir uma desordem funcional como a SII. As glicoproteínas alteradas, os glicolípidos e o GAG da membrana neuronal também podem contribuir para a SII, produzindo uma conectividade sináptica desordenada na rede neuronal na parede do intestino.

Relatos anteriores de alteração das glicoproteínas na degeneração neuronal incluem alfa sinucleína na doença de Parkinson e beta amilóide na doença de Alzheimer. As glicoproteínas estruturais anormais resistem ao catabolismo por enzimas lisossómicas e acumulam-se na degeneração neuronal. A interacção entre o HS-proteoglicano e o ChS-proteoglicano com as proteínas neuronais e a reduzida digestão proteolítica destes complexos pode levar à sua acumulação nos neurónios. O processamento proteolítico dependente da ubiquitina defeituoso de proteínas em consequência da deficiência intracelular de magnésio também pode levar à degeneração neuronal. A alteração da matriz proteoglicana sulfatada das vesículas sinápticas pode alterar a libertação de dopamina na sinapse e contribuir para a patogénese da degeneração hepatocerebral adquirida. As glicoproteínas alteradas, glicolípidos e GAG da membrana neuronal também podem contribuir para a degeneração hepatocerebral adquirida, produzindo uma conectividade sináptica desordenada nas vias nigrostriais. A síntese macromolecular do tecido conjuntivo upregulado resultante da hipomagnesemia pode predispor a cirrose hepática, produzindo fibrose de substituição. A apresentação defeituosa de antigénios exógenos virais ou bacterianos da glicoproteína pode produzir evasão imunitária pelo vírus/bactérias e persistência viral/bacteriana como no caso do vírus da hepatite B persistência noutro tipo de cirrose - cirrose pós necrótica do fígado. Isto também pode contribuir para uma imunidade defeituosa e uma maior predisposição para infecções bacterianas, especialmente devido a pneumococo e micobactéria tuberculose no fígado de cirrose hepática.

As mucoproteínas alteradas podem contribuir para a formação de cálculos biliares. As glicoproteínas não-mucina e mucina e a lisina fosfatidilcolina parecem ser factores pronucleares. Assim, as mucoproteínas e glicoproteínas alteradas da bílis podem levar à formação de cálculos biliares.

Digoxina arqueal e alteração na estrutura da membrana e formação da membrana em relação à IG/doença hepática

O esteroidello arcaico, o glicosaminoglicóide e o fructosoide contribuem para a formação da membrana celular sintetizando o colesterol pela via DXP e os glicosaminoglicanos pela fructolise. A alteração da via isoprenoidal especificamente, o colesterol, bem como as alterações nas glicoproteínas e no GAG podem afectar as membranas celulares. A upregulação da via isoprenoidal pode levar ao aumento da síntese do colesterol e a deficiência de $Mg{++}$ pode inibir a síntese de fosfolípidos. A degradação dos fosfolípidos é aumentada devido a um aumento do cálcio intracelular que activa a fosfase $_{A2}$ e D. A relação colesterol-fosfolípidos da membrana hemácia foi aumentada na doença da úlcera péptica. A concentração de GAG total, hexose e fucose da glicoproteína diminuiu na membrana das hemácias e aumentou no soro, sugerindo a sua reduzida incorporação na membrana e formação defeituosa da membrana. As glicoproteínas, GAG e glicolípidos da membrana celular são formados no retículo endoplasmático, o qual é então desprendido como uma vesícula que se funde com o complexo golgi. Os glicoconjugados são então transportados através do canal de Golgi e a vesícula de Golgi funde-se com a membrana celular. Este tráfico depende de GTPases e quinases lipídicas que dependem crucialmente do magnésio e são defeituosas na deficiência de $Mg{++}$. A alteração na estrutura da membrana produzida pela alteração dos glicoconjugados e da relação colesterol-fosfolípidos pode produzir alterações na conformação do $Na{+}$-$K{+}$ ATPase, resultando numa maior inibição da membrana $Na{+}$-$K{+}$ ATPase. As mesmas alterações podem afectar a estrutura da membrana da organela. Isto resulta numa estabilidade lisossomal defeituosa e fuga de glicoidrolases e enzimas degradantes de GAG para o soro. A estabilidade lisossómica defeituosa pode levar a uma maior libertação de enzimas lisossómicas que podem produzir a destruição da mucosa gástrica. A alteração da estrutura da mucosa gástrica pode também predispor a inflamação e a ulceração péptica. Membranas peroxisomais defeituosas conduzem a disfunção catalítica que tem sido documentada na doença da úlcera péptica.

Esta alteração na estrutura e função da membrana pode alterar a estrutura endotelial levando à agregação plaquetária, trombina plaquetária e aterogénese. As mesmas alterações podem afectar a estrutura da membrana da organela. A estabilidade lisossomal alterada em consequência de uma alteração da membrana pode levar à ruptura da placa. A estabilidade lisossómica é importante na génese da DII, uma vez que as enzimas lisossómicas podem contribuir para a destruição dos tecidos.

O aumento da libertação de enzimas lisossómicas pode contribuir para a destruição e necrose dos tecidos na cirrose hepática. A alteração da membrana hepática pode levar à acantocitose observada na cirrose hepática. A alteração da estabilidade lisossómica e função das enzimas lisossómicas pode contribuir para a degeneração hepatocerebral adquirida. Isto também pode resultar de uma estrutura alterada das membranas neuronais.

Digoxina arqueal e disfunção mitocondrial em relação à doença gastrointestinal/hepática

A arcaeaon vitaminocyte contribui para a síntese da ubiquinona e da função da cadeia de transporte de electrões mitocondriais. A função mitocondrial relacionada com a geração de radicais livres é regulada pelo arquebactéria vitaminócito sintetizado tocoferol e ácido ascórbico. A concentração de ubiquinona diminuiu significativamente na APD que pode ser o resultado de baixos níveis de tirosina, relatados na doença da úlcera péptica, em consequência do efeito da EDLF em promover preferencialmente o transporte de triptofano sobre a tirosina. A parte do anel aromático da ubiquinona é derivada da tirosina. A ubiquinona, que é um componente importante da cadeia de transporte de electrões mitocondriais, é um antioxidante de membrana e contribui para a eliminação de radicais livres. O aumento da Ca++ intracelular pode abrir o PT mitocondrial causando um colapso do gradiente H+ através da membrana interna e desacoplamento da cadeia respiratória. A deficiência intracelular de Mg+++ pode levar a um defeito na função da ATP sintase. Tudo isto leva a defeitos na fosforilação oxidativa mitocondrial, redução incompleta do oxigénio e geração de íon superóxido que produz peroxidação lipídica. A deficiência de ubiquinona também leva a uma redução da eliminação de radicais livres. O aumento do cálcio intracelular pode levar ao aumento da geração de NO ao induzir a enzima óxido nítrico sintase que se combina com o radical superóxido para formar peroxinitrito. O aumento do cálcio pode também activar a fosfolipase A2 resultando num aumento da geração de ácido araquidónico que pode sofrer um aumento da peroxidação lipídica. O aumento da geração de radicais livres como o ião superóxido e o radical hidroxil pode produzir peroxidação lipídica e danos na membrana celular que podem inactivar ainda mais a Na+-K+ ATPase, desencadeando mais uma vez o ciclo de geração de radicais livres. A deficiência de Mg++ pode afectar a função glutatião sintetase e glutatião redutase. O superóxido dismutase mitocondrial vaza e torna-se disfuncional com abertura relacionada com o cálcio do PT mitocondrial e ruptura da membrana externa. A membrana peroxisomal é defeituosa devido à membrana Na+-K+ inibição da ATPase defeito relacionado com a formação da membrana e leva a uma reduzida actividade catalítica. Os radicais livres podem produzir danos e ulceração da mucosa, bem como activação linfocitária e infiltração imunitária na doença da úlcera péptica.

O aumento da abertura intracelular relacionada com o cálcio do PT mitocondrial também leva à desregulação do volume das mitocôndrias causando hiperosmolalidade da matriz e expansão do espaço da matriz. A membrana externa das mitocôndrias rompe e liberta o factor indutor da apoptose e o citocromo C no citoplasma. Isto resulta na activação da caspase-9 e da caspase-3. A caspase-9 pode produzir a apoptose da célula. O aumento da apoptose pode produzir danos da mucosa na doença da úlcera péptica.

A geração de radicais livres relacionados com a disfunção mitocondrial foi implicada na patogénese da aterosclerose. O aumento da produção de radicais livres pode produzir a oxidação do LDL. O LDL oxidado é tóxico para os macrófagos. Os macrófagos rompem-se, libertando as enzimas lisossómicas que rompem a placa produzindo a oclusão da artéria mesentérica. Para além destes, os lisossomas dos macrófagos já são instáveis em consequência da sua estrutura de membrana alterada. Este é um factor adicional que contribui para a rotura da placa.

A apoptose tem estado implicada na génese de lesão ateromatosa, bem como na morte neuronal que se segue à oclusão vascular. A síntese de NO na angina abdominal e na colite isquémica com aumento da síntese de NO - é um paradoxo. Provavelmente, a síntese de NO ocorre como um evento tardio na trombose vascular. Inicialmente o aumento do cálcio intracelular e a redução do magnésio intracelular leva à formação de um trombo plaquetário e vasoespasmo. Mais tarde, após um intervalo de tempo, há indução de óxido nítrico sintase e danos vasculares devido à geração do peroxinitrito radical livre tóxico (resultante da combinação do NO com o radical hidroxil). Por conseguinte, o NO é mais um radical livre tóxico que danifica o endotélio vascular do que um vasodilatador.

A geração de radicais livres relacionados com a disfunção mitocondrial foi implicada na patogénese da DII. Os radicais livres podem produzir activação imunitária e contribuir para a patogénese da DII.

A geração de radicais livres relacionados com a disfunção mitocondrial foi implicada na patogénese da síndrome de Reye. Os radicais livres e a disfunção mitocondrial também podem produzir alterações degenerativas nos neurónios.

O "aumento da geração de" NO pode levar à vasodilatação e à circulação hiperdinâmica notada na falha hepática consequente à cirrose. Muitas das anomalias cutâneas da falha hepática na cirrose, como o naevi da aranha e o eritema palmar, podem estar relacionadas com o aumento da síntese de óxido nítrico. A geração de radicais livres relacionada com disfunção mitocondrial tem sido implicada na patogénese dos danos dos tecidos no fígado da cirrose. A disfunção mitocondrial e a geração de radicais livres têm sido implicadas na degeneração neuronal. A disfunção mitocondrial pode remover o bloco de magnésio do receptor NMDA, contribuindo para a excitotoxicidade do NMDA. Foi relatada a ocorrência de apoptose hepatócica no fígado cirrótico. Temos sido capazes de demonstrar degeneração neuronal e apoptose no cérebro de rato injectado com digoxina. A apoptose neuronal pode contribuir para a degeneração hepatocerebral adquirida.

Digoxina arqueal e regulação da divisão celular, proliferação celular e transformação neoplásica em relação à doença gastrointestinal/hepática - Relação com a activação imunitária

O fructosoide arcaico contribui para a fructólise e activação imunitária. A frutose pode contribuir para a indução de NFKB e activação imunitária. O arquebactérias esteroidelle sintetizado digoxina induz a NFKB produzindo activação imunitária. O aumento do cálcio intracelular activa a via de transdução do sinal de calcineurina dependente do cálcio que pode produzir activação de células T e secreção de interleucina-3,4,5,6 e TNF alfa (Factor de necrose tumoral alfa). O TNF alfa liga-se ao seu receptor TNFR1 e activa os factores de transcrição HF-kB e AP-l, levando à indução de genes pró-inflamatórios e imunomoduladores. Isto pode também explicar a activação imunitária que contribui para a gastrite e inflamação na doença da úlcera péptica. O TNF alfa também pode provocar a apoptose da célula. Liga-se ao seu receptor e activa a caspase-9, uma protease ICE que converte a IL-1 beta precursor em IL-1 beta. A IL-1 beta produz a apoptose das células da mucosa na doença da úlcera péptica. O aumento do cálcio intracelular activa a fosfolipase C beta que resulta num aumento da produção de diaciglicerol (DAG) com a consequente activação da proteína quinase C. A proteína quinase C (PKC) activa a cascata da MAP quinase, resultando na proliferação celular. A diminuição do magnésio intracelular pode produzir disfunção da actividade da GTPase da subunidade alfa da proteína G. Isto resulta na activação da ras oncogene, uma vez que mais da ras está ligada à GTP do que à GOP. Os mecanismos de fosforilação são necessários para a activação do gene supressor de tumores P53. A activação do P53 é prejudicada devido a uma deficiência intracelular de magnésio que produz um defeito de fosforilação. A upregulação da via isoprenoidal pode resultar num aumento da produção de farnesil fosfato que pode farnesilar o ras oncogene produzindo a sua activação. O sistema ubiquitina de processamento catabólico de proteínas é importante no mecanismo de reparação do ADN. Na presença de deficiência intracelular de magnésio, o sistema de ubiquitina de processamento catabólico de proteínas e os mecanismos de reparação do ADN são defeituosos e isto poderia contribuir para a oncogénese. Assim, há uma tendência crescente para o carcinoma gástrico e linfoma gástrico na doença da úlcera péptica associada a infecções por Helicobacter pylori.

Esta membrana Na+-K+ ATPase de inibição relacionada com a activação imunitária pode contribuir para a génese da placa ateromatosa na oclusão da artéria mesentérica. A invasão das células monoclonais na parede vascular ocorre nas fases iniciais da aterogénese. Esta tendência proliferativa do músculo liso e a activação oncogerólica consequente à hiperdigoxinemia e inibição da membrana Na+-K+ ATPase podem contribuir para a ocorrência de arteriosclerose na angina abdominal e colite isquémica.

Isto também pode explicar a activação imunitária no IBD. O aumento da concentração de células IgG da mucosa e as alterações nos subconjuntos de células T, sugerindo que a estimulação antigénica tem sido descrita na DII. A activação das células imunitárias da mucosa resulta na expressão complexa de citocinas, que podem contribuir para a resposta inflamatória da mucosa. Há uma tendência crescente para a transformação neoplásica em doentes com DII. Há também um aumento da incidência de carcinoma do cólon em doentes com DII. Isto pode estar relacionado com a inibição da membrana Na+-K+ ATPase relacionada com a activação do oncogene.

A activação imune foi descrita na IBS. A resposta inflamatória induzida pelo stress na parede entérica é importante na sua patogénese. A inibição da membrana Na+-K+ ATPase também pode contribuir para a inflamação entérica induzida pelo stress.

A inibição da membrana Na+-K+ ATPase também pode explicar a activação imunitária e infiltração de células inflamatórias notadas na fase de hepatite alcoólica do fígado cirroses.

Digoxina arqueal e metabolismo lipídico - em relação à doença gastrointestinal/hepática

O esteroidelle arcaico contribui para a síntese e metabolismo lipídico. Nos cálculos biliares há um aumento da síntese do colesterol, tal como se nota pelo aumento da actividade da HMG CoA reductase. Isto leva à supersaturação da bílis por colesterol. A deficiência de Mg++ pode inibir a síntese de fosfolípidos. A degradação dos fosfolípidos é aumentada devido a um aumento da activação intracelular do cálcio fosfolipase A_2 e D. A secreção fosfolipídica na bílis é assim reduzida. Assim, há um excesso de colesterol biliar em relação aos fosfolípidos. Isto leva à formação de vesículas instáveis ricas em colesterol que se agregam para formar grandes vesículas multilamelares a partir das quais os cristais de colesterol se agregam. Este pode ser o terceiro factor importante que contribui para a formação de cálculos biliares.

Na cirrose hepática o magnésio intracelular diminuído pode produzir disfunção da lipoproteína lipase levando a um catabolismo defeituoso dos triglicéridos lipoproteínas ricas e hipertrigliceremia. Na hipomagnesemia, a Lecithin cholesterol acyl transferase (LCAT) é defeituosa e há uma formação reduzida de ésteres de colesterol em HDL. Também foi relatada deficiência de magnésio para aumentar os níveis de colesterol LDL. O aumento do cálcio intracelular em consequência da inibição da membrana Na+-K+ ATPase pode abrir o PT mitocondrial levando a uma disfunção mitocondrial. Isto leva a uma oxidação beta mitocondrial defeituosa dos ácidos gordos e a uma acumulação de triglicéridos. Todas estas alterações no metabolismo lipídico produzido pela digoxina podem contribuir para o fígado gorduroso alcoólico.

Na síndrome de Reye, a disfunção mitocondrial pode levar à redução da oxidação beta dos ácidos gordos. Isto leva à acumulação de ácidos gordos nas células. A hipomagnesemia induzida pela digoxina pode inibir a função da lipoproteína lipase. A lipoproteína lipase está relacionada com o catabolismo dos triglicéridos. Isto leva à acumulação de triglicéridos no interior das células. Isto pode ser a base para a micro vacuolização de células tubulares renais e células hepáticas na síndrome de Reye. A anomalia lipídica no síndrome de Reye de triglicéridos aumentados e colesterol HDL baixo é semelhante à obtida no síndrome X e nos estados de resistência à insulina.

Digoxina arqueal e domínio hemisférico em relação à doença gastrointestinal/hepática

As arcaeas relacionadas com organela - esteroidelle, neurotransminoide e vitaminaocyte contribuem para o domínio hemisférico. Em indivíduos hemisféricos esquerdinos/direitos dominantes, houve um desarranjo da via isoprenoidal. Tinham uma actividade de HMG CoA redutase não preestabelecida com aumento dos níveis de EDLF e dolichol e redução dos níveis de ubiquinona. A actividade da membrana RBC Na+-K+ ATPase foi reduzida e a actividade do soro de magnésio esgotou-se. Os indivíduos dominantes do hemisfério esquerdo/direito tinham níveis aumentados de triptofano, serotonina, ácido quinolínico, estricnina e nicotina, enquanto os níveis de tirosina, dopamina, noradrenalina e morfina eram mais baixos. Assim, uma via isoprenoidal upregulada, o aumento do nível de triptofano e dos seus catabolitos, a diminuição do nível de tirosina e dos seus catabolitos e a hiperEDLFemia é sugestivo de domínio hemisférico direito. A doença da úlcera péptica ocorre em indivíduos dominantes do hemisfério direito e é um reflexo de alteração da função cerebral. O hemisfério dominante tem sido correlacionado com a patogénese de doenças sistémicas.

Referências

1. Kurup RK, Kurup PA. Digoxina hipotalâmica, dominância química hemisférica e doença da úlcera péptica. *Int. J Neurosci.* 2003; 113(10): 1395-1412.

2. Kurup RK, Kurup PA. Digoxina hipotalâmica e disfunção da via isoprenoide em relação à dependência alcoólica, cirrose alcoólica, e degeneração hepatocerbral adquirida - em relação à dominância química hemisférica. *Int. J. Neurosci.* 2003 Abr; 113(4): 547 - 63.

3. Kurup RK, Kurup PA. Digoxina hipotalâmica, dominância química hemisférica e doença inflamatória intestinal. *Int. J Neurosci.* 2003 Set; 113(9): 1221 - 40.

4. Kurup RK, Kurup PA. Digoxina hipotalâmica, domínio químico cerebral, e regulação da função gastrointestinal/hepática. *Int. J Neurosci.* 2003 Jan; 113(1): 75 - 105. Revisão.

5. Kumar RK, Kurup PA. Digoxina hipotalâmica e síndrome do cólon irritável. *J. Gastroenterol indiano.* 2001 Set-Oct; 20(5):173-6.

6.   Kurup RK, Kurup PA. *Digoxina Hipotalâmica, Dominância Cerebral e Função Cerebral na Saúde e nas Doenças*. Nova Iorque: Nova Medical Books, 2009.

CAPÍTULO 22

FRUCTÓLISE, DIGOXINA ARQUEAL E DOENÇA RENAL CRÓNICA

O caminho da isoprenoide é uma via reguladora chave dentro da célula. Produz vários metabolitos chave importantes na regulação celular. A digoxina, um inibidor endógeno da membrana Na+-K+ ATPase é sintetizada pela via isoprenoidal. A inibição da membrana Na+-K+ ATPase pode alterar o fluxo iónico através da membrana celular. A digoxina também funciona como agente modulador imunitário e a inibição da membrana Na+-K+ ATPase pode levar a um aumento das taxas CD4/CD8. A digoxina, resultante da hipomagnesemia intracelular que produz, pode levar a alterações no metabolismo dos glicosaminoglicanos e das glicoproteínas. Dolichol, outro produto da via isoprenoide é importante na glicosilação N das proteínas. A alteração do glicosaminoglicano sulfatado da membrana do porão pode produzir alterações na barreira da filtração glomerular. A ubiquinona, outro produto importante da via, é um componente da cadeia de transporte de electrões mitocondriais e é um necrófago de radicais livres.

A arcaica actinídea tem estado relacionada com o aquecimento global e as doenças humanas. O crescimento da arcaica actinídea endosymbiotica em relação às alterações climáticas e ao aquecimento global leva à neandertalização dos seres humanos. A metabolonomia neanderthal inclui o fenótipo de Warburg e o catabolismo do colesterol, resultando em hiperdigoxinemia. A digoxina produzida pelo catabolismo do colesterol arqueal produz a neanderthalização. A neanderthalização do cérebro humano devido ao sobrecrescimento endosibiótico do arquebactéria resulta em atrofia cortical pré-frontal e hiperplasia cerebelar. Isto leva à disautonomia com hiperactividade simpática e neuropatia parassimpática nestas perturbações. Isto pode levar a uma insuficiência renal crónica de origem desconhecida. O aquecimento global pode levar a stress osmótico em consequência da desidratação. O aumento do crescimento actinídico arqueológico leva ao catabolismo do colesterol e à síntese de digoxinas. A digoxina produz membrana de potássio ATPase de potássio inibição e aumento do cálcio intracelular produzindo disfunção mitocondrial. Isto resulta em stress oxidativo. O stress oxidativo e o stress osmótico podem induzir a enzima aldose redutase que converte glicose em frutose. A frutose tem um valor baixo de km para a cetoquinase em comparação com a glicose. Portanto, a frutose é mais fosforilada a fosfato de frutose e a célula é esvaziada de ATP. O esgotamento celular de ATP leva ao stress oxidativo e à inflamação crónica resultante da indução de NFKB. O stress oxidativo pode abrir o PT mitocondrial produzindo libertação de cito C e activação da cascata de caspase de morte celular. O fosfato de frutose pode entrar na via do fosfato pentose sintetizando ribose e ácido nucleico. O esgotamento do ATP celular resulta na geração de AMP e ADP que são actuados por deaminases causadoras de hiperuricemia. O ácido úrico pode produzir disfunções endoteliais e doenças vasculares. O ácido úrico também pode produzir disfunção mitocondrial. O fosfato de frutose pode entrar na via da glucosamina, sintetizando GAG e produzindo acumulação de mucopolissacarídeos. A frutose pode fructosilato proteínas, tornando-as antigénicas e produzindo uma resposta auto-imune. Isto é exemplificado pelo MEN - a síndrome de nefropatia mesoamericana. O doente desenvolve uma insuficiência renal crónica de origem desconhecida. Há disfunção tubular e atrofia tubular com fibrose. Há glomerulosclerose secundária e proteinúria ligeira. Há hipocalemia e hiponatraemia. Há também hiperuricemia. Não há hipertensão e edema. A síndrome do MEN tem sido atribuída ao stress osmótico relacionado com o aquecimento global e à indução da enzima aldose redutase e fructoquinase. A frutose pode produzir lesões renais. O CKD de origem desconhecida na ausência de diabetes e hipertensão tem sido descrito na população de Kerala. Esta poderia ser a base da doença renal relacionada com o aquecimento global.

Este estudo foi realizado para avaliar as alterações na via isoprenóide em doenças renais - insuficiência renal crónica, síndrome nefrótica e nefrolitíase. Uma vez que a digoxina endosibiótica pode modular a transmissão sináptica de múltiplos sistemas neurotransmissores, a via isoprenoidal também foi avaliada em indivíduos com diferentes dominância hemisférica para descobrir o papel da dominância hemisférica na patogénese da doença renal. O papel central da via isoprenoidal na regulação da função renal é discutido e a sua relação com a dominância hemisférica é elucidada. [1-13]

Resultados

(1) A actividade de HMG CoA reductase e a concentração de digoxina e dolichol foram aumentadas em CRF, síndrome nefrótica e nefrolitíase. A concentração de ubiquinona sérica, a actividade da membrana eritrocitária Na+-K+ ATPase e do magnésio sérico foram reduzidas em CRF, síndrome nefrótica e nefrolitíase.

(2) A concentração de triptofano sérico, ácido quinolínico e serotonina foram aumentadas no plasma enquanto que a de tirosina, dopamina e noradrenalina foram diminuídas em CRF, síndrome nefrótica e nefrolitíase.

(3) Nicotina e estricnina foram detectadas no plasma de pacientes com CRF, síndrome nefrótica e nefrolitíase e eram indetectáveis no soro de controlo. A morfina não foi detectada no plasma de CRF, síndrome nefrótica e nefrolitíase.

(4) A actividade de superóxido dismutase (SOD), catalase, glutatião redutase e glutatião peroxidase nos eritrócitos diminuiu significativamente em CRF, síndrome nefrótica e nefrolitíase. Em CRF, síndrome nefrótica e nefrolitíase a concentração de MDA, hidroperóxidos, dienos conjugados e NO aumentou significativamente. A concentração de glutatião reduzido diminuiu em CRF, síndrome nefrótica e nefrolitíase.

(5) A concentração de total (GAG) aumentou no soro de pacientes com CRF, síndrome nefrótica e nefrolitíase. A concentração de ácido hialurónico (HA), sulfato de heparina (HS), heparina (H), sulfato de dermatan (DS) e sulfatos de condroitina (ChS) foi aumentada em CRF, síndrome nefrótica e nefrolitíase. A concentração total de hexose, fucose e ácido siálico foram aumentadas nas glicoproteínas do soro em CRF, síndrome nefrótica e nefrolitíase.

(6) A actividade das enzimas degradantes GAG beta glucuronidase, beta N-acetil hexosaminidase, hialuronidase e catepsina - D foram aumentadas em CRF, síndrome nefrótica e nefrolitíase quando comparadas com os controlos. A actividade da beta galactosidase, beta fucosidase e beta glucosidase aumentou em CRF, síndrome nefrótica e nefrolitíase.

(7) A concentração de GAG total, hexose e fucose na membrana da hemácia diminuiu significativamente na CRF, síndrome nefrótica e nefrolitíase. A concentração de colesterol aumentou e os fosfolípidos diminuíram na membrana da hemácia em CRF, síndrome nefrótica e nefrolitíase e o colesterol: a razão fosfolípida na membrana da hemácia aumentou significativamente em CRF, síndrome nefrótica e nefrolitíase.

(8) Os resultados mostraram que a actividade de HMG CoA redutase, digoxina sérica e dolichol foram aumentadas e a ubiquinona reduzida em indivíduos dominantes no hemisfério esquerdo/direito. Os resultados também mostraram que a actividade de HMG CoA redutase, a digoxina do soro e o dolichol foram diminuídos e a ubiquinona aumentou em indivíduos dominantes do hemisfério direito/esquerdo. O resultado mostrou que a concentração de triptofano, ácido quinolínico, serotonina. Verificou-se que a estricnina e a nicotina eram mais elevadas nos indivíduos dominantes do hemisfério esquerdo/direito do plasma, enquanto a de tirosina, dopamina, morfina e norepinefrina era mais baixa. O resultado também mostrou que a concentração de triptofano, ácido quinolínico serotonina, estricnina e nicotina era menor no plasma dos indivíduos dominantes do hemisfério direito/esquerdo enquanto que a de tirosina, dopamina, morfina e norepinefrina era mais elevada.

Discussão

Digoxina arqueal e inibição da membrana Na+-K+ ATPase em relação à doença renal

O esteroidelle arcaico contribui para a síntese e metabolismo lipídico. A via do arquebactérias esteroidelle DXP e a via do fosfato pentose upregulada contribuem para a síntese da digoxina. Os resultados mostraram que a actividade de HMG CoA redutase, digoxina sérica e dolichol foram aumentadas em CRF, síndrome nefrótica e nefrolitíase enquanto que a ubiquinona sérica foi reduzida. Estudos anteriores neste laboratório demonstraram a incorporação de [14C-acetate] na digoxina no cérebro do rato indicando que a acetil CoA é também o precursor da biossíntese da digoxina em mamíferos. A elevada actividade de HMG CoA redutase correlacionou bem com os níveis elevados de digoxina e a reduzida actividade da membrana das hemácias Na+-K+ ATPase. O aumento da digoxina endógena, um potente inibidor da membrana Na+-K+ ATPase, pode diminuir esta actividade enzimática.

Sabe-se que a inibição da Na+-K+ ATPase pela digoxina causa um aumento do cálcio intracelular resultante do aumento da troca de Na+-Ca++, aumento da entrada de cálcio através do canal de cálcio fechado de tensão e aumento da libertação de cálcio de armazéns de cálcio reticulados endoplasmáticos intracelulares. Este aumento do cálcio intracelular ao deslocar o magnésio dos seus locais de ligação provoca uma diminuição da disponibilidade funcional do magnésio. Esta diminuição da disponibilidade de magnésio pode causar uma diminuição da formação de ATP mitocondrial que, juntamente com um baixo teor de magnésio, pode causar uma maior inibição da Na+-K+ ATPase, uma vez que o complexo ATP-magnésio é o verdadeiro substrato desta reacção. O cálcio livre de citosólico é normalmente tamponado por dois mecanismos, extrusão de cálcio dependente de ATP a partir da célula e sequestro de cálcio dependente de ATP dentro do retículo endoplasmático. A disfunção mitocondrial relacionada com o magnésio resulta numa extrusão defeituosa de cálcio a partir da célula. Existe assim uma inibição progressiva da actividade Na+-K+ ATPase desencadeada primeiro pela digoxina. Magnésio intracelular baixo e cálcio intracelular elevado em consequência da inibição da Na+-K+ ATPase parecem ser cruciais para a patogénese da CRF, síndrome nefrótica e nefrolitíase. Verificou-se que o magnésio sérico foi reduzido em CRF, síndrome nefrótica e nefrolitíase.

O excesso de paratormona foi sugerido como sendo uma importante toxina uraémica. O aumento do cálcio intracelular em consequência da inibição da membrana Na+-K+ ATPase pode levar ao aumento da actividade da parathormona, uma vez que o receptor de parathormona é um receptor acoplado à proteína G. O aumento do cálcio intracelular nos tecidos é citotóxico e contribui para a patofisiologia da insuficiência renal crónica. O aumento da actividade e do nível de parathormona pode levar à osteitis fibrosa cística. O 1,25 dihidroxi colecalciferol activo tem um sítio de ligação de ADN intracelular. A hipomagnesemia intracelular induzida por digoxina pode levar a um defeito na acção do 1,25 colecalciferol dihidroxi, contribuindo para a osteomalacia renal. A digoxina por inibição da membrana Na+-K+ ATPase que produz pode levar à inibição do fluxo de sódio externo e à inibição do fluxo de potássio interno, bem como a um aumento do fluxo de cálcio interno. Isto leva a uma concentração de sódio intracelular anormalmente elevada e, por conseguinte, a uma sobre-hidratação da célula osmoticamente induzida, enquanto que as mesmas células são relativamente deficitárias em potássio.

Digoxina arqueal e disfunção mitocondrial em relação à doença renal

O vitminócito arcaico contribui para a síntese da ubiquinona e da função da cadeia de transporte de electrões mitocondriais. Os baixos níveis de ubiquinona podem levar a uma disfunção mitocondrial, uma vez que a ubiquinona é um componente importante da cadeia de transporte dos electrões mitocondriais e do catador de radicais livres. O aumento do cálcio intracelular pode também abrir o PT mitocondrial resultando numa disfunção mitocondrial. A produção de radicais livres é aumentada na insuficiência renal crónica e as enzimas necrófagas - superóxido dismutase, glutatião sintetase e actividade peroxidante do glutatião são reduzidas. A redução da actividade de superóxido dismutase é devida à abertura do PT mitocondrial, ruptura do equilíbrio osmótico da matriz e ruptura da membrana externa, o que leva a fugas de superóxido dismutase mitocondrial para o citoplasma. A actividade de glutatião sintetase e glutatião peroxidase é reduzida na deficiência intracelular de magnésio. Uma disfunção mitocondrial pode levar à inibição da membrana Na+-K+ ATPase e à acentuação das anomalias no cálcio, sódio e potássio.

A digoxina pode alterar o transporte de aminoácidos neutros resultando na upregulação do transporte de triptofano sobre a tirosina. Isto leva ao aumento dos catabolitos triptofanos - serotonina, nicotina, estricnina e ácido quinolínico em CRF. O aumento do aminoácido aromático triptofano catabolitos pode funcionar como toxina uremica. A digoxina ao produzir hipomagnesemia intracelular pode afectar a função do receptor de proteína tirosina quinase insulínica. Isto leva ao hiperinsulinismo e à resistência insulínica da insuficiência renal crónica. A intolerância à glicose da uremia resulta em grande parte da resistência periférica à acção da insulina. O estado alterado do metabolismo na uremia inclui um balanço negativo de azoto com perda profunda de massa magra do corpo e depósitos de gordura. A hipomagnesemia intracelular resultante da inibição da membrana Na+-K+ ATPase produzida pela digoxina pode resultar numa transcrição defeituosa do ADN e na função ribossómica. Isto leva à inibição da síntese de proteínas. A hipomagnesemia intracelular induzida pela digoxina pode levar à inibição da lipoproteína lipase e à diminuição da actividade da lecitina colesterol acyl transferase. Isto leva à hipertriglicerdemia e a valores baixos de colesterol HDL observados na CRF. A hipertensão da insuficiência renal pode ser atribuída à inibição da membrana Na+-K+ ATPase relacionada com o aumento do cálcio das células vasculares musculares lisas e a diminuição do magnésio. A diminuição do magnésio do músculo liso vascular intracelular pode levar ao vasoespasmo e à hipertensão da insuficiência renal. O aumento do cálcio intracelular pode levar a um aumento da acção do receptor do factor activador plaquetário acoplado à proteína G e do receptor de trombina, levando a um aumento da agregação plaquetária e à hipercoagulabilidade. Isto pode também contribuir para o aumento da incidência de trombose vascular na insuficiência renal crónica. O aumento da síntese de GAG e da síntese de glicoproteínas observado na insuficiência renal é significativo. A hipomagnesemia é relatada para upregular a síntese de GAG. O aumento do dolichol pode levar a um aumento da glicosilação N de proteínas. As enzimas lisossómicas e as glicoidrolases aumentaram, apesar de um aumento dos resíduos de glicosaminoglicanos e carboidratos de glicoproteínas. Isto indica que os proteoglicanos e as glicoproteínas são processados defectivamente e são, portanto, resistentes à digestão lisossomal. Isto pode levar a fibrose e rins encolhidos de insuficiência renal. O aumento dos glicosaminoglicanos e das glicoproteínas da parede vascular pode levar a um aumento da arteriosclerose observada nas doenças renais. Assim, a maioria das anomalias metabólicas notadas na insuficiência renal crónica podem ser atribuídas às alterações na via isoprenoide.

Digoxina arqueal e regulação do corpo/ função lisossomal do golgi em relação à doença renal

A desregulação da via isoprenóide também desempenha um papel importante na génese da síndrome nefrótica. O arcaico glicosaminoglicóide e o fructosoide contribuem para a síntese de glicoconjugado e catabolismo através do processo de fructólise. O esteroidelle arcaico, o glicosaminoglicóide e o fructosoide contribuem para a formação da membrana celular sintetizando o colesterol pela via DXP e os glicosaminoglicanos pela fructólise. A alteração do metabolismo do glicoconjugado na síndrome nefrótica é significativa. Como já discutido, esta alteração deve-se à hipomagnesemia e ao aumento dos níveis de dolicol. Houve um aumento no total de GAG e fracções individuais de GAG no soro na síndrome nefrótica. O teor de fucose, hexose e ácido siálico das glicoproteínas do soro também mostrou um aumento. Isto pode contribuir para a fibrose tubular renal. Isto é descrito na nefropatia mesoamericana relacionada com o aquecimento global.

Digoxina arqueal e alteração na estrutura da membrana e formação de membranas em relação a doenças renais

Houve um aumento do colesterol: relação fosfolípida da membrana na síndrome nefrótica. Também o glicoconjugado da membrana foi reduzido na presença de aumento de glicoconjugados no soro. Isto deve-se à membrana defeituosa resultante da inibição das kinases lipídicas e da GTPase envolvidas no tráfico da membrana do corpo do golfinho para a superfície celular, na presença de deficiência intracelular de magnésio. É de salientar que o componente-chave proteinúria, resulta da permeabilidade alterada da barreira de filtração glomerular para as proteínas, nomeadamente a membrana glomerular do porão, os podócitos e os seus diafragmas cortados. A provável alteração na composição da membrana basal glomerular pode aumentar a permeabilidade da barreira de filtração glomerular, conduzindo à proteinúria. A hipoalbuminemia notada na síndrome nefrótica pode também ser devida a uma diminuição da síntese de albumina. A inibição da membrana Na+-K+ ATPase relacionada com a diminuição do magnésio intracelular pode levar à inibição da função ribossomal e da transcrição proteica. Isto leva a uma inibição da síntese proteica e pode contribuir para a hipoalbuminemia da síndrome nefrótica. O aumento do cálcio intracelular resultante da inibição da membrana Na+-K+ ATPase pode levar a um aumento da função relacionada com as proteínas G dos receptores de renina e angiotensina. O eixo renina-angiotensina-aldosterona é estimulado. Isto leva à retenção de sal renal e água. As lipoproteínas de baixa densidade e o colesterol tendem a ser elevados em doentes com doença moderada. Isto deve-se à upregulação da via isoprenóide e ao aumento da síntese do colesterol notado na síndrome nefrótica. Os doentes com síndrome nefrótica muito grave tendem a ter um aumento de triglicéridos e lipoproteínas de densidade muito baixa. Isto deve-se à hipomagnesemia induzida pela digoxina que inibe as lipoproteínas. Isto é devido à hipomagnesemia induzida pela digoxina que inibe a actividade lipoproteína. A hipercoagulabilidade observada na síndrome nefrótica pode também estar relacionada com o aumento da digoxina. O aumento do cálcio intracelular resultante da inibição da membrana Na+-K+ ATPase pode aumentar a actividade do factor de activação das plaquetas acopladas à proteína G e do receptor de trombina, levando a um aumento da trombose, como mencionado anteriormente. O hiperparatiroidismo e o hipotiroidismo também são notados na síndrome nefrótica. O aumento do cálcio intracelular pode levar a um aumento da acção da paratormona acoplada à proteína G. O receptor da hormona tiroidiana também tem um sítio de ligação ao ADN. A hipomagnesemia intracelular resultante da inibição da membrana Na+-K+ ATPase pode levar a uma acção deficiente do receptor da hormona tiroidiana e ao hipotiroidismo.

Digoxina arqueal e imunoregulação em relação às doenças renais

O fructosoide arcaico contribui para a fructólise e activação imunitária. A frutose pode contribuir para a indução de NFKB e activação imunitária. O arquebactérias esteroidelle sintetizado digoxina induz a NFKB produzindo activação imunitária. A viroidelle pode secretar viróides de RNA modulando a função imunitária ao bloquear os mRNAs. O aumento do cálcio intracelular activa a via de transdução do sinal de calcineurina dependente do cálcio que pode produzir activação de células T e macrófagos com secreção de interleucina-3, 4, 5, 6, 8 e TNF alfa. Isto também pode explicar a activação imunitária na síndrome nefrótica. A inibição da membrana Na+-K+ ATPase pode produzir activação imunitária e é relatada para aumentar as relações CD4/CD8, como exemplificado pela acção lítio.

O aumento de fucoligandas e sialoligandas pode também levar à activação imunitária. O defeito de processamento das proteínas pode resultar numa glicosilação defeituosa dos antigénios endógenos da glicoproteína renal com a consequente formação defeituosa do complexo MHC-antigénio. O transportador de peptídeos ligados ao MHC, uma glicoproteína P que transporta o complexo MHC-antigénio para a superfície celular que apresenta o antigénio, tem um sítio de ligação ATP que é disfuncional na presença de deficiência de magnésio. Isto resulta num transporte defeituoso do complexo de antimicrobiano da membrana renal da glicoproteína MHC classe 1 para a superfície celular que apresenta o antigénio, para reconhecimento pela célula CD4 ou CD8. A apresentação defeituosa do antigénio endógeno da membrana renal basal da glicoproteína pode explicar a desregulação imunitária na síndrome nefrótica. Isto pode contribuir para a auto-imunidade na síndrome nefrótica. Os antigénios relativamente catiónicos tendem a permear a membrana basal glomerular e a depositar-se dentro da membrana basal glomerular ou no espaço subepitelial. Os antigénios aniónicos são repelidos pela membrana basal glomerular que é carregada negativamente, e tendem a ficar presos no espaço celular subendotelial e no mesangium. A provável alteração dos glicosaminoglicanos sulfatados do subsolo glomerular pode contribuir para o aprisionamento dos anticorpos.

Digoxina arqueal, via do ácido chiquímico - Regulação da síntese e função dos neurotransmissores em relação às doenças renais

A via arcaica do ácido chiquímico neurotransminoide contribui para a síntese de triptofano e tirosina e catabolismo gerando neurotransmissores e alcalóides neuroactivos. A upregulação induzida pela digoxina do transporte do triptofano sobre a tirosina pode resultar no aumento dos catabolitos de triptofano e na redução dos catabolitos de tirosina no soro. O ácido quinolínico tem sido implicado na activação imunitária noutras doenças imunitárias e poderia contribuir para o mesmo na síndrome nefrótica. Os receptores de serotonina, dopamina e noradrenalina têm sido demonstrados nos linfócitos. Foi relatado que durante a activação imunitária a serotonina é aumentada com a correspondénte redução em dopamina e noradrenalina e dopamina podem contribuir para a activação imunitária na síndrome nefrótica. Já demonstrámos a presença de morfina endógena no cérebro de ratos carregados com tirosina e estricnina endógena e nicotina no cérebro de ratos carregados com triptofano. O soro de pacientes com síndrome nefrótica mostrou a presença de estricnina e nicotina, mas a morfina estava ausente. A ausência de morfina em doentes com síndrome nefrótica é também significativa, uma vez que a deficiência de morfina pode levar a uma activação imunitária.

Digoxina arqueal, glicosaminoglicóide e esteroidelle - Relação com o cálculo renal

O papel da via isoprenoidal na nefrolitíase é também significativo. O aumento da síntese de digoxinas observado pode contribuir para a génese dos cálculos renais. A inibição da membrana Na+-K+ ATPase pode levar a um aumento do cálcio intracelular e a uma redução do magnésio intracelular. O aumento do cálcio epitelial tubular renal pode contribuir para o aumento da formação de cálculos renais em consequência do desprendimento das células epiteliais tubulares carregadas de cálcio. Assim, a hiperdigoxinemia pode também contribuir para a patogénese da nefrolitíase. A hipomagnesemia induzida pela digoxina e a síntese de glicosaminoglicanos e glicoproteínas não-preparadas relacionadas com dolicol é também significativa. Há um aumento do teor de fucose, hexose e ácido siálico da glicoproteína sérica na nefrolitíase. Os componentes da urina que parecem ser glicoproteínas inibem os processos relacionados com a formação de cálculos - supersaturação e cristalização. As glicoproteínas alteradas podem levar à perda da função inibitória. O aumento do total de glicosaminoglicanos séricos e diferentes fracções de glicosaminoglicanos pode levar a um aumento da excreção de glicosaminoglicanos na urina. Este GAG pode formar uma matriz na qual a cristalização pode acontecer. Assim, a cascata relacionada com a via isoprenoide pode contribuir para a nefrolitíase através de dois metabolitos - digoxina e dolicol.

Estado hiperdigoxinémico induzido pelo Arqueal e dominância hemisférica em relação à doença renal

As arcaeas relacionadas com organela - esteroidelle, viroidelle, neurotransminoide e vitaminocyte contribuem para o domínio hemisférico. Em indivíduos hemisféricos esquerdinos/direitos dominantes, houve um desarranjo da via isoprenoide. Tinham uma actividade de HMG CoA redutase upregulada com aumento dos níveis de digoxina e dolichol e redução dos níveis de ubiquinona. A actividade da   membrana RBC Na+-K+ ATPase foi reduzida e a actividade do soro de magnésio esgotou-se. Os indivíduos dominantes hemisféricos esquerdo/direito tinham níveis aumentados de triptofano, serotonina, ácido quinolínico, estricnina e nicotina, enquanto os níveis de tirosina, dopamina, noradrenalina e morfina eram mais baixos. Assim, uma via isoprenoidal upregulada, o aumento do nível de triptofano e dos seus catabolitos, a diminuição dos níveis de tirosina e dos seus catabolitos e a hiperdigoxinemia é sugestivo de domínio hemisférico direito. Nos indivíduos hemisféricos dominantes da direita/esquerda, os padrões bioquímicos foram invertidos. CRF, síndrome nefrótica e nefrolitíase ocorre nos indivíduos dominantes do hemisfério direito e é um reflexo de alteração da função cerebral. [1-13]

Referências

1. Kumar AR, Kurup PA. A via isoprenoide na doença renal. *J. Nephrol indiano*. 2001, 11: 44-52.

2. Kurup RK, Kurup PA. Digoxina hipotalâmica, dominância cerebral, e metabolismo lipídico. *Int. J Neurosci.* 2003 Jan; 113 (1): 107 - 15.

3. Kurup RK, Kurup PA. Digoxina hipotalâmica, dominância química hemisférica, e regulação endócrina / metabólica / celular. *Int. J. Neurosci.* 2002 Dez; 112(12): 1421 - 38.

4. Kurup RK, Kurup PA. Digoxina hipotalâmica, dominância cerebral e função mitocondrial / metabolismo dos radicais livres. *Int. J Neurosci.* 2002 Dez; 112 (12): 1409-20.

5. Kurup RK, Kurup PA. Digoxina hipotalâmica, domínio cerebral, e função corpo/ lisossómica de Golgi. *Int. J Neurosci.* 2002 Dez; 112 (12): 1449 - 59.

6. Kurup RK, Kurup PA. Domínio cerebral da digoxina hipotalâmica e bioquímica de membrana. *Int. J Neurosci.* 2002 Dez: 112(12): 1439 - 47.

7. Kurup RK, Kurup PA. Digoxina hipotalâmica, domínio químico cerebral, e metabolismo do cálcio/magnésio. *Int. J. Neurosci.* 2003 Jul; 113(7): 999-1004.

8. Kurup RK, Kurup PA. Digoxina hipotalâmica, dominância química cerebral, e síntese de óxido nítrico. *Arco. Androl.* 2003 Jul-Aug; 49(4): 281-5.

9. Ravikumar Kurup, Parameswara Achutha Kurup. Papel Central da Digoxina Hipotalâmica na Percepção Consciente, Integração Neuroimunoendocrina e Coordenação da Função Celular: Relação com a Dominância Hemisférica. *Interno. J. Neurociência*. 2002; 112(6): 705-739.

10. Ravikumar Kurup, Parameswara Achutha Kurup. Digoxina hipotalâmica, Regulação da Transmissão Neuronal e Dominância Cerebral. *Interno. J. Neurociência*. 2003; 113(6): 821-830.

11. Ravikumar Kurup, Parameswara Achutha Kurup. O Conceito de Dominância Química Cerebral. *Interno. J. Neurociência*. 2003; 113: 957-970.

12. Kurup RK, Kurup PA. Digoxina hipotalâmica, domínio hemisférico, e integração neuroimune. *Int J Neurosci.* 2002 Abr; 112(4): 441-62.

13.   A. Ravikumar, J. Augustine & P.A. Kurup; Um modelo de regulação hipotalâmica da transmissão neuronal, função endócrina, imunidade e ciodiferenciação. *Neurologia Índia*, 1998; 46: 261 - 267.

CAPÍTULO 23

FRUCTÓLISE, DIGOXINA ARQUEAL, DOMINÂNCIA CEREBRAL E PATOGÉNESE DA DOENÇA PULMONAR CRÓNICA

Introdução

Várias teorias foram apresentadas para explicar a patogénese das doenças pulmonares - asma brônquica, enfisemia bronquite crónica, doença pulmonar intersticial e sarcoidose. Várias causas foram postuladas para o aumento da reactividade das vias respiratórias da asma. A hipótese mais popular actualmente é a da inflamação das vias respiratórias. As células que se pensa desempenharem papéis importantes são mastócitos, eosinófilos, macrófagos, neutrófilos e linfócitos. Os mediadores libertados são - histamina, bradicinina, os leucotrienos - C, D e E, factor activador das plaquetas e prostaglandinas (PGs) E2, F2 alfa e D2 produzindo uma intensa reacção inflamatória envolvendo broncoconstrição, congestão vascular e formação de edema. Os linfócitos T também parecem ser importantes na resposta inflamatória. A interleucina-2 pode promover a diferenciação das células B e a activação de macrófagos. A interleucina-4 e 5 pode promover a proliferação, diferenciação e activação de eosinófilos e basófilos.

O epitélio alveolar é simultaneamente o alvo e iniciador da inflamação na bronquite crónica. É uma consequência da acção da interleucina-8 e de uma variedade de outras citocinas quimiotáticas e pró-inflamatórias e de factores estimulantes das colónias libertadas pelas células epiteliais das vias aéreas em resposta a estímulos tóxicos, infecciosos e inflamatórios. A produção de espuma é estimulada pelo aumento da exocitose das células secretoras, mediadores lipídicos e produtos de células inflamatórias, especialmente o secretagogo de muco macrofágico. A expressão do gene da mucina é amplificada pelo factor de necrose tumoral alfa e a hiperplasia das células secretoras é encorajada pelas enzimas neutrófilas elastase e catepsina G. O inibidor da protease alfa 1-antitripsina (alfa 1 AT) é um reagente de fase aguda e os seus níveis séricos aumentam em associação com muitas reacções inflamatórias. Níveis séricos deficientes ou ausentes de alfa 1 AT são encontrados em alguns pacientes com o início precoce do enfisema. O tabagismo é uma correlação mais comummente identificada com bronquite crónica e enfisema, Estudos experimentais mostraram que o tabagismo prolongado prejudica o movimento ciliar, inibe a função dos macrófagos alveolares, e leva à hipertrofia e hiperplasia das glândulas secretoras mucosas.

O mecanismo imunopatogénico está envolvido no IPF. Um número crescente de macrófagos que são fagócitos activados capazes de produzir muitas citocinas que afectam outras células pulmonares, é uma marca distintiva da alveolite. Estas citocinas de macrófagos ou mediadores podem operar em duas direcções. Primeiro, através da produção de quimiocinas, que incluem leucotrieno B4, interleucina-8, e o factor de necrose tumoral alfa, as células inflamatórias como a célula polimorfonuclear e os eosinófilos são atraídas para os alvéolos. Enzimas como a colagenase, ou radicais oxidantes de células inflamatórias e histamina podem causar lesões locais ou alterar a permeabilidade das células de tipo 1. Os segundos macrófagos são também capazes de secretar substâncias como o PDGF-B que estimulam as células mesenquimais. Os interferões gama upregulam a activação do gene PDGF-B. Os interferões gama também actuam como quimiotractor e factor de crescimento dos fibroblastos.

Todas as evidências disponíveis sugerem que a sarcoidose activa resulta de uma resposta imunitária celular exagerada a uma variedade de antigénios ou autogénios, em que o processo de desencadeamento, proliferação e activação dos linfócitos T é desviado na direcção dos processos de auxílio - indutor dos linfócitos T. Este resultado é uma resposta exagerada do helper - indutor de células T e, portanto, a acumulação de um grande número de células T activadas nos órgãos afectados. Uma vez que os linfócitos T de indutor activados libertam mediadores que atraem e activam fagócitos mononucleares, é provável que o processo de formação de granuloma seja um fenómeno secundário que é uma consequência do processo exagerado de células T de indutor - helper. Os linfócitos T-helper - indutor acumulam-se nos locais da doença, pelo menos em parte, porque proliferam nestes locais a um ritmo exagerado. Esta proliferação de células T é mantida pela libertação espontânea de IL-2, o factor de crescimento das células T, por células T-helper - indutoras activadas no meio local.

Geschwind postulou uma relação entre a lateralização cerebral e a função imunológica. Por exemplo, observaram uma maior frequência de canhotos em doentes com alguns distúrbios imunitários. Não existem relatórios sobre o papel do domínio hemisférico na patogénese das doenças pulmonares.

A via isoprenoidal está possivelmente envolvida em doenças pulmonares devido ao facto de produzir três importantes componentes de importância na resposta imunitária - digoxina, uma membrana endógena Na+-K+ inibição da ATPase que pode produzir activação das células T aumentando o cálcio intracelular, ubiquinona que é um importante necrófago de radicais livres e dolichol importante na biossíntese glicoconjugada e geração de antigénios endógenos. Tem sido relatado um aumento de radicais livres de oxigénio em doenças pulmonares e tem estado relacionado com a sua patogénese. Uma vez que a digoxina pode regular múltiplos sistemas neurotransmissores, poderia possivelmente desempenhar um papel na génese do domínio cerebral. Por conseguinte, foi considerado pertinente estudar o papel da digoxina endógena e da via isoprenoide na doença pulmonar. Cinco conjuntos de população de doentes, (1) asma brônquica, (2) enfisema de bronquite crónica, (3) sarcoidose, (4) doenças pulmonares intersticiais e (5) indivíduos dominantes hemisféricos, hemisféricos direitos e bihemisféricos esquerdos para descobrir se a dominância hemisférica tem alguma relação com a secreção de digoxina arqueológica hipotalâmica e o risco de doença pulmonar. [1-13]

Pacientes e métodos

O consentimento informado foi obtido de todos os pacientes/indivíduos normais incluídos no estudo. Foi também obtida a autorização do Comité de Ética do instituto. Foram escolhidos para o estudo seis conjuntos de população de doentes, (1) 15 casos de asma brônquica, (2) 15 casos de enfisema de bronquite crónica, (3) 15 casos de sarcoidose, (4) 15 casos de fibrose pulmonar idiopática, (5) 15 casos de controles dominantes bio-hemisféricos de idade e sexo combinados, e (6) 15 casos de cada um dos indivíduos dominantes hemisférico direito, hemisférico esquerdo e bio-hemisférico diagnosticados pelo teste de escuta dicótica. A idade da população de doentes variou entre os 40-50 anos. Nenhum dos indivíduos estudados sob medicação na altura da remoção de sangue. Todos os indivíduos incluídos no estudo eram não fumadores (activos ou passivos). O sangue em jejum foi removido em tubos de citrato de cada um dos doentes acima mencionados. As hemácias foram separadas dentro de uma hora após a colheita de sangue para a estimativa da membrana Na+-K+ ATPase. O plasma foi utilizado para a análise de vários parâmetros. A metodologia utilizada no estudo foi a seguinte: Todos os bioquímicos utilizados neste estudo foram obtidos de M/s Sigma Chemicals, EUA. A actividade de HMG CoA redutase do plasma foi determinada pelo método de Rao e Ramakrishnan, determinando a proporção de HMG CoA para mevalonate. Para a determinação da actividade do RBC Na+-K+ ATPase da membrana eritrocitária, foi utilizado o procedimento descrito por Arun et al. Para a estimativa da ubiquinona e dolichol no plasma, foi utilizado o procedimento descrito por Palmer et al. O magnésio no plasma foi estimado por espectrofotometria de absorção atómica. Triptófano, tirosina, serotonina e catecolaminas foram estimados pelos procedimentos descritos nos métodos de análise bioquímica. O teor de ácido quinolínico do plasma foi estimado por HPLC (C18 coluna micro BondapakTM 4,6 x 150 mm), sistema solvente 0,01 M de tampão acetato (pH 3,0) e metanol (6:4), taxa de fluxo 1,0 ml/minuto e detecção UV (250 nm). A morfina, estricnina e nicotina foram estimadas pelos métodos descritos por Arun et al. A análise estatística foi feita por 'ANOVA'.

Resultados

(1) Os resultados mostraram que a actividade de HMG CoA redutase, digoxina sérica e dolichol foram aumentados na asma brônquica, fibrose pulmonar idiopática, sarcoidose e enfisema de bronquite crónica indicando upregulação da via isoprenoidal mas a ubiquinona sérica, a actividade de Na+-K+ ATPase da membrana da hemácia e o magnésio sérico foram reduzidos.

(2) Os resultados mostraram que a concentração de triptofano, ácido quinolínico, serotonina, estricnina e nicotina era maior no plasma de pacientes com asma brônquica, fibrose pulmonar idiopática. Sarcoidose e enfisema de bronquite crónica, enquanto o de tirosina, dopamina, norepinefrina e morfina era mais baixo.

(3) A concentração de GAG total aumentou no soro de doentes com asma brônquica, fibrose pulmonar idiopática, sarcoidose e enfisema de bronquite crónica. A concentração de ácido hialurónico (HA), sulfato de heparan (HS), heparina (H), sulfato de dermatan (DS) e sulfatos de condroitina (ChS) foram aumentados em doentes com asma brônquica, fibrose pulmonar idiopática, sarcoidose e enfisema de bronquite crónica. A concentração total de hexose, fucose e ácido siálico foi aumentada nas glicoproteínas do soro em doentes com asma brônquica, fibrose pulmonar idiopática, sarcoidose e enfisema da bronquite crónica.

(4) A actividade das enzimas degradantes do GAG sérico beta glucuronidase, beta N-acetil hexosaminidase, hialuronidase, catepsina D, foram aumentadas em doentes com asma brônquica, fibrose pulmonar idiopática, sarcoidose e enfisema de bronquite crónica quando comparados com os controlos. A actividade da beta galactosidase, beta fucosidase e beta glucosidase aumentou no soro de doentes com asma brônquica, fibrose pulmonar idiopática, sarcoidose e enfisema de bronquite crónica.

(5) A concentração de GAG total, hexose e fucose na membrana da hemácia diminuiu significativamente em doentes com asma brônquica, fibrose pulmonar idiopática, sarcoidose e enfisema de bronquite crónica. A concentração de colesterol aumentou e os fosfolípidos diminuíram na membrana hemácia em sarcoidose sistémica e o colesterol: a razão fosfolípida na membrana hemácia aumentou significativamente em doentes com asma brônquica, fibrose pulmonar idiopática, sarcoidose e enfisema de bronquite crónica.

(6) A actividade de superóxido dismutase (SOD), catalase, glutatião redutase e glutatião peroxidase nos eritrócitos diminuiu significativamente em doentes com asma brônquica, fibrose pulmonar idiopática, sarcoidose e enfisema de bronquite crónica. Em doentes com asma brônquica, fibrose pulmonar idiopática, sarcoidose e enfisema de bronquite crónica, a concentração de MDA, hidroperóxidos, dienos conjugados e NO aumentou significativamente. A concentração de glutationa reduzida diminuiu em doentes com asma brônquica, fibrose pulmonar idiopática, sarcoidose e enfisema da bronquite crónica.

(7) Os resultados mostraram que a actividade de HMG CoA redutase, digoxina sérica e dolichol foram aumentadas e a ubiquinona reduzida em indivíduos dominantes no hemisfério esquerdo/direito. Os resultados mostraram que a actividade de HMG CoA redutase, a digoxina do soro e o dolichol foram diminuídos e a ubiquinona aumentou em indivíduos dominantes do hemisfério direito/esquerdo. Os resultados mostraram que a concentração de triptofano, ácido quinolínico, serotonina, estricnina e nicotina era maior no plasma dos indivíduos dominantes do hemisfério esquerdo/direito enquanto que a de tirosina, dopamina, morfina e norepinefrina era menor. Os resultados mostraram que a concentração de triptofano, ácido quinolínico serotonina, estricnina e nicotina era menor no plasma dos indivíduos dominantes do hemisfério direito/esquerdo enquanto que a de tirosina, dopamina, morfina e norepinefrina era mais elevada.

Discussão

Digoxina arqueal e inibição da membrana Na+-K+ ATPase em relação à doença pulmonar

O esteroidelle arcaico contribui para a síntese e metabolismo lipídico. A via do arquebactérias esteroidelle DXP e a via do fosfato pentose upregulada contribuem para a síntese da digoxina. O aumento da digoxina endógena, um potente inibidor da membrana Na+-K+ ATPase, pode diminuir esta actividade enzimática. Houve um aumento da síntese de digoxina como indicado pela elevada actividade da HMG CoA redutase, que é a enzima limitadora da via isoprenóidea. Estudos realizados no nosso laboratório demonstraram que a digoxina é sintetizada pela via isoprenoidal. Na asma brônquica, fibrose pulmonar idiopática, sarcoidose e enfisema de bronquite crónica houve uma inibição significativa da membrana da hemácia Na+-K+ ATPase. A inibição da Na+-K+ ATPase pela digoxina é conhecida por causar um aumento do cálcio intracelular resultante do aumento da troca de Na+-Ca++, aumento da entrada de Ca+ através do canal de cálcio fechado de tensão e aumento da libertação de Ca++ a partir de armazéns intracelulares de retículo endoplasmático Ca++. Este aumento de Ca++ intracelular ao deslocar Mg++ dos seus locais de ligação, causa uma diminuição da disponibilidade funcional de Mg+++. Esta diminuição da disponibilidade de Mg+++ pode causar uma diminuição da formação de ATP mitocondrial, o que, juntamente com Mg+++ baixo, pode causar uma maior inibição da Na+-K+ ATPase, uma vez que o complexo ATP-Mg++ é o substrato real para esta reacção. O cálcio livre de citosólico é normalmente tamponado por dois mecanismos, a extrusão de cálcio dependente de ATP a partir da célula e o sequestro de cálcio dependente de ATP dentro do retículo endoplasmático. A disfunção mitocondrial relacionada com Mg++ resulta numa extrusão defeituosa de cálcio a partir da célula. Existe assim uma inibição progressiva da actividade Na+-K+ ATPase desencadeada primeiro pela digoxina. Mg+++ baixo intracelular e Ca+++ alto intracelular em consequência da inibição da Na+-K+ ATPase parecem ser cruciais para a fisiopatologia da asma brônquica, fibrose pulmonar idiopática, sarcoidose e enfisema da bronquite crónica. O sinal intracelular positivo Ca++ e o sinal negativo Mg+++ podem regular diversos processos celulares. O Ca+++ à entrada na célula é utilizado para carregar as reservas internas de retículo endoplasmático, que depois libertam uma explosão de sinal de cálcio responsável pela activação de uma grande variedade de processos celulares dependentes do cálcio. A capacidade de processamento de informação do sistema de sinalização de cálcio é aumentada pela modulação de amplitude e frequência. O Ca++ é libertado dos canais nas ER internas individualmente ou em pequenos grupos (blip/quark e puffs/sparks). Uma maior diversidade de sinalização de cálcio é produzida pela compartimentação como sinal de cálcio citosólico e sinal de cálcio nuclear. O soro Mg++ foi avaliado em asma brônquica, fibrose pulmonar idiopática, sarcoidose e enfisema de bronquite crónica, tendo-se verificado que foi reduzido. O aumento do cálcio do músculo liso brônquico intracelular e a redução do magnésio intracelular podem levar à broncoconstrição. O aumento do cálcio intracelular também pode activar os receptores acoplados à proteína G - histamina, interleucinas da serotonina e factor de crescimento derivado das plaquetas, tudo isto pode levar ao broncoespasmo. Embora a bronquite crónica e o enfisema sejam geralmente um processo combinado, um pode dominar sobre o outro, na medida em que doenças inflamatórias das vias aéreas, secreções, e broncoespasmos estão presentes. [1-13]

Digoxina arqueal e regulação da síntese e função dos neurotransmissores em relação à doença pulmonar

A via arcaica do ácido chiquímico neurotransminoide contribui para a síntese de triptofano e tirosina e catabolismo gerando neurotransmissores e alcalóides neuroactivos. Há um aumento do triptofano e dos seus catabolitos e uma redução da tirosina e dos seus catabolitos no soro de doentes com asma brônquica, enfisema da bronquite crónica, sarcoidose e IPF. Isto pode ser devido ao facto de a digoxina poder regular o sistema de transporte de aminoácidos neutros com promoção preferencial do transporte de triptofano em detrimento da tirosina. A diminuição da actividade da membrana Na+-K+ ATPase na asma brônquica poderia dever-se ao facto de que o neurotransmissor hiperpolarizante (dopamina, morfina e noradrenalina) é reduzido e os compostos neuroactivos despolarizantes (serotonina, estricnina, nicotina e ácido quinolínico) são aumentados. O aumento da serotonina pode contribuir para a broncoconstrição, tal como tem sido descrito na síndrome carcinoide. A redução dos níveis de noradrenalina e adrenalina em consequência da redução dos níveis de tirosina também pode levar à broncoconstrição. A adrenalina é um broncodilatador. O aumento dos níveis de nicotina endógena também pode levar a broncoespasmo.

A nicotina é importante na patogénese do enfisema da bronquite crónica. Estudos experimentais mostraram que o fumo prolongado e a nicotina prejudicam o movimento ciliar, inibem a função dos macrófagos alveolares e levam à hipertrofia e hiperplasia das glândulas secretoras de muco. O fumo também inibe a antiprotease e faz com que os leucócitos polimorfonucleares libertem enzimas proteolíticas de forma aguda. A nicotina pode estimular a constrição vaginal mediada de músculo liso e levar ao broncoespasmo. A ausência de morfina em doentes com enfisema da bronquite crónica é também significativa. A morfina pode inibir a resposta inflamatória neutrofílica e a ausência de morfina poderia contribuir para um exagero desta resposta.

O ácido quinolínico tem estado implicado na activação imunitária em outras doenças imunitárias e poderia contribuir para o mesmo no enfisema da bronquite crónica, asma brônquica e IPF. Os receptores de serotonina, dopamina e noradrenalina têm sido demonstrados nos linfócitos. Foi relatado que durante a activação imunitária a serotonina é aumentada com a correspondente redução em dopamina e noradrenalina nos núcleos monoaminérgicos do tronco cerebral. Assim, a serotonina elevada e a redução da noradrenalina e dopamina podem contribuir para a activação imunitária nestas doenças pulmonares. A ausência de morfina nestes doentes é também significativa. A morfina pode inibir a resposta inflamatória neutrofílica e a ausência de morfina pode contribuir para um exagero desta resposta, especialmente importante na IPF.

Os interferões gama libertados por células T activadas podem activar e recrutar fagócitos mononucleares em sarcoidose. Os interferões gama actuam induzindo a enzima indoleamina 2,3-dio-oxigenase e promovendo o catabolismo triptofano. O aumento dos níveis de triptofano e dos seus produtos catabólicos em consequência dos elevados níveis de digoxina pode promover a acção do interferão gama.

O padrão de neurotransmissor esquizóide de dopamina reduzida, noradrenalina e morfina e aumento da serotonina, estricnina e nicotina também é notado na asma brônquica, enfisema de bronquite crónica, sarcoidose e IPF poderia predispor ao seu desenvolvimento. O ácido quinolínico, um agonista da NMDA pode contribuir para a excitotoxicidade da NMDA relatada na esquizofrenia. A estricnina ao bloquear a transmissão glicinérgica pode contribuir para a diminuição da transmissão inibitória na esquizofrenia. Dados recentes sugerem que a anomalia inicial na esquizofrenia envolve um estado hipodopaminérgico e os baixos níveis de dopamina agora observados concordam com isto. Ao interagir com os receptores de nicotina, a nicotina pode facilitar a libertação de dopamina, promovendo a transmissão dopaminérgica no cérebro. Isto pode explicar o aumento da transmissão dopaminérgica na presença da diminuição dos níveis de dopamina. O relatado anteriormente na esquizofrenia concorda com a nossa descoberta de níveis elevados de serotonina e níveis reduzidos de noradrenalina. Um padrão de neurotransmissor esquizóide pode predispor à asma brônquica, enfisema de bronquite crónica, sarcoidose e IPF. [1-13]

Digoxina arqueal e regulação do corpo de golgi/ função lisossómica em relação à doença pulmonar - A glicosaminoglicóide

O arcaico glicosaminoglicóide e o fructosoide contribuem para a síntese de glicoconjugado e catabolismo através do processo de fructólise. A elevação do nível de dolichol pode sugerir a sua maior disponibilidade para a glicosilação N de proteínas. A deficiência de magnésio pode levar a um metabolismo defeituoso da esfinganina produzindo a sua acumulação, o que pode levar a um aumento da síntese de cerebroside e ganglioside. A diminuição do magnésio intracelular pode produzir upregulação de colagénio e biossíntese de elastina e produzir fibrose de substituição. Na deficiência de Mg++ a glicólise, o ciclo do ácido cítrico e a fosforilação oxidativa são bloqueados e mais glicose 6-fosfato é canalizada para a síntese de glicosaminoglicanos (GAG). A deficiência intracelular de Mg++ também resulta num processamento proteolítico dependente da ubiquitina defeituoso dos glicoconjugados, uma vez que requer Mg++ para a sua função. O aumento da actividade das glicoidrolases e das enzimas degradantes de GAG pode ser devido a uma estabilidade lisossómica reduzida e consequente fuga de enzimas lisossómicas para o soro. O aumento da concentração de componentes carboidratos de glicoproteínas e GAG, apesar do aumento da actividade de muitas glicoidrolases, pode dever-se à sua possível resistência à clivagem pelas glicoidrolases em consequência da alteração qualitativa da sua estrutura. Os complexos proteoglicanos formados na presença de rácios Ca++/Mg++ alterados intracelularmente podem ser estruturalmente anormais e resistentes às enzimas lisossómicas e podem acumular-se. A alteração das glicoproteínas e proteoglicanos pode alterar a mucosa brônquica, tornando-a mais susceptível à inflamação. A alteração da matriz proteoglicana sulfatada das vesículas neurotransmissoras no mastócito e eosinófilos pode produzir quebra das vesículas devido à instabilidade estrutural e libertação de histamina e serotonina produzindo broncoespasmo. As glicoproteínas upreguladas e a síntese de glicosaminoglicanos podem contribuir para a formação de membranas hialinas intraalveloares e fibrose intersticial.

Ocorrem fugas da camada celular alveolar tipo 1 e da superfície endotelial capilar adjacente, devido a alterações no GAG e nas glicoproteínas das membranas alveolares de subsolo. A fibrose em IPF resulta de uma organização de exsudados inflamatórios dentro dos espaços aéreos em que o fibroblasto sob o epitélio de tipo 1 prolifera e aumenta a sua produção de fibronectina e colagénio. As glicoproteínas upreguladas e a síntese de glicosaminoglicanos também podem contribuir para a fibrose de substituição na sarcoidose sistémica.

O defeito de processamento das proteínas pode resultar numa glicosilação defeituosa dos antigénios endógenos da glicoproteína brônquica com a consequente formação de antigénios endógenos mais recentes. Há também uma formação defeituosa do complexo de antigénios de glicoproteína MHC-bronquial. O transportador de peptídeos ligado ao MHC, uma glicoproteína P que transporta o complexo de glicoproteína MHC-bronquial para a superfície celular que apresenta o antigénio, tem um local de ligação ATP. O transportador de peptídeo é disfuncional na presença de deficiência de Mg^{++}. Isto resulta num transporte defeituoso do complexo de antigénios de glicoproteína brônquica MHC classe-1 para a superfície celular que apresenta o antigénio, para reconhecimento pela célula CD4 ou CD8. A apresentação defeituosa do antigénio endógeno brônquico/glicoproteína pulmonar pode explicar a desregulação imunitária/automunidade na asma brônquica, sarcoidose e IPF. A apresentação defeituosa de antigénios exógenos virais ou bacterianos de glicoproteína pode produzir evasão imunológica pelo vírus/bactérias e persistência viral/bactérias. Inflexões virais persistentes têm sido implicadas na patogénese da IPF. A apresentação defeituosa do antigénio exógeno da glicoproteína resultante de uma via defeituosa do antigénio MHC pode contribuir para a anergia cutânea na sarcoidose sistémica. Uma série de fucose e ácido siálico contendo ligantes naturais estão envolvidos no tráfico de leucócitos e podem desempenhar um papel na génese da resposta inflamatória na asma brônquica, IPF, enfisema da bronquite crónica e sarcoidose. [1-13]

Digoxina arqueal e alteração na estrutura da membrana e formação de membranas em relação à doença pulmonar

O arcaico esteroidelle, glicosaminoglicóide e fructosoide contribui para a formação de membranas celulares sintetizando o colesterol pela via DXP e glicosaminoglicanos pela fructolise. A alteração da via isoprenoidal especificamente, o colesterol, bem como as alterações nas glicoproteínas e no GAG podem afectar as membranas celulares. A upregulação da via isoprenoidal pode levar ao aumento da síntese do colesterol e a deficiência de Mg^{++} pode inibir a síntese de fosfolípidos. A degradação dos fosfolípidos é aumentada devido a um aumento do cálcio intracelular que activa a fosfolipase A_2 e D. A razão colesterol-fosfolípidos da membrana hemácia foi aumentada na asma brônquica. A concentração de GAG total, hexose e fucose da glicoproteína diminuiu na membrana das hemácias e aumentou no soro sugerindo a sua reduzida incorporação na membrana e formação defeituosa da membrana. As glicoproteínas, GAG e glicolípidos da membrana celular são formados no retículo endoplasmático, que é depois desprendido como uma vesícula, que se funde com o complexo golgi. Os glicoconjugados são então transportados através do canal de Golgi e a vesícula de Golgi funde-se com a membrana celular. Este tráfico depende da GTPase e das kinases lipídicas, que dependem crucialmente do magnésio e são defeituosas na deficiência de Mg++. A alteração na estrutura da membrana produzida pela alteração dos glicoconjugados e do colesterol: relação fosfolípida pode produzir alterações na conformação da Na+-K+ ATPase, resultando numa maior inibição da membrana Na+-K+ ATPase. As mesmas alterações podem afectar a estrutura da membrana organelar. Isto resulta numa estabilidade lisossomal defeituosa e fuga de glicoidrolases e enzimas degradantes de GAG para o soro. A estabilidade lisossómica defeituosa pode levar a uma maior libertação de enzimas lisossómicas que podem produzir a destruição da mucosa brônquica. A alteração da estrutura da mucosa brônquica pode também predispor à inflamação e à geração de radicais livres. Membranas peroxisomais defeituosas levam a disfunção catalítica, o que tem sido documentado na doença pulmonar.

A estabilidade lisossomal é também importante na génese do enfisema da bronquite crónica. O papel das enzimas proteolíticas na indução do enfisema não se restringe aos doentes com deficiência de alfa 1 antitripsina. Estão a acumular-se provas de que as enzimas proteolíticas derivadas de leucócitos neutrófilos e macrófagos alveolares podem produzir enfisema mesmo em indivíduos com nível normal de antiproteases em circulação. A hiperplasia das células secretoras é encorajada pelas enzimas neutrofílicas lisossómicas elastase e catepsina-G. Há provas experimentais de que a integridade estrutural da elastina pulmonar depende de antienzimas que protegem o pulmão das proteases libertadas pelos leucócitos neutrofílicos. É possível que a concentração local de enzimas proteolíticas possa exceder a capacidade inibitória de antiproteases, que algumas proteases presentes não sejam susceptíveis às antiproteases disponíveis ou que algumas das enzimas proteolíticas possam ser fisicamente inacessíveis à actividade antiprotease.

A estabilidade lisossomal é importante na génese da IPF. As enzimas lisossómicas como a colagenase podem alterar a permeabilidade das células de tipo 1, levando à formação de membranas hialinas intraalveolares. Os lisossomas instáveis e o aumento das enzimas lisossómicas observadas na IPF podem contribuir para a fuga da camada celular alveolar de tipo 1 uma superfície capilar endotelial adjacente. [1-13]

Digoxina arqueal e disfunção mitocondrial em relação à doença pulmonar - O vitaminócito

A arcaeaon vitaminocyte contribui para a síntese da ubiquinona e da função da cadeia de transporte de electrões mitocondriais. A função mitocondrial relacionada com a geração de radicais livres é regulada pelo arquebactéria vitaminócito sintetizado tocoferol e ácido ascórbico. A concentração de ubiquinona diminuiu significativamente na asma brônquica, enfisema de bronquite crónica, sarcoidose e IPF que pode ser o resultado de baixos níveis de tirosina, relatados na asma brônquica, em consequência do efeito da digoxina em promover preferencialmente o transporte de triptofano sobre a tirosina. A parte do anel aromático da ubiquinona é derivada da tirosina. A ubiquinona, que é um componente importante da cadeia de transporte de electrões mitocondriais, é um antioxidante de membrana e contribui para a eliminação de radicais livres. O aumento da Ca++ intracelular pode abrir o PT mitocondrial causando um colapso do gradiente H+ através da membrana interna e desacoplamento da cadeia respiratória. A deficiência intracelular de Mg+++ pode levar a um defeito na função da ATP sintase. Tudo isto leva a defeitos $_{A2}$ resultando num aumento da geração de ácido araquidónico que pode sofrer um aumento da peroxidação lipídica. Isto pode levar ao aumento da geração de prostaglandinas E2 e F2 alfa e leucotrienos-C, D e E envolvidos na génese da asma brônquica. O aumento da geração de radicais livres como o ião superóxido e o radical hidroxil pode produzir peroxidação lipídica e danos na membrana celular que podem inactivar ainda mais a Na+-K+ ATPase, desencadeando mais uma vez o ciclo de geração de radicais livres. A deficiência de Mg++ pode afectar a função glutatião sintetase e glutatião redutase. O superóxido dismutase mitocondrial vaza e torna-se disfuncional com abertura relacionada com o cálcio do PT mitocondrial e ruptura da membrana externa. A membrana peroxisomal é defeituosa devido à membrana Na+-K+ ATPase defeito relacionado com a inibição na formação da membrana e leva a uma reduzida actividade catalítica. A geração de radicais livres relacionada com disfunção mitocondrial tem sido implicada na patogénese de distúrbios imuno-mediados. Os radicais livres podem produzir activação imunitária e tem estado implicada na patogénese da asma brônquica, enfisema da bronquite crónica, sarcoidose e fibrose pulmonar idiopática. Tem sido relatado um aumento do nível de colina lisofofatidil na asma brônquica. A fosfolipase $_{A2}$ liberta um ácido gordo insaturado e um lisofosfolípido. A activação da fosfolipase $_{A2}$ deve-se ao aumento do cálcio intracelular produzido pela inibição da membrana induzida pela digoxina Na+-K+ ATPase. Sabe-se que a colina lisofosfatidil inibe a actividade da Na+-K+ ATPase e assim continua o ciclo vicioso da geração de radicais livres e da lesão da mucosa brônquica.

A geração de radicais livres relacionados com a disfunção mitocondrial foi implicada na patogénese da IPF. Os radicais oxidantes das células inflamatórias podem alterar a permeabilidade das células de tipo 1, levando à formação da membrana hialina alveolar no IPF. [1-13]

Digoxina arqueal e imunoregulação em relação a doenças pulmonares - O fructosoide, esteroidelle e viroidelle

O fructosoide arcaico contribui para a fructólise e activação imunitária. A frutose pode contribuir para a indução de NFKB e activação imunitária. O arquebactérias esteroidelle sintetizado digoxina induz a NFKB produzindo activação imunitária. O aumento do cálcio intracelular activa a via de transdução do sinal de calcineurina dependente do cálcio que pode produzir activação de macrófagos e células T e secreção de interleucina-3, 4, 5, 6 e 8 e TNF alfa (Tumour necrosis factor alpha). A inibição da membrana Na+-K+ ATPase pode produzir activação imunitária e é relatada para aumentar as relações CD4/CD8, como exemplificado pela acção do lítio. A interleucina-2, 4 e 5 pode produzir diferenciação de crescimento e activação dos eosinófilos e basófilos envolvidos na asma brônquica. Isto também pode explicar a activação imunitária no enfisema da bronquite crónica. É uma consequência da acção da interleucina 8 que há exsudados neutrófilos inflamatórios que enchem a área mucosa e submucosa das pequenas vias respiratórias. A expressão do gene da mucina é amplificada pelo factor de necrose tumoral alfa. A inibição da membrana Na+-K+ ATPase pode produzir activação imunitária e é relatada para aumentar as relações CD4/CD8, como exemplificado pela acção do lítio. Macrófagos que são fagócitos activados capazes de produzir muitas citocinas são a marca distintiva da alveolite. A activação imunitária em IPF é uma consequência da acção da interleucina-8 e TNF alfa de que existe um exsudado neutrofílico inflamatório nos alvéolos.

A inibição da membrana Na+-K+ ATPase também pode explicar a activação imunitária na sarcoidose sistémica. A sarcoidose caracteriza-se por uma resposta exagerada do T-helper-indutor. Há uma acumulação de grandes números de células T activadas nos órgãos afectados. Uma vez que os linfócitos T-ajudante-indutor activados libertam mediadores que atraem e activam fagócitos mononucleares, é provável que o processo de formação do granuloma seja um fenómeno secundário que é uma consequência dos processos exagerados das células T-ajudante-indutor. Os linfócitos T-helper-indutor acumulam-se nos locais da doença, pelo menos em parte, porque proliferam nestes locais a um ritmo exagerado. Esta proliferação das células T é mantida pela libertação espontânea IL-2, o factor de crescimento das células T, pelas células T-helper- indutoras activadas no meio local. O aumento do cálcio intracelular em consequência da inibição da membrana Na+-K+ ATPase pode aumentar a função da IL-2 cujo receptor é uma proteína G acoplada. Além de levar outras células T-helper-indutor nos órgãos afectados a proliferar, as células T-helper-indutor nos locais da doença são activadas e libertam mediadores como o TNF alfa que tanto recrutam como activam os fagócitos mononucleares. [1-13]

Digoxina arqueal, activação oncogénica e doença pulmonar

A arcaeaon que segrega o RNA viroide é chamada de viroidelle. O DNA primitivo do arquebactéria é integrado juntamente com os viroides de RNA que são convertidos no seu ADN correspondente pela acção da transcriptase inversa HERV induzida por stress redox no genoma humano pela integrase HERV induzida por stress redox. As sequências de DNA arqueal que são integradas no genoma humano formam sequências genómicas humanas endógenas semelhantes às sequências HERV e podem funcionar como genes saltadores que regulam a flexibilidade do DNA genómico. As sequências genómicas endógenas integradas do arquebactéria podem ser expressas na presença de stress redox formando partículas endosimbióticas do arquebactéria que podem funcionar como uma nova organela chamada arquebactérias. Há vários factores que contribuem para a fibrose intersticial em IPF e sarcoidose. Para que os fibroblastos se reproduzam no interstício e nas paredes alveolares, eles devem ser preparados para entrar na fase G1 de um ciclo de crescimento para proliferar. Vários produtos de macrófagos alveolares podem participar nestas etapas. O PDGF-B é um quimiotractor para células mesenquimais e um estímulo para os fibroblastos mudarem de células em repouso para células que entram em G1. Embora o PDGF-B não seja produzido por macrófagos normais, os macrófagos alveolares obtidos de pacientes com IPF e sarcoidose tornam-no abundante. Isto está correlacionado com c-sis, um proto-onocogene os códigos para a cadeia beta do PDGF-B que é aumentada em macrófagos derivados de IPF/ sarcoidose. Os interferões gama upregulam esta activação genética. O receptor PDGF é um receptor acoplado à proteína G. O aumento do cálcio intracelular em consequência da inibição da membrana Na+-K+ ATPase pode upregular a sua actividade. O aumento do cálcio intracelular activa a fosfolipase C beta que resulta no aumento da produção de diaciglicerol (DAG) com a consequente activação da proteína quinase C. A proteína quinase C (PKC) activa a cascata de MAP cinase, resultando na proliferação celular. Isto pode activar a   c-sis, o proto-oncogene que codifica a cadeia beta do PDGF-B. Os interferões gama actuam induzindo a enzima indoleamina 2,3-dio-oxigenase e promovendo o catabolismo do triptofano. O aumento dos níveis de triptofano e dos seus produtos catabólicos em consequência dos elevados níveis de digoxina pode promover a acção do interferão gama. Assim, a síntese de PDGF-B é também aumentada e contribui para a proliferação de fibroblastos em sarcoidose e IPF. [1-13]

Estado hiperdigoxinémico induzido pelo Arqueal e dominância hemisférica em relação à doença pulmonar

As arcaeas relacionadas com organela - esteroidelle, neurotransminoide e vitaminaocyte contribuem para o domínio hemisférico. Em indivíduos hemisféricos esquerdinos/direitos dominantes, houve um desarranjo da via isoprenoide. Tinham uma actividade de HMG CoA redutase upregulada com aumento dos níveis de digoxina e dolichol e redução dos níveis de ubiquinona. A actividade de Na+-K+ ATPase da membrana RBC foi reduzida e o soro de magnésio esgotou-se. Os indivíduos hemisféricos esquerdinos/direitos dominantes tinham níveis aumentados de triptofano, serotonina, ácido quinolínico, estricnina e nicotina, enquanto os níveis de tirosina, dopamina, noradrenalina e morfina eram mais baixos. Assim, uma via isoprenoidal upregulada, o aumento do nível de triptofano e dos seus catabolitos, a diminuição dos níveis de tirosina e dos seus catabolitos e a hiperdigoxinemia é sugestivo de domínio hemisférico direito. A doença pulmonar ocorre em indivíduos dominantes do hemisfério direito e é um reflexo de alteração da função cerebral e da via isoprenoide. [1-13]

Referências

1. Kurup RK. Kurup PA. Digoxina hipotalâmica e domínio químico hemisférico em relação à patogénese da asma brônquica. *Int. J. Neurosci.* 2003 Ago; 113 (8): 1143-59.

2. Kurup RK, Kurup PA. Hipodigoxinemia endógena - síndrome de imunodeficiência relacionada. *Int. J Neurosci.* 2003 Set; 113(9): 1287 - 303.

3. Kurup RK, Kurup PA. Digoxina hipotalâmica, dominância química cerebral e patogénese de doenças pulmonares. *In. J Neurosci.* 2003 Fev; 113 (2): 235 - 58.

4. Kurup RK, Kurup PA. Digoxina hipotalâmica, dominância química hemisférica e enfisema da bronquite crónica. *Int. J Neurosci*. 2003 Set; 113(9): 1241 - 58.

5. Kurup RK, Kurup PA. Digoxina hipotalâmica, domínio químico hemisférico e doença pulmonar intersticial. *Int. J Neurosci*. 2003; 113 (10): 1427–1443.

6. Kurup RK, Kurup PA. Digoxina hipotalâmica, dominância química hemisférica, e sarcoidose. *Int. J. Neurosci*. 2003; 113(11): 1593 – 1611.

7. Kurup RK, Kurup PA. Digoxina hipotalâmica, dominância cerebral, e metabolismo lipídico. *Int. J Neurosci*. 2003 Jan; 113 (1): 107 - 15.

8. Kurup RK, Kurup PA. Digoxina hipotalâmica, dominância química hemisférica, e regulação endócrina / metabólica / celular. *Int. J. Neurosci*. 2002 Dez; 112(12): 1421-38.

9. Kurup RK, Kurup PA. Digoxina hipotalâmica, dominância cerebral e função mitocondrial / metabolismo dos radicais livres. *Int. J Neurosci*. 2002 Dez; 112 (12): 1409-20.

10. Kurup RK, Kurup PA. Digoxina hipotalâmica, domínio cerebral, e função corpo/ lisossómica de Golgi. *Int. J Neurosci*. 2002 Dez; 112 (12): 1449 - 59.

11. Kurup RK, Kurup PA. Domínio cerebral da digoxina hipotalâmica e bioquímica de membrana. *Int. J Neurosci*. 2002 Dez: 112(12): 1439 - 47.

12. Kurup RK, Kurup PA. Digoxina hipotalâmica, domínio químico cerebral, e metabolismo do cálcio/magnésio. *Int. J. Neurosci*. 2003 Jul; 113(7): 999-1004.

13. Ravikumar Kurup, Parameswara Achutha Kurup. O Conceito de Dominância Química Cerebral. *Interno. J. Neurociência*. 2003; 113: 957-970.

CAPÍTULO 24

DIGOXINA ARQUEAL E FISIOPATOLOGIA ÓSSEA

Introdução

O hipotálamo humano também produz um inibidor endógeno de Na+-K+ ATPase de membrana chamado digoxina. A digoxina aumenta a carga intracelular de cálcio e também leva ao esgotamento intracelular do magnésio. Um aumento da carga intracelular de cálcio consequente à digoxina pode afectar a histopatologia óssea. A depleção intracelular de magnésio resultante da digoxina pode afectar o metabolismo do glicoconjugado. A hipomagnesemia tem sido relatada para o metabolismo dos glicosaminoglicanos upregulados. A digoxina pode também funcionar como um imunomodulador. Lítio, um inibidor exógeno da membrana Na+-K+ ATPase que pode produzir activação imunitária. Os mecanismos imunológicos bem como as alterações na matriz do tecido conjuntivo ósseo foram postulados para desempenhar um papel importante na patogénese da osteoartrite degenerativa.

A cartilagem articular é composta por duas grandes espécies macromoleculares: proteoglicanos (P0) e colagénio. A cartilagem contém metaloproteinases de matriz (MMPs) que podem degradar os proteoglicanos. A catepsina lisossomal presente no condrócito também desempenha um papel no catabolismo proteoglicano. A rotação da cartilagem normal é efectuada através de uma cascata degradativa para a qual a força motriz é a interleucina- 1 (IL-1) produzida por células mononucleares (incluindo células de revestimento sinovial) e sintetizada por condrócitos. A IL 1 estimula a síntese e secreção das MMPs latentes e do activador do plasminogénio tecidual. O plasminogénio pode activar as MMPs. IL-l suprime a síntese de PG. As enzimas lisossómicas e MMPs são responsáveis por grande parte da perda da matriz da cartilagem em OA.

Foi portanto considerado pertinente estudar a síntese de digoxinas e alterações relacionadas na glicoconjugação e metabolismo dos radicais livres nas seguintes doenças degenerativas dos ossos e articulações (espondilose cervical e lombar, osteoartrite degenerativa e osteoporose pós-menopausa). Os padrões foram comparados com os obtidos na dominância hemisférica direita e hemisférica esquerda para descobrir se a dominância hemisférica tem alguma correlação com estes estados da doença. [1-8]

Resultados

(1) Os resultados mostraram que a actividade de HMG CoA redutase, digoxina sérica e dolichol foram aumentadas e a ubiquinona sérica, a actividade de Na+-K+ ATPase da membrana das hemácias e o magnésio sérico foram reduzidos em doenças ósseas degenerativas (osteoartrose e espondilose). Os resultados também mostraram que a actividade da HMG CoA redutase, digoxina sérica e dolichol foram reduzidas e a ubiquinona sérica, a membrana hemácia Na+-K+ ATPase e o magnésio sérico aumentaram na osteoporose senil.

(2) Houve um aumento na peroxidação lipídica, como evidenciado pelo aumento da concentração de MDA, dienosenos de MDA conjugados, hidroperóxidos e NO com diminuição da protecção antioxidante, como indicado por uma diminuição da ubiquinona e redução do glutatião na doença óssea degenerativa (espondilose e osteoartrite).

(3) A actividade das enzimas envolvidas na desoxidação dos radicais livres como a superóxido dismutase, catala.se, glutationa peroxidase, glutationa redutase e catalase é reduzida em doenças ósseas degenerativas (espondilose e osteoartrite). Houve uma diminuição da peroxidação lipídica, como evidenciado pela diminuição da concentração de MDA, dienos conjugados, hidroperóxidos e NO com aumento da protecção antioxidante, como indicado por um aumento da ubiquinona e redução do glutatião na osteoporose senil. A actividade das enzimas envolvidas na eliminação de radicais livres como superóxido dismutase, catalase, glutatião peroxidase, glutatião redutase e catalase é aumentada na osteoporose senil pós-menopausa.

(4) Os resultados mostram um aumento na concentração de GAG total sérico e de componentes carboidratos de glicoproteínas (hexose, fucose e ácido siálico) em doenças ósseas degenerativas (espondilose e osteoartrite). O aumento dos componentes dos hidratos de carbono (hexose total, fucose e ácido siálico) na doença óssea degenerativa não foi da mesma ordem em todos os casos, sugerindo uma alteração qualitativa na estrutura da glicoproteína. O padrão de alteração do GAG individual no soro foi diferente, embora os sulfatos de heparan (HS) e os sulfatos de condroitina (ChS) tenham aumentado na doença óssea degenerativa (osteoartrose e espondilose). A actividade das enzimas degradantes GAG (beta glucuronidase, beta N-acetil hexosaminidase, hialuronidase e catepsina-D) e a das glicoidrolases (beta galactosidase, beta fucosidase e beta glucosidase) mostrou um aumento significativo do soro na doença óssea degenerativa (osteoartrose e espondilose). Os resultados mostram uma diminuição na concentração do GAG total do soro e dos componentes carbohidratos das glicoproteínas (hexose, fucose e ácido siálico) na osteoporose senil pós-menopausa. A diminuição dos componentes dos hidratos de carbono (hexose total, fucose e ácido siálico) nas perturbações estudadas não foi da mesma ordem nas osteoporose senil, sugerindo também uma alteração qualitativa na estrutura da glicoproteína. O padrão de alteração no GAG individual no soro era diferente, contudo o sulfato de heparina (HS) sulfato de condroitina (ChS) diminuiu na osteoporose senil pós-menopausa. A actividade das enzimas degradantes GAG (beta glucuronidase, beta N-acetil hexosaminidase, hialuronidase e catepsina-D) e a das

glicoidrolases (beta galactosidase, beta fucosidase e beta glucosidase) mostraram uma diminuição significativa do soro na osteoporose senil pós-menopausa.

(5) O colesterol: relação fosfolipídica da membrana hemácia é diminuída na osteoporose e aumentada na espondilose e na osteoartrite. A concentração de GAG total, hexose e teor de fucose das glicoproteínas aumentou no soro e diminuiu na membrana das hemácias em espondilose e osteoartrite. A concentração de GAG total, hexose e teor de fucose das glicoproteínas diminuiu no soro e aumentou na membrana das hemácias na osteoporose.

(6) Os resultados mostraram que a actividade de HMG CoA redutase da digoxina e dolichol foi aumentada e a ubiquinona, reduzida, em indivíduos dominantes do hemisfério esquerdo/direito. Os resultados também mostraram que a actividade sérica de HMG CoA redutase digoxina e dolichol foram reduzidas e a ubiquinona aumentou em indivíduos hemisféricos dominantes do hemisfério direito/esquerdo.

Discussão

Digoxina arqueal e inibição da membrana Na+-K+ ATPase em relação à doença óssea e articular

O esteroidelle arcaico contribui para a síntese e metabolismo lipídico. A via do arquebactérias esteroidelle DXP e a via do fosfato pentose upregulada contribuem para a síntese da digoxina. A diminuição da actividade do HMG CoA reductase na osteoporose senil pós-menopausa sugere uma desregulação da via isoprenoidal. Há uma diminuição acentuada da digoxina plasmática e do dolichol e esta diminuição pode ser consequência de uma diminuição da canalização dos intermediários da via isoprenoidal para a sua biossíntese. Neste contexto, foi demonstrada a incorporação de $^{14C\text{-acetate}}$ na digoxina no cérebro dos ratos, indicando que a acetil CoA é o precursor da biossíntese da digoxina também nos mamíferos. A diminuição da digoxina endógena, um potente inibidor da membrana Na+-K+ ATPase, pode aumentar esta actividade enzimática. Na osteoporose senil pós-menopausa houve uma estimulação significativa da membrana da hemácia Na+-K+ ATPase. A estimulação da Na+-K+ ATPase pela digoxina é conhecida por causar uma diminuição do cálcio intracelular pela diminuição da troca sódio - cálcio, diminuição da entrada de cálcio através do canal de cálcio fechado de tensão e diminuição da libertação de cálcio das reservas de cálcio reticulum endoplasmático intracelular. Esta diminuição do cálcio intracelular pode causar um aumento na disponibilidade funcional do magnésio intracelular porque ambos os iões têm uma relação adversa. Este aumento na disponibilidade de magnésio pode causar um aumento da síntese de ATP mitocondrial e um estímulo adicional da Na+-K+ ATPase, uma vez que o complexo ATP-magnésio é o substrato real desta reacção. O cálcio livre de citosólico é normalmente tamponado por dois mecanismos: Extrusão de cálcio dependente de ATP a partir da célula e sequestração de cálcio dependente de ATP dentro do retículo endoplasmático. O aumento da síntese de ATP mitocondrial upregulado relacionado com magnésio intracelular resulta num aumento da extrusão de cálcio da célula. Há, portanto, um estímulo progressivo da actividade Na+-K+ ATPase por digoxina. Elevado magnésio intracelular e baixo cálcio intracelular resultante da estimulação de Na+-K+ ATPase parecem ser cruciais para a fisiopatologia da osteoporose senil pós-menopausa. O sinal intracelular negativo de cálcio e o sinal positivo de magnésio podem regular diversos processos celulares. O soro de magnésio foi avaliado na osteoporose pós-menopausa e verificou-se que estava aumentado. A diminuição da carga óssea de cálcio pode levar à osteoporose.

O aumento da digoxina endógena, um potente inibidor ou membrana Na+-K+ ATPase, pode diminuir esta actividade enzimática na doença óssea degenerativa. Na doença degenerativa óssea e articular (osteoartrite e espondilose), houve uma inibição significativa da membrana da hemácia Na+-K+ ATPase. A inibição da Na+-K+ ATPase pela digoxina é conhecida por causar um aumento do cálcio intracelular resultante do aumento da troca de Na+-Ca++, aumento da entrada de cálcio através do canal de cálcio fechado de tensão e aumento da libertação de cálcio das reservas de cálcio reticulum endoplasmático intracelular. Este aumento do cálcio intracelular ao deslocar o magnésio dos seus locais de ligação provoca uma diminuição da disponibilidade funcional do magnésio. A diminuição da disponibilidade de magnésio pode causar uma diminuição da formação de ATP mitocondrial que, juntamente com um baixo teor de magnésio, pode causar uma maior inibição da Na+-K+ ATPase. A disfunção mitocondrial relacionada com o depleção intracelular de magnésio resulta numa extrusão defeituosa de cálcio da célula. Há, portanto, uma inibição progressiva da actividade Na+-K+ ATPase, desencadeada pela digoxina. O baixo magnésio intracelular e o elevado cálcio intracelular resultante da inibição da Na+-K+ ATPase parecem ser cruciais para a fisiopatologia da doença óssea degenerativa. O sinal intracelular positivo de cálcio e o sinal negativo de magnésio podem regular diversos processos celulares. O magnésio sérico foi avaliado na doença degenerativa óssea e articular (osteoartrose e espondilose) e verificou-se que foi reduzido. O aumento do cálcio intracelular pode levar à calcificação que se nota nas estruturas articulares e ligamentares na espondilose cervical e lombar. [1-8]

Digoxina arqueal e regulação da função do corpo/lisossomal do Golgi em relação à doença óssea e articular

O arcaico glicosaminoglicóide e o fructosoide contribuem para a síntese de glicoconjugado e catabolismo através do processo de fructólise. A elevação do nível de dolichol na doença óssea degenerativa (espondilose e osteoartrite) pode sugerir a sua maior disponibilidade da N-glicosilação das proteínas. Na deficiência de magnésio encontrada na osteoartrite e espondilose; a glicólise, o ciclo do ácido cítrico e a fosforilação oxidativa são bloqueados e mais glicose 6-fosfato é canalizada para a síntese de glicosaminoglicanos (GAG). A deficiência intracelular de magnésio também resulta num processamento proteolítico defeituoso dos glicoconjugados, dependente da ubiquitina, uma vez que requer magnésio para a sua função. O aumento da actividade das glicoidrolases e das enzimas degradantes de GAG pode ser devido a uma estabilidade lisossómica reduzida e a uma consequente fuga de enzimas lisossómicas para o soro. O aumento da concentração de componentes carboidratos de glicoproteínas e GAG, apesar do aumento da actividade das glicoidrolases, sugere uma mudança qualitativa na sua estrutura. Os complexos proteoglicanos formados na presença de cálcio alterado:

proporções de magnésio intracelularmente, podem ser estruturalmente anormais e contribuir para a alteração da estrutura óssea na osteoartrite. A estabilidade lisossómica é reduzida e há uma maior libertação de enzimas lisossómicas, especialmente a catepsina D, contribuindo para a destruição óssea e articular. O defeito no processamento de proteínas pode resultar numa glicosilação defeituosa dos antigénios endógenos da glicoproteína óssea com a consequente formação defeituosa do complexo antigénio MHC. O transportador de peptídeos ligado ao MHC; uma glicoproteína P que transporta o complexo MHC-antigénio para a superfície celular que apresenta o antigénio; tem um local de ligação ATP. O transportador de peptídeo é disfuncional na presença de deficiência de magnésio. Isto resulta num transporte defeituoso do complexo de antigénio de glicoproteína óssea MHC classe-1 para a superfície celular que apresenta o antigénio, para reconhecimento pelas células CD4 ou CD8. A apresentação defeituosa do antigénio endógeno da glicoproteína óssea pode explicar a desregulação imunitária que contribui para a osteoartrose. Um número de fucose e ácidos siálicos contendo ligantes naturais estão envolvidos no tráfico de leucócitos, e foram descritas na osteoartrite brechas semelhantes na barreira hemato-encefálica e na adesão do linfócito que produz o tráfico de leucócitos e a extravasação para o espaço perivascular.

Na osteoporose senil pós-menopausa, a hipodigoxinemia e a resultante membrana Na+-K+ ATPase relacionada com o aumento dos níveis intracelulares de magnésio podem afectar o metabolismo dos glicosaminoglicanos e das glicoproteínas. A diminuição do nível de dolichol pode sugerir a diminuição da sua disponibilidade para a glicosilação das proteínas N. Nos excessos de magnésio intracelular observados na osteoporose, a glicólise, o ciclo do ácido cítrico e a fosforilação oxidativa são activados e menos glicose 6-fosfato é canalizada para a síntese de

glicosaminoglicanos (GAG). Os resultados mostram uma diminuição na concentração de GAG total sérico, e componentes de glicosaminoglicanos (hexose, fucose e ácido siálico) em osteoporose senil pós-menopausa. As fracções de GAG do indivíduo no sulfato sérico de heparina (HS), sulfatos de condroitina (ChS), heparina (H), ácido hialurónico (HA) e sulfato de dermatan (DS) diminuíram na osteoporose senil pós-menopausa. A actividade das enzimas degradantes GAG (beta glucuronidase, beta N-acetil hexosaminidase, hialuronidase e catepsina-D) e a das glicoidrolases (beta galactosidase, beta fucosidase e beta glucosidase) mostraram uma diminuição significativa do soro na osteoporose senil pós-menopausa. O excesso de magnésio intracelular também resulta num aumento do processamento proteolítico dependente da ubiquitina dos glicoconjugados, uma vez que requer magnésio para a sua função. A diminuição da actividade das glicoidrolases e das enzimas degradantes GAG pode ser devida a uma maior estabilidade lisossomal. O aumento da estabilidade lisossómica e a degradação defeituosa da glicoproteína - complexos de GAG poderiam levar a osteoporose senil pós-menopausa, uma vez que leva a uma remodelação óssea defeituosa. A redução do nível de glicosaminoglicanos ósseos pode também afectar a integridade estrutural do osso, conduzindo à osteoporose. Os glicosaminoglicanos sulfatados têm uma carga negativa e podem ser complexos com iões de cálcio. Isto ajuda a reter os iões de cálcio na matriz óssea e contribui para a integridade estrutural do osso. A redução do nível de glicosaminoglicanos sulfatados pode assim, contribuir para a osteoporose. [1-8]

Digoxina arqueal e alteração na estrutura da membrana e formação da membrana em relação a doenças ósseas e articulares

O esteroidello arcaico, o glicosaminoglicóide e o fructosoide contribuem para a formação da membrana celular sintetizando o colesterol pela via DXP e os glicosaminoglicanos pela fructolise. A alteração da via isoprenoidal especificamente, colesterol, bem como as alterações nas glicoproteínas e GAG podem afectar as membranas celulares. A upregulação da via isoprenoidal na osteoartrite e na espondilose pode levar a um aumento da síntese de colesterol e a deficiência de magnésio pode inibir a síntese de fosfolípidos. A degradação dos fosfolípidos é aumentada devido a um aumento do cálcio intracelular que activa as fosfolipases A_2 e D. O colesterol: relação fosfolípida da membrana hemácia foi aumentada na espondilose e na osteoartrite. A concentração de GAG total, hexose e fucose da glicoproteína diminuiu na membrana das hemácias e aumentou no soro, sugerindo a sua reduzida incorporação na membrana e formação defeituosa da membrana. As glicoproteínas, GAG e glicolípidos da membrana celular são formados no retículo endoplasmático, que é então desabrochado como uma vesícula, que se funde com o complexo golgi. Os glicoconjugados são então transportados através do canal de Golgi e a vesícula de Golgi funde-se com a membrana celular. Este tráfico depende de GTPases e quinases lipídicas, que dependem crucialmente do magnésio e são defeituosas na deficiência de magnésio. A alteração da estrutura da membrana produzida pela alteração dos glicoconjugados e da relação colesterol: fosfolípidos pode produzir alterações na conformação Na+-K+ ATPase, resultando numa maior inibição da membrana Na+-K+ ATPase. As mesmas alterações podem afectar a estrutura da membrana da organela. Isto resulta numa estabilidade lisossomal defeituosa e fuga de glicoidrolases e enzimas degradantes de GAG para o soro. Membranas peroxisomais defeituosas levam a disfunções catalíticas, o que tem sido documentado nestas perturbações.

A desregulação da via isoprenoidal na osteoporose senil pode levar à diminuição da síntese do colesterol e o excesso de magnésio pode estimular a síntese de fosfolípidos. A degradação dos fosfolípidos é diminuída devido a uma diminuição da fosfolipase A_2 e D inibidora do cálcio intracelular. A concentração de GAG total, hexose e fucose da glicoproteína aumentou na membrana hemácia e diminuiu no soro sugerindo a sua maior incorporação na membrana e formação defeituosa da membrana. O tráfico de membranas depende de GTPases e quinases lipídicas, que dependem crucialmente do magnésio e são activadas no excesso de magnésio. A alteração n da estrutura da membrana produzida por uma alteração nos glicoconjugados e no colesterol: a razão fosfolípida pode produzir alterações na conformação da Na+-K+ ATPase, resultando numa estimulação adicional da membrana Na+-K+ ATPase. As mesmas alterações podem afectar a estrutura da membrana da organela. Isto resulta numa maior estabilidade lisossomal. As membranas peroxisomais alteradas podem levar a uma hiperactividade catalítica notada em estados hipodigoxinémicos. [1-8]

Digoxina arqueal e disfunção mitocondrial em relação a doenças ósseas e articulares

A arcaeaon vitaminocyte contribui para a síntese da ubiquinona e da função da cadeia de transporte de electrões mitocondriais. A função mitocondrial relacionada com a geração de radicais livres é regulada pelo arquebactéria vitaminócito sintetizado tocoferol e ácido ascórbico. A concentração de ubiquinona diminuiu significativamente na osteoartrite e espondilose, que pode ser o resultado de baixos níveis de tirosina, relatados em doenças degenerativas dos ossos e articulações (espondilose e osteoartrite) em consequência do efeito da digoxina na promoção preferencial do transporte de triptofano em detrimento da tirosina. A parte anelar aromática da ubiquinona é derivada da tirosina. A ubiquinona, que é um componente importante da cadeia de transporte de electrões mitocondriais, é um antioxidante de membrana e contribui para a eliminação de radicais livres. O aumento do cálcio intracelular pode abrir o PT mitocondrial, causando um colapso do gradiente de hidrogénio através da membrana interna e um desacoplamento da cadeia respiratória. A deficiência intracelular de magnésio pode levar a um defeito no funcionamento da ATP synthase. Tudo isto leva a defeitos na fosforilação oxidativa mitocondrial, redução incompleta do oxigénio e geração de um ião superóxido, que produz peroxidação lipídica. A deficiência de ubiquinona também leva a uma redução da eliminação de radicais livres. O aumento do cálcio intracelular pode levar a um aumento da geração de NO ao induzir a enzima óxido nítrico sintetase, que se combina com um radical superóxido para formar peroxinitrito. O aumento do cálcio pode também activar a fosfolipase $_{A2}$, resultando num aumento da geração de ácido araquidónico que pode sofrer um aumento da peroxidação lipídica. O aumento da geração de radicais livres como o ião superóxido e o radical hidroxil pode produzir peroxidação lipídica e danos na membrana celular, o que pode inactivar ainda mais a Na+-K+ ATPase, desencadeando mais uma vez o ciclo de geração de radicais livres. A deficiência de magnésio pode afectar as funções glutatião-sintase e glutatião-redutase. O superóxido mitocondrial dismutase vaza e torna-se disfuncional com uma abertura relacionada com o cálcio do PT mitocondrial e ruptura da membrana externa. A membrana peroxisomal é defeituosa devido a um defeito relacionado com a inibição de Na+-K+ ATPase na formação da membrana e leva a uma reduzida actividade catalítica. A geração de radicais livres relacionados com a disfunção mitocondrial tem sido implicada na patogénese das disfunções imunomediadas descritas na doença degenerativa óssea e articular (osteoartrite).

O aumento da abertura intracelular relacionada com o cálcio do PT mitocondrial também leva a uma desregulação do volume das mitocôndrias causando hiperosmolalidade da matriz e expansão do espaço da matriz. A membrana externa das mitocôndrias rompe e liberta um factor indutor de apoptose e citocromo C no citoplasma. Isto resulta na activação da caspase-9 e da caspase-3. A caspase-9 pode produzir a apoptose da célula. A apoptose tem sido implicada na morte da célula. O aumento da apoptose da osteoblastose pode contribuir para doenças degenerativas ósseas e articulares (osteoartrite e espondilose cervical).

A concentração de ubiquinona aumentou significativamente na osteoporose senil pós-menopausa, que pode ser o resultado do aumento dos níveis de tirosina, em consequência da deficiência de digoxina que promove o transporte de tirosina sobre o triptofano. A diminuição do cálcio intracelular pode estabilizar o PT mitocondrial e melhorar a função mitocondrial. O excesso de magnésio intracelular pode levar a um aumento da actividade da ATP synthase. Tudo isto leva a uma maior eficiência na fosforilação oxidativa mitocondrial e a uma redução da geração de radicais livres. O excesso de ubiquinona também leva a um aumento da procura de radicais livres. A diminuição do cálcio intracelular pode levar à diminuição da geração de NO ao inibir a enzima óxido nítrico sintetase e reduzir a formação de peroxinitritos. A diminuição do cálcio pode também inibir a fosfolipase A_2 resultando na diminuição da geração de ácido araquidónico e na formação de radicais livres. A diminuição da geração de radicais livres como o ião superóxido e o radical hidroxil pode estabilizar a membrana celular e estimular a membrana Na+-K+ ATPase. Houve uma diminuição na peroxidação lipídica, como evidenciado pela diminuição da concentração de MDA, dienos e hidroperóxidos conjugados e o aumento de necrófagos de radicais livres como a ubiquinona e redução do glutatião na osteoporose senil. A actividade das enzimas envolvidas na desoxidação dos radicais livres como a superóxido dismutase, catalase, glutatião peroxidase e glutatião redutase é aumentada na osteoporose senil pós-menopausa sugerindo um aumento da desoxidação dos radicais livres. A membrana peroxisomal é estabilizada devido à alteração na formação da membrana relacionada com a estimulação Na+-K+ ATPase e leva a um aumento da actividade catalítica. O glutatião é sintetizado pela enzima glutatião sintetase, que necessita de magnésio e ATP. O elevado magnésio intracelular resultante da estimulação de Na+-K+ ATPase e o consequente aumento da síntese de ATP pode resultar num aumento da síntese de glutatião. O glutatião peroxidase, uma enzima contendo selénio, oxida o glutatião reduzido (GSH) ao glutatião oxidado (GSSG) que é então rapidamente reduzido ao GSH pela glutatião redutase. Há também uma conversão concomitante de H2O2 para H2O. A actividade do glutatião redutase necessita de NADPH para a regeneração de GSH. Este NADPH provém principalmente da via do fosfato pentose. O excesso de magnésio intracelular devido à estimulação da membrana Na+-K+ ATPase leva ao aumento da formação de glucose 6-fosfato e à upregulação da via de fosfato pentose com o consequente aumento da geração de NADPH. O sistema de glutationa de eliminação de radicais livres é activado na presença da estimulação da membrana Na+-K+ ATPase. A superóxido dismutase existe sob a forma mitocondrial e citoplasmática. A estabilização do PT mitocondrial em consequência da redução do cálcio intracelular produz uma maior actividade superóxida dismutase. Os radicais livres são necessários para a actividade osteoclástica e remodelação óssea. A geração reduzida de radicais livres devido a uma maior eficiência das mitocôndrias leva a uma remodelação óssea defeituosa relacionada com osteoclastos e osteoporose senil pós-menopausa. A diminuição da estabilização intracelular relacionada com o cálcio do PT mitocondrial também leva à desregulação do programa apoptótico e à redução da apoptose. A estabilização do PT mitocondrial leva à redução da libertação do factor indutor da apoptose e do citocromo C no citoplasma. Isto resulta na inactivação da caspase-9 que produz a apoptose celular. A apoptose é um componente importante da remodelação óssea. A apoptose defeituosa leva a uma remodelação óssea defeituosa e osteoporose senil pós-menopausa. [1-8]

Digoxina arqueal e imunoregulação em relação a doenças ósseas e articulares

O fructosoide arcaico contribui para a fructólise e activação imunitária. A frutose pode contribuir para a indução de NFKB e activação imunitária. O arquebactérias esteroidelle sintetizado digoxina induz a NFKB produzindo activação imunitária. Na hiperdigoxinemia relacionada com a doença óssea degenerativa (espondilose e osteoartrite) o cálcio intracelular aumentado activa a via de transdução do sinal de calcineurina dependente do cálcio que pode produzir activação de células T e secreção de interleucina-l. Isto também pode explicar a activação imunitária que leva à destruição das articulações em doenças ósseas degenerativas (osteoartrose). A inibição da membrana Na+-K+ ATPase pode produzir activação imunitária e é relatada para aumentar as relações CD4/CD8, como exemplificado pela acção do lítio. [1-8]

Digoxina arqueal, activação oncogénica e doença óssea e articular

A arcaeaon que segrega o RNA viroide é chamada de viroidelle. O DNA primitivo do arquebactéria é integrado juntamente com os viroides de RNA que são convertidos no seu ADN correspondente pela acção da transcriptase inversa HERV induzida por stress redox no genoma humano pela integrase HERV induzida por stress redox. As sequências de DNA arqueal que são integradas no genoma humano formam sequências genómicas humanas endógenas semelhantes às sequências HERV e podem funcionar como genes saltadores que regulam a flexibilidade do DNA genómico. As sequências genómicas endógenas integradas do arquebactéria podem ser expressas na presença de stress redox formando partículas endosimbióticas do arquebactéria que podem funcionar como uma nova organela chamada arquebactérias. Na doença degenerativa óssea e articular hiperdigoxinémica, o aumento do cálcio intracelular activa a fosfolipase C beta que resulta num aumento da produção de diaciglicerol (DAG) com a consequente activação da proteína quinase C. A proteína quinase C (PKC) activa a cascata da MAP quinase, resultando na proliferação osteoblástica celular. A diminuição do magnésio intracelular pode produzir disfunção da actividade da GTPase da subunidade alfa da proteína G. Isto resulta na activação da ras oncogene, uma vez que mais da ras está ligada ao GTP do que ao PIB, a upregulação da via isoprenoidal pode resultar no aumento da produção de farnesil fosfato, que pode farnesilar a ras oncogene, produzindo a sua activação. Assim, na doença degenerativa óssea e articular relacionada com o estado hiperdigoxinémico (espondilose e osteoartrite), há um aumento do potencial de crescimento do osteoblasto, o que leva a um aumento da densidade óssea e espondilose. Na osteoporose senil pós-menopausa hipodigoxinémica, magnésio intracelular elevado e cálcio intracelular baixo em consequência da estimulação Na+-K+ ATPase parece reduzir o potencial de crescimento do osteoblasto. A diminuição do cálcio intracelular inactiva a fosfolipase C beta, o que resulta numa diminuição da produção de diaciglicerol (DAG) com a consequente inactivação da proteína quinase C A activação da proteína quinase C (PKC) da cascata MAP quinase é inibida, resultando num bloqueio da proliferação celular. O aumento do magnésio intracelular pode produzir um aumento da actividade da GTPase da subunidade alfa da proteína G. Isto resulta na inactivação da ras oncogene, uma vez que mais da ras está ligada ao PIB do que ao GTP e a uma redução do potencial de crescimento osteoblástico. A desregulação da via isoprenoidal pode resultar numa diminuição da produção de farnesil fosfato que é necessária para a activação da ras oncogene. Portanto, o ras oncogene é inactivado. Na osteoporose senil pós-menopausa hipodigoxinémica, há uma redução do potencial de crescimento do osteoblasto. Isto contribui para a patogénese da osteoporose senil pós-menopausa. [1-8]

Estado hiperdigoxinémico induzido pelo Arqueal e dominância hemisférica em relação à doença óssea e articular

As arcaeas relacionadas com organela - esteroidelle, neurotransminoide e vitaminaocyte contribuem para o domínio hemisférico. Assim, a doença degenerativa óssea e articular (espondilose e osteoartrite) representa o estado hiperdigoxinémico. Isto leva a: (1) aumento da produção de radicais livres e redução de scavenging levando a um aumento da actividade osteoclástica, (2) aumento da síntese de glicoconjugados e estabilidade lisossomal defeituosa, (3) activação imunitária. (4) membrana Na+-K+ inibição da ATPase relacionada com o aumento da carga de cálcio no osso, (5) apoptose aumentada relacionada com a digoxina, e (6) hiperdigoxinemia relacionada com o aumento do potencial de proliferação osteoblástica. O estado hiperdigoxinémico ocorre em indivíduos hemisféricos dominantes do hemisfério direito.

A osteoporose senil pós-menopausa é um estado hipodigoxinémico. Isto leva a: (1) produção reduzida de radicais livres, (2) síntese reduzida de glicoconjugados, (3) lisossomas estáveis que podem contribuir para a actividade osteoclástica defeituosa e remodelação óssea, (4) inibição da membrana Na+-K+ relacionada com a inibição da ATPase, redução da carga de cálcio intracelular, (5) inactivação imunitária relacionada com a hipodigoxinemia, (6) hipodigoxinemia relacionada com a redução da apoptose e remodelação óssea, e (7) bloqueio da proliferação osteoblástica relacionado com a hipodigoxinemia. O padrão na osteoporose senil pós-menopausa é semelhante ao estado hemisférico dominante no hemisfério esquerdo.

Os padrões relacionados com a hiperdigoxinemia observados na espondilose e osteoartrite estão correlacionados com a dominância hemisférica direita. Do mesmo modo, o padrão relacionado com a hipodigoxinemia na osteoporose senil correlaciona-se com a dominância hemisférica esquerda. A dominância hemisférica e a digoxina arqueal decidem a predisposição para estes estados de doença. [1-8]

Referências

1. Kurup RK, Kurup PA. Digoxina hipotalâmica e relação de dominância química hemisférica com a patogénese da osteoporose senil, osteoartrose degenerativa e espondilose. *In. I. Neurosci.* 2003 Mar; 113(3): 341-59.

2. Kurup RK, Kurup PA. Digoxina hipotalâmica, dominância cerebral, e metabolismo lipídico. *Int. J Neurosci.* 2003 Jan; 113 (1): 107 - 15.

3. Kurup RK, Kurup PA. Digoxina hipotalâmica, dominância química hemisférica, e regulação endócrina / metabólica / celular. *Int. J. Neurosci.* 2002 Dez; 112(12): 1421 - 38.

4. Kurup RK, Kurup PA. Digoxina hipotalâmica, dominância cerebral e função mitocondrial / metabolismo dos radicais livres. *Int. J Neurosci*. 2002 Dez; 112 (12): 1409-20.

5. Kurup RK, Kurup PA. Digoxina hipotalâmica, domínio cerebral, e função corpo/ lisossómica de Golgi. *Int. J Neurosci*. 2002 Dez; 112 (12): 1449 - 59.

6. Kurup RK, Kurup PA. Domínio cerebral da digoxina hipotalâmica e bioquímica de membrana. *Int. J Neurosci*. 2002 Dez: 112(12): 1439 - 47.

7. Kurup RK, Kurup PA. Digoxina hipotalâmica, domínio químico cerebral, e metabolismo do cálcio/magnésio. *Int. J. Neurosci*. 2003 Jul; 113(7): 999-1004.

8. Kurup RK, Kurup PA. Hipodigoxinemia endógena - síndrome de imunodeficiência relacionada. *Int. J Neurosci*. 2003 Set; 113(9): 1287 - 303.

CAPÍTULO 25

DIGOXINA ARQUEAL, DOMÍNIO CEREBRAL E REGULAÇÃO DA FUNÇÃO CARDIOVASCULAR

Introdução

O hipotálamo humano e a célula endotelial vascular sintetizam um glicosídeo esteroidal, digoxina que funciona como um inibidor da membrana endógena Na+-K+ ATPase. Estudos no nosso laboratório através da alimentação com acetato [14C] rotulado demonstraram a síntese da digoxina da via isoprenoidal. A inibição da membrana Na+-K+ ATPase resulta num aumento do cálcio intracelular e numa redução do magnésio intracelular. O cálcio também tem sido implicado na patogénese da hipertensão essencial. Os bloqueadores de entrada de cálcio são agentes anti-hipertensivos eficazes. Relatórios anteriores demonstraram níveis aumentados de digoxina na hipertensão essencial, sugerindo um papel da digoxina endógena na sua patogénese. Anormalidades de transporte de sódio através da membrana celular têm sido documentadas na hipertensão. Assumiu-se que esta anormalidade no transporte de sódio reflecte uma alteração indefinida na membrana celular e este defeito ocorre também na célula muscular lisa vascular. O defeito leva a uma acumulação anormal de cálcio no músculo liso vascular, resultando numa maior capacidade de resposta vascular aos agentes vasoconstritores. Este defeito foi proposto para estar presente em 35-50 por cento dos doentes hipertensivos essenciais com base em estudos que utilizaram células vermelhas. A resistência à insulina ou hiperinsulinismo tem sido sugerida como sendo responsável pelo aumento da pressão arterial em alguns doentes com hipertensão. Embora seja evidente que uma fracção substancial da população hipertensiva tem resistência à insulina e hiperinsulinemia, é menos certo que seja mais do que uma associação. Todos os tecidos alvo não são resistentes à acção da insulina, especialmente aqueles envolvidos no processo hipertensivo. A hiperinsulinemia pode aumentar a pressão arterial por vários mecanismos. A hiperinsulinemia produz retenção de sódio renal e aumenta a actividade simpática. Outro mecanismo é a hipertrofia muscular lisa vascular secundária à acção mitogénica da insulina. Finalmente, a insulina também modifica o transporte iónico através da membrana celular, aumentando assim potencialmente os níveis de cálcio citosólico dos tecidos vasculares ou renais sensíveis à insulina. A hipertensão é um factor de risco de doença arterial coronária e de acidente vascular cerebral trombótico. Os factores que predispõem à hipertensão também podem predispor à oclusão vascular. Temos sido capazes de detectar pacientes que estavam persistentemente hipotensos com a tensão arterial sistólica abaixo dos 80-90 mm. Por conseguinte, foi considerado crucial avaliar os factores que produzem a hipotensão neste grupo de pacientes.

Por conseguinte, foi considerado pertinente estudar o papel da digoxina endógena em 4 conjuntos de pacientes: 1) casos de hipertensão essencial e pacientes com tensão arterial baixa e com antecedentes familiares de hipotensão, 2) pacientes com doença arterial coronária e acidentes vasculares cerebrais trombóticos durante a fase aguda da doença, 3) pacientes com fibrilação auricular solitária e acidente vascular cerebral embólico, e 4) a via isoprenoidal foi também avaliada os indivíduos dominantes hemisférico esquerdo, hemisférico direito e bihemisférico para descobrir se a dominância hemisférica tem alguma relação com a secreção de digoxinas do arco hipotalâmico e o risco de doença vascular. Estudos demonstraram que o factor endógeno semelhante à digoxina é de facto o glicosídeo esteroidal, a própria digoxina. A digoxina é sintetizada pela via isoprenoidal. A digoxina pode regular o transporte de aminoácidos e neurotransmissores. A via isoprenoidal também produz dois outros metabolitos importantes - a ubiquinona envolvida na remoção de radicais livres e o dolicol importante no metabolismo do glicoconjugado. Assim, a via isoprenoidal foi avaliada no grupo de pacientes acima mencionado juntamente com padrões catabólicos de tirosina/ triptofano. [1-13]

Pacientes e métodos

Foi obtido o consentimento informado de todos os pacientes/indivíduos normais incluídos no estudo. Foi também obtida a autorização do comité de ética do instituto. Foram escolhidos 7 conjuntos de pacientes para o estudo: (1) 15 casos de hipertensão essencial, (2) 15 casos de hipotensão familiar, (3) 15 casos de doença coronária aguda, (4) 15 casos de oclusão cerebrovascular aguda trombótica, (5) pacientes com fibrilação auricular solitária e acidente vascular cerebral embólico, (6) 15 casos de controlos dominantes bio-hemisféricos de idade e sexo combinados, (7) 15 casos cada um dos indivíduos dominantes hemisféricos direito, hemisférico esquerdo e bio-hemisférico diagnosticados pelo teste de escuta dicótica. A idade dos pacientes variou entre os 50-70 anos. Nenhum dos indivíduos estudados estava sob medicação na altura da remoção de sangue. Todos os sujeitos incluídos no estudo eram não fumadores (activos ou passivos). O sangue em jejum foi removido em tubos de citrato de cada um dos doentes acima mencionados. As hemácias foram separadas dentro de uma hora após a colheita de sangue para a estimativa da membrana Na+-K+ ATPase. O plasma foi utilizado para a análise de vários parâmetros. A metodologia utilizada no estudo foi a seguinte. Todos os bioquímicos utilizados neste estudo foram obtidos de M/s. Sigma Chemicals, EUA. A actividade de HMG CoA redutase do plasma foi determinada pelo método de Rao e Ramakrishnan, determinando a proporção de HMG CoA para mevalonate. Para a determinação da actividade do RBC Na+-K+ ATPase da membrana eritrocitária, foi utilizado o procedimento descrito por Wallach e Kamat. A digoxina no plasma foi determinada pelo procedimento descrito por Arun et al. Para a estimativa da ubiquinona e dolichol no plasma, foi utilizado o procedimento descrito por Palmer et al. O magnésio no plasma foi estimado por espectrofotometria de absorção atómica. Triptófano, tirosina, serotonina e catecolaminas foram estimados pelos procedimentos descritos nos métodos de análise bioquímica. O teor de ácido quinolínico do plasma foi estimado por HPLC (C18 coluna micro BondapakTM 4,6x150 mm), sistema solvente 0,01 M de tampão acetato (pH 3,0) e metanol (6:4), taxa de fluxo 1,0 ml/minuto e detecção (UV 250 nm). A morfina, estricnina e nicotina foram estimadas pelo método descrito por Arun et al. A análise estatística foi feita por 'ANOVA'.

Resultados

(1) Os resultados mostraram que a actividade de HMG CoA redutase, digoxina sérica e dolichol foram aumentadas em hipertensão essencial, CAD aguda, acidente vascular cerebral trombótico agudo e fibrilação atrial isolada com acidente vascular cerebral embólico indicando upregulação da via isoprenoidal, mas a ubiquinona sérica, membrana RBC sódio-potássio ATPase e a actividade sérica de magnésio foram reduzidas. Os resultados mostraram que a actividade da HMG CoA redutase, digoxina sérica e dolichol foram diminuídos na hipotensão familiar, indicando a desregulação da via isoprenoidal mas a ubiquinona sérica, a actividade da ATPase sódico-potássica da membrana das hemácias e o magnésio sérico foram aumentados.

(2) Os resultados mostraram que a concentração de triptofano, ácido quinolínico, serotonina, estricnina e nicotina era maior no plasma de pacientes com hipertensão essencial, CAD aguda, acidente vascular cerebral trombótico agudo e fibrilação atrial isolada com derrame embólico, enquanto que a de tirosina, dopamina, norepinefrina e morfina era menor. Os resultados mostraram que a concentração de triptofano, ácido quinolínico, serotonina, estricnina e nicotina era menor no plasma de pacientes com hipotensão familiar, enquanto que a de tirosina, dopamina, norepinefrina e morfina era mais elevada.

(3) Os resultados mostraram que a actividade de HMG CoA redutase, digoxina sérica e dolichol foram aumentadas e a ubiquinona reduzida em indivíduos dominantes do hemisfério esquerdo/direito. Os resultados mostraram que a actividade de HMG CoA redutase, a digoxina do soro e o dolichol foram diminuídos e a ubiquinona aumentou em indivíduos dominantes do hemisfério direito/esquerdo. Os resultados mostraram que a concentração de triptofano, ácido quinolínico, serotonina, estricnina e nicotina era maior no plasma dos indivíduos dominantes do hemisfério esquerdo/direito enquanto que a de tirosina, dopamina, morfina e norepinefrina era menor. Os resultados mostraram que a concentração de triptofano, ácido quinolínico, serotonina, estricnina e nicotina foi menor no plasma dos indivíduos dominantes do hemisfério direito/esquerdo enquanto que a de tirosina, dopamina, morfina e norepinefrina foi maior.

Discussão

Digoxina arqueal e alteração na estrutura da membrana e formação de membranas em relação às doenças cardiovasculares

O esteroidelle arcaico contribui para a síntese e metabolismo lipídico. A via do arquebactérias esteroidelle DXP e a via do fosfato pentose upregulada contribuem para a síntese da digoxina. O aumento da digoxina endógena, um potente inibidor da membrana Na+-K+ ATPase, pode diminuir esta actividade enzimática. Houve aumento da síntese de digoxina na hipertensão essencial, CAD aguda, AVC trombótico agudo e fibrilação atrial isolada com AVC embólico, como evidenciado pelo aumento da actividade da HMG CoA redutase. Estudos no nosso laboratório demonstraram que a digoxina é sintetizada pela via isoprenoide. Em todas as perturbações estudadas, houve uma inibição significativa da membrana da hemácia Na+-K+ ATPase e esta inibição parece ser uma característica comum na hipertensão essencial, CAD aguda e AVC trombótico agudo. A inibição da Na+-K+ ATPase pela digoxina é conhecida por causar um aumento do cálcio intracelular resultante do aumento da troca de Na+-Ca++, aumento da entrada de Ca++ através do canal de cálcio fechado de tensão e aumento da libertação de Ca++ a partir de armazéns intracelulares de retículo endoplasmático Ca++. Este aumento de Ca++ intracelular ao deslocar Mg++ do seu local de ligação causa uma diminuição na disponibilidade funcional de Mg+++. Esta diminuição na disponibilidade de Mg+++ pode causar uma diminuição da formação de ATP mitocondrial que, juntamente com Mg+++ baixo pode causar uma maior inibição da Na+-K+ ATPase, uma vez que o complexo ATP-Mg+++ é o substrato real para esta reacção. Existe assim uma inibição progressiva da actividade da membrana Na+-K+ ATPase, desencadeada pela digoxina. Mg++ baixo intracelular e Ca++ alto intracelular em consequência da inibição da membrana Na+-K+ ATPase parecem ser cruciais para a fisiopatologia da hipertensão essencial, da CAD aguda e da trombose aguda. O aumento do cálcio intracelular pode activar o receptor de angiotensina acoplado à proteína G produzindo hipertensão e o receptor de trombina acoplado à proteína G e o factor activador de plaquetas produzindo trombose observada na CAD aguda e no acidente vascular cerebral trombótico agudo. A inibição da Na+-K+ ATPase relacionada com o aumento do cálcio muscular liso e a diminuição do magnésio podem contribuir para o vasoespasmo e isquemia observados no acidente vascular cerebral trombótico agudo e na CAD. Assim, o aumento da secreção de digoxina hipotalâmica ou endotelial do arquebactéria poderia conduzir a vasoespasmo e trombose aguda. Assim, uma disfunção neural poderia contribuir para a DAC aguda e a trombose trombótica. Este vasoespasmo poderia também contribuir para a hipertensão. O aumento do cálcio intracelular pode abrir o PT mitocondrial produzindo disfunção mitocondrial da célula endotelial. Isto resulta na alteração da fluidez da membrana do endotélio e aumento da permeabilidade das células endoteliais às lipoproteínas. O aumento do cálcio intracelular dentro da célula endotelial leva a alterações na síntese da elastina da parede arterial, rotação e composição, alteração da configuração da elastina da parede arterial expondo os sítios hidrofóbicos da elastina, resultando num aumento da absorção de colesterol e fragmentação da membrana elástica da parede arterial com calcificação. A diminuição do magnésio intracelular pode produzir disfunção da lipoproteína lipase produzindo catabolismo defeituoso das lipoproteínas ricas em triglicéridos e hipertrigliceridemia. A hipomagnesemia leva à diminuição da actividade da Lecithin colesterol acyl transferase (LCAT) e à redução da formação de ésteres de colesterol no HDL, bem como ao aumento dos níveis de colesterol LDL. A administração de nicotina é conhecida por produzir vaso-espasmo. Pode também produzir estimulação ganglionar autonómica, estimulação medular adrenal medular e estimulação carotídea/ aórtica do corpo, levando à hipertensão. A administração de nicotina pode levar ao aumento da colesterogénese dos tecidos, à diminuição da degradação hepática do colesterol e ao aumento da síntese dos triglicéridos. A actividade plasmática LCAT e lipoproteína lipase é reduzida na administração de nicotina levando à diminuição do colesterol HDL e ao aumento do colesterol LDL+VLDL. Assim, o aumento da síntese endógena de nicotina pode contribuir para a aterosclerose e hipertensão. A morfina pode actuar como vasodilatador e a sua deficiência pode contribuir para o vasoespasmo. A deficiência intracelular de magnésio pode levar a uma disfunção da proteína tirosina quinase e a um defeito do receptor de insulina. O aumento do cálcio intracelular e a redução do magnésio intracelular podem levar a um aumento da secreção de insulina da célula beta da ilhota de Langerhans. Isto leva ao hiperinsulinismo. Os tecidos vasculares permanecem sensíveis à insulina. O hiperinsulinismo pode contribuir para a hipertensão pela sua acção sobre os túbulos renais, resultando na retenção de sódio e acção mitogénica sobre a célula muscular lisa vascular. Por outro lado, a diminuição da actividade da HMG CoA reductase em casos de hipotensão familiar sugere uma desregulação da via isoprenóide. Há uma diminuição acentuada da digoxina plasmática em consequência da sua síntese reduzida. Sabe-se que a estimulação Na+-K+ ATPase pela redução dos níveis de digoxina causa uma diminuição do cálcio intracelular e um aumento do magnésio intracelular por mecanismos descritos anteriormente. Magnésio intracelular elevado e cálcio intracelular baixo em consequência da estimulação de Na+-K+ ATPase poderia contribuir para a vasodilatação e hipotensão.

O aumento dos níveis de digoxina pode afectar a condução atrial, conduzindo à fibrilação atrial. A hipomagnesemia resultante do aumento dos níveis de digoxina e da inibição da membrana Na+-K+ ATPase também pode levar à fibrilação atrial. O aumento do cálcio intracelular como já indicado pode activar o receptor de trombina acoplado à proteína G e o factor activador de plaquetas produzindo trombose observado em doentes com fibrilação atrial isolada e acidente vascular cerebral embólico. Isto pode levar à formação de um trombo de LA (átrio esquerdo). Assim, uma disfunção neural pode contribuir para a formação de um trombo LA e uma fibrilação atrial resultando num acidente vascular cerebral embólico.

Digoxina arqueal, via do ácido chiquímico e regulação da síntese e função do neurotransmissor em relação às doenças cardiovasculares

A via arcaica do ácido chiquímico neurotransminoide contribui para a síntese de triptofano e tirosina e catabolismo gerando neurotransmissores e alcalóides neuroactivos. Há um aumento do triptofano e dos seus catabolitos e uma redução da tirosina e dos seus catabolitos no soro de pacientes com hipertensão essencial, CAD aguda e AVC trombótico agudo. Isto pode dever-se ao facto de a digoxina poder regular o sistema de transporte de aminoácidos neutros com promoção preferencial do transporte de triptofano sobre a tirosina. A diminuição da actividade da membrana Na+-K+ ATPase na hipertensão, na CAD aguda e no acidente vascular cerebral trombótico agudo poderia dever-se ao facto de os neurotransmissores hiperpolarizantes (dopamina, morfina e noradrenalina) serem reduzidos e os compostos neuroactivos despolarizantes (serotonina, glutamato (aumento da actividade N-metil-D-aspartato - NMDA devido à depleção intracelular do magnésio), estricnina, nicotina e ácido quinolínico) serem aumentados. O padrão neurotransmissor esquizóide de redução da dopamina, noradrenalina e morfina e aumento da serotonina, estricnina (bloqueia a transmissão glicinérgica cerebral inibitória), glutamato e nicotina (promove a transmissão dopaminérgica apesar da redução dos níveis de dopamina) é comum a todas as perturbações estudadas e pode predispor ao seu desenvolvimento. Um tipo esquizóide de personalidade poderia predispor ao desenvolvimento da hipertensão, da

CAD aguda e do AVC agudo. Por outro lado, os resultados mostraram que a concentração de triptofano e dos seus metabolitos - ácido quinolínico, nicotina, estricnina e serotonina - foi menor no plasma de pacientes com hipotensão familiar, enquanto que a de tirosina, dopamina, morfina e norepinefrina foi maior em consequência dos baixos níveis de digoxina que promovem o transporte de tirosina sobre o triptofano. O aumento da actividade da membrana Na+-K+ ATPase na hipotensão familiar poderia dever-se ao facto de os neurotransmissores hiperpolarizantes (dopamina, morfina e noradrenalina) estarem aumentados e os compostos neuroactivos darpolarizantes [serotonina, estricnina, nicotina, ácido quinolínico e glutamato (diminuição da transmissão de NMDA devido à hipermagnesemia)] estarem diminuídos. A diminuição da serotonina pode levar à depressão e à neurose obsessiva. Uma tal psicopatologia pode coexistir com a hipotensão familiar.

Digoxina arqueal e regulação do corpo de golgi/ função lisossómica em relação à doença pulmonar - A glicosaminoglicóide

O arcaico glicosaminoglicóide e o fructosoide contribuem para a síntese de glicoconjugado e catabolismo através do processo de fructólise. O esteroidelle arcaico, o glicosaminoglicóide e o fructosoide contribuem para a formação da membrana celular sintetizando o colesterol pela via DXP e os glicosaminoglicanos pela fructólise. A membrana Na+-K+ inibição da ATPase relacionada com a diminuição do nível intracelular de magnésio em CAD agudo, AVC agudo e hipertensão essencial pode estimular a síntese de glicosaminoglicanos de parede dos vasos e glicolipídios. O aumento do nível de dolichol pode sugerir a sua maior disponibilidade para N-glicosilação de proteínas. O aumento dos níveis de glicoconjugado apesar do aumento da actividade das enzimas degradantes lisossómicas sugere uma mudança qualitativa na estrutura do glicoconjugado, tornando-o resistente à acção das enzimas lisossómicas. Glicoproteínas alteradas e GAG (sulfato de heparan e sulfato de condroitina) acumulam-se na parede do vaso e complexo com lipoproteínas que levam à arteriosclerose e aterosclerose em consequência da redução da digestão proteolítica destes complexos. O aumento de fucoligandas e sialoligandas pode também levar à infiltração imunitária da parede arterial por monócitos que conduzem à aterogénese. O glicoconjugado de superfície celular alterado pode produzir uma proliferação muscular lisa da parede arterial em consequência de uma inibição de contacto defeituosa. Glicoproteínas estruturais anormais e proteoglicanos resistem ao catabolismo por enzimas lisossómicas e acumulam-se conduzindo à formação de depósitos amilóides. A amilóide é uma proteína processada defectivamente. A acumulação de amilóide dentro do tecido condutor na velhice pode levar à fibrilação atrial isolada.

Digoxina arqueal e disfunção mitocondrial em relação a doenças cardiovasculares - O vitaminócito

A arcaeaon vitaminocyte contribui para a síntese da ubiquinona e da função da cadeia de transporte de electrões mitocondriais. A função mitocondrial relacionada com a geração de radicais livres é regulada pelo arquebactéria vitaminócito sintetizado tocoferol e ácido ascórbico. A concentração de ubiquinona diminuiu significativamente em CAD agudo, derrame trombótico e hipertensão essencial que talvez seja o resultado da diminuição dos níveis de tirosina, em consequência do aumento da digoxina promovendo o transporte de triptofano sobre a tirosina. A porção do anel aromático da ubiquinona é sintetizada a partir da lirosina. A abertura do PT mitocondrial pelo aumento do cálcio intracelular e diminuição da actividade de síntese de ATP devido à hipomagnesemia intracelular leva à diminuição da eficácia da fosforilação oxidativa mitocondrial e ao aumento da produção de radicais livres. O aumento do cálcio intracelular pode estimular a óxido nítrico sintetase levando ao aumento da geração de NO, bem como à estimulação da fosfolipase A_2 resultando no aumento da libertação de ácido araquidónico e na geração de radicais livres. O aumento da geração de radicais livres pode produzir danos peroxidativos lipídicos da membrana celular e inibir ainda mais a membrana Na+-K+ ATPase. Há uma diminuição da protecção antioxidante, tal como indicado por uma diminuição da ubiquinona do catador de radicais livres em CAD agudo, derrame trombótico e hipertensão essencial. O aumento da produção de radicais livres poderia contribuir para o aumento da incidência de arteriosclerose e aterosclerose na CAD aguda, acidente vascular cerebral trombótico e hipertensão essencial. Isto leva à oxidação do LDL, ruptura do macrófago pelo LDL oxidado e ruptura da placa pelas enzimas lisossómicas libertadas. O aumento do cálcio intracelular e a abertura relacionada com a ceramida do PT mitocondrial também leva à libertação do cito C no citoplasma, activação da caspase-9 e apoptose, contribuindo para a aterosclerose na CAD aguda, acidente vascular cerebral trombótico e hipertensão essencial. A concentração de ubiquinona aumentou significativamente na hipotensão familiar, que pode ser o resultado do aumento dos níveis de tirosina, em consequência da deficiência de digoxina que promove o transporte de tirosina sobre o triptofano. A estabilização do PT mitocondrial pela diminuição do cálcio intracelular e o aumento da actividade de síntese de ATP devido à hipermagnesemia intracelular leva a uma maior eficiência na fosforilação oxidativa mitocondrial e a uma redução da produção de radicais livres. A diminuição do cálcio intracelular pode inibir a óxido nítrico sintetase levando à diminuição da geração de NO bem como à inibição da fosfolipase A_2 resultando na diminuição da libertação de ácido araquidónico e da geração de radicais livres. A diminuição da geração de radicais livres pode estabilizar a membrana celular e estimular ainda mais a membrana Na+-K+ ATPase. Há uma maior protecção antioxidante, tal como indicado pelo aumento dos removedores de radicais livres (ubiquinona e aumento da redução do glutatião) e aumento das enzimas removedoras de radicais livres na hipotensão familiar, membranas peroxisomais estáveis devido à alteração na formação da membrana levam ao aumento da actividade catalítica. A glutationa sintetase e a glutationa redutase são activadas na hipermagnesemia intracelular. Uma estabilização intracelular reduzida do PT mitocondrial relacionada com o cálcio produz um aumento da eficiência da actividade da superóxido dismutase. A diminuição da produção de radicais livres poderia contribuir para a redução da incidência de arteriosclerose e aterosclerose em casos de hipotensão familiar. A diminuição do cálcio intracelular e a estabilização relacionada com a ceramida do TP mitocondrial também leva à desregulação do programa apoptótico e reduz a aterosclerose na hipotensão familiar. A síntese de NO vasodilatador nos dois grupos aumentou a síntese de NO na hipertensão aguda essencial CAD e AVC e diminuiu a síntese de NO na hipotensão familiar é um paradoxo. Provavelmente a síntese de NO ocorre como um evento tardio na trombose vascular, onde gera o peroxinitrito radical livre tóxico danificando o endotélio vascular. Este mecanismo provavelmente anula a sua função vasodilatadora.

Digoxina arqueal e imunoregulação em relação a doenças cardiovasculares - O fructosoide, esteroidelle e viroidelle

O fructosoide arcaico contribui para a fructólise e activação imunitária. A frutose pode contribuir para a indução de NFKB e activação imunitária. O arquebactérias esteroidelle sintetizado digoxina induz a NFKB produzindo activação imunitária. A arcaeaon que segrega o RNA viroide é chamada viroidelle. Os viroides de RNA podem bloquear os mRNAs e modular a função imunitária. Na hipertensão essencial, o CAD agudo e o AVC agudo aumentam o cálcio intracelular activando a via de transdução do sinal de calcineurina dependente do cálcio que pode produzir activação de células T e secreção de interleucina-3,4,5,6 e TNF alfa (Tumour necrosis factor alfa). Esta activação imunitária pode contribuir para a génese da placa ateromatosa. O aumento do cálcio intracelular activa a fosfolipase C beta com aumento da produção de diaciglicerol e activação em cascata da proteína quinase C/ MAP resultando na proliferação do músculo liso vascular. O aumento da geração de farnesil fosfato devido a uma via isoprenoide upregulada e a diminuição do magnésio intracelular produzindo disfunção da actividade da GTPase da subunidade alfa da proteína G pode resultar na activação ras oncogénica e na proliferação muscular lisa vascular contribuindo para a aterogénese. Na hipotensão familiar, a diminuição do cálcio intracelular pode inibir a via de transdução do sinal da calcineurina dependente do cálcio da célula T, resultando em imunossupressão. Na presença de redução do cálcio intracelular/ aumento do magnésio intracelular, o ras oncogene é inactivado e a cascata de proteína quinase C/ MAP quinase é inibida, resultando na diminuição da proliferação muscular lisa vascular e na redução da aterogénese.

Estado hiperdigoxinémico induzido pelo Arqueal e domínio hemisférico em relação às doenças cardiovasculares

As arcaeas relacionadas com organela - esteroidelle, viroidelle, neurotransminoide e vitaminocyte contribuem para o domínio hemisférico. Os padrões obtidos na dominância hemisférica direita correlacionam-se com pacientes com CAD aguda, AVC trombótico agudo e hipertensão. Nos indivíduos dominantes do hemisfério direito houve um aumento dos níveis de digoxina e dolichol com redução dos níveis de ubiquinona. Os catabolitos triptofanos foram aumentados e os catabolitos de tirosina foram reduzidos. Nos indivíduos dominantes do hemisfério esquerdo, houve um estado hipodigoxinémico e os padrões bioquímicos foram invertidos. O estado hipodigoxinémico foi associado à hipotensão familiar e reduziu o risco de trombose vascular. A dominância hemisférica pode assim regular o risco de desenvolvimento de trombose vascular e hipertensão. [1-13]

Referências

1. Kurup RK, Kurup PA. Digoxina hipotalâmica, dominância cerebral, e metabolismo lipídico. *Int. J Neurosci.* 2003 Jan; 113 (1): 107 - 15.

2. Kurup RK, Kurup PA. Digoxina hipotalâmica, dominância química hemisférica, e regulação endócrina / metabólica / celular. *Int. J. Neurosci.* 2002 Dez; 112(12): 1421 - 38.

3. Kurup RK, Kurup PA. Digoxina hipotalâmica, domínio cerebral, e função corpo/ lisossómica de Golgi. *Int. J Neurosci.* 2002 Dez; 112 (12): 1449 - 59.

4. Kurup RK, Kurup PA. Domínio cerebral da digoxina hipotalâmica e bioquímica de membrana. *Int. J Neurosci.* 2002 Dez: 112(12): 1439 - 47.

5. Kurup RK, Kurup PA. Digoxina hipotalâmica, domínio químico cerebral, e metabolismo do cálcio/magnésio. *Int. J. Neurosci.* 2003 Jul; 113(7): 999-1004.

6. Kurup RK, Kurup PA. Digoxina hipotalâmica, dominância química cerebral, e síntese de óxido nítrico. *Arco. Androl.* 2003 Jul-Aug; 49(4): 281-5.

7. Ravikumar A, Kurup PA. A via isoprenoidal em fibrilação atrial isolada com derrame embólico. *Coração indiano J.* 2001 Mar-Abr; 53(2): 184-8.

8. Kumar AR, Kurup PA. Digoxina hipotalâmica e regulação neural da tensão arterial e trombose vascular. *Indian Heart J.* 2000 Sep-Oct; 52(5): 574-82.

9. Kumar AR, Kurup PA. Membrana familiar hipodigoxinémica Na (+)-K(+) ATPase upregulatory syndrome - relação entre o estado de digoxina e a dominância cerebral. *Neurol Índia.* 2002 Set; 50(3): 340-7.

10. Kumar AR, Kurup PA. Mudanças na via isoprenoidal na síndrome X. *J Assoc Médicos Índia.* 2001 Dez; 49: 1165-71.

11. Ravi Kumar A, Kurup PA. Digoxina e membrana de potássio ATPase de potássio inibição nas doenças cardiovasculares. *Indian Heart J.* 2000 Maio-Junho; 52(3): 315-8.

12. A. Ravikumar, J. Augustine & P.A. Kurup; Um modelo de regulação hipotalâmica da transmissão neuronal, função endócrina, imunidade e ciodiferenciação. *Neurologia Índia,* 1998; 46: 261 - 267.

13. K.T. Sreelatha Kumari, Jyoti Augustine, S. Leelamma, P.A. Kurup, A. Ravikumar, K. Sajeesh, Shibu Eapen, A. Rekha Nair, N. Vijayalekshmi, S. Kartikeyan e CSP

Iyer; glicosaminoglicanos séricos elevados com hipomagnesemia em doentes com doença arterial coronária e acidente vascular cerebral trombótico. *Ind. J. Med. Res.* 1995; 101: 115 - 119.

CAPÍTULO 26

HIPERDIGOXINEMIA ENDÉMICA RELACIONADA COM A SÍNDROME CARDIOVASCULAR E DA MUCOPOLISSACARIDOSE ENDÓCRINA

Introdução

O aquecimento global pode levar a stress osmótico em consequência da desidratação. O aumento do crescimento actinídico arqueológico leva ao catabolismo do colesterol e à síntese de digoxinas. A digoxina produz inibição da membrana de potássio ATPase de sódio e aumento do cálcio intracelular produzindo disfunção mitocondrial. Isto resulta em stress oxidativo. O stress oxidativo e o stress osmótico podem induzir a enzima aldose redutase que converte glicose em frutose. A frutose tem um valor baixo de km para a cetoquinase em comparação com a glicose. Portanto, a frutose é mais fosforilada a fosfato de frutose e a célula é esvaziada de ATP. O esgotamento celular de ATP leva ao stress oxidativo e à inflamação crónica resultante da indução de NFKB. O stress oxidativo pode abrir o PT mitocondrial produzindo libertação de cito C e activação da cascata de caspase de morte celular. O fosfato de frutose pode entrar na via do fosfato pentose sintetizando ribose e ácido nucleico. O esgotamento do ATP celular resulta na geração de AMP e ADP que são actuados por deaminases causadoras de hiperuricemia. O ácido úrico pode produzir disfunções endoteliais e doenças vasculares. O ácido úrico também pode produzir disfunção mitocondrial. O fosfato de frutose pode entrar na via da glucosamina, sintetizando GAG e produzindo acumulação de mucopolissacarídeos. A frutose pode fructosilato proteínas, tornando-as antigénicas e produzindo uma resposta auto-imune. Isto pode levar ao aquecimento global relacionado com a síndrome lemuriana dos CEM, PCC, MNG e a angiopatia mucóide.

Kerala tem uma elevada incidência de fibrose endomiocárdica (CEM), pancreatite crónica do pacífico (PCC), bócio multinodular (MNG) e lesões mucóides angiopáticas que se apresentam como doença arterial coronária e acidentes vasculares cerebrais trombóticos. Os campos electromagnéticos reclamam 2,5% de todos os doentes cardíacos com menos de 40 anos de idade que frequentam hospitais em Kerala. Kerala tem a maior incidência de pancreatite tropical na Índia. De 1980-1986 foi responsável por 0,2% do total de admissões e 7% de todas as admissões de diabéticos no Hospital Trivandrum Medical College. MNG é responsável por quase 1,5% do total de admissões neste hospital todos os anos. Sandhyamoni demonstrou uma elevada incidência de lesões mucoides angiopáticas em estudos de autópsia dos vasos coronários e cerebrais com mucopolissacarídeos ácidos acumulados na túnica intima e nos meios de comunicação social. Há deficiência de magnésio nos tecidos cardíacos de doentes com CEM. A deficiência de magnésio é também um factor de risco no desenvolvimento da diabetes mellitus. Neste contexto, tem sido relatado que existem níveis elevados de um inibidor de ATPase de potássio de membrana endógena hipotalâmica de sódio, digoxina no soro de pacientes diabéticos. A inibição da membrana ATPase de sódio potássico pode levar à deficiência de magnésio. A hipomagnesemia foi relatada para produzir upregulação da síntese de GAG em modelos experimentais. A alteração do metabolismo do tecido

247

conjuntivo pode estar na base de campos electromagnéticos, PCC, MNG e angiopatia mucóide, que se sabe coexistirem na mesma zona geográfica. Sabe-se que os níveis elevados de digoxina e hipomagnesemia contribuem para a resistência à insulina. Tem sido relatado que existe uma elevada incidência de resistência à insulina e síndrome metabólica X em populações asiáticas que habitam a mesma zona endémica.

O aquecimento global conduz à desidratação e ao stress osmótico. O aquecimento global leva também a um aumento do crescimento actinídico do arquipélago. A archaea cataboliza o colesterol e sintetiza a digoxina. A digoxina pode inibir a ATPase de potássio de sódio e aumentar a carga de cálcio intracelular produzindo disfunção dos poros mitocondriais do PT. Isto leva a stress oxidativo. O stress osmótico e o stress oxidativo podem induzir a enzima aldose redutase que converte glicose em frutose. A frutose tem um valor baixo de km para a cetoquinase em comparação com a glicose. Por conseguinte, a frutose é selectivamente fosforilada a fosfato de frutose que pode ser convertida em glucosamina e galactosamina. Assim, a inibição da redutase aldose em consequência do stress osmótico e oxidativo do aquecimento global pode induzir a síntese de glicosaminoglicanos. Este estudo foi realizado para avaliar os seguintes parâmetros em CEM, PCC, MNG e aniopatia mucóide-soro de magnésio, GAG total sérico, níveis séricos de várias fracções de GAG e níveis de digoxina sérica. É também apresentada uma hipótese que sublinha o papel central da digoxina endógena na patogénese destas doenças, que podem ser espectros diferentes de um estado comum de resistência à insulina. Isto pode levar a uma síndrome cardiovascular e endócrina lemuriana relacionada com o aquecimento global.

Materiais e Métodos

Foi obtido o consentimento informado de todos os pacientes, bem como dos familiares dos sujeitos incluídos no estudo. A autorização ética necessária foi também obtida para este estudo junto do Comité de Ética do Hospital da Faculdade de Medicina, Trivandrum. Quinze casos de EMF, CCP, MNG e de acidentes vasculares cerebrais angiopáticos mucóides e CAD do Departamento de Medicina, Cardiologia e Gastroenterologia do Hospital Medical College, Trivandrum, foram escolhidos para o estudo. Os doentes de 25-50 anos foram seleccionados aleatoriamente durante um período de 2 anos, à medida que eram admitidos nas enfermarias. Todos eles foram diagnosticados recentemente e o sangue em jejum foi-lhes retirado antes do início de qualquer tratamento, tal como o foi a partir do igual número de controlos saudáveis em função da idade e sexo. Os controlos normais saudáveis foram seleccionados aleatoriamente entre a população geral do distrito de Trivandrum. Amostras de tecido cardíaco de doentes com CEM foram fornecidas pelo Sree Chitra Tirunal Institute for Medical Sciences and Technology. As amostras de tecido da tiróide de casos de MNG foram obtidas do Departamento de Patologia, Hospital Medical College, Trivandrum e as amostras de tecido pancreático de pacientes com pancreatite crónica do pacífico foram fornecidas pelo Centro de Diagnóstico e Investigação, Trivandrum. Amostras de artérias carótidas e aórticas com angiopatia mucóide histopatologicamente demonstrada foram obtidas do Departamento de Patologia Forense, Faculdade de Medicina, Alleppey. Para comparação foram utilizados tecidos cardíacos, tiróides, pâncreas, aórticos e carótidos de indivíduos acidentados (25-50 anos) e estes também foram obtidos do Departamento de Patologia Forense, Faculdade de Medicina, Alleppey. A concentração de GAG total e várias fracções de GAG foram determinadas por métodos descritos anteriormente. O GAG do tecido foi extraído pelo procedimento de Folch. O tecido seco desengordurado foi digerido com papaína e o GAG foi estimado como descrito anteriormente. O colesterol total, o colesterol HDL e os triglicéridos foram estimados no soro por métodos enzimáticos. Os kits foram fornecidos por M/s Sigma Chemicals, EUA. O magnésio do soro foi determinado por espectrofotometria de absorção atómica. A membrana RBC para a estimativa da ATPase de potássio de sódio foi preparada de acordo com o procedimento de Blostein. Para a estimativa da actividade da ATPase de sódio potássico da membrana eritrocitária, foi utilizado o procedimento descrito por Wallach e Kamat. A digoxina no soro foi determinada pelo procedimento por Wallah e Kamat foi utilizado. A digoxina no soro foi determinada pelo procedimento descrito por Wallah e Kamat foi utilizado. A digoxina no soro foi determinada pelo procedimento descrito por HPLC. A análise estatística foi levada a cabo pela ANOVA.

Resultados

1. Perfil lipídico dos doentes com CEM, PCC, MNG e angiopatia mucóide mostraram colesterol LDL sérico normal, colesterol HDL sérico baixo, triglicéridos séricos elevados e colesterol sérico total normal

2. O magnésio sérico foi diminuído em doentes com CEM, PCC, MNG e angiopatia mucóide

3. O GAG total sérico foi elevado em doentes com CEM, PCC, MNG e angiopatia mucóide

4. As fracções individuais de GAG de soro mostraram os seguintes padrões em angiopatia mucóide - ChS formando 76,19% seguido de DS formando 10% de GAG. As outras fracções - HA, HS e H estão presentes apenas em pequenas quantidades

5. O GAG total de tecido foi elevado em doentes com campos electromagnéticos, PCC, MNG e angiopatia mucóide

6. A actividade da ATPase sódica de membrana RBC de potássio foi reduzida em doentes com CEM, PCC, MNG e angiopatia mucóide.

7. O nível de digoxina sérica foi elevado em doentes com campos electromagnéticos, PCC, MNG e angiopatia mucóide.

Discussão

Digoxina arqueal e inibição da membrana Na+-K+ ATPase em relação aos CEM, PCC, MNG e angiopatia mucóide

A via arcaica de esteroidelle DXP e a via de fosfato pentose upregulada contribuem para a síntese da digoxina. A actividade endógena semelhante à da digoxina (EDLA) tem sido relatada em várias condições patológicas por reacção com anticorpos da digoxina. Mostrámos recentemente que a EDLA se deve ao glicosídeo esteroidal, a própria digoxina. A digoxina endógena, que se diz ter sido sintetizada pelo hipotálamo e outros tecidos, é um potente inibidor de membrana de potássio de sódio ATPase. É também reportado que várias fontes vegetais contêm digoxina como os glicosídeos esteroidais e a dieta vegetariana consumida pelas populações desta zona geográfica pode ser uma fonte rica de digoxina. O aumento dos níveis de digoxina no soro destes doentes pode, portanto, dever-se a um aumento da síntese endógena e/ou derivada de fontes dietéticas. A diminuição da actividade da membrana sódio-potássio ATPase nos doentes de PCC, CEM, MNG e angiopatia mucóide pode ser devida a este aumento dos níveis de digoxina. Sabe-se que a inibição da membrana de ATPase sódica potássica pela digoxina causa um aumento do cálcio intracelular resultante do aumento da troca de cálcio sódico, aumento da entrada de cálcio através do canal de cálcio fechado por tensão e aumento da libertação de cálcio de armazéns de cálcio reticulados endoplasmáticos intracelulares. Este aumento do cálcio intracelular ao deslocar o magnésio dos seus locais de licitação causa uma diminuição da disponibilidade funcional do magnésio. A diminuição da disponibilidade de magnésio pode causar uma diminuição da formação de ATP mitocondrial que, juntamente com um baixo teor de magnésio, pode causar uma maior inibição da ATPase de sódio potássico de membrana, uma vez que o complexo ATP-magnésio é o verdadeiro substrato desta reacção. O cálcio livre de citosólico é normalmente tamponado por dois mecanismos, extrusão de cálcio dependente de ATP a partir da célula e sequestro de cálcio dependente de ATP dentro do retículo endoplasmático. A disfunção mitocondrial relacionada com o magnésio resulta numa extrusão defeituosa de cálcio a partir da célula. Existe assim uma inibição progressiva da actividade da membrana de ATPase de potássio sódico, primeiramente desencadeada pela digoxina. O baixo magnésio intracelular e o elevado cálcio intracelular resultante da inibição da membrana de ATPase sódica potássica parecem ser cruciais para a fisiopatologia destas perturbações. A inibição da ATPase de membrana de sódio potássico poderia, em parte, ser contribuída pelo baixo nível de irradiação de fundo das areias minerais da costa de Kerala, que produz perturbações da membrana. Anteriormente, foi postulado que o cério das areias minerais é ingerido e é trocado por magnésio, levando ao empobrecimento do magnésio, tinha postulado um modelo de deficiência proteica para este grupo de perturbações. Mas não existem dados nutricionais que sustentem qualquer deficiência proteica, a não ser uma deficiência proteica marginal na população de Kerala. É interessante notar que a deficiência intracelular de magnésio pode produzir perturbações do ribossoma e inibição da síntese proteica. Por conseguinte, a deficiência de proteínas pode ser um correlato funcional do esgotamento do magnésio. A população de Kerala consome uma dieta rica em hidratos de carbono e em fibras. A ingestão total de fibras alimentares é de cerca de 20 g por dia. Tem sido relatado que as fibras se ligam ao empobrecimento da produção de magnésio através das fezes. O cianeto de fontes dietéticas também tem sido implicado na etiologia deste grupo de perturbações. O cianeto pode produzir inibição da citocromo oxidase e produzir uma disfunção mitocondrial que leva ao empobrecimento do

ATP e à inibição da membrana sódio-potássio ATPase. O magnésio sérico foi avaliado em todas estas desordens e verificou-se que foi reduzido.

Digoxina arqueal e disfunção mitocondrial em relação aos CEM, PCC, MNG e angiopatia mucóide

A arcaeaon vitaminocyte contribui para a síntese da ubiquinona e da função da cadeia de transporte de electrões mitocondriais. A função mitocondrial relacionada com a geração de radicais livres é regulada pelo arquebactéria vitaminócito sintetizado tocoferol e ácido ascórbico. O aumento de cálcio dentro da célula pode abrir o PT mitocondrial, perturbar o gradiente de hidrogénio da membrana interna e desacoplar a fosforilação oxidativa. Isto resulta em desregulação volumétrica da matriz mitocondrial, hiperosmolalidade da matriz, ruptura da membrana externa e libertação de cito C e AIF (factor indutor de apoptose) no citosol. Isto activa o procaspase-9 a caspase-9 que produz apoptose e fibrose de substituição.

Digoxina arqueal e regulação do corpo/ função lisossomal do Golgi em relação aos campos electromagnéticos, PCC, MNG e angiopatia mucóide

O arcaico glicosaminoglicóide e o fructosoide contribuem para a síntese de glicoconjugado e catabolismo através do processo de fructólise. A inibição da glicólise, do ciclo do ácido cítrico e da fosforilação oxidativa relacionada com a depleção intracelular do magnésio pode canalizar mais glicose 6-fosfato para a síntese de precursores de GAG. A deficiência de magnésio, de facto, foi-nos demonstrado que resulta na acumulação de glicosaminoglicanos nos tecidos. A acumulação de glicosaminoglicanos tem sido descrita nestas perturbações, o que pode ser explicado como sendo devido à deficiência de magnésio. A diminuição do magnésio intracelular pode resultar num defeito de glicosilação, uma vez que o magnésio é um cofactor para a formação do dolichol-1 fosfato necessário para a glicosilação do N e dos açúcares difosfato de nucleósido necessários para a glicosilação do O. As glicoproteínas defeituosas podem ser responsáveis pela micro e macroangiopatia da diabetes mellitus no CCP. As glicoproteínas N-glicosiladas processadas defeituosas também podem levar a um mecanismo de detecção de insulina defeituoso das células beta. A deficiência intracelular de magnésio pode levar à upregulação da síntese de GAG e à sua acumulação nos tecidos pancreáticos. A acumulação de MPS no pâncreas tem sido descrita no CCP.

Digoxina arqueal e resistência à insulina

O aumento do cálcio das células beta pode contribuir para o aumento da libertação de insulina das células beta e da hiperinsulinemia. A hipomagnesemia tem sido relatada para aumentar acentuadamente a secreção de insulina estimulada pela glicose pelo pâncreas perfumado. A deficiência de magnésio também pode levar à resistência à insulina. A translocação do magnésio parece ser um evento precoce na acção da insulina.

A diminuição do magnésio intracelular pode bloquear as reacções de fosforilação envolvidas na actividade dos receptores de proteína tirosina quinase, levando à resistência à insulina. O teor elevado de fibras da dieta pode também imitar a acção da insulina, levando ao hiperinsulinismo. Por outro lado, a deficiência de magnésio produzida pela fibra alimentar pode levar à resistência à insulina. A administração de insulina tem sido relatada como levando a uma upregulação da síntese de GAG. O perfil lipídico do doente com CEM, MNG, PCC e angiopatia mucóide é semelhante ao obtido no estado de resistência à insulina. É tentador especular que todos estes diversos grupos de perturbações são devidos à resistência à insulina.

O aumento do cálcio intracelular pode activar o sistema de transdução de sinal acoplado à proteína G das hormonas contra-insulina - glucagon, adrenalina, noradrenalina e a hormona de crescimento através do factor de libertação da hormona de crescimento. Isto resulta num aumento da produção de glicose. A diminuição do magnésio intracelular pode levar à inibição da glicólise causando uma utilização defeituosa da glicose e hiperglicemia. O aumento do cálcio intracelular pode abrir o PT mitocondrial, perturbar o gradiente de hidrogénio através da membrana interna e bloquear a fosforilação oxidativa mitocondrial. A deficiência intracelular de magnésio também pode levar a um defeito de ATP sintetase. Tudo isto leva a uma utilização defeituosa da glicose e hiperglicemia. Como já descrito acima, o aumento do cálcio intracelular e a redução do magnésio intracelular podem levar a hiperinsulinismo e resistência insulínica descritos no PCC.

Digoxina arqueal, activação imunitária e PCC

Mais uma vez, o aumento do cálcio intracelular pode activar as células T através da via da calcineurina dependente do cálcio, produzindo um aumento da secreção alfa de TNF. Isto resulta na activação imunitária e nas alterações inflamatórias observadas no pâncreas e outros tecidos, especialmente o nervo periférico na PCC. Aumento da secreção alfa de TNF. Isto resulta na activação imunitária e nas alterações inflamatórias notadas no pâncreas e outros tecidos, especialmente no nervo periférico em PCC. O aumento de TNF alfa também pode contribuir para a resistência à insulina.

Digoxina arqueal e disfunção da tiróide

A deficiência intracelular de magnésio, que é necessária para transcrição e tradução de proteínas, resulta numa disfunção nuclear e ribossómica. O receptor da hormona tiróide pertence à família de receptores de esteróides e tem um sítio de ligação ao ADN. A deficiência intracelular de magnésio resulta num defeito do receptor da hormona tiroidiana. Isto resulta numa deficiente inibição da alimentação do hipotálamo e da hipófise e num aumento da secreção de TRH e TSH. Há também um aumento da actividade de TSH e TRH devido ao aumento do cálcio intracelular e ao aumento da transdução de sinal acoplado à proteína G destas hormonas. O bócio multinodular surge devido à proliferação da tiróide dependente de TSH. A inibição da ATPase de sódio potássico produz a inibição do transporte do aminoácido neutro tirosina de sódio potássico acoplado na célula folicular da tiróide. O transporte de iodeto para a célula folicular da tiróide também depende da ATP. A depleção intracelular de magnésio produz uma síntese defeituosa de ATP e uma disfunção mitocondrial na célula folicular da tiróide. Isto resulta num transporte defeituoso de iodeto para a célula. O transporte defeituoso de iodeto e tirosina para a célula pode produzir defeitos na síntese hormonal da tiróide e o hipotiroidismo resultante pode levar ao aumento dos níveis de TSH. O magnésio intracelular esgotado pode estimular a biossíntese e fibrose mucopolissacarídica da glândula tiróide. A acumulação de MPS tem sido demonstrada no tecido da tiróide em MNG.

Digoxina arqueal e regulação da divisão celular, proliferação celular e transformação neoplásica em relação a PCC e MNG - Relação com a activação imunitária

O fructosoide arcaico contribui para a fructólise e activação imunitária. A frutose pode contribuir para a indução de NFKB e activação imunitária. O arquebactérias esteroidelle sintetizado digoxina induz a NFKB produzindo activação imunitária. CCP e MNG são estados pré-cancerosos. Verificou-se que o PCC leva ao carcinoma do pâncreas e o bócio multinodular é um factor predisponente para malignidades da tiróide. A inibição da ATPase de membrana de potássio de sódio pode levar à oncogénese. O cálcio intracelular activa a fosfolipase C beta que resulta no aumento da produção de diacilglicerol (DAG) com a consequente activação da proteína quinase C. A proteína quinase C (PKC) activa a cascata MAP quinase, resultando na proliferação celular. A diminuição do magnésio intracelular pode produzir disfunção da actividade da GTPase da subunidade alfa da proteína G. Isto resulta na activação do oncogene RAS, já que mais do RAS está ligado ao GTP do que ao PIB. Os mecanismos de fosforilação são necessários para a activação do gene supressor de tumores P53. A activação do P53 é prejudicada devido a uma deficiência intracelular de magnésio que produz um defeito de fosforilação.

Digoxina arqueal e fibrose endomiocárdica

A inibição da ATPase de membrana de potássio de sódio pode produzir uma diminuição do magnésio da célula intramiocárdica e um aumento do cálcio da célula intramiocárdica. O aumento do cálcio das células intramiocárdicas pode abrir o PT mitocondrial, destruir o gradiente de hidrogénio através da membrana interna e desacoplar a fosforilação oxidativa. A diminuição do magnésio das células intramiocárdicas pode inibir a ATP synthase e produzir uma fosforilação oxidativa mitocondrial defeituosa. Isto resulta numa disfunção mitocondrial miocárdica e num aumento da geração de radicais livres devido a uma redução incompleta do oxigénio molecular. Os radicais livres podem produzir danos no miocárdio. A abertura do PT mitocondrial pode produzir desregulação osmótica e hiperosmolalidade da mitocôndria, romper a membrana mitocondrial externa e libertar AIF (factor indutor da apoptose) e cito C para o citosol. Isto activa procaspase-9 a caspase-9 produzindo apoptose miocárdica e fibrose de substituição. A diminuição do magnésio intracelular pode resultar no aumento da canalização da glucose 6-fosfato para a síntese de precursores de GAG e no aumento da biossíntese de glicosaminoglicanos. A diminuição do magnésio intracelular pode produzir alterações na biossíntese de colagénio e elastina e resultar em fibrose de substituição. A acumulação de MPS tem sido demonstrada em tecidos de CEM por estudos anteriores. O aumento do cálcio intracelular pode produzir activação das células T através da via da calcineurina dependente do cálcio, libertando o TNF alfa, a partir da célula T activada. Níveis elevados de TNF alfa têm sido relacionados com disfunção miocárdica. A deficiência da homeostase do cálcio, a diminuição da actividade da ATPase de magnésio e da fosforilação da troponina I, a expressão das citocinas, especialmente do TNF alfa e a indução aberrante da apoptose, têm sido descritas nas cardiomiopatias. O defeito básico na cardiomiopatia é assim a fibrose intersticial/endocárdica e a deposição de MPS/elastino que pode ocorrer na deficiência de magnésio. O aumento do cálcio intracelular pode activar o sistema de transdução de sinal acoplado à proteína G do factor activador plaquetário e trombina. A deficiência de magnésio pode produzir um aumento da agregação plaquetária e libertar reacção e trombose, resultando na formação de um trombo LV ou RV que pode ficar fibrosado, conduzindo à fibrose endocárdica.

Digoxina arqueal e angiopatia mucóide

A inibição da ATPase sódico-potássica por membrana induziu a hipomagnesemia relacionada com o aumento da síntese de glicosaminoglicanos pode contribuir para a angiopatia mucóide. O aumento do cálcio intracelular dentro da célula endotelial leva à fragmentação da membrana elástica e à calcificação. O aumento de cálcio dentro da parede arterial altera a síntese, a rotação e a composição da elastina. O aumento do cálcio celular da parede arterial pode abrir o PT mitocondrial, produzir desregulação osmótica e hiperosmolalidade da matriz mitocondrial, romper a membrana externa e libertar cito C e AIF para o citosol produzindo apoptose celular da parede vascular. Na angiopatia mucóide há uma mangueira uniforme como o estreitamento de artérias grandes, médias e pequenas com deposição de mucopolissacarídeos ácidos na túnica intima e nos meios de comunicação. O aumento do cálcio intracelular pode activar o receptor de trombina acoplado à proteína G e o factor activador das plaquetas produzindo a trombose observada na angiopatia mucóide. A diminuição do magnésio intracelular pode levar ao aumento da trombina e à agregação plaquetária induzida por ADP/colagénio. A inibição por membrana de potássio ATPase relacionada com o aumento do cálcio muscular liso e a diminuição do magnésio pode contribuir para o vasoespasmo e isquemia observados na angiopatia mucóide, AVC e CAD. A diminuição do magnésio intracelular pode produzir disfunção da lipoproteína lipase produzindo catabolismo defeituoso das lipoproteínas ricas em triglicéridos e hipertrigliceridemia. Na hipomagnesemia, a lecitina colesterol acyl transferase (LCAT) é defeituosa e há uma formação reduzida de ésteres de colesterol em HDL. Isto resulta numa redução dos níveis de colesterol HDL descritos na angiopatia mucóide. O aumento do cálcio intracelular pode activar a fosfolipase A_2 produzindo quantidades aumentadas de ácido araquidónico para a síntese de tromboxano A_2 através da via da ciclo-oxigenase. Isto pode levar a um aumento da agregação plaquetária e trombose na angiopatia mucóide.

Síndrome mucopolissacaridótico endémico relacionado com a digoxina

MNG, CCP, CEM e angiopatia mucóide pertencem à mesma zona geoendémica. O estudo mostra que partilham os mesmos factores etiológicos de causalidade.

1. Baixa membrana de potássio de sódio ATPase e empobrecimento do magnésio em consequência do aumento da digoxina de fontes exógenas ou endógenas

2. Síntese elevada de GAG relacionada com hipomagnesemia

3. A digoxina induziu o estado de resistência à insulina/hiperinsulinismo relacionado com a hipomagnesemia, produzindo uma síntese elevada de GAG.

Por conseguinte, estas perturbações poderiam ser designadas como a síndrome endémica de hiperdigoxinemia cardiovascular e de mucopolissacaridose endócrina. O aquecimento global leva à desidratação e ao stress osmótico. O aquecimento global leva também a um aumento do crescimento actinídico do arquebactéria. A archaea cataboliza o colesterol e sintetiza a digoxina. A digoxina pode inibir a ATPase de potássio de sódio e aumentar a carga de cálcio intracelular produzindo disfunção dos poros mitocondriais do PT. Isto leva a stress oxidativo. O stress osmótico e o stress oxidativo podem induzir a enzima aldose redutase que converte glicose em frutose. A frutose tem um valor baixo de km para a cetoquinase em comparação com a glicose. Por conseguinte, a frutose é selectivamente fosforilada a fosfato de frutose que pode ser convertida em glucosamina e galactosamina. Assim, a inibição da redutase aldose em consequência do stress osmótico e oxidativo do aquecimento global pode induzir a síntese de glicosaminoglicanos. A fosforilação da frutose esgota a célula de ATP. Isto resulta na inibição da fosforilação da glicose, glicólise e fosforilação oxidativa mitocondrial. O esgotamento do ATP celular resulta em stress oxidativo. O stress oxidativo pode abrir o PT mitocondrial, libertar o citocromo c e activar a cascata de morte celular em cascata. O stress oxidativo gerado pelo esgotamento celular do ATP em consequência da fosforilação da frutose e da disfunção mitocondrial induzida pela digoxina pode produzir mais indução da aldose redutase. Isto resulta em mais conversão de glucose em frutose. A frutose pode produzir a disfunção mitocondrial por si só. A frutose também pode produzir proteínas fructosiladas tornando-as antigénicas e o stress oxidativo induzido pela fosforilação da frutose e o esgotamento do ATP celular pode activar NFKB produzindo activação imunitária. O fosfato de frutose pode ser convertido em glucosamina e galactosamina aumentando a síntese de GAG. Isto resulta num aumento do sulfato de heparana que pode combinar-se com proteínas que produzem amiloidose. Assim, a morte celular, síntese de glicosaminoglicanos, amiloidogénese, activação imunitária e auto-imunidade produzidas pela fructosemia ou fructosite podem contribuir para a angiopatia mucóide, fibrose endomiocárdica, pancreatite calcária crónica e bócio multinodular. Isto pode ser chamado de síndrome mucopolissacaridótico relacionado com o aquecimento global.

Referências

1. Kurup R.A. e Kurup P.A. (2007). *Digoxina Hipotalâmica, Dominância Cerebral e Função Cerebral na Saúde e nas Doenças*. Nova Iorque: Nova Biomedical Books.

CAPÍTULO 27

MODELO MEDIADO DE DIGOXINA ARQUEAL PARA LÚPUS ERITEMATOSO SISTÉMICO - RELAÇÃO COM A DOMINÂNCIA QUÍMICA HEMISFÉRICA

Introdução

A arcaea produz um inibidor endógeno da membrana Na+-K+ ATPase, digoxina que é um glicosídeo esteroidal. A digoxina é sintetizada pela via isoprenoidal. O aumento do nível de digoxina tem sido documentado em doenças imunológicas como a doença de Kawasaki. Uma teoria infecciosa viral para a doença de Kawasaki foi postulada por vários grupos de trabalhadores. A inibição da membrana Na+-K+ ATPase leva à estimulação imunitária e ao aumento das taxas CD4/CD8, como exemplificado pela acção do lítio. A digoxina pode também modular o transporte de aminoácidos e neurotransmissores. Tem havido relatos de aumento das actividades da via catabólica do triptofano cinurenina em vários tecidos após a estimulação imunitária sistémica, em conjunto com a infiltração de macrófagos nos tecidos afectados. Estes resultados sugerem que os metabolitos da cinurenina podem ter alguma ligação com a resposta imunológica. Relatórios anteriores demonstraram a indução da indoleamina 2,3-dio oxigenase e o aumento da produção de ácido quinolínico no lúpus sistémico mediado por interferões. A via isoprenoidal produz dois outros metabolitos - ubiquinona e dolichol importantes no metabolismo celular. A ubiquinona funciona como um necrófago radical livre e o dolichol é importante na glicosilação N das proteínas.

O aquecimento global pode levar a stress osmótico em consequência da desidratação. O aumento do crescimento actinídico arqueológico leva ao catabolismo do colesterol e à síntese de digoxinas. A digoxina produz inibição da membrana de potássio ATPase de sódio e aumento do cálcio intracelular produzindo disfunção mitocondrial. Isto resulta em stress oxidativo. O stress oxidativo e o stress osmótico podem induzir a enzima aldose redutase que converte glicose em frutose. A frutose tem um valor baixo de km para a cetoquinase em comparação com a glicose. Portanto, a frutose é mais fosforilada a fosfato de frutose e a célula é esvaziada de ATP. O esgotamento celular de ATP leva ao stress oxidativo e à inflamação crónica resultante da indução de NFKB. O fosfato de frutose pode entrar na via do fosfato pentose sintetizando ribose e ácido nucleico. O esgotamento do ATP celular resulta na geração de AMP e ADP que são actuados por deaminases causadoras de hiperuricemia. O ácido úrico também pode produzir disfunções mitocondriais. O fosfato de frutose pode entrar na via da glucosamina, sintetizando GAG e produzindo acumulação de mucopolissacarídeos. A frutose pode fructosilato proteínas, tornando-as antigénicas e produzindo uma resposta auto-imune. Isto pode levar a doenças auto-imunes relacionadas com o aquecimento global.

Por conseguinte, foi considerado pertinente estudar o estado da digoxina e a síntese da digoxina no LES. O metabolismo dos glicoconjugados, o metabolismo dos radicais livres e a composição da membrana das hemácias também foram estudados nestes grupos de doenças. Estes parâmetros foram também estudados em doentes com dominância hemisférica direita e hemisférica esquerda, a fim de encontrar a correlação entre a dominância hemisférica e as doenças imunes mediadas. Os resultados são apresentados no presente artigo.

Materiais e Métodos

Os seguintes grupos foram incluídos no estudo: (1) 10 casos de LES (critérios ARA); todos os 15 pacientes com LES eram dominantes hemisféricos esquerdos pelo teste de escuta dicótica, (2) 15 pacientes com dominância hemisférica direita, dominância hemisférica esquerda e dominância bioquímica respectivamente detectados pelo teste de escuta dicótica, (3) Cada paciente tinha um controlo saudável bioquímico dominante em relação à idade e ao sexo. Foi obtida a autorização do Comité de Ética do instituto, bem como o consentimento informado dos pacientes/familiares para o estudo.

Nenhum dos sujeitos estudados estava sob medicação na altura da remoção do sangue. O sangue em jejum foi removido em tubos de citrato de cada um dos doentes acima mencionados. As hemácias foram separadas dentro de uma hora após a colheita de sangue para a estimativa da membrana Na+-K+ ATPase. O soro foi utilizado para a análise de vários parâmetros. A metodologia utilizada no estudo foi a seguinte. Todos os bioquímicos utilizados neste estudo foram obtidos de M/s Sigma Chemicals, EUA. A actividade de HMG CoA redutase do soro foi determinada pelo método de Rao e Ramakrishnan, determinando a razão entre HMG CoA e mevalonate. Para a determinação da actividade do RBC Na+-K+ ATPase da membrana eritrocitária, foi utilizado o procedimento descrito por Wallach e Kamat. A digoxina no soro foi determinada pelo procedimento descrito por Arun, Ravikumar, Leelamma e Kurup. Para a estimativa da ubiquinona e dolichol no soro, foi utilizado o procedimento descrito por Palmer, Maureen e Robert. O magnésio no soro foi estimado por espectrofotometria de absorção atómica. O triptofano foi estimado pelo método de Bloxam e Warren e a tirosina pelo método de Wong, O'Flynn e Inouye. A serotonina foi estimada pelo método de Curzon e Green e as catecolaminas pelo método de Well-Malherbe. O teor de ácido quinoétnico do soro foi estimado por HPLC (C18 coluna micro BondapakTM 4,6 x 140 mm), sistema solvente 0,01 M de tampão acetato (pH 3,0) e metanol (6:4), taxa de fluxo 1,0 ml/min e detecção UV (250 nm). A morfina, estricnina e nicotina foram estimadas pelo método descrito por Arun, Ravikumar, Leelamma e Kurup. Os detalhes dos procedimentos utilizados para a estimativa de GAG total e individual, componentes de hidratos de carbono das glicoproteínas, actividade das enzimas envolvidas na degradação de GAG e actividade das glicoidrolases são descritos anteriormente. Os glicolípidos séricos foram estimados conforme descrito por Lowenstein. O colesterol foi estimado utilizando kits comerciais fornecidos pela Sigma Chemicals, EUA. A SOD foi avaliada pelo método de Kakkar, Das e Viswanathan. A actividade da catalase foi estimada pelo método de Maehly e Chance, glutationa peroxidase pelo método de Paglia e Valentine e glutationa reductase pelo método de Horn e Burns. MDA foi estimado pelo método de Will e dienos e hidroperóxidos conjugados pelo procedimento de Brien. O glutatião reduzido foi estimado pelo método de Beutler, Duran e Kelley. O óxido nítrico foi estimado no plasma pelo método de Gabor e Allon. A análise estatística foi feita por 'ANOVA'.

Resultados

(1) Os resultados mostraram que a actividade sérica da HMG CoA redutase, digoxina sérica e dolichol foram aumentadas no LES indicando upregulação da via isoprenoidal mas a actividade sérica da ubiquinona, magnésio e membrana Na+-K+ ATPase foi reduzida.

(2) Os resultados mostraram que a concentração de triptofano, ácido quinolínico, serotonina, estricnina e nicotina era mais elevada no soro de pacientes com SUE enquanto que a de tirosina, dopamina, norepinefrina e morfina era mais baixa.

(3) Houve um aumento da peroxidação lipídica, como evidenciado pelo aumento da concentração de MDA, dienos de conjugação, hidroperóxidos e NO com diminuição da protecção antioxidante, como indicado por uma diminuição da ubiquinona e redução do glutatião no LES. A actividade das enzimas envolvidas na eliminação de radicais livres como a superóxido dismutase, glutatião peroxidase, glutatião redutase e catalase é reduzida no LES sugerindo a redução da eliminação de radicais livres.

(4) Os resultados mostram um aumento na concentração de fracções de GAG totais e individuais de soro, glicolípidos e componentes de hidratos de carbono de glicoproteínas no LES. A actividade das enzimas degradantes dos GAG e a das glicoidrolases mostrou um aumento significativo do soro no LES.

(5) A razão colesterol-fosfolípido da membrana hemácia foi aumentada no LES, A concentração de GAG total, hexose e fucose do teor de glicoproteína diminuiu na membrana hemácia e aumentou no soro no LES.

(6) Os resultados mostraram que a actividade sérica do soro HMG CoA redutase digoxina e dolichol foi aumentada e a actividade sérica da ubiquinona, magnésio e membrana Na+-K+ ATPase foi reduzida nos indivíduos dominantes hemisféricos esquerdo/direito. Os resultados também mostraram que a actividade sérica da HMG CoA redutase, os níveis de digoxina sérica e dolichol foram reduzidos e a actividade sérica da ubiquinona, magnésio e membrana hemácia Na+-K+ ATPase foram aumentados em indivíduos hemisféricos dominantes do hemisfério direito/esquerdo. Os resultados mostraram que a concentração de triptofano, serotonina de ácido quinolínico, estricnina e nicotina foi maior no soro dos indivíduos dominantes hemisféricos esquerdo/direito, enquanto que a de tirosina, dopamina, morfina e norepinefrina foi menor. Os resultados também mostraram que a concentração de triptofano, ácido quinolínico serotonina, estricnina e nicotina foi menor no soro dos indivíduos dominantes do hemisfério direito/esquerdo enquanto que a de tirosina, dopamina, morfina e norepinefrina foi maior.

Discussão

Digoxina arqueal e inibição da membrana Na+-K+ ATPase em relação ao LES

A via arcaica de esteroidelle DXP e a via de fosfato pentose upregulada contribuem para a síntese da digoxina. O aumento da digoxina endógena, um potente inibidor da membrana Na+-K+ ATPase, pode diminuir esta actividade enzimática no LES. Houve um aumento da síntese de digoxina, como evidenciado pelo aumento da actividade da HMG CoA redutase. A inibição da Na+-K+ ATPase pela digoxina é conhecida por causar um aumento do cálcio intracelular resultante do aumento da troca de Na+-Ca++, que desloca o magnésio do seu local de ligação e causa uma diminuição da disponibilidade funcional do magnésio. Esta diminuição da disponibilidade de magnésio pode causar uma diminuição da formação de ATP mitocondrial que, juntamente com um baixo teor de magnésio, pode causar uma maior inibição progressiva da Na+-K+ ATPase, uma vez que o complexo ATP-magnésio é o verdadeiro substrato desta reacção. O baixo magnésio intracelular e o elevado cálcio intracelular resultante da inibição da Na+-K+ ATPase parecem ser cruciais para a fisiopatologia do LES.

Digoxina arqueal e activação imunitária em relação ao LES

O fructosoide arcaico contribui para a fructólise e activação imunitária. A frutose pode contribuir para a indução de NFKB e activação imunitária. O arquebactérias esteroidelle sintetizado digoxina induz a NFKB produzindo activação imunitária. No LES, o cálcio intracelular aumentado em consequência da inibição da membrana Na+-K+ ATPase activa a via de transdução do sinal de calcineurina dependente do cálcio, que pode produzir activação de células T e secreção de interleucina-3,4,5,6 e TNF alfa. Esta activação imunitária pode contribuir para a génese do LES.

Digoxina arqueal e regulação da síntese e função dos neurotransmissores em relação ao LES

A via arcaica do ácido chiquímico neurotransminoide contribui para a síntese de triptofano e tirosina e catabolismo gerando neurotransmissores e alcalóides neuroactivos. Há um aumento do triptofano e dos seus catabolitos e uma redução da tirosina e dos seus catabolitos no soro dos doentes com LES. Isto pode dever-se ao facto de a digoxina poder regular o sistema de transporte de aminoácidos neutros com promoção preferencial do transporte de triptofano em detrimento da tirosina. Na presença de hipomagnesmia, o bloco de magnésio no receptor de NMDA é removido levando à excitotoxicidade do NMDA. Os níveis elevados de ácido quinolínico, estricnina e serotonina também podem contribuir para a excitotoxicidade do NMDA, uma vez que são moduladores positivos do receptor de NMDA. Os mecanismos excitotóxicos de NMDA foram postulados para contribuir para a morte neuronal. O ácido quinolínico tem sido implicado na activação imunitária em doenças auto-imunes como o LES. Os receptores de serotonina, dopamina e noradrenalina têm sido demonstrados nos linfócitos. Tem sido relatado que durante a activação imunitária a serotonina é aumentada com uma redução correspondente em dopamina e noradrenalina, o que pode contribuir para a activação imunitária no LES. O padrão neurotransmissor esquizoide de redução de dopamina, noradrenalina e morfina e aumento de serotonina, estricnina e nicotina é comum ao LES e pode predispor ao seu desenvolvimento. Um tipo de personalidade esquizóide poderia predispor ao desenvolvimento do LES. O presente estudo mostra que a psicose esquizóide no neurolúpus também pode ser devida a uma mudança do neurotransmissor primário.

Digoxina arqueal e regulação do corpo/ função lisossomal do Golgi em relação ao LES

O arcaico glicosaminoglicóide e o fructosoide contribuem para a síntese de glicoconjugado e catabolismo através do processo de fructólise. A elevação do nível de dolichol na SEE pode sugerir a sua maior disponibilidade para a glicosilação N de proteínas. A deficiência de magnésio pode levar a um aumento da síntese de glicolipídios e glicosaminoglicanos. A deficiência de magnésio intracelular também resulta num processamento proteolítico dependente da ubiquitina defeituoso dos glicoconjugados, uma vez que requer magnésio para a sua função. O aumento da actividade das glicohidrolases e das enzimas degradantes GAG pode ser devido à redução da estabilidade lisossómica e consequente fuga de enzimas lisossómicas para o soro. O aumento da concentração de componentes de hidratos de carbono das glicoproteínas e de GAG, devido ao aumento da actividade de muitas glicoidrolases, pode ser devido à sua possível resistência à clivagem pelas enzimas degradantes glicoidrolases/GAG, em consequência da alteração qualitativa da sua estrutura. O defeito de processamento das proteínas pode resultar numa glicosilação defeituosa dos antigénios endógenos da glicoproteína neuronal e dos antigénios exógenos da glicoproteína bacteriana com a consequente formação defeituosa do complexo MHC-antigénio. O transportador de peptídeos ligado ao MHC, uma glicoproteína P que transporta o complexo de antigénios MHC para a superfície celular que apresenta o antigénio, tem um local de ligação ATP. O transportador de peptídeo é disfuncional na presença de deficiência de magnésio. Isto resulta num transporte defeituoso do complexo antigénio MHC classe-1 glicoproteína para a superfície celular que apresenta o antigénio, para reconhecimento pela célula CD4 ou CD8. A apresentação defeituosa do antigénio endógeno neuronal/glicoproteína nuclear pode explicar a desregulação imunitária e a auto-imunidade no neurolupus. A apresentação defeituosa do vírus exógeno pode produzir evasão imunológica pelo vírus, como no LES. A persistência viral e bacteriana também tem sido implicada no desenvolvimento do LES. Os anticorpos antinucleares no LES são desenvolvidos contra bases metiladas. As bases metiladas são vistas com frequência em bactérias e raramente em humanos. Uma série de fucose e ácido siálico contendo ligantes naturais estão envolvidos no tráfico de leucócitos e fissuras semelhantes na barreira do cérebro sanguíneo e a consequente adesão e tráfico do linfócito e extravasamento para o espaço perivascular foram descritos no cérebro em neurolupus.

Digoxina arqueal e alteração na estrutura da membrana e formação da membrana em relação ao LES

O esteroidello arcaico, o glicosaminoglicóide e o fructosoide contribuem para a formação da membrana celular sintetizando o colesterol pela via DXP e os glicosaminoglicanos pela fructolise. A upregulação da via isoprenoidal pode levar ao aumento da síntese do colesterol e a deficiência de magnésio pode inibir a síntese de fosfolípidos no LES. A degradação dos fosfolípidos é aumentada devido a um aumento do cálcio intracelular que activa a fosfolipase A_2 e D. O colesterol: relação fosfolípida da membrana hemácia foi aumentada no LES. A concentração de GAG total, hexose e fucose da glicoproteína diminuiu na membrana das hemácias e aumentou no soro sugerindo a sua reduzida incorporação na membrana e formação defeituosa da membrana. Este tráfico de glicoconjugados e lípidos que são sintetizados no retículo endoplasmático - complexo golgi para a membrana celular depende de GTPases e quinases lipídicas que dependem crucialmente do magnésio e são defeituosas na deficiência de magnésio. A alteração na estrutura da membrana produzida pela alteração dos glicoconjugados e da relação colesterol fosfolípido pode produzir alterações na conformação da Na+-K+ ATPase, resultando numa maior inibição da membrana Na+-K+ ATPase. As mesmas alterações podem afectar a estrutura da membrana lisossomal. Isto resulta numa estabilidade lisossomal defeituosa e fuga de glicoidrolases e enzimas degradantes de GAG para o soro.

Digoxina arqueal e disfunção mitocondrial em relação ao LES

A arcaeaon vitaminocyte contribui para a síntese da ubiquinona e da função da cadeia de transporte de electrões mitocondriais. A função mitocondrial relacionada com a geração de radicais livres é regulada pelo arquebactéria vitaminócito sintetizado tocoferol e ácido ascórbico. A concentração de ubiquinona diminuiu significativamente no LES, que pode ser o resultado de baixos níveis de tirosina, reportados na maioria das perturbações, em consequência do efeito da digoxina em promover preferencialmente o transporte de triptofano em detrimento da tirosina. A parte do anel aromático da ubiquinona é derivada da tirosina. A ubiquinona, que é um componente importante da cadeia de transporte de electrões mitocondriais, é um antioxidante de membrana e contribui para a eliminação de radicais livres. O aumento do cálcio intracelular pode abrir o PT mitocondrial causando um colapso do gradiente de hidrogénio através da membrana interna e desacoplamento da cadeia respiratória. A deficiência intracelular de magnésio pode levar a um defeito no funcionamento da ATP synthase. Tudo isto leva a defeitos na fosforilação oxidativa mitocondrial, redução incompleta do oxigénio e geração de superóxido que produz peroxidação lipídica. A deficiência de ubiquinona também leva a uma redução da procura de radicais livres. O aumento do cálcio intracelular pode levar ao aumento da geração de NO ao induzir a enzima óxido nítrico sintase que se combina com o radical superóxido para formar peroxinitrito. O aumento do cálcio intracelular também pode activar a fosfolipase A_2, resultando num aumento da geração de ácido araquidónico que pode sofrer um aumento da peroxidação lipídica. O aumento da geração de radicais livres como o ião superóxido e o radical hidroxil pode produzir peroxidação lipídica e danos na membrana celular que podem inactivar ainda mais a Na+-K+ ATPase, desencadeando mais uma vez o ciclo de geração de radicais livres. A deficiência de magnésio pode afectar a função glutatião sintetase e glutatião redutase. O superóxido dismutase mitocondrial vaza e torna-se disfuncional com abertura relacionada com o cálcio do PT mitocondrial e ruptura da membrana externa. A membrana peroxisomal é defeituosa devido à membrana Na+-K+ ATPase defeito relacionado com a inibição na formação da membrana e leva a uma reduzida actividade catalítica. A geração de radicais livres relacionados com a disfunção mitocondrial tem sido implicada na patogénese de doenças imunes mediadas como o neurolupus. O aumento do cálcio intracelular e a abertura do PT mitocondrial relacionada com ceramidas também leva à desregulação do volume das mitocôndrias, causando hiperosmolalidade da matriz e expansão do espaço da matriz. A membrana exterior das mitocôndrias rompe e liberta o factor indutor da apoptose e o citocromo C no citoplasma. Isto resulta na activação da caspase-9. A caspase-9 pode produzir a apoptose da célula. A apoptose tem sido implicada na génese da morte celular no LES.

Digoxina arqueal e domínio hemisférico em relação ao LES

As arcaeas relacionadas com organela - esteroidelle, neurotransminoide e vitaminaocyte contribuem para o domínio hemisférico. Os padrões bioquímicos obtidos em neurolupus são semelhantes aos obtidos em indivíduos hemisféricos esquerdos/direitos quimicamente dominantes pelo teste de escuta dicótica. Mas todos os doentes com neurolúpus eram hemisféricos direitos/esquerdos dominantes pelo teste de escuta dicótica. A dominância química hemisférica não tem correlação com a mão ou com o teste de escuta dicótica. O neurolúpus ocorre em indivíduos com dominância química hemisférica direita e é um reflexo de alteração da função cerebral. Assim, os mecanismos imunitários e a resposta a uma bactéria/vírus invasor diferem no estado hipo e hiperdigoxinémico. O estado hipodigoxinémico está associado à imunossupressão. Mas não há persistência viral no estado hipodigoxinénico. O estado hiperdigoxinémico está associado à imunoactivação e persistência viral. Há uma tendência crescente para doenças auto-imunes como o LES no estado hiperdigoxinémico.

A hipodigoxinemia está relacionada com a dominância química hemisférica esquerda e a hiperdigoxinemia com a dominância química hemisférica direita. A resposta imunitária e a doença imune mediada no hemisfério direito e na dominância química do hemisfério esquerdo diferem. O LES está provavelmente associado à dominância química do hemisfério direito e à hiperdigoxinemia. A imunossupressão está associada à dominância química hemisférica esquerda e à hipodigoxinemia. Geschwind postulou uma relação entre lateralização cerebral e função imunológica. Observaram uma alta frequência de canhotos em doentes com distúrbios imunitários. Bardos, Degenne, Lebranchu, Biziere e Renoux demonstraram que as lesões do neocórtex esquerdo em ratos deprimem a imunidade das células T, enquanto que as lesões do neocórtex direito aumentam a imunidade das células T. Estes relatórios anteriores estão de acordo com os nossos estudos. A digoxina arqueal e o domínio hemisférico podem regular a função imunitária.

Referências

1. Kurup RK, Kurup PA. *Digoxina Hipotalâmica, Dominância Cerebral e Função Cerebral na Saúde e nas Doenças*. Nova Iorque: Nova Medical Books, 2009.

CAPÍTULO 28

HÍBRIDOS DE NEANDERTHAL: A ENDOSIMBIOSE ACTINÍDICA MEDIADA PELAS ALTERAÇÕES CLIMÁTICAS GERA HÍBRIDOS DE NEANDERTAIS E CANCRO

Introdução

A arca actinídea tem estado relacionada com o aquecimento global e as doenças humanas, especialmente a neoplasia. O crescimento da arca actinídea actinídea endosibiótica em relação às alterações climáticas e ao aquecimento global leva à neandertalização do sistema mente-corpo humano. A antropometria neandertal e a metabolonomia tem sido descrita em neoplasma. Isto inclui o fenótipo de Warburg e a hiperdigoxinemia. A digoxina produzida pelo catabolismo do colesterol arqueal produz a neanderthalização. A atrofia cortical pré-frontal e a hiperplasia cerebelar tem estado relacionada com o cancro. Isto leva à disautonomia com hiperactividade simpática e neuropatia parassimpática nestas perturbações. A dominância cerebelar actinídea relacionada com o cerebelo leva a alterações na função cerebral. [1-16] Os dados são descritos neste artigo.

O aquecimento global pode levar a stress osmótico em consequência da desidratação. O aumento do crescimento actinídico arqueológico leva ao catabolismo do colesterol e à síntese de digoxinas. A digoxina produz inibição da membrana de potássio ATPase de sódio e aumento do cálcio intracelular produzindo disfunção mitocondrial. Isto resulta em stress oxidativo. O stress oxidativo e o stress osmótico podem induzir a enzima aldose redutase que converte glicose em frutose. A frutose tem um valor baixo de km para a cetoquinase em comparação com a glicose. Portanto, a frutose é mais fosforilada a fosfato de frutose e a célula é esvaziada de ATP. O esgotamento celular de ATP leva ao stress oxidativo e à inflamação crónica resultante da indução de NFKB. O fosfato de frutose pode entrar na via do fosfato pentose sintetizando ribose e ácido nucleico. O esgotamento do ATP celular resulta na geração de AMP e ADP que são actuados por deaminases causadoras de hiperuricemia. O ácido úrico também pode produzir disfunções mitocondriais. O fosfato de frutose pode entrar na via da glucosamina, sintetizando GAG e produzindo acumulação de mucopolissacarídeos. A frutose pode fructosilato proteínas, tornando-as antigénicas e produzindo uma resposta auto-imune. Isto pode levar a um cancro relacionado com o aquecimento global.

Materiais e Métodos

Quinze casos, cada um dos neoplasmas e viciados em Internet foram seleccionados para o estudo. Cada caso tinha um controlo de idade e sexo compatível. No estudo de casos foram avaliadas medidas antropométricas e fenotípicas Neandertais que incluíam cristas supra-orbitárias salientes, crânio dolicocefálico, mandíbula pequena, face e nariz médios proeminentes, membros superiores e inferiores curtos, tronco proeminente, relação dedo anelar de baixo índice e tez justa. Foram feitos testes de função autonómica para avaliar o sistema simpático e parassimpático em cada caso. Foi feita uma tomografia computorizada da cabeça para ter uma avaliação volumétrica do córtex pré-frontal e do cerebelo. A actividade do citocromo sanguíneo F420 foi avaliada por medição espectrofotométrica.

Resultados

Todos os grupos de casos estudados tinham uma percentagem mais elevada de medidas antropométricas e fenotípicas de Neanderthal. Havia uma relação de dedos de baixo índice sugestivo de altos níveis de testosterona em toda a população de pacientes estudados. Em todos os grupos de casos estudados, houve também atrofia do córtex pré-frontal e hiperplasia cerebelar. Do mesmo modo, em todos os grupos de casos estudados, houve disautonomia com sobreactividade simpática e neuropatia parassimpática. O citocromo F420 foi detectado em todo o grupo de casos estudados, mostrando um crescimento excessivo do arquebelo endosibiótico.

Quadro 1. Fenótipo Neandertal e doença sistémica

Doença	Cyt F420	Fenótipo do Neanderthal	Relação dedo a anel de baixo índice
Linfoma não-Hodgkin	72%	60%	69%
Mieloma múltiplo	70%	68%	74%
Utilizadores da Internet	65%	72%	69%

Quadro 2. Fenótipo Neanderthal e disfunção cerebral

Doença	Dysautonomia	Atrofia do córtex pré-frontal	Hipertrofia cerebelar
Linfoma não-Hodgkin	79%	65%	75%
Mieloma múltiplo	69%	72%	80%
Utilizadores da Internet	74%	84%	82%

Discussão

A metabolonomia de Neanderthal contribui para a patogénese destas perturbações. Houve características fenotípicas do Neanderthal em todos os grupos de casos estudados, bem como rácios de dedos de baixo índice sugestivos de aumento dos níveis de testosterona. A neanderthalização do sistema mente-corpo ocorre devido ao aumento do crescimento da arca actinídea como consequência do aquecimento global. A neanderthalização da mente leva ao domínio cerebelar e à atrofia do córtex pré-frontal. Isto leva a disautonomia com neuropatia parassimpática e hiperactividade simpática. Esta é a base da oncogénese.

O aquecimento global e a idade do gelo produzem um aumento do crescimento de extremófilos. Isto leva ao aumento do crescimento da endosimose actinídica arqueológica nos seres humanos. Há uma proliferação arqueal no intestino que entra no cerebelo e no tronco cerebral através do transporte axonal invertido através do vagus. O cerebelo e o tronco encefálico podem ser considerados como uma colónia arqueal. As artérias são catabolizantes de colesterol e utilizam o colesterol como fonte de carbono e energia. A arca actinídea activa o receptor de toll HIF alfa induzindo o fenótipo Warburg resultando em glicólise aumentada com geração de glicina, bem como supressão da desidrogenase pirúvica. O piruvato acumulado entra no shunt GABA gerador de succinil CoA e glicina. O catabolismo arqueal do colesterol produz oxidação anelar e geração de piruvato que também entra no esquema GABA shunt produzindo glicina e succinil CoA. Isto leva a um aumento da síntese de porfirinas. Na regulação da inibição da ATPase de potássio de sódio induzida por digoxina, as porfirinas dipolares produzem um sistema de fónon bombeado, resultando no condensado de Bose-Einstein modelo Frohlich e na percepção quântica de CEM de baixo nível. A poluição por CEM de baixo nível é comum na utilização da Internet. A percepção de baixo nível de CEM leva à neandertalização do cérebro com atrofia do córtex pré-frontal e hiperplasia cerebelar. O arquebelo que atinge o cerebelo a partir do intestino através do nervo vago prolifera e torna o cerebelo dominante com a consequente supressão e atrofia do córtex pré-frontal. Isto leva a traços autistas e esquizofrénicos largamente disseminados na população. A arca actinídea induz o fenótipo Warburg com aumento da glicólise, inibição de PDH e supressão mitocondrial. Isto produz a neandertalização do sistema mente-corpo. A arca actinídica secreta os viroides de RNA que bloqueiam a expressão do HERV por interferência do RNA. A supressão do HERV contribui para a inibição do desenvolvimento do córtex pré-frontal em Neandertais e da dominância cerebelar. A digoxina arqueal produz inibição da ATPase de potássio de sódio e depleção do magnésio causando inibição da transcriptase inversa e diminuição da geração de HERV. Os HERV contribuem para a dinâmica do genoma e são necessários para o desenvolvimento do córtex pré-frontal. A supressão do HERV contribui para a resistência retroviral em Neandertais. A arca actinídea cataboliza o colesterol levando ao estado de esgotamento do colesterol. O esgotamento do colesterol leva também a uma fraca conectividade sináptica e a um menor desenvolvimento do córtex pré-frontal. Isto não é uma mudança genética, mas uma forma de mudança simbiótica com crescimento actinídico endosimbiótico do arquebactéria no corpo e cérebro. Estas alterações conduzem à oncogénese.

A utilização da Internet e o baixo nível de poluição por CEM é comum neste século. Isto resulta num aumento da percepção de baixos níveis de campos electromagnéticos pelo cérebro através do sistema de fonon mediado por digoxina-porfirina, criado pelos condensados de Bose-Einstein que contribuem para a atrofia do córtex pré-frontal e para o domínio cerebelar. A dominância cerebelar leva ao cancro. Existe uma epidemia de cancro na comunidade actual. A percepção extra-sensorial mediada pela porfirina pode contribuir para a comunicação entre os Neandertais. Os Neandertais não tinham uma linguagem e utilizavam a percepção extra-sensorial como forma de comunicação de grupo. Devido à percepção quântica extra-sensorial dominante, os Neandertais não tinham identidade individual mas apenas identidade grupal. A dominância cerebelar resulta em criatividade resultante da percepção quântica e percepção grupal. Os traços neandertais contribuem para a inovação e criatividade. A dominância cerebelar resulta no desenvolvimento de uma linguagem simbólica. Os Neandertais utilizaram a dança e a música como forma de comunicação. A pintura como forma de comunicação era também comum nos Neandertais. O comportamento Neandertal era robótico. O comportamento robótico é característico da dominância cerebelar. O comportamento robótico, simbólico e ritualístico é comum com a dominância cerebelar. O domínio cerebelar nos Neandertais leva a uma inteligência intuitiva e a uma qualidade hipnótica à comunicação. O aumento da percepção quântica extra-sensorial leva a mais comunhão com a natureza e a uma forma de eco-espiritualidade. O uso crescente da dança e da música como forma de comunicação e de eco-espiritualidade é comum no século moderno. O esgotamento do colesterol leva à deficiência de ácido biliar e à geração de pequenos grupos sociais em Neandertais. O ácido biliar liga-se aos receptores olfactivos e contribui para a identidade do grupo. Estas características de dominância cerebelar conduzem à génese do cancro.

A população moderna é um híbrido de homo sapiens e homo neanderthalis. Isto contribui para 10 a 20% de híbridos dominantes que tendem a contribuir para a criatividade da civilização. Os Neandertais tendem a ser inovadores e caóticos. Tendem a ser criativos na arte, literatura, dança, espiritualidade e ciência. Oitenta por cento dos híbridos menos dominantes são estáveis e contribuem para uma influência estabilizadora que leva ao crescimento da civilização. Os homo sapiens foram estáveis e não criativos durante um longo período da sua existência. Houve uma explosão de criatividade com geração de música, dança, pintura, ornamentos, a criação do conceito de Deus e comportamento compassivo de grupo há cerca de 10.000 anos na comunidade homo sapiens. Isto correlacionou-se com a geração de híbridos de Neandertal quando o macho eurasiático do Neandertal acasalou com as fêmeas africanas homo sapiens. A percepção extra-sensorial/quântica devida às porfirinas dipolares e à digoxina induziu a inibição da ATPase potássica de sódio e o sistema de fonon gerados por bombagem mediada pela percepção quântica leva ao fenómeno da globalização e ao sentimento de que o mundo é uma aldeia global. O catabolismo arqueal do colesterol leva a uma síntese crescente da digoxina. A digoxina promove o transporte do triptofano sobre a tirosina. A deficiência de tirosina leva à deficiência de dopamina e à deficiência de morfina. Isto leva a uma síndrome de carência de morfina em Neandertais. Isto contribui para traços de dependência e criatividade. O aumento dos níveis de triptofano produz um aumento de alcalóides como o LSD, contribuindo para o êxtase e a espiritualidade da população de

Neanderthal. A dieta cetogénica consumida pelos Neandertais carnívoros leva ao aumento da geração de ácido hidroxi butírico que produz ecstasy e um tipo de anestesia dissociativa que contribui para a psicologia Neandertal. A deficiência de dopamina leva a uma diminuição da síntese de melanina e à equidade da população. Isto foi responsável pela cor justa dos Neandertais. Estas características psicadélicas conduzem ao cancro.

Os Neandertais eram essencialmente comedores de carne que faziam uma dieta ketogénica. O ácido acetoacético é convertido em acetil CoA que entra no ciclo do TCA. Quando os híbridos do Neanderthal consomem uma dieta glucogénica devido à propagação da civilização estabelecida, produz uma acumulação pirúvica devido à supressão do PDH nos Neandertais. O aumento do crescimento arqueal activa o receptor de pedágio e induz alfa HIF resultando em glicólise aumentada, supressão de PDH e disfunção mitocondrial - o fenótipo de Warburg. O piruvato entra na via de derivação GABA produzindo glutamato, amoníaco e porfirinas. Os neandertais que consomem uma dieta ketogénica produzem mais de GABA um neurotransmissor inibitório resultando na natureza dócil e tranquila dos neandertais. Há menos produção de glutamato o neurotransmissor excitatório predominante do córtex pré-frontal e das vias de consciência. Isto leva ao predomínio da função cerebelar. Os híbridos de Neanderthal têm predominância cerebelar e menos comportamento consciente. O cerebelo é responsável por um comportamento intuitivo e inconsciente, bem como pela criatividade e espiritualidade. O cerebelo é o local da percepção extra-sensorial, dos actos mágicos e da hipnose. O homo sapiens predominante tinha dominância do córtex pré-frontal sobre o cerebelo, o que resultava num comportamento mais consciente. Esta disfunção cerebral pode levar à oncogénese.

Os Neandertais que consomem uma dieta glucogénica produzem um aumento da glicólise no cenário de inibição de PDH. Isto produz o fenótipo de Warburg. Há um aumento da glicólise linfocítica produzindo activação imunitária e distúrbios linfoproliferativos. A predominância da glicólise e a supressão da função mitocondrial resulta em glicémia. O aumento do PT mitocondrial poro hexoquinase leva à proliferação celular e à oncogénese. A predominância cerebelar produz cancro.

A hiperplasia cerebelar resulta em hiperactividade simpática e neuropatia parassimpática. Isto contribui para a proliferação celular e oncogénese. A neuropatia vagal resulta em activação imunitária e doenças linfoproliferativas. A neuropatia vagal e a hiperactividade simpática podem contribuir para a glicogenólise e a lipólise. Isto aumenta o crescimento das células tumorais. O domínio cerebelar e a disfunção cerebelar cognitiva afectiva podem contribuir para o cancro. O aumento da síntese de porfirina resultante da succinil CoA gerada pelo shunt GABA e pela glicina gerada pela glicólise contribui para o aumento da percepção extra-sensorial. A percepção de CEM de baixo nível pode levar ao cancro.

O catabolismo arqueal do colesterol gera digoxina que produz inibição da ATPase potássica de sódio e aumento do cálcio intracelular e diminuição do magnésio intracelular. O aumento do cálcio intracelular produz activação oncogénica e activação NFKB resultando em tumores malignos. O aumento do cálcio intracelular abre o PT mitocondrial resultando em oncogénese. O empobrecimento do magnésio induzido pela digoxina pode remover o bloco de magnésio no receptor NMDA, resultando em excitotoxicidade NMDA. Isto pode aumentar a carga de células tumorais. O depleção induzida pela digoxina do magnésio pode inibir a actividade da transcriptase inversa e a geração HERV modulando a dinâmica do genoma. A acumulação intracelular de cálcio induzida pela digoxina e a depleção de magnésio podem modular o neurotransmissor dependente da proteína G e da proteína tirosina quinase e os receptores endócrinos. Isto pode produzir a integração neuro-imuno-endócrina induzida pela digoxina. A digoxina funciona como uma hormona mestre do Neandertal. A interrupção desta integração neuro-imuno-endócrina leva ao cancro.

As artérias actinídicas são catabolizantes do colesterol e levam a baixos níveis de testosterona e estrogénio. Isto leva a características assexuadas e a baixas taxas reprodutivas da população de Neanderthal. Os Neandertais consomem uma dieta pobre em fibras com baixo teor de lignano. A arca actinídea tem enzimas catabolizantes do colesterol que geram mais testosterona do que estrogénio. Isto contribui para a deficiência de estrogénio e para a sobreactividade da testosterona. A população de Neandertal é hipermaleia com dominância concomitante do hemisfério direito e do cerebelar. A testosterona suprime a função hemisférica esquerda. Os altos níveis de testosterona nos Neandertais contribuem para um cérebro maior. Tanto os homens como as mulheres dos Neandertais tinham um nível mais elevado de testosterona, contribuindo para a igualdade de género e estados neutros de género. Havia uma identidade de grupo e uma maternidade de grupo sem diferenças entre os papéis tanto dos homens como das mulheres. Isto também resultou em matrilinearidade. Os níveis mais elevados de testosterona tanto nos homens como nas mulheres levaram a um tipo alternativo de sexualidade e a comportamentos aberrantes. Os homo sapiens comem uma dieta rica em fibras com baixo colesterol e alto conteúdo de lignano, contribuindo para o domínio do estrogénio, domínio hemisférico esquerdo e hipoplasia cerebelar. O homo sapiens teve taxas reprodutivas mais elevadas e ultrapassou a população do Neandertal, resultando na sua extinção. A população de homo sapiens era conservadora, com costumes sexuais normais, valores familiares e tipo de comportamento patriarcal. O papel das mulheres a comunidade homo sapiens era inferior ao dos homens. A crescente geração de híbridos de Neandertal devido ao crescimento excessivo do arquipélago mediado pelas alterações climáticas leva à igualdade de género e à equidominância de homens e mulheres neste século. Estas alterações endócrinas e de género podem levar ao cancro.

O catabolismo do colesterol resulta no esgotamento do colesterol e na deficiência de ácido biliar. Os ácidos biliares ligam-se ao VDR e são imunomoduladores. A deficiência de ácido biliar leva à activação imunitária e aos linfomas. Os ácidos biliares ligam-se ao FXR, LXR e PXR modulando o metabolismo de lípidos e hidratos de carbono. Isto leva a hiperglicemia e hiperlipidemia na presença de deficiência de ácido biliar. Isto leva ao cancro. O ácido biliar desacopla a fosforilação oxidativa e a sua deficiência conduz ao cancro. O esgotamento do colesterol também leva a deficiência de vitamina D. A vitamina D liga-se à VDR e produz imunomodulação. A deficiência de vitamina D leva à activação imunitária e ao linfoma. A deficiência de vitamina D também pode produzir raquitismo e contribuir para as características fenotípicas dos Neandertais. A deficiência de Vitamina D pode contribuir para o desenvolvimento cerebral resultando em macrocefalia. A deficiência de vitamina D contribui para a resistência insulínica e a obesidade truncal dos Neandertais. A deficiência de vitamina D contribui para a equidade da pele do Neanderthal como adaptação fenotípica. As características fenotípicas do Neandertal são devidas à deficiência de vitamina D e à resistência à insulina. Isto leva ao cancro.

Assim, o aquecimento global e o aumento do crescimento actinídico endosibiótico do arquipélago leva ao catabolismo do colesterol e à geração do fenótipo de Warburg, resultando num aumento da síntese da porfirina, percepção extra-sensorial baixa dos CEM, atrofia do córtex pré-frontal, resistência à insulina e domínio cerebelar. Isto leva à neandertalização do corpo e do cérebro e à oncogénese.

Referências

1. Weaver TD, Hublin JJ. Neandertal Birth Canal Shape and the Evolution of Human Childbirth. *Proc. Natl. Acad. Sci. USA* 2009; 106:8151-8156.

2. Kurup RA, Kurup PA. Endosymbiotic Actinidic Archaeal Mediated Warburg Fenótipo Mediates Human Disease State. *Avanços nas Ciências Naturais* 2012; 5(1):81-84.

3. Morgan E. The*Neanderthal*theory of*autism,* Asperger and ADHD; 2007, www.rdos.net/eng/asperger.htm.

4. Graves P. Novos Modelos e Metáforas para o Debate sobre o Neandertal. *Antropologia actual 1991;* 32(5): 513-541.

5. Sawyer GJ, Maley B. Neanderthal Reconstructed. *The Anatomical Record Part B: The New Anatomist* 2005; 283B(1):23-31.

6. Bastir M, O'Higgins P, Rosas A. Facial Ontogeny in Neanderthals and Modern Humans. *Proc. Biol. Sci.* 2007; 274:1125-1132.

7. Neubauer S, Gunz P, Hublin JJ. Mudanças na Forma Endocraniana durante o Crescimento em Chimpanzés e Humanos: Uma Análise Morfométrica de Aspectos Únicos e Partilhados. *J. Hum. Evol.* 2010; 59:555-566.

8. Courchesne E, Pierce K. Brain Overgrowth in Autism during a Critical Time in Development: Implicações para o Desenvolvimento e Conectividade do Neurónio Piramidal Frontal e Interneuronal. *Int. J. Dev. Neurosci.* 2005; 23:153–170.

9. Green RE, Krause J, Briggs AW, Maricic T, Stenzel U, Kircher M, Patterson N, Li H, Zhai W, *et al.* A Draft Sequence of the Neandertal Genome. *Ciência* 2010; 328:710-722.

10. Mithen SJ. *The Singing Neanderthals: The Origins of Music, Language, Mind and Body*; 2005, ISBN 0-297-64317-7.

11. Bruner E, Manzi G, Arsuaga JL. Encephalization and Allometric Trajectories in the Genus Homo: Evidências das linhagens Neandertal e Moderna. *Proc. Natl. Acad. Sci. USA* 2003; 100:15335-15340.

12. Gooch S. *The Dream Culture of the Neanderthals: Os Guardiães da Sabedoria Antiga.* Inner Traditions, Wildwood House, Londres; 2006.

13. Gooch S. *The Neanderthal Legacy: Reawakening Our Genetic and Cultural Origins (Despertar as nossas origens genéticas e culturais).* Inner Traditions, Wildwood House, Londres; 2008.

14. Kurtén B. *Den Svarta Tigern,* Editora ALBA, Estocolmo, Suécia; 1978.

15. Spikins P. Autismo, as Integrações da 'Diferença' e as Origens do Comportamento Humano Moderno. *Cambridge Archaeological Journal* 2009; 19(2):179-201.

16. Eswaran V, Harpending H, Rogers AR. Genomics Refute an Exclusively African Origin of Humans. *Journal of Human Evolution* 2005; 49(1):1-18.

CAPÍTULO 29

UMA BIOSFERA DE ARQUEA E VIROÍDES EM NEURODEGENERAÇÃO DEPENDENTE DE COLESTEROL E ACTINÍDEOS - DOENÇA DE ALZHEIMER, DOENÇA DE PARKINSON E DOENÇA DE MOTOR

Introdução

Actinídeos como o rutilo, digoxina endógena, bem como organismos como fitoplasmas e viroides foram implicados na etiologia da neurodegeneração - doença de Alzheimer, doença de Parkinson e doença dos neurónios motores. [1-4] A digoxina endógena tem estado relacionada com a patogénese da neurodegeneração - doença de Alzheimer, doença de Parkinson e doença do neurónio motor. [4] Foi considerada a possibilidade de síntese endógena de digoxina por organismo primitivo baseado em actinídeos, como a arcaea, com uma via mevalonada e o catabolismo do colesterol. [5-8] É descrita uma biosfera de sombra dependente de actinídeos de arcaea e viroides nos estados da doença acima mencionados. [7,9]

Materiais e Métodos

Foram incluídos no estudo os seguintes grupos: - neurodegeneração - doença de Alzheimer, doença de Parkinson e doença dos neurónios motores. Havia 10 pacientes em cada grupo e cada paciente tinha uma idade e sexo compatível com um controlo saudável seleccionado aleatoriamente a partir da população geral. As amostras de sangue foram colhidas no estado de jejum, antes de se iniciar o tratamento. Foi utilizado plasma de sangue heparinizado em jejum e o protocolo experimental foi o seguinte:- (I) Plasma+fosfato tamponado salino, (II) o mesmo que o substrato de I+colesterol, (III) o mesmo que o II+rutil 0,1 mg/ml, e (IV) o mesmo que o II+ciprofloxacina e doxiciclina, cada um numa concentração de 1 mg/ml. O substrato de colesterol foi preparado como descrito por Richmond. [10] Alíquotas foram retiradas a tempo zero imediatamente após mistura e após incubação a 37 °C durante 1 hora. Foram efectuadas as seguintes estimativas:- citocromo F420, RNA livre, DNA livre, hidrocarboneto aromático policíclico, peróxido de hidrogénio, dopamina, serotonina, piruvato, amónia, glutamato, citocromo C, hexoquinase, ATP sintetase, HMG CoA redutase, digoxina e ácidos biliares. [11-13] O citocromo F420 foi estimado flourimetricamente (comprimento de onda de excitação 420 nm e comprimento de onda de emissão 520 nm). O hidrocarboneto policíclico aromático foi estimado medindo o peróxido de hidrogénio libertado através da utilização de reagente de glucose. Foi obtido o consentimento informado dos sujeitos e a aprovação do comité de ética para o estudo. A análise estatística foi feita pela ANOVA.

Resultados

O plasma dos sujeitos de controlo mostrou níveis aumentados dos parâmetros acima mencionados com após incubação durante 1 hora e a adição de substrato de colesterol resultou num aumento ainda mais significativo destes parâmetros. O plasma dos pacientes mostrou resultados semelhantes, mas a extensão do aumento foi maior. A adição de antibióticos ao plasma de controlo causou uma diminuição em todos os parâmetros enquanto que a adição de rutilo aumentou os seus níveis. A adição de antibióticos ao plasma do paciente causou uma diminuição em todos os parâmetros enquanto que a adição de rutilo aumentou os seus níveis mas a extensão da mudança foi maior nos soros dos pacientes em comparação com os controlos. Os resultados são expressos nos quadros 1-7 como mudança percentual nos parâmetros após 1 hora de incubação, em comparação com os valores a tempo zero.

Quadro 1. Efeito do rutilo e dos antibióticos no citocromo F420 e HAP

Grupo	CYT F420 % (Aumento com Rutilo)		CYT F420 % (Diminuir com Doxy+Cipro)		PAH % mudança (Aumento com Rutilo)		PAH % mudança (Diminuir com Doxy+Cipro)	
	Média	$\pm$ SD	Média	$\pm$ SD	Média	$\pm$ SD	Média	$\pm$ SD
Normal	4.48	0.15	18.24	0.66	4.45	0.14	18.25	0.72
PD	23.46	1.87	59.27	8.86	22.67	2.29	57.69	5.29
AD	23.12	2.00	56.90	6.94	23.26	1.53	60.91	7.59
MND	22.06	1.61	57.81	6.04	23.46	1.91	61.56	4.61
	F valor 306,749 Valor P < 0,001		F valor 130.054 Valor P < 0,001		F valor 391.318 Valor P < 0,001		F valor 257.996 Valor P < 0,001	

Quadro 2. Efeito do rutilo e dos antibióticos no ARN e ADN livres

Grupo	ADN % mudança (Aumento com Rutilo)		ADN % mudança (Diminuir com Doxy+Cipro)		RNA % mudança (Aumento com Rutilo)		RNA % mudança (Diminuir com Doxy+Cipro)	
	Média	$\pm$ SD	Média	$\pm$ SD	Média	$\pm$ SD	Média	$\pm$ SD
Normal	4.37	0.15	18.39	0.38	4.37	0.13	18.38	0.48
PD	23.40	1.51	63.68	4.66	23.08	1.87	65.09	3.48
AD	23.52	1.65	64.15	4.60	23.29	1.92	65.39	3.95
MND	23.30	1.42	65.07	4.95	23.11	1.52	66.68	3.97
	Valor F 337.577 Valor P < 0,001		F valor 356.621 Valor P < 0,001		Valor F 427.828 Valor P < 0,001		Valor F 654.453 Valor P < 0,001	

Quadro 3. Efeito do rutilo e dos antibióticos na HMG CoA reductase e ATP synthase

Grupo	HMG CoA R % de mudança (Aumento com Rutilo)		HMG CoA R % de mudança (Diminuir com Doxy+Cipro)		ATP synthase % (Aumento com Rutilo)		ATP synthase % (Diminuir com Doxy+Cipro)	
	Média	$\pm$ SD	Média	$\pm$ SD	Média	$\pm$ SD	Média	$\pm$ SD
Normal	4.30	0.20	18.35	0.35	4.40	0.11	18.78	0.11
PD	23.09	1.69	61.62	8.69	23.09	1.90	66.15	4.09
AD	23.43	1.68	61.68	8.32	23.58	2.08	66.21	3.69
MND	22.38	2.38	60.65	5.27	23.00	1.64	66.67	4.21
	Valor F 319.332 Valor P < 0,001		Valor F 199,553 Valor P < 0,001		Valor F 449.503 Valor P < 0,001		Valor F 673.081 Valor P < 0,001	

Quadro 4. Efeito do rutilo e dos antibióticos na digoxina e nos ácidos biliares

Grupo	Digoxina (ng/ml) (Aumento com Rutilo)		Digoxina (ng/ml) (Diminuir com Doxy+Cipro)		Ácidos biliares % mudança (Aumento com Rutilo)		Ácidos biliares % mudança (Diminuir com Doxy+Cipro)	
	Média	$\pm$ SD	Média	$\pm$ SD	Média	$\pm$ SD	Média	$\pm$ SD
Normal	0.11	0.00	0.054	0.003	4.29	0.18	18.15	0.58
PD	0.51	0.05	0.199	0.027	22.61	2.22	66.62	4.99
AD	0.55	0.03	0.192	0.040	22.12	2.19	62.86	6.28
MND	0.53	0.06	0.212	0.045	23.30	1.88	62.49	7.26
	Valor F 135,116 Valor P < 0,001		Valor F 71.706 Valor P < 0,001		Valor F 290.441 Valor P < 0,001		F valor 203.651 Valor P < 0,001	

Quadro 5. Efeito do rutilo e dos antibióticos no piruvato e na hexoquinase

Grupo	Pyruvate % mudança (Aumento com Rutilo)		Pyruvate % mudança (Diminuir com Doxy+Cipro)		Hexokinase % de mudança (Aumento com Rutilo)		Hexokinase % de mudança (Diminuir com Doxy+Cipro)	
	Média	$\pm$ SD	Média	$\pm$ SD	Média	$\pm$ SD	Média	$\pm$ SD
Normal	4.34	0.21	18.43	0.82	4.21	0.16	18.56	0.76
PD	20.94	1.54	62.76	8.52	23.33	1.79	62.50	5.56
AD	22.63	0.88	56.40	8.59	22.96	2.12	65.11	5.91
MND	21.07	1.79	63.90	7.13	22.47	2.17	65.97	4.62
	Valor F 321.255 Valor P < 0,001		F valor 115.242 Valor P < 0,001		F valor 292.065 Valor P < 0,001		Valor F 317.966 Valor P < 0,001	

Quadro 6. Efeito do rutilo e dos antibióticos no peróxido de hidrogénio e ácido delta amino levulínico

Grupo	H2O2 % (Aumento com Rutilo)		H2O2 % (Diminuir com Doxy+Cipro)		ALA % (Aumento com Rutilo)		ALA % (Diminuir com Doxy+Cipro)	
	Média	$\pm$ SD	Média	$\pm$ SD	Média	$\pm$ SD	Média	$\pm$ SD
Normal	4.43	0.19	18.13	0.63	4.40	0.10	18.48	0.39
PD	23.81	1.19	61.08	7.38	22.83	1.90	67.23	3.45
AD	22.65	2.48	60.19	6.98	23.67	1.68	66.50	3.58
MND	22.86	1.91	63.66	6.88	23.17	1.88	68.53	2.65
	Valor F 380,721		Valor F 171.228		Valor F 372.716		F valor 556.411	
	Valor P < 0,001		Valor P < 0,001		Valor P < 0,001		Valor P < 0,001	

Quadro 7. Efeito do rutilo e dos antibióticos na dopamina e na serotonina

Grupo	Dopamina % (Aumento com Rutilo)		Dopamina % (Diminuir com Doxy+Cipro)		5 HT % de mudança (Aumento com Rutilo)		5 HT % de mudança (Diminuir com Doxy+Cipro)	
	Média	$\pm$ SD	Média	$\pm$ SD	Média	$\pm$ SD	Média	$\pm$ SD
Normal	4.41	0.15	18.63	0.12	4.34	0.15	18.24	0.37
PD	22.29	1.33	65.38	3.62	22.13	2.14	66.26	3.93
AD	23.66	1.67	65.97	3.36	23.09	1.81	65.86	4.27
MND	23.70	1.75	68.06	3.52	23.81	1.49	64.89	6.01
	Valor F 403.394		Valor F 680.284		Valor F 348.867		Valor F 364,999	
	Valor P < 0,001		Valor P < 0,001		Valor P < 0,001		Valor P < 0,001	

Discussão

Houve um aumento do citocromo F420, indicando um crescimento arqueológico. O arcaico pode sintetizar e utilizar o colesterol como fonte de carbono e energia. [6,14] A origem arqueal das actividades enzimáticas foi indicada pela supressão induzida por antibióticos. O estudo indica a presença de arquebactérias baseadas em actinídeos com enzimas alternativas baseadas em actinídeos ou metalloenzimas no sistema, como indicado pelo aumento rutilo induzido das actividades enzimáticas. [15] Houve também um aumento na actividade arqueal HMG CoA redutase indicando aumento da síntese de colesterol pela via mevalonada do arquebactéria. A actividade da beta-hidroxil esteroide desidrogenase do arquebactéria indicando síntese de digoxina e a actividade da hidroxilase do colesterol do arquebactéria indicando síntese de ácido biliar foram aumentadas. [8] A actividade da oxidase do colesterol do arquebactéria foi aumentada resultando na geração de piruvato e peróxido de hidrogénio. [14] O piruvato é convertido em glutamato e amoníaco pela via de derivação GABA. A aromatização arqueal do colesterol gerando PAH, serotonina e dopamina foi também detectada. [16] A actividade da hexoquinase glicolítica do arquebactéria e a actividade extracelular da ATP synthase foram aumentadas. A arcaea pode sofrer mineralização de magnetite e carbonato de cálcio e pode existir como nanoformas calcificadas. [17] Houve um aumento de RNA livre indicando viroides auto-replicativos de RNA e DNA livre indicando geração de cordões de DNA complementar de viroides por actividade de transcriptase inversa do arquebactéria. Os actinídeos modulam o RNA dobrando e catalisam a sua acção ribozymal. A Digoxin pode cortar e colar os cordões viroidais, modulando a emenda do RNA gerando a diversidade viroidiana do RNA. Os viroides são intrões evolutivamente escapados do grupo I do arquebactéria, que têm retrotransposição e qualidades de auto emenda. [18] Arqueal pyruvate pode produzir inibição da deacetylase histone resultando em retroviral endógeno (HERV) transcriptase reversa e expressão integrase. Isto pode integrar o ADN complementar viroidiano do RNA na região não codificante do ADN eucariótico não codificante utilizando a integrase HERV, tal como foi descrito para os vírus borna e ebola. [19] O ADN não codificante é alargado através da integração do ADN complementar viroidiano do RNA com a integração em curso como um evento contínuo. O genoma arquebactérias também pode ser integrado no genoma humano utilizando integrase, tal como foi descrito para os tripanossomas. [20] Os viroides e arquebactérias integrados podem sofrer transmissão vertical e podem existir como parasitas genómicos. [19,20] Isto aumenta o comprimento e altera a gramática da região não codificante produzindo memes ou memória de caracteres adquiridos, bem como a especiação eucariótica e a individualidade. [21] O ADN complementar viroideal pode funcionar como genes saltadores produzindo um genoma dinâmico importante no armazenamento de informação sináptica, expressão do gene HLA e expressão do gene de desenvolvimento. Os viroides do RNA podem regular a função do mRNA por interferência do RNA. [18] Os fenómenos de interferência do RNA podem modular a função das células T e das células B, o metabolismo lipídico sinalizador da insulina, o crescimento e diferenciação celular, a apoptose, a transmissão neuronal e a expressão da eucromatina/heterocromatina. Isto pode levar à patogénese da neurodegeneração - doença de Alzheimer, doença de Parkinson e doença dos neurónios motores.

Os receptores NMDA podem ser modulados por oscilações de cálcio induzidas pela digoxina, resultando em actividade NMDA, aumento da actividade NMDA, bem como interferência de RNA induzida pelo viróide. [4] O anel de colesterol oxidase gerado pela piruvase pode ser convertido pela via de derivação GABA para glutamato. O PAH dipolar e a magnetite arqueal no cenário de inibição da ATPase de potássio de sódio induzida por digoxina pode produzir um sistema fonónico bombeado mediado pelo modelo de Frohlich modelo supercondutor22 induzindo a percepção quântica com a gravidade nanoarqueal sentida produzindo a redução orquestrada das possibilidades quânticas para o mundo macroscópico. [4,22] A percepção extrassensorial de CEM de baixo nível pode levar à neurodegeneração - doença de Alzheimer, doença de Parkinson e doença do neurónio motor. A arcaea pode regular a transmissão do lóbulo límbico com colesterol arquebacal aromatase/anel oxidase gerado norepinefrina, dopamina, serotonina e acetilcolina. [16] O maior grau de integração da arcaea no genoma produz maior síntese de digoxinas produzindo dominância hemisférica direita e menor grau produzindo dominância hemisférica esquerda. [4] A dominância hemisférica direita pode levar a neurodegeneração - doença de Alzheimer, doença de Parkinson e doença do neurónio motor. A crescente integração da arcaea no genoma neuronal pode produzir um aumento da oxidase do colesterol e da aromatase mediada por monoamina e transmissão NMDA produzindo neurodegenerações - doença de Alzheimer, doença de Parkinson e doença do neurónio motor. Archaea e RNA viroid podem ligar o receptor TLR induzindo NFKB produzindo activação imunitária e secreção alfa de TNF de citocinas. O DXP arqueal e os metabolitos da via mevalonate podem ligar oγδTCR e a sinalização de cálcio induzida por digoxina pode activar o NFKB produzindo activação imunitária crónica. [4,23] A activação imunitária crónica induzida por arcaea e viroide e geração de superantigénios pode levar à auto-imunidade em neurodegeneração - doença de Alzheimer, doença de Parkinson e doença de neurónios motores. Archaea, viroides e digoxina podem induzir o hospedeiro AKT PI3K, AMPK, HIF alfa e NFKB produzindo o fenótipo metabólico de Warburg. [24] O aumento da actividade da hexoquinase glicolítica, diminuição da ATP do sangue, fuga de citocromo C, aumento do piruvato de soro e diminuição da CoA de acetil indica a geração do fenótipo de Warburg. Há indução de glicólise, inibição da actividade de PDH e disfunção mitocondrial resultando em ineficiência energética e síndrome metabólica. A arcaea e as citocinas geradas pelo viroide podem levar a uma resistência à insulina induzida por TNF alfa importante na neurodegeneração - doença de Alzheimer, doença de Parkinson e doença do neurónio motor. O piruvato acumulado entra na via de derivação GABA e é convertido em citrato que é actuado pela lisase do citrato e convertido em acetil CoA, utilizado para a síntese do colesterol. [24] O piruvato pode ser convertido em glutamato e amoníaco, que é oxidado por arcaia para necessidades energéticas. O aumento do substrato de colesterol leva a um aumento do crescimento arqueal e à síntese de digoxinas, levando à canalização metabólica para a via do mevalonato. Os ácidos biliares arcaicos são hormonas esteróides que podem ligar GPCR e modular D2 regulando a conversão de T4 para T3 que activa as proteínas desacopladas, podem activar NRF ½ induzindo NQO1, GST, HOI reduzindo o stress redox, podem ligar FXR regulando a sensibilidade do receptor de insulina e ligar PXR induzindo a via de derivação do ácido biliar da desintoxicação do colesterol. [25] A digoxina e o PAH induzido pelo aumento do cálcio intracelular pode levar à disfunção dos poros PT, morte celular e degeneração neuronal. [4] O catabolismo arqueal do colesterol pode esgotar as membranas celulares do colesterol, resultando em disfunção e degeneração organelética. Os viroides de RNA podem recombinar com sequências HERV e ficar encapsulados em microvesículas que contribuem para o estado retroviral. A conformação da proteína do prião é modulada pela ligação do RNA viroide produzindo a doença do prião. As sequências e priões HERV podem levar a neurodegeneração - doença de Alzheimer, doença de Parkinson e doença do neurónio motor. [4]

Referências

19 Hanold D., Randies, J.W. (1991). Coconut cadang-cadang disease and its viroid agent, *Plant Disease,* 75, 330-335.

20 Valiathan M.S., Somers, K., Kartha, C.C. (1993). *Endomyocardial Fibrosis.* Nova Deli: Oxford University Press.

21   Edwin B.T., Mohankumaran, C. (2007). Fitoplasma da doença de Kerala wilt: Phylogenetic analysis and identification of a vector, *Proutista moesta, Physiological and Molecular Plant Pathology*, 71(1-3), 41-47.

22   Kurup R., Kurup, P.A. (2009). *Digoxina hipotalâmica, dominância cerebral e função cerebral na saúde e nas doenças*. Nova Iorque: Nova Science Publishers.

23   Eckburg P.B., Lepp, P.W., Relman, D.A. (2003). Archaea and their potential role in human disease, *Infect Immun*, 71, 591-596.

24   Smit A.,Mushegian, A. (2000)Biossíntese de isoprenoides via mevalonato em Archaea: o caminho perdido,*Genoma Res*, 10(10), 1468-84.

25   Adam Z. (2007). Actinides e Origens da Vida, *Astrobiologia*, 7, 6-10.

26   Schoner W. (2002). Endogenous cardiac glycosides, uma nova classe de hormonas esteróides, *Eur J Biochem*, 269, 2440-2448.

27   Davies P.C.W., Benner, S.A., Cleland, C.E., Lineweaver, C.H., McKay, C.P., Wolfe-Simon, F. (2009). Signatures of a Shadow Biosphere, *Astrobiology*, 10, 241-249.

28   Richmond W. (1973). Preparation and properties of a cholesterol oxidase from nocardia species and its application to the enzymatic assay of total cholesterol in serum, *Clin Chem*, 19, 1350-1356.

29   Snell E.D., Snell, C.T. (1961). *Métodos Colorimétricos de Análise*. Vol 3A. Nova Iorque: Van NoStrand.

30   Glick D. (1971). *Métodos de Análise Bioquímica*. Vol 5. Nova Iorque: Interscience Publishers.

31   Colowick, Kaplan, N.O. (1955). *Métodos em Enzimologia*. Vol 2. Nova Iorque: Imprensa académica.

32   Van der Geize R., Yam, K., Heuser, T., Wilbrink, M.H., Hara, H., Anderton, M.C. (2007). Um aglomerado de genes que codifica o catabolismo do colesterol num actinomicetato do solo fornece uma visão da sobrevivência de Mycobacterium tuberculosis em macrófagos, *Proc Natl Acad Sci USA*, 104(6), 1947-52.

33   Francis A.J. (1998). Biotransformação de urânio e outros actinídeos em resíduos radioactivos, *Journal of Alloys and Compounds*, 271(273), 78-84.

34   Probian C., Wülfing, A., Harder, J. (2003). Mineralização anaeróbica de átomos de carbono quaternários: Isolamento de bactérias desnitrificantes em ácido pivalico (ácido 2,2-dimetilpropiónico), *Applied and Environmental Microbiology*, 69(3), 1866-1870.

35   Vainshtein M., Suzina, N., Kudryashova, E., Ariskina, E. (2002). New Magnet-Sensitive Structures in Bacterial and Archaeal Cells, *Biol Cell,* 94(1), 29-35.

36   Tsagris E.M., de Alba, A.E., Gozmanova, M., Kalantidis, K. (2008). Viroids, *Cell Microbiol,* 10, 2168.

37   Horie M., Honda, T., Suzuki, Y., Kobayashi, Y., Daito, T., Oshida, T. (2010). Elementos endógenos não retrovirais do vírus RNA em genomas de mamíferos, *Nature,* 463, 84-87.

38   Hecht M., Nitz, N., Araujo, P., Sousa, A., Rosa, A., Gomes, D. (2010). Os genes do parasita Chagas podem ser transferidos para os seres humanos e ser transmitidos às crianças. Herança de ADN Transferido de Tripanossomas Americanos para Hospedeiros Humanos, *PLoS ONE,* 5, 2-10.

39   Flam F. (1994). Dicas de uma linguagem em ADN de lixo, *Science,* 266, 1320.

40   Lockwood, M. (1989). *Mind, Brain and the Quantum.* Oxford: B. Blackwell.

41   Eberl M., Hintz, M., Reichenberg, A., Kollas, A., Wiesner, J., Jomaa, H. (2010). Biossíntese isoprenoidal microbiana e humana $\gamma\delta$ Activação de células T, *Cartas FEBS,* 544(1), 4-10.

42   Wallace D.C. (2005). Mitocôndria e Cancro: Warburg Addressed, *Cold Spring Harbor Symposia on Quantitative Biology,* 70, 363-374.

43   Lefebvre P., Cariou, B., Lien, F., Kuipers, F., Staels, B. (2009). Role of Bile Acids and Bile Acid Receptors in Metabolic Regulation, *Physiol Rev,* 89(1), 147 - 191.

44   Wächtershäuser, G. (1988). Antes das enzimas e dos modelos: teoria do metabolismo de superfície. *Microbiol Rev,* 52(4), 452-84.

45   Russell, M.J., Martin W. (2004). As raízes rochosas do Caminho da Acetil-CoA. *Trends in Biochemical Sciences,* 29(7).

46   Margulis, L. (1996). Fusões arqueal-eubacterianas na origem de Eukarya: classificação filogenética da vida. *Proc Natl Acad Sci USA,* 93, 1071-1076.

CAPÍTULO 30

HÍBRIDOS DE NEANDERTHAL: A ENDOSIMBIOSE ACTINÍDICA MEDIADA PELAS ALTERAÇÕES CLIMÁTICAS GERA HÍBRIDOS NEANDERTAIS E MUDANÇA FENOTÍPICA MENTE-CORPO - AS ORIGENS DA ESQUIZOFRENIA, DO AUTISMO E DA EPILEPSIA

Introdução

A arca actinídea tem estado relacionada com o aquecimento global e as doenças humanas, especialmente a esquizofrenia, o autismo e a epilepsia. O crescimento da arca actinídea actinídea endosibiótica em relação às alterações climáticas e ao aquecimento global leva à neandertalização do sistema mente-corpo humano. A antropometria neanderthal e a metabolonomia têm sido descritas na esquizofrenia, autismo e epilepsia, especialmente o fenótipo de Warburg e a hiperdigoxinemia. A digoxina produzida pelo catabolismo do colesterol arqueal produz a Neandertalização. A atrofia cortical pré-frontal e hiperplasia cerebelar tem sido relacionada com esquizofrenia, autismo e epilepsia na presente comunicação. Isto leva à disautonomia com hiperactividade simpática e neuropatia parassimpática nestas perturbações. A dominância cerebelar actinídea relacionada com o cerebelo leva a alterações na função cerebral. [1-16] Os dados são descritos neste artigo.

O aquecimento global pode levar a stress osmótico em consequência da desidratação. O aumento do crescimento actinídico arqueológico leva ao catabolismo do colesterol e à síntese de digoxinas. A digoxina produz inibição da membrana de potássio ATPase de sódio e aumento do cálcio intracelular produzindo disfunção mitocondrial. Isto resulta em stress oxidativo. O stress oxidativo e o stress osmótico podem induzir a enzima aldose redutase que converte glicose em frutose. A frutose tem um valor baixo de km para a cetoquinase em comparação com a glicose. Portanto, a frutose é mais fosforilada a fosfato de frutose e a célula é esvaziada de ATP. O esgotamento celular de ATP leva ao stress oxidativo e à inflamação crónica resultante da indução de NFKB. O stress oxidativo pode abrir o PT mitocondrial produzindo libertação de cito C e activação da cascata de caspase de morte celular. O fosfato de frutose pode entrar na via do fosfato pentose sintetizando ribose e ácido nucleico. O esgotamento do ATP celular resulta na geração de AMP e ADP que são actuados por deaminases causadoras de hiperuricemia. O ácido úrico pode produzir disfunções endoteliais e doenças vasculares. O ácido úrico também pode produzir disfunção mitocondrial. O fosfato de frutose pode entrar na via da glucosamina, sintetizando GAG e produzindo acumulação de mucopolissacarídeos. A frutose pode fructosilato proteínas, tornando-as antigénicas e produzindo uma resposta auto-imune. Isto pode levar a doenças psiquiátricas relacionadas com o aquecimento global.

Materiais e Métodos

Foram seleccionados quinze casos, cada um dos quais de esquizofrenia, autismo e epilepsia e viciados em Internet para o estudo. Cada caso tinha um controlo de idade e sexo compatível. No estudo de casos foram avaliadas medidas antropométricas e fenotípicas Neandertais que incluíam cristas supra-orbitárias salientes, crânio dolicocefálico, mandíbula pequena, face e nariz médios proeminentes, membros superiores e inferiores curtos, tronco proeminente, relação dedo indicador baixo e tez justa. Foram feitos testes de função autonómica para avaliar o sistema simpático e parassimpático em cada caso. Foi feita uma tomografia computorizada da cabeça para ter uma avaliação volumétrica do córtex pré-frontal e do cerebelo. A actividade do citocromo sanguíneo F420 foi avaliada por medição espectrofotométrica.

Resultados

Todos os grupos de casos estudados tinham uma percentagem mais elevada de medidas antropométricas e fenotípicas de Neanderthal. Havia uma relação de dedos de baixo índice sugestivo de altos níveis de testosterona em toda a população de pacientes estudados. Em todos os grupos de casos estudados, houve também atrofia do córtex pré-frontal e hiperplasia cerebelar. Do mesmo modo, em todos os grupos de casos estudados, houve disautonomia com sobreactividade simpática e neuropatia parassimpática. O citocromo F420 foi detectado em todo o grupo de casos estudados, mostrando um crescimento excessivo do arquebelo endosibiótico.

Quadro 1. Fenótipo Neandertal e doença sistémica

Doença	Cyt F420	Fenótipo do Neanderthal	Relação dedo a anel de baixo índice
Esquizofrenia	69%	75%	65%
Autismo	80%	75%	72%
Epilepsia	80%	75%	75%
Utilizadores da Internet	65%	72%	69%

Quadro 2. Fenótipo Neanderthal e disfunção cerebral

Doença	Dysautonomia	Atrofia do córtex pré-frontal	Hipertrofia cerebelar
Esquizofrenia	65%	60%	70%
Autismo	72%	69%	72%
Epilepsia	69%	74%	76%
Utilizadores da Internet	74%	84%	82%

Discussão

Os metabolonómicos de Neanderthal contribuem para a patogénese destas perturbações. Houve características fenotípicas do Neanderthal em todos os grupos de casos estudados, bem como rácios de dedos de baixo índice sugestivos de aumento dos níveis de testosterona. A neanderthalização do sistema mente-corpo ocorre devido ao aumento do crescimento da arca actinídea como consequência do aquecimento global. A neanderthalização da mente leva ao domínio cerebelar e à atrofia do córtex pré-frontal. Isto leva a disautonomia com neuropatia parassimpática e hiperactividade simpática.

O aquecimento global e a idade do gelo produzem um aumento do crescimento de extremófilos. Isto leva ao aumento do crescimento da endosimose actinídica arqueológica nos seres humanos. Há uma proliferação arqueal no intestino que entra no cerebelo e no tronco cerebral através do transporte axonal invertido através do vagus. O cerebelo e o tronco encefálico podem ser considerados como uma colónia arqueal. As artérias são catabolizantes de colesterol e utilizam o colesterol como fonte de carbono e energia. A arca actinídea activa o receptor de toll HIF alfa induzindo o fenótipo Warburg resultando em glicólise aumentada com geração de glicina, bem como supressão da desidrogenase pirúvica. O piruvato acumulado entra no shunt GABA gerador de succinil CoA e glicina. O catabolismo arqueal do colesterol produz oxidação anelar e geração de piruvato que também entra no esquema GABA shunt produzindo glicina e succinil CoA. Isto leva a um aumento da síntese de porfirinas. Na regulação da inibição da ATPase de potássio de sódio induzida por digoxina, as porfirinas dipolares produzem um sistema de fónon bombeado, resultando no condensado de Bose-Einstein modelo Frohlich e na percepção quântica de CEM de baixo nível. A poluição por CEM de baixo nível é comum na utilização da Internet. A percepção de baixo nível de CEM leva à neandertalização do cérebro com atrofia do córtex pré-frontal e hiperplasia cerebelar. O arquebelo que atinge o cerebelo a partir do intestino através do nervo vago prolifera e torna o cerebelo dominante com a consequente supressão e atrofia do córtex pré-frontal. Isto leva a traços autistas e esquizofrénicos largamente disseminados na população. A arca actinídea induz o fenótipo Warburg com aumento da glicólise, inibição de PDH e supressão mitocondrial. Isto produz a neandertalização do sistema mente-corpo. A arca actinídica secreta os viroides de RNA que bloqueiam a expressão do HERV por interferência do RNA. A supressão do HERV contribui para a inibição do desenvolvimento do córtex pré-frontal em Neandertais e da dominância cerebelar. A digoxina arqueal produz inibição da ATPase de potássio de sódio e depleção do magnésio causando inibição da transcriptase inversa e diminuição da geração de HERV. Os HERV contribuem para a dinâmica do genoma e são necessários para o desenvolvimento do córtex pré-frontal. A supressão do HERV contribui para a resistência retroviral em Neandertais. A arca actinídea cataboliza o colesterol levando ao estado de esgotamento do colesterol. O esgotamento do colesterol leva também a uma fraca conectividade sináptica e a um menor desenvolvimento do córtex pré-frontal. Isto não é uma mudança genética, mas uma forma de mudança simbiótica com crescimento actinídico endosimbiótico do arquebactéria no corpo e cérebro.

A utilização da Internet e o baixo nível de poluição por CEM é comum neste século. Isto resulta num aumento da percepção de baixos níveis de campos electromagnéticos pelo cérebro através do sistema de fonon mediado por digoxina-porfirina, criado pelos condensados de Bose-Einstein que contribuem para a atrofia do córtex pré-frontal e para o domínio cerebelar. A dominância cerebelar conduz à esquizofrenia e ao autismo. Existe uma epidemia de autismo e esquizofrenia na comunidade actual. A percepção extra-sensorial mediada pela porfirina pode contribuir para a comunicação entre os Neandertais. Os Neandertais não tinham uma linguagem e utilizavam a percepção extra-sensorial como forma de comunicação de grupo. Devido à percepção quântica extra-sensorial dominante, os Neandertais não tinham identidade individual, mas apenas identidade grupal. A dominância cerebelar resulta em criatividade resultante da percepção quântica e percepção grupal. Os traços neandertais contribuem para a inovação e criatividade. A dominância cerebelar resulta no desenvolvimento de uma linguagem simbólica. Os Neandertais utilizaram a dança e a música como forma de comunicação. A pintura como forma de comunicação era também comum nos Neandertais. O comportamento Neandertal era robótico. O comportamento robótico é característico da dominância cerebelar. O comportamento robótico, simbólico e ritualístico é comum na dominância cerebelar e é visto em traços autistas. A dominância cerebelar nos Neandertais leva a uma inteligência intuitiva e a uma qualidade hipnótica à comunicação. O aumento da percepção quântica extra-sensorial leva a mais comunhão com a natureza e a uma forma de eco-espiritualidade. O uso crescente da dança e da música como forma de comunicação e de eco-espiritualidade é comum no século moderno, juntamente com o aumento da incidência do autismo. O esgotamento do colesterol leva à deficiência de ácido biliar e à geração de pequenos grupos sociais em Neandertais. O ácido biliar liga-se aos receptores olfactivos e contribui para a identidade do grupo. Isto também pode contribuir para a geração de características autistas e esquizofrénicas nos Neandertais. Isto também contribui para a epileptogénese.

A população do Neandertal era predominantemente autistas e esquizofrénica. A população moderna é um híbrido de homo sapiens e homo neanderthalis. Isto contribui para 10 a 20% de híbridos dominantes que tendem a ter qualidades esquizofrénicas e autistas e contribui para a criatividade da civilização. Os Neandertais tendem a ser inovadores e caóticos. Tendem a ser criativos na arte, literatura, dança, espiritualidade e ciência. Oitenta por cento dos híbridos menos dominantes são estáveis e contribuem para uma influência estabilizadora que conduz ao crescimento da civilização. Os homo sapiens foram estáveis e não criativos durante um longo período da sua existência. Houve uma explosão de criatividade com geração de música, dança, pintura, ornamentos, a criação do conceito de Deus e comportamento compassivo de grupo há cerca de 10.000 anos na comunidade homo sapiens. Isto correlacionou-se com a geração de híbridos de Neandertal quando o macho eurasiático do Neandertal acasalou com as fêmeas africanas homo sapiens. A percepção extra-sensorial/quântica devida às porfirinas dipolares e à digoxina induziu a inibição da ATPase potássica de sódio e o sistema de fonon gerados por bombagem mediada pela percepção quântica leva ao fenómeno da globalização e ao sentimento de que o mundo é uma aldeia global. O catabolismo arqueal do colesterol leva a uma síntese crescente da digoxina. A digoxina promove o transporte do triptofano sobre a tirosina. A deficiência de tirosina leva à deficiência de dopamina e à deficiência de morfina. Isto leva a uma síndrome de carência de morfina em Neandertais. Isto contribui para traços de dependência e criatividade. O aumento dos níveis de triptofano produz um aumento de alcalóides como o LSD, contribuindo para o êxtase e a espiritualidade da população de Neanderthal. As características viciantes, ADHD e autistas estão relacionadas com o estado de carência de morfina. A dieta cetogénica consumida pelos Neandertais carnívoros leva ao aumento da geração de ácido hidroxi butírico que produz ecstasy e um tipo de anestesia dissociativa que contribui para a psicologia do Neandertal. A deficiência de dopamina leva a uma diminuição da síntese de melanina e à equidade da população. Isto foi responsável pela cor justa dos Neandertais.

Os Neandertais eram essencialmente comedores de carne que faziam uma dieta ketogénica. O ácido acetoacético é convertido em acetil CoA que entra no ciclo do TCA. Quando os híbridos do Neanderthal consomem uma dieta glucogénica devido à propagação da civilização estabelecida, produz uma acumulação pirúvica devido à supressão do PDH nos Neandertais. O aumento do crescimento arqueal activa o receptor de pedágio e induz alfa HIF resultando em glicólise aumentada, supressão de PDH e disfunção mitocondrial - o fenótipo de Warburg. O piruvato entra na via de derivação GABA produzindo glutamato, amoníaco e porfirinas resultando em neuropatologia do autismo e esquizofrenia. Os neandertais que consomem uma dieta ketogénica produzem mais de GABA um neurotransmissor inibitório resultando na natureza dócil e tranquila dos neandertais. Há menos produção de glutamato o neurotransmissor excitatório predominante do córtex pré-frontal e das vias de consciência. Isto leva ao predomínio da função cerebelar. Os híbridos de Neanderthal têm predominância cerebelar e menos comportamento consciente. O cerebelo é responsável por um comportamento intuitivo e inconsciente, bem como pela criatividade e espiritualidade. O cerebelo é o local da percepção extra-sensorial, dos actos mágicos e da hipnose. O homo sapiens predominante tinha dominância do córtex pré-frontal sobre o cerebelo, o que resultava num comportamento mais consciente. Isto leva à ontogénese da esquizofrenia, do autismo e da epilepsia.

Os Neandertais que consomem uma dieta glucogénica produzem um aumento da glicólise no cenário de inibição de PDH. Isto produz o fenótipo de Warburg. Há um aumento da glicólise linfocítica produzindo doenças auto-imunes e activação imunitária. O aumento dos níveis de GAPD resulta na morte e neurodegeneração de células nucleares. A predominância da glicólise e supressão da função mitocondrial resulta em glicemia e síndrome metabólica X. O aumento do PT mitocondrial poro hexoquinase leva à proliferação celular e à oncogénese. O intermediário glicolítico 3-fosfoglicerato é convertido em glicina resultando em excitotoxicidade NMDA, contribuindo para a esquizofrenia e o autismo. O domínio cerebelar é relatado na esquizofrenia, no autismo e na epilepsia.

A hiperplasia cerebelar resulta em hiperactividade simpática e neuropatia parassimpática. Isto contribui para a activação oncogénica. A neuropatia vagal resulta em activação imunitária e auto-imunidade importante na esquizofrenia, autismo e epilepsia. A neuropatia vagal e a sobreactividade simpática podem contribuir para a glicogenólise e lipólise, resultando em resistência à insulina. A resistência à insulina leva à esquizofrenia, ao autismo e à epilepsia. O domínio cerebelar e a disfunção cerebelar cognitiva afectiva podem contribuir para a esquizofrenia e o autismo. O aumento da síntese de porfirina resultante da succinil CoA gerada pelo shunt GABA e pela glicina gerada pela glicólise contribui para o aumento da percepção extra-sensorial importante na esquizofrenia e no autismo. A sobreactividade simpática e a neuropatia parassimpática podem contribuir para a esquizofrenia, o autismo e a epilepsia.

O catabolismo arqueal do colesterol gera digoxina que produz inibição da ATPase potássica de sódio e aumento do cálcio intracelular e diminuição do magnésio intracelular. O aumento do cálcio intracelular produz activação oncogénica e activação NFKB resultando em esquizofrenia, autismo e epilepsia. O aumento do cálcio intracelular abre o PT mitocondrial resultando na morte celular de esquizofrenia, autismo e epilepsia. O aumento do cálcio intracelular pode modular a libertação do neurotransmissor a partir de vesículas pré-sinápticas. Isto pode modular a neurotransmissão. A depleção induzida pela digoxina do magnésio pode remover o bloco de magnésio no receptor NMDA, resultando na excitotoxicidade do NMDA. A digoxina pode modular a via glutamato-cortico-talâmica e a consciência resultando em esquizofrenia, autismo e epilepsia. A depleção induzida pela digoxina do magnésio pode inibir a actividade da transcriptase inversa e a geração HERV modulando a dinâmica do genoma. A expressão HERV tem estado relacionada com esquizofrenia, autismo e epilepsia. A acumulação de cálcio intracelular induzida pela digoxina e a depleção de magnésio podem modular o neurotransmissor dependente da proteína G e proteína tirosina quinase e receptores endócrinos. Isto pode produzir a integração neuro-imuno-endócrina induzida pela digoxina. A disfunção deste fenómeno integrador pode levar à esquizofrenia, ao autismo e à epilepsia. A digoxina funciona como uma hormona mestre do Neandertal.

As artérias actinídicas são catabolizantes do colesterol e levam a baixos níveis de testosterona e estrogénio. Isto leva a características assexuadas e a baixas taxas reprodutivas da população de Neanderthal. Os Neandertais consomem uma dieta pobre em fibras com baixo teor de lignano. A arca actinídea tem enzimas catabolizantes do colesterol que geram mais testosterona do que estrogénio. Isto contribui para a deficiência de estrogénio e para a sobreactividade da testosterona. A população de Neanderthal é hipermercado com dominância concomitante do hemisfério direito e do cerebelar. A testosterona suprime a função hemisférica esquerda. Os altos níveis de testosterona nos Neandertais contribuem para um cérebro maior. Tanto os homens como as mulheres dos Neandertais tinham um nível mais elevado de testosterona, contribuindo para a igualdade de género e estados neutros de género. Havia uma identidade de grupo e uma maternidade de grupo sem diferenças entre os papéis tanto dos homens como das mulheres. Isto também resultou em matrilinearidade. Os níveis mais elevados de testosterona tanto nos homens como nas mulheres levaram a um tipo alternativo de sexualidade e a comportamentos aberrantes. Os homo sapiens comem uma dieta rica em fibras com baixo colesterol e alto conteúdo de lignano, contribuindo para o domínio do estrogénio, domínio hemisférico esquerdo e hipoplasia cerebelar. O homo sapiens teve taxas reprodutivas mais elevadas e ultrapassou a população do Neandertal, resultando na sua extinção. A população de homo sapiens era conservadora, com costumes sexuais normais, valores familiares e tipo de comportamento patriarcal. O papel das fêmeas a comunidade homo sapien era inferior ao dos machos. A crescente geração de híbridos de Neandertal devido ao crescimento excessivo do arquipélago mediado pelas alterações climáticas leva à igualdade de género e à equidominância de homens e mulheres neste século. Este fenómeno de género pode levar à ontogénese da esquizofrenia, do autismo e da epilepsia.

O catabolismo do colesterol resulta no esgotamento do colesterol e na deficiência de ácido biliar. Os ácidos biliares ligam-se ao VDR e são imunomoduladores. A deficiência de ácido biliar leva à activação imunitária e auto-imunidade na esquizofrenia, autismo e epilepsia. Os ácidos biliares ligam-se ao FXR, LXR e PXR modulando o metabolismo de lípidos e hidratos de carbono. Isto leva à resistência à insulina na presença de deficiência de ácido biliar. O ácido biliar desacopla a fosforilação oxidativa e a sua deficiência conduz à resistência à insulina. A resistência à insulina é importante na esquizofrenia, no autismo e na epilepsia. A esquizofrenia é chamada como um estado de resistência insulínica do cérebro. Os ácidos biliares ligam-se aos receptores olfactivos e são importantes na identidade do grupo. A deficiência de ácido biliar leva à formação de pequenos grupos sociais em Neandertais e na génese do autismo. O esgotamento do colesterol também leva à deficiência de vitamina D. A vitamina D liga-se à VDR e produz imunomodulação. A deficiência de vitamina D leva à activação imunitária e auto-imunidade na esquizofrenia, autismo e epilepsia. A deficiência de vitamina D também pode produzir raquitismo e contribuir para as características fenotípicas dos Neandertais. A deficiência de Vitamina D pode contribuir para o desenvolvimento cerebral resultando em macrocefalia. A deficiência de vitamina D contribui para a resistência insulínica e a obesidade truncal dos Neandertais. A deficiência de vitamina D contribui para a equidade da pele do Neanderthal como adaptação fenotípica. As características fenotípicas do Neandertal são devidas à deficiência de vitamina D e à resistência à insulina. Tudo isto leva à esquizofrenia, ao autismo e à epilepsia.

Assim, o aquecimento global e o aumento do crescimento actinídico endosibiótico do arquipélago leva ao catabolismo do colesterol e à geração do fenótipo de Warburg, resultando num aumento da síntese da porfirina, percepção extra-sensorial baixa dos CEM, atrofia do córtex pré-frontal, resistência à insulina e domínio cerebelar. Isto leva à neandertalização do corpo e do cérebro. Este fenómeno leva à ontogénese da esquizofrenia, do autismo e da epilepsia.

Referências

1. Weaver TD, Hublin JJ. Neandertal Birth Canal Shape and the Evolution of Human Childbirth. *Proc. Natl. Acad. Sci. USA* 2009; 106:8151-8156.

2. Kurup RA, Kurup PA. Endosymbiotic Actinidic Archaeal Mediated Warburg Fenótipo Mediates Human Disease State. *Avanços nas Ciências Naturais* 2012; 5(1):81-84.

3. Morgan E. The*Neanderthal*theory of*autism, Asperger and ADHD*; 2007, www.rdos.net/eng/asperger.htm.

4. Graves P. Novos Modelos e Metáforas para o Debate do Neandertal. *Antropologia actual 1991;* 32(5): 513-541.

5. Sawyer GJ, Maley B. Neanderthal Reconstructed. *The Anatomical Record Part B: The New Anatomist* 2005; 283B(1):23-31.

6. Bastir M, O'Higgins P, Rosas A. Facial Ontogeny in Neanderthals and Modern Humans. *Proc. Biol. Sci.* 2007; 274:1125-1132.

7. Neubauer S, Gunz P, Hublin JJ. Mudanças na Forma Endocraniana durante o Crescimento em Chimpanzés e Humanos: Uma Análise Morfométrica de Aspectos Únicos e Partilhados. *J. Hum. Evol.* 2010; 59:555-566.

8. Courchesne E, Pierce K. Brain Overgrowth in Autism during a Critical Time in Development: Implicações para o Desenvolvimento e Conectividade do Neurónio Piramidal Frontal e Interneuronal. *Int. J. Dev. Neurosci.* 2005; 23:153–170.

9. Green RE, Krause J, Briggs AW, Maricic T, Stenzel U, Kircher M, Patterson N, Li H, Zhai W, *et al.* A Draft Sequence of the Neandertal Genome. *Ciência* 2010; 328:710-722.

10. Mithen SJ. *The Singing Neanderthals: The Origins of Music, Language, Mind and Body*; 2005, ISBN 0-297-64317-7.

11. Bruner E, Manzi G, Arsuaga JL. Encephalization and Allometric Trajectories in the Genus Homo: Evidências das linhagens Neandertal e Moderna. *Proc. Natl. Acad. Sci. USA* 2003; 100:15335-15340.

12. Gooch S. *The Dream Culture of the Neanderthals: Os Guardiães da Sabedoria Antiga.* Inner Traditions, Wildwood House, Londres; 2006.

13. Gooch S. *The Neanderthal Legacy: Reawakening Our Genetic and Cultural Origins (Despertar as nossas origens genéticas e culturais).* Inner Traditions, Wildwood House, Londres; 2008.

14. Kurtén B. *Den Svarta Tigern,* Editora ALBA, Estocolmo, Suécia; 1978.

15. Spikins P. Autismo, as Integrações da 'Diferença' e as Origens do Comportamento Humano Moderno. *Cambridge Archaeological Journal* 2009; 19(2):179-201.

16. Eswaran V, Harpending H, Rogers AR. Genomics Refute an Exclusively African Origin of Humans. *Journal of Human Evolution* 2005; 49(1):1-18.

CAPÍTULO 31

O FIM DA MEDICINA E DA TERRA - FIBRA ALIMENTAR, DROGAS HUMANAS, SUPER-BUGS, VÍRUS EMERGENTES, FENÓTIPO DA DOENÇA, ALTERAÇÕES CLIMÁTICAS E ARCAICA ENDOSIBIÓTICA

A fibra dietética é o factor mais importante que modula a biologia e a especiação humana. A fibra alimentar e os medicamentos humanos - antibióticos e não antibióticos - podem modular a flora intestinal produzindo o crescimento do cólon e endosimbiose gerando alterações climáticas, evolução dos super-insectos e vírus emergentes e criando o fenótipo da doença. A dieta rica em fibras é digerida pela flora do cólon levando à geração de ácidos gordos de cadeia curta e inibindo o crescimento do endosimbiótico e do cólon do arquebactéria. Isto leva à homo sapienização da espécie. Uma dieta pobre em fibras com aumento de proteínas e gordura leva à estimulação do crescimento do endosimbiótico e do cólon arqueológico. Isto leva à neandertalização da espécie. Assim, uma dieta pobre em fibras altera o microbioma intestinal no cólon com mais crescimento do arquebactéria. O arquebactéria desenvolve um mecanismo de protecção da resistência aos antibióticos e domina a microflora do cólon. A arca do cólon por selecção natural e trocas de DNA/gene com outros organismos cónicos e endosimbióticos transferem os genes de resistência aos antibióticos para outra flora do cólon. Isto forma a base para a geração de super bugs resistentes a todos os antibióticos. Os mesmos mecanismos acontecem quando as populações são tratadas com antibióticos e outros medicamentos como anti-hipertensivos, anti-psicóticos e analgésicos. Eles matam a flora bacteriana do cólon e a arca extremista domina o microbioma do cólon com mecanismos de protecção adquiridos para a resistência aos antibióticos. Estes genes arqueológicos de resistência aos antibióticos são transferidos pela troca de genes e DNA plasmídeo com microrganismos remanescentes do cólon e endosimbiótico gerando super-bugs. Assim, antibióticos e outros medicamentos não antibióticos promovem o crescimento do cólon do arquebactéria e endosimbiose produzindo neanderthalisation da espécie e geração de superbugs que matam a espécie homo sapien. A arca do cólon também gera viroides de RNA que são convertidos em viroides de ADN por transcriptase inversa do epitelial HERV e são integrados no genoma do cólon. O RNA e os viroides de ADN hibridizam com a população de viroides e bactérias do microbioma do intestino e do ADN virobioma e do RNA do intestino, levando à geração de novos vírus emergentes. O RNA e os viroides de ADN e as bactérias intestinais também podem hibridizar com sequências genómicas humanas para imunidade, regulação metabólica, factores de crescimento, crescimento celular, morte celular, neurotransmissores e sequências HERV da célula epitelial colonial. A hibridização de viroides de RNA arqueal com sequências HERV genómicas humanas pode gerar retrovírus. Isto leva à geração de novas bactérias, vírus RNA e DNA modulando a morte celular, crescimento celular, proliferação celular, metabolismo, função endócrina e comportamento produzindo auto-imunidade, esquizofrenia, autismo, diabetes mellitus, doença vascular coronária, doença cerebrovascular e neurodegeneração. Assim, a geração de super bugs e vírus emergentes é promovida por uma dieta pobre em fibras. Uma dieta pobre em fibras leva a um crescimento cólico e endosibiótico do arquebactéria, levando à neanderthalização da espécie e à geração de super-insectos e vírus emergentes, aos quais a espécie neanderthalizada é resistente em consequência da secreção endógena de digoxinas. As espécies neandertalizadas geraram super-insectos e vírus emergentes que matam as espécies homo sapiens sensíveis aos super-insectos e vírus emergentes e que não têm resistência a estes. Assim, o armamentário moderno de antibióticos, antipsicóticos, analgésicos, anti-hipertensivos e medicamentos anti-diabéticos promovem o desenvolvimento do crescimento do cólon e do arquebactéria endosimbiótico dos super-insectos, a neanderthalização das espécies e a indução de doenças civilizacionais. Assim, os medicamentos utilizados no tratamento de infecções e doenças humanas tendem a produzir super-insectos, infecção por vírus emergentes e doenças civilizacionais - cancro, doença auto-imune, síndrome metabólica x, neurodegeneração, esquizofrenia e autismo. Assim, o armamentário medicamentoso de antibióticos e medicamentos não antibióticos utilizados no tratamento de infecções e doenças humanas aumenta o crescimento do cólon e do endosimiobiótico, neanderthaliza a espécie, gera superbugs e leva ao aumento da incidência de doenças civilizacionais. O microbioma intestinal e o virobioma modulado pela ingestão de fibras alimentares, dietas com elevado teor de proteínas e gorduras, antibióticos e medicamentos não antibióticos como anti-psicóticos, anti-hipertensivos, analgésicos conduzem a alterações na biogeografia microbiana intestinal e virobiótica levando à geração de super-bugs e supervírus. A arca intestinal altamente resistente aos antibióticos convencionais e medicamentos não antibióticos e prolifera quando são utilizados antibióticos e medicamentos não antibióticos como anti-hipertensivos, anti-psicóticos e analgésicos numa base generalizada. Desenvolvem resistência aos antibióticos e aos medicamentos não antibióticos e são transferidos para outras bactérias e vírus do cólon e do intestino, gerando super-bugs e supervírus exterminando a população homo sapiens. O crescimento e domínio das bactérias cólicas e endosibióticas leva à geração de espécies homo neanderthalis resistentes aos super-insectos e supervírus e que sobrevivem mas são afectadas por doenças civilizacionais como o cancro, auto-imunidade, síndrome metabólico, esquizofrenia, autismo e neurodegeneração. Os homo neoneandertais assim gerados pelo crescimento do cólon e do endosimbiótico podem extinguir-se ao longo de um período de tempo lento. O Homo neanderthalis, com a sua endosimose de arquebactérias extremófilas, é robusto e resistente e pode sobreviver ao aquecimento global e aos extremos das alterações climáticas, bem como às condições anaeróbicas extremófilas de outros planetas e sistemas galácticos. A ingestão de fibras alimentares inibe o crescimento arqueológico e as populações com baixa ingestão de fibras alimentares são resistentes a doenças civilizacionais como a síndrome metabólica, cancro, doenças auto-imunes e esquizofrenia. As artérias metanogénicas humanas são altamente resistentes aos antibióticos de rotina e aos medicamentos não antibióticos e a ingestão de tais medicamentos mata o microbioma do cólon levando ao crescimento do arquebactéria e à endosimbiose e neanderthalização para produzir uma espécie homo galáctica resistente capaz de sobreviver em climas extremos da terra e de outros planetas. Os medicamentos humanos e antibióticos induziram a modulação do microbioma intestinal com aumento do crescimento do cólon e endosimbiótico do arquebactéria também contribui para o aquecimento global através do mecanismo da metanogénese do arquebactéria. A utilização generalizada de antibióticos e de medicamentos não antibióticos contribui para o crescimento do cólon e do endosimbiótico do arquebactéria, para as alterações climáticas e ainda para um maior crescimento do arquebactéria. Este crescimento do cólon humano e endosimbiótico do arquebactéria em consequência do stress, campos de Internet, baixos níveis de CEM, baixo consumo de fibras alimentares, uso de antibióticos e uso de drogas não antibióticas que produzem metanogénese é a principal causa do aquecimento global. O uso generalizado de antibióticos e de drogas não antibióticas mata a microflora do cólon e substitui-a por arcaea resistente a antibióticos e drogas não antibióticas. A baixa ingestão de fibra alimentar promove o crescimento do arquebactéria do cólon e do endosimbiótico. O stress produz catecolamina induzida pelo aumento do crescimento do cólon e endosimbiótico do arquebactéria e quebra da barreira do sangue intestinal. O uso generalizado da Internet e o baixo nível do campo de CEM dos telemóveis promove o crescimento dos arquebactérias endosibióticas. Assim, o crescimento e metanogénese endosibióticas e do cólon arqueológico produzindo o aquecimento global é um evento biológico humano endógeno com actividade biológica humana como peça central que desencadeia o processo. O uso generalizado de antibióticos e medicamentos não antibióticos trata infecções virais e bacterianas bem como doenças civilizacionais como o cancro, esquizofrenia, transtorno do humor, depressão, autismo, doença auto-imune e neurodegeneração promove o crescimento do arquebactéria colónico e endosibiótico que neanderthaliza as espécies levando a uma transformação ainda maior do sistema humano levando à indução de doenças civilizacionais como o cancro, síndrome metabólico x, neurodegeneração, auto-imunidade e doença vascular. Assim, os medicamentos antibióticos e não antibióticos utilizados no tratamento de infecções e doenças sistémicas produzem crescimento do cólon e endosimbiótico do arquebactéria, levando a super-insectos, supervírus, pandemias e epidemias de doenças civilizacionais mediadas pelo crescimento do cólon e endosimbiótico do arquebactéria. A medicina humana, tal como a conhecemos, chegou a um beco sem saída. A era antibiótica e não antibiótica dos fármacos tinha chegado ao fim. A terra humana tal como a conhecemos também sofre alterações climáticas catastróficas que conduzem à extinção da espécie humana e às condições das habitações humanas na terra. A medicina moderna, tal como a conhecemos, e a terra, tal como a conhecemos, chegaram ao fim. A principal causa das alterações climáticas e das suas complicações catastróficas só em parte é contribuída pela destruição da floresta tropical amazónica e pluvial. A desflorestação da microflora intestinal criada ao longo de milhares de milhões de anos de evolução humana é a principal causa das alterações climáticas e um possível fim da terra como conhecemos e da espécie humana como conhecemos. A medicina revolucionária e a terra dourada, com as suas condições habitáveis, acabaram. O aumento da ingestão de fibras alimentares até 40 g/dia pode inibir o crescimento do cólon arqueológico e a endosimbiose, pondo fim à geração de super-insectos, vírus emergentes e alterações climáticas. O aumento do consumo de fibras alimentares das populações pode impedir o estado das alterações climáticas e a mudança microbiana intestinal, colocando em risco a vida humana e a vida do planeta. A fibra alimentar pode ser considerada como o elixir da vida e endosymbiotic archaea a pedra filosofal.

Endosymbiotic actinidic archaea como tendo evoluído de um organismo isoprenoide inicial por abiogénese. É discutido um modelo de actinídea arquebactéria/viróide mediada de procariotas, virais, eucariotas, primatas e evolução humana. [1-4]. A actinídea arcaica tem estado relacionada com a patogénese da esquizofrenia, malignidade, síndrome metabólica x, doença auto-imune e degeneração neuronal2. As artérias actinídicas têm uma via mevalonada e o catabolismo do colesterol5-7. Davies apresentou o conceito de uma biosfera sombra de organismos com bioquímica alternativa presente na própria terra8. É descrita uma biosfera de sombra dependente de actinídeos de arcaea e viroides nos estados de doença acima mencionados6. Os actinídeos metálicos nas areias das praias foram postulados para desempenhar um papel na abiogénese6. Minerais actinídeos como o rutilo, monazita e illmenita pelo metabolismo superficial teriam contribuído para a abiogénese9. Uma hipótese de colesterol como molécula prebiótica primária sintetizada em superfícies actinídeas com todas as outras biomoléculas que dela derivam e um organismo lipídico auto-replicativo do colesterol como forma de vida inicial é apresentado. A arca actinídea e os viroides teriam evoluído a partir do organismo isoprenoide primitivo. A origem dos vírus, procariotas, eucariotas, primatas e humanos do organismo inicial isoprenoide derivado da arca actinídea actinídea é postulada.

Materiais e Métodos

Foi obtido o consentimento informado dos sujeitos e a aprovação do Comité de Ética para o estudo. Foram incluídos no estudo os seguintes grupos: - fibrose endomiocárdica, doença de Alzheimer, esclerose múltipla, linfoma não-Hodgkin, síndrome metabólica x com trombose cerebrovascular e doença das artérias coronárias, esquizofrenia, autismo, distúrbio convulsivo, doença de Creutzfeldt Jakob e síndrome da imunodeficiência adquirida. Havia 10 pacientes em cada grupo e cada paciente tinha uma idade e sexo compatível com um controlo saudável seleccionado aleatoriamente a partir da população geral. As amostras de sangue foram colhidas no estado de jejum, antes de se iniciar o tratamento. Foi utilizado plasma de sangue heparinizado em jejum e o protocolo experimental foi o seguinte:- (I) Plasma+fosfato tamponado salino, (II) o mesmo que o substrato de I+colesterol, (III) o mesmo que o II+rutil 0,1 mg/ml, e (IV) o mesmo que o II+ciprofloxacina e doxiciclina, cada um numa concentração de 1 mg/ml. O substrato de colesterol foi preparado como descrito por Richmond10. As alíquotas foram retiradas a tempo zero imediatamente após a mistura e após incubação a 37 ^{oC} durante 1 hora. Foram efectuadas as seguintes estimativas:- Citocromo F420, RNA livre, DNA livre, ácido murâmico, hidrocarboneto aromático policíclico, peróxido de hidrogénio, serotonina, piruvato, amónia, glutamato, citocromo C, hexoquinase, ATP sintase, HMG CoA reductase, digoxina e ácidos biliares11-14. O citocromo F420 foi estimado flourimetricamente (comprimento de onda de excitação 420 nm e comprimento de onda de emissão 520 nm). O hidrocarboneto policíclico aromático foi estimado medindo o peróxido de hidrogénio libertado através da utilização de reagente de glucose. A análise estatística foi feita pela ANOVA.

Resultados

Os parâmetros verificados como indicado acima foram:- citocromo F420, RNA livre, ADN livre, ácido murâmico, hidrocarboneto aromático policíclico, peróxido de hidrogénio, serotonina, piruvato, amónia, glutamato, citocromo C, hexoquinase, ATP sintase, HMG CoA reductase, digoxina e ácidos biliares. O plasma dos sujeitos de controlo mostrou níveis aumentados dos parâmetros acima mencionados com após incubação durante 1 hora e a adição de substrato de colesterol resultou num aumento ainda mais significativo destes parâmetros. O plasma dos pacientes mostrou resultados semelhantes, mas a extensão do aumento foi maior. A adição de antibióticos ao plasma de controlo causou uma diminuição em todos os parâmetros enquanto que a adição de rutilo aumentou os seus níveis. A adição de antibióticos ao plasma do paciente causou uma diminuição em todos os parâmetros enquanto que a adição de rutilo aumentou os seus níveis mas a extensão da mudança foi maior nos soros dos pacientes em comparação com os controlos. Os resultados são expressos nos quadros 1-7 como mudança percentual nos parâmetros após 1 hora de incubação, em comparação com os valores a tempo zero.

Quadro 1. Efeito do rutilo e dos antibióticos no citocromo F420 e ácido murâmico

Grupo	CYT F420 % (Aumento com Rutilo)		CYT F420 % (Diminuir com Doxy+Cipro)		Ácido murâmico % de mudança (Aumento com Rutilo)		Ácido murâmico % de mudança (Diminuir com Doxy+Cipro)	
	Média	**± SD**	**Média**	**± SD**	**Média**	**± SD**	**Média**	**± SD**
Normal	4.48	0.15	18.24	0.66	4.45	0.14	18.25	0.72
Schizo	23.24	2.01	58.72	7.08	23.01	1.69	59.49	4.30
Apreensão	23.46	1.87	59.27	8.86	22.67	2.29	57.69	5.29
AD	23.12	2.00	56.90	6.94	23.26	1.53	60.91	7.59
EM	22.12	1.81	61.33	9.82	22.83	1.78	59.84	7.62
NHL	22.79	2.13	55.90	7.29	22.84	1.42	66.07	3.78
DM	22.59	1.86	57.05	8.45	23.40	1.55	65.77	5.27
SIDA	22.29	1.66	59.02	7.50	23.23	1.97	65.89	5.05
CJD	22.06	1.61	57.81	6.04	23.46	1.91	61.56	4.61
Autismo	21.68	1.90	57.93	9.64	22.61	1.42	64.48	6.90
FME	22.70	1.87	60.46	8.06	23.73	1.38	65.20	6.20
Valor F	306.749		130.054		391.318		257.996	
Valor P	< 0.001		< 0.001		< 0.001		< 0.001	

Quadro 2. Efeito do rutilo e dos antibióticos no ARN e ADN livres

Grupo	ADN % mudança (Aumento com Rutilo)		ADN % mudança (Diminuir com Doxy+Cipro)		RNA % mudança (Aumento com Rutilo)		RNA % mudança (Diminuir com Doxy+Cipro)	
	Média	± SD	Média	± SD	Média	± SD	Média	± SD
Normal	4.37	0.15	18.39	0.38	4.37	0.13	18.38	0.48
Schizo	23.28	1.70	61.41	3.36	23.59	1.83	65.69	3.94
Apreensão	23.40	1.51	63.68	4.66	23.08	1.87	65.09	3.48
AD	23.52	1.65	64.15	4.60	23.29	1.92	65.39	3.95
EM	22.62	1.38	63.82	5.53	23.29	1.98	67.46	3.96
NHL	22.42	1.99	61.14	3.47	23.78	1.20	66.90	4.10
DM	23.01	1.67	65.35	3.56	23.33	1.86	66.46	3.65
SIDA	22.56	2.46	62.70	4.53	23.32	1.74	65.67	4.16
CJD	23.30	1.42	65.07	4.95	23.11	1.52	66.68	3.97
Autismo	22.12	2.44	63.69	5.14	23.33	1.35	66.83	3.27
FME	22.29	2.05	58.70	7.34	22.29	2.05	67.03	5.97
Valor F	337.577		356.621		427.828		654.453	
Valor P	< 0.001		< 0.001		< 0.001		< 0.001	

Quadro 3. Efeito do rutilo e dos antibióticos na HMG CoA reductase e ATP synthase

Grupo	HMG CoA R % de mudança (Aumento com Rutilo)		HMG CoA R % de mudança (Diminuir com Doxy+Cipro)		ATP synthase % (Aumento com Rutilo)		ATP synthase % (Diminuir com Doxy+Cipro)	
	Média	± SD	Média	± SD	Média	± SD	Média	± SD
Normal	4.30	0.20	18.35	0.35	4.40	0.11	18.78	0.11
Schizo	22.91	1.92	61.63	6.79	23.67	1.42	67.39	3.13
Apreensão	23.09	1.69	61.62	8.69	23.09	1.90	66.15	4.09
AD	23.43	1.68	61.68	8.32	23.58	2.08	66.21	3.69
EM	23.14	1.85	59.76	4.82	23.52	1.76	67.05	3.00
NHL	22.28	1.76	61.88	6.21	24.01	1.17	66.66	3.84
DM	23.06	1.65	62.25	6.24	23.72	1.73	66.25	3.69
SIDA	22.86	2.58	66.53	5.59	23.15	1.62	66.48	4.17
CJD	22.38	2.38	60.65	5.27	23.00	1.64	66.67	4.21
Autismo	22.72	1.89	64.51	5.73	22.60	1.64	66.86	4.21
FME	22.92	1.48	61.91	7.56	23.37	1.31	63.97	3.62
Valor F	319.332		199.553		449.503		673.081	
Valor P	< 0.001		< 0.001		< 0.001		< 0.001	

Quadro 4. Efeito do rutilo e dos antibióticos na digoxina e nos ácidos biliares

Grupo	Digoxina (ng/ml) (Aumento com Rutilo)		Digoxina (ng/ml) (Diminuir com Doxy+Cipro)		Ácidos biliares % de mudança (Aumento com Rutilo)		Ácidos biliares % de mudança (Diminuir com Doxy+Cipro)	
	Média	$\pm$ SD	Média	$\pm$ SD	Média	$\pm$ SD	Média	$\pm$ SD
Normal	0.11	0.00	0.054	0.003	4.29	0.18	18.15	0.58
Schizo	0.55	0.06	0.219	0.043	23.20	1.87	57.04	4.27
Apreensão	0.51	0.05	0.199	0.027	22.61	2.22	66.62	4.99
AD	0.55	0.03	0.192	0.040	22.12	2.19	62.86	6.28
EM	0.52	0.03	0.214	0.032	21.95	2.11	65.46	5.79
NHL	0.54	0.04	0.210	0.042	22.98	2.19	64.96	5.64
DM	0.47	0.04	0.202	0.025	22.87	2.58	64.51	5.93
SIDA	0.56	0.05	0.220	0.052	22.29	1.47	64.35	5.58
CJD	0.53	0.06	0.212	0.045	23.30	1.88	62.49	7.26
Autismo	0.53	0.08	0.205	0.041	22.21	2.04	63.84	6.16
FME	0.51	0.05	0.213	0.033	23.41	1.41	58.70	7.34
Valor F	135.116		71.706		290.441		203.651	
Valor P	< 0.001		< 0.001		< 0.001		< 0.001	

Quadro 5. Efeito do rutilo e dos antibióticos no piruvato e na hexoquinase

Grupo	Pyruvate % mudança (Aumento com Rutilo)		Pyruvate % mudança (Diminuir com Doxy+Cipro)		Hexokinase % de mudança (Aumento com Rutilo)		Hexokinase % de mudança (Diminuir com Doxy+Cipro)	
	Média	$\pm$ SD	Média	$\pm$ SD	Média	$\pm$ SD	Média	$\pm$ SD
Normal	4.34	0.21	18.43	0.82	4.21	0.16	18.56	0.76
Schizo	20.99	1.46	61.23	9.73	23.01	2.61	65.87	5.27
Apreensão	20.94	1.54	62.76	8.52	23.33	1.79	62.50	5.56
AD	22.63	0.88	56.40	8.59	22.96	2.12	65.11	5.91
EM	21.59	1.23	60.28	9.22	22.81	1.91	63.47	5.81
NHL	21.19	1.61	58.57	7.47	22.53	2.41	64.29	5.44
DM	20.67	1.38	58.75	8.12	23.23	1.88	65.11	5.14
SIDA	21.21	2.36	58.73	8.10	21.11	2.25	64.20	5.38
CJD	21.07	1.79	63.90	7.13	22.47	2.17	65.97	4.62
Autismo	21.91	1.71	58.45	6.66	22.88	1.87	65.45	5.08
FME	22.29	2.05	62.37	5.05	21.66	1.94	67.03	5.97
Valor F	321.255		115.242		292.065		317.966	
Valor P	< 0.001		< 0.001		< 0.001		< 0.001	

Quadro 6. Efeito do rutilo e dos antibióticos no peróxido de hidrogénio e ácido delta amino levulínico

Grupo	H2O2 % (Aumento com Rutilo)		H2O2 % (Diminuir com Doxy+Cipro)		ALA % (Aumento com Rutilo)		ALA % (Diminuir com Doxy+Cipro)	
	Média	± SD	Média	± SD	Média	± SD	Média	± SD
Normal	4.43	0.19	18.13	0.63	4.40	0.10	18.48	0.39
Schizo	22.50	1.66	60.21	7.42	22.52	1.90	66.39	4.20
Apreensão	23.81	1.19	61.08	7.38	22.83	1.90	67.23	3.45
AD	22.65	2.48	60.19	6.98	23.67	1.68	66.50	3.58
EM	21.14	1.20	60.53	4.70	22.38	1.79	67.10	3.82
NHL	23.35	1.76	59.17	3.33	23.34	1.75	66.80	3.43
DM	23.27	1.53	58.91	6.09	22.87	1.84	66.31	3.68
SIDA	23.32	1.71	63.15	7.62	23.45	1.79	66.32	3.63
CJD	22.86	1.91	63.66	6.88	23.17	1.88	68.53	2.65
Autismo	23.52	1.49	63.24	7.36	23.20	1.57	66.65	4.26
FME	23.29	1.67	60.52	5.38	22.29	2.05	61.91	7.56
Valor F	380.721		171.228		372.716		556.411	
Valor P	< 0.001		< 0.001		< 0.001		< 0.001	

Quadro 7. Efeito do rutilo e dos antibióticos na HAP e na serotonina

Grupo	PAH % (Aumento com Rutilo)		PAH % (Diminuir com Doxy+Cipro)		5 HT % de mudança (Aumento com Rutilo)		5 HT % de mudança (Diminuir com Doxy+Cipro)	
	Média	± SD	Média	± SD	Média	± SD	Média	± SD
Normal	4.41	0.15	18.63	0.12	4.34	0.15	18.24	0.37
Schizo	21.88	1.19	66.28	3.60	23.02	1.65	67.61	2.77
Apreensão	22.29	1.33	65.38	3.62	22.13	2.14	66.26	3.93
AD	23.66	1.67	65.97	3.36	23.09	1.81	65.86	4.27
EM	22.92	2.14	67.54	3.65	21.93	2.29	63.70	5.63
NHL	23.81	1.90	66.95	3.67	23.12	1.71	65.12	5.58
DM	24.10	1.61	65.78	4.43	22.73	2.46	65.87	4.35
SIDA	23.43	1.57	66.30	3.57	22.98	1.50	65.13	4.87
CJD	23.70	1.75	68.06	3.52	23.81	1.49	64.89	6.01
Autismo	22.76	2.20	67.63	3.52	22.79	2.20	64.26	6.02
FME	22.28	1.52	64.05	2.79	22.82	1.56	64.61	4.95
Valor F	403.394		680.284		348.867		364.999	
Valor P	< 0.001		< 0.001		< 0.001		< 0.001	

Discussão

Houve um aumento do citocromo F420, indicando um crescimento arqueológico. O arcaico pode sintetizar e utilizar o colesterol como fonte de carbono e energia[15,16]. A origem arqueal das actividades enzimáticas foi indicada pela supressão induzida por antibióticos. O estudo indica a presença de arquebactérias baseadas em actinídeos com enzimas alternativas baseadas em actinídeos ou metalloenzimas no sistema, como indicado pelo aumento rutilo induzido nas actividades enzimáticas[17]. Houve também um aumento da actividade arqueal HMG CoA redutase indicando um aumento da síntese de colesterol pela via mevalonate do arquebactéria. A actividade da beta-hidroxil esteroide desidrogenase do arquebactéria indicando síntese de digoxina e a actividade da hidroxilase do colesterol do arquebactéria indicando síntese de ácido biliar foram aumentadas[7]. A actividade da oxidase do colesterol do arquebactéria foi aumentada resultando na geração de piruvato e peróxido de hidrogénio[16]. O piruvato é convertido em glutamato e amoníaco pela via de derivação GABA. A aromatização arqueal do colesterol gerando PAH, serotonina e dopamina foi também detectada[18]. A actividade da hexoquinase glicolítica do arquebactéria e a actividade extracelular da ATP synthase foram aumentadas. A arcaea pode sofrer a mineralização de magnetite e carbonato de cálcio e pode existir como nanoformas calcificadas[19].

Os actinídeos metálicos fornecem energia radiolítica, catálise para a formação de oligómeros e fornecem um íon coordenador para metalloenzimas, todos importantes na abiogénese[6]. As superfícies de actinídeos metálicos gerariam, por metabolismo superficial, acetato que poderia ser convertido em acetil CoA e depois em colesterol, que funciona como a molécula prebiótica primordial que se auto-organiza em sistemas supramoleculares auto-replicativos, o organismo lipídico[8,9,20]. O colesterol por radiólise por actinídeos teria formado PAH gerando o organismo aromático PAH[8]. A radiólise por colesterol geraria piruvato que seria convertido em aminoácidos, açúcares, nucleótidos, porfirinas, ácidos gordos e ácidos TCA. As superfícies anastase e rutilo podem produzir polimerização de aminoácidos, resíduos de isoprenil, PAH e nucleótidos para gerar o organismo lipídico inicial, organismo PAH, priões e viroides de RNA que teriam simbiose para gerar a protocélula arqueal. A arcaea evoluiu para bactérias gram negativas e gram positivas com uma via mevalonada que teve uma vantagem evolutiva. A simbiose da arcaea com o organismo gram negativo gerou a célula eucariótica[21]. Os dados apoiam a persistência de uma biosfera de sombra baseada em actinídeos e colesterol que lança luz sobre a origem da vida baseada em actinídeos e o colesterol como a principal molécula prebiótica.

Houve um aumento de RNA livre indicando viroides auto-replicativos de RNA e DNA livre indicando a geração de cordões de DNA complementar de viroides por actividade de transcriptase inversa arqueal. Os actinídeos modulam o RNA dobrando e catalisam a sua acção ribozymal. A Digoxin pode cortar e colar os cordões viroidais, modulando a emenda do RNA gerando a diversidade viroidiana do RNA. Os viroides são intrões evolutivamente escapados do grupo I do arquebactéria, que têm retrotransposição e qualidades de auto emenda. O piruvato arquebactéria pode produzir inibição da deacetylase histone resultando em retroviral endógeno (HERV) transcriptase reversa e expressão integrase. Isto pode integrar o ADN complementar viroidiano do RNA na região não codificante do ADN eucariótico não codificante utilizando a integrase HERV, tal como foi descrito para os vírus borna e ebola21. O ADN não codificante é alargado através da integração do ADN complementar viroidiano do RNA com a integração em curso como um evento contínuo. O genoma arquebactérias também pode ser integrado no genoma humano utilizando integrase, tal como foi descrito para os tripanossomas. Os viroides e arquebactérias integrados podem sofrer transmissão vertical e podem existir como parasitas genómicos. Isto aumenta o comprimento e altera a gramática da região não codificante que produz memes ou memória de caracteres adquiridos. O ADN viroideal complementar pode funcionar como genes saltadores produzindo um genoma dinâmico. [22-24]

A presença de ácido murâmico, HMG CoA redutase e a actividade de oxidase de colesterol inibida por antibióticos indicam a presença de bactérias com via mevalonate. As bactérias com via mevalonate incluem estreptococo, estafilococo, actinomicetos, listeria, coxiella e borrelia. As bactérias e arcaias com via mevalonate e catabolismo de colesterol tiveram uma vantagem evolutiva e constituem o organismo de clade isoprenoidal. A arcaea evoluiu para a via mevalonate grama positiva e grama negativa do organismo de clade isoprenoidal através da transferência horizontal de genes viroidais e virais. O isoprenoidal clade prokaryotes desenvolve-se para outros grupos de prokaryotes via viroideal/vírus, bem como transferência horizontal de genes eucarióticos produzindo especiação bacteriana25-27.

Os viroides de RNA e o seu ADN complementar desenvolveram-se em RNA e vírus de ADN como herpes, retrovírus, vírus influenza, vírus borna, vírus cytomegalo e vírus epstein barr, recombinando com genes eucarióticos e humanos resultando em especiação viral. As espécies bacterianas e virais são mal definidas e difusas, formando todas elas um conjunto genético comum com frequente transferência e recombinação horizontal de genes.

Assim, o eucariote multi e unicelular com os seus genes serve o propósito da especiação procariótica e viral. A eucariote multicelular desenvolveu-se para que as suas colónias arqueológicas endosibióticas pudessem sobreviver e forragear melhor. Os eucariotas multicelulares são como biofilmes bacterianos. O arquebactérias e bactérias com uma via mevalonada utilizam os viroides extracelulares de RNA e os viroides de ADN para a detecção do quorum e na geração de biofilmes simbióticos como estruturas que se desenvolvem em eucariotas multicelulares. A arca endosimbiótica e as bactérias com via mevalonada ainda utilizam os viroides de RNA e os viroides de ADN para a regulação de eucariotas multicelulares. [28-31]

A poluição é um dos principais indutores da inovação evolutiva. A poluição é induzida pela nanoarquia primitiva e pelas bactérias do caminho do mevalonato sintetizadas por PAH e metano, que levam ao stress redox. O stress redox leva à inibição da ATPase potássica de sódio, ao movimento interno do colesterol da membrana plasmática, à detecção de SREBP defeituosa, ao aumento da síntese do colesterol e ao crescimento bacteriano da via nanoarqueal/mevalonato. O stress Redox leva à multiplicação viroideal e arqueal. O stress Redox também pode levar à transcriptase inversa HERV e à expressão integrase. O ADN não codificador é formado pela integração do ADN e arcaea viroideal complementar do RNA, sendo a integração um evento contínuo. A varíola arqueal, como o vírus dsDNA, forma evolutivamente o núcleo. As sequências bacterianas viroidais, arcaicas e mevalonadas integradas podem sofrer transmissão vertical e podem existir como parasitas genómicos. As bactérias da via integrada genómica do arquebactérias, do mevalonato e dos viroides formam uma reserva genómica de bactérias e vírus que podem recombinar-se com genes humanos e eucarióticos produzindo a especiação bacteriana e viral. A alteração no comprimento e na gramática da região não codificante produz a especiação eucariótica e a individualidade. A integração da nanoarqueia, do caminho mevalonado procariotas e viroides no genoma eucariótico e humano produz uma quimera que se pode multiplicar produzindo biofilme como estruturas multicelulares com caracteres mistos arqueológicos, viroidais, procariotas e eucariotas, que é uma regressão do tecido eucariótico multicelular. Isto resulta num novo fenótipo neuronal, metabólico, imunitário e tecidual que conduz à doença humana. [30-32]

A poluição teria sido um factor importante na especiação eucariótica e na evolução dos primatas/ hominídeos. A mudança no comprimento e na gramática da região não codificante produz a especiação eucariótica e a individualidade. Foi o aumento da região não codificante e sequências HERV do genoma que levou à evolução do primata e do cérebro humano e à sua propriedade de percepção consciente e quântica. É a região não codificante do genoma com as suas sequências arqueal, RNA viroideal complementar de ADN e HERV que contribui para as qualidades humanas do cérebro hominídeo. As alterações na extensão da região não codificante podem levar a perturbações da consciência como a esquizofrenia. Um retrovírus humano endógeno específico da esquizofrenia e alterações no comprimento e na gramática da região não codificante foi descrito na esquizofrenia. [33,34]

Descreve-se uma biosfera sombra dependente de actinídeos de arcaea e viroides nos estados da doença acima mencionados. Os actinídeos metálicos nas areias das praias foram postulados para desempenharem um papel na abiogénese. O colesterol é a molécula prebiótica primária sintetizada em superfícies actinídeas com todas as outras biomoléculas que dele derivam. Um organismo lipídico auto-replicativo do colesterol pode ser a forma de vida inicial. Uma abiogénese baseada no colesterol é uma opção evolutiva mais provável e a arca actinídea e os viroides teriam evoluído a partir dela. A origem de vírus, procariotas, eucariotas, primatas e humanos do organismo inicial isoprenoide derivado da arca actinídea é discutida.

Referências

1. Valiathan M.S., Somers, K., Kartha, C.C. (1993). *Endomyocardial Fibrosis.* Nova Deli: Oxford University Press.

2. Kurup R., Kurup, P.A. (2009). *Digoxina Hipotalâmica, Dominância Cerebral e Função Cerebral na Saúde e nas Doenças.* Nova Iorque: Nova Science Publishers.

3. Hanold D., Randies, J.W. (1991). Coconut cadang-cadang disease and its viroid agent, *Plant Disease,* 75, 330-335.

4. Edwin B.T., Mohankumaran, C. (2007). Fitoplasma da doença de Kerala wilt: Phylogenetic analysis and identification of a vector, *Proutista moesta, Physiological and Molecular Plant Pathology,* 71(1-3), 41-47.

5. Eckburg P.B., Lepp, P.W., Relman, D.A. (2003). Archaea and their potential role in human disease, *Infect Immun,* 71, 591-596.

6. Adam Z. (2007). Actinides e Origens da Vida, *Astrobiologia,* 7, 6-10.

7. Schoner W. (2002). Endogenous cardiac glycosides, uma nova classe de hormonas esteróides, *Eur J Biochem,* 269, 2440-2448.

8. Davies P.C.W., Benner, S.A., Cleland, C.E., Lineweaver, C.H., McKay, C.P., Wolfe-Simon, F. (2009). Signatures of a Shadow Biosphere, *Astrobiology,* 10, 241-249.

9. Wächtershäuser G. (1988). Antes das enzimas e modelos: teoria do metabolismo de superfície, *Microbiol Rev,* 52(4), 452-84.

10. Richmond W. (1973). Preparation and properties of a cholesterol oxidase from nocardia species and its application to the enzymatic assay of total cholesterol in serum, *Clin Chem,* 19, 1350-1356.

11. Snell E.D., Snell, C.T. (1961). *Métodos Colorimétricos de Análise.* Vol 3A. Nova Iorque: Van NoStrand.

12. Glick D. (1971). *Métodos de Análise Bioquímica.* Vol 5. Nova Iorque: Interscience Publishers.

13. Colowick, Kaplan, N.O. (1955). *Métodos em Enzimologia.* Vol 2. Nova Iorque: Imprensa académica.

14. Maarten A.H., Marie-Jose, M., Cornelia, G., van Helden-Meewsen, Fritz, E., Marten, P.H. (1995). Detection of muramic acid in human spleen, *Infection and Immunity,* 63(5), 1652 - 1657.

15. Smit A.,Mushegian, A. (2000)Biossíntese de isoprenoides via mevalonato em Archaea: o caminho perdido,*Genoma Res,* 10(10), 1468-84.

16. Van der Geize R., Yam, K., Heuser, T., Wilbrink, M.H., Hara, H., Anderton, M.C. (2007). Um aglomerado de genes que codifica o catabolismo do colesterol num actinomicetato do solo fornece uma visão da sobrevivência de Mycobacterium tuberculosis em macrófagos, *Proc Natl Acad Sci USA,* 104(6), 1947-52.

17. Francis A.J. (1998). Biotransformação de urânio e outros actinídeos em resíduos radioactivos, *Journal of Alloys and Compounds,* 271(273), 78-84.

18. Probian C., Wülfing, A., Harder, J. (2003). Mineralização anaeróbica de átomos de carbono quaternários: Isolamento de bactérias desnitrificantes em ácido pivalico (ácido 2,2-dimetilpropiónico), *Applied and Environmental Microbiology,* 69(3), 1866-1870.

19. Vainshtein M., Suzina, N., Kudryashova, E., Ariskina, E. (2002). New Magnet-Sensitive Structures in Bacterial and Archaeal Cells, *Biol Cell,* 94(1), 29-35.

20. Russell M.J., Martin, W. (2004). The rocky roots of the acetyl-CoA Pathway, *Trends in Biochemical Sciences,* 29, 7.

21. Margulis L. (1996). Archaeal-eubacterial mergers in the origin of Eukarya: phylogenetic classification of life, *Proc Natl Acad Sci USA,* 93, 1071-1076.

22. Tsagris E.M., de Alba, A.E., Gozmanova, M., Kalantidis, K. (2008). Viroids, *Cell Microbiol,* 10, 2168.

23. Horie M., Honda, T., Suzuki, Y., Kobayashi, Y., Daito, T., Oshida, T. (2010). Elementos endógenos não retrovirais do vírus RNA em genomas de mamíferos, *Nature,* 463, 84-87.

24. Hecht M., Nitz, N., Araujo, P., Sousa, A., Rosa, A., Gomes, D. (2010). Os genes do parasita Chagas podem ser transferidos para os seres humanos e ser transmitidos às crianças. Herança de ADN Transferido de Tripanossomas Americanos para Hospedeiros Humanos, *PLoS ONE,* 5, 2-10.

25. Flam F. (1994). Dicas de uma linguagem em ADN de lixo, *Science,* 266, 1320.

26. Horbach S., Sahm, H., Welle, R. (1993). Biossíntese isoprenóide em bactérias: duas vias diferentes? *FEMS Microbiol Lett,* 111, 135-140.

27. Gupta R.S. (1998). Filogenética proteica e sequências de assinatura: uma reavaliação da relação evolutiva entre arquebactérias, eubactérias, e eucariotas, *Microbiol Mol Biol Rev,* 62, 1435-1491.

28. Hanage W., Fraser, C., Spratt, B. (2005). Fuzzy species among recombinogenic bacteria, *BMC Biology,* 3, 6-10.

29. Whitchurch C.B., Tolker-Nielsen, T., Ragas, P.C., Mattick, J.S. (2002). ADN extracelular necessário para a Formação de Biofilme Bacteriano. *Ciência,* 295(5559), 1487.

30. Webb J.S., Givskov, M., Kjelleberg, S. (2003). Biofilmes bacterianos: aventuras procarióticas em multicelularidade, *Curr Opinião Microbiol,* 6(6), 578-85.

31. Chen Y., Cai, T., Wang, H., Li, Z., Loreaux, E., Lingrel, J.B. (2009). Regulation of intracellular cholesterol distribution by Na/K-ATPase, *J Biol Chem,* 284(22), 14881-90.

32. Poole A.M. (2006). Será que a proliferação de intrões do grupo II num arquebactéria portador de endossímbolos criou eucariotas? *Biol Direct,* 1, 36-40.

33. Villarreal L.P. (2006). How viruses shape the tree of life, *Future Virology,* 1(5), 587-595.

34. Lockwood M. (1989). *Mind, Brain and the Quantum.* Oxford: B. Blackwell.

CAPÍTULO 32

A ORIGEM DA RESISTÊNCIA RETROVIRAL E DAS PANDEMIAS VIRAIS EMERGENTES - O CRUZAMENTO DA BARREIRA DAS ESPÉCIES E DOS NOVOS VÍRUS

Introdução

Estudos do nosso laboratório mostraram que o aquecimento global e o baixo nível de poluição dos CEM resulta num aumento do crescimento dos arquebactérias endossimbióticas. O arquebactéria pode produzir metanogénese a partir de hidrogénio e dióxido de carbono, bem como de acetato. A metanogénese do corpo humano pode resultar em mais aquecimento global. O metano tem uma acção a curto prazo, mas o seu potencial de aquecimento global é 29 vezes superior ao do dióxido de carbono. Assim, o sobrecrescimento endosibiótico humano é a principal causa do aquecimento global. O aquecimento global é inicialmente desencadeado pelo dióxido de carbono e pela poluição dos campos electromagnéticos produzida pela industrialização do homo sapien. É levado a cabo pelo sobrecrescimento e metanogénese do endosímio humano. O arquebactérias pode induzir a conversão de células estaminais e neanderthalisation da espécie humana. O arquebactérias catodoliza o colesterol gerando digoxina que pode modular a edição do RNA e a deficiência de magnésio resultando na inibição da transcriptase inversa. O catabolismo arqueal do colesterol pode esgotar as membranas da célula CD4 de colesterol impedindo a entrada do retrovírus na célula. A arcaea pode produzir activação imunitária permanente produzindo resistência a infecções virais e bacterianas. O catabolismo do colesterol do arquebactéria esgota o colesterol do tecido produzindo deficiência de vitamina D e activação imunitária. Assim, o crescimento excessivo do arquebactéria resulta em resistência retroviral e geração do fenótipo Neandertal. O arquebactérias endosibiótico pode secretar vírus como o RNA e partículas de ADN. A arca endosimbiótica pode induzir a desacoplamento de proteínas inibindo a fosforilação oxidativa mitocondrial e gerando ROS. A magnetite endosibiótica pode gerar um baixo nível de CEM. O baixo nível de CEM e de ROS são genotóxicos e produzem quebras em pontos críticos do cromossoma. Pode também provocar rearranjos em hotspots de cromossomas habitados por elementos retrovirais e não retrovirais, produzindo a sua expressão. Os viroides de DNA e RNA secretados podem recombinar com os elementos retrovirais e não retrovirais expressos e outros segmentos genómicos do cromossoma humano gerando novos vírus de RNA e DNA. Assim, os humanos neanderthalizados podem servir de origem para novos vírus de RNA e ADN, bem como retrovírus mutantes. A arca endosimbiótica converte as células neandertais em células estaminais. As células estaminais são resistentes ao ataque imunitário. As células estaminais podem servir de reservatório para este novo RNA e vírus de ADN. As células estaminais e células do arquebactéria também podem servir como reservatório para vírus e bactérias pertencentes a outras plantas e animais. Isto ajuda a gerar o salto de barreira das espécies observado nas recentes infecções virais e bacterianas emergentes. Assim, o crescimento endosibiótico do arquebactéria produz uma versão neandertalizada do homo sapiens que são resistentes aos retrovirais e resistentes a outras infecções virais e bacterianas em consequência da activação imunitária e da edição de RNA induzida pela digoxina. O crescimento excessivo do arquebactéria endosibiótico mediado pela versão neanderthalizada do homo sapiens gera novos vírus de RNA e ADN mutantes, bem como retrovírus, sendo ao mesmo tempo resistentes a eles como no caso do morcego da espécie. Os homo sapiens não têm os mecanismos Neandertais de activação imunitária, uma vez que a sua carga arqueal é escassa. Servem de forragem para a infecção por vírus e bactérias geradas pelo Neandertal e sofrem uma eventual extinção. [1-17] Este artigo estudou o estado arqueal em pacientes com infecções virais recorrentes e retrovirais. Foi também estudada a geração de RNA e de viroides de ADN a partir do arquebactéria.

Materiais e Métodos

Foram colhidas amostras de sangue da população normal, fenótipo Neandertal, infecção retroviral e infecção viral recorrente. Havia 10 pacientes em cada grupo e cada paciente tinha uma idade e sexo compatível com um controlo saudável seleccionado aleatoriamente a partir da população geral. As amostras de sangue foram colhidas no estado de jejum, antes de se iniciar o tratamento. Foi utilizado plasma de sangue heparinizado em jejum e o protocolo experimental foi o seguinte:- (I) Plasma+fosfato tamponado salino, (II) o mesmo que o substrato de I+colesterol, (III) o mesmo que II+cério 0,1 mg/ml, e (IV) o mesmo que II+ciprofloxacina e doxiciclina, cada um numa concentração de 1 mg/ml. O substrato de colesterol foi preparado como descrito por Richmond. As alíquotas foram retiradas no tempo zero imediatamente após a mistura e após incubação a 37 ^{oC} durante 1 hora. Foram efectuadas as seguintes estimativas:- Citocromo F420, RNA livre e ADN livre. O citocromo F420 foi estimado flourimetricamente (comprimento de onda de excitação 420 nm e comprimento de onda de emissão 520 nm).

Resultados

O plasma do fenótipo Neandertal mostrou níveis aumentados dos parâmetros acima mencionados com após incubação durante 1 hora e a adição de substrato de colesterol resultou num aumento ainda mais significativo destes parâmetros. O plasma de doentes retrovirais e com infecções virais recorrentes mostrou resultados semelhantes, mas a extensão do aumento foi insignificante. A adição de antibióticos ao plasma de controlo causou uma diminuição em todos os parâmetros, enquanto que a adição de cério aumentou os seus níveis. A adição de antibióticos ao plasma do paciente causou uma diminuição em todos os parâmetros enquanto que a adição de cério aumentou os seus níveis, mas a extensão da mudança foi maior nos soros do fenótipo Neanderthal em comparação com os pacientes com infecção retroviral e infecção viral recorrente. Os resultados são expressos nos quadros 1-2 como mudança percentual nos parâmetros após 1 hora de incubação, em comparação com os valores a tempo zero.

Quadro 1. Efeito do cério e dos antibióticos no citocromo F420

Grupo	CYT F420 % (Aumento com Cerium)		CYT F420 % (Diminuir com Doxy+Cipro)	
	Média	**$\pm$ SD**	**Média**	**$\pm$ SD**
Retroviral & infecção viral frequente	4.48	0.15	18.24	0.66
Fenótipo do Neanderthal	23.46	1.87	59.27	8.86
Valor F	306.749		130.054	
Valor P	< 0.001		< 0.001	

Quadro 2. Efeito do cério e dos antibióticos no ARN e ADN livres

Grupo	ADN % mudança (Aumento com Cerium)		ADN % mudança (Diminuir com Doxy+Cipro)		RNA % mudança (Aumento com Cerium)		RNA % mudança (Diminuir com Doxy+Cipro)	
	Média	**$\pm$ SD**	**Média**	**$\pm$ SD**	**Média**	**$\pm$ SD**	**Média**	**$\pm$ SD**
Retroviral & infecção viral frequente	4.37	0.15	18.39	0.38	4.37	0.13	18.38	0.48
Fenótipo do Neanderthal	23.40	1.51	63.68	4.66	23.08	1.87	65.09	3.48
Valor F	337.577		356.621		427.828		654.453	
Valor P	< 0.001		< 0.001		< 0.001		< 0.001	

Discussão

A simbiose arqueal resulta em catabolismo do colesterol e síntese de digoxina. A digoxina tem uma acção semelhante à APOBEC produzindo edição de RNA. Isto altera o vírus HIV, inibindo a sua replicação. A digoxina é uma membrana inibidora da ATPase potássica de sódio. Produz deficiência de magnésio intracelularmente. O magnésio pode inibir a actividade da transcriptase inversa, inibindo a replicação do VIH. A arca endosibiótica pode induzir a síntese da porfirina. A porfirina pode combinar-se com o vírus HIV, inactivando-o. A arca endosibiótica produz o catabolismo do colesterol e utiliza o colesterol como fonte de energia. Isto resulta na modulação das membranas do receptor CD4, resultando em resistência retroviral. O catabolismo arqueal do colesterol produz o esgotamento do colesterol e a deficiência de vitamina D. Isto produz activação imunitária. O crescimento endosibiótico do arquebactéria como tal produz activação imunitária permanente resultando em resistência a infecções virais. Isto tem sido demonstrado em bactérias como a mycobacterium leprae. Os genes imunitários são sempre activados inibindo a replicação retroviral e outras replicações virais. O crescimento endosimbiótico do arquebactéria resulta em rotação de proteínas desacopladas transferindo células somáticas humanas para o fenótipo de Warburg e tipo de célula estaminal. As células estaminais têm a energia obtida a partir da glicólise e não da fosforilação oxidativa mitocondrial. As células estaminais são resistentes à infecção retroviral e a outras infecções virais. Assim, o crescimento endosibiótico do arquebactéria pode inibir a replicação do VIH e produzir resistência ao VIH. [1-17]

O crescimento endosibiótico do arquebactéria produz a neandertalização da espécie humana. O homo neanderthalis pode servir de reservatório para infecções virais, sendo ao mesmo tempo resistente a ele. O homo neanderthalis tem o fenótipo da célula estaminal que pode servir como reservatório para infecções bacterianas e virais. Isto foi demonstrado no caso da micobactéria tuberculose que induz a transformação das células estaminais e sobrevive dentro da célula estaminal resistindo à investida imunitária. Este mecanismo de protecção não está disponível para as espécies homo sapien e estas tendem a sucumbir às infecções virais decorrentes do reservatório homo neanderthalis. [1-17]

O homo neanderthalis tem indução arqueal de proteínas desacopladas que produzem inibição da fosforilação oxidativa mitocondrial e energia glicolítica dominante. Isto resulta na conversão para um fenótipo de células estaminais. A elevada taxa metabólica resulta numa resposta de febre que liga o sistema imunitário, resultando numa activação imunitária permanente. As altas temperaturas também danificam a célula produzindo um sistema de reparação de ADN de alta eficiência. Isto resulta numa resistência permanente a infecções virais em consequência de uma activação imunitária contínua e reparação do ADN de alta eficiência. O aumento do crescimento arqueal no homo neanderthalis produz proteínas desacopladas e conversão de células estaminais, tornando-o também resistente a infecções virais. Isto produz um sistema de reservatório viral em homo neanderthalis como morcegos que serve de reservatório para o vírus da raiva, vírus Ebola e vírus SARS. Os morcegos também possuem endossímbolos arqueológicos. Os endossimbimbos arqueológicos foram demonstrados na pilha de guano de morcegos. [1-17]

A magnetite arqueal produz um nível aumentado de CEM de baixo nível no homo neanderthalis produzindo instabilidade genómica. O genoma humano contém sequências virais como o vírus ébola, retro vírus e o vírus borna. Devido à magnetite arqueal induzida por CEM de baixo nível, os elementos virais no genoma humano são expressos. A magnetita arqueal induziu CEM de baixo nível, bem como a própria arcaea produz uma activação imunitária permanente contínua que resulta na protecção contra infecções virais. Assim, no homo neanderthalis os elementos virais no genoma que funcionam como parasitas genómicos são expressos e o homo neanderthalis serve de reservatório para vírus semelhantes aos morcegos que também fazem parte do reino primata. A arcaea no homo neanderthalis segrega o DNA e os viroides de RNA que se podem auto-replicar em modelos de porfirina. Partículas semelhantes a vírus e ADN extracelular são produzidas pela arcaea hipertermófila - thermococcales. Os viroides de RNA podem ser convertidos em ADN por transcriptase inversa HERV e ser integrados no genoma neandertalico por integrase. Os viroides de ADN segregados pela arcaea também podem ser integrados no genoma humano por integrase. Assim, o RNA arqueal e os viroides de ADN que são de grande diversidade integram-se no genoma humano pela acção da integrase e da transcriptase inversa HERV. [1-17]

A instabilidade genómica do genoma neandertálico em consequência dos CEM de baixo nível gerados pela magnetite arqueal, bem como das porfirinas arqueal que intercalam com o ADN humano, pode resultar na expressão de elementos virais do genoma humano. Os poliribonucleótidos de RNA do cromossoma 22q11.2 ALU foram demonstrados nos soros de doentes com síndrome da guerra do Golfo e myloma múltiplo. A exposição a substâncias genotóxicas e campos electromagnéticos de baixo nível resulta na activação de elementos de ALU retrotransposição que conduzem aos segmentos únicos de RNA no soro. Os poliribonucleótidos de RNA têm a cobertura proteolipídica que resiste à digestão pelas enzimas. A proteína do pico do vírus da SRA é expressa como consequência de um complexo rearranjo genético dos hotspots segmentares do cromossoma 7 devido a uma catastrófica exposição ambiental aos CEM. Humanos e animais expostos a armas nucleares ou químicas ou radiação contínua de baixo nível de campos electromagnéticos produzem novas expressões genéticas reguladoras que são depois transcritas como microvesículas de RNA não-virais cobertas por membranas proteolipídicas. O baixo nível de CEM e agentes genotóxicos leva a um rearranjo genético de sequências de ALU com geração de poli-ribonucleótidos de RNA cobertos por vesículas de proteiolípidos. O vírus da SRA é supostamente devido à complexa remodelação de pontos quentes do cromossoma 7.[1-17]

A arcaea produz o desacoplamento da fosforilação oxidativa mitocondrial das células somáticas. A magnetita arqueal produz expressão de baixo nível de CEM. As espécies reactivas de oxigénio produzidas por desacoplamento da fosforilação oxidativa mitocondrial e baixos CEM produzidos pela magnetite arqueal são genotóxicas e produzem rearranjos complexos do genoma Neandertal, quebra de hotspots no cromossoma que são extremamente frágeis produzindo expressão de poliribonucleótidos de RNA que podem ser convertidos em poliribonucleótidos de ADN pela enzima HERV transcriptase inversa. O RNA e os poliribonucleótidos de ADN embalados em vesículas proteolípidas podem imitar o RNA e os vírus de ADN. O ADN de ADN de humanos é constituído por sequências HERV e vírus RNA não-retrovirais como os vírus ébola e borna. São parasitas genómicos. A célula neandertálica tem aumentado a produção de ROS em consequência do desacoplamento induzido pelo Arqueal. Os CEM induzidos por magnetita arqueal, bem como os desacoplamentos induzidos por arcaea gerados por ROS, são genotóxicos. A exposição a ROS e campos electromagnéticos de baixo nível pode produzir rearranjos de ADN de lixo produzindo novos tipos de vírus RNA que podem ser expressos. Os elementos viral- retrovirais e não retrovirais do genoma humano, bem como as sequências genómicas humanas per se que são expressas podem recombinar com o ADN arqueal e os viroides de ARN produzindo novos vírus perigosos mutantes tanto do tipo de ARN como de ADN no homo neanderthalis. Os homo neanderthalis têm fosforilação oxidativa desacoplada e mais produção de ROS. O ROS serve como mensageiros moduladores da replicação viral. Assim, há instabilidade genómica induzindo a expressão dos elementos virais no genoma neandertálico, expressão arqueal de viroides de ADN e RNA, recombinação de viroides arqueológicos de ADN e RNA com elementos virais genómicos neandertálicos que são expressos e ROS induz a multiplicação de vírus recentemente mutados. [1-17]

Os próprios homo neanderthalis são resistentes a estes vírus e servem de reservatório para eles como o seu irmão primata, o morcego. Os homo sapiens têm menos simbiose endosimbiótica e não têm indução proteica desacoplada, o que resulta na manutenção das suas células somáticas maduras enquanto tal. A célula homo sapiens tem um metabolismo de fosforilação oxidativa mitocondrial dominante, gerando menos ROS. Os homo sapiens são imunossuprimidos. Os homo sapiens não são permanentemente activados por imunidade produzindo resistência viral. Eles não têm o fenótipo da célula estaminal. Eles não têm o catabolismo de catabolismo mediado pelo colesterol modulando os receptores virais. Os homo sapiens não têm síntese de digoxinas inibindo a edição do RNA e a replicação viral. Os homo sapiens são patos sentados para infecções virais geradas pelo homo neanderthalis que os infecta e os mata. Os homo neanderthalis que geraram os vírus, em primeiro lugar, são resistentes às infecções virais. A espécie homo sapien é exterminada pela infecção viral gerada pelo homo neanderthalis. A espécie homo neanderthalis utiliza a infecção viral como mecanismo para eliminar o homo sapiens e produzir o domínio da espécie. [1-17]

O homo neanderthalis tem arcaea como endosymbionts. A arcaea comporta-se como células estaminais e pode induzir a conversão de células somáticas em células estaminais. As células estaminais e as células do arquebactéria podem servir como reservatórios de vírus e bactérias de outras espécies, como vírus e bactérias vegetais e animais. Os vírus e bactérias vegetais e animais podem prosperar nas células estaminais somáticas e nas células do arquebactéria à medida que escapam à detecção imunológica. O sistema de tecidos Neandertais pode ser comparado a uma colónia ou rede arqueal/células estaminais que serve de reservatório para outras espécies de bactérias e vírus animais e vegetais, bem como um centro gerador de novos vírus RNA e ADN. Os vírus de RNA e ADN são criados por recombinação entre fragmentos geneticamente rearranjados do cromossoma humano e vírus como o ADN e partículas de RNA segregadas pelo arquebactéria. Isto abre caminho para a geração de um número ilimitado de novos vírus de RNA e ADN, bem como produz condições para que vírus e bactérias atravessem a barreira da espécie. Isto é evidenciado pelo vírus SRA, o vírus nipah e as espécies de cruzamento de vírus hendra. O vírus algal tem sido relatado como infectando cérebros humanos produzindo disfunções cognitivas. A geração de novos vírus RNA e DNA e a criação de um reservatório de células estaminais/arqueal para bactérias e vírus de outras espécies, a resistência Neandertal a infecções por vírus e bactérias e os Neandertais que servem de reservatório para infecção resultam numa pandemia generalizada na população homo sapien em África e na sua eventual extinção. [1-17]

Referências

1.   Weaver TD, Hublin JJ. Neandertal Birth Canal Shape and the Evolution of Human Childbirth. *Proc. Natl. Acad. Sci. USA* 2009; 106:8151-8156.

2.   Kurup RA, Kurup PA. Endosymbiotic Actinidic Archaeal Mediated Warburg Fenótipo Mediates Human Disease State. *Avanços nas Ciências Naturais* 2012; 5(1):81-84.

3. Morgan E. The*Neanderthal*theory *ofautism, Asperger and ADHD*; 2007, www.rdos.net/eng/asperger.htm.

4. Graves P. Novos Modelos e Metáforas para o Debate do Neandertal. *Antropologia actual 1991;* 32(5): 513-541.

5. Sawyer GJ, Maley B. Neanderthal Reconstructed. *The Anatomical Record Part B: The New Anatomist* 2005; 283B(1):23-31.

6. Bastir M, O'Higgins P, Rosas A. Facial Ontogeny in Neanderthals and Modern Humans. *Proc. Biol. Sci.* 2007; 274:1125-1132.

7. Neubauer S, Gunz P, Hublin JJ. Mudanças na Forma Endocraniana durante o Crescimento em Chimpanzés e Humanos: Uma Análise Morfométrica de Aspectos Únicos e Partilhados. *J. Hum. Evol.* 2010; 59:555-566.

8. Courchesne E, Pierce K. Brain Overgrowth in Autism during a Critical Time in Development: Implicações para o Desenvolvimento e Conectividade do Neurónio Piramidal Frontal e Interneuronal. *Int. J. Dev. Neurosci.* 2005; 23:153–170.

9. Green RE, Krause J, Briggs AW, Maricic T, Stenzel U, Kircher M, Patterson N, Li H, Zhai W, *et al.* A Draft Sequence of the Neandertal Genome. *Ciência* 2010; 328:710-722.

10. Mithen SJ. *The Singing Neanderthals: The Origins of Music, Language, Mind and Body*; 2005, ISBN 0-297-64317-7.

11. Bruner E, Manzi G, Arsuaga JL. Encephalization and Allometric Trajectories in the Genus Homo: Evidências das linhagens Neandertal e Moderna. *Proc. Natl. Acad. Sci.* USA 2003; 100:15335-15340.

12. Gooch S. *The Dream Culture of the Neanderthals: Os Guardiães da Sabedoria Antiga.* Inner Traditions, Wildwood House, Londres; 2006.

13. Gooch S. *The Neanderthal Legacy: Reawakening Our Genetic and Cultural Origins (Despertar as nossas origens genéticas e culturais).* Inner Traditions, Wildwood House, Londres; 2008.

14. Kurtén B. *Den Svarta Tigern*, Editora ALBA, Estocolmo, Suécia; 1978.

15. Spikins P. Autismo, as Integrações da 'Diferença' e as Origens do Comportamento Humano Moderno. *Cambridge Archaeological Journal* 2009; 19(2):179-201.

16. Eswaran V, Harpending H, Rogers AR. Genomics Refute an Exclusively African Origin of Humans. *Journal of Human Evolution* 2005; 49(1):1-18.

17. Ramachandran V.S. The Reith lectures, BBC Londres. 2012.

CAPÍTULO 33

HÍBRIDOS DE NEANDERTHAL: ALTERAÇÕES CLIMÁTICAS E PORFÍRIOS GERAM HÍBRIDOS DE NEANDERTAIS E ALTERAÇÕES FENOTÍPICAS MENTE-CORPO

Introdução

A indução de heme oxigenase mediada por stress e o esgotamento de heme pode induzir a síntese de porfirina. Os porfírios são organismos supramoleculares auto-replicativos que formam o modelo precursor sobre o qual os viroides, priões e nanoarqueia se originam. O modelo induzido pelo stress induziu abiogénese dirigida dos porfírios, priões, viroides e arquebactérias é um processo contínuo e pode contribuir para mudanças na estrutura e comportamento do cérebro, bem como no processo da doença. A arcaea actinídica tem estado relacionada com o aquecimento global e doenças humanas, especialmente doenças auto-imunes, neurodegeneração, perturbação neuropsiquiátrica, neoplasia e síndrome metabólica x. O crescimento da arca actinídica endosibiótica em relação às alterações climáticas e ao aquecimento global leva à neandertalização do sistema mente-corpo humano. A antropometria neandertal e a metabolonomia tem sido descrita em doenças auto-imunes, neurodegeneração, perturbação neuropsiquiátrica, neoplasma e síndrome metabólica x, especialmente o fenótipo de Warburg e a hiperdigoxinemia. A digoxina produzida pelo catabolismo do colesterol arqueal produz a Neanderthalização. A atrofia cortical pré-frontal e hiperplasia cerebelar tem estado relacionada com doença auto-imune, neurodegeneração, perturbação neuropsiquiátrica, neoplasma e síndrome metabólico x nesta comunicação. Isto leva à disautonomia com hiperactividade simpática e neuropatia parassimpática nestas perturbações. A dominância cerebelar actinídea relacionada com o cerebelo leva a alterações na função cerebral. [1-16] Os dados são descritos neste artigo.

Materiais e Métodos

Foram seleccionados para o estudo quinze casos, cada um deles de doença auto-imune, neurodegeneração, neuropsiquiatria, neoplasia, síndrome metabólica x e viciados em Internet. Cada caso teve um controlo de idade e sexo compatível. No estudo de casos foram avaliadas medidas antropométricas e fenotípicas de Neanderthal que incluíam cristas supra-orbitárias salientes, crânio dolicocefálico, mandíbula pequena, face e nariz médios proeminentes, membros superiores e inferiores curtos, tronco proeminente, relação dedo anelar de baixo índice e tez justa. Foram feitos testes de função autonómica para avaliar o sistema simpático e parassimpático em cada caso. Foi feita uma tomografia computorizada da cabeça para ter uma avaliação volumétrica do córtex pré-frontal e do cerebelo. A actividade do citocromo sanguíneo F420 foi avaliada por medição espectrofotométrica.

Resultados

Todos os grupos de casos estudados tinham uma percentagem mais elevada de medidas antropométricas e fenotípicas de Neanderthal. Havia uma relação de dedos de baixo índice sugestivo de altos níveis de testosterona em toda a população de pacientes estudados. Em todos os grupos de casos estudados, houve também atrofia do córtex pré-frontal e hiperplasia cerebelar. Do mesmo modo, em todos os grupos de casos estudados, houve disautonomia com sobreactividade simpática e neuropatia parassimpática. O citocromo F420 foi detectado em todo o grupo de casos estudados, mostrando um crescimento excessivo do arquebelo endosibiótico.

Quadro 1. Fenótipo Neandertal e doença sistémica

Doença	Cyt F420	Fenótipo do Neanderthal	Relação dedo a anel de baixo índice
Esquizofrenia	69%	75%	65%
Autismo	80%	75%	72%
Doença de Alzheimer	89%	65%	75%
Doença de Parkinson	70%	71%	80%
Linfoma não-Hodgkin	72%	60%	69%
Mieloma múltiplo	70%	68%	74%
Diabetes mellitus com AVC e CAD	65%	72%	72%
SLE/Lúpus	75%	85%	74%
Esclerose múltipla	80%	75%	75%
Utilizadores da Internet	65%	72%	69%

Quadro 2. Fenótipo Neanderthal e disfunção cerebral

Doença	Dysautonomia	Atrofia do córtex pré-frontal	Hipertrofia cerebelar
Esquizofrenia	65%	60%	70%
Autismo	72%	69%	72%
Doença de Alzheimer	60%	72%	60%
Doença de Parkinson	62%	71%	68%
Linfoma não-Hodgkin	79%	65%	75%
Mieloma múltiplo	69%	72%	80%
Diabetes mellitus com AVC e CAD	64%	84%	69%
SLE/Lúpus	75%	73%	72%
Esclerose múltipla	69%	74%	76%
Utilizadores da Internet	74%	84%	82%

Discussão

Os metabolonómicos de Neanderthal contribuem para a patogénese destas perturbações. Houve características fenotípicas do Neanderthal em todos os grupos de casos estudados, bem como rácios de dedos de baixo índice sugestivos de aumento dos níveis de testosterona. A neanderthalização do sistema mente-corpo ocorre devido ao aumento do crescimento da arca actinídea como consequência do aquecimento global. A neanderthalização da mente leva ao domínio cerebelar e à atrofia do córtex pré-frontal. Isto leva a disautonomia com neuropatia parassimpática e hiperactividade simpática.

O aquecimento global e a idade do gelo produzem um aumento do crescimento de extremófilos. Isto leva ao aumento do crescimento da endosimose actinídica arqueológica nos seres humanos. A indução de heme oxigenase mediada pelo stress e o esgotamento da heme pode induzir a síntese da porfirina. Os porfírios são organismos supramoleculares auto-replicativos que formam o modelo precursor sobre o qual os viroides, priões e nanoarqueia se originam. O modelo induzido pelo stress induziu abiogénese dirigida dos porfírios, priões, viroides e arquebactérias é um processo contínuo e pode contribuir para mudanças na estrutura e comportamento do cérebro, bem como no processo da doença. Há uma proliferação arqueal no intestino que entra no cerebelo e no tronco cerebral por transporte axonal invertido através do vagus. O cerebelo e o tronco encefálico podem ser considerados como uma colónia arqueal. As artérias são catabolizantes de colesterol e utilizam o colesterol como fonte de carbono e energia. A arca actinídea activa o receptor de toll HIF alfa induzindo o fenótipo Warburg resultando em glicólise aumentada com geração de glicina, bem como supressão da desidrogenase pirúvica. O piruvato acumulado entra no shunt GABA gerador de succinil CoA e glicina. O catabolismo arqueal do colesterol produz oxidação anelar e geração de piruvato que também entra no esquema GABA shunt produzindo glicina e succinil CoA. Isto leva a um aumento da síntese de porfirinas. Na regulação da inibição da ATPase de potássio de sódio induzida por digoxina, as porfirinas dipolares produzem um sistema de fónon bombeado, resultando no condensado de Bose-Einstein modelo frohlich e na percepção quântica de CEM de baixo nível. A poluição por CEM de baixo nível é comum na utilização da Internet. A percepção de baixo nível de CEM leva à neandertalização do cérebro com atrofia do córtex pré-frontal e hiperplasia cerebelar. O arquebelo que atinge o cerebelo a partir do intestino através do nervo vago prolifera e torna o cerebelo dominante com a consequente supressão e atrofia do córtex pré-frontal. Isto leva a traços autistas e esquizofrénicos largamente disseminados na população. A arca actinídea induz o fenótipo Warburg com aumento da glicólise, inibição de PDH e supressão mitocondrial. Isto produz a neandertalização do sistema mente-corpo. A arca actinídica secreta os viroides de RNA que bloqueiam a expressão do HERV por interferência do RNA. A supressão do HERV contribui para a inibição do desenvolvimento do córtex pré-frontal em Neandertais e da dominância cerebelar. A digoxina arqueal produz inibição da ATPase de potássio de sódio e depleção do magnésio causando inibição da transcriptase inversa e diminuição da geração de HERV. Os HERV contribuem para a dinâmica do genoma e são necessários para o desenvolvimento do córtex pré-frontal. A supressão do HERV contribui para a resistência retroviral em Neandertais. A arca actinídea cataboliza o colesterol levando ao estado de esgotamento do colesterol. O esgotamento do colesterol leva também a uma fraca conectividade sináptica e a um menor desenvolvimento do córtex pré-frontal. Isto não é uma mudança genética, mas uma forma de mudança simbiótica com crescimento actinídico endosimbiótico do arquebactéria no corpo e cérebro.

A utilização da Internet e o baixo nível de poluição por CEM é comum neste século. Isto resulta num aumento da percepção de baixos níveis de campos electromagnéticos pelo cérebro através do sistema de fonon mediado por digoxina-porfirina, criado pelos condensados de Bose-

Einstein que contribuem para a atrofia do córtex pré-frontal e para o domínio cerebelar. A dominância cerebelar conduz à esquizofrenia e ao autismo. Existe uma epidemia de autismo e esquizofrenia na comunidade actual. A percepção extra-sensorial mediada pela porfirina pode contribuir para a comunicação entre os Neandertais. Os Neandertais não tinham uma linguagem e utilizavam a percepção extra-sensorial como forma de comunicação de grupo. Devido à percepção quântica extra-sensorial dominante, os Neandertais não tinham identidade individual, mas apenas identidade grupal. A dominância cerebelar resulta em criatividade resultante da percepção quântica e percepção grupal. Os traços neandertais contribuem para a inovação e criatividade. A dominância cerebelar resulta no desenvolvimento de uma linguagem simbólica. Os Neandertais utilizaram a dança e a música como forma de comunicação. A pintura como forma de comunicação era também comum nos Neandertais. O comportamento Neandertal era robótico. O comportamento robótico é característico da dominância cerebelar. O comportamento robótico, simbólico e ritualístico é comum na dominância cerebelar e é visto em traços autistas. A dominância cerebelar nos Neandertais leva a uma inteligência intuitiva e a uma qualidade hipnótica à comunicação. O aumento da percepção quântica extra-sensorial leva a mais comunhão com a natureza e a uma forma de eco-espiritualidade. O uso crescente da dança e da música como forma de comunicação e de eco-espiritualidade é comum no século moderno, juntamente com o aumento da incidência do autismo. O esgotamento do colesterol leva à deficiência de ácido biliar e à geração de pequenos grupos sociais em Neandertais. O ácido biliar liga-se aos receptores olfactivos e contribui para a identidade do grupo. Isto também pode contribuir para a geração de características autistas nos Neandertais.

A população do Neandertal era predominantemente autistas e esquizofrénica. A população moderna é um híbrido de Homo sapiens e Homo neanderthalis. Isto contribui para 10 a 20% de híbridos dominantes que tendem a ter qualidades esquizofrénicas e autistas e contribui para a criatividade da civilização. Os Neandertais tendem a ser inovadores e caóticos. Tendem a ser criativos na arte, literatura, dança, espiritualidade e ciência. Oitenta por cento dos híbridos menos dominantes são estáveis e contribuem para uma influência estabilizadora que conduz ao crescimento da civilização. Os homo sapiens foram estáveis e não criativos durante um longo período da sua existência. Houve uma explosão de criatividade com geração de música, dança, pintura, ornamentos, a criação do conceito de Deus e comportamento compassivo de grupo há cerca de 10.000 anos na comunidade homo sapiens. Isto correlacionou-se com a geração de híbridos do Neandertal quando o homem euro-asiático do Neandertal acasalou com as fêmeas africanas homo sapiens. A percepção extra-sensorial/quântica devida às porfirinas dipolares e à digoxina induziu a inibição da ATPase potássica de sódio e o sistema de fonon gerados por bombagem mediada pela percepção quântica leva ao fenómeno da globalização e ao sentimento de que o mundo é uma aldeia global. O catabolismo arqueal do colesterol leva a uma síntese crescente da digoxina. A digoxina promove o transporte do triptofano sobre a tirosina. A deficiência de tirosina leva à deficiência de dopamina e à deficiência de morfina. Isto leva a uma síndrome de carência de morfina em Neandertais. Isto contribui para traços de dependência e criatividade. O aumento dos níveis de triptofano produz um aumento de alcalóides como o LSD, contribuindo para o êxtase e a espiritualidade da população de Neanderthal. As características viciantes, ADHD e autistas estão relacionadas com o estado de carência de morfina. A dieta cetogénica consumida pelos Neandertais carnívoros leva ao aumento da geração de ácido hidroxi butírico que produz ecstasy e um tipo de anestesia dissociativa que contribui para a psicologia do Neandertal. A deficiência de dopamina leva a uma diminuição da síntese de melanina e à equidade da população. Isto foi responsável pela cor justa dos Neandertais.

Os Neandertais eram essencialmente comedores de carne que faziam uma dieta ketogénica. O ácido acetoacético é convertido em acetil CoA que entra no ciclo do TCA. Quando os híbridos do Neanderthal consomem uma dieta glucogénica devido à propagação da civilização estabelecida, produz uma acumulação pirúvica devido à supressão do PDH nos Neandertais. O aumento do crescimento arqueal activa o receptor de pedágio e induz alfa HIF resultando em glicólise aumentada, supressão de PDH e disfunção mitocondrial - o fenótipo de Warburg. O piruvato entra na via de derivação GABA produzindo glutamato, amoníaco e porfirinas resultando em neuropatologia do autismo e esquizofrenia. Os neandertais que consomem uma dieta ketogénica produzem mais de GABA um neurotransmissor inibitório resultando na natureza dócil e tranquila dos neandertais. Há menos produção de glutamato o neurotransmissor excitatório predominante do córtex pré-frontal e das vias de consciência. Isto leva ao predomínio da função cerebelar. Os híbridos de Neanderthal têm predominância cerebelar e menos comportamento consciente. O cerebelo é responsável pelo comportamento intuitivo e inconsciente, bem como pela criatividade e espiritualidade. O cerebelo é o local da percepção extra-sensorial, dos actos mágicos e da hipnose. Os homosapiens predominantes tinham uma predominância do córtex pré-frontal sobre o cerebelo, o que resultava num comportamento mais consciente.

Os Neandertais que consomem uma dieta glucogénica produzem um aumento da glicólise no cenário de inibição de PDH. Isto produz o fenótipo de Warburg. Há um aumento da glicólise linfocítica produzindo doenças auto-imunes e activação imunitária. O aumento dos níveis de GAPD resulta em morte e neurodegeneração de células nucleares. A predominância da glicólise e supressão da função mitocondrial resulta em glicemia e síndrome metabólica x. O aumento do PT mitocondrial poro hexoquinase leva à proliferação celular e à oncogénese. O intermediário glicolítico 3-fosfoglicerato é convertido em glicina resultando em excitotoxicidade NMDA, contribuindo para a esquizofrenia e o autismo. O domínio cerebelar é relatado na esquizofrenia e no autismo.

A hiperplasia cerebelar resulta em hiperactividade simpática e neuropatia parassimpática. Isto contribui para a proliferação celular e oncogénese. A neuropatia vagal resulta em activação imunitária e doença auto-imune. A neuropatia vagal e a hiperactividade simpática podem contribuir para a glicogenólise e lipólise resultando na síndrome metabólica x. A dominância cerebelar e a disfunção cognitiva cerebelar podem contribuir para a esquizofrenia e o autismo. O aumento da síntese de porfirina resultante da succinil CoA gerada pelo shunt GABA e pela glicina gerada pela glicólise contribui para o aumento da percepção extra-sensorial importante na esquizofrenia e no autismo. A sobreactividade simpática e a neuropatia parassimpática podem contribuir para a neurodegeneração.

O catabolismo arqueal do colesterol gera digoxina que produz inibição da ATPase potássica de sódio e aumento do cálcio intracelular e diminuição do magnésio intracelular. O aumento do cálcio intracelular produz activação oncogénica e activação NFKB resultando em malignidades e doenças auto-imunes. O aumento do cálcio intracelular abre o PT mitocondrial resultando em morte celular e neurodegeneração. O aumento do cálcio intracelular pode modular a libertação do neurotransmissor a partir de vesículas pré-sinápticas. Isto pode modular a neurotransmissão. A depleção induzida pela digoxina do magnésio pode remover o bloco de magnésio no receptor NMDA resultando na excitotoxicidade do NMDA. A digoxina pode modular a via glutamato-transmitida talamocorticotalâmica e a consciência resultando em esquizofrenia e autismo. A depleção induzida pela digoxina do magnésio pode inibir a actividade da transcriptase inversa e a geração HERV modulando a dinâmica do genoma. A acumulação intracelular de cálcio induzida pela digoxina e a depleção do magnésio podem modular o neurotransmissor dependente da proteína G e proteína tirosina quinase e receptores endócrinos. Isto pode produzir a integração neuro-imuno-endócrina induzida pela digoxina. A digoxina funciona como uma hormona mestre do Neandertal.

As artérias actinídicas são catabolizantes do colesterol e levam a baixos níveis de testosterona e estrogénio. Isto leva a características assexuadas e a baixas taxas reprodutivas da população de Neanderthal. Os Neandertais consomem uma dieta pobre em fibras com baixo teor de lignano. A arca actinídea tem enzimas catabolizantes do colesterol que geram mais testosterona do que estrogénio. Isto contribui para a deficiência de estrogénio e para a sobreactividade da testosterona. As populações Neandertais são hipermercados com dominância concomitante do hemisfério direito e do cerebelar. A testosterona suprime a função hemisférica esquerda. Os altos níveis de testosterona nos Neandertais contribuem para um cérebro maior. Tanto os homens como as mulheres dos Neandertais tinham um nível mais elevado de testosterona, contribuindo para a igualdade de género e estados neutros de género. Havia uma identidade de grupo e uma maternidade de grupo sem diferenças entre os papéis tanto dos homens como das mulheres. Isto também resultou em matrilinearidade. Os níveis mais elevados de testosterona tanto nos homens como nas mulheres levaram a um tipo alternativo de sexualidade e a comportamentos aberrantes. Os homo sapiens comem uma dieta rica em fibras com baixo colesterol e alto conteúdo de lignano, contribuindo para o domínio do estrogénio, domínio hemisférico esquerdo e hipoplasia cerebelar. O homo sapiens teve taxas reprodutivas mais elevadas e ultrapassou a população do Neandertal, resultando na sua extinção. A população de homo sapiens era conservadora, com costumes sexuais normais, valores familiares e tipo de comportamento patriarcal. O papel das fêmeas a comunidade homo sapien era inferior ao dos machos. A crescente geração de híbridos de Neandertal devido ao crescimento excessivo do arquipélago mediado pelas alterações climáticas leva à igualdade de género e à equidominância de homens e mulheres neste século.

O catabolismo do colesterol resulta no esgotamento do colesterol e na deficiência de ácido biliar. Os ácidos biliares ligam-se ao VDR e são imunomoduladores. A deficiência de ácido biliar leva à activação imunitária e a doenças auto-imunes. Os ácidos biliares ligam-se ao FXR, LXR e PXR modulando o metabolismo de lípidos e hidratos de carbono. Isto leva à síndrome metabólica x na presença de deficiência de ácido biliar. O ácido biliar desacopla a fosforilação oxidativa e a sua deficiência leva à obesidade da síndrome metabólica x. Os ácidos biliares ligam-se aos receptores olfactivos e são importantes na identidade do grupo. A deficiência de ácido biliar leva à formação de pequenos grupos sociais em Neandertais e à génese do autismo. O esgotamento do colesterol também leva à deficiência de vitamina D. A vitamina D liga-se à VDR e produz imunomodulação. A deficiência de vitamina D leva à activação imunitária e a doenças auto-imunes. A deficiência de vitamina D também pode produzir raquitismo e contribuir para as características fenotípicas dos Neandertais. A deficiência de Vitamina D pode contribuir para o desenvolvimento cerebral resultando em macrocefalia. A deficiência de vitamina D contribui para a resistência insulínica e a obesidade truncal dos Neandertais. A deficiência de vitamina D contribui para a equidade da pele do Neanderthal como adaptação fenotípica. As características fenotípicas do Neandertal são devidas à deficiência de vitamina D e à resistência à insulina.

Assim, o aquecimento global e o aumento do crescimento actinídico endosibiótico do arquipélago leva ao catabolismo do colesterol e à geração do fenótipo de Warburg, resultando num aumento da síntese da porfirina, percepção extra-sensorial baixa dos CEM, atrofia do córtex pré-frontal, resistência à insulina e domínio cerebelar. Isto leva à neandertalização do corpo e do cérebro.

Referências

1. Weaver TD, Hublin JJ. Neandertal Birth Canal Shape and the Evolution of Human Childbirth. *Proc. Natl. Acad. Sci. USA* 2009; 106:8151-8156.

2. Kurup RA, Kurup PA. Endosymbiotic Actinidic Archaeal Mediated Warburg Fenótipo Mediates Human Disease State. *Avanços nas Ciências Naturais* 2012; 5(1):81-84.

3. Morgan E. TheNeanderthaltheory ofautism,Asperger and ADHD; 2007, www.rdos.net/eng/asperger.htm.

4. Graves P. Novos Modelos e Metáforas para o Debate do Neandertal. *Antropologia actual* 1991; 32(5): 513-541.

5. Sawyer GJ, Maley B. Neanderthal Reconstructed. The Anatomical Record Part B: *The New Anatomist* 2005; 283B(1):23-31.

6. Bastir M, O'Higgins P, Rosas A. Facial Ontogeny in Neanderthals and Modern Humans. *Proc. Biol. Sci.* 2007; 274:1125-1132.

7. Neubauer S, Gunz P, Hublin JJ. Mudanças na Forma Endocraniana durante o Crescimento em Chimpanzés e Humanos: Uma Análise Morfométrica de Aspectos Únicos e Partilhados. *J. Hum. Evol.* 2010; 59:555-566.

8. Courchesne E, Pierce K. Brain Overgrowth in Autism during a Critical Time in Development: Implicações para o Desenvolvimento e Conectividade do Neurónio Piramidal Frontal e Interneuronal. *Int. J. Dev. Neurosci.* 2005; 23:153–170.

9. Green RE, Krause J, Briggs AW, Maricic T, Stenzel U, Kircher M, Patterson N, Li H, Zhai W, *et al.* A Draft Sequence of the Neandertal Genome. *Ciência* 2010; 328:710-722.

10. Mithen SJ. *The Singing Neanderthals: The Origins of Music, Language, Mind and Body*; 2005, ISBN 0-297-64317-7.

11. Bruner E, Manzi G, Arsuaga JL. Encephalization and Allometric Trajectories in the Genus Homo: Evidências das linhagens Neandertal e Moderna. *Proc. Natl. Acad. Sci. USA* 2003; 100:15335-15340.

12. Gooch S. *The Dream Culture of the Neanderthals: Os Guardiães da Sabedoria Antiga.* Inner Traditions, Wildwood House, Londres; 2006.

13. Gooch S. *The Neanderthal Legacy: Reawakening Our Genetic and Cultural Origins (Despertar as nossas origens genéticas e culturais).* Inner Traditions, Wildwood House, Londres; 2008.

14. Kurtén B. *Den Svarta Tigern*, Editora ALBA, Estocolmo, Suécia; 1978.

15. Spikins P. Autismo, as Integrações da 'Diferença' e as Origens do Comportamento Humano Moderno. *Cambridge Archaeological Journal* 2009; 19(2):179-201.

16. Eswaran V, Harpending H, Rogers AR. Genomics Refute an Exclusively African Origin of Humans. *Journal of Human Evolution* 2005; 49(1):1-18.

CAPÍTULO 34

PORFÍRIOS, NEO-NEANDERTHALIZAÇÃO E DOENÇA HUMANA - AS ORIGENS DO CANCRO, DOENÇA AUTO-IMUNE, NEURODEGENERAÇÃO, SÍNDROME METABÓLICA X E ESQUIZOFRENIA/AUTISMO

Introdução

A arca actinídea tem estado relacionada com o aquecimento global e doenças humanas, especialmente doenças auto-imunes, neurodegeneração, distúrbios neuropsiquiátricos, neoplasia e síndrome metabólica x. O crescimento da arca actinídea endosibiótica em relação às alterações climáticas e ao aquecimento global leva à neandertalização do sistema mente-corpo humano. A indução da oxigenase heme mediada pelo stress e o esgotamento da heme pode induzir a síntese da porfirina. Os porfírios são organismos supramoleculares auto-replicativos que formam o modelo precursor sobre o qual os viroides, priões e nanoarqueia se originam. O modelo induzido pelo stress induziu abiogénese dirigida dos porfírios, priões, viroides e arquebactérias é um processo contínuo e pode contribuir para mudanças na estrutura e comportamento do cérebro, bem como no processo da doença. A antropometria neandertal e a metabolonomia tem sido descrita em doenças auto-imunes, neurodegeneração, perturbação neuropsiquiátrica, neoplasia e síndrome metabólica x especialmente o fenótipo de Warburg e hiperdigoxinemia. A digoxina produzida pelo catabolismo do colesterol arqueal produz a Neanderthalização. A atrofia cortical pré-frontal e hiperplasia cerebelar tem estado relacionada com doença auto-imune, neurodegeneração, perturbação neuropsiquiátrica, neoplasma e síndrome metabólico x nesta comunicação. Isto leva à disautonomia com hiperactividade simpática e neuropatia parassimpática nestas perturbações. A dominância cerebelar actinídea relacionada com o cerebelo leva a alterações na função cerebral. [1-16] Os dados são descritos neste artigo.

Materiais e Métodos

Foram seleccionados para o estudo quinze casos, cada um deles de doença auto-imune, neurodegeneração, neuropsiquiatria, neoplasia, síndrome metabólica x e viciados em Internet. Cada caso teve um controlo de idade e sexo compatível. No estudo de casos foram avaliadas medidas antropométricas e fenotípicas de Neanderthal que incluíam cristas supra-orbitárias salientes, crânio dolicocefálico, mandíbula pequena, face e nariz médios proeminentes, membros superiores e inferiores curtos, tronco proeminente, relação dedo anelar de baixo índice e tez justa. Foram feitos testes de função autonómica para avaliar o sistema simpático e parassimpático em cada caso. Foi feita uma tomografia computorizada da cabeça para ter uma avaliação volumétrica do córtex pré-frontal e do cerebelo. A actividade do citocromo sanguíneo F420 foi avaliada por medição espectrofotométrica.

Resultados

Todos os grupos de casos estudados tinham uma percentagem mais elevada de medidas antropométricas e fenotípicas de Neanderthal. Havia uma relação de dedos de baixo índice sugestivo de altos níveis de testosterona em toda a população de pacientes estudados. Em todos os grupos de casos estudados, houve também atrofia do córtex pré-frontal e hiperplasia cerebelar. Do mesmo modo, em todos os grupos de casos estudados, houve disautonomia com sobreactividade simpática e neuropatia parassimpática. O citocromo F420 foi detectado em todo o grupo de casos estudados, mostrando um crescimento excessivo do arquebelo endosibiótico.

Quadro 1. Fenótipo Neandertal e doença sistémica

Doença	Cyt F420	Fenótipo do Neanderthal	Relação dedo a anel de baixo índice
Esquizofrenia	69%	75%	65%
Autismo	80%	75%	72%
Doença de Alzheimer	89%	65%	75%
Doença de Parkinson	70%	71%	80%
Linfoma não-Hodgkin	72%	60%	69%
Mieloma múltiplo	70%	68%	74%
Diabetes mellitus com AVC e CAD	65%	72%	72%
SLE/Lúpus	75%	85%	74%
Esclerose múltipla	80%	75%	75%
Utilizadores da Internet	65%	72%	69%

Quadro 2. Fenótipo Neanderthal e disfunção cerebral

Doença	Dysautonomia	Atrofia do córtex pré-frontal	Hipertrofia cerebelar
Esquizofrenia	65%	60%	70%
Autismo	72%	69%	72%
Doença de Alzheimer	60%	72%	60%
Doença de Parkinson	62%	71%	68%
Linfoma não-Hodgkin	79%	65%	75%
Mieloma múltiplo	69%	72%	80%
Diabetes mellitus com AVC e CAD	64%	84%	69%
SLE/Lúpus	75%	73%	72%
Esclerose múltipla	69%	74%	76%
Utilizadores da Internet	74%	84%	82%

Discussão

Os metabolonómicos de Neanderthal contribuem para a patogénese destas perturbações. Houve características fenotípicas do Neanderthal em todos os grupos de casos estudados, bem como rácios de dedos de baixo índice sugestivos de aumento dos níveis de testosterona. A neanderthalização do sistema mente-corpo ocorre devido ao aumento do crescimento da arca actinídea como consequência do aquecimento global. A neanderthalização da mente leva ao domínio cerebelar e à atrofia do córtex pré-frontal. Isto leva a disautonomia com neuropatia parassimpática e hiperactividade simpática.

O aquecimento global e a idade do gelo produzem um aumento do crescimento de extremófilos. Isto leva ao aumento do crescimento da endosimose actinídica arqueológica nos seres humanos. A indução de heme oxigenase mediada pelo stress e o esgotamento da heme pode induzir a síntese da porfirina. Os porfírios são organismos supramoleculares auto-replicativos que formam o modelo precursor sobre o qual os viroides, priões e nanoarqueia se originam. O modelo induzido pelo stress induziu abiogénese dirigida dos porfírios, priões, viroides e arquebactérias é um processo contínuo e pode contribuir para mudanças na estrutura e comportamento do cérebro, bem como no processo da doença. Há uma proliferação arqueal no intestino que entra no cerebelo e no tronco cerebral por transporte axonal invertido através do vagus. O cerebelo e o tronco encefálico podem ser considerados como uma colónia arqueal. As artérias são catabolizantes de colesterol e utilizam o colesterol como fonte de carbono e energia. A arca actinídea activa o receptor de toll HIF alfa induzindo o fenótipo Warburg resultando num aumento da glicólise com geração de glicina, bem como na supressão da desidrogenase pirúvica. O piruvato acumulado entra no shunt GABA gerador de succinil CoA e glicina. O catabolismo arqueal do colesterol produz oxidação anelar e geração de piruvato que também entra no esquema GABA shunt produzindo glicina e succinil CoA. Isto leva a um aumento da síntese de porfirinas. Na regulação da inibição da ATPase de potássio de sódio induzida por digoxina, as porfirinas dipolares produzem um sistema de fónon bombeado, resultando no condensado de Bose-Einstein modelo frohlich e na percepção quântica de CEM de baixo nível. A poluição por CEM de baixo nível é comum na utilização da Internet. A percepção de baixo nível de CEM leva à neandertalização do cérebro com atrofia do córtex pré-frontal e hiperplasia cerebelar. O arquebelo que atinge o cerebelo a partir do intestino através do nervo vago prolifera e torna o cerebelo dominante com a consequente supressão e atrofia do córtex pré-frontal. Isto leva a traços autistas e esquizofrénicos largamente disseminados na população. A arca actinídea induz o fenótipo Warburg com aumento da glicólise, inibição de PDH e supressão mitocondrial. Isto produz a neandertalização do sistema mente-corpo. A arca actinídica secreta os viroides de RNA que bloqueiam a expressão do HERV por interferência do RNA. A supressão do HERV contribui para a inibição do desenvolvimento do córtex pré-frontal em Neandertais e da dominância cerebelar. A digoxina arqueal produz inibição da ATPase de potássio de sódio e depleção do magnésio causando inibição da transcriptase inversa e diminuição da geração de HERV. Os HERV contribuem para a dinâmica do genoma e são necessários para o desenvolvimento do córtex pré-frontal. A supressão do HERV contribui para a resistência retroviral em Neandertais. A arca actinídea cataboliza o colesterol levando ao estado de esgotamento do colesterol. O esgotamento do colesterol leva também a uma fraca conectividade sináptica e a um menor desenvolvimento do córtex pré-frontal. Isto não é uma mudança genética, mas uma forma de mudança simbiótica com crescimento actinídico endosimbiótico do arquebactéria no corpo e cérebro.

A utilização da Internet e o baixo nível de poluição por CEM é comum neste século. Isto resulta num aumento da percepção de baixos níveis de campos electromagnéticos pelo cérebro através do sistema de fonon mediado por digoxina-porfirina, criado pelos condensados de Bose-Einstein que contribuem para a atrofia do córtex pré-frontal e para o domínio cerebelar. A dominância cerebelar conduz à esquizofrenia e ao autismo. Existe uma epidemia de autismo e esquizofrenia na comunidade actual. A percepção extra-sensorial mediada pela porfirina pode contribuir para a comunicação entre os Neandertais. Os Neandertais não tinham uma linguagem e utilizavam a percepção extra-sensorial como forma de comunicação de grupo. Devido à percepção quântica extra-sensorial dominante, os Neandertais não tinham identidade individual, mas apenas identidade grupal. A dominância cerebelar resulta em criatividade resultante da percepção quântica e percepção grupal. Os traços neandertais contribuem para a inovação e criatividade. A dominância cerebelar resulta no desenvolvimento de uma linguagem simbólica. Os Neandertais utilizaram a dança e a música como forma de comunicação. A pintura como forma de comunicação era também comum nos Neandertais. O comportamento Neandertal era robótico. O comportamento robótico é característico da dominância cerebelar. O comportamento robótico, simbólico e ritualístico é comum na dominância cerebelar e é visto em traços autistas. A dominância cerebelar nos Neandertais leva a uma inteligência intuitiva e a uma qualidade hipnótica à comunicação. O aumento da percepção quântica extra-sensorial leva a mais comunhão com a natureza e a uma forma de eco-espiritualidade. O uso crescente da dança e da música como forma de comunicação e de eco-espiritualidade é comum no século moderno, juntamente com o aumento da incidência do autismo. O esgotamento do colesterol leva à deficiência de ácido biliar e à geração de pequenos grupos sociais em Neandertais. O ácido biliar liga-se aos receptores olfactivos e contribui para a identidade do grupo. Isto também pode contribuir para a geração de características autistas nos Neandertais.

A população do Neandertal era predominantemente autistas e esquizofrénica. A população moderna é um híbrido de Homo sapiens e Homo neanderthalis. Isto contribui para 10 a 20% de híbridos dominantes que tendem a ter qualidades esquizofrénicas e autistas e contribui para a criatividade da civilização. Os Neandertais tendem a ser inovadores e caóticos. Tendem a ser criativos na arte, literatura, dança, espiritualidade e ciência. Oitenta por cento dos híbridos menos dominantes são estáveis e contribuem para uma influência estabilizadora que conduz ao crescimento da civilização. Os homo sapiens foram estáveis e não criativos durante um longo período da sua existência. Houve uma explosão de criatividade com geração de música, dança, pintura, ornamentos, a criação do conceito de Deus e comportamento compassivo de grupo há cerca de 10.000 anos na comunidade homo sapiens. Isto correlacionou-se com a geração de híbridos do Neandertal quando o homem euro-asiático do Neandertal acasalou com as fêmeas africanas homo sapiens. A percepção extra-sensorial/quântica devida às porfirinas dipolares e à digoxina induziu a inibição da ATPase potássica de sódio e o sistema de fonon gerados por bombagem mediada pela percepção quântica leva ao fenómeno da globalização e ao sentimento de que o mundo é uma aldeia global. O catabolismo arqueal do colesterol leva a uma síntese crescente da digoxina. A digoxina promove o transporte do triptofano sobre a tirosina. A deficiência de tirosina leva à deficiência de dopamina e à deficiência de morfina. Isto leva a uma síndrome de carência de morfina em Neandertais. Isto contribui para traços de dependência e criatividade. O aumento dos níveis de triptofano produz um aumento de alcalóides como o LSD, contribuindo para o êxtase e a espiritualidade da população de Neanderthal. As características viciantes, ADHD e autistas estão relacionadas com o estado de carência de morfina. A dieta cetogénica consumida pelos Neandertais carnívoros leva ao aumento da geração de ácido hidroxi butírico que produz ecstasy e um tipo de anestesia dissociativa que contribui para a psicologia do Neandertal. A deficiência de dopamina leva a uma diminuição da síntese de melanina e à equidade da população. Isto foi responsável pela cor justa dos Neandertais.

Os Neandertais eram essencialmente comedores de carne que faziam uma dieta ketogénica. O ácido acetoacético é convertido em acetil CoA que entra no ciclo do TCA. Quando os híbridos do Neanderthal consomem uma dieta glucogénica devido à propagação da civilização estabelecida, produz uma acumulação pirúvica devido à supressão do PDH nos Neandertais. O aumento do crescimento arqueal activa o receptor de pedágio e induz alfa HIF resultando em glicólise aumentada, supressão de PDH e disfunção mitocondrial - o fenótipo de Warburg. O piruvato entra na via de derivação GABA produzindo glutamato, amoníaco e porfirinas resultando em neuropatologia do autismo e esquizofrenia. Os neandertais que consomem uma dieta ketogénica produzem mais de GABA um neurotransmissor inibitório resultando na natureza dócil e tranquila dos neandertais. Há menos produção de glutamato o neurotransmissor excitatório predominante do córtex pré-frontal e das vias de consciência. Isto leva ao predomínio da função cerebelar. Os híbridos de Neanderthal têm predominância cerebelar e menos comportamento consciente. O cerebelo é responsável pelo comportamento intuitivo e inconsciente, bem como pela criatividade e espiritualidade. O cerebelo é o local da percepção extra-sensorial, dos actos mágicos e da hipnose. Os homosapiens predominantes tinham uma predominância do córtex pré-frontal sobre o cerebelo, o que resultava num comportamento mais consciente.

Os Neandertais que consomem uma dieta glucogénica produzem um aumento da glicólise no cenário de inibição de PDH. Isto produz o fenótipo de Warburg. Há um aumento da glicólise linfocítica produzindo doenças auto-imunes e activação imunitária. O aumento dos níveis de GAPD resulta em morte e neurodegeneração de células nucleares. A predominância da glicólise e supressão da função mitocondrial resulta em glicemia e síndrome metabólica x. O aumento do PT mitocondrial poro hexoquinase leva à proliferação celular e à oncogénese. O intermediário glicolítico 3-fosfoglicerato é convertido em glicina resultando em excitotoxicidade NMDA, contribuindo para a esquizofrenia e o autismo. O domínio cerebelar é relatado na esquizofrenia e no autismo.

A hiperplasia cerebelar resulta em hiperactividade simpática e neuropatia parassimpática. Isto contribui para a proliferação celular e oncogénese. A neuropatia vagal resulta em activação imunitária e doença auto-imune. A neuropatia vagal e a hiperactividade simpática podem contribuir para a glicogenólise e lipólise resultando na síndrome metabólica x. A dominância cerebelar e a disfunção cognitiva cerebelar podem contribuir para a esquizofrenia e o autismo. O aumento da síntese de porfirina resultante da succinil CoA gerada pelo shunt GABA e pela glicina gerada pela glicólise contribui para o aumento da percepção extra-sensorial importante na esquizofrenia e no autismo. A sobreactividade simpática e a neuropatia parassimpática podem contribuir para a neurodegeneração.

O catabolismo arqueal do colesterol gera digoxina que produz inibição da ATPase potássica de sódio e aumento do cálcio intracelular e diminuição do magnésio intracelular. O aumento do cálcio intracelular produz activação oncogénica e activação NFKB resultando em malignidades e doenças auto-imunes. O aumento do cálcio intracelular abre o PT mitocondrial resultando em morte celular e neurodegeneração. O aumento do cálcio intracelular pode modular a libertação do neurotransmissor a partir de vesículas pré-sinápticas. Isto pode modular a neurotransmissão. A depleção induzida pela digoxina do magnésio pode remover o bloco de magnésio no receptor NMDA resultando na excitotoxicidade do NMDA. A digoxina pode modular a via glutamato-transmitida talamocorticotalâmica e a consciência resultando em esquizofrenia e autismo. A depleção induzida pela digoxina do magnésio pode inibir a actividade da transcriptase inversa e a geração HERV modulando a dinâmica do genoma. A acumulação intracelular de cálcio induzida pela digoxina e a depleção do magnésio podem modular o neurotransmissor dependente da proteína G e proteína tirosina quinase e receptores endócrinos. Isto pode produzir a integração neuro-imuno-endócrina induzida pela digoxina. A digoxina funciona como uma hormona mestre do Neandertal.

As artérias actinídicas são catabolizantes do colesterol e levam a baixos níveis de testosterona e estrogénio. Isto leva a características assexuadas e a baixas taxas reprodutivas da população de Neanderthal. Os Neandertais consomem uma dieta pobre em fibras com baixo teor de lignano. A arca actinídea tem enzimas catabolizantes do colesterol que geram mais testosterona do que estrogénio. Isto contribui para a deficiência de estrogénio e para a sobreactividade da testosterona. As populações Neandertais são hipermercados com dominância concomitante do hemisfério direito e do cerebelar. A testosterona suprime a função hemisférica esquerda. Os altos níveis de testosterona nos Neandertais contribuem para um cérebro maior. Tanto os homens como as mulheres dos Neandertais tinham um nível mais elevado de testosterona, contribuindo para a igualdade de género e estados neutros de género. Havia uma identidade de grupo e uma maternidade de grupo sem diferenças entre os papéis tanto dos homens como das mulheres. Isto também resultou em matrilinearidade. Os níveis mais elevados de testosterona tanto nos homens como nas mulheres levaram a um tipo alternativo de sexualidade e a comportamentos aberrantes. Os homo sapiens comem uma dieta rica em fibras com baixo colesterol e alto conteúdo de lignano, contribuindo para o domínio do estrogénio, domínio hemisférico esquerdo e hipoplasia cerebelar. O homo sapiens teve taxas reprodutivas mais elevadas e ultrapassou a população do Neandertal, resultando na sua extinção. A população de homo sapiens era conservadora, com costumes sexuais normais, valores familiares e tipo de comportamento patriarcal. O papel das fêmeas a comunidade homo sapien era inferior ao dos machos. A crescente geração de híbridos de Neandertal devido ao crescimento excessivo do arquipélago mediado pelas alterações climáticas leva à igualdade de género e à equidominância de homens e mulheres neste século.

O catabolismo do colesterol resulta no esgotamento do colesterol e na deficiência de ácido biliar. Os ácidos biliares ligam-se ao VDR e são imunomoduladores. A deficiência de ácido biliar leva à activação imunitária e a doenças auto-imunes. Os ácidos biliares ligam-se ao FXR, LXR e PXR modulando o metabolismo de lípidos e hidratos de carbono. Isto leva à síndrome metabólica x na presença de deficiência de ácido biliar. O ácido biliar desacopla a fosforilação oxidativa e a sua deficiência leva à obesidade da síndrome metabólica x. Os ácidos biliares ligam-se aos receptores olfactivos e são importantes na identidade do grupo. A deficiência de ácido biliar leva à formação de pequenos grupos sociais em Neandertais e à génese do autismo. O esgotamento do colesterol também leva à deficiência de vitamina D. A vitamina D liga-se à VDR e produz imunomodulação. A deficiência de vitamina D leva à activação imunitária e a doenças auto-imunes. A deficiência de vitamina D também pode produzir raquitismo e contribuir para as características fenotípicas dos Neandertais. A deficiência de Vitamina D pode contribuir para o desenvolvimento cerebral resultando em macrocefalia. A deficiência de vitamina D contribui para a resistência insulínica e a obesidade truncal dos Neandertais. A deficiência de vitamina D contribui para a equidade da pele do Neanderthal como adaptação fenotípica. As características fenotípicas do Neandertal são devidas à deficiência de vitamina D e à resistência à insulina.

Assim, o aquecimento global e o aumento do crescimento actinídico endosibiótico do arquipélago leva ao catabolismo do colesterol e à geração do fenótipo de Warburg, resultando num aumento da síntese da porfirina, percepção extra-sensorial baixa dos CEM, atrofia do córtex pré-frontal, resistência à insulina e domínio cerebelar. Isto leva à neandertalização do corpo e do cérebro.

Referências

1. Weaver TD, Hublin JJ. Neandertal Birth Canal Shape and the Evolution of Human Childbirth. *Proc. Natl. Acad. Sci. USA* 2009; 106:8151-8156.

2. Kurup RA, Kurup PA. Endosymbiotic Actinidic Archaeal Mediated Warburg Fenótipo Mediates Human Disease State. *Avanços nas Ciências Naturais* 2012; 5(1):81-84.

3. Morgan E. TheNeanderthaltheory ofautism, Asperger and ADHD; 2007, www.rdos.net/eng/asperger.htm.

4. Graves P. Novos Modelos e Metáforas para o Debate do Neandertal. *Antropologia actual* 1991; 32(5): 513-541.

5. Sawyer GJ, Maley B. Neanderthal Reconstructed. The Anatomical Record Part B: *The New Anatomist* 2005; 283B(1):23-31.

6. Bastir M, O'Higgins P, Rosas A. Facial Ontogeny in Neanderthals and Modern Humans. *Proc. Biol. Sci.* 2007; 274:1125-1132.

7. Neubauer S, Gunz P, Hublin JJ. Mudanças na Forma Endocraniana durante o Crescimento em Chimpanzés e Humanos: Uma Análise Morfométrica de Aspectos Únicos e Partilhados. *J. Hum. Evol.* 2010; 59:555-566.

8. Courchesne E, Pierce K. Brain Overgrowth in Autism during a Critical Time in Development: Implicações para o Desenvolvimento e Conectividade do Neurónio Piramidal Frontal e Interneuronal. *Int. J. Dev. Neurosci.* 2005; 23:153–170.

9. Green RE, Krause J, Briggs AW, Maricic T, Stenzel U, Kircher M, Patterson N, Li H, Zhai W, *et al.* A Draft Sequence of the Neandertal Genome. *Ciência* 2010; 328:710-722.

10. Mithen SJ. *The Singing Neanderthals: The Origins of Music, Language, Mind and Body*; 2005, ISBN 0-297-64317-7.

11. Bruner E, Manzi G, Arsuaga JL. Encephalization and Allometric Trajectories in the Genus Homo: Evidências das linhagens Neandertal e Moderna. *Proc. Natl. Acad. Sci. USA* 2003; 100:15335-15340.

12. Gooch S. *The Dream Culture of the Neanderthals: Os Guardiães da Sabedoria Antiga. Inner Traditions*, Wildwood House, Londres; 2006.

13. Gooch S. *The Neanderthal Legacy: Reawakening Our Genetic and Cultural Origins (Despertar as nossas origens genéticas e culturais). Inner Traditions*, Wildwood House, Londres; 2008.

14. Kurtén B. *Den Svarta Tigern*, Editora ALBA, Estocolmo, Suécia; 1978.

15. Spikins P. Autismo, as Integrações da 'Diferença' e as Origens do Comportamento Humano Moderno. *Cambridge Archaeological Journal* 2009; 19(2):179-201.

16. Eswaran V, Harpending H, Rogers AR. Genomics Refute an Exclusively African Origin of Humans. *Journal of Human Evolution* 2005; 49(1):1-18.

CAPÍTULO 35

PORFÍRIOS - A ORIGEM DA RESISTÊNCIA RETROVIRAL E DAS PANDEMIAS VIRAIS EMERGENTES - O CRUZAMENTO DA BARREIRA DAS ESPÉCIES E NOVOS VÍRUS

Introdução

Estudos do nosso laboratório mostraram que o aquecimento global e o baixo nível de poluição por CEM resulta num aumento do crescimento dos arquebactérias endossimbióticas. A indução da oxigenase heme mediada pelo stress e o esgotamento da heme pode induzir a síntese da porfirina. Os porfírios são organismos supramoleculares auto-replicativos que formam o modelo precursor sobre o qual os viroides, priões e nanoarqueia se originam. O modelo induzido pelo stress induziu abiogénese dirigida dos porfírios, priões, viroides e arquebactérias é um processo contínuo e pode contribuir para mudanças na estrutura e comportamento do cérebro, bem como no processo da doença. A arcaea pode produzir metanogénese a partir de hidrogénio e dióxido de carbono, bem como a partir de acetato. A metanogénese do corpo humano pode resultar em mais aquecimento global. O metano tem uma acção a curto prazo, mas o seu potencial de aquecimento global é 29 vezes superior ao do dióxido de carbono. Assim, o sobrecrescimento endosibiótico humano é a principal causa do aquecimento global. O aquecimento global é inicialmente desencadeado pelo dióxido de carbono e pela poluição dos campos electromagnéticos produzida pela industrialização do homo sapien. É levado a cabo pelo sobrecrescimento e metanogénese do endosímio humano. O arquebactérias pode induzir a conversão de células estaminais e neanderthalisation da espécie humana. O arquebactérias cataboliza o colesterol gerando digoxina que pode modular a edição do RNA e a deficiência de magnésio resultando na inibição da transcriptase inversa. O catabolismo arqueal do colesterol pode esgotar as membranas da célula CD4 de colesterol impedindo a entrada do retrovírus na célula. A arcaea pode produzir activação imunitária permanente produzindo resistência a infecções virais e bacterianas. O catabolismo do colesterol do arquebactéria esgota o colesterol do tecido produzindo deficiência de vitamina D e activação imunitária. Assim, o crescimento excessivo do arquebactéria resulta em resistência retroviral e geração do fenótipo Neandertal. O arquebactérias endosibiótico pode secretar vírus como o RNA e partículas de ADN. A arca endosimbiótica pode induzir a desacoplamento de proteínas inibindo a fosforilação oxidativa mitocondrial e gerando ROS. A magnetite endosibiótica pode gerar um baixo nível de CEM. O baixo nível de CEM e de ROS são genotóxicos e produzem quebras em pontos críticos do cromossoma. Pode também provocar rearranjos em hotspots de cromossomas habitados por elementos retrovirais e não retrovirais, produzindo a sua expressão. Os viroides de DNA e RNA secretados podem recombinar com os elementos retrovirais e não retrovirais expressos e outros segmentos genómicos do cromossoma humano gerando novos vírus de RNA e DNA. Assim, os humanos neanderthalizados podem servir de origem para novos vírus de RNA e ADN, bem como retrovírus mutantes. A arca endosimbiótica converte as células neandertais em células estaminais. As células estaminais são resistentes ao ataque imunitário. As células estaminais podem servir de reservatório para este novo RNA e vírus de ADN. As células estaminais e células do arquebactéria também podem servir como reservatório para vírus e bactérias pertencentes a outras plantas e animais. Isto ajuda a gerar o salto de barreira das espécies observado nas recentes infecções virais e bacterianas emergentes. Assim, o crescimento endosibiótico do arquebactéria produz uma versão neandertalizada do homo sapiens que são resistentes aos retrovirais e resistentes a outras infecções virais e bacterianas em consequência da activação imunitária e da edição de RNA induzida pela digoxina. O crescimento excessivo do arquebactéria endosibiótico mediado pela versão neanderthalizada do homo sapiens gera novos vírus de RNA e ADN mutantes, bem como retrovírus, sendo ao mesmo tempo resistentes a eles como no caso do morcego da espécie. Os homo sapiens não têm os mecanismos Neandertais de activação imunitária, uma vez que a sua carga arqueal é escassa. Servem de forragem para a infecção por vírus e bactérias geradas pelo Neandertal e sofrem uma eventual extinção. [1-17] Este artigo estudou o estado arqueal em pacientes com infecções virais recorrentes e retrovirais. Foi também estudada a geração de RNA e de viroides de ADN a partir do arquebactéria.

Materiais e Métodos

Foram colhidas amostras de sangue da população normal, fenótipo Neandertal, infecção retroviral e infecção viral recorrente. Havia 10 pacientes em cada grupo e cada paciente tinha uma idade e sexo compatível com um controlo saudável seleccionado aleatoriamente a partir da população geral. As amostras de sangue foram colhidas no estado de jejum, antes de se iniciar o tratamento. Foi utilizado plasma de sangue heparinizado em jejum e o protocolo experimental foi o seguinte (I) Plasma+fosfato tamponado salino, (II) o mesmo que I+ substrato de colesterol, (III) o mesmo que II+cério 0,1 mg/ml, (IV) o mesmo que II+ciprofloxacina e doxiciclina cada um numa concentração de 1 mg/ml. O substrato de colesterol foi preparado como descrito por Richmond. As alíquotas foram retiradas a tempo zero imediatamente após a mistura e após incubação a 37oC durante 1 hora. Foram efectuadas as seguintes estimativas:- Citocromo F420, RNA livre e ADN livre. O citocromo F420 foi estimado flourimetricamente (comprimento de onda de excitação 420 nm e comprimento de onda de emissão 520 nm).

Resultados

O plasma do fenótipo Neandertal mostrou níveis aumentados dos parâmetros acima mencionados com após incubação durante 1 hora e a adição de substrato de colesterol resultou num aumento ainda mais significativo destes parâmetros. O plasma de doentes retrovirais e com infecções virais recorrentes mostrou resultados semelhantes, mas a extensão do aumento foi insignificante. A adição de antibióticos ao plasma de controlo causou uma diminuição em todos os parâmetros, enquanto que a adição de cério aumentou os seus níveis. A adição de antibióticos ao plasma do paciente causou uma diminuição em todos os parâmetros enquanto que a adição de cério aumentou os seus níveis, mas a extensão da mudança foi maior nos soros do fenótipo Neanderthal em comparação com os pacientes com infecção retroviral e infecção viral recorrente. Os resultados são expressos nos quadros 1-2 como mudança percentual nos parâmetros após 1 hora de incubação, em comparação com os valores a tempo zero.

Quadro 1. Efeito do cério e dos antibióticos no citocromo F420

Grupo	CYT F420 % (Aumento com Cerium)		CYT F420 % (Diminuir com Doxy+Cipro)	
	Média	$\pm$ SD	Média	$\pm$ SD
Retroviral & infecção viral frequente	4.48	0.15	18.24	0.66
Fenótipo do Neanderthal	23.46	1.87	59.27	8.86
Valor F	306.749		130.054	
Valor P	< 0.001		< 0.001	

Quadro 2. Efeito do cério e dos antibióticos no ARN e ADN livres

Grupo	ADN % mudança (Aumento com Cerium)		ADN % mudança (Diminuir com Doxy+Cipro)		RNA % mudança (Aumento com Cerium)		RNA % mudança (Diminuir com Doxy+Cipro)	
	Média	$\pm$ SD	Média	$\pm$ SD	Média	$\pm$ SD	Média	$\pm$ SD
Retroviral & infecção viral frequente	4.37	0.15	18.39	0.38	4.37	0.13	18.38	0.48
Fenótipo do Neanderthal	23.40	1.51	63.68	4.66	23.08	1.87	65.09	3.48
Valor F	337.577		356.621		427.828		654.453	
Valor P	< 0.001		< 0.001		< 0.001		< 0.001	

Discussão

A indução de heme oxigenase mediada por stress e o esgotamento de heme pode induzir a síntese de porfirina. Os porfírios são organismos supramoleculares auto-replicativos que formam o modelo precursor sobre o qual os viroides, priões e nanoarqueia se originam. O modelo induzido pelo stress induziu abiogénese dirigida dos porfírios, priões, viroides e arquebactérias é um processo contínuo e pode contribuir para mudanças na estrutura e comportamento do cérebro, bem como no processo da doença. A simbiose arqueal resulta em catabolismo do colesterol e síntese de digoxina. A digoxina tem uma acção semelhante à APOBEC produzindo edição de RNA. Isto altera o vírus HIV, inibindo a sua replicação. A digoxina é uma membrana inibidora da ATPase potássica de sódio. Produz deficiência de magnésio intracelularmente. O magnésio pode inibir a actividade da transcriptase inversa, inibindo a replicação do VIH. A arca endosibiótica pode induzir a síntese da porfirina. A porfirina pode combinar-se com o vírus HIV, inactivando-o. A arca endosibiótica produz o catabolismo do colesterol e utiliza o colesterol como fonte de energia. Isto resulta na modulação das membranas do receptor CD4, resultando em resistência retroviral. O catabolismo arqueal do colesterol produz o esgotamento do colesterol e a deficiência de vitamina D. Isto produz activação imunitária. O crescimento endosibiótico do arquebactéria como tal produz activação imunitária permanente resultando em resistência a infecções virais. Isto tem sido demonstrado em bactérias como a *mycobacterium leprae*. Os genes imunitários são sempre activados inibindo a replicação retroviral e outras replicações virais. O crescimento endosimbiótico do arquebactéria resulta em rotação de proteínas desacopladas transferindo células somáticas humanas para o fenótipo de Warburg e tipo de célula estaminal. As células estaminais têm a energia obtida a partir da glicólise e não da fosforilação oxidativa mitocondrial. As células estaminais são resistentes à infecção retroviral e a outras infecções virais. Assim, o crescimento endosibiótico do arquebactéria pode inibir a replicação do VIH e produzir resistência ao VIH. [1-17]

O crescimento endosibiótico do arquebactéria produz a neandertalização da espécie humana. O homo neanderthalis pode servir de reservatório para infecções virais, sendo ao mesmo tempo resistente a ele. O homo neanderthalis tem o fenótipo da célula estaminal que pode servir como reservatório para infecções bacterianas e virais. Isto foi demonstrado no caso da micobactéria tuberculose que induz a transformação das células estaminais e sobrevive dentro da célula estaminal resistindo à investida imunitária. Este mecanismo de protecção não está disponível para as espécies homo sapien e estas tendem a sucumbir às infecções virais decorrentes do reservatório homo neanderthalis. [1-17]

O homo neanderthalis tem indução arqueal de proteínas desacopladas que produzem inibição da fosforilação oxidativa mitocondrial e energia glicolítica dominante. Isto resulta na conversão para um fenótipo de células estaminais. A elevada taxa metabólica resulta numa resposta de febre que liga o sistema imunitário, resultando numa activação imunitária permanente. As altas temperaturas também danificam a célula produzindo um sistema de reparação de ADN de alta eficiência. Isto resulta numa resistência permanente a infecções virais em consequência de uma activação imunitária contínua e reparação do ADN de alta eficiência. O aumento do crescimento arqueal no homo neanderthalis produz proteínas desacopladas e conversão de células estaminais, tornando-o também resistente a infecções virais. Isto produz um sistema de reservatório viral no homo neanderthalis como morcegos que serve de reservatório para o vírus da raiva, vírus do ébola e vírus da SRA. Os morcegos também possuem endossímbolos arqueológicos. Os endossimbimbos arqueológicos foram demonstrados na pilha de guano de morcegos. [1-17]

A magnetite arqueal produz um nível aumentado de CEM de baixo nível no homo neanderthalis produzindo instabilidade genómica. O genoma humano contém sequências virais como o vírus ébola, retro vírus e o vírus borna. Devido à magnetite arqueal induzida por CEM de baixo nível, os elementos virais no genoma humano são expressos. A magnetita arqueal induziu CEM de baixo nível, bem como a própria arcaea produz uma activação imunitária permanente contínua que resulta na protecção contra infecções virais. Assim, no homo neanderthalis os elementos virais no genoma que funcionam como parasitas genómicos são expressos e o homo neanderthalis serve de reservatório para vírus semelhantes aos morcegos que também fazem parte do reino primata. A arcaea no homo neanderthalis segrega o DNA e os viroides de RNA que se podem auto-replicar em modelos de porfirina. Partículas semelhantes a vírus e ADN extracelular são produzidas pela arcaea hipertermófila - thermococcales. Os viroides de RNA podem ser convertidos em ADN por transcriptase inversa HERV e ser integrados no genoma neandertalico por integrase. Os viroides de ADN segregados pela arcaea também podem ser integrados no genoma humano por integrase. Assim, o RNA arqueal e os viroides de ADN que são de grande diversidade integram-se no genoma humano pela acção da integrase e da transcriptase inversa HERV. [1-17]

A instabilidade genómica do genoma neandertálico em consequência dos CEM de baixo nível gerados pela magnetite arqueal, bem como das porfirinas arqueal que intercalam com o ADN humano, pode resultar na expressão de elementos virais do genoma humano. Os poliribonucleótidos de RNA do cromossoma 22q11.2 ALU foram demonstrados nos soros de doentes com síndrome da guerra do Golfo e myloma múltiplo. A exposição a substâncias genotóxicas e campos electromagnéticos de baixo nível resulta na activação de elementos de ALU retrotransposição que conduzem aos segmentos únicos de RNA no soro. Os poliribonucleótidos de RNA têm a cobertura proteolipídica que resiste à digestão pelas enzimas. A proteína do pico do vírus da SRA é expressa como consequência de um complexo rearranjo genético dos hotspots segmentares do cromossoma 7 devido a uma catastrófica exposição ambiental aos CEM. Humanos e animais expostos a armas nucleares ou químicas ou radiação contínua de baixo nível de CEM produz uma nova expressão genética reguladora que é depois transcrita como microvísculos não-virais de RNA cobertos por membranas proteolipídicas. O baixo nível de CEM e agentes genotóxicos leva a um rearranjo genético de sequências de ALU com geração de poli-ribonucleótidos de RNA cobertos por vesículas de proteiolípidos. O vírus da SRA é supostamente devido à complexa remodelação de pontos quentes do cromossoma 7.[1-17]

A arcaea produz o desacoplamento da fosforilação oxidativa mitocondrial das células somáticas. A magnetita arqueal produz expressão de baixo nível de CEM. As espécies reactivas de oxigénio produzidas por desacoplamento da fosforilação oxidativa mitocondrial e baixos CEM produzidos pela magnetite arqueal são genotóxicas e produzem rearranjos complexos do genoma Neandertal, quebra de hotspots no cromossoma que são extremamente frágeis produzindo expressão de poliribonucleótidos de RNA que podem ser convertidos em poliribonucleótidos de ADN pela enzima HERV transcriptase inversa. O RNA e os poliribonucleótidos de ADN embalados em vesículas proteolípidas podem imitar o RNA e os vírus de ADN. O ADN de ADN de humanos é constituído por sequências HERV e vírus RNA não retrovirais como os vírus Ebola e borna. São parasitas genómicos. A célula neandertálica tem aumentado a produção de ROS em consequência do desacoplamento induzido pelo Arqueal. Os CEM induzidos pela magnetite arqueal, bem como os CEM induzidos pelo desacoplamento induzido por Arqueia, são genotóxicos. A exposição a ROS e campos electromagnéticos de baixo nível pode produzir rearranjos de ADN de lixo produzindo novos tipos de vírus RNA que podem ser expressos. Os elementos viral- retrovirais e não retrovirais do genoma humano, bem como as sequências genómicas humanas per se que são expressas podem recombinar com o ADN arqueal e os viroides de ARN produzindo novos vírus perigosos mutantes tanto do tipo de ARN como de ADN no homo neanderthalis. Os homo neanderthalis têm fosforilação oxidativa desacoplada e mais produção de ROS. O ROS serve como mensageiros moduladores da replicação viral. Assim, há instabilidade genómica induzindo a expressão dos elementos virais no genoma neandertálico, expressão arqueal de viroides de ADN e RNA, recombinação de viroides arqueológicos de ADN e RNA com elementos virais genómicos neandertálicos que são expressos e ROS induz a multiplicação de vírus recentemente mutados. [1-17]

Os próprios homo neanderthalis são resistentes a estes vírus e servem de reservatório para eles como o seu irmão primata, o morcego. Os homo sapiens têm menos simbiose endosimbiótica e não têm indução proteica desacoplada, o que resulta na manutenção das suas células somáticas maduras enquanto tal. A célula homo sapiens tem um metabolismo de fosforilação oxidativa mitocondrial dominante, gerando menos ROS. Os homo sapiens são imunossuprimidos. Os homo sapiens não são permanentemente activados por imunidade produzindo resistência viral. Eles não têm o fenótipo da célula estaminal. Eles não têm o catabolismo de catabolismo mediado pelo colesterol modulando os receptores virais. Os homo sapiens não têm síntese de digoxinas inibindo a edição do RNA e a replicação viral. Os homo sapiens são patos sentados para infecções virais geradas pelo homo neanderthalis que os infecta e os mata. Os homo neanderthalis que geraram os vírus, em primeiro lugar, são resistentes às infecções virais. A espécie homo sapien é exterminada pela infecção viral gerada pelo homo neanderthalis. A espécie homo neanderthalis utiliza a infecção viral como mecanismo para eliminar o homo sapiens e produzir o domínio das espécies. [1-17]

O homo neanderthalis tem arcaea como endosymbionts. A arcaea comporta-se como células estaminais e pode induzir a conversão de células somáticas em células estaminais. As células estaminais e as células do arquebactéria podem servir como reservatórios de vírus e bactérias de outras espécies, como vírus e bactérias vegetais e animais. Os vírus e bactérias vegetais e animais podem prosperar nas células estaminais somáticas e nas células do arquebactéria à medida que escapam à detecção imunológica. O sistema de tecidos Neandertais pode ser comparado a uma colónia ou rede arqueal/células estaminais que serve de reservatório para outras espécies de bactérias e vírus animais e vegetais, bem como um centro gerador de novos vírus RNA e ADN. Os vírus de RNA e ADN são criados por recombinação entre fragmentos geneticamente rearranjados do cromossoma humano e vírus como o ADN e partículas de RNA segregadas pelo arquebactéria. Isto abre caminho para a geração de um número ilimitado de novos vírus de RNA e ADN, bem como produz condições para que vírus e bactérias atravessem a barreira da espécie. Isto é evidenciado pelo vírus SRA, o vírus nipah e as espécies de cruzamento de vírus hendra. O vírus algal tem sido relatado como infectando cérebros humanos produzindo disfunções cognitivas. A geração de novos vírus RNA e DNA e a criação de um reservatório de células estaminais/arqueal para bactérias e vírus de outras espécies, a resistência Neandertal a infecções por vírus e bactérias e os Neandertais que servem de reservatório para infecção resultam numa pandemia generalizada na população homo sapien em África e na sua eventual extinção. [1-17]

Referências

1. Weaver TD, Hublin JJ. Neandertal Birth Canal Shape and the Evolution of Human Childbirth. *Proc. Natl. Acad. Sci.* USA 2009; 106:8151-8156.

2. Kurup RA, Kurup PA. Endosymbiotic Actinidic Archaeal Mediated Warburg Fenótipo Mediates Human Disease State. *Avanços nas Ciências Naturais* 2012; 5(1):81-84.

3. Morgan E. TheNeanderthaltheory ofautism, Asperger and ADHD; 2007, *www.rdos.net/eng/asperger.htm.*

4. Graves P. Novos Modelos e Metáforas para o Debate do Neandertal. *Antropologia actual* 1991; 32(5): 513-541.

5. Sawyer GJ, Maley B. Neanderthal Reconstructed. The Anatomical Record Part B: *The New Anatomist* 2005; 283B(1):23-31.

6. Bastir M, O'Higgins P, Rosas A. Facial Ontogeny in Neanderthals and Modern Humans. *Proc. Biol. Sci.* 2007; 274:1125-1132.

7. Neubauer S, Gunz P, Hublin JJ. Mudanças na Forma Endocraniana durante o Crescimento em Chimpanzés e Humanos: Uma Análise Morfométrica de Aspectos Únicos e Partilhados. *J. Hum. Evol.* 2010; 59:555-566.

8. Courchesne E, Pierce K. Brain Overgrowth in Autism during a Critical Time in Development: Implicações para o Desenvolvimento e Conectividade do Neurónio Piramidal Frontal e Interneuronal. *Int. J. Dev. Neurosci.* 2005; 23:153–170.

9. Green RE, Krause J, Briggs AW, Maricic T, Stenzel U, Kircher M, Patterson N, Li H, Zhai W, *et al.* A Draft Sequence of the Neandertal Genome. *Ciência* 2010; 328:710-722.

10. Mithen SJ. *The Singing Neanderthals: The Origins of Music, Language, Mind and Body*; 2005, ISBN 0-297-64317-7.

11. Bruner E, Manzi G, Arsuaga JL. Encephalization and Allometric Trajectories in the Genus Homo: Evidências das linhagens Neandertal e Moderna. *Proc. Natl. Acad. Sci.* USA 2003; 100:15335-15340.

12. Gooch S. *The Dream Culture of the Neanderthals: Os Guardiães da Sabedoria Antiga. Inner Traditions*, Wildwood House, Londres; 2006.

13. Gooch S. *The Neanderthal Legacy: Reawakening Our Genetic and Cultural Origins (Despertar as nossas origens genéticas e culturais). Inner Traditions*, Wildwood House, Londres; 2008.

14. Kurtén B. *Den Svarta Tigern*, Editora ALBA, Estocolmo, Suécia; 1978.

15. Spikins P. Autismo, as Integrações da 'Diferença' e as Origens do Comportamento Humano Moderno. *Cambridge Archaeological Journal* 2009; 19(2):179-201.

16. Eswaran V, Harpending H, Rogers AR. Genomics Refute an Exclusively African Origin of Humans. *Journal of Human Evolution* 2005; 49(1):1-18.

17. Ramachandran V.S. The Reith lectures, BBC Londres. 2012.

CAPÍTULO 36

A CONVERSÃO DE CÉLULAS ESTAMINAIS PORFÍRIAS INDUZIDA PRODUZ UM SÍNDROMA EPIDÉMICO DE BENJAMIM QUE INVERTE O ENVELHECIMENTO, LEVANDO A DOENÇAS SISTÉMICAS E NEUROPSIQUIÁTRICAS E A UM CÉREBRO MALÉFICO ESPIRITUAL E SURREALISTA

Introdução

O aquecimento global produz um aumento da acidez e do dióxido de carbono atmosférico, resultando em simbiose arqueológica extremófila nos seres humanos. A indução da oxigenase heme mediada pelo stress e o esgotamento da heme pode induzir a síntese da porfirina. Os porfírios são organismos supramoleculares auto-replicativos que formam o modelo precursor sobre o qual os viroides, priões e nanoarqueia se originam. O modelo induzido pelo stress induziu abiogénese dirigida dos porfírios, priões, viroides e arquebactérias é um processo contínuo e pode contribuir para mudanças na estrutura e comportamento do cérebro, bem como no processo da doença. A simbiose arqueal resulta na neandertalização dos seres humanos. A arcaea induziu o desacoplamento de proteínas produzindo o fenótipo primitivo Warburg e a metabolonomia das células estaminais. Os metabolitos arquebactérias da digoxina do colesterol, ácidos biliares e ácidos gordos de cadeia curta induzem o desacoplamento de proteínas. As enzimas lisossómicas um marcador da conversão das células estaminais são marcadamente aumentadas juntamente com a génese do fenótipo do arquebactéria na síndrome metabólica x, degenerações, doenças auto-imunes, cancro, esquizofrenia e autismo. Em todas estas doenças sistémicas existe a transformação de células somáticas em células estaminais e perda de função. Os neurónios tornam-se imaturos e perdem as suas espinhas dendríticas e a sua conectividade. Isto resulta na perda da função neuronal e na reversão à percepção extra-sensorial mediada por magnetite arqueal de baixo nível de CEM. A exposição a baixo nível de CEM resulta em alterações cerebrais. Isto resulta na atrofia do córtex pré-frontal. As áreas cerebrais primitivas do cerebelo e do tronco encefálico tornam-se hipertróficas. A célula somática e neuronal prolifera e há uma neandertalização do cérebro e do corpo. [1-17]

A ideia de bondade é baseada na razão e na lógica. O julgamento da razão e da lógica é uma função do córtex cerebral, especialmente do lóbulo pré-frontal. A função do lóbulo pré-frontal necessita de uma conectividade sináptica dinâmica que é produzida por genes de salto mediados por sequências retrovirais endógenas humanas. A bondade está correlacionada com o céu. A ideia do mal é baseada no inconsciente e no comportamento impulsivo relacionado com áreas subcorticais, especialmente o cerebelo. O cerebelo é o local do comportamento impulsivo e do comportamento inconsciente. As ligações cerebelar e subcortical são predominantemente redes de colónias arqueológicas. A ideia do mal está relacionada com o inferno. A ideia de actos de julgamento consciente e actos impulsivos inconscientes, céu e inferno, bondade e maldade são justaposições. O aquecimento global e a exposição a baixo nível de CEM leva ao crescimento actinídico do cérebro e ao aumento da percepção mediada da magnetite arqueal de baixo nível de CEM.

Isto leva à atrofia do córtex pré-frontal e ao domínio cerebelar. O consciente torna-se mínimo e o cérebro inconsciente toma o controlo. O estudo avaliou o crescimento arqueal como avaliado pela actividade do citocromo F420 e pela metabolonomia do tipo de células estaminais em doenças sistémicas, distúrbios neuropsiquiátricos e indivíduos normais com perfil psicológico diferente - prisioneiros, indivíduos criativos e homens de negócios de senso comum modulados. [1-17] Os resultados são apresentados no presente artigo.

Materiais e Métodos

As amostras de sangue foram retiradas de quatro grupos de população psicologicamente diferentes, prisioneiros criminosos, artistas criativos e homens de negócios. Havia 15 membros em cada grupo. As amostras de sangue foram também colhidas de 15 casos de síndrome metabólica, degeneração - doença de Alzheimer, doença auto-imune - LES, glioma cerebral, esquizofrenia e autismo. As estimativas feitas nas amostras de sangue recolhidas incluem a actividade do citocromo F420. Foram estimados o lactato de sangue, piruvato, hexoquinase, citocromo C, citocromo F420, digoxina, ácidos biliares, butirato e propionato.

Resultados

Os resultados mostraram que os indivíduos espirituais, artísticos criativos e prisioneiros criminosos tinham aumentado a actividade do citocromo F420 e os níveis de digoxina das hemácias. Os resultados mostraram que os homens de negócios tinham diminuído a actividade do citocromo F420 e os níveis de digoxina das hemácias. As amostras de sangue da doença de Alzheimer, doença auto-imune - LES, glioma cerebral cancerígeno, esquizofrenia e autismo tinham aumentado o lactato de sangue e o piruvato, aumentado a hexoquinase das hemácias, aumentado o citocromo C e o citocromo F420, aumentado a digoxina sérica, os ácidos biliares, o butirato e o propionato. O estado da doença tinha aumentado a actividade do citocromo F420. Os níveis séricos de citocromo C no sangue foram aumentados. Isto sugeriu disfunção mitocondrial. Houve um aumento na glicólise como sugerido pelo aumento da actividade da hexoquinase hepática e acidose láctica. Devido à disfunção mitocondrial e à inibição da desidrogenase pirúvica, houve acumulação pirúvica. O piruvato foi convertido em lactato pelo ciclo de Cori e também em glutamato e amoníaco. Este metabolismo é sugestivo do fenótipo de Warburg e da conversão de células estaminais. As células estaminais dependem da glicólise anaeróbica de Warburg para a energia e têm uma disfunção mitocondrial. A actividade da enzima lisossomal beta galactosidase foi aumentada no grupo da doença e em artistas criativos e criminosos sugerindo a conversão de células estaminais. Isto sugere que os criativos artísticos, os criminosos e os indivíduos espirituais tendem a ter metabolonómicos de células estaminais e conversão de células estaminais.

Quadro 1

Grupo	Citocromo F 420		Soro Cyto C (ng/ml)		Lactato (mg/dl)		Pyruvate (umol/l)	
	Média	$\pm$ SD	Média	$\pm$ SD	Média	$\pm$ SD	Média	$\pm$ SD
População normal	1.00	0.00	2.79	0.28	7.38	0.31	40.51	1.42
Espiritual	4.00	0.00	12.39	1.23	25.99	8.10	100.51	12.32
Capitalista aquisitivo	0.00	0.00	1.21	0.38	2.75	0.41	23.79	2.51
Artístico	4.00	0.00	12.84	0.74	23.64	1.43	96.19	12.15
Criminalidade	4.00	0.00	12.72	0.92	25.35	5.52	103.32	13.04
Schizo	4.00	0.00	11.58	0.90	22.07	1.06	96.54	9.96
Apreensão	4.00	0.00	12.06	1.09	21.78	0.58	90.46	8.30
HD	4.00	0.00	12.65	1.06	24.28	1.69	95.44	12.04
AD	4.00	0.00	11.94	0.86	22.04	0.64	97.26	8.26
EM	4.00	0.00	11.81	0.67	23.32	1.10	102.48	13.20
SLE	4.00	0.00	11.73	0.56	23.06	1.49	100.51	9.79
NHL	4.00	0.00	11.91	0.49	22.83	1.24	95.81	12.18
Glio	4.00	0.00	13.00	0.42	22.20	0.85	96.58	8.75
DM	4.00	0.00	12.95	0.56	25.56	7.93	96.30	10.33
CAD	4.00	0.00	11.51	0.47	22.83	0.82	97.29	12.45
CVA	4.00	0.00	12.74	0.80	23.03	1.26	103.25	9.49
SIDA	4.00	0.00	12.29	0.89	24.87	4.14	95.55	7.20
CJD	4.00	0.00	12.19	1.22	23.02	1.61	96.50	5.93
Autismo	4.00	0.00	12.48	0.79	21.95	0.65	92.71	8.43
DS	4.00	0.00	12.79	1.15	23.69	2.19	91.81	4.12
Paralisia Cerebral	4.00	0.00	12.14	1.30	23.12	1.81	95.33	11.78
CRF	4.00	0.00	12.66	1.01	23.42	1.20	97.38	10.76
Falha Cirr/Hep	4.00	0.00	12.81	0.90	26.20	5.29	97.77	13.24
Radiação de fundo de baixo nível	4.00	0.00	12.26	1.00	23.31	1.46	103.28	11.47
Valor F	0.001		445.772		162.945		154.701	
Valor P	< 0.001		< 0.001		< 0.001		< 0.001	

Quadro 2

Grupo	RBC Hexokinase (ug glu fos/ hr/mgpro)		ACOA (mg/dl)		Glutamato (mg/dl)		Se. Amoníaco (ug/dl)	
	Média	$\pm$ SD	Média	$\pm$ SD	Média	$\pm$ SD	Média	$\pm$ SD
População normal	1.66	0.45	8.75	0.38	0.65	0.03	50.60	1.42
Espiritual	5.46	2.83	2.51	0.36	3.19	0.32	93.43	4.85
Capitalista aquisitivo	0.68	0.23	16.49	0.89	0.16	0.02	23.92	3.38
Artístico	10.12	1.75	2.51	0.42	3.11	0.36	92.40	4.34
Criminalidade	9.44	3.40	2.19	0.19	3.27	0.39	95.37	5.76
Schizo	7.69	3.40	2.51	0.57	3.41	0.41	94.72	3.28
Apreensão	6.29	1.73	2.15	0.22	3.67	0.38	95.61	7.88
HD	9.30	3.98	1.95	0.06	3.14	0.32	94.60	8.52
AD	8.46	3.63	2.19	0.15	3.53	0.39	95.37	4.66
EM	8.56	4.75	2.03	0.09	3.58	0.36	93.42	3.69
SLE	8.02	3.01	2.54	0.38	3.37	0.38	101.18	17.06
NHL	7.41	4.22	2.30	0.26	3.48	0.46	91.62	3.24
Glio	7.82	3.51	2.34	0.43	3.28	0.39	93.20	4.46
DM	7.05	1.86	2.17	0.40	3.53	0.44	93.38	7.76
CAD	8.88	3.09	2.37	0.44	3.61	0.28	93.93	4.86
CVA	7.87	2.72	2.25	0.44	3.31	0.43	103.18	27.27
SIDA	9.84	2.43	2.11	0.19	3.45	0.49	92.47	3.97
CJD	8.81	4.26	2.10	0.27	3.94	0.22	93.13	5.79
Autismo	6.95	2.02	2.42	0.41	3.30	0.32	94.01	5.00
DS	8.68	2.60	2.01	0.08	3.30	0.48	98.81	15.65
Paralisia Cerebral	7.92	3.32	2.06	0.35	3.24	0.34	92.09	3.21
CRF	7.75	3.08	2.24	0.32	3.26	0.43	98.76	11.12
Falha Cirr/Hep	8.99	3.27	2.13	0.17	3.25	0.40	94.77	2.86
Radiação de fundo de baixo nível	7.58	3.09	2.14	0.19	3.47	0.37	102.62	26.54
Valor F	18.187		1871.04		200.702		61.645	
Valor P	< 0.001		< 0.001		< 0.001		< 0.001	

Quadro 3

Grupo	Digoxina RBC (ng/ml RBC Susp)		Actividade da Beta galactosidase em soro (UI/ml)	
	Média	**± SD**	**Média**	**± SD**
População normal	0.58	0.07	17.75	0.72
Espiritual	1.41	0.23	55.17	5.85
Capitalista aquisitivo	0.18	0.05	8.70	0.90
Artístico	1.40	0.32	46.37	4.87
Criminalidade	1.51	0.29	47.47	4.34
Schizo	1.38	0.26	51.17	3.65
Apreensão	1.23	0.26	50.04	3.91
HD	1.34	0.31	51.16	7.78
AD	1.10	0.08	51.56	3.69
EM	1.21	0.21	47.90	6.99
SLE	1.50	0.33	48.20	5.53
NHL	1.26	0.23	51.08	5.24
Glio	1.27	0.24	51.57	2.66
DM	1.35	0.26	51.98	5.05
CAD	1.22	0.16	50.00	5.91
CVA	1.33	0.27	51.06	4.83
SIDA	1.31	0.24	50.15	6.96
CJD	1.48	0.27	49.85	6.40
Autismo	1.19	0.24	52.87	7.04
DS	1.34	0.25	47.28	3.55
Paralisia Cerebral	1.44	0.19	53.49	4.15
CRF	1.26	0.26	49.39	5.51
Falha Cirr/Hep	1.50	0.20	46.82	4.73
Radiação de fundo de baixo nível	1.41	0.30	51.01	4.77
Valor F	60.288		194.418	
Valor P	< 0.001		< 0.001	

Discussão

A indução de heme oxigenase mediada por stress e o esgotamento de heme pode induzir a síntese de porfirina. Os porfírios são organismos supramoleculares auto-replicativos que formam o modelo precursor sobre o qual os viroides, priões e nanoarqueia se originam. O modelo induzido pelo stress induziu abiogénese dirigida dos porfírios, priões, viroides e arquebactérias é um processo contínuo e pode contribuir para mudanças na estrutura e comportamento do cérebro, bem como no processo da doença.

As doenças sistémicas e as perturbações neuropsiquiátricas tendem a ter um metabolismo glicolítico anaeróbico predominante e a fosforilação oxidativa mitocondrial é suprimida. O metabolismo é semelhante ao metabolismo da célula estaminal. Os níveis de piruvato e lactato são aumentados com uma diminuição da acetil coenzima A e ATP. A via glicolítica e a hexoquinase são aumentadas. Isto indica um fenótipo de Warburg dependente da glicólise anaeróbica para a energia. As enzimas lisossómicas beta

337

galactosidase um marcador de células estaminais é aumentado. O citocromo F420 também é aumentado, bem como a arqueal catabolite digoxina que suprime a ATPase potássica de sódio. As bactérias e as arcaeas são supostas induzir a transformação das células estaminais. A indução de proteínas de desacoplamento leva à transformação das células estaminais. As proteínas desacoplantes inibem a fosforilação oxidativa e os substratos são dirigidos para a glicólise anaeróbica. A digoxina inibindo a ATPase de potássio sódico pode aumentar o cálcio intracelular, induzir a permeabilidade mitocondrial função transitória dos poros e desacoplar a fosforilação oxidativa. A cadeia lateral do colesterol é catabolizada pelo ácido arcaico ao ácido butírico e ao ácido propiónico que desacoplam a fosforilação oxidativa. A cadeia lateral arqueal da hidroxilase converte o colesterol em ácidos biliares que desacoplam a fosforilação oxidativa. Assim, a simbiose arqueal na célula resulta no catabolismo do colesterol e os catabolitos digoxina, ácidos biliares e ácidos gordos de cadeia curta desacoplam a fosforilação oxidativa, inibem a função mitocondrial e promovem a glicólise anaeróbica. A conversão de células somáticas em células estaminais ajuda na persistência arqueal dentro da célula e na simbiose. A infecção por Mycobacterium leprae pode converter células de Schwann em células estaminais. A infecção arqueal produz a conversão de células somáticas em células estaminais para a persistência do arquebactéria. A conversão em células estaminais resulta em proliferação e perda de função resultando em doença sistémica e distúrbios neuropsiquiátricos. A conversão de neurónios em células estaminais e perda de função resulta no desenvolvimento de um novo fenótipo psicológico. [1-17]

A célula sistémica e neuronal na síndrome metabólica x, cancro, doença auto-imune, degenerações, esquizofrenia e autismo comportam-se como a célula estaminal. É plausível a hipótese de uma conversão de células somáticas em células estaminais nestas perturbações. As células diferenciadas por indução arqueal são convertidas em células estaminais. A célula estaminal é uma célula imatura com perda de função. Os neurónios perdem as suas espinhas dendríticas e perda de conectividade. A função cerebral torna-se primitiva. Os neurónios são adendríticos e desligados. Isto resulta em estruturas cerebrais complexas como o córtex cerebral moderno e a atrofia do córtex pré-frontal. As partes primitivas do cérebro, o tronco cerebral e as hipertrofias do cerebelo. Isto resulta na neandertalização do cérebro com um proeminente pão occipital e atrofia do córtex pré-frontal. A atrofia do córtex pré-frontal resulta em perda de lógica, julgamento, raciocínio e funções executivas. A hipertrofia do cerebelo e do tronco cerebral resulta no domínio do comportamento impulsivo. A diferença entre realidade e sonhos é perdida. O cérebro é governado pelos sentidos e impulsos. O cérebro torna-se disfuncional com um comportamento mais violento, agressivo e canibalista. A arte torna-se mais abstracta e relacionada com o inconsciente. O mundo do cérebro inconsciente, com os seus arquétipos, assume o controlo. Há perda do mundo do raciocínio, da lógica e do julgamento. É um mundo de impulsividade em que as tendências primitivas em relação ao inconsciente se tornam dominantes. Isto produz mais comportamento ritualizado, tendências violentas e agressivas, terrorismo, guerra, obscenidades sexuais e sexualidade alternada. É um mundo dos sentidos. É também intensamente maléfico, bem como espiritual. A inibição do consciente devido à perda das funções corticais e ao domínio do inconsciente leva à experiência mística. Há um transbordamento de espiritualidade. O lado paradoxal deste comportamento também domina. A violência, a agressão, a sexualidade obsessiva, o realismo mágico na literatura, a pintura abstracta, a música e dança rock e a poesia moderna, bem como a literatura, produzem transcedência de um tipo diferente. Isto resulta em surrealismo e sintetizismo. A perda da função dos neurónios resulta em esquizofrenia, autismo e degenerações. O aumento da proliferação arqueal induzida de células estaminais resulta num cérebro e tronco de grande tamanho como nos Neandertais. Esta simbiose arqueal produz neandertalização e uma síndrome das células estaminais. Isto produz um envelhecimento inverso que pode ser chamado de síndrome de Benjamin Button epidémico. As células estaminais linfocitárias têm uma proliferação descontrolada e resultam em doenças auto-imunes. A proliferação de células estaminais resulta em oncogénese. A metabolonomia das células estaminais com função mitocondrial inibida e glicólise anaeróbica resulta em síndrome metabólica x. Os marcadores de células estaminais estão aumentados em esquizofrenia e autismo e os neurónios carecem de espinhas dendríticas. Os marcadores de células estaminais estão também aumentados na doença auto-imune. O metabolismo diabético é semelhante ao metabolismo das células estaminais. A célula cancerígena comporta-se como a célula estaminal. [1-17]

Na metafísica do mal, o inconsciente domina e o comportamento é impulsivo ditado por pensamentos primitivos. O inconsciente modulado pelo cerebelo é responsável por actos automáticos que produzem o que é chamado de automatismo psíquico. O inconsciente é paralelo ao que Jung descreveu como os arquétipos do inconsciente colectivo. A metafísica do mal conduz a um cérebro sintético com o domínio da força de vontade. Os arquétipos primitivos produzem conceitos de pintura abstracta, música e dança psicadélica e literatura pós-moderna ou realismo mágico. Todos estes são modos de ligação com o inconsciente. O inconsciente produz tendências egoístas primitivas que conduzem ao individualismo e ao capitalismo. O inconsciente ajuda a transcender os tabus e cria o mundo surrealista. O inconsciente colectivo também produz um sentido de espiritualidade e unicidade. É um cérebro impulsivo com fixações e obsessões primitivas. Existe um automatismo psíquico cerebelar. Isto leva a comportamentos ritualizados. O domínio do inconsciente colectivo resulta em comportamentos ritualizados característicos do culto religioso. O inconsciente colectivo também leva à criação de arte e literatura obscenas, bem como à violência, que é uma forma de transe. As cerimónias rituais religiosos coprolálicos tinham sido descritas em algumas partes do mundo. O terrorismo e os actos de violência são também um tipo de transcedência. Os mesmos fenómenos ocorrem em sacrifícios rituais na religião, na violência da guerra e na ganância do capitalismo. O inconsciente primitivo leva à vontade de poder. Isto produz o capitalismo ganancioso, a ditadura e o fascismo. A vontade de poder resulta na adoração dos poderosos. Trata-se de um mundo individualista, anárquico e egoísta. O mundo cerebelar é o mundo primitivo dos arquétipos no inconsciente colectivo. As pinturas abstractas têm ligações com o inconsciente colectivo. A música rock ou música moderna contém sons rítmicos primitivos e caóticos que saem do inconsciente colectivo. O inconsciente colectivo primitivo liga a literatura pós-moderna ou realismo mágico com violência, amor, ódio, maldade, obscenidades e morte. Assim, a literatura, a música, a dança e a pintura ajudam a superar a realidade e a racionalidade produzindo transcendência. O cérebro inconsciente é formado por uma rede de colónias arqueológicas e é dinâmico e inflexível. Há uma epidemia de autismo e esquizofrenia. A perda da função dos neurónios leva a um aumento da percepção extra-sensorial através da magnetite arqueal. Isto pode levar à falta de desenvolvimento da fala e a comportamentos ritualizados do autismo. Isto também produz a desordem do pensamento, alucinações e delírios de esquizofrenia. Parece uma desordem cognitiva e afectiva cerebelar epidémica. [1-17]

A bondade está relacionada com o cérebro consciente localizado nas áreas corticais. As áreas corticais medeiam o comportamento moralista, funcionalmente ateísta, da sociedade civil. A sociedade civil depende do bem comum. O mundo cortical é um mundo de moralidade, racionalidade, altruísmo, civilidade e decências. Isto necessita do poder inibitório do córtex cerebral. Tal sociedade é não capitalista e trabalha para o bem comum. Tende a ser não criativa. A espiritualidade colectiva primitiva e a unicidade perde-se. É substituída pela bondade baseada no julgamento, raciocínio e moralidade. É um mundo moralista onde os tabus são proibidos. Isto requer plasticidade sináptica e é modulado por genes de salto mediados por HERV. Isto necessita de um cérebro dinâmico e o córtex cerebral humano evoluiu devido aos genes de salto gerados a partir de sequências retrovirais endógenas humanas. O mundo cerebelar comparativamente é impulsivo, criminoso, violento, terrorista com amor à guerra, egoísta, aquisitivo, espiritual, autista, obsessivo, esquizofrénico, obsceno, maligno, ritualizado, artístico, ilógico e cruel. É mediada pela rede de colónias arqueológicas. A transformação de células estaminais de células somáticas resulta em resistência HERV e resistência retroviral. A digoxina arqueal inibe a transcriptase inversa ao produzir deficiência de magnésio, bem como modula a edição viral do RNA, inibindo a replicação retroviral. Isto produz falta de genes de salto HERV neste cérebro de células estaminais e falta de plasticidade sináptica e dinâmica. A síndrome das células estaminais é caracterizada pela resistência retroviral. A simbiose arqueal inibe a infecção retroviral. O homo sapiens com menos simbiose arqueal torna-se susceptível à infecção viral retroviral e outros RNA e é exterminado. Os homo neo-neandertais são resistentes à infecção viral retroviral e a outras infecções virais por RNA e persistem. O homo neo-neandertalismo domina em todo o mundo. Mas os homo neo-neanderthalis são propensos a doenças civilizacionais como malignidade, doença auto-imune, neurodegeneração, síndrome metabólica e perturbações neuropsiquiátricas. O homo neo-neanderthalis torna-se extinto após um período de tempo. [1-17]

A síndrome das células estaminais arqueológicas induzidas ou neanderthalização é devida ao aquecimento global e às chuvas ácidas que resultam num aumento da simbiose arqueológica extremisfílica. O arquebactéria cataboliza o colesterol e gera digoxina, ácidos biliares e ácidos gordos de cadeia curta que produzem indução de proteínas desacopladas. Isto produz disfunções mitocondriais e a célula obtém a sua energia a partir da glicólise. A digoxina arqueal produz membrana de inibição da ATPase de potássio de sódio, que também contribui para a conversão das células estaminais. Todo o corpo somático e cérebro sofre uma conversão de células estaminais e torna-se um fenótipo de células estaminais com o fenótipo metabólico de Warburg. A acidez generalizada devido ao aquecimento global e ao aumento do dióxido de carbono atmosférico também facilita o crescimento arqueológico e a transformação das células estaminais. O pH ácido devido ao fenótipo de Warburg e ao aumento do dióxido de carbono atmosférico também resulta na conversão de células estaminais. A célula somática diferenciada a ser convertida em células estaminais perde a sua função e torna-se disfuncional metabolicamente, neurologicamente, imunologicamente e endocrinologicamente. Isto produz a epidemia de

Benjamin button syndrome e a espécie humana torna-se neandertálica e uma colecção de células estaminais imaturas. Isto resulta na síndrome metabólica epidémica x, degenerações, cancro, doença auto-imune, autismo e esquizofrenia. O cérebro converte-se numa colecção de células estaminais que são desdiferenciadas com perda de função e é como uma rede de colónias arqueológicas. A percepção torna-se extra-sensorial e quântica, dependendo da magnetite arqueal. O aumento da quantidade de percepção de CEM de baixo nível resulta em atrofia cortical pré-frontal. Também produz hipertrofia cerebelar e a função cognitiva cerebelar assume o seu lugar. Isto também resulta em mudanças societais onde o mal e a espiritualidade dominam. O mundo da sociedade civil lógica do mundo cristão chega ao fim e o comportamento pagão assume o seu lugar. A sociedade torna-se egoísta e dominada pelo consumismo impulsivo e pelo capitalismo aquisitivo. O mundo torna-se cruel, violento, agressivo e terrorista. A arte torna-se caótica e abstracta de acordo com os sentidos e inconsciente. Há uma predominância da sexualidade obsessiva e alternada. O comportamento criminoso e a crueldade dominam. O mundo é psicopático impulsivo, autista criativo com características de aforradores idiotas, ritualista, caótico, sexual, feio, anárquico, violento, maligno, pagão, obsceno, ateisticamente espiritual, bem como egoísta. Mimetiza o mundo Niezteschean, o mundo desconstruído de Derrida, o mundo surrealista de Bataille e o mundo niilista e anárquico. Há a morte do indivíduo e a vida torna-se um valor social. É um mundo acefalista de Freud e Jung. A arte é abstracta, a literatura é magicamente real, a música é rock e a dança é caótica. Tudo isto resulta da extinção da racionalidade e do domínio do comportamento impulsivo primitivo. Uma civilização dos sentidos dominada pelo inconsciente toma o controlo. A vontade de bondade dada pelo córtex cerebral é perdida. Isto resulta no desenvolvimento de uma nova espécie humana homo neo-neandertal com o seu cérebro cerebelar malévolo e espiritual dominante. Produz um cérebro malévolo surrealista com o domínio dos sentidos, arquétipos, espiritualidade maléfica e impulsividade a tomar o controlo. É um reino do capitalismo colectivo inconsciente e egoísta com a vontade de poder e o reino dos sentidos. [1-17]

Referências

1.　Weaver TD, Hublin JJ. Neandertal Birth Canal Shape and the Evolution of Human Childbirth. *Proc. Natl. Acad. Sci. USA* 2009; 106:8151-8156.

2.　Kurup RA, Kurup PA. Endosymbiotic Actinidic Archaeal Mediated Warburg Fenótipo Mediates Human Disease State. *Avanços nas Ciências Naturais* 2012; 5(1):81-84.

3.   Morgan E. TheNeanderthaltheory ofautism, Asperger and ADHD; 2007, www.rdos.net/eng/asperger.htm.

4.   Graves P. Novos Modelos e Metáforas para o Debate do Neandertal. *Antropologia actual* 1991; 32(5): 513-541.

5.   Sawyer GJ, Maley B. Neanderthal Reconstructed. The Anatomical Record Part B: *The New Anatomist* 2005; 283B(1):23-31.

6.   Bastir M, O'Higgins P, Rosas A. Facial Ontogeny in Neanderthals and Modern Humans. *Proc. Biol. Sci.* 2007; 274:1125-1132.

7.   Neubauer S, Gunz P, Hublin JJ. Mudanças na Forma Endocraniana durante o Crescimento em Chimpanzés e Humanos: Uma Análise Morfométrica de Aspectos Únicos e Partilhados. *J. Hum. Evol.* 2010; 59:555-566.

8.   Courchesne E, Pierce K. Brain Overgrowth in Autism during a Critical Time in Development: Implicações para o Desenvolvimento e Conectividade do Neurónio Piramidal Frontal e Interneuronal. *Int. J. Dev. Neurosci.* 2005; 23:153–170.

9.   Green RE, Krause J, Briggs AW, Maricic T, Stenzel U, Kircher M, Patterson N, Li H, Zhai W, *et al.* A Draft Sequence of the Neandertal Genome. *Ciência* 2010; 328:710-722.

10. Mithen SJ. *The Singing Neanderthals: The Origins of Music, Language, Mind and Body*; 2005, ISBN 0-297-64317-7.

11. Bruner E, Manzi G, Arsuaga JL. Encephalization and Allometric Trajectories in the Genus Homo: Evidências das linhagens Neandertal e Moderna. *Proc. Natl. Acad. Sci.* USA 2003; 100:15335-15340.

12. Gooch S. *The Dream Culture of the Neanderthals: Os Guardiães da Sabedoria Antiga. Inner Traditions*, Wildwood House, Londres; 2006.

13. Gooch S. *The Neanderthal Legacy: Reawakening Our Genetic and Cultural Origins (Despertar as nossas origens genéticas e culturais). Inner Traditions*, Wildwood House, Londres; 2008.

14. Kurtén B. *Den Svarta Tigern*, Editora ALBA, Estocolmo, Suécia; 1978.

15. Spikins P. Autismo, as Integrações da 'Diferença' e as Origens do Comportamento Humano Moderno. *Cambridge Archaeological Journal* 2009; 19(2):179-201.

16. Eswaran V, Harpending H, Rogers AR. Genomics Refute an Exclusively African Origin of Humans. *Journal of Human Evolution* 2005; 49(1):1-18.

17. Ramachandran V.S. *The Reith lectures*, BBC Londres. 2012.

CAPÍTULO 37

A EXTINÇÃO DO HOMO SAPIENS E A NEANDERTHALIZAÇÃO SIMBIÓTICA - RELAÇÃO COM OS PORFÍRIOS MEDIADOS DE RNA VIROIDS E AMILOIDOSE

Introdução

As proteínas de prião têm sido implicadas em distúrbios sistémicos como neurodegenerações, cancro e síndrome metabólico. A amilóide beta na doença de Alzheimer, a alfa-sinucleína na doença de Parkinson, a proteína TAR na demência frontotemporal e a zinco dismutase de cobre na doença do neurónio motor comportam-se como proteínas de prião. O comportamento das proteínas de prião também é observado no supressor de tumores proteína   P53 no cancro e na célula de ilhotas associada amilóide na diabetes mellitus. As doenças do prião são doenças conformacionais. A proteína anormal do prião semeada no sistema converte as proteínas normais com domínios semelhantes ao prião em configuração anormal. Esta proteína anormal resiste à digestão por enzimas lisossómicas após a sua meia-vida ter terminado e resulta na deposição de placas amilóides. Isto produz disfunções orgânicas. Os fenómenos de priões foram inicialmente descritos para a doença de Creutzfeldt Jakob, mas agora descobriu-se que esta se encontra amplamente disseminada na patogénese de doenças crónicas. As ribonucleoproteínas são bem conhecidas por se comportarem como proteínas de prião e por formarem amilóide. Demonstrámos a arca actinídea que segrega o RNA viroide na síndrome metabólica, neurodegenerações, cancro, doença auto-imune, esquizofrenia, autismo e CJD. Os viroides de RNA podem ligar-se com proteínas normais com domínios semelhantes ao prião, por exemplo, superóxido dismutase e produzir uma ribonucleoproteína resultando em fenómenos de prião e amiloidogénese. O crescimento actinídico arqueológico resulta num aumento da síntese de digoxinas e conversão fenotípica de homo sapiens em homo Neandertais, tal como foi relatado anteriormente. O aumento do crescimento dos arquebactérias actinídicas deve-se ao aquecimento global e isto resulta na neandertalização. Os porfírios são organismos supramoleculares auto-replicativos que formam o modelo precursor sobre o qual os viroides, priões e nanoarqueia se originam. O modelo induzido pelo stress induziu abiogénese dirigida dos porfírios, priões, viroides e arquebactérias é um processo contínuo e pode contribuir para mudanças na estrutura e comportamento do cérebro, bem como no processo da doença. Os homo neandertais tendem a ter mais doenças civilizacionais como a síndrome metabólica, neurodegeneração, cancro, doença auto-imune, esquizofrenia, autismo e CJD. Os viroides actinídicos do ARN secretado podem desempenhar um papel crucial na formação amilóide e na patogénese destas doenças. [1-16]

Materiais e Métodos

Foram incluídos no estudo os seguintes grupos: - doença de Alzheimer, esclerose múltipla, linfoma não-Hodgkin, síndrome metabólica x com trombose cerebrovascular e doença arterial coronária, esquizofrenia, autismo, distúrbio convulsivo, doença de Creutzfeldt Jakob e síndrome da imunodeficiência adquirida. Havia 10 pacientes em cada grupo e cada paciente tinha uma idade e sexo compatível com um controlo saudável seleccionado aleatoriamente a partir da população geral. As amostras de sangue foram colhidas no estado de jejum, antes de se iniciar o tratamento. Foi utilizado plasma de sangue heparinizado em jejum e o protocolo experimental foi o seguinte (I) Plasma+fosfato tamponado salino, (II) o mesmo que I+ substrato de colesterol, (III) o mesmo que II+cério 0,1 mg/ml, (IV) o mesmo que II+ciprofloxacina e doxiciclina, cada um numa concentração de 1 mg/ml. O substrato de colesterol foi preparado como descrito por Richmond. As alíquotas foram retiradas a tempo zero imediatamente após a mistura e após incubação a 37oC durante 1 hora. Foram efectuadas as seguintes estimativas:- citocromo F420, RNA livre, citocromo F420 foi estimado flourimetricamente (comprimento de onda de excitação 420 nm e comprimento de onda de emissão 520 nm). O plasma dos sujeitos de controlo mostrou níveis aumentados dos parâmetros acima mencionados com após incubação durante 1 hora e a adição de substrato de colesterol resultou num aumento ainda mais significativo destes parâmetros. O plasma dos doentes mostrou resultados semelhantes, mas a extensão do aumento foi maior. A adição de antibióticos ao plasma de controlo causou uma diminuição em todos os parâmetros, enquanto que a adição de cério aumentou os seus níveis. A adição de antibióticos ao plasma do paciente causou uma diminuição em todos os parâmetros enquanto que a adição de cério aumentou os seus níveis, mas a extensão da mudança foi maior nos soros dos pacientes, em comparação com os controlos. Os resultados são expressos nas tabelas 1-2 como mudança percentual nos parâmetros após 1 hora de incubação, em comparação com os valores a tempo zero.

Resultados

Os resultados mostram que houve um aumento do citocromo F420 na CJD e outros grupos de doenças, indicando um aumento do crescimento arqueológico. Houve também um aumento de RNA livre indicando viroides auto-replicativos de RNA na CJD e outros grupos de doenças. A geração do RNA viroide foi catalisada por actinídeos. Os viroides de RNA podem ligar-se com proteínas com domínios priões, formando ribonucleoproteínas. Estas ribonucleoproteínas podem dar uma conformação anormal à proteína, resultando na geração de priões anormais. Os priões anormais podem actuar como um modelo para converter proteínas normais com configuração normal em conformação anormal. Isto pode resultar em amiloidogénese. As proteínas de configuração anormal resistirão à digestão lisossómica e acumular-se-ão como amilóide.

344

Quadro 1. Efeito do cério e dos antibióticos no citocromo F420

Grupo	CYT F420 % (Aumento com Cerium)		CYT F420 % (Diminuir com Doxy+Cipro)	
	Média	**± SD**	**Média**	**± SD**
Normal	4.48	0.15	18.24	0.66
Schizo	23.24	2.01	58.72	7.08
Apreensão	23.46	1.87	59.27	8.86
AD	23.12	2.00	56.90	6.94
EM	22.12	1.81	61.33	9.82
NHL	22.79	2.13	55.90	7.29
DM	22.59	1.86	57.05	8.45
SIDA	22.29	1.66	59.02	7.50
CJD	22.06	1.61	57.81	6.04
Autismo	21.68	1.90	57.93	9.64
Valor F	306.749		130.054	
Valor P	< 0.001		< 0.001	

Quadro 2. Efeito do cério e dos antibióticos no ARN livre

Grupo	RNA % mudança (Aumento com Cerium)		RNA % mudança (Diminuir com Doxy+Cipro)	
	Média	**± SD**	**Média**	**± SD**
Normal	4.37	0.13	18.38	0.48
Schizo	23.59	1.83	65.69	3.94
Apreensão	23.08	1.87	65.09	3.48
AD	23.29	1.92	65.39	3.95
EM	23.29	1.98	67.46	3.96
NHL	23.78	1.20	66.90	4.10
DM	23.33	1.86	66.46	3.65
SIDA	23.32	1.74	65.67	4.16
CJD	23.11	1.52	66.68	3.97
Autismo	23.33	1.35	66.83	3.27
Valor F	427.828		654.453	
Valor P	< 0.001		< 0.001	

Discussão

Houve um aumento do citocromo F420, indicando um crescimento arqueológico. O stress pode induzir activação de heme oxigenase, esgotamento de heme e porfirinogénese. Os porfírios são organismos supramoleculares auto-replicativos que formam o modelo precursor sobre o qual os viroides, priões e nanoarqueia se originam. O modelo induzido pelo stress induziu abiogénese dirigida dos porfírios, priões, viroides e arquebactérias é um processo contínuo e pode contribuir para mudanças na estrutura e comportamento do cérebro, bem como no processo da doença. A arcaea pode sintetizar e utilizar o colesterol como fonte de carbono e energia. A origem arqueal do RNA auto-replicativo foi indicada pela supressão induzida por antibióticos. O estudo indica a presença de arcaea baseada em actinídeos com enzimas alternativas baseadas em actinídeos ou metalloenzimas no sistema, como indicado pelo aumento induzido pelo cério nas actividades enzimáticas. Houve um aumento de RNA livre indicando viroides auto-reproduzidos de RNA. Os actinídeos modulam o RNA dobrando e catalisando a sua acção ribozymal. A Digoxin pode cortar e colar os filamentos viroidais, modulando a emenda do RNA gerando diversidade viroidiana do RNA. Os viroides são intrões evolutivamente escapados do grupo I do arquebactéria, que têm retrotransposição e qualidades de auto emenda. Os viroides de RNA podem ligar-se com proteínas com domínios priões, formando ribonucleoproteínas. Estas ribonucleoproteínas podem dar uma conformação anormal à proteína, resultando na geração de priões anormais. Os priões anormais podem actuar como um modelo para converter proteínas normais com configuração normal em conformação anormal. Isto pode resultar em amiloidogénese. As proteínas de configuração anormal resistirão à digestão lisossómica e acumular-se-ão como amilóide.

A amiloidogénese tem sido implicada em distúrbios sistémicos. A amilóide beta na doença de Alzheimer, a alfa-sinucleína na doença de Parkinson, a proteína TAR na demência frontotemporal e a zinco dismutase de cobre na doença do neurónio motor comportam-se como proteínas do prião. O comportamento das proteínas de prião também é observado no supressor de tumores proteína P53 no cancro e na célula de ilhotas associada amilóide na diabetes mellitus. As doenças do prião são doenças conformacionais.

Os viroides de RNA gerados a partir de artérias actinídicas podem ligar-se a proteínas com domínios semelhantes aos priões, resultando na geração de ribonucleoproteínas. As ribonucleoproteínas com conformação anormal podem actuar como um modelo para as proteínas normais com domínios semelhantes ao prião mudarem para uma conformação anormal. Isto resulta na geração de proteínas prião com conformação anormal resistindo à digestão lisossomal e gerando amilóide. Estas doenças sistémicas são devidas à geração de proteína de RNA viroide induzida por RNA viroide e amiloidogénese. As proteínas do prião têm sido implicadas em distúrbios sistémicos como neurodegenerações, cancro e síndrome metabólico. A amilóide beta na doença de Alzheimer, a alfa sinucleína na doença de Parkinson, a proteína TAR na demência frontotemporal e a zinco dismutase de cobre na doença do neurónio motor comportam-se como proteínas de prião. O comportamento das proteínas de prião também é observado no supressor de tumores proteína P53 no cancro e na célula de ilhotas associada amilóide na diabetes mellitus. O presente estudo mostra que o mesmo mecanismo da proteína prião pode operar na esquizofrenia, autismo e doenças auto-imunes. A CJD esporádica é também induzida por artérias actinídicas induzidas por RNA viroides. Os viróides actinídicos de ARN induzidos por ARN podem ser transferidos entre indivíduos indicando a natureza infecciosa das neurodegenerações, cancro, síndrome metabólico, doença auto-imune e doenças neuropsiquiátricas.

As porfirinas arqueológicas podem modular a formação amilóide. A actividade do colesterol oxidase arqueal foi aumentada, resultando na geração de piruvato e peróxido de hidrogénio. O piruvato é convertido em glutamato e amoníaco pela via de derivação GABA. O piruvato é convertido em glutamato por transaminase de glutamato de soro piruvato. O glutamato é convertido em glutamato desidrogenase para gerar cetoglutarato alfa e amoníaco. A alanina é mais comummente produzida pela aminação redutiva da piruvato através da alanina transaminase. Esta reacção reversível envolve a interconversão de alanina e piruvato, associada à interconversão de alfa-ketoglutarato (2-oxoglutarato) e glutamato. A alanina pode contribuir para a glicina. O glutamato é actuado pela decarboxilase do ácido glutâmico para gerar GABA. GABA é convertido em semialdeído succínico pela transaminase GABA. A semialdeído succínico é convertido em ácido succínico por semialdeído succinico desidrogenase. Glycine combina com succinil CoA para gerar ácido aminolevulínico delta catalisado pela enzima ALA synthase. Havia síntese de porfirina arqueal upregulada na população de doentes que era de origem arqueal como indicado pela catálise actinídea das reacções. A via da oxidase do colesterol gerou piruvato que entrou na via de derivação GABA. Isto resultou na síntese de succinato e glicina que são substratos da ALA synthase. A glicina e a succinil CoA são os substratos para a síntese do ALA. A porfirina e o ALA inibem a ATPase potássica de sódio. Isto aumenta a síntese do colesterol ao agir sobre a SREBP intracelular. O colesterol é metabolizado para piruvitar e depois a via de derivação GABA para utilização final na síntese da porfirina. As porfirinas podem auto-organizar-se e auto-replicar-se em arrays macromoleculares. As matrizes de porfirina comportam-se como um organismo autónomo e podem ter transporte intramolecular de electrões gerando ATP. As macroarrays de porfirina podem armazenar informação e podem ter percepção quântica. Os macroarrays de porfirina servem o propósito da energia arqueal e da percepção sensorial. A protoporfirina liga-se ao receptor periférico de benzodiazepina que regula a síntese de esteróides e digoxinas. O aumento dos metabolitos da porfirina pode contribuir para a hiperdigoxinemia. A digoxina pode modular o sistema neuroimunoendocrino.

O aquecimento global resulta num aumento do crescimento da actinídea arcaica e na neandertalização da espécie homo sapien. A actinidic archaea secretada viroides pode gerar ribonucleoproteínas ligando-se a proteínas com domínios semelhantes ao prião. Isto gera amiloidogénese e doenças sistémicas como neurodegenerações, cancro, síndrome metabólico, doença auto-imune e doenças neuropsiquiátricas. A incidência generalizada destas doenças sistémicas leva à extinção das espécies neandertalizadas.

Referências

1.   Weaver TD, Hublin JJ. Neandertal Birth Canal Shape and the Evolution of Human Childbirth. *Proc. Natl. Acad. Sci. USA* 2009; 106:8151-8156.

2.   Kurup RA, Kurup PA. Endosymbiotic Actinidic Archaeal Mediated Warburg Fenótipo Mediates Human Disease State. *Avanços nas Ciências Naturais* 2012; 5(1):81-84.

3. Morgan E. TheNeanderthaltheory ofautism, Asperger and ADHD; 2007, www.rdos.net/eng/asperger.htm.

4. Graves P. Novos Modelos e Metáforas para o Debate sobre o Neandertal. *Antropologia actual* 1991; 32(5): 513-541.

5. Sawyer GJ, Maley B. Neanderthal Reconstructed. The Anatomical Record Part B: *The New Anatomist* 2005; 283B(1):23-31.

6. Bastir M, O'Higgins P, Rosas A. Facial Ontogeny in Neanderthals and Modern Humans. *Proc. Biol. Sci.* 2007; 274:1125-1132.

7. Neubauer S, Gunz P, Hublin JJ. Mudanças na Forma Endocraniana durante o Crescimento em Chimpanzés e Humanos: Uma Análise Morfométrica de Aspectos Únicos e Partilhados. *J. Hum. Evol.* 2010; 59:555-566.

8. Courchesne E, Pierce K. Brain Overgrowth in Autism during a Critical Time in Development: Implicações para o Desenvolvimento e Conectividade do Neurónio Piramidal Frontal e Interneuronal. *Int. J. Dev. Neurosci.* 2005; 23:153–170.

9. Green RE, Krause J, Briggs AW, Maricic T, Stenzel U, Kircher M, Patterson N, Li H, Zhai W, *et al.* A Draft Sequence of the Neandertal Genome. *Ciência* 2010; 328:710-722.

10. Mithen SJ. *The Singing Neanderthals: The Origins of Music, Language, Mind and Body*; 2005, ISBN 0-297-64317-7.

11. Bruner E, Manzi G, Arsuaga JL. Encephalization and Allometric Trajectories in the Genus Homo: Evidências das linhagens Neandertal e Moderna. *Proc. Natl. Acad. Sci. USA* 2003; 100:15335-15340.

12. Gooch S. *The Dream Culture of the Neanderthals: Os Guardiães da Sabedoria Antiga.* Inner Traditions, Wildwood House, Londres; 2006.

13. Gooch S. *The Neanderthal Legacy: Reawakening Our Genetic and Cultural Origins (Despertar as nossas origens genéticas e culturais).* Inner Traditions, Wildwood House, Londres; 2008.

14. Kurtén B. *Den Svarta Tigern*, Editora ALBA, Estocolmo, Suécia; 1978.

15. Spikins P. Autismo, as Integrações da 'Diferença' e as Origens do Comportamento Humano Moderno. *Cambridge Archaeological Journal* 2009; 19(2):179-201.

16. Eswaran V, Harpending H, Rogers AR. Genomics Refute an Exclusively African Origin of Humans. *Journal of Human Evolution* 2005; 49(1):1-18.

CAPÍTULO 38

OS PORFÍRIOS REGULAM A TRANSMISSÃO NEURAL, A PERCEPÇÃO CONSCIENTE/QUÂNTICA E A DOMINÂNCIA HEMISFÉRICA - OS PORFÍRIOS INDUZEM AUTISMO, DISTÚRBIOS CONVULSIVOS, ESQUIZOFRENIA E SÍNDROME DE FADIGA CRÓNICA

Introdução

A arca actinídea tem estado relacionada com a patogénese do autismo, distúrbios convulsivos, esquizofrenia e síndrome de fadiga crónica. É descrita uma biosfera sombra dependente de actinídeos de arcaea e viroides nos estados da doença acima mencionados. As arcaias actinídicas têm uma via mevalonate e estão a catabolizar o colesterol. [1-5] Podem usar o colesterol como fonte de carbono e energia. O catabolismo do colesterol arcaico pode gerar porfirinas através do anel de colesterol oxidase gerado pela via pirúvia e GABA shunt. A arcaea pode produzir uma porfíria secundária induzindo a enzima heme oxidase resultando no esgotamento da heme e activação da enzima ALA synthase. As porfirinas têm estado relacionadas com autismo, distúrbios convulsivos, esquizofrenia e síndrome de fadiga crónica. O papel das porfirinas arqueológicas na regulação das funções celulares e na integração neuro-imuno-endócrina é discutido. O papel das porfirinas na regulação neural e na percepção consciente/quântica, bem como no domínio hemisférico, é elucidado. [1-5] Elas podem funcionar como organismos supramoleculares auto-replicativos que podem ser chamados de porfírios.

Materiais e Métodos

Foram incluídos no estudo os seguintes grupos: - autismo, distúrbios convulsivos, esquizofrenia e síndrome de fadiga crónica. Havia 10 pacientes em cada grupo e cada paciente tinha uma idade e sexo compatível com um controlo saudável seleccionado aleatoriamente a partir da população geral. Havia também 10 amostras de população normal com dominância direita, esquerda e bi-hemisférica. As amostras de sangue foram colhidas no estado de jejum, antes de se iniciar o tratamento. Foi utilizado plasma de sangue heparinizado em jejum e o protocolo experimental foi o seguinte (I) Plasma+fosfato tamponado salino, (II) o mesmo que I+ substrato de colesterol, (III) o mesmo que II+rutil 0,1 mg/ml, (IV) o mesmo que II+ciprofloxacina e doxiciclina, cada um numa concentração de 1 mg/ml. O substrato de colesterol foi preparado como descrito por Richmond. As alíquotas foram retiradas a tempo zero imediatamente após a mistura e após incubação a 37oC durante 1 hora. Foram efectuadas as seguintes estimativas:- citocromo F420, RNA livre, DNA livre, hidrocarboneto aromático policíclico, peróxido de hidrogénio, piruvato, amónia, glutamato, ácido delta aminolevulínico, succinato, glicina e digoxina. O citocromo F420 foi estimado flourimetricamente (comprimento de onda de excitação 420 nm e comprimento de onda de emissão 520 nm). O hidrocarboneto policíclico aromático foi estimado medindo o peróxido de hidrogénio libertado através da utilização de reagente de glucose. O estudo também envolveu a estimativa dos seguintes parâmetros na população de doentes - digoxina, ácido biliar, hexoquinase, porfirinas, piruvato, glutamato, amónia, acetil CoA, acetil colina, HMG CoA redutase, citocromo C, ATP sanguíneo, ATP sintetase, ERV RNA (RNA retroviral endógeno), H2O2 (peróxido de hidrogénio), NOX (NADPH oxidase), TNF alfa e heme oxigenase. [6-9] Foi obtido o consentimento informado dos sujeitos e a aprovação do comité de ética para o estudo. A análise estatística foi feita pela ANOVA.

Resultados

O plasma dos sujeitos de controlo mostrou níveis aumentados dos parâmetros acima mencionados com após incubação durante 1 hora e a adição de substrato de colesterol resultou num aumento ainda mais significativo destes parâmetros. O plasma dos pacientes mostrou resultados semelhantes, mas a extensão do aumento foi maior. A adição de antibióticos ao plasma de controlo causou uma diminuição em todos os parâmetros enquanto que a adição de rutilo aumentou os seus níveis. A adição de antibióticos ao plasma do paciente causou uma diminuição em todos os parâmetros enquanto que a adição de rutilo aumentou os seus níveis mas a extensão da mudança foi maior nos soros dos pacientes em comparação com os controlos. Os resultados são expressos na secção 1: tabelas 1-6 como mudança percentual nos parâmetros após 1 hora de incubação, em comparação com os valores a tempo zero. Houve síntese não-preparada de porfirina arqueal na população de doentes, que era de origem arqueal como indicado pela catálise actinídea das reacções. A via de oxidase do colesterol gerou piruvato que entrou na via de derivação GABA. Isto resultou na síntese de succinato e glicina que são substratos da ALA synthase.

O estudo mostrou que o sangue do paciente e o seu domínio hemisférico direito tinham aumentado a actividade da heme oxigenase e das porfirinas. A actividade da hexoquinase era elevada. Os níveis de piruvato, glutamato e amoníaco foram elevados, indicando bloqueio da actividade de PDH, e operação da via de derivação GABA. Os níveis de acetil CoA eram baixos e a acetil colina foi diminuída. Os níveis de citoC foram aumentados no soro indicando disfunção mitocondrial sugerida por baixos níveis de ATP sanguíneo. Isto era indicativo do fenótipo de Warburg. Houve um aumento dos níveis de NOX e TNF alfa indicando activação imunitária. A actividade da HMG CoA redutase era alta, indicando síntese de colesterol. Os níveis de ácido biliar eram baixos, indicando o esgotamento do citocromo P450. A população normal com domínio hemisférico direito tinha valores semelhantes aos da população de doentes com síntese aumentada de porfirina. A população normal com dominância hemisférica esquerda apresentava valores baixos com diminuição da síntese de porfirina.

Secção 1: Estudo experimental

Quadro 1. Efeito do rutilo e dos antibióticos no citocromo F420 e HAP

Grupo	CYT F420 % (Aumento com Rutilo)		CYT F420 % (Diminuir com Doxy+Cipro)		PAH % mudança (Aumento com Rutilo)		PAH % mudança (Diminuir com Doxy+Cipro)	
	Média	$\pm$ SD	Média	$\pm$ SD	Média	$\pm$ SD	Média	$\pm$ SD
Normal	4.48	0.15	18.24	0.66	4.45	0.14	18.25	0.72
Schizo	23.24	2.01	58.72	7.08	23.01	1.69	59.49	4.30
Apreensão	23.46	1.87	59.27	8.86	22.67	2.29	57.69	5.29
Autismo	21.68	1.90	57.93	9.64	22.61	1.42	64.48	6.90
CFS	22.70	1.87	60.46	8.06	23.73	1.38	65.20	6.20
	F valor 306,749		F valor 130.054		F valor 391.318		F valor 257.996	
	Valor P < 0,001		Valor P < 0,001		Valor P < 0,001		Valor P < 0,001	

Quadro 2. Efeito do rutilo e dos antibióticos no ARN e ADN livres

Grupo	ADN % mudança (Aumento com Rutilo)		ADN % mudança (Diminuir com Doxy+Cipro)		RNA % mudança (Aumento com Rutilo)		RNA % mudança (Diminuir com Doxy+Cipro)	
	Média	$\pm$ SD	Média	$\pm$ SD	Média	$\pm$ SD	Média	$\pm$ SD
Normal	4.37	0.15	18.39	0.38	4.37	0.13	18.38	0.48
Schizo	23.28	1.70	61.41	3.36	23.59	1.83	65.69	3.94
Apreensão	23.40	1.51	63.68	4.66	23.08	1.87	65.09	3.48
Autismo	22.12	2.44	63.69	5.14	23.33	1.35	66.83	3.27
CFS	22.29	2.05	58.70	7.34	22.29	2.05	67.03	5.97
	Valor F 337.577		F valor 356.621		Valor F 427.828		Valor F 654.453	
	Valor P < 0,001		Valor P < 0,001		Valor P < 0,001		Valor P < 0,001	

Quadro 3. Efeito do rutilo e dos antibióticos na digoxina e no ácido aminolevulínico delta

Grupo	Digoxina (ng/ml) (Aumento com Rutilo)		Digoxina (ng/ml) (Diminuir com Doxy+Cipro)		ALA % (Aumento com Rutilo)		ALA % (Diminuir com Doxy+Cipro)	
	Média	$\pm$ SD	Média	$\pm$ SD	Média	$\pm$ SD	Média	$\pm$ SD
Normal	0.11	0.00	0.054	0.003	4.40	0.10	18.48	0.39
Schizo	0.55	0.06	0.219	0.043	22.52	1.90	66.39	4.20
Apreensão	0.51	0.05	0.199	0.027	22.83	1.90	67.23	3.45
Autismo	0.53	0.08	0.205	0.041	23.20	1.57	66.65	4.26
CFS	0.51	0.05	0.213	0.033	22.29	2.05	61.91	7.56
	Valor F 135,116		Valor F 71.706		Valor F 372.716		F valor 556.411	
	Valor P < 0,001		Valor P < 0,001		Valor P < 0,001		Valor P < 0,001	

Quadro 4. Efeito do rutilo e dos antibióticos no succinato e na glicina

Grupo	Succinate % Succinate (Aumento com Rutilo)		Succinate % Succinate (Diminuir com Doxy+Cipro)		Glycine % mudança (Aumento com Rutilo)		Glycine % mudança (Diminuir com Doxy+Cipro)	
	Média	$\pm$ SD	Média	$\pm$ SD	Média	$\pm$ SD	Média	$\pm$ SD
Normal	4.41	0.15	18.63	0.12	4.34	0.15	18.24	0.37
Schizo	22.76	2.20	67.63	3.52	22.79	2.20	64.26	6.02
Apreensão	22.28	1.52	64.05	2.79	22.82	1.56	64.61	4.95
Autismo	21.88	1.19	66.28	3.60	23.02	1.65	67.61	2.77
CFS	22.29	1.33	65.38	3.62	22.13	2.14	66.26	3.93
	Valor F 403.394 Valor P < 0,001		Valor F 680.284 Valor P < 0,001		Valor F 348.867 Valor P < 0,001		Valor F 364,999 Valor P < 0,001	

Quadro 5. Efeito do rutilo e dos antibióticos sobre o piruvato e o glutamato

Grupo	Pyruvate % mudança (Aumento com Rutilo)		Pyruvate % mudança (Diminuir com Doxy+Cipro)		Glutamato (Aumento com Rutilo)		Glutamato (Diminuir com Doxy+Cipro)	
	Média	$\pm$ SD	Média	$\pm$ SD	Média	$\pm$ SD	Média	$\pm$ SD
Normal	4.34	0.21	18.43	0.82	4.21	0.16	18.56	0.76
Schizo	20.99	1.46	61.23	9.73	23.01	2.61	65.87	5.27
Apreensão	20.94	1.54	62.76	8.52	23.33	1.79	62.50	5.56
Autismo	21.91	1.71	58.45	6.66	22.88	1.87	65.45	5.08
CFS	22.29	2.05	62.37	5.05	21.66	1.94	67.03	5.97
	Valor F 321.255 Valor P < 0,001		F valor 115.242 Valor P < 0,001		F valor 292.065 Valor P < 0,001		Valor F 317.966 Valor P < 0,001	

Quadro 6. Efeito do rutilo e dos antibióticos sobre o peróxido de hidrogénio e o amoníaco

Grupo	H2O2 % (Aumento com Rutilo)		H2O2 % (Diminuir com Doxy+Cipro)		Amoníaco % (Aumento com Rutilo)		Amoníaco % (Diminuir com Doxy+Cipro)	
	Média	$\pm$ SD	Média	$\pm$ SD	Média	$\pm$ SD	Média	$\pm$ SD
Normal	4.43	0.19	18.13	0.63	4.40	0.10	18.48	0.39
Schizo	22.50	1.66	60.21	7.42	22.52	1.90	66.39	4.20
Apreensão	23.81	1.19	61.08	7.38	22.83	1.90	67.23	3.45
Autismo	23.52	1.49	63.24	7.36	23.20	1.57	66.65	4.26
CFS	23.29	1.67	60.52	5.38	22.29	2.05	61.91	7.56
	Valor F 380,721 Valor P < 0,001		Valor F 171.228 Valor P < 0,001		Valor F 372.716 Valor P < 0,001		F valor 556.411 Valor P < 0,001	

Quadro 1

Grupo	Digoxina RBC (ng/ml RBC Susp)		Citocromo F 420		HERV RNA (ug/ml)		H2O2 (umol/ml RBC)	
	Média	± SD	Média	± SD	Média	± SD	Média	± SD
NO/BHCD	0.58	0.07	1.00	0.00	17.75	0.72	177.43	6.71
RHCD	1.41	0.23	4.00	0.00	55.17	5.85	278.29	7.74
LHCD	0.18	0.05	0.00	0.00	8.70	0.90	111.63	5.40
Esquizofrenia	1.38	0.26	4.00	0.00	51.17	3.65	274.88	8.73
Apreensão	1.23	0.26	4.00	0.00	50.04	3.91	278.90	11.20
Autismo	1.19	0.24	4.00	0.00	52.87	7.04	274.52	9.29
Sindicato da fadiga crónica	1.35	0.22	4.00	0.00	48.54	5.97	277.50	7.51
Valor F	60.288		0.001		194.418		713.569	
Valor P	< 0.001		< 0.001		< 0.001		< 0.001	

Quadro 2

Grupo	NOX (OD dif/hr/mgpro)		TNF ALP (pg/ml)		ALA (umol24)		PBG (umol24)	
	Média	± SD	Média	± SD	Média	± SD	Média	± SD
NO/BHCD	0.012	0.001	17.94	0.59	15.44	0.50	20.82	1.19
RHCD	0.036	0.008	78.63	5.08	63.50	6.95	42.20	8.50
LHCD	0.007	0.001	9.29	0.81	3.86	0.26	12.11	1.34
Esquizofrenia	0.036	0.009	78.23	7.13	66.16	6.51	42.50	3.23
Apreensão	0.038	0.007	79.28	4.55	68.28	6.02	46.54	4.55
Autismo	0.036	0.006	76.71	5.25	68.16	4.92	42.04	2.38
Sindicato da fadiga crónica	0.040	0.006	80.34	4.73	66.68	4.14	48.70	3.35
Valor F	44.896		427.654		295.467		183.296	
Valor P	< 0.001		< 0.001		< 0.001		< 0.001	

Quadro 3

Grupo	Uroporfirina (nmol24)		Coproporfirina (nmol/24)		Protoporfirina (unidade Ab)		Heme (uM)	
	Média	$\pm$ SD	Média	$\pm$ SD	Média	$\pm$ SD	Média	$\pm$ SD
NO/BHCD	50.18	3.54	137.94	4.75	10.35	0.38	30.27	0.81
RHCD	250.28	23.43	389.01	54.11	42.46	6.36	12.47	2.82
LHCD	9.51	1.19	64.33	13.09	2.64	0.42	50.55	1.07
Esquizofrenia	267.81	64.05	401.49	50.73	44.30	2.66	12.82	2.40
Apreensão	290.44	57.65	436.71	52.95	49.59	1.70	13.03	0.70
Autismo	318.84	82.90	423.29	47.57	47.50	2.87	12.37	2.09
Sindicato da fadiga crónica	287.09	15.63	442.85	49.61	50.36	3.49	12.01	1.53
Valor F	160.533		279.759		424.198		1472.05	
Valor P	< 0.001		< 0.001		< 0.001		< 0.001	

Quadro 4

Grupo	Bilirubin (mg/dl)		Biliverdin (unidade Ab)		ATP Synthase (umol/gHb)		SE ATP (umol/dl)	
	Média	$\pm$ SD	Média	$\pm$ SD	Média	$\pm$ SD	Média	$\pm$ SD
NO/BHCD	0.55	0.02	0.030	0.001	0.36	0.13	0.42	0.11
RHCD	1.70	0.20	0.067	0.011	2.73	0.94	2.24	0.44
LHCD	0.21	0.00	0.017	0.001	0.09	0.01	0.02	0.01
Esquizofrenia	1.74	0.08	0.073	0.013	2.66	0.58	1.26	0.19
Apreensão	1.84	0.07	0.070	0.015	3.09	0.65	1.66	0.56
Autismo	1.83	0.16	0.072	0.014	2.67	0.80	2.03	0.12
Sindicato da fadiga crónica	1.84	0.07	0.073	0.011	3.15	0.46	1.51	0.38
Valor F	370.517		59.963		54.754		67.588	
Valor P	< 0.001		< 0.001		< 0.001		< 0.001	

Quadro 5

Grupo	Cyto C (ng/ml)		Lactato (mg/dl)		Pyruvate (umol/l)		RBC Hexokinase (ug glu fos/ hr/mgpro)	
	Média	$\pm$ SD	Média	$\pm$ SD	Média	$\pm$ SD	Média	$\pm$ SD
NO/BHCD	2.79	0.28	7.38	0.31	40.51	1.42	1.66	0.45
RHCD	12.39	1.23	25.99	8.10	100.51	12.32	5.46	2.83
LHCD	1.21	0.38	2.75	0.41	23.79	2.51	0.68	0.23
Esquizofrenia	11.58	0.90	22.07	1.06	96.54	9.96	7.69	3.40
Apreensão	12.06	1.09	21.78	0.58	90.46	8.30	6.29	1.73
Autismo	12.48	0.79	21.95	0.65	92.71	8.43	6.95	2.02
Sindicato da fadiga crónica	12.23	0.94	23.66	1.64	94.36	8.06	8.53	2.64
Valor F	445.772		162.945		154.701		18.187	
Valor P	< 0.001		< 0.001		< 0.001		< 0.001	

354

Quadro 6

Grupo	ACOA (mg/d)		ACH (ug/ml)		Glutamato (mg/dl)	
	Média	**+ SD**	**Média**	**+ SD**	**Média**	**+ SD**
NO/BHCD	8.75	0.38	75.11	2.96	0.65	0.03
RHCD	2.51	0.36	38.57	7.03	3.19	0.32
LHCD	16.49	0.89	91.98	2.89	0.16	0.02
Esquizofrenia	2.51	0.57	48.52	6.28	3.41	0.41
Apreensão	2.15	0.22	33.27	5.99	3.67	0.38
Autismo	2.42	0.41	50.61	6.32	3.30	0.32
Sindicato da fadiga crónica	2.04	0.10	37.95	8.82	3.33	0.25
Valor F	1871.04		116.901		200.702	
Valor P	< 0.001		< 0.001		< 0.001	

Quadro 7

Grupo	Se. Amoníaco (ug/dl)		HMG Co A (HMG CoA/MEV)		Ácido biliar (mg/ml)	
	Média	**+ SD**	**Média**	**+ SD**	**Média**	**+ SD**
NO/BHCD	50.60	1.42	1.70	0.07	79.99	3.36
RHCD	93.43	4.85	1.16	0.10	25.68	7.04
LHCD	23.92	3.38	2.21	0.39	140.40	10.32
Esquizofrenia	94.72	3.28	1.11	0.08	22.45	5.57
Apreensão	95.61	7.88	1.14	0.07	22.98	5.19
Autismo	94.01	5.00	1.12	0.06	23.16	5.78
Sindicato da fadiga crónica	93.42	5.34	1.01	0.09	23.87	4.00
Valor F	61.645		159.963		635.306	
Valor P	< 0.001		< 0.001		< 0.001	

Abreviaturas

NO/BHCD: Dominância química normal/Bi-hemisférica

RHCD: Domínio químico hemisférico direito

LHCD: Domínio químico hemisférico esquerdo

Syndr: Síndrome

Discussão

Houve um aumento do citocromo F420, indicando um crescimento arqueológico. O arcaico pode sintetizar e utilizar o colesterol como fonte de carbono e energia. [2,10] A origem arqueal das actividades enzimáticas foi indicada pela supressão induzida por antibióticos. O estudo indica a presença de arquebactérias baseadas em actinídeos com enzimas alternativas baseadas em actinídeos ou metalloenzimas no sistema, como indicado pelo aumento induzido rutilo das actividades enzimáticas. [11] A actividade da beta-hidroxil esteroide desidrogenase do arquebactéria indica a síntese de digoxina. [12] A actividade do colesterol oxidase arqueal foi aumentada resultando na geração de piruvato e peróxido de hidrogénio. [10] O piruvato é convertido em glutamato e amoníaco pela via de derivação GABA. O piruvato é convertido em glutamato por transaminase de glutamato de soro piruvato. O glutamato é convertido em glutamato desidrogenase para gerar cetoglutarato alfa e amoníaco. A alanina é mais comummente produzida pela aminação redutiva da piruvato através da alanina transaminase. Esta reacção reversível envolve a interconversão de alanina e piruvato, associada à interconversão de alfa-ketoglutarato (2-oxoglutarato) e glutamato. A alanina pode contribuir para a glicina. O glutamato é actuado pela decarboxilase do ácido glutâmico para gerar GABA. GABA é convertido em semialdeído succínico pela transaminase GABA. A semialdeído succínico é convertido em ácido succínico por semialdeído succinico desidrogenase. Glycine combina com succinil CoA para gerar ácido aminolevulínico delta catalisado pela enzima ALA synthase. Havia síntese de porfirina arqueal upregulada na população de doentes que era de origem arqueal como indicado pela catálise actinídea das reacções. A via da oxidase do colesterol gerou piruvato que entrou na via de derivação GABA. Isto resultou na síntese de succinato e glicina que são substratos da ALA synthase. A arcaea pode sofrer a mineralização de magnetite e carbonato de cálcio e pode existir como nanoformas calcificadas. [13]

A possibilidade do fenótipo de Warburg induzido por organismo primitivo baseado em actinídeos como o arquebactérias com uma via mevalonate e catabolismo do colesterol foi considerada neste artigo. O fenótipo de Warburg resulta na inibição da desidrogenase pirúvel e do ciclo TCA. O piruvato entra na via de derivação GABA onde é convertido em succinil CoA. A via glicolítica é upregulada e o metabolito glicolítico fosfoglicérato é convertido em serina e glicina. A glicina e a succinil CoA são os substratos para a síntese de ALA. A arcaea induz a enzima heme oxigenase. A Heme oxigenase converte a heme em bilirrubina e biliverdina. Isto esgota a heme do sistema e resulta na upregulação da actividade da ALA synthase, resultando na porfíria. O heme inibe a HIF alfa. O esgotamento do heme resulta na upregulação da actividade HIF alfa e no reforço do fenótipo Warburg. A auto oxidação da porfirina resulta em stress redox que activa o alfa HIF e gera o fenótipo de Warburg. O fenótipo Warburg resulta na canalização de acetil CoA para a síntese do colesterol, uma vez que o ciclo TCA e a fosforilação oxidativa mitocondrial são bloqueados. A arcaea utiliza o colesterol como um substrato energético. A porfirina e o ALA inibem a ATPase de sódio potássico. Isto aumenta a síntese do colesterol ao agir sobre a SREBP intracelular. O colesterol é metabolizado para piruvitar e depois a via de derivação GABA para utilização final na síntese da porfirina. As porfirinas podem auto-organizar-se e auto-replicar-se em arrays macromoleculares. As matrizes de porfirina comportam-se como um organismo autónomo e podem ter transporte intramolecular de electrões gerando ATP. As macroarrays de porfirina podem armazenar informação e podem ter percepção quântica. Os macroarrays de porfirina servem o propósito da energia arqueal e da percepção sensorial. O fenótipo de Warburg pode contribuir para as perturbações neuropsiquiátricas.

O papel das porfirinas arqueológicas na regulação das funções celulares e na integração neuro-imuno-endocrina é discutido. A protoporfirina liga-se ao receptor periférico de benzodiazepina que regula a síntese de esteróides e digoxinas. O aumento dos metabolitos da porfirina pode contribuir para a hiperdigoxinemia. A digoxina pode modular o sistema neuro-imuno-endócrino. As porfirinas podem combinar com a função de membrana moduladora das membranas. As porfirinas podem combinar-se com proteínas oxidando a sua tirosina, triptofano, cisteína e resíduos de histidina produzindo reticulação e alterando a conformação e função proteica. As porfirinas podem complexar com ADN e ARN modulando a sua função. A interpolação da porfirina com ADN pode alterar a transcrição e gerar a expressão HERV. A deficiência de hemoglobina também pode resultar em estados de doença. A deficiência de heme resulta em deficiência de enzimas heme. Há deficiência de citocromo C oxidase e disfunção mitocondrial. O glutatião peroxidase é disfuncional e o sistema de glutatião de radicais livres não funciona. As enzimas do citocromo P450 envolvidas na síntese de esteróides e ácidos biliares reduziram a actividade levando a estados de deficiência de esteróides - cortisol e hormonas sexuais, bem como de ácido biliar. A deficiência de heme resulta em disfunção de óxido nítrico sintase, heme oxigenase e cistina beta-sintase, resultando na falta de gasotransmissores que regulam o sistema vascular e receptor NMDA - NO, CO e H2S. O Heme tem efeitos citoprotectores, neuroprotectores, anti-inflamatórios e antiproliferativos. O Heme também está envolvido na resposta ao stress. A deficiência de Heme leva ao autismo, distúrbios convulsivos, esquizofrenia e síndrome de fadiga crónica. Os ácidos biliares podem ligar-se aos receptores olfactivos e modular a função do lóbulo límbico. Os ácidos biliares estão envolvidos no grupo e na cognição social. A deficiência de ácidos biliares pode levar ao autismo e esquizofrenia. Os ácidos biliares são neuroprotectores e a sua deficiência pode contribuir para o autismo, desordem convulsiva, esquizofrenia e síndrome de fadiga crónica. A disfunção mitocondrial tem estado relacionada com o autismo, transtorno convulsivo, esquizofrenia e síndrome de fadiga crónica. A deficiência de NO, CO e H2S pode contribuir para o estado hipoglutamatérico na esquizofrenia e no autismo. Como a serina e a glicina são utilizadas para a síntese da porfirina, não estão disponíveis para a modulação positiva do receptor NMDA. Isto pode contribuir para a disfunção do receptor NMDA na esquizofrenia e no autismo. [3-5]

As porfirinas podem ser submetidas a foto-oxidação e autooxidação gerando radicais livres. As porfirinas arqueológicas podem produzir lesões por radicais livres. Os radicais livres produzem activação NFKB, abrem o PT mitocondrial resultando em morte celular, produzem activação oncogénica, activam o receptor NMDA e a enzima GAD que regula a neurotransmissão e geram os fenótipos de Warburg que activam a glicólise e inibem o ciclo/oxposição do TCA. As porfirinas podem complexar e intercalar-se com a membrana celular produzindo inibição da ATPase de sódio potássico, adicionando à inibição mediada pela digoxina. As porfirinas podem complexar com proteínas e ácido nucleico produzindo emissão de biofotão. A complexação das porfirinas com proteínas pode modular a estrutura e função das proteínas. A complexação das porfirinas com ADN e ARN pode modular a transcrição e tradução. A porfirina especialmente as protoporfirinas podem ligar-se aos receptores periféricos de benzodiazepina nas mitocôndrias e modular a sua função, transporte do colesterol mitocondrial e esteroidogénese. A modulação dos receptores periféricos de benzodiazepina por protoporfirinas pode regular a morte celular, a proliferação celular, a imunidade e as funções neurais. A foto-oxidação da porfirina gera radicais livres que podem modular a função enzimática. As enzimas Redox moduladas por stress incluem desidrogenase piruvada, óxido nítrico sintase, beta-sintase de cistina e heme oxigenase. Os radicais livres podem modular a função dos poros mitocondriais do PT. Os radicais livres podem modular a função da membrana celular e inibir a actividade da ATPase potássica de sódio. Assim, as porfirinas são moléculas reguladoras chave modulando todos os aspectos da função celular. [3-5] Houve um aumento de RNA livre indicando viroides auto-replicativos de RNA e DNA livre indicando geração de cordões de DNA complementares do viroide por actividade de transcriptase inversa arqueal. Os actinídeos e as porfirinas modulam o RNA dobrando e catalisando a sua acção ribozymal. A Digoxin pode cortar e colar os cordões viroidais, modulando a emenda do RNA gerando a diversidade viroidiana do RNA. Os viroides são intrões evolutivamente escapados do grupo I do arquipélago, que têm retrotransposição e qualidades de auto emenda. O piruvato arqueal produzindo inibição da deacetylase histonal e as porfirinas intercaladas com ADN podem produzir retroviral endógeno (HERV) transcriptase inversa e expressão integrase. Isto pode integrar o ADN complementar viroidiano do RNA na região não codificante do ADN eucariótico não codificante utilizando a integrase HERV, tal como foi descrito para os vírus borna e ebola. O arquebactérias e os viroides também podem induzir a síntese de porfirina celular. As infecções bacterianas e virais podem precipitar a porfíria. Assim, as porfirinas podem regular a função genómica. A expressão HERV tem estado relacionada com autismo, distúrbios convulsivos, esquizofrenia e síndrome de fadiga crónica. O stress Redox pode contribuir para o autismo, desordem convulsiva, esquizofrenia e síndrome de fadiga crónica. [14,15]

A arcaea e os viroides podem regular o sistema nervoso, incluindo o NMDA/GABA talamocorticothalamic pathway mediando a percepção consciente. A foto-oxidação da porfirina pode gerar radicais livres que podem modular a transmissão NMDA. Os radicais livres podem aumentar a transmissão de NMDA. Os radicais livres podem induzir GAD e aumentar a síntese GABA. O ALA bloqueia a transmissão GABA e upregula o NMDA. As protoporfirinas ligam-se ao receptor GABA e promovem a transmissão GABA. Assim, as porfirinas podem modular a via thalamocorticothalâmica da percepção consciente. As porfirinas dipolares, PAH e magnetite arqueal no cenário de inibição da ATPase de potássio de sódio induzida por digoxina podem produzir um sistema de fonon de bombeamento mediado pelo modelo de Frohlich supercondutor do estado induzindo a percepção quântica com a gravidade nanoarqueal sentida produzindo a redução orquestrada das possibilidades quânticas para o mundo macroscópico. O ALA pode produzir inibição da ATPase de potássio de sódio resultando num estado quântico mediado por um sistema de fonão bombeado envolvendo porfirinas dipolares. As moléculas de porfirina têm uma existência de partículas de onda e podem fazer a ponte entre a linha divisória entre o estado quântico e o estado particulado. Assim, as porfirinas podem mediar a percepção consciente e quântica. As porfirinas ligadas a proteínas, ácidos nucleicos e membranas celulares podem produzir emissão de biofotões. As porfirinas por autooxidação podem gerar biofotões e estão envolvidas na percepção quântica. Os biofotões podem mediar a percepção quântica. A foto-oxidação das porfirinas celulares está envolvida na detecção de campos magnéticos terrestres e de campos biomagnéticos de baixo nível. Assim, as profefirinas podem mediar a percepção extra-sensorial. As porfirinas podem modular a dominância hemisférica. Há um aumento da síntese de porfirinas e RHCD e uma diminuição da síntese de porfirinas no LHCD. O aumento das porfirinas arqueológicas pode contribuir para a patogénese da esquizofrenia e do autismo. A porfiria pode levar a distúrbios psiquiátricos e convulsões. O metabolismo alterado da porfirina tem sido descrito no autismo. A porfirina através da modulação da percepção consciente e quântica está envolvida na patogénese da esquizofrenia e do autismo. As protoporfirinas bloqueiam a transmissão da acetilcolina, produzindo uma neuropatia vagal com sobreactividade simpática. A neuropatia vagal resulta em activação imunitária, vasoespasmo e doença vascular. Uma neuropatia vagal sublinha as perturbações neuropsiquiátricas funcionais. O aumento da transmissão NMDA induzido pela porfirina e a lesão dos radicais livres podem contribuir para a degeneração neuronal. Os radicais livres podem produzir disfunções dos poros mitocondriais. Isto pode levar a uma fuga de citocondrial e à activação da cascata de caspase, levando à apoptose e à morte celular. O metabolismo alterado da porfirina tem sido descrito no autismo, distúrbio convulsivo, esquizofrenia e síndrome de fadiga crónica. O aumento da foto-oxidação da porfirina gerou radicais livres mediados pela transmissão de NMDA também pode contribuir para a epileptogénese. As protoporfirinas ligadas aos receptores mitocondriais benzodiazepínicos podem regular a função cerebral e a morte celular. [3,4,16]

A foto-oxidação da porfirina pode gerar radicais livres que podem activar o NFKB. Isto pode produzir activação imunitária e lesão mediada por citocinas. A activação imunitária tem estado relacionada com autismo, distúrbio convulsivo, esquizofrenia e síndrome de fadiga crónica. O aumento das porfirinas arqueológicas pode levar à activação imunitária crucial na patogénese de distúrbios neuropsiquiátricos funcionais. As protoporfirinas ligadas aos receptores mitocondriais de benzodiazepina podem modular a função imunológica. As porfirinas podem combinar-se com proteínas oxidando a sua tirosina, triptofano, cisteína e resíduos de histidina produzindo ligações cruzadas e alterando a conformação e função proteica. As porfirinas podem complexar com ADN e ARN modulando a sua estrutura. As porfirinas complexadas com proteínas e ácidos nucleicos são antigénicas e podem levar a patologia auto-imune documentada no autismo, distúrbios convulsivos, esquizofrenia e síndrome de fadiga crónica. [3,4] As protoporfirinas ligadas aos receptores mitocondriais de benzodiazepina podem modular a esteroidogénese e o metabolismo mitocondriais. Os esteróides sexuais podem modular a neurotransmissão cerebral e contribuir para a patogénese do autismo, distúrbio convulsivo, esquizofrenia e síndrome da fadiga crónica. [3,4] As porfirinas no sangue podem combinar-se com bactérias e vírus e a foto-oxidação gerada pelos radicais livres pode matá-los. As porfirinas arqueológicas podem modular as infecções bacterianas e virais. As porfirinas arqueais são moléculas reguladoras que mantêm outras procariotas e vírus sob controlo. Os vírus Borna e herpes têm sido relacionados com autismo, distúrbios convulsivos, esquizofrenia e síndrome de fadiga crónica. [3,4] Assim, as porfirinas arqueológicas podem contribuir para a patogénese do autismo, distúrbio convulsivo, esquizofrenia e síndrome de fadiga crónica. A síntese da porfirina arqueal é crucial para a patogénese destas perturbações. As porfirinas podem servir como moléculas reguladoras moduladoras dos sistemas imunitário, neural, endócrino, metabólico e genético. As porfirinas foto-oxidantes geradas pelos radicais livres podem produzir activação imunitária, produzir morte celular, activar a proliferação celular, produzir resistência à insulina e modular a percepção consciente/quântica. As porfirinas arqueológicas funcionam como moléculas reguladoras chave com receptores mitocondriais de benzodiazepina a desempenhar um papel importante. [3,4]

As porfirinas também têm um significado evolutivo, uma vez que a porfíria está relacionada com as raças cítricas e contribui para as características comportamentais e intelectuais deste grupo populacional. As porfirinas podem intercalar-se no ADN e produzir expressão HERV. O RNA HERV pode ser convertido em ADN por transcriptase inversa, que pode ser integrado no ADN por integrase. Isto tende a aumentar o comprimento da região não codificante do ADN. O aumento da região não codificante do ADN está envolvido na evolução primata e humana. Assim, o aumento das taxas de síntese de porfirina estaria correlacionado com o aumento do comprimento não codificador do ADN. A alteração do comprimento da região não codificante do ADN contribui para a natureza dinâmica do genoma. Assim, as porfírias genéticas e adquiridas podem levar a alterações na região não codificante do genoma. A alteração do comprimento da região não codificante do ADN contribui para as diferenças raciais e individuais das populações. Um aumento do comprimento da região não codificante, bem como uma maior síntese de porfirina, leva a um aumento da função cognitiva e criativa dos neurónios. As porfirinas estão envolvidas na percepção quântica e na regulação da via talamocorticotalâmica da percepção consciente. Assim, as porfírias genéticas e adquiridas contribuem para uma maior capacidade cognitiva e criativa de certas raças. As porfírias são comuns entre as raças ciáticas eurasiáticas que assumiram papéis de liderança em comunidades e grupos. As porfirinas têm contribuído para a evolução humana e dos primatas. Há uma elevada incidência de autismo, distúrbios convulsivos, esquizofrenia e síndrome de fadiga crónica nas raças citas e a maioria da nossa população de doentes pertencia a este grupo. [3,4]

As porfirinas dipolares, PAH e magnetite arqueal no cenário de inibição da ATPase de potássio de sódio induzida por digoxina podem produzir um sistema de fonon de bombeamento mediado pelo modelo de Frohlich supercondutor do estado induzindo a percepção quântica com a gravidade nanoarqueal sentida produzindo a redução orquestrada das possibilidades quânticas para o mundo macroscópico. O ALA pode produzir inibição da ATPase de potássio de sódio resultando num estado quântico mediado por um sistema de fonão bombeado envolvendo porfirinas dipolares. As porfirinas por autooxidação podem gerar biofotões e estão envolvidas na percepção quântica. Os biofotões podem mediar a percepção quântica. As porfirinas celulares por foto-oxidação estão envolvidas na detecção de campos magnéticos terrestres e de campos biomagnéticos de baixo nível. As porfirinas podem assim contribuir para a percepção quântica. Campos electromagnéticos de baixo nível e luz podem induzir a síntese das porfirinas. CEM de baixo nível podem produzir inibição de ferrochelatase, bem como indução de heme oxigenase, contribuindo para o esgotamento de heme, indução de ALA sintase e aumento da síntese da porfirina. A luz também induz a síntese de ALA sintase e a síntese de porfirina. O aumento da síntese da porfirina pode contribuir para o aumento da percepção quântica e pode modular a percepção consciente. Os biofotões e campos quânticos induzidos pela porfirina podem modular a fonte a partir da qual foram gerados

CEM de baixo nível e campos fóticos. Assim, a porfirina gerada por campos EMF e campos fóticos de baixo nível estranhos pode interagir com a fonte de campos EMF e campos fóticos de baixo nível, modulando-a. Assim, as porfirinas podem servir de ponte entre o cérebro humano e a fonte de campos EMF e campos fóticos de baixo nível. Isto serve como um modo de comunicação entre o cérebro humano e os dispositivos de armazenamento de campos fóbicos como a Internet. As porfirinas também podem servir como fonte de comunicação com o ambiente. Os CEM ambientais e as substâncias químicas produzem indução de heme oxigenase e esgotamento de heme, aumentando a síntese da porfirina, a percepção quântica e a comunicação nos dois sentidos. Assim, a indução da síntese da porfirina pode servir como um mecanismo de comunicação entre o cérebro humano e o ambiente através da percepção extra-sensorial. Assim, a percepção extra-sensorial mediada pela porfirina pode contribuir para a patogénese do autismo, distúrbio convulsivo, esquizofrenia e síndrome de fadiga crónica, bem como para o domínio hemisférico. Um defeito metabólico da porfirina pode estar subjacente ao autismo, distúrbio convulsivo, esquizofrenia e síndrome de fadiga crónica. As porfirinas são as principais moléculas moduladoras da percepção quântica e consciente, bem como da dominância hemisférica.

Referências

1   Eckburg P.B., Lepp, P.W., Relman, D.A. (2003). Archaea and their potential role in human disease, *Infect Immun,* 71, 591-596.

2   Smit A.,Mushegian, A. (2000)Biossíntese de isoprenoides via mevalonato em Archaea: o caminho perdido,*Genoma Res,* 10(10), 1468-84.

3   Puy, H., Gouya, L. , Deybach, J.C. (2010). Porfirias. *The Lancet,* 375(9718), 924 - 937.

4   Kadish, K.M., Smith, K.M., Guilard, C. (1999). *Porphyrin Hand Book.* Academic Press, Nova Iorque: Elsevier.

5   Gavish M., Bachman, I., Shoukrun, R., Katz, Y., Veenman, L., Weisinger, G.,Weizman,A. (1999). Enigma do Receptor Periférico de Benzodiazepinas. *Revisões farmacológicas,* 51(4), 629-650.

6   Richmond W. (1973). Preparation and properties of a cholesterol oxidase from nocardia species and its application to the enzymatic assay of total cholesterol in serum, *Clin Chem,* 19, 1350-1356.

7   Snell E.D., Snell, C.T. (1961). *Métodos Colorimétricos de Análise.* Vol 3A. Nova Iorque: Van NoStrand.

8   Glick D. (1971). *Métodos de Análise Bioquímica.* Vol 5. Nova Iorque: Interscience Publishers.

9   Colowick, Kaplan, N.O. (1955). *Métodos em Enzimologia.* Vol 2. Nova Iorque: Imprensa académica.

10   Van der Geize R., Yam, K., Heuser, T., Wilbrink, M.H., Hara, H., Anderton, M.C. (2007). Um aglomerado de genes que codifica o catabolismo do colesterol num actinomicetato do solo fornece uma visão da sobrevivência de Mycobacterium tuberculosis em macrófagos, *Proc Natl Acad Sci USA,* 104(6), 1947-52.

11   Francis A.J. (1998). Biotransformação de urânio e outros actinídeos em resíduos radioactivos, *Journal of Alloys and Compounds,* 271(273), 78-84.

12   Schoner W. (2002). Endogenous cardiac glycosides, uma nova classe de hormonas esteróides, *Eur J Biochem,* 269, 2440-2448.

13   Vainshtein M., Suzina, N., Kudryashova, E., Ariskina, E. (2002). New Magnet-Sensitive Structures in Bacterial and Archaeal Cells, *Biol Cell,* 94(1), 29-35.

14   Tsagris E.M., de Alba, A.E., Gozmanova, M., Kalantidis, K. (2008). Viroids, *Cell Microbiol,* 10, 2168.

15   Horie M., Honda, T., Suzuki, Y., Kobayashi, Y., Daito, T., Oshida, T. (2010). Elementos endógenos não retrovirais do vírus RNA em genomas de mamíferos, *Nature,* 463, 84-87.

16   Kurup R., Kurup, P.A. (2009). *Digoxina hipotalâmica, dominância cerebral e função cerebral na saúde e nas doenças.* Nova Iorque: Nova Science Publishers.

CAPÍTULO 39

OS PORFÍRIOS E O PROCESSO DE ENVELHECIMENTO

Introdução

A arca actinídea tem estado relacionada com a patogénese da malignidade, síndrome metabólica x, angite do SNC e degeneração neuronal comum na população geriátrica. É descrita uma biosfera sombra dependente de actinídeos de arcaea e viroides nos estados da doença acima mencionados. A arcaea actinídica pode mediar o processo de envelhecimento. As arcaias actinídicas têm uma via mevalonada e estão a catabolizar o colesterol. Podem usar o colesterol como fonte de carbono e energia. O catabolismo do colesterol arcaico pode gerar porfirinas através do anel de colesterol oxidase gerado pela via pirúvia e GABA shunt. A arcaea pode produzir uma porfíria secundária induzindo a enzima heme oxidase resultando no esgotamento da heme e activação da enzima ALA synthase. As porfirinas têm estado relacionadas com a síndrome metabólica x, malignidade, angite do SNC e doenças de Alzheimer comuns no grupo etário geriátrico. O metabolismo da porfirina pode desempenhar um papel no processo de envelhecimento. O papel das porfirinas no envelhecimento das células e tecidos, bem como na regulação das funções celulares e na integração neuro-imuno-endócrina, é discutido. [1-5] Elas podem funcionar como organismos supramoleculares auto-replicativos que podem ser chamados de porfírios.

Materiais e Métodos

Foram incluídos no estudo os seguintes grupos: - grupo etário normal não geriátrico saudável, grupo etário normal geriátrico saudável, síndrome metabólico x com trombose cerebrovascular e doença arterial coronária, linfoma não hodgkiniano, angitezheimer e doença de Alzheimer do SNC. Havia 10 pacientes em cada grupo e cada paciente tinha uma idade e sexo combinados com um controlo saudável seleccionado aleatoriamente a partir da população geral. As amostras de sangue foram colhidas no estado de jejum, antes de se iniciar o tratamento. Foi utilizado plasma de sangue heparinizado em jejum e o protocolo experimental foi o seguinte (I) Plasma+fosfato tamponado salino, (II) o mesmo que o substrato de I+colesterol, (III) o mesmo que o II+rutil 0,1 mg/ml, (IV) o mesmo que o II+ciprofloxacina e doxiciclina, cada um numa concentração de 1 mg/ml. O substrato de colesterol foi preparado como descrito por Richmond. As alíquotas foram retiradas a tempo zero imediatamente após a mistura e após incubação a 37oC durante 1 hora. Foram efectuadas as seguintes estimativas:- citocromo F420, RNA livre, DNA livre, hidrocarboneto aromático policíclico, peróxido de hidrogénio, piruvato, amónia, glutamato, ácido delta aminolevulínico, succinato, glicina e digoxina. O citocromo F420 foi estimado flourimetricamente (comprimento de onda de excitação 420 nm e comprimento de onda de emissão 520 nm). O hidrocarboneto policíclico aromático foi estimado medindo o peróxido de hidrogénio libertado através da

363

utilização de reagente de glucose. O estudo também envolveu a estimativa dos seguintes parâmetros na população de doentes - digoxina, ácido biliar, hexoquinase, porfirinas, piruvato, glutamato, amónia, acetil CoA, acetil colina, HMG CoA redutase, citocromo C, ATP sanguíneo, ATP sintetase, ERV RNA (RNA retroviral endógeno), H2O2 (peróxido de hidrogénio), NOX (NADPH oxidase), TNF alfa e heme oxigenase. [6-9] Foi obtido o consentimento informado dos sujeitos e a aprovação do comité de ética para o estudo. A análise estatística foi feita pela ANOVA.

Resultados

O plasma dos sujeitos de controlo mostrou níveis aumentados dos parâmetros acima mencionados com após incubação durante 1 hora e a adição de substrato de colesterol resultou num aumento ainda mais significativo destes parâmetros. O plasma dos pacientes, bem como do grupo geriátrico, mostrou resultados semelhantes, mas a extensão do aumento foi maior. A adição de antibióticos ao plasma de controlo causou uma diminuição em todos os parâmetros enquanto que a adição de rutilo aumentou os seus níveis. A adição de antibióticos ao plasma do paciente bem como ao grupo geriátrico causou uma diminuição em todos os parâmetros enquanto que a adição de rutilo aumentou os seus níveis mas a extensão da mudança foi maior no soro do paciente em comparação com os controlos. Os resultados são expressos na secção 1: tabelas 1-6 como mudança percentual nos parâmetros após 1 hora de incubação, em comparação com os valores a tempo zero. Houve síntese não-preparada de porfirina arqueal na população de doentes, bem como no grupo geriátrico que era de origem arqueal, como indicado pela catálise actinídea das reacções. A via de oxidase do colesterol gerou piruvato que entrou na via de derivação GABA. Isto resultou na síntese de succinato e glicina que são substratos da ALA synthase.

O estudo mostrou que a população e o grupo geriátrico do doente tinha aumentado a actividade da heme oxigenase e das porfirinas. A actividade da hexoquinase era elevada. Os níveis de piruvato, glutamato e amoníaco foram elevados, indicando bloqueio da actividade de PDH, e operação da via de derivação GABA. Os níveis de acetil CoA eram baixos e a acetil colina foi diminuída. Os níveis de cito C foram aumentados no soro indicando disfunção mitocondrial sugerida por baixos níveis de ATP sanguíneo. Isto era indicativo do fenótipo de Warburg. Houve um aumento dos níveis de NOX e TNF alfa indicando activação imunitária. A actividade da HMG CoA redutase era alta, indicando síntese de colesterol. Os níveis de ácido biliar eram baixos, indicando o esgotamento do citocromo P450. A população não geriátrica normal tinha valores baixos com diminuição da síntese de porfirina.

Secção 1: Estudo experimental

Quadro 1. Efeito do rutilo e dos antibióticos no citocromo F420 e HAP

Grupo	CYT F420 % (Aumento com Rutilo)		CYT F420 % (Diminuir com Doxy+Cipro)		PAH % mudança (Aumento com Rutilo)		PAH % mudança (Diminuir com Doxy+Cipro)	
	Média	± SD	Média	± SD	Média	± SD	Média	± SD
Jovens saudáveis	4.48	0.15	18.24	0.66	4.45	0.14	18.25	0.72
Geriatria	23.24	2.01	58.72	7.08	23.01	1.69	59.49	4.30
AD	23.12	2.00	56.90	6.94	23.26	1.53	60.91	7.59
Angite do SNC	22.12	1.81	61.33	9.82	22.83	1.78	59.84	7.62
NHL	22.79	2.13	55.90	7.29	22.84	1.42	66.07	3.78
DM	22.59	1.86	57.05	8.45	23.40	1.55	65.77	5.27
	F valor 306,749 Valor P < 0,001		F valor 130.054 Valor P < 0,001		F valor 391.318 Valor P < 0,001		F valor 257.996 Valor P < 0,001	

Quadro 2. Efeito do rutilo e dos antibióticos no ARN e ADN livres

Grupo	ADN % mudança (Aumento com Rutilo)		ADN % mudança (Diminuir com Doxy+Cipro)		RNA % mudança (Aumento com Rutilo)		RNA % mudança (Diminuir com Doxy+Cipro)	
	Média	± SD	Média	± SD	Média	± SD	Média	± SD
Jovens saudáveis	4.37	0.15	18.39	0.38	4.37	0.13	18.38	0.48
Geriatria	23.28	1.70	61.41	3.36	23.59	1.83	65.69	3.94
AD	23.52	1.65	64.15	4.60	23.29	1.92	65.39	3.95
Angite do SNC	22.62	1.38	63.82	5.53	23.29	1.98	67.46	3.96
NHL	22.42	1.99	61.14	3.47	23.78	1.20	66.90	4.10
DM	23.01	1.67	65.35	3.56	23.33	1.86	66.46	3.65
	Valor F 337.577 Valor P < 0,001		F valor 356.621 Valor P < 0,001		Valor F 427.828 Valor P < 0,001		Valor F 654.453 Valor P < 0,001	

Quadro 3. Efeito do rutilo e dos antibióticos na digoxina e no ácido aminolevulínico delta

Grupo	Digoxina (ng/ml) (Aumento com Rutilo)		Digoxina (ng/ml) (Diminuir com Doxy+Cipro)		ALA % (Aumento com Rutilo)		ALA % (Diminuir com Doxy+Cipro)	
	Média	± SD	Média	± SD	Média	± SD	Média	± SD
Jovens saudáveis	0.11	0.00	0.054	0.003	4.40	0.10	18.48	0.39
Geriatria	0.55	0.06	0.219	0.043	22.52	1.90	66.39	4.20
AD	0.55	0.03	0.192	0.040	23.67	1.68	66.50	3.58
Angite do SNC	0.52	0.03	0.214	0.032	22.38	1.79	67.10	3.82
NHL	0.54	0.04	0.210	0.042	23.34	1.75	66.80	3.43
DM	0.47	0.04	0.202	0.025	22.87	1.84	66.31	3.68
	Valor F 135,116 Valor P < 0,001		Valor F 71.706 Valor P < 0,001		Valor F 372.716 Valor P < 0,001		F valor 556.411 Valor P < 0,001	

Quadro 4. Efeito do rutilo e dos antibióticos no succinato e na glicina

Grupo	Succinate % Succinate (Aumento com Rutilo)		Succinate % Succinate (Diminuir com Doxy+Cipro)		Glycine % mudança (Aumento com Rutilo)		Glycine % mudança (Diminuir com Doxy+Cipro)	
	Média	$\pm$ SD	Média	$\pm$ SD	Média	$\pm$ SD	Média	$\pm$ SD
Jovens saudáveis	4.41	0.15	18.63	0.12	4.34	0.15	18.24	0.37
Geriatria	22.76	2.20	67.63	3.52	22.79	2.20	64.26	6.02
AD	23.81	1.90	66.95	3.67	23.12	1.71	65.12	5.58
Angite do SNC	24.10	1.61	65.78	4.43	22.73	2.46	65.87	4.35
NHL	23.43	1.57	66.30	3.57	22.98	1.50	65.13	4.87
DM	23.70	1.75	68.06	3.52	23.81	1.49	64.89	6.01
	Valor F 403.394 Valor P < 0,001		Valor F 680.284 Valor P < 0,001		Valor F 348.867 Valor P < 0,001		Valor F 364,999 Valor P < 0,001	

Quadro 5. Efeito do rutilo e dos antibióticos sobre o piruvato e o glutamato

Grupo	Pyruvate % mudança (Aumento com Rutilo)		Pyruvate % mudança (Diminuir com Doxy+Cipro)		Glutamato (Aumento com Rutilo)		Glutamato (Diminuir com Doxy+Cipro)	
	Média	$\pm$ SD	Média	$\pm$ SD	Média	$\pm$ SD	Média	$\pm$ SD
Jovens saudáveis	4.34	0.21	18.43	0.82	4.21	0.16	18.56	0.76
Geriatria	20.99	1.46	61.23	9.73	23.01	2.61	65.87	5.27
AD	22.63	0.88	56.40	8.59	22.96	2.12	65.11	5.91
Angite do SNC	21.59	1.23	60.28	9.22	22.81	1.91	63.47	5.81
NHL	21.19	1.61	58.57	7.47	22.53	2.41	64.29	5.44
DM	20.67	1.38	58.75	8.12	23.23	1.88	65.11	5.14
	Valor F 321.255 Valor P < 0,001		F valor 115.242 Valor P < 0,001		F valor 292.065 Valor P < 0,001		Valor F 317.966 Valor P < 0,001	

Quadro 6. Efeito do rutilo e dos antibióticos no peróxido de hidrogénio e no amoníaco

Grupo	H2O2 % (Aumento com Rutilo)		H2O2 % (Diminuir com Doxy+Cipro)		Amoníaco % (Aumento com Rutilo)		Amoníaco % (Diminuir com Doxy+Cipro)	
	Média	$\pm$ SD	Média	$\pm$ SD	Média	$\pm$ SD	Média	$\pm$ SD
Jovens saudáveis	4.43	0.19	18.13	0.63	4.40	0.10	18.48	0.39
Geriatria	22.50	1.66	60.21	7.42	22.52	1.90	66.39	4.20
AD	22.65	2.48	60.19	6.98	23.67	1.68	66.50	3.58
Angite do SNC	21.14	1.20	60.53	4.70	22.38	1.79	67.10	3.82
NHL	23.35	1.76	59.17	3.33	23.34	1.75	66.80	3.43
DM	23.27	1.53	58.91	6.09	22.87	1.84	66.31	3.68
	Valor F 380,721 Valor P < 0,001		Valor F 171.228 Valor P < 0,001		Valor F 372.716 Valor P < 0,001		F valor 556.411 Valor P < 0,001	

Quadro 1

Grupo	Digoxina RBC (ng/ml RBC Susp)		Citocromo F 420		HERV RNA (ug/ml)		H2O2 (umol/ml RBC)	
	Média	+ SD	Média	+ SD	Média	+ SD	Média	+ SD
Jovens saudáveis	0.18	0.05	0.00	0.00	8.70	0.90	111.63	5.40
Geriatria	1.41	0.23	4.00	0.00	55.17	5.85	278.29	7.74
AD	1.10	0.08	4.00	0.00	51.56	3.69	277.47	10.90
Angite do SNC	1.50	0.33	4.00	0.00	48.20	5.53	278.59	11.51
NHL	1.26	0.23	4.00	0.00	51.08	5.24	283.39	10.67
Glio	1.27	0.24	4.00	0.00	51.57	2.66	278.19	12.80
DM	1.35	0.26	4.00	0.00	51.98	5.05	280.89	10.58
CAD	1.22	0.16	4.00	0.00	50.00	5.91	280.89	13.79
CVA	1.33	0.27	4.00	0.00	51.06	4.83	287.33	9.47
Valor F	60.288		0.001		194.418		713.569	
Valor P	< 0.001		< 0.001		< 0.001		< 0.001	

Quadro 2

Grupo	NOX (OD dif/hr/mgpro)		TNF ALP (pg/ml)		ALA (umol24)		PBG (umol24)	
	Média	+ SD	Média	+ SD	Média	+ SD	Média	+ SD
Jovens saudáveis	0.007	0.001	9.29	0.81	3.86	0.26	12.11	1.34
Geriatria	0.036	0.008	78.63	5.08	63.50	6.95	42.20	8.50
AD	0.036	0.007	79.65	5.57	67.32	5.40	49.83	3.45
Angite do SNC	0.038	0.008	81.03	6.22	65.01	5.42	48.55	3.81
NHL	0.041	0.006	77.98	5.68	63.21	6.55	47.17	4.86
Glio	0.038	0.007	79.18	5.88	67.67	5.69	46.84	4.43
DM	0.041	0.005	78.36	6.68	64.72	6.81	48.15	3.36
CAD	0.038	0.009	78.15	3.72	66.66	7.77	47.00	3.81
CVA	0.037	0.007	77.59	5.24	69.02	4.86	46.33	4.01
Valor F	44.896		427.654		295.467		183.296	
Valor P	< 0.001		< 0.001		< 0.001		< 0.001	

Quadro 3

Grupo	Uroporfirina (nmol24)		Coproporfirina (nmol/24)		Protoporfirina (unidade Ab)		Heme (uM)	
	Média	$\pm$ SD	Média	$\pm$ SD	Média	$\pm$ SD	Média	$\pm$ SD
Jovens saudáveis	9.51	1.19	64.33	13.09	2.64	0.42	50.55	1.07
Geriatria	250.28	23.43	389.01	54.11	42.46	6.36	12.47	2.82
AD	259.61	33.18	433.17	45.61	49.68	3.30	12.09	1.12
Angite do SNC	294.51	58.62	447.39	39.84	52.94	3.67	12.95	1.53
NHL	310.25	40.44	495.98	39.11	54.80	4.04	11.76	1.37
Glio	304.19	14.16	479.35	58.86	53.73	5.34	13.68	1.67
DM	285.46	29.46	422.27	33.86	49.80	4.01	12.83	2.07
CAD	314.01	17.82	426.14	24.28	49.51	2.27	11.39	1.10
CVA	320.85	24.73	402.16	33.80	46.74	4.28	11.26	0.95
Valor F	160.533		279.759		424.198		1472.05	
Valor P	< 0.001		< 0.001		< 0.001		< 0.001	

Quadro 4

Grupo	Bilirubin (mg/dl)		Biliverdin (unidade Ab)		ATP Synthase (umol/gHb)		SE ATP (umol/dl)	
	Média	$\pm$ SD	Média	$\pm$ SD	Média	$\pm$ SD	Média	$\pm$ SD
Jovens saudáveis	0.21	0.00	0.017	0.001	0.09	0.01	0.02	0.01
Geriatria	1.70	0.20	0.067	0.011	2.73	0.94	2.24	0.44
AD	1.77	0.13	0.073	0.016	3.34	0.75	2.06	0.19
Angite do SNC	1.82	0.08	0.061	0.006	2.85	0.34	1.59	0.22
NHL	1.84	0.08	0.077	0.011	3.01	0.55	1.73	0.26
Glio	1.76	0.11	0.073	0.012	2.70	0.62	1.48	0.32
DM	1.77	0.19	0.067	0.014	3.19	0.89	1.97	0.11
CAD	1.75	0.12	0.080	0.007	2.99	0.65	1.57	0.37
CVA	1.82	0.10	0.079	0.009	2.98	0.78	1.49	0.27
Valor F	370.517		59.963		54.754		67.588	
Valor P	< 0.001		< 0.001		< 0.001		< 0.001	

Quadro 5

Grupo	Cyto C (ng/ml)		Lactato (mg/dl)		Pyruvate (umol/l)		RBC Hexokinase (ug glu fos/ hr/mgpro)	
	Média	$\pm$ SD	Média	$\pm$ SD	Média	$\pm$ SD	Média	$\pm$ SD
Jovens saudáveis	1.21	0.38	2.75	0.41	23.79	2.51	0.68	0.23
Geriatria	12.39	1.23	25.99	8.10	100.51	12.32	5.46	2.83
AD	11.94	0.86	22.04	0.64	97.26	8.26	8.46	3.63
Angite do SNC	11.73	0.56	23.06	1.49	100.51	9.79	8.02	3.01
NHL	11.91	0.49	22.83	1.24	95.81	12.18	7.41	4.22
Glio	13.00	0.42	22.20	0.85	96.58	8.75	7.82	3.51
DM	12.95	0.56	25.56	7.93	96.30	10.33	7.05	1.86
CAD	11.51	0.47	22.83	0.82	97.29	12.45	8.88	3.09
CVA	12.74	0.80	23.03	1.26	103.25	9.49	7.87	2.72
Valor F	445.772		162.945		154.701		18.187	
Valor P	< 0.001		< 0.001		< 0.001		< 0.001	

Quadro 6

Grupo	ACOA (mg/dl)		ACH (ug/ml)		Glutamato (mg/dl)	
	Média	$\pm$ SD	Média	$\pm$ SD	Média	$\pm$ SD
Jovens saudáveis	16.49	0.89	91.98	2.89	0.16	0.02
Geriatria	2.51	0.36	38.57	7.03	3.19	0.32
AD	2.19	0.15	42.84	8.26	3.53	0.39
Angite do SNC	2.54	0.38	49.30	7.26	3.37	0.38
NHL	2.30	0.26	50.58	3.82	3.48	0.46
Glio	2.34	0.43	42.51	11.58	3.28	0.39
DM	2.17	0.40	41.31	10.69	3.53	0.44
CAD	2.37	0.44	49.19	6.86	3.61	0.28
CVA	2.25	0.44	37.45	7.93	3.31	0.43
Valor F	1871.04		116.901		200.702	
Valor P	< 0.001		< 0.001		< 0.001	

369

Quadro 7

Grupo	Se. Amoníaco (ug/dl)		HMG Co A (HMG CoA/MEV)		Ácido biliar (mg/ml)	
	Média	$\pm$ SD	Média	$\pm$ SD	Média	$\pm$ SD
Jovens saudáveis	23.92	3.38	2.21	0.39	140.40	10.32
Geriatria	93.43	4.85	1.16	0.10	25.68	7.04
AD	95.37	4.66	1.10	0.07	26.26	7.34
Angite do SNC	101.18	17.06	1.14	0.07	19.62	1.97
NHL	91.62	3.24	1.12	0.10	23.45	5.01
Glio	93.20	4.46	1.10	0.09	23.43	6.03
DM	93.38	7.76	1.09	0.12	22.77	4.94
CAD	93.93	4.86	1.07	0.12	24.55	6.26
CVA	103.18	27.27	1.05	0.09	22.39	3.35
Valor F	61.645		159.963		635.306	
Valor P	< 0.001		< 0.001		< 0.001	

<u>Abreviaturas</u>

AD: doença de Alzheimer

NHL: Linfoma não-Hodgkin

Glio- Glioma

DM: Diabetes mellitus

CAD: Doença das artérias coronárias

AVC: Acidente vascular encefálico

Discussão

Houve aumento do citocromo F420 indicando crescimento arqueológico no grupo etário geriátrico, síndrome metabólica x com trombose cerebrovascular e doença arterial coronária, linfoma não hodgkiniano, angitezheimer e doença de Alzheimer. A arcaea pode sintetizar e utilizar o colesterol como fonte de carbono e energia. [2,10] A origem arqueal das actividades enzimáticas foi indicada pela supressão induzida por antibióticos. O estudo indica a presença de arquebactérias baseadas em actinídeos com enzimas alternativas baseadas em actinídeos ou metalloenzimas no sistema, como indicado pelo aumento rutilo induzido das actividades enzimáticas. [11] A actividade da beta-hidroxil esteroide desidrogenase do arquebactéria indica a síntese de digoxina. [12] A actividade do colesterol oxidase arqueal foi aumentada resultando na geração de piruvato e peróxido de hidrogénio. [10] O piruvato é convertido em glutamato e amoníaco pela via de derivação GABA. O piruvato é convertido em glutamato por transaminase de glutamato de soro piruvato. O glutamato é convertido em glutamato desidrogenase para gerar cetoglutarato alfa e amoníaco. A alanina é mais comummente produzida pela aminação redutiva da piruvato através da alanina transaminase. Esta reacção reversível envolve a interconversão de alanina e piruvato, associada à interconversão de alfa-ketoglutarato (2-oxoglutarato) e glutamato. A alanina pode contribuir para a glicina. O glutamato é actuado pela decarboxilase do ácido glutâmico para gerar GABA. GABA é convertido em semialdeído succínico pela transaminase GABA. A semialdeído succínico é convertido em ácido succínico por semialdeído succinico desidrogenase. Glycine combina com succinil CoA para gerar ácido aminolevulínico delta catalisado pela enzima ALA synthase. Havia síntese de porfirina arqueal upregulada na população de doentes que era de origem arqueal como indicado pela catálise actinídea das reacções. A via da oxidase do colesterol gerou piruvato que entrou na via de derivação GABA. Isto resultou na síntese de succinato e glicina que são substratos da ALA synthase. A arcaea pode sofrer mineralização de magnetite e carbonato de cálcio e pode existir como nanoformas calcificadas. [13]

A possibilidade do fenótipo de Warburg induzido pelo organismo primitivo baseado em actinídeos como o arquebactérias com uma via mevalonada e catabolismo do colesterol contribuindo para o processo de envelhecimento está documentada neste relatório. O fenótipo de Warburg resulta na inibição da desidrogenase pirúvel e do ciclo de TCA. O piruvato entra na via de derivação GABA onde é convertido em succinil CoA. A via glicolítica é upregulada e o metabolito glicolítico fosfoglicérato é convertido em serina e glicina. A glicina e a succinil CoA são os substratos para a síntese de ALA. A arcaea induz a enzima heme oxigenase. A Heme oxigenase converte a heme em bilirrubina e biliverdina. Isto esgota a heme do sistema e resulta na upregulação da actividade da ALA synthase, resultando na porfíria. O heme inibe a HIF alfa. O esgotamento do heme resulta na upregulação da actividade HIF alfa e no reforço do fenótipo Warburg. A auto oxidação da porfirina resulta em stress redox que activa o alfa HIF e gera o fenótipo de Warburg. O fenótipo Warburg resulta na canalização de acetil CoA para a síntese do colesterol, uma vez que o ciclo TCA e a fosforilação oxidativa mitocondrial são bloqueados. A arcaea utiliza o colesterol como um substrato energético. A porfirina e o ALA inibem a ATPase de sódio potássico. Isto aumenta a síntese do colesterol ao agir sobre a SREBP intracelular. O colesterol é metabolizado para piruvitar e depois a via de derivação GABA para utilização final na síntese da porfirina. As porfirinas podem auto-organizar-se e auto-replicar-se em arrays macromoleculares. As matrizes de porfirina comportam-se como um organismo autónomo e podem ter transporte intramolecular de electrões gerando ATP. As macroarrays de porfirina podem armazenar informação e podem ter percepção quântica. Os macroarrays de porfirina servem o propósito da energia arqueal e da percepção sensorial. O fenótipo Warburg está associado ao grupo etário geriátrico, síndrome metabólico x com trombose cerebrovascular e doença arterial coronária, linfoma não Hodgkin, angite do SNC e doenças de Alzheimer. O fenótipo de Warburg contribui para o processo de envelhecimento. O aumento da glicólise resulta na acumulação de frutose 1,6 difosfato que é canalizado para a via de fosfato pentose geradora de NADPH. Isto activa NOX e gera stress redox indutor de H2O2, contribuindo para o envelhecimento. O aumento da glicólise linfocítica produz activação linfocítica e secreção de citocinas, contribuindo para a doença auto-imune importante no processo de envelhecimento. A disfunção mitocondrial associada ao fenótipo de Warburg contribui para o processo de envelhecimento. Todas estas podem induzir o envelhecimento e doenças relacionadas com o envelhecimento, como a síndrome metabólica x com trombose cerebrovascular e doença arterial coronária, linfoma não-Hodgkin, angite do SNC e doenças de Alzheimer.

O metabolismo da porfirina pode contribuir para o processo de envelhecimento e doenças relacionadas com o envelhecimento. As porfirinas podem ser submetidas a foto-oxidação e auto-oxidação gerando radicais livres. As porfirinas arqueológicas podem produzir lesões causadas por radicais livres. Os radicais livres produzem activação NFKB, abrem o PT mitocondrial resultando na morte celular, produzem activação oncogénica, activam o receptor NMDA e a enzima GAD que regula a neurotransmissão e geram os fenótipos de Warburg que activam a glicólise e inibem o ciclo/oxposição do TCA. As porfirinas têm estado relacionadas com o envelhecimento e doenças relacionadas como a síndrome metabólica x com trombose cerebrovascular e doença arterial coronária, linfoma não Hodgkin, angite do SNC e doenças de Alzheimer. As porfirinas podem complexar e intercalar-se com a membrana celular produzindo inibição da ATPase de sódio potássico, adicionando à inibição mediada pela digoxina. As porfirinas podem complexar com proteínas e ácido nucleico produzindo emissão de biofotão. A complexação das porfirinas com proteínas pode modular a estrutura e função das proteínas. Defeitos de processamento de proteínas devido ao complexo de porfirinas com proteínas podem levar a uma digestão lisossomal defeituosa e a uma acumulação celular de proteínas processadas defectivamente, contribuindo para o processo de envelhecimento. A complexação das porfirinas com ADN e ARN pode modular a transcrição e tradução. Isto pode levar à expressão do HERV com indução do processo de envelhecimento e doenças relacionadas - síndrome metabólica x com trombose cerebrovascular e doença arterial coronária, linfoma não-Hodgkin, angite do SNC e doenças de Alzheimer. A porfirina especialmente as protoporfirinas podem ligar-se aos receptores periféricos de benzodiazepina nas mitocôndrias e modular a sua função, o transporte do colesterol mitocondrial e a esteroidogénese. A modulação dos receptores periféricos de benzodiazepina por protoporfirinas pode regular a morte celular, a proliferação celular, a imunidade e as funções neurais. A disfunção do receptor periférico de benzodiazepina está associada ao envelhecimento e a doenças relacionadas com o envelhecimento - síndrome metabólica x com trombose cerebrovascular e doença arterial coronária, linfoma não-Hodgkiniano, angitezíase do SNC e doenças de Alzheimer. A foto-oxidação da porfirina gera radicais livres que podem modular a função enzimática. As enzimas Redox moduladas por stress incluem desidrogenase piruvada, óxido nítrico sintase, beta-sintase de cistatona e heme oxigenase. Os radicais livres podem modular a função dos poros mitocondriais do PT. Os radicais livres podem modular a função da membrana celular e inibir a actividade da ATPase potássica de sódio. Assim, as porfirinas são moléculas reguladoras chave modulando todos os aspectos da função celular. [3-5] O stress Redox está relacionado com o envelhecimento e doenças relacionadas com a idade. Houve um aumento de RNA livre indicando viroides auto-replicativos de RNA e DNA livre indicando geração de cordões de DNA complementar de viroides por actividade de transcriptase inversa arqueal. Os actinídeos e as porfirinas modulam o RNA dobrando e catalisando a sua acção ribozymal. A Digoxin pode cortar e colar os cordões viroidais, modulando a emenda do RNA gerando a diversidade viroidiana do RNA. Os viroides são intrões evolutivamente escapados do grupo I do arquipélago, que têm retrotransposição e qualidades de auto emenda. O piruvato arqueal produzindo inibição da deacetylase histonal e as porfirinas intercaladas com ADN podem produzir retroviral endógeno (HERV) transcriptase inversa e expressão integrase. Isto pode integrar o ADN complementar viroidiano do RNA na região não codificante do ADN eucariótico não codificante utilizando a integrase HERV, tal como foi descrito para os vírus borna e ebola. O arquebactérias e os viroides também podem induzir a síntese de porfirina celular. As infecções bacterianas e virais podem precipitar a porfíria. Assim, as porfirinas podem regular a função genómica. A expressão aumentada do RNA HERV e do RNA viroideano pode levar ao envelhecimento e doenças relacionadas pelo mecanismo de interferência do RNA. [14,15]

O papel das porfirinas arqueológicas na regulação das funções celulares e na integração neuro-imuno-endocrina é discutido. A protoporfirina liga-se ao receptor periférico de benzodiazepina que regula a síntese de esteróides e digoxinas. O aumento dos metabolitos da porfirina pode contribuir para a hiperdigoxinemia. A digoxina pode modular o sistema neuro-imuno-endócrino. A digoxina pode aumentar o cálcio intracelular e esgotar o magnésio intracelular produzindo disfunção mitocondrial e activação da NFKB. As porfirinas podem combinar com a função de membrana moduladora das membranas. Isto também pode contribuir para a inibição da ATPase de potássio de membrana induzida por digoxina de potássio. A hiperdigoxinemia está relacionada com o processo de envelhecimento. As porfirinas podem combinar-se com proteínas oxidando a sua tirosina, triptofano, cisteína e resíduos de histidina produzindo ligações cruzadas e alterando a conformação e função das proteínas. A disfunção do processamento proteico está relacionada com o processo de envelhecimento e com as doenças do envelhecimento. As porfirinas podem complexar-se com ADN e ARN modulando a sua função. A interpolação da porfirina com ADN pode alterar a transcrição e gerar expressão HERV. A expressão HERV por interferência do RNA pode contribuir para o processo de envelhecimento e doenças relacionadas com o envelhecimento. A deficiência de Heme também pode resultar em estados de doença. A deficiência de heme resulta em deficiência de enzimas heme. Há deficiência de citocromo C oxidase e disfunção mitocondrial. A disfunção mitocondrial está relacionada com o processo de envelhecimento. O glutatião peroxidase é disfuncional e o sistema de glutatião de radicais livres não funciona. O stress Redox está relacionado com o processo de envelhecimento.

As enzimas citocromo P450 envolvidas na síntese de esteróides e ácidos biliares reduziram a actividade levando a estados de deficiência de esteróides - cortisol e hormonas sexuais, bem como de ácidos biliares. A falha da poliendocrina está relacionada com o processo de envelhecimento. A deficiência de heme resulta em disfunção de óxido nítrico sintase, heme oxigenase e cistina beta-sintase, resultando na falta de gasotransmissores que regulam o sistema vascular e receptor NMDA - NO, CO e H2S. Os gasotransmissores podem ligar-se à citocromo C oxidase produzindo hibernação mitocondrial e citoprotecção. A deficiência de gasotransmissores pode contribuir para o processo de envelhecimento. O Heme tem efeitos citoprotectores, neuroprotectores, anti-inflamatórios e antiproliferativos. O Heme também está envolvido na resposta ao stress. A deficiência de Heme leva a síndrome metabólica, doenças imunitárias, degenerações e cancro. [3-5] A deficiência de hemoglobina pode contribuir para o processo de envelhecimento. Assim, a disfunção metabólica da porfirina pode contribuir para o envelhecimento e doenças relacionadas com o envelhecimento, como a síndrome metabólica x com trombose cerebrovascular e doença arterial coronária, linfoma não-Hodgkin, angite do SNC e doenças de Alzheimer.

A foto-oxidação da porfirina pode gerar radicais livres que podem activar o NFKB. Isto pode produzir activação imunitária e lesão mediada por citocinas. O aumento das porfirinas arqueológicas pode levar a doenças auto-imunes comuns no envelhecimento. As protoporfirinas ligadas aos receptores mitocondriais de benzodiazepinas podem modular a função imunitária. As porfirinas podem combinar-se com proteínas oxidando a sua tirosina, triptofano, cisteína e resíduos de histidina produzindo ligações cruzadas e alterando a conformação e função proteica. As porfirinas podem complexar com ADN e ARN modulando a sua estrutura. As porfirinas complexadas com proteínas e ácidos nucleicos são antigénicas e podem levar a doenças auto-imunes. [3,4] A disfunção metabólica da porfirina pode contribuir para a doença auto-imune é comum na população idosa. A foto-oxidação da porfirina mediada por uma lesão radical livre pode levar à resistência à insulina e à aterogénese. Assim, as porfirinas arqueológicas podem contribuir para a síndrome metabólica x. A glucose tem um efeito negativo sobre a actividade da ALA sintetase. Portanto, a hiperglicemia pode ser um mecanismo protector reactivo ao aumento da síntese da porfirina do arquebactéria. As protoporfirinas ligadas aos receptores mitocondriais de benzodiazepina podem modular a esteroidogénese e o metabolismo mitocondriais. O metabolismo alterado da porfirina tem sido descrito na síndrome metabólica x. As porfírias podem levar a trombose vascular. [3,4] A síndrome metabólica x e a trombose vascular é comum na população idosa. A foto-oxidação da porfirina pode gerar radicais livres induzindo alfa HIF e produzindo activação oncogénica. A deficiência de hemoglobina pode levar à activação de HIF alfa e oncogénese. Isto pode levar à oncogénese. As porfírias hepáticas induziram carcinoma hepatocelular. As protoporfirinas ligadas aos receptores mitocondriais de benzodiazepinas podem regular a proliferação celular. [3,4] A oncogénese é comum na população idosa. As porfirinas no sangue podem combinar-se com bactérias e vírus e a foto-oxidação gerada pelos radicais livres pode matá-los. As porfirinas arqueológicas podem modular as infecções bacterianas e virais. As porfirinas arqueológicas são moléculas reguladoras que mantêm outras procariotas e vírus sob controlo. [3,4] As infecções bacterianas e virais são comuns na população idosa. Assim, as porfirinas arqueológicas podem contribuir para a patogénese do envelhecimento e doenças relacionadas - síndrome metabólica x com trombose cerebrovascular e doença arterial coronária, linfoma não-Hodgkin, angitezheimer e doença de Alzheimer. A síntese da porfirina arqueal é crucial para a patogénese destas doenças. As porfirinas podem servir como moléculas reguladoras moduladoras dos sistemas imunitário, neural, endócrino, metabólico e genético. As porfirinas foto-oxidantes geradas pelos radicais livres podem produzir activação imunitária, produzir morte celular, activar a proliferação celular, produzir resistência à insulina e modular a percepção consciente/quântica. As porfirinas arqueológicas funcionam como moléculas reguladoras chave com receptores mitocondriais de benzodiazepina a desempenhar um papel importante. [3,4]

A disfunção metabólica da porfirina pode contribuir para as síndromes neuropsiquiátricas e demência que ocorrem na população etária. A arcaea e os viroides podem regular o sistema nervoso, incluindo a via tálamo-cortico-talâmica NMDA/GABA, mediando a percepção consciente. A foto-oxidação da porfirina pode gerar radicais livres que podem modular a transmissão do NMDA. Os radicais livres podem aumentar a transmissão de NMDA. Os radicais livres podem induzir GAD e aumentar a síntese GABA. O ALA bloqueia a transmissão GABA e upregula o NMDA. As protoporfirinas ligam-se ao receptor GABA e promovem a transmissão GABA. Assim, as porfirinas podem modular a via thalamocorticothalâmica da percepção consciente. As porfirinas dipolares, PAH e magnetite arqueal no cenário de inibição da ATPase de potássio de sódio induzida por digoxina podem produzir um sistema de fonon de bombeamento mediado pelo modelo de Frohlich supercondutor do estado induzindo a percepção quântica com a gravidade nanoarqueal sentida produzindo a redução orquestrada das possibilidades quânticas para o mundo macroscópico. O ALA pode produzir inibição da ATPase de potássio de sódio resultando num estado quântico mediado por um sistema de fonão bombeado envolvendo porfirinas dipolares. As moléculas de porfirina têm uma existência de partículas de onda e podem fazer a ponte entre a linha divisória entre o estado quântico e o estado particulado. Assim, as porfirinas podem mediar a percepção consciente e quântica. As porfirinas ligadas a proteínas, ácidos nucleicos e membranas celulares podem produzir emissão de biofotões. As porfirinas por autooxidação podem gerar biofotões e estão envolvidas na percepção quântica. Os biofotões podem mediar a percepção quântica. A foto-oxidação das porfirinas celulares está envolvida na detecção de campos magnéticos terrestres e de campos biomagnéticos de baixo nível. Assim, as profefirinas podem mediar a percepção extra-sensorial. As porfirinas podem modular a dominância hemisférica. Há maior síntese de porfirinas e dominância química hemisférica direita e diminuição da síntese de porfirinas na dominância química hemisférica esquerda. As perturbações neuropsiquiátricas associadas ao envelhecimento e demência estão relacionadas com disfunções metabólicas da porfirina. As protoporfirinas bloqueiam a transmissão da acetilcolina produzindo uma neuropatia vagal com sobreactividade simpática. A neuropatia vagal resulta em activação imunitária, vasoespasmo e doença vascular. Uma neuropatia vagal sublinha os processos neoplásicos e auto-imunes, bem como a síndrome metabólica x observada na população idosa. O metabolismo da porfirina induzido pela neuropatia vagal pode contribuir para o processo de envelhecimento. O aumento da transmissão NMDA induzido pela porfirina e a lesão dos radicais livres podem contribuir para a degeneração neuronal. Os radicais livres podem produzir disfunção dos poros mitocondriais. Isto pode levar a fuga de citocondrial e activação da caspase em cascata, levando à apoptose e morte celular. O metabolismo alterado da porfirina tem sido descrito na doença de Alzheimer e no envelhecimento. As protoporfirinas ligadas aos receptores mitocondriais benzodiazepínicos podem regular a função cerebral e a morte celular. [3,4,16]

As porfirinas dipolares, PAH e magnetite arqueal no cenário de inibição da ATPase de potássio de sódio induzida por digoxina podem produzir um sistema de fonon de bombeamento mediado pelo modelo de Frohlich supercondutor do estado induzindo a percepção quântica com a gravidade nanoarqueal sentida produzindo a redução orquestrada das possibilidades quânticas para o mundo macroscópico. O ALA pode produzir inibição da ATPase de potássio de sódio resultando num estado quântico mediado por um sistema de fonão bombeado envolvendo porfirinas dipolares. As porfirinas por autooxidação podem gerar biofotões e estão envolvidas na percepção quântica. Os biofotões podem mediar a percepção quântica. As porfirinas celulares por foto-oxidação estão envolvidas na detecção de campos magnéticos terrestres e de campos biomagnéticos de baixo nível. As porfirinas podem assim contribuir para a percepção quântica. Campos electromagnéticos de baixo nível e luz podem induzir a síntese das porfirinas. CEM de baixo nível podem produzir inibição de ferrochelatase, bem como indução de heme oxigenase, contribuindo para o esgotamento de heme, indução de ALA sintase e aumento da síntese da porfirina. A luz também induz a síntese de ALA sintase e a síntese de porfirina. O aumento da síntese da porfirina pode contribuir para o aumento da percepção quântica e pode modular a percepção consciente. Os biofotões e campos quânticos induzidos pela porfirina podem modular a fonte a partir da qual foram gerados CEM de baixo nível e campos fóticos. Assim, a porfirina gerada por campos EMF e campos fóticos estranhos de baixo nível pode interagir com a fonte de campos EMF e campos fóticos de baixo nível, modulando-a. Assim, as porfirinas podem servir de ponte entre o cérebro humano e a fonte de campos EMF e campos fóticos de baixo nível. Isto serve como um modo de comunicação entre o cérebro humano e os dispositivos de armazenamento de campos fóbicos como a Internet. As porfirinas também podem servir como fonte de comunicação com o ambiente. Os CEM ambientais e as substâncias químicas produzem indução de heme oxigenase e esgotamento de heme, aumentando a síntese da porfirina, a percepção quântica e a comunicação nos dois sentidos. Assim, a indução da síntese da porfirina pode servir como um mecanismo de comunicação entre o cérebro humano e o ambiente através da percepção extra-sensorial. A exposição a baixos níveis de CEM pode contribuir para o processo de envelhecimento induzindo a síntese de porfirina.

Uma biosfera sombra dependente de actinídeos de arcaea e viroides no envelhecimento e doenças relacionadas - malignidade, síndrome metabólica x, angite do SNC e degeneração neuronal. As porfirinas arqueais podem contribuir para a patogénese do envelhecimento e das doenças relacionadas. As porfirinas podem servir como moléculas reguladoras moduladoras dos sistemas imunitário, neural, endócrino, metabólico e genético. As porfirinas foto-oxidantes geradas pelos radicais livres podem produzir activação imunitária, produzir morte celular, activar a proliferação celular, produzir resistência à insulina e modular a percepção consciente/quântica. As porfirinas podem regular o domínio hemisférico. As porfirinas arqueológicas funcionam como moléculas reguladoras chave com receptores mitocondriais de benzodiazepina a desempenhar um papel importante. O papel das porfirinas no processo de envelhecimento é elucidado. A disfunção metabólica da porfirina é o principal factor que contribui para o processo de envelhecimento.

Referências

1   Eckburg P.B., Lepp, P.W., Relman, D.A. (2003). Archaea and their potential role in human disease, *Infect Immun,* 71, 591-596.

2   Smit A.,Mushegian, A. (2000)Biossíntese de isoprenoides via mevalonato em Archaea: o caminho perdido,*Genoma Res,* 10(10), 1468-84.

3   Puy, H., Gouya, L. , Deybach, J.C. (2010). Porfirias. *The Lancet,* 375(9718), 924 - 937.

4   Kadish, K.M., Smith, K.M., Guilard, C. (1999). *Porphyrin Hand Book.* Academic Press, Nova Iorque: Elsevier.

5   Gavish M., Bachman, I., Shoukrun, R., Katz, Y., Veenman, L., Weisinger, G.,Weizman,A. (1999). Enigma do Receptor Periférico de Benzodiazepinas. *Revisões farmacológicas,* 51(4), 629-650.

6   Richmond W. (1973). Preparation and properties of a cholesterol oxidase from nocardia species and its application to the enzymatic assay of total cholesterol in serum, *Clin Chem,* 19, 1350-1356.

7   Snell E.D., Snell, C.T. (1961). *Métodos Colorimétricos de Análise.* Vol 3A. Nova Iorque: Van NoStrand.

8   Glick D. (1971). *Métodos de Análise Bioquímica.* Vol 5. Nova Iorque: Interscience Publishers.

9   Colowick, Kaplan, N.O. (1955). *Métodos em Enzimologia.* Vol 2. Nova Iorque: Imprensa académica.

10   Van der Geize R., Yam, K., Heuser, T., Wilbrink, M.H., Hara, H., Anderton, M.C. (2007). Um aglomerado de genes que codifica o catabolismo do colesterol num actinomicetato do solo fornece uma visão da sobrevivência de Mycobacterium tuberculosis em macrófagos, *Proc Natl Acad Sci USA,* 104(6), 1947-52.

11   Francis A.J. (1998). Biotransformação de urânio e outros actinídeos em resíduos radioactivos, *Journal of Alloys and Compounds,* 271(273), 78-84.

12   Schoner W. (2002). Endogenous cardiac glycosides, uma nova classe de hormonas esteróides, *Eur J Biochem,* 269, 2440-2448.

13   Vainshtein M., Suzina, N., Kudryashova, E., Ariskina, E. (2002). New Magnet-Sensitive Structures in Bacterial and Archaeal Cells, *Biol Cell,* 94(1), 29-35.

14   Tsagris E.M., de Alba, A.E., Gozmanova, M., Kalantidis, K. (2008). Viroids, *Cell Microbiol,* 10, 2168.

15   Horie M., Honda, T., Suzuki, Y., Kobayashi, Y., Daito, T., Oshida, T. (2010). Elementos endógenos não retrovirais do vírus RNA em genomas de mamíferos, *Nature,* 463, 84-87.

16   Kurup R., Kurup, P.A. (2009). *Digoxina hipotalâmica, dominância cerebral e função cerebral na saúde e nas doenças.* Nova Iorque: Nova Science Publishers.

CAPÍTULO 40

PORFÍRIOS, REGULAÇÃO IMUNITÁRIA E DOENÇA AUTO-IMUNE

Introdução

A arca actinídea tem estado relacionada com a patogénese da eritematose lupus sistémica, esclerose múltipla e artrite reumatóide. É descrita uma biosfera sombra dependente de actinídeos de arcaea e viroides nos estados da doença acima mencionados. As artérias actinídicas têm uma via mevalonate e estão a catabolizar o colesterol. [1-5] Podem usar o colesterol como fonte de carbono e energia. O catabolismo do colesterol arcaico pode gerar porfirinas através do anel de colesterol oxidase gerado pela via pirúvia e GABA shunt. A arcaea pode produzir uma porfíria secundária induzindo a enzima heme oxidase resultando no esgotamento da heme e activação da enzima ALA synthase. As porfirinas têm estado relacionadas com lúpus eritematoso sistémico, esclerose múltipla e artrite reumatóide. O papel das porfirinas arqueológicas na regulação da imunidade é discutido e o seu papel na auto-imunidade é elucidado. As porfirinas arqueológicas funcionam como moléculas reguladoras chave do sistema imunitário. Uma disfunção da via metabólica da porfirina com acumulação de precursores da porfirina na célula é a principal anormalidade molecular subjacente às doenças auto-imunes - lúpus eritematoso sistémico, esclerose múltipla e artrite reumatóide. [1-5] Podem funcionar como organismos supramoleculares auto-replicativos que podem ser chamados de porfírios.

Materiais e Métodos

Foram incluídos no estudo os seguintes grupos: - lúpus eritematoso sistémico, esclerose múltipla e artrite reumatóide. Havia 10 pacientes em cada grupo e cada paciente tinha uma idade e sexo compatível com um controlo saudável seleccionado aleatoriamente a partir da população geral. 10 pessoas normais com domínio hemisférico direito, domínio hemisférico esquerdo e domínio bi-hemisférico foram também seleccionadas para o estudo. As amostras de sangue foram colhidas no estado de jejum, antes de se iniciar o tratamento. Foi utilizado plasma de sangue heparinizado em jejum e o protocolo experimental foi o seguinte (I) Plasma+fosfato tamponado salino, (II) o mesmo que I+ substrato de colesterol, (III) o mesmo que II+rutil 0,1 mg/ml, (IV) o mesmo que II+ciprofloxacina e doxiciclina cada um numa concentração de 1 mg/ml. O substrato de colesterol foi preparado como descrito por Richmond. As alíquotas foram retiradas a tempo zero imediatamente após a mistura e após incubação a 37oC durante 1 hora. Foram efectuadas as seguintes estimativas:- citocromo F420, RNA livre, DNA livre, hidrocarboneto aromático policíclico, peróxido de hidrogénio, piruvato, amónia, glutamato, ácido delta aminolevulínico, succinato, glicina e digoxina. O citocromo F420 foi estimado flourimetricamente (comprimento de onda de excitação 420 nm e comprimento de onda de emissão 520 nm). O hidrocarboneto policíclico aromático foi estimado medindo o peróxido de hidrogénio libertado através da utilização de reagente de glucose. O estudo também envolveu a estimativa dos seguintes parâmetros na população de doentes - digoxina, ácido biliar, hexoquinase, porfirinas, piruvato, glutamato, amónia, acetil CoA, acetil colina, HMG CoA redutase, citocromo C, ATP sanguíneo, ATP sintetase, ERV RNA (RNA retroviral endógeno), H2O2 (peróxido de hidrogénio), NOX (NADPH oxidase), TNF alfa e heme oxigenase. [6-9] Foi obtido o consentimento informado dos sujeitos e a aprovação do comité de ética para o estudo. A análise estatística foi feita pela ANOVA.

Resultados

O plasma dos sujeitos de controlo mostrou níveis aumentados dos parâmetros acima mencionados com após incubação durante 1 hora e a adição de substrato de colesterol resultou num aumento ainda mais significativo destes parâmetros. O plasma dos pacientes mostrou resultados semelhantes, mas a extensão do aumento foi maior. A adição de antibióticos ao plasma de controlo causou uma diminuição em todos os parâmetros enquanto que a adição de rutilo aumentou os seus níveis. A adição de antibióticos ao plasma do paciente causou uma diminuição em todos os parâmetros enquanto que a adição de rutilo aumentou os seus níveis mas a extensão da mudança foi maior nos soros dos pacientes em comparação com os controlos. Os resultados são expressos na secção 1: tabelas 1-6 como mudança percentual nos parâmetros após 1 hora de incubação, em comparação com os valores a tempo zero. Houve síntese não-preparada de porfirina arqueal na população de doentes, que era de origem arqueal como indicado pela catálise actinídea das reacções. A via de oxidase do colesterol gerou piruvato que entrou na via de derivação GABA. Isto resultou na síntese de succinato e glicina que são substratos da ALA synthase.

O estudo mostrou que o sangue do paciente e o seu domínio hemisférico direito tinham aumentado a actividade da heme oxigenase e das porfirinas. A actividade da hexoquinase era elevada. Os níveis de piruvato, glutamato e amoníaco foram elevados, indicando bloqueio da actividade de PDH, e operação da via de derivação GABA. Os níveis de acetil CoA eram baixos e a acetil colina foi diminuída. Os níveis de citoC foram aumentados no soro indicando disfunção mitocondrial sugerida por baixos níveis de ATP sanguíneo. Isto era indicativo do fenótipo de Warburg. Houve um aumento dos níveis de NOX e TNF alfa indicando activação imunitária. A actividade da HMG CoA redutase era alta, indicando síntese de colesterol. Os níveis de ácido biliar eram baixos, indicando o esgotamento do citocromo P450. A população normal com domínio hemisférico direito tinha valores semelhantes aos da população de doentes com síntese aumentada de porfirina. A população normal com dominância hemisférica esquerda apresentava valores baixos com diminuição da síntese de porfirina.

Secção 1: Estudo experimental

Quadro 1. Efeito do rutilo e dos antibióticos no citocromo F420 e HAP

Grupo	CYT F420 % (Aumento com Rutilo)		CYT F420 % (Diminuir com Doxy+Cipro)		PAH % mudança (Aumento com Rutilo)		PAH % mudança (Diminuir com Doxy+Cipro)	
	Média	$\pm$ SD	Média	$\pm$ SD	Média	$\pm$ SD	Média	$\pm$ SD
Normal	4.48	0.15	18.24	0.66	4.45	0.14	18.25	0.72
SLE	23.46	1.87	59.27	8.86	22.67	2.29	57.69	5.29
EM	22.12	1.81	61.33	9.82	22.83	1.78	59.84	7.62
RA	22.70	1.87	60.46	8.06	23.73	1.38	65.20	6.20
	F valor 306,749		F valor 130.054		F valor 391.318		F valor 257.996	
	Valor P < 0,001		Valor P < 0,001		Valor P < 0,001		Valor P < 0,001	

Quadro 2. Efeito do rutilo e dos antibióticos no ARN e ADN livres

Grupo	ADN % mudança (Aumento com Rutilo)		ADN % mudança (Diminuir com Doxy+Cipro)		RNA % mudança (Aumento com Rutilo)		RNA % mudança (Diminuir com Doxy+Cipro)	
	Média	$\pm$ SD	Média	$\pm$ SD	Média	$\pm$ SD	Média	$\pm$ SD
Normal	4.37	0.15	18.39	0.38	4.37	0.13	18.38	0.48
SLE	23.40	1.51	63.68	4.66	23.08	1.87	65.09	3.48
EM	22.62	1.38	63.82	5.53	23.29	1.98	67.46	3.96
RA	22.29	2.05	58.70	7.34	22.29	2.05	67.03	5.97
	Valor F 337.577		F valor 356.621		Valor F 427.828		Valor F 654.453	
	Valor P < 0,001		Valor P < 0,001		Valor P < 0,001		Valor P < 0,001	

Quadro 3. Efeito do rutilo e dos antibióticos na digoxina e no ácido aminolevulínico delta

Grupo	Digoxina (ng/ml) (Aumento com Rutilo)		Digoxina (ng/ml) (Diminuir com Doxy+Cipro)		ALA % (Aumento com Rutilo)		ALA % (Diminuir com Doxy+Cipro)	
	Média	$\pm$ SD	Média	$\pm$ SD	Média	$\pm$ SD	Média	$\pm$ SD
Normal	0.11	0.00	0.054	0.003	4.40	0.10	18.48	0.39
SLE	0.51	0.05	0.199	0.027	22.83	1.90	67.23	3.45
EM	0.52	0.03	0.214	0.032	22.38	1.79	67.10	3.82
RA	0.51	0.05	0.213	0.033	22.29	2.05	61.91	7.56
	Valor F 135,116		Valor F 71.706		Valor F 372.716		F valor 556.411	
	Valor P < 0,001		Valor P < 0,001		Valor P < 0,001		Valor P < 0,001	

Quadro 4. Efeito do rutilo e dos antibióticos no succinato e na glicina

Grupo	Succinate % Succinate (Aumento com Rutilo)		Succinate % Succinate (Diminuir com Doxy+Cipro)		Glycine % mudança (Aumento com Rutilo)		Glycine % mudança (Diminuir com Doxy+Cipro)	
	Média	**$\pm$ SD**	**Média**	**$\pm$ SD**	**Média**	**$\pm$ SD**	**Média**	**$\pm$ SD**
Normal	4.41	0.15	18.63	0.12	4.34	0.15	18.24	0.37
SLE	22.28	1.52	64.05	2.79	22.82	1.56	64.61	4.95
EM	24.10	1.61	65.78	4.43	22.73	2.46	65.87	4.35
RA	22.29	1.33	65.38	3.62	22.13	2.14	66.26	3.93
	Valor F 403.394		Valor F 680.284		Valor F 348.867		Valor F 364,999	
	Valor P < 0,001		Valor P < 0,001		Valor P < 0,001		Valor P < 0,001	

Quadro 5. Efeito do rutilo e dos antibióticos sobre o piruvato e o glutamato

Grupo	Pyruvate % mudança (Aumento com Rutilo)		Pyruvate % mudança (Diminuir com Doxy+Cipro)		Glutamato (Aumento com Rutilo)		Glutamato (Diminuir com Doxy+Cipro)	
	Média	**$\pm$ SD**	**Média**	**$\pm$ SD**	**Média**	**$\pm$ SD**	**Média**	**$\pm$ SD**
Normal	4.34	0.21	18.43	0.82	4.21	0.16	18.56	0.76
SLE	20.94	1.54	62.76	8.52	23.33	1.79	62.50	5.56
EM	21.59	1.23	60.28	9.22	22.81	1.91	63.47	5.81
RA	22.29	2.05	62.37	5.05	21.66	1.94	67.03	5.97
	Valor F 321.255		F valor 115.242		F valor 292.065		Valor F 317.966	
	Valor P < 0,001		Valor P < 0,001		Valor P < 0,001		Valor P < 0,001	

Quadro 6. Efeito do rutilo e dos antibióticos no peróxido de hidrogénio e no amoníaco

Grupo	H2O2 % (Aumento com Rutilo)		H2O2 % (Diminuir com Doxy+Cipro)		Amoníaco % (Aumento com Rutilo)		Amoníaco % (Diminuir com Doxy+Cipro)	
	Média	**$\pm$ SD**	**Média**	**$\pm$ SD**	**Média**	**$\pm$ SD**	**Média**	**$\pm$ SD**
Normal	4.43	0.19	18.13	0.63	4.40	0.10	18.48	0.39
SLE	23.81	1.19	61.08	7.38	22.83	1.90	67.23	3.45
EM	21.14	1.20	60.53	4.70	22.38	1.79	67.10	3.82
RA	23.29	1.67	60.52	5.38	22.29	2.05	61.91	7.56
	Valor F 380,721		Valor F 171.228		Valor F 372.716		F valor 556.411	
	Valor P < 0,001		Valor P < 0,001		Valor P < 0,001		Valor P < 0,001	

Quadro 1

Grupo	Digoxina RBC (ng/ml RBC Susp)		Citocromo F 420		HERV RNA (ug/ml)		H2O2 (umol/ml RBC)	
	Média	± SD	Média	± SD	Média	± SD	Média	± SD
NO/BHCD	0.58	0.07	1.00	0.00	17.75	0.72	177.43	6.71
RHCD	1.41	0.23	4.00	0.00	55.17	5.85	278.29	7.74
LHCD	0.18	0.05	0.00	0.00	8.70	0.90	111.63	5.40
EM	1.21	0.21	4.00	0.00	47.90	6.99	280.89	11.25
SLE	1.50	0.33	4.00	0.00	48.20	5.53	278.59	11.51
RA	1.40	0.32	4.00	0.00	46.37	4.87	290.37	9.10
Valor F	60.288		0.001		194.418		713.569	
Valor P	< 0.001		< 0.001		< 0.001		< 0.001	

Quadro 2

Grupo	NOX (OD dif/hr/mgpro)		TNF ALP (pg/ml)		ALA (umol24)		PBG (umol24)	
	Média	± SD	Média	± SD	Média	± SD	Média	± SD
NO/BHCD	0.012	0.001	17.94	0.59	15.44	0.50	20.82	1.19
RHCD	0.036	0.008	78.63	5.08	63.50	6.95	42.20	8.50
LHCD	0.007	0.001	9.29	0.81	3.86	0.26	12.11	1.34
EM	0.034	0.009	80.18	5.67	64.00	7.33	46.85	3.49
SLE	0.038	0.008	81.03	6.22	65.01	5.42	48.55	3.81
RA	0.039	0.010	79.38	5.14	67.86	5.65	44.08	2.81
Valor F	44.896		427.654		295.467		183.296	
Valor P	< 0.001		< 0.001		< 0.001		< 0.001	

Quadro 3

Grupo	Uroporfirina (nmol24)		Coproporfirina (nmol/24)		Protoporfirina (unidade Ab)		Heme (uM)	
	Média	± SD	Média	± SD	Média	± SD	Média	± SD
NO/BHCD	50.18	3.54	137.94	4.75	10.35	0.38	30.27	0.81
RHCD	250.28	23.43	389.01	54.11	42.46	6.36	12.47	2.82
LHCD	9.51	1.19	64.33	13.09	2.64	0.42	50.55	1.07
EM	277.36	15.48	440.35	25.34	50.81	3.21	11.87	1.84
SLE	294.51	58.62	447.39	39.84	52.94	3.67	12.95	1.53
RA	303.86	13.91	441.58	25.51	47.86	3.34	12.13	1.10
Valor F	160.533		279.759		424.198		1472.05	
Valor P	< 0.001		< 0.001		< 0.001		< 0.001	

Quadro 4

Grupo	Bilirubin (mg/dl)		Biliverdin (unidade Ab)		ATP Synthase (umol/gHb)		SE ATP (umol/dl)	
	Média	$\pm$ SD	Média	$\pm$ SD	Média	$\pm$ SD	Média	$\pm$ SD
NO/BHCD	0.55	0.02	0.030	0.001	0.36	0.13	0.42	0.11
RHCD	1.70	0.20	0.067	0.011	2.73	0.94	2.24	0.44
LHCD	0.21	0.00	0.017	0.001	0.09	0.01	0.02	0.01
EM	1.81	0.10	0.079	0.007	3.05	0.52	1.63	0.26
SLE	1.82	0.08	0.061	0.006	2.85	0.34	1.59	0.22
RA	1.78	0.24	0.067	0.014	2.92	0.55	1.35	0.29
Valor F	370.517		59.963		54.754		67.588	
Valor P	< 0.001		< 0.001		< 0.001		< 0.001	

Quadro 5

Grupo	Cyto C (ng/ml)		Lactato (mg/dl)		Pyruvate (umol/l)		RBC Hexokinase (ug glu fos/ hr/mgpro)	
	Média	$\pm$ SD	Média	$\pm$ SD	Média	$\pm$ SD	Média	$\pm$ SD
NO/BHCD	2.79	0.28	7.38	0.31	40.51	1.42	1.66	0.45
RHCD	12.39	1.23	25.99	8.10	100.51	12.32	5.46	2.83
LHCD	1.21	0.38	2.75	0.41	23.79	2.51	0.68	0.23
EM	11.81	0.67	23.32	1.10	102.48	13.20	8.56	4.75
SLE	11.73	0.56	23.06	1.49	100.51	9.79	8.02	3.01
RA	12.84	0.74	23.64	1.43	96.19	12.15	10.12	1.75
Valor F	445.772		162.945		154.701		18.187	
Valor P	< 0.001		< 0.001		< 0.001		< 0.001	

Quadro 6

Grupo	ACOA (mg/dl)		ACH (ug/ml)		Glutamato (mg/dl)	
	Média	$\pm$ SD	Média	$\pm$ SD	Média	$\pm$ SD
NO/BHCD	8.75	0.38	75.11	2.96	0.65	0.03
RHCD	2.51	0.36	38.57	7.03	3.19	0.32
LHCD	16.49	0.89	91.98	2.89	0.16	0.02
EM	2.03	0.09	39.99	12.61	3.58	0.36
SLE	2.54	0.38	49.30	7.26	3.37	0.38
RA	2.51	0.42	45.51	7.56	3.11	0.36
Valor F	1871.04		116.901		200.702	
Valor P	< 0.001		< 0.001		< 0.001	

384

Quadro 7

Grupo	Se. Amoníaco (ug/dl)		HMG Co A (HMG CoA/MEV)		Ácido biliar (mg/ml)	
	Média	$\pm$ SD	Média	$\pm$ SD	Média	$\pm$ SD
NO/BHCD	50.60	1.42	1.70	0.07	79.99	3.36
RHCD	93.43	4.85	1.16	0.10	25.68	7.04
LHCD	23.92	3.38	2.21	0.39	140.40	10.32
EM	93.42	3.69	1.13	0.08	24.12	6.43
SLE	101.18	17.06	1.14	0.07	19.62	1.97
RA	92.40	4.34	1.12	0.08	24.37	4.38
Valor F	61.645		159.963		635.306	
Valor P	< 0.001		< 0.001		< 0.001	

Abreviaturas

NO/BHCD- Dominância química normal/Bi-hemisférica

RHCD- Domínio químico hemisférico direito

LHCD- Domínio químico hemisférico esquerdo

EM- Esclerose múltipla

SLE- Lúpus eritematoso sistémico

AR- Artrite reumatóide

Discussão

Houve um aumento do citocromo F420, indicando um crescimento arqueológico. O arcaico pode sintetizar e utilizar o colesterol como fonte de carbono e energia. [2,10] A origem arqueal das actividades enzimáticas foi indicada pela supressão induzida por antibióticos. O estudo indica a presença de arquebactérias baseadas em actinídeos com enzimas alternativas baseadas em actinídeos ou metalloenzimas no sistema, como indicado pelo aumento induzido rutilo das actividades enzimáticas. [11] A actividade da beta-hidroxil esteroide desidrogenase do arquebactéria indica a síntese de digoxina. [12] A actividade do colesterol oxidase arqueal foi aumentada resultando na geração de piruvato e peróxido de hidrogénio. [10] O piruvato é convertido em glutamato e amoníaco pela via de derivação GABA. O piruvato é convertido em glutamato por transaminase de glutamato de soro piruvato. O glutamato é convertido em glutamato desidrogenase para gerar cetoglutarato alfa e amoníaco. A alanina é mais comummente produzida pela aminação redutiva da piruvato através da alanina transaminase. Esta reacção reversível envolve a interconversão de alanina e piruvato, associada à interconversão de alfa-ketoglutarato (2-oxoglutarato) e glutamato. A alanina pode contribuir para a glicina. O glutamato é actuado pela decarboxilase do ácido glutâmico para gerar GABA. GABA é convertido em semialdeído succínico pela transaminase GABA. A semialdeído succínico é convertido em

385

ácido succínico por semialdeído succinico desidrogenase. Glycine combina com succinil CoA para gerar ácido aminolevulínico delta catalisado pela enzima ALA synthase. Havia síntese de porfirina arqueal upregulada na população de doentes que era de origem arqueal como indicado pela catálise actinídea das reacções. A via da oxidase do colesterol gerou piruvato que entrou na via de derivação GABA. Isto resultou na síntese de succinato e glicina que são substratos da ALA synthase. A arcaea pode sofrer mineralização de magnetite e carbonato de cálcio e pode existir como nanoformas calcificadas. [13]

A possibilidade do fenótipo de Warburg induzido pelo organismo primitivo baseado em actinídeos como o arquebactérias com uma via mevalonada e o catabolismo do colesterol foi considerada neste artigo. O fenótipo de Warburg resulta na inibição da desidrogenase pirúvel e do ciclo TCA. O piruvato entra na via de derivação GABA onde é convertido em succinil CoA. A via glicolítica é upregulada e o metabolito glicolítico fosfoglicérato é convertido em serina e glicina. A glicina e a succinil CoA são os substratos para a síntese de ALA. A arcaea induz a enzima heme oxigenase. A Heme oxigenase converte a heme em bilirrubina e biliverdina. Isto esgota a heme do sistema e resulta na upregulação da actividade da ALA synthase, resultando na porfíria. O heme inibe a HIF alfa. O esgotamento do heme resulta na upregulação da actividade HIF alfa e no reforço do fenótipo Warburg. A auto oxidação da porfirina resulta em stress redox que activa o alfa HIF e gera o fenótipo de Warburg. O fenótipo Warburg resulta na canalização de acetil CoA para a síntese do colesterol, uma vez que o ciclo TCA e a fosforilação oxidativa mitocondrial são bloqueados. A arcaea utiliza o colesterol como um substrato energético. A porfirina e o ALA inibem a ATPase de sódio potássico. Isto aumenta a síntese do colesterol ao agir sobre a SREBP intracelular. O colesterol é metabolizado para piruvitar e depois a via de derivação GABA para utilização final na síntese da porfirina. As porfirinas podem auto-organizar-se e auto-replicar-se em arrays macromoleculares. As matrizes de porfirina comportam-se como um organismo autónomo e podem ter transporte intramolecular de electrões gerando ATP. As macroarrays de porfirina podem armazenar informação e podem ter percepção quântica. Os macroarrays de porfirina servem o propósito da energia arqueal e da percepção sensorial. O fenótipo Warburg está associado a doença auto-imune - lúpus eritematoso sistémico, esclerose múltipla e artrite reumatóide. O fenótipo de Warburg contribui para a geração do estado auto-imune. Os linfócitos dependem da glicólise para as suas necessidades energéticas. O aumento da glicólise leva à activação dos linfócitos e liberta citocinas, contribuindo para a patologia auto-imune. O aumento da glicólise leva ao aumento da frutose do metabolito glicolítico 1,6 difosfato que entra na via do fosfato pentose gerando NADPH. Isto activa NOX e gera H2O2. A activação de NOX e a lesão por radicais livres está relacionada com a doença auto-imune. Os radicais livres podem activar o NFKB. Isto gera a patologia auto-imune mediada por citocinas.

As porfirinas podem ser submetidas a foto-oxidação e autooxidação gerando radicais livres. As porfirinas arqueológicas podem produzir lesões por radicais livres. Os radicais livres produzem activação NFKB, abrem o PT mitocondrial resultando na morte celular, produzem activação oncogénica, activam o receptor NMDA e a enzima GAD que regula a neurotransmissão e geram os fenótipos de Warburg activando a glicólise e inibindo o ciclo TCA/ oxphos. As porfirinas têm estado relacionadas com lúpus eritematoso sistémico, esclerose múltipla e artrite reumatóide. As porfirinas podem complexar e intercalar-se com a membrana celular produzindo inibição da ATPase de sódio potássico, adicionando à inibição mediada pela digoxina. As porfirinas intercalando com a membrana que produz ATPase sódica potássica podem levar a um aumento da carga de cálcio intracelular. Isto pode activar a activação de linfócitos produtores de NFKB e lesão por citocinas. As porfirinas podem complexar-se com proteínas e ácido nucleico produzindo emissão de biofotão. A complexação das porfirinas com proteínas pode modular a estrutura e função das proteínas. A complexação das porfirinas com ADN e ARN pode modular a transcrição e tradução. A porfirina especialmente as protoporfirinas podem ligar-se aos receptores periféricos de benzodiazepina nas mitocôndrias e modular a sua função, transporte do colesterol mitocondrial e esteroidogénese. A modulação dos receptores periféricos de benzodiazepina por protoporfirinas pode regular a imunidade. A ligação de protoporfirina ao receptor periférico de benzodiazepina pode produzir activação imunitária, lesão por citocinas e doença auto-imune. A foto-oxidação da porfirina gera radicais livres que podem modular a função enzimática. As enzimas Redox moduladas por stress incluem desidrogenase piruvada, óxido nítrico sintase, beta-sintase de cistatona e heme oxigenase. Os radicais livres podem modular a função dos poros mitocondriais do PT. Os radicais livres podem modular a função da membrana celular e inibir a actividade da ATPase potássica de sódio. Assim, as porfirinas são moléculas reguladoras chave modulando todos os aspectos da função celular. [3-5] Houve um aumento de RNA livre indicando viroides auto-replicativos de RNA e DNA livre indicando geração de cordões de DNA complementares do viroide por actividade de transcriptase inversa arqueal. Os actinídeos e as porfirinas modulam o RNA dobrando e catalisando a sua acção ribozymal. A Digoxin pode cortar e colar os cordões viroidais, modulando a emenda do RNA gerando a diversidade viroidiana do RNA. Os viroides são intrões evolutivamente escapados do grupo I do arquipélago, que têm retrotransposição e qualidades de auto emenda. O piruvato arqueal produzindo inibição da deacetylase histonal e as porfirinas intercaladas com ADN podem produzir retroviral endógeno (HERV) transcriptase inversa e expressão integrase. Isto pode integrar o ADN complementar viroidiano do RNA na região não codificante do ADN eucariótico não codificante utilizando a integrase HERV, tal como foi descrito para os vírus borna e ebola. O arquebactérias e os viroides também podem induzir a síntese de porfirina celular. As infecções bacterianas e virais podem precipitar a porfiria. Assim, as porfirinas podem regular a função genómica e a função imunitária. A expressão aumentada do RNA HERV pode resultar em lúpus eritematoso sistémico, esclerose múltipla e artrite reumatóide. [14,15]

O papel das porfirinas arqueológicas na regulação das funções celulares e na integração neuro-imuno-endocrina é discutido. A protoporfirina liga-se ao receptor periférico de benzodiazepina que regula a síntese de esteróides e digoxinas. O aumento dos metabolitos da porfirina pode contribuir para a hiperdigoxinemia. A hiperdigoxinemia está relacionada com doença auto-imune - lúpus eritematoso sistémico, esclerose múltipla e artrite reumatóide. A digoxina produz inibição da membrana de potássio ATPase e aumento da carga de cálcio intracelular que activa a NFKB. Isto leva à activação imunitária e à geração de citocinas que contribuem para a patologia auto-imune. A digoxina pode modular o sistema neuro-imuno-endócrino. As porfirinas podem combinar com a função de membrana moduladora das membranas. As porfirinas podem combinar-se com proteínas oxidando a sua tirosina, triptofano, cisteína e resíduos de histidina produzindo reticulação e alterando a conformação e função proteica. As porfirinas podem complexar com ADN e ARN modulando a sua função. As proteínas intercaladas de porfirina e os ácidos nucleicos são estruturalmente anormais e antigénicos, contribuindo para a geração de auto-anticorpos. A interpolação da porfirina com ADN pode alterar a transcrição e gerar expressão HERV. A expressão HERV tem estado relacionada com doença auto-imune - lúpus eritematoso sistémico, esclerose múltipla e artrite reumatóide. A deficiência de hemorragia pode também resultar em estados de doença. A deficiência de hemoglobina resulta em deficiência de enzimas heme. Há deficiência de citocromo C oxidase e disfunção mitocondrial. A disfunção mitocondrial pode levar a lesões radicais livres. O glutatião peroxidase é disfuncional e o sistema de glutatião de radicais livres não funciona. Os radicais livres podem activar a NFKB, induzir a activação de linfócitos e libertar citocinas. Isto leva a uma patologia auto-imune. As enzimas citocromo P450 envolvidas na síntese de esteróides, ácido biliar e metabolitos de vitamina D reduziram a actividade levando a estados de deficiência de esteróides - cortisol, hormonas sexuais, vitamina D activa, bem como de ácido biliar. Os ácidos biliares, especialmente o ácido litocólico, podem ligar-se ao receptor de vitamina D. A deficiência de ácido biliar e de metabolito de vitamina D activa pode produzir activação imunitária. O ácido litocólico e a vitamina D são imunossupressores. Deficiência de vitamina D, disfunção do receptor VDR e deficiência de ácido biliar podem levar a doenças auto-imunes. A deficiência de heme resulta em disfunção de óxido nítrico sintase, heme oxigenase e cistina beta-sintase, resultando na falta de gasotransmissores que regulam o sistema vascular e receptor NMDA - NO, CO e H2S. O Heme tem efeitos citoprotectores e anti-inflamatórios. O Heme também está envolvido na resposta ao stress. A deficiência de Heme pode levar à activação imunitária. A oxigenase de cânhamo é a principal enzima de resposta ao stress e gera a bilirrubina radical livre. A deficiência de HO1 pode levar à activação imunitária e a doenças auto-imunes. [3-5] A foto-oxidação da porfirina pode gerar radicais livres que podem activar a NFKB. Isto pode produzir activação imunitária e lesão mediada por citocinas. O aumento das porfirinas arqueológicas pode levar a doenças auto-imunes como o LES e a EM. Foi descrita uma forma hereditária de EM e LES relacionada com o metabolismo alterado da porfirina. As protoporfirinas ligadas aos receptores mitocondriais de benzodiazepinas podem modular a função imunitária. [3,4]

A arcaea e os viroides podem regular o sistema nervoso, incluindo o NMDA/GABA talamocorticothalamic pathway mediando a percepção consciente. A foto-oxidação da porfirina pode gerar radicais livres que podem modular a transmissão NMDA. Os radicais livres podem aumentar a transmissão de NMDA. Os radicais livres podem induzir GAD e aumentar a síntese GABA. O ALA bloqueia a transmissão GABA e upregula o NMDA. As protoporfirinas ligam-se ao receptor GABA e promovem a transmissão GABA. Assim, as porfirinas podem modular a via tálamo-cortico-talâmica da percepção consciente. As porfirinas dipolares, PAH e magnetite arqueal no cenário de inibição da ATPase de potássio de sódio induzida por digoxina podem produzir um sistema de fonon de bombeamento mediado pelo modelo de Frohlich supercondutor do estado induzindo a percepção quântica com a gravidade nanoarqueal sentida produzindo a redução orquestrada das possibilidades quânticas para o mundo macroscópico. O ALA pode produzir inibição da ATPase de potássio de sódio resultando num estado quântico

mediado por um sistema de fonão bombeado envolvendo porfirinas dipolares. As moléculas de porfirina têm uma existência de partículas de onda e podem fazer a ponte entre a linha divisória entre o estado quântico e o estado particulado. Assim, as porfirinas podem mediar a percepção consciente e quântica. As porfirinas ligadas a proteínas, ácidos nucleicos e membranas celulares podem produzir emissão de biofotões. As porfirinas por autooxidação podem gerar biofotões e estão envolvidas na percepção quântica. Os biofotões podem mediar a percepção quântica. A foto-oxidação das porfirinas celulares está envolvida na detecção de campos magnéticos terrestres e de campos biomagnéticos de baixo nível. Assim, as profefirinas podem mediar a percepção extra-sensorial. As porfirinas podem modular a dominância hemisférica. Há um aumento da síntese de porfirinas e RHCD e uma diminuição da síntese de porfirinas no LHCD. A porfiria pode levar a distúrbios psiquiátricos e convulsões. Os distúrbios psiquiátricos podem coexistir com doenças auto-imunes como o LES. A psicose esquizofrénica e as perturbações do humor podem coexistir com o lúpus. O domínio químico hemisférico direito está relacionado com doenças auto-imunes como a lúpus eritematosa sistémica, esclerose múltipla e artrite reumatóide. As protoporfirinas bloqueiam a transmissão da acetilcolina produzindo uma neuropatia vagal com sobreactividade simpática. A neuropatia vagal resulta em activação imunitária. Uma neuropatia vagal sublinha os processos auto-imunes.
3,4,16

The dipolar porphyrins, PAH and archaeal magnetite in the setting of digoxin induced sodium potassium ATPase inhibition can produce a pumped phonon system mediated Frohlich model superconducting state inducing quantal perception with nanoarchaeal sensed gravity producing the orchestrated reduction of the quantal possibilities to the macroscopic world. ALA can produce sodium potassium ATPase inhibition resulting in a pumped phonon system mediated quantal state involving dipolar porphyrins. Porphyrins by autooxidation can generate biophotons and are involved in quantal perception. Biophotons can mediate quantal perception. Cellular porphyrins photo-oxidation are involved in sensing of earth magnetic fields and low level biomagnetic fields. Porphyrins can thus contribute to quantal perception. Low level electromagnetic fields and light can induce porphyrin synthesis. Low level EMF can produce ferrochelatase inhibition as well as heme oxygenase induction contributing to heme depletion, ALA synthase induction and increased porphyrin synthesis. Light also induces ALA synthase and porphyrin synthesis. The increased porphyrin synthesized can contribute to increased quantal perception and can modulate conscious perception. The porphyrin induced biophotons and quantal fields can modulate the source from which low level EMF and photic fields were generated. Thus the porphyrin generated by extraneous low level EMF and photic fields can interact with the source of low level EMF and photic fields modulating it. Thus porphyrins can serve as a bridge between the human brain and the source of low level EMF and photic fields. This serves as a mode of communication between the human brain and EMF storage devices like internet. The porphyrins can also serve as the source of communication with the environment. Environmental EMF and chemicals produce heme oxygenase induction and heme depletion increasing porphyrin synthesis, quantal perception and two-way communication. Thus induction of porphyrin synthesis can serve as a mechanism of communication between human brain and the environment by extrasensory perception. Increased exposure to low level of EMF can lead to autoimmune disease. This can explain the epidemic increase in incidence of autoimmune disease.

Porphyrin metabolism can contribute to autoimmune disease related to systemic illness. The porphyrin photo-oxidation mediated free radical injury can lead to insulin resistance and atherogenesis. Thus archaeal porphyrins can contribute to metabolic syndrome x. Glucose has got a negative effect upon ALA synthase activity. Therefore hyperglycemia may be reactive protective mechanism to increased archaeal porphyrin synthesis. The protoporphyrins binding to mitochondrial benzodiazepine receptors can modulate mitochondrial steroidogenesis and metabolism. Altered porphyrin metabolism has been described in the metabolic syndrome x. Porphyrias can lead onto vascular thrombosis.[3,4] Metabolic syndrome x is associated with autoimmune disease like CIDP and lupus. The porphyrin photo-oxidation can generate free radicals inducing HIF alpha and producing oncogene activation. Heme deficiency can lead to activation of HIF alpha and oncogenesis. This can lead to oncogenesis. Hepatic porphyrias induced hepatocellular carcinoma. The protoporphyrins binding to mitochondrial benzodiazepine receptors can regulate cell proliferation.[3,4] Autoantibodies are seen in malignancy. Autoimmune disease can coexist with malignancy. Porphyrin induced increased NMDA transmission and free radical injury can contribute to neuronal degeneration. Free radicals can produce mitochondrial PT pore dysfunction. This can lead to cyto C leak and activation of the caspase cascade leading to apoptosis and cell death. Altered porphyrin metabolism has been described in Alzheimer's disease. Autoantibodies are described in neuronal degeneration. The protoporphyrins binding to mitochondrial benzodiazepine receptors can regulate brain function and cell death. The porphyrins can intercalate with DNA producing HERV expression. The HERV particles generated can contribute to the retroviral state. Autoantibodies are seen in the acquired immunodeficiency syndrome. Autoimmune diseases like rheumatoid arthritis can coexist with AIDS. The porphyrins in the blood can combine with bacteria and viruses and the photo-oxidation generated free radicals can kill them. The archaeal porphyrins can modulate bacterial and viral infections. The archaeal porphyrins are regulatory molecules keeping other prokaryotes and viruses on check.[3,4] Infections can contribute to autoimmune disease. Herpes virus, EBV, atypical mycobacteria, mycoplasma and chlamydia has been related to systemic lupus erythematosis, multiple sclerosis and rheumatoid arthritis. Thus the archaeal porphyrins can contribute to the pathogenesis of systemic lupus erythematosis, multiple sclerosis and rheumatoid arthritis. Archaeal porphyrin synthesis is crucial in the pathogenesis of these disorders. Porphyrins may serve as regulatory molecules modulating immune, neural, endocrine, metabolic and genetic systems. The porphyrins photo-oxidation generated free radicals can produce immune activation, produce cell death, activate cell proliferation, produce insulin resistance and modulate conscious/quantal perception. The archaeal porphyrins functions as key regulatory molecules with mitochondrial benzodiazepine receptors playing an important role.[3,4]

Porphyrins also have evolutionary significance since porphyria is related to Scythian races and contributes to the behavioural and intellectual characteristics of this group of population. Porphyrins can intercalate into DNA and produce HERV expression. HERV RNA can get converted to DNA by reverse transcriptase which can get integrated into DNA by integrase. This tends to increase the length of the non-coding region of the DNA. The increase in non-coding region of the DNA is involved in primate and human evolution. Thus, increased rates of porphyrin synthesis would correlate with increase in non-coding DNA length. The alteration in the length of the non coding region of the DNA contributes to the dynamic nature of the genome. Thus genetic and acquired porphyrias can lead to alteration in the non-coding region of the genome. The alteration of the length of the non-coding region of the DNA contributes to the racial and individual differences in populations. An increased length of non-coding region as well as increased porphyrin synthesis leads to increased cognitive and creative neuronal function. Porphyrins are involved in quantal perception and regulation of the thalamo-cortico-thalamic pathway of conscious perception. Thus genetic and acquired porphyrias contribute to higher cognitive and creative capacity of certain races. Porphyrias are common among Eurasian Scythian races who have assumed leadership roles in communities and groups. Porphyrins have contributed to human and primate evolution. There is a increased incidence of autoimmune disease like systemic lupus erythematosis, multiple sclerosis and rheumatoid arthritis in the scythian races and most of our patient population belonged to this group.[3,4]

An actinide dependent shadow biosphere of archaea and viroids in systemic lupus erythematosis, multiple sclerosis and rheumatoid arthritis is described. The archaeal porphyrins can contribute to the pathogenesis of systemic lupus erythematosis, multiple sclerosis and rheumatoid arthritis. Archaeal porphyrin synthesis is crucial in the pathogenesis of these disorders. Porphyrins may serve as regulatory molecules modulating immune system. The porphyrin auto-oxidation can generate free radicals producing NFKB activation. This generates lymphocyte activation liberating cytokines producing autoimmune disease. The protoporphyrins binding to mitochondrial benzodiazepine receptors can modulate immune function and contribute to immune activation and autoimmune disease. Porphyrins can combine with proteins oxidizing their tyrosine, tryptophan, cysteine and histidine residues producing crosslinking and altering protein conformation and function. Porphyrins can complex with DNA and RNA modulating their structure. Porphyrin complexed with proteins and nucleic acids are antigenic and can lead onto autoimmune disease. Protoporphyrins block acetyl choline transmission producing a vagal neuropathy with sympathetic overactivity. Vagal neuropathy results in immune activation and autoimmune disease. Porphyrins can regulate hemispheric dominance. Right hemispheric dominance is associated with autoimmune disease. Porphyrins intercalating with DNA can produce HERV expression which has been related to autoimmune disease. The archaeal porphyrins functions as key regulatory molecules of the immune system. A porphyrin metabolic pathway dysfunction with accumulation of porphyrin precursors in the cell is the key principal molecular abnormality underlying autoimmune diseases- systemic lupus erythematosis, multiple sclerosis and rheumatoid arthritis.

Referências

1   Eckburg P.B., Lepp, P.W., Relman, D.A. (2003). Archaea and their potential role in human disease, *Infect Immun*, 71, 591-596.

2   Smit A., Mushegian, A. (2000). Biosynthesis of isoprenoids via mevalonate in Archaea: the lost pathway, *Genome Res*, 10(10), 1468-84.

3   Puy, H., Gouya, L., Deybach, J.C. (2010). Porphyrias. *The Lancet*, 375(9718), 924 – 937.

4   Kadish, K.M., Smith, K.M., Guilard, C. (1999). *Porphyrin Hand Book*. Academic Press, Nova Iorque: Elsevier.

5   Gavish M., Bachman, I., Shoukrun, R., Katz, Y., Veenman, L., Weisinger, G.,Weizman,A. (1999). Enigma of the Peripheral Benzodiazepine Receptor. *Pharmacological Reviews*, 51(4), 629-650.

6   Richmond W. (1973). Preparation and properties of a cholesterol oxidase from nocardia species and its application to the enzymatic assay of total cholesterol in serum, *Clin Chem*, 19, 1350-1356.

7   Snell E.D., Snell, C.T. (1961). *Métodos Colorimétricos de Análise*. Vol 3A. Nova Iorque: Van NoStrand.

8   Glick D. (1971). *Métodos de Análise Bioquímica*. Vol 5. Nova Iorque: Interscience Publishers.

9   Colowick, Kaplan, N.O. (1955). *Métodos em Enzimologia*. Vol 2. Nova Iorque: Imprensa académica.

10   Van der Geize R., Yam, K., Heuser, T., Wilbrink, M.H., Hara, H., Anderton, M.C. (2007). A gene cluster encoding cholesterol catabolism in a soil actinomycete provides insight into Mycobacterium tuberculosis survival in macrophages, *Proc Natl Acad Sci USA*, 104(6), 1947-52.

11   Francis A.J. (1998). Biotransformation of uranium and other actinides in radioactive wastes, *Journal of Alloys and Compounds*, 271(273), 78-84.

12   Schoner W. (2002). Endogenous cardiac glycosides, uma nova classe de hormonas esteróides, *Eur J Biochem*, 269, 2440-2448.

13   Vainshtein M., Suzina, N., Kudryashova, E., Ariskina, E. (2002). New Magnet-Sensitive Structures in Bacterial and Archaeal Cells, *Biol Cell*, 94(1), 29-35.

14   Tsagris E.M., de Alba, A.E., Gozmanova, M., Kalantidis, K. (2008). Viroids, *Cell Microbiol*, 10, 2168.

15   Horie M., Honda, T., Suzuki, Y., Kobayashi, Y., Daito, T., Oshida, T. (2010). Elementos endógenos não retrovirais do vírus RNA em genomas de mamíferos, *Nature,* 463, 84-87.

16   Kurup R., Kurup, P.A. (2009). *Digoxina hipotalâmica, dominância cerebral e função cerebral na saúde e nas doenças.* Nova Iorque: Nova Science Publishers.

CHAPTER 41

**THE PORPHYRIONS AND GENETIC REGULATION- A PORPHYRIONS
INDUCE TRISOMY 21 AND HUNTINGTON'S DISEASE**

Introdução

Actinidic archaea have been related to the pathogenesis of Trisomy 21 and Huntington's disease.[1-5] An actinide dependent shadow biosphere of archaea and viroids in Trisomy 21 and Huntington's disease is described. Actinidic archaea have a mevalonate pathway and are cholesterol catabolizing. They can use cholesterol as a carbon and energy source. Archaeal cholesterol catabolism can generate porphyrins via the cholesterol ring oxidase generated pyruvate and GABA shunt pathway. Porphyrins have been related to Trisomy 21 and Huntington's disease. They can function as self replicating supramolecular organisms which can be called as porphyrions. The role of archaeal porphyrins in regulation of genomic function is discussed.[1-5]

Materiais e Métodos

The following groups were included in the study:- Trisomy 21 and Huntington's disease. There were 10 patients in each group and each patient had an age and sex matched healthy control selected randomly from the general population. 10 normal people each with right hemispheric, left hemispheric and bi-hemispheric dominance were also selected for the study. The blood samples were drawn in the fasting state before treatment was initiated. Plasma from fasting heparinised blood was used and the experimental protocol was as follows (I) Plasma+phosphate buffered saline, (II) same as I+cholesterol substrate, (III) same as II+rutile 0.1 mg/ml, (IV) same as II+ciprofloxacine and doxycycline each in a concentration of 1 mg/ml. The following estimations were carried out:- Cytochrome F420, free RNA, free DNA, polycyclic aromatic hydrocarbon, hydrogen peroxide, pyruvate, ammonia, glutamate, succinate, glycine, delta aminolevulinic acid and digoxin. Plasma from fasting heparinised blood was used and the experimental protocol was as follows (I) Plasma+phosphate buffered saline, (II) same as I+cholesterol substrate, (III) same as II+rutile 0.1 mg/ml, (IV) same as II+ciprofloxacine and doxycycline each in a concentration of 1 mg/ml. Cholesterol substrate was prepared as described by Richmond. Aliquots were withdrawn at zero time immediately after mixing and after incubation at 37°C for 1 hour. The following estimations were carried out:- Cytochrome F420, free RNA, free DNA, polycyclic aromatic hydrocarbon, hydrogen peroxide, pyruvate, ammonia, glutamate, delta aminolevulinic acid, succinate, glycine and digoxin. Cytochrome F420 was estimated flourimetrically (excitation wavelength 420 nm and emission wavelength 520 nm). Polycyclic aromatic hydrocarbon was estimated by measuring hydrogen peroxide liberated by using glucose reagent. The study also involved estimating the following parameters in the patient population- digoxin, bile acid, hexokinase, porphyrins, pyruvate, glutamate, ammonia, acetyl CoA, acetyl choline, HMG

394

CoA reductase, cytochrome C, blood ATP, ATP synthase, ERV RNA (endogenous retroviral RNA), H$_2$O$_2$ (hydrogen peroxide), NOX (NADPH oxidase), TNF alpha and heme oxygenase.[6-9] Informed consent of the subjects and the approval of the ethics committee were obtained for the study. The statistical analysis was done by ANOVA.

Resultados

Plasma of control subjects showed increased levels of the above mentioned parameters with after incubation for 1 hour and addition of cholesterol substrate resulted in still further significant increase in these parameters. The plasma of patients showed similar results but the extent of increase was more. The addition of antibiotics to the control plasma caused a decrease in all the parameters while addition of rutile increased their levels. The addition of antibiotics to the patient's plasma caused a decrease in all the parameters while addition of rutile increased their levels but the extent of change was more in patient's sera as compared to controls. The results are expressed in tables section 1: 1-6 as percentage change in the parameters after 1 hour incubation as compared to the values at zero time. There was upregulated archaeal porphyrin synthesis in the patient population which was archaeal in origin as indicated by actinide catalysis of the reactions. The cholesterol oxidase pathway generated pyruvate which entered the GABA shunt pathway. This resulted in synthesis of succinate and glycine which are substrates for ALA synthase.

The study showed the patient's blood and right hemispheric dominance had increased heme oxygenase activity and porphyrins. The hexokinase activity was high. The pyruvate, glutamate and ammonia levels were elevated indicating blockade of PDH activity, and operation of the GABA shunt pathway. The acetyl CoA levels were low and acetyl choline was decreased. The cyto C levels were increased in the serum indicating mitochondrial dysfunction suggested by low blood ATP levels. This was indicative of the Warburg's phenotype. There were increased NOX and TNF alpha levels indicating immune activation. The HMG CoA reductase activity was high indicating cholesterol synthesis. The bile acid levels were low indicating depletion of cytochrome P450. The normal population with right hemispheric dominance had values resembling the patient population with increased porphyrin synthesis. The normal population with left hemispheric dominance had low values with decreased porphyrin synthesis.

Quadro 1. Efeito do rutilo e dos antibióticos no citocromo F420 e HAP

Grupo	CYT F420 % (Aumento com Rutilo)		CYT F420 % (Diminuir com Doxy+Cipro)		PAH % mudança (Aumento com Rutilo)		PAH % mudança (Diminuir com Doxy+Cipro)	
	Média	± SD	Média	± SD	Média	± SD	Média	± SD
Normal	4.48	0.15	18.24	0.66	4.45	0.14	18.25	0.72
Trisomy 21	22.12	1.81	61.33	9.82	22.83	1.78	59.84	7.62
HD	22.59	1.86	57.05	8.45	23.40	1.55	65.77	5.27
	F valor 306,749		F valor 130.054		F valor 391.318		F valor 257.996	
	Valor P < 0,001		Valor P < 0,001		Valor P < 0,001		Valor P < 0,001	

Quadro 2. Efeito do rutilo e dos antibióticos no ARN e ADN livres

Grupo	ADN % mudança (Aumento com Rutilo)		ADN % mudança (Diminuir com Doxy+Cipro)		RNA % mudança (Aumento com Rutilo)		RNA % mudança (Diminuir com Doxy+Cipro)	
	Média	± SD	Média	± SD	Média	± SD	Média	± SD
Normal	4.37	0.15	18.39	0.38	4.37	0.13	18.38	0.48
Trisomy 21	22.62	1.38	63.82	5.53	23.29	1.98	67.46	3.96
HD	23.01	1.67	65.35	3.56	23.33	1.86	66.46	3.65
	Valor F 337.577		F valor 356.621		Valor F 427.828		Valor F 654.453	
	Valor P < 0,001		Valor P < 0,001		Valor P < 0,001		Valor P < 0,001	

Quadro 3. Efeito do rutilo e dos antibióticos na digoxina e no ácido aminolevulínico delta

Grupo	Digoxina (ng/ml) (Aumento com Rutilo)		Digoxina (ng/ml) (Diminuir com Doxy+Cipro)		ALA % (Aumento com Rutilo)		ALA % (Diminuir com Doxy+Cipro)	
	Média	± SD	Média	± SD	Média	± SD	Média	± SD
Normal	0.11	0.00	0.054	0.003	4.40	0.10	18.48	0.39
Trisomy 21	0.52	0.03	0.214	0.032	22.38	1.79	67.10	3.82
HD	0.47	0.04	0.202	0.025	22.87	1.84	66.31	3.68
	Valor F 135,116		Valor F 71.706		Valor F 372.716		F valor 556.411	
	Valor P < 0,001		Valor P < 0,001		Valor P < 0,001		Valor P < 0,001	

Quadro 4. Efeito do rutilo e dos antibióticos no succinato e na glicina

Grupo	Succinate % Succinate (Aumento com Rutilo)		Succinate % Succinate (Diminuir com Doxy+Cipro)		Glycine % mudança (Aumento com Rutilo)		Glycine % mudança (Diminuir com Doxy+Cipro)	
	Média	$\pm$ SD	Média	$\pm$ SD	Média	$\pm$ SD	Média	$\pm$ SD
Normal	4.41	0.15	18.63	0.12	4.34	0.15	18.24	0.37
Trisomy 21	24.10	1.61	65.78	4.43	22.73	2.46	65.87	4.35
HD	23.70	1.75	68.06	3.52	23.81	1.49	64.89	6.01
	Valor F 403.394 Valor P < 0,001		Valor F 680.284 Valor P < 0,001		Valor F 348.867 Valor P < 0,001		Valor F 364,999 Valor P < 0,001	

Quadro 5. Efeito do rutilo e dos antibióticos sobre o piruvato e o glutamato

Grupo	Pyruvate % mudança (Aumento com Rutilo)		Pyruvate % mudança (Diminuir com Doxy+Cipro)		Glutamato (Aumento com Rutilo)		Glutamato (Diminuir com Doxy+Cipro)	
	Média	$\pm$ SD	Média	$\pm$ SD	Média	$\pm$ SD	Média	$\pm$ SD
Normal	4.34	0.21	18.43	0.82	4.21	0.16	18.56	0.76
Trisomy 21	21.59	1.23	60.28	9.22	22.81	1.91	63.47	5.81
HD	20.67	1.38	58.75	8.12	23.23	1.88	65.11	5.14
	Valor F 321.255 Valor P < 0,001		F valor 115.242 Valor P < 0,001		F valor 292.065 Valor P < 0,001		Valor F 317.966 Valor P < 0,001	

Quadro 6. Efeito do rutilo e dos antibióticos no peróxido de hidrogénio e no amoníaco

Grupo	H2O2 % (Aumento com Rutilo)		H2O2 % (Diminuir com Doxy+Cipro)		Amoníaco % (Aumento com Rutilo)		Amoníaco % (Diminuir com Doxy+Cipro)	
	Média	$\pm$ SD	Média	$\pm$ SD	Média	$\pm$ SD	Média	$\pm$ SD
Normal	4.43	0.19	18.13	0.63	4.40	0.10	18.48	0.39
Trisomy 21	21.14	1.20	60.53	4.70	22.38	1.79	67.10	3.82
HD	23.27	1.53	58.91	6.09	22.87	1.84	66.31	3.68
	Valor F 380,721 Valor P < 0,001		Valor F 171.228 Valor P < 0,001		Valor F 372.716 Valor P < 0,001		F valor 556.411 Valor P < 0,001	

Quadro 1

Grupo	Digoxina RBC (ng/ml RBC Susp)		Citocromo F 420		HERV RNA (ug/ml)		H2O2 (umol/ml RBC)	
	Média	± SD	Média	± SD	Média	± SD	Média	± SD
NO/BHCD	0.58	0.07	1.00	0.00	17.75	0.72	177.43	6.71
RHCD	1.41	0.23	4.00	0.00	55.17	5.85	278.29	7.74
LHCD	0.18	0.05	0.00	0.00	8.70	0.90	111.63	5.40
HD	1.34	0.31	4.00	0.00	51.16	7.78	295.37	3.78
Trisomy 21	1.34	0.25	4.00	0.00	47.28	3.55	283.04	9.17
Valor F	60.288		0.001		194.418		713.569	
Valor P	< 0.001		< 0.001		< 0.001		< 0.001	

Quadro 2

Grupo	NOX (OD dif/hr/mgpro)		TNF ALP (pg/ml)		ALA (umol24)		PBG (umol24)	
	Média	± SD	Média	± SD	Média	± SD	Média	± SD
NO/BHCD	0.012	0.001	17.94	0.59	15.44	0.50	20.82	1.19
RHCD	0.036	0.008	78.63	5.08	63.50	6.95	42.20	8.50
LHCD	0.007	0.001	9.29	0.81	3.86	0.26	12.11	1.34
HD	0.035	0.011	82.13	3.97	67.30	5.98	47.25	4.19
Trisomy 21	0.035	0.009	80.30	6.65	64.99	6.72	45.69	4.18
Valor F	44.896		427.654		295.467		183.296	
Valor P	< 0.001		< 0.001		< 0.001		< 0.001	

Quadro 3

Grupo	Uroporfirina (nmol24)		Coproporfirina (nmol/24)		Protoporfirina (unidade Ab)		Heme (uM)	
	Média	± SD	Média	± SD	Média	± SD	Média	± SD
NO/BHCD	50.18	3.54	137.94	4.75	10.35	0.38	30.27	0.81
RHCD	250.28	23.43	389.01	54.11	42.46	6.36	12.47	2.82
LHCD	9.51	1.19	64.33	13.09	2.64	0.42	50.55	1.07
HD	286.84	24.18	432.22	50.11	49.36	4.18	11.81	0.80
Trisomy 21	258.33	37.85	421.52	36.57	50.97	7.07	11.81	1.14
Valor F	160.533		279.759		424.198		1472.05	
Valor P	< 0.001		< 0.001		< 0.001		< 0.001	

Quadro 4

Grupo	Bilirubin (mg/dl)		Biliverdin (unidade Ab)		ATP Synthase (umol/gHb)		SE ATP (umol/dl)	
	Média	$\pm$ SD	Média	$\pm$ SD	Média	$\pm$ SD	Média	$\pm$ SD
NO/BHCD	0.55	0.02	0.030	0.001	0.36	0.13	0.42	0.11
RHCD	1.70	0.20	0.067	0.011	2.73	0.94	2.24	0.44
LHCD	0.21	0.00	0.017	0.001	0.09	0.01	0.02	0.01
HD	1.83	0.09	0.071	0.014	3.34	0.84	1.27	0.26
Trisomy 21	1.85	0.07	0.071	0.015	3.15	0.73	1.17	0.11
Valor F	370.517		59.963		54.754		67.588	
Valor P	< 0.001		< 0.001		< 0.001		< 0.001	

Quadro 5

Grupo	Cyto C (ng/ml)		Lactato (mg/dl)		Pyruvate (umol/l)		RBC Hexokinase (ug glu fos/ hr/mgpro)	
	Média	$\pm$ SD	Média	$\pm$ SD	Média	$\pm$ SD	Média	$\pm$ SD
NO/BHCD	2.79	0.28	7.38	0.31	40.51	1.42	1.66	0.45
RHCD	12.39	1.23	25.99	8.10	100.51	12.32	5.46	2.83
LHCD	1.21	0.38	2.75	0.41	23.79	2.51	0.68	0.23
HD	12.65	1.06	24.28	1.69	95.44	12.04	9.30	3.98
Trisomy 21	12.79	1.15	23.69	2.19	91.81	4.12	8.68	2.60
Valor F	445.772		162.945		154.701		18.187	
Valor P	< 0.001		< 0.001		< 0.001		< 0.001	

Quadro 6

Grupo	ACOA (mg/dl)		ACH (ug/ml)		Glutamato (mg/dl)	
	Média	$\pm$ SD	Média	$\pm$ SD	Média	$\pm$ SD
NO/BHCD	8.75	0.38	75.11	2.96	0.65	0.03
RHCD	2.51	0.36	38.57	7.03	3.19	0.32
LHCD	16.49	0.89	91.98	2.89	0.16	0.02
HD	1.95	0.06	35.02	5.85	3.14	0.32
Trisomy 21	2.01	0.08	39.34	8.15	3.30	0.48
Valor F	1871.04		116.901		200.702	
Valor P	< 0.001		< 0.001		< 0.001	

Quadro 7

Grupo	Se. Amoníaco (ug/dl)		HMG Co A (HMG CoA/MEV)		Ácido biliar (mg/ml)	
	Média	**± SD**	**Média**	**± SD**	**Média**	**± SD**
NO/BHCD	50.60	1.42	1.70	0.07	79.99	3.36
RHCD	93.43	4.85	1.16	0.10	25.68	7.04
LHCD	23.92	3.38	2.21	0.39	140.40	10.32
HD	94.60	8.52	1.08	0.13	28.93	4.93
Trisomy 21	98.81	15.65	1.09	0.11	21.31	4.49
Valor F	61.645		159.963		635.306	
Valor P	< 0.001		< 0.001		< 0.001	

Abreviaturas

NO/BHCD- Dominância química normal/Bi-hemisférica

RHCD- Domínio químico hemisférico direito

LHCD- Domínio químico hemisférico esquerdo

HD- Huntington's disease

Discussão

There was increase in cytochrome F420 indicating archaeal growth. The archaea can synthesize and use cholesterol as a carbon and energy source.[2,10] The archaeal origin of the enzyme activities was indicated by antibiotic induced suppression. The study indicates the presence of actinide based archaea with an alternate actinide based enzymes or metalloenzymes in the system as indicated by rutile induced increase in enzyme activities.[11] The archaeal beta hydroxyl steroid dehydrogenase activity indicating digoxin synthesis.[12] The archaeal cholesterol oxidase activity was increased resulting in generation of pyruvate and hydrogen peroxide.[10] The pyruvate gets converted to glutamate and ammonia by the GABA shunt pathway. The pyruvate is converted to glutamate by serum glutamate pyruvate transaminase. The glutamate gets acted upon by glutamate dehydrogenase to generate alpha ketoglutarate and ammonia. Alanine is most commonly produced by the reductive amination of pyruvate via alanine transaminase. This reversible reaction involves the interconversion of alanine and pyruvate, coupled to the interconversion of alpha-ketoglutarate (2-oxoglutarate) and glutamate. Alanine can contribute to glycine. Glutamate is acted upon by Glutamic acid decarboxylase to generate GABA. GABA is converted to succinic semialdehyde by GABA transaminase. Succinic semialdehyde is converted to succinic acid by succinic semialdehyde dehydrogenase. Glycine combines with succinyl CoA to generate delta aminolevulinic acid catalysed by the enzyme ALA synthase. There was upregulated archaeal porphyrin synthesis in the patient population which was archaeal in origin as indicated by actinide catalysis of the

400

reactions. The cholesterol oxidase pathway generated pyruvate which entered the GABA shunt pathway. This resulted in synthesis of succinate and glycine which are substrates for ALA synthase. The archaea can undergo magnetite and calcium carbonate mineralization and can exist as calcified nanoforms.[13]

Porphyrins can contribute to the pathogenesis of Trisomy 21 and Huntington's disease. The porphyrins can undergo photo-oxidation and auto-oxidation generating free radicals. The archaeal porphyrins can produce free radical injury. Free radicals produce NFKB activation, open the mitochondrial PT pore resulting in cell death, produce oncogene activation, activate NMDA receptor and GAD enzyme regulating neurotransmission and generates the Warburg phenotypes activating glycolysis and inhibiting TCA cycle/oxphos. Porphyrins have been related to trisomy 21 and Huntington's disease. Protoporphyrins are the endogenous ligand of the peripheral benzodiazepine receptor. Protoporphyrins binding to the mitochondrial peripheral benzodiazepine receptor can mediate cell death. Protoporphyrin binds to the peripheral benzodiazepine receptor regulating steroid and digoxin synthesis. Increased porphyrin metabolites can contribute to hyperdigoxinemia. Digoxin can modulate the neuro-immuno-endocrine system. Digoxin can inhibit sodium potassium ATPase producing intracellular calcium overload and activation of the caspase cascade producing cell death. Hyperdigoxinemia has been related to neuronal degeneration in Trisomy 21 and Huntington's disease. The porphyrins can complex and intercalate with the cell membrane producing sodium potassium ATPase inhibition adding on to digoxin mediated inhibition. This results in increase in intracellular calcium and decrease in intracellular magnesium. Intracellular magnesium depletion results in chromosomal non disjunction as well as proof-reading errors due to DNA polymerase dysfunction. Porphyrins can complex with proteins and nucleic acid producing biophoton emission. Porphyrins complexing with proteins can modulate protein structure and function. Porphyrins complexing with DNA and RNA can modulate transcription and translation. This can produce defective proof-reading function of DNA polymerase leading on to trinucleotide repeats. This contributes to the pathogenesis of Trisomy 21 and Huntington's disease. The porphyrin especially protoporphyrins can bind to peripheral benzodiazepine receptors in the mitochondria and modulate its function, mitochondrial cholesterol transport and steroidogenesis. Peripheral benzodiazepine receptor modulation by protoporphyrins can regulate cell death, cell proliferation, immunity and neural functions. The porphyrin photo-oxidation generates free radicals which can modulate enzyme function. Redox stress modulated enzymes include pyruvate dehydrogenase, nitric oxide synthase, cystathione beta synthase and heme oxygenase. Free radicals can modulate mitochondrial PT pore function. Free radicals can modulate cell membrane function and inhibit sodium potassium ATPase activity. Thus the porphyrins are key regulatory molecules modulating all aspects of cell function.[3-5] There was an increase in free RNA indicating self replicating RNA viroids and free DNA indicating generation of viroid complementary DNA strands by archaeal reverse transcriptase activity. The actinides and porphyrins modulate RNA folding and catalyze its ribozymal action. Digoxin can cut and paste the viroidal strands by modulating RNA splicing generating RNA viroidal diversity. The viroids are evolutionarily escaped archaeal group I introns which have retrotransposition and self splicing qualities. Archaeal pyruvate producing histone deacetylase inhibition and porphyrins intercalating with DNA can produce endogenous retroviral (HERV) reverse transcriptase and integrase expression. This can integrate the RNA viroidal complementary DNA into the noncoding region of eukaryotic non coding DNA using HERV integrase as has been described for borna and ebola viruses. The archaea and viroids can also induce cellular porphyrin synthesis. The viroids can contribute to neuronal degeneration in Trisomy 21 and Huntington's disease by phenomena of RNA interference. Bacterial and viral infections can precipitate porphyria. Thus porphyrins can regulate genomic function. The increased expression of HERV RNA can result in neuronal degenerations in Trisomy 21 and Huntington's disease by RNA interference.[14,15]

The possibility of Warburg phenotype induced by actinide based primitive organism like archaea with a mevalonate pathway and cholesterol catabolism in Trisomy 21 and Huntington's disease was considered in this paper. The Warburg phenotype results in inhibition of pyruvate dehydrogenase and the TCA cycle. The pyruvate enters the GABA shunt pathway where it is converted to succinyl CoA. The glycolytic pathway is upregulated and the glycolytic metabolite phosphoglycerate is converted to serine and glycine. Glycine and succinyl CoA are the substrates for ALA synthesis. The archaea induces the enzyme heme oxygenase. Heme oxygenase converts heme to bilirubin and biliverdin. This depletes heme from the system and results in upregulation of ALA synthase activity resulting in porphyria. Heme inhibits HIF alpha. The heme depletion results in upregulation of HIF alpha activity and further strengthening of the Warburg phenotype. The porphyrin self oxidation results in redox stress which activates HIF alpha and generates the Warburg phenotype. The Warburg phenotype results in channeling acetyl CoA for cholesterol synthesis as the TCA cycle and mitochondrial oxidative phosphorylation are blocked. The archaea uses cholesterol as an energy substrate. Porphyrin and ALA inhibits sodium potassium ATPase. This increases cholesterol synthesis by acting upon intracellular SREBP. The cholesterol is metabolized to pyruvate and then the GABA shunt pathway for ultimate use in porphyrin synthesis. The porphyrins can self organize and self replicate into macromolecular arrays. The porphyrin arrays behave like an autonomous organism and can have intramolecular electron transport generating ATP. The porphyrin macroarrays can store information and can have quantal perception. The porphyrin macroarrays serves the purpose of archaeal energetics and sensory perception. The Warburg phenotype is associated with Alzheimer's disease, Parkinson's disease and motor neuron disease. The increase in glycolytic pathway leads to increase in glyceraldehyde-3-phosphate dehydrogenase. The glyceraldehyde-3-phosphate dehydrogenase gets polyadenylated by redox activated PARP. The polyadenylated glyceraldehyde-3-phosphate dehydrogenase gets transported to the cell nucleus producing nuclear mediated cell death. The increase in glycolysis leads to increase in fructose 1,6 diphosphate which enters the pentose phosphate pathway generating NADPH leading on to NOX activation. NOX activation induces NMDA excitotoxicity and neuronal cell death. NOX activation also leads to free radical injury, mitochondrial PT pore opening and caspase cascade activity. This leads to mitochondria mediated cell death. The lymphocytes depend on glycolysis for its energy needs. The increase in glycolysis activates the immune system leading to cytokine mediated cell death. Thus the generation of the Warburg phenotype can mediate cell death in Trisomy 21 and Huntington's disease.

The role of porphyrins in regulation of cell functions including cell death in Trisomy 21 and Huntington's disease and neuro-immuno-endocrine integration is discussed. Porphyrins can combine with membranes modulating membrane function. Porphyrins binding to cell membrane can produce sodium potassium ATPase inhibition and intracellular calcium overload. This can activate the caspase cascade producing cell death. Porphyrins can combine with proteins oxidizing their tyrosine, tryptophan, cysteine and histidine residues producing crosslinking and altering protein conformation and function. Porphyrins can modulate protein conformation. Neurodegenerations like Trisomy 21 and Huntington's disease are basically conformational diseases. The proteins with altered conformation resist lysosomal digestion and accumulate in the cell producing cell death. The increased porphyrin binding to proteins can produce alteration in protein conformation contributing to degenerations. This accounts for amyloid deposition in Trisomy 21. Porphyrins can complex with DNA and RNA modulating their function. Porphyrin interpolating with DNA can alter transcription and generate HERV expression. HERV expression has been related to neurodegenerations in Trisomy 21 and Huntington's disease. Heme deficiency can also result in disease states. Heme deficiency results in deficiency of heme enzymes. There is deficiency of cytochrome C oxidase and mitochondrial dysfunction. Mitochondrial dysfunction can lead to neurodegeneration. The glutathione peroxidase is dysfunctional and the glutathione system of free radical scavenging does not function. Free radical injury and dysfunction of the glutathione system is described in neurodegeneration. The cytochrome P450 enzymes involved in steroid and bile acid synthesis have reduced activity leading to steroid- cortisol and sex hormones as well as bile acid deficiency states. Bile acids are neuroprotective and deficiency of bile acids can contribute to neurodegeneration. The heme deficiency results in dysfunction of nitric oxide synthase, heme oxygenase and cysthathione beta synthase resulting in lack of gasotransmitters regulating the vascular system and NMDA receptor- NO, CO and H_2S. NO, CO and H_2S can combine with iron residues in cytochrome c oxidase producing mitochondrial hibernation and cytoprotection. The deficiency of NO, CO and H_2S results in loss of this cytoprotection and neurodegeneration. Heme has got cytoprotective, neuroprotective, anti-inflammatory and antiproliferative effects. Heme deficiency can lead to cytokine mediated cell death and contribute to neurodegeneration in Trisomy 21 and Huntington's disease. Heme is also involved in the stress response.[3-5]

The porphyrin photo-oxidation can generate free radicals which can activate NFKB. This can produce immune activation and cytokine mediated injury. The increase in archaeal porphyrins can lead to Trisomy 21 and Huntington's disease. The protoporphyrins binding to mitochondrial benzodiazepine receptors can modulate immune function. Porphyrins can combine with proteins oxidizing their tyrosine, tryptophan, cysteine and histidine residues producing crosslinking and altering protein conformation and function. Porphyrins can complex with DNA and RNA modulating their structure. Porphyrin complexed with proteins and nucleic acids are antigenic and can lead onto autoimmune disease.[3,4] An autoimmune pathology has been related to neurodegenerations in Trisomy 21 and Huntington's disease. Autoimmune disease has been described in Trisomy 21.

The porphyrin photo-oxidation mediated free radical injury can lead to insulin resistance and atherogenesis. Thus archaeal porphyrins can contribute to metabolic syndrome x. Glucose has got a negative effect upon ALA synthase activity. Therefore hyperglycemia may be reactive protective mechanism to increased archaeal porphyrin synthesis. The protoporphyrins binding to mitochondrial benzodiazepine receptors can modulate mitochondrial steroidogenesis and metabolism. Altered porphyrin metabolism has been described in the metabolic syndrome x.[3,4] Insulin resistance can contribute to neuronal cell death in Trisomy 21 and Huntington's disease. The porphyrin photo-oxidation can generate free radicals inducing HIF alpha and producing oncogene activation. Heme deficiency can lead to activation of HIF alpha. HIF alpha can induce the Warburg phenotype. This can lead to oncogenesis. Trisomy 21 is related to increased incidence of malignancies. The Warburg phenotype can itself induce neurodegenerations in Trisomy 21 and Huntington's disease. The protoporphyrins binding to mitochondrial benzodiazepine receptors can regulate cell proliferation.[3,4]

The archaea and viroids can regulate the nervous system including the NMDA/GABA thalamo-cortico-thalamic pathway mediating conscious perception. Porphyrin photo-oxidation can generate free radicals which can modulate NMDA transmission. Free radicals can increase NMDA transmission. Free radicals can induce GAD and increase GABA synthesis. ALA blocks GABA transmission and upregulates NMDA. Protoporphyrins bind to GABA receptor and promote GABA transmission. Thus porphyrins can modulate the thalamo-cortico-thalamic pathway of conscious perception. The dipolar porphyrins, PAH and archaeal magnetite in the setting of digoxin induced sodium potassium ATPase inhibition can produce a pumped phonon system mediated Frohlich model superconducting state inducing quantal perception with nanoarchaeal sensed gravity producing the orchestrated reduction of the quantal possibilities to the macroscopic world. ALA can produce sodium potassium ATPase inhibition resulting in a pumped phonon system mediated quantal state involving dipolar porphyrins. Porphyrin molecules have a wave particle existence and can bridge the dividing line between quantal state and particulate state. Thus the porphyrins can mediate conscious and quantal perception. Porphyrins binding to proteins, nucleic acids and cell membranes can produce biophoton emission. Porphyrins by auto-oxidation can generate biophotons and are involved in quantal perception. Biophotons can mediate quantal perception. Cellular porphyrins photo-oxidation are involved in sensing of earth magnetic fields and low level biomagnetic fields. Thus prophyrins can mediate extrasensory perception. The porphyrins can modulate hemispheric dominance. There is increased porphyrin synthesis and RHCD and decreased porphyrin synthesis in LHCD. Porphyrin mediated NMDA excitotoxicity can contribute to neurodegenerations. Porphyria can lead to psychiatric disorders and seizures which can coexist with neurodegeneration. Mood disorders and schizophrenia can coexist with Trisomy 21 and Huntington's disease. Right hemispheric chemical dominance is associated with Trisomy 21 and Huntington's disease. Protoporphyrins block acetyl choline transmission producing a vagal neuropathy with sympathetic overactivity. Blockade in cholinergic transmission can lead to Trisomy 21 and Huntington's disease. Vagal neuropathy results in immune activation and cell death in Trisomy 21 and Huntington's disease. A vagal neuropathy related to porphyrin accumulation can lead to neurodegenerations. Porphyrin induced increased NMDA transmission and free radical injury can contribute to neuronal degeneration. Porphyrin autooxidation related ROS generation can produce NMDA excitotoxicity. ALA accumulation can block GABA transmission which is neuroprotective.[3,4,16]

The dipolar porphyrins, PAH and archaeal magnetite in the setting of digoxin induced sodium potassium ATPase inhibition can produce a pumped phonon system mediated Frohlich model superconducting state inducing quantal perception with nanoarchaeal sensed gravity producing the orchestrated reduction of the quantal possibilities to the macroscopic world. ALA can produce sodium potassium ATPase inhibition resulting in a pumped phonon system mediated quantal state involving dipolar porphyrins. Porphyrins by autooxidation can generate biophotons and are involved in quantal perception. Biophotons can mediate quantal perception. Cellular porphyrins photo-oxidation are involved in sensing of earth magnetic fields and low level biomagnetic fields. Porphyrins can thus contribute to quantal perception. Low level electromagnetic fields and light can induce porphyrin synthesis. Low level EMF can produce ferrochelatase inhibition as well as heme oxygenase induction contributing to heme depletion, ALA synthase induction and increased porphyrin synthesis. Light also induces ALA synthase and porphyrin synthesis. The increased porphyrin synthesized can contribute to increased quantal perception and can modulate conscious perception. The porphyrin induced biophotons and quantal fields can modulate the source from which low level EMF and photic fields were generated. Thus the porphyrin generated by extraneous low level EMF and photic fields can interact with the source of low level EMF and photic fields modulating it. Thus porphyrins can serve as a bridge between the human brain and the source of low level EMF and photic fields. This serves as a mode of communication between the human brain and EMF storage devices like internet. The porphyrins can also serve as the source of communication with the environment. Environmental EMF and chemicals produce heme oxygenase induction and heme depletion increasing porphyrin synthesis, quantal perception and two-way communication. Thus induction of porphyrin synthesis can serve as a mechanism of communication between human brain and the environment by extrasensory perception. Increased exposure to low levels of EMF can lead to neurodegeneration in Trisomy 21 and Huntington's disease.

Porphyrins also have evolutionary significance since porphyria is related to Scythian races and contributes to the behavioural and intellectual characteristics of this group of population. Porphyrins can intercalate into DNA and produce HERV expression. HERV RNA can get converted to DNA by reverse transcriptase which can get integrated into DNA by integrase. This tends to increase the length of the non-coding region of the DNA. The increase in non-coding region of the DNA is involved in primate and human evolution. Thus, increased rates of porphyrin synthesis would correlate with increase in non-coding DNA length. The alteration in the length of the non-coding region of the DNA contributes to the dynamic nature of the genome. Thus genetic and acquired porphyrias can lead to alteration in the non-coding region of the genome. The alteration of the length of the non-coding region of the DNA contributes to the racial and individual differences in populations. An increased length of non-coding region as well as increased porphyrin synthesis leads to increased cognitive and creative neuronal function. Porphyrins are involved in quantal perception and regulation of the thalamo-cortico-thalamic pathway of conscious perception. Thus genetic and acquired porphyrias contribute to higher cognitive and creative capacity of certain races. Porphyrias are common among Eurasian Scythian races who have assumed leadership roles in communities and groups. Porphyrins have contributed to human and primate evolution.[3,4] The neurodegenerations like Trisomy 21 and Huntington's disease are common in Scythian races and most of the our patient population belong to this group.

An actinide dependent shadow biosphere of archaea and viroids in Trisomy 21 and Huntington's disease is described. The porphyrins can contribute to the pathogenesis of Trisomy 21 and Huntington's disease. The porphyrin synthesis is crucial in the pathogenesis of these disorders. Archaeal porphyrin synthesis is crucial in the pathogenesis of these disorders. Porphyrins may serve as regulatory molecules modulating immune, neural, endocrine, metabolic and genetic systems. The porphyrins photo-oxidation generated free radicals can produce immune activation, produce cell death, activate cell proliferation, produce insulin resistance and modulate conscious/quantal perception. The archaeal porphyrins functions as key regulatory molecules with mitochondrial benzodiazepine receptors playing an important role.[3,4] Porphyrins can intercalate in the cell membrane producing sodium potassium ATPase inhibition. This results in increase in intracellular calcium and decrease in intracellular magnesium. Intracellular magnesium depletion results in chromosomal non-disjunction as well as proof-reading errors due to DNA polymerase dysfunction. Porphyrins can also intercalate in DNA modulating DNA function and structure. This can also contribute to DNA polymerase proof-reading functional abnormalities and chromosomal non-disjunction. This contributes to the pathogenesis of Trisomy 21 and Huntington's disease. Heme deficiency can produce cytochrome C oxidase deficiency and mitochondrial dysfunction contributing to neurodegeneration. Heme deficiency can lead to deficiency of glutathione peroxidase and produce dysfunction of glutathione system of free radicals scavenging leading to cell death. Protoporphyrins can bind to peripheral benzodiazepine receptor producing cell death. Porphyrin autooxidation related free radical injury can activate NFKB inducing cytokine mediated cell death. Porphyrin auto-oxidation related free radical injury can open the mitochondrial PT pore and produce leakage of cyto C activating the caspase cascade. Porphyrins can intercalate into the cell membrane inducing sodium potassium ATPase inhibition and intracellular calcium overload activating the caspase cascade. Protoporphyrins binding to the peripheral benzodiazepine receptor can induce steroidal endogenous digoxin synthesis producing digoxin mediated cell death. Thus porphyrins are key molecules inducing cell death and the porphyrin metabolic pathway dysfunction is the key molecular abnormality underlying neurodegeneration in Trisomy 21 and Huntington's disease. The porphyrins play a role in genetic regulation and cell division. Porphyrins can intercalate with DNA and RNA modulating their structure and function.

Referências

1   Eckburg P.B., Lepp, P.W., Relman, D.A. (2003). Archaea and their potential role in human disease, *Infect Immun,* 71, 591-596.

2   Smit A., Mushegian, A. (2000). Biosynthesis of isoprenoids via mevalonate in Archaea: the lost pathway, *Genome Res,* 10(10), 1468-84.

3   Puy, H., Gouya, L., Deybach, J.C. (2010). Porphyrias. *The Lancet,* 375(9718), 924 – 937.

4   Kadish, K.M., Smith, K.M., Guilard, C. (1999). *Porphyrin Hand Book.* Academic Press, Nova Iorque: Elsevier.

5   Gavish M., Bachman, I., Shoukrun, R., Katz, Y., Veenman, L., Weisinger, G.,Weizman,A. (1999). Enigma of the Peripheral Benzodiazepine Receptor. *Pharmacological Reviews,* 51(4), 629-650.

6   Richmond W. (1973). Preparation and properties of a cholesterol oxidase from nocardia species and its application to the enzymatic assay of total cholesterol in serum, *Clin Chem,* 19, 1350-1356.

7   Snell E.D., Snell, C.T. (1961). *Métodos Colorimétricos de Análise.* Vol 3A. Nova Iorque: Van NoStrand.

8   Glick D. (1971). *Métodos de Análise Bioquímica.* Vol 5. Nova Iorque: Interscience Publishers.

9   Colowick, Kaplan, N.O. (1955). *Métodos em Enzimologia.* Vol 2. Nova Iorque: Imprensa académica.

10   Van der Geize R., Yam, K., Heuser, T., Wilbrink, M.H., Hara, H., Anderton, M.C. (2007). A gene cluster encoding cholesterol catabolism in a soil actinomycete provides insight into Mycobacterium tuberculosis survival in macrophages, *Proc Natl Acad Sci USA,* 104(6), 1947-52.

11   Francis A.J. (1998). Biotransformation of uranium and other actinides in radioactive wastes, *Journal of Alloys and Compounds,* 271(273), 78-84.

12   Schoner W. (2002). Endogenous cardiac glycosides, uma nova classe de hormonas esteróides, *Eur J Biochem,* 269, 2440-2448.

13   Vainshtein M., Suzina, N., Kudryashova, E., Ariskina, E. (2002). New Magnet-Sensitive Structures in Bacterial and Archaeal Cells, *Biol Cell,* 94(1), 29-35.

14   Tsagris E.M., de Alba, A.E., Gozmanova, M., Kalantidis, K. (2008). Viroids, *Cell Microbiol,* 10, 2168.

15   Horie M., Honda, T., Suzuki, Y., Kobayashi, Y., Daito, T., Oshida, T. (2010). Elementos endógenos não retrovirais do vírus RNA em genomas de mamíferos, *Nature,* 463, 84-87.

16   Kurup R., Kurup, P.A. (2009). *Digoxina hipotalâmica, dominância cerebral e função cerebral na saúde e nas doenças.* Nova Iorque: Nova Science Publishers.

CHAPTER 42

PORPHYRIONS REGULATE THE METABOLIC AND ENDOCRINE SYSTEM- PORPHYRIONS INDUCE THE WARBURG PHENOTYPE, ENDOGENOUS DIGOXIN SYNTHESIS AND METABOLIC SYNDROME X WITH TYPE 2 DIABETES MELLITUS

Introdução

Actinidic archaea have been related to the pathogenesis of metabolic syndrome x. An actinide dependent shadow biosphere of archaea and viroids has been described in metabolic syndrome x with type 2 diabetes mellitus. Actinidic archaea have a mevalonate pathway and are cholesterol catabolizing. They can use cholesterol as a carbon and energy source. Archaeal cholesterol catabolism can generate porphyrins via the cholesterol ring oxidase generated pyruvate and GABA shunt pathway. Archaea can produce a secondary porphyria by inducing the enzyme heme oxygenase resulting in heme depletion and activation of the enzyme ALA synthase. Porphyrins have been related to metabolic syndrome x and type 2 diabetes mellitus. The role of archaeal porphyrins in regulation of cell functions, metabolism and endocrine function is discussed. Porphyrins play a key role in the generation of the Warburg phenotype, endogenous digoxin synthesis and metabolic syndrome x with type 2 diabetes mellitus.[1-5] They can function as self replicating supramolecular organisms which can be called as porphyrions.

Materiais e Métodos

The following groups were included in the study:- metabolic syndrome x with cerebrovascular thrombosis and coronary artery disease. There were 10 patients in each group and each patient had an age and sex matched healthy control selected randomly from the general population. There were also 10 normal population samples with right hemispheric, left hemispheric and bihemispheric dominance selected for the study. The blood samples were drawn in the fasting state before treatment was initiated. Plasma from fasting heparinised blood was used and the experimental protocol was as follows (I) Plasma+phosphate buffered saline, (II) same as I+cholesterol substrate, (III) same as II+rutile 0.1 mg/ml, (IV) same as II+ciprofloxacine and doxycycline each in a concentration of 1 mg/ml. Cholesterol substrate was prepared as described by Richmond. Aliquots were withdrawn at zero time immediately after mixing and after incubation at 37°C for 1 hour. The following estimations were carried out:- Cytochrome F420, free RNA, free DNA, polycyclic aromatic hydrocarbon, hydrogen peroxide, pyruvate, ammonia, glutamate, delta aminolevulinic acid, succinate, glycine and digoxin. Cytochrome F420 was estimated flourimetrically (excitation wavelength 420 nm and emission wavelength 520 nm). Polycyclic aromatic hydrocarbon was estimated by measuring hydrogen peroxide liberated by using glucose reagent. The study also involved estimating the following parameters in the patient population- digoxin, bile acid, hexokinase, porphyrins, pyruvate, glutamate, ammonia, acetyl CoA, acetyl choline, HMG CoA reductase, cytochrome C, blood ATP, ATP synthase, ERV RNA (endogenous retroviral RNA), H_2O_2 (hydrogen peroxide), NOX (NADPH oxidase), TNF alpha and heme oxygenase.[6-9] Informed consent of the subjects and the approval of the ethics committee were obtained for the study. The statistical analysis was done by ANOVA.

Resultados

O plasma dos sujeitos de controlo mostrou níveis aumentados dos parâmetros acima mencionados com após incubação durante 1 hora e a adição de substrato de colesterol resultou num aumento ainda mais significativo destes parâmetros. O plasma dos pacientes mostrou resultados semelhantes, mas a extensão do aumento foi maior. A adição de antibióticos ao plasma de controlo causou uma diminuição em todos os parâmetros enquanto que a adição de rutilo aumentou os seus níveis. A adição de antibióticos ao plasma do paciente causou uma diminuição em todos os parâmetros enquanto que a adição de rutilo aumentou os seus níveis mas a extensão da mudança foi maior nos soros dos pacientes em comparação com os controlos. Os resultados são expressos na secção 1: tabelas 1-6 como mudança percentual nos parâmetros após 1 hora de incubação, em comparação com os valores a tempo zero. Houve síntese não-preparada de porfirina arqueal na população de doentes, que era de origem arqueal como indicado pela catálise actinídea das reacções. A via de oxidase do colesterol gerou piruvato que entrou na via de derivação GABA. Isto resultou na síntese de succinato e glicina que são substratos da ALA synthase.

The study showed the patient's blood and right hemispheric dominance had increased heme oxygenase activity and porphyrins. The hexokinase activity was high. The pyruvate, glutamate and ammonia levels were elevated indicating blockade of PDH activity, and operation of the GABA shunt pathway. The acetyl CoA levels were low and acetyl choline was decreased. The cyto C levels were increased in the serum indicating mitochondrial dysfunction suggested by low blood ATP levels. This was indicative of the Warburg's phenotype. There were increased NOX and TNF alpha levels indicating immune activation. The HMG CoA reductase activity was high indicating cholesterol synthesis. The bile acid levels were low indicating depletion of cytochrome P450. The normal population with right hemispheric dominance had values resembling the patient population with increased porphyrin synthesis. The normal population with left hemispheric dominance had low values with decreased porphyrin synthesis.

Secção 1: Estudo experimental

Quadro 1. Efeito do rutilo e dos antibióticos no citocromo F420 e HAP

Grupo	CYT F420 % (Aumento com Rutilo)		CYT F420 % (Diminuir com Doxy+Cipro)		PAH % mudança (Aumento com Rutilo)		PAH % mudança (Diminuir com Doxy+Cipro)	
	Média	$\pm$ SD	Média	$\pm$ SD	Média	$\pm$ SD	Média	$\pm$ SD
Normal	4.48	0.15	18.24	0.66	4.45	0.14	18.25	0.72
DM	22.59	1.86	57.05	8.45	23.40	1.55	65.77	5.27
CVA	22.29	1.66	59.02	7.50	23.23	1.97	65.89	5.05
CAD	22.06	1.61	57.81	6.04	23.46	1.91	61.56	4.61
	F valor 306,749 Valor P < 0,001		F valor 130.054 Valor P < 0,001		F valor 391.318 Valor P < 0,001		F valor 257.996 Valor P < 0,001	

Quadro 2. Efeito do rutilo e dos antibióticos no ARN e ADN livres

Grupo	ADN % mudança (Aumento com Rutilo)		ADN % mudança (Diminuir com Doxy+Cipro)		RNA % mudança (Aumento com Rutilo)		RNA % mudança (Diminuir com Doxy+Cipro)	
	Média	$\pm$ SD	Média	$\pm$ SD	Média	$\pm$ SD	Média	$\pm$ SD
Normal	4.37	0.15	18.39	0.38	4.37	0.13	18.38	0.48
DM	23.01	1.67	65.35	3.56	23.33	1.86	66.46	3.65
CVA	22.29	2.05	58.70	7.34	22.29	2.05	67.03	5.97
CAD	22.56	2.46	62.70	4.53	23.32	1.74	65.67	4.16
	Valor F 337.577 Valor P < 0,001		F valor 356.621 Valor P < 0,001		Valor F 427.828 Valor P < 0,001		Valor F 654.453 Valor P < 0,001	

Quadro 3. Efeito do rutilo e dos antibióticos na digoxina e no ácido aminolevulínico delta

Grupo	Digoxina (ng/ml) (Aumento com Rutilo)		Digoxina (ng/ml) (Diminuir com Doxy+Cipro)		ALA % (Aumento com Rutilo)		ALA % (Diminuir com Doxy+Cipro)	
	Média	$\pm$ SD	Média	$\pm$ SD	Média	$\pm$ SD	Média	$\pm$ SD
Normal	0.11	0.00	0.054	0.003	4.40	0.10	18.48	0.39
DM	0.47	0.04	0.202	0.025	22.87	1.84	66.31	3.68
CVA	0.53	0.06	0.212	0.045	23.17	1.88	68.53	2.65
CAD	0.53	0.08	0.205	0.041	23.20	1.57	66.65	4.26
	Valor F 135,116 Valor P < 0,001		Valor F 71.706 Valor P < 0,001		Valor F 372.716 Valor P < 0,001		F valor 556.411 Valor P < 0,001	

Quadro 4. Efeito do rutilo e dos antibióticos no succinato e na glicina

Grupo	Succinate % Succinate (Aumento com Rutilo)		Succinate % Succinate (Diminuir com Doxy+Cipro)		Glycine % mudança (Aumento com Rutilo)		Glycine % mudança (Diminuir com Doxy+Cipro)	
	Média	$\pm$ SD	Média	$\pm$ SD	Média	$\pm$ SD	Média	$\pm$ SD
Normal	4.41	0.15	18.63	0.12	4.34	0.15	18.24	0.37
DM	23.70	1.75	68.06	3.52	23.81	1.49	64.89	6.01
CVA	23.66	1.67	65.97	3.36	23.09	1.81	65.86	4.27
CAD	22.29	1.33	65.38	3.62	22.13	2.14	66.26	3.93
	Valor F 403.394		Valor F 680.284		Valor F 348.867		Valor F 364,999	
	Valor P < 0,001		Valor P < 0,001		Valor P < 0,001		Valor P < 0,001	

Table 5. Effect of rutile and antibiotics on pyruvate and glutamate

Grupo	Pyruvate % mudança (Aumento com Rutilo)		Pyruvate % mudança (Diminuir com Doxy+Cipro)		Glutamato (Aumento com Rutilo)		Glutamato (Diminuir com Doxy+Cipro)	
	Média	$\pm$ SD	Média	$\pm$ SD	Média	$\pm$ SD	Média	$\pm$ SD
Normal	4.34	0.21	18.43	0.82	4.21	0.16	18.56	0.76
DM	20.67	1.38	58.75	8.12	23.23	1.88	65.11	5.14
CVA	22.29	2.05	62.37	5.05	21.66	1.94	67.03	5.97
CAD	21.07	1.79	63.90	7.13	22.47	2.17	65.97	4.62
	Valor F 321.255		F valor 115.242		F valor 292.065		Valor F 317.966	
	Valor P < 0,001		Valor P < 0,001		Valor P < 0,001		Valor P < 0,001	

Quadro 6. Efeito do rutilo e dos antibióticos no peróxido de hidrogénio e no amoníaco

Grupo	H2O2 % (Aumento com Rutilo)		H2O2 % (Diminuir com Doxy+Cipro)		Amoníaco % (Aumento com Rutilo)		Amoníaco % (Diminuir com Doxy+Cipro)	
	Média	$\pm$ SD	Média	$\pm$ SD	Média	$\pm$ SD	Média	$\pm$ SD
Normal	4.43	0.19	18.13	0.63	4.40	0.10	18.48	0.39
DM	23.27	1.53	58.91	6.09	22.87	1.84	66.31	3.68
CVA	23.29	1.67	60.52	5.38	22.29	2.05	61.91	7.56
CAD	23.32	1.71	63.15	7.62	23.45	1.79	66.32	3.63
	Valor F 380,721		Valor F 171.228		Valor F 372.716		F valor 556.411	
	Valor P < 0,001		Valor P < 0,001		Valor P < 0,001		Valor P < 0,001	

Secção 2: Estudo do paciente

Quadro 1

Grupo	Digoxina RBC (ng/ml RBC Susp)		Citocromo F 420		HERV RNA (ug/ml)		H_2O_2 (umol/ml RBC)	
	Média	$\pm$ SD	Média	$\pm$ SD	Média	$\pm$ SD	Média	$\pm$ SD
NO/BHCD	0.58	0.07	1.00	0.00	17.75	0.72	177.43	6.71
RHCD	1.41	0.23	4.00	0.00	55.17	5.85	278.29	7.74
LHCD	0.18	0.05	0.00	0.00	8.70	0.90	111.63	5.40
DM	1.35	0.26	4.00	0.00	51.98	5.05	280.89	10.58
CAD	1.22	0.16	4.00	0.00	50.00	5.91	280.89	13.79
CVA	1.33	0.27	4.00	0.00	51.06	4.83	287.33	9.47
Valor F	60.288		0.001		194.418		713.569	
Valor P	< 0.001		< 0.001		< 0.001		< 0.001	

Quadro 2

Grupo	NOX (OD dif/hr/mgpro)		TNF ALP (pg/ml)		ALA (umol24)		PBG (umol24)	
	Média	$\pm$ SD	Média	$\pm$ SD	Média	$\pm$ SD	Média	$\pm$ SD
NO/BHCD	0.012	0.001	17.94	0.59	15.44	0.50	20.82	1.19
RHCD	0.036	0.008	78.63	5.08	63.50	6.95	42.20	8.50
LHCD	0.007	0.001	9.29	0.81	3.86	0.26	12.11	1.34
DM	0.041	0.005	78.36	6.68	64.72	6.81	48.15	3.36
CAD	0.038	0.009	78.15	3.72	66.66	7.77	47.00	3.81
CVA	0.037	0.007	77.59	5.24	69.02	4.86	46.33	4.01
Valor F	44.896		427.654		295.467		183.296	
Valor P	< 0.001		< 0.001		< 0.001		< 0.001	

Quadro 3

Grupo	Uroporfirina (nmol24)		Coproporfirina (nmol/24)		Protoporfirina (unidade Ab)		Heme (uM)	
	Média	$\pm$ SD	Média	$\pm$ SD	Média	$\pm$ SD	Média	$\pm$ SD
NO/BHCD	50.18	3.54	137.94	4.75	10.35	0.38	30.27	0.81
RHCD	250.28	23.43	389.01	54.11	42.46	6.36	12.47	2.82
LHCD	9.51	1.19	64.33	13.09	2.64	0.42	50.55	1.07
DM	285.46	29.46	422.27	33.86	49.80	4.01	12.83	2.07
CAD	314.01	17.82	426.14	24.28	49.51	2.27	11.39	1.10
CVA	320.85	24.73	402.16	33.80	46.74	4.28	11.26	0.95
Valor F	160.533		279.759		424.198		1472.05	
Valor P	< 0.001		< 0.001		< 0.001		< 0.001	

Quadro 4

Grupo	Bilirubin (mg/dl)		Biliverdin (unidade Ab)		ATP Synthase (umol/gHb)		SE ATP (umol/dl)	
	Média	$\pm$ SD	Média	$\pm$ SD	Média	$\pm$ SD	Média	$\pm$ SD
NO/BHCD	0.55	0.02	0.030	0.001	0.36	0.13	0.42	0.11
RHCD	1.70	0.20	0.067	0.011	2.73	0.94	2.24	0.44
LHCD	0.21	0.00	0.017	0.001	0.09	0.01	0.02	0.01
DM	1.77	0.19	0.067	0.014	3.19	0.89	1.97	0.11
CAD	1.75	0.12	0.080	0.007	2.99	0.65	1.57	0.37
CVA	1.82	0.10	0.079	0.009	2.98	0.78	1.49	0.27
Valor F	370.517		59.963		54.754		67.588	
Valor P	< 0.001		< 0.001		< 0.001		< 0.001	

Quadro 5

Grupo	Cyto C (ng/ml)		Lactato (mg/dl)		Pyruvate (umol/l)		RBC Hexokinase (ug glu fos/ hr/mgpro)	
	Média	$\pm$ SD	Média	$\pm$ SD	Média	$\pm$ SD	Média	$\pm$ SD
NO/BHCD	2.79	0.28	7.38	0.31	40.51	1.42	1.66	0.45
RHCD	12.39	1.23	25.99	8.10	100.51	12.32	5.46	2.83
LHCD	1.21	0.38	2.75	0.41	23.79	2.51	0.68	0.23
DM	12.95	0.56	25.56	7.93	96.30	10.33	7.05	1.86
CAD	11.51	0.47	22.83	0.82	97.29	12.45	8.88	3.09
CVA	12.74	0.80	23.03	1.26	103.25	9.49	7.87	2.72
Valor F	445.772		162.945		154.701		18.187	
Valor P	< 0.001		< 0.001		< 0.001		< 0.001	

Quadro 6

Grupo	ACOA (mg/dl)		ACH (ug/ml)		Glutamato (mg/dl)	
	Média	$\pm$ SD	Média	$\pm$ SD	Média	$\pm$ SD
NO/BHCD	8.75	0.38	75.11	2.96	0.65	0.03
RHCD	2.51	0.36	38.57	7.03	3.19	0.32
LHCD	16.49	0.89	91.98	2.89	0.16	0.02
DM	2.17	0.40	41.31	10.69	3.53	0.44
CAD	2.37	0.44	49.19	6.86	3.61	0.28
CVA	2.25	0.44	37.45	7.93	3.31	0.43
Valor F	1871.04		116.901		200.702	
Valor P	< 0.001		< 0.001		< 0.001	

Table 7

Grupo	Se. Amoníaco (ug/dl)		HMG Co A (HMG CoA/MEV)		Ácido biliar (mg/ml)	
	Média	$\pm$ SD	Média	$\pm$ SD	Média	$\pm$ SD
NO/BHCD	50.60	1.42	1.70	0.07	79.99	3.36
RHCD	93.43	4.85	1.16	0.10	25.68	7.04
LHCD	23.92	3.38	2.21	0.39	140.40	10.32
DM	93.38	7.76	1.09	0.12	22.77	4.94
CAD	93.93	4.86	1.07	0.12	24.55	6.26
CVA	103.18	27.27	1.05	0.09	22.39	3.35
Valor F	61.645		159.963		635.306	
Valor P	< 0.001		< 0.001		< 0.001	

Abreviaturas

NO/BHCD: Normal/ Bi-hemispheric chemical dominance

RHCD: Domínio químico hemisférico direito

LHCD: Domínio químico hemisférico esquerdo

DM: Diabetes mellitus type 2

CAD: Doença das artérias coronárias

CVA: Cerebrovascular disease-thrombotic

Discussão

Houve um aumento do citocromo F420, indicando um crescimento arqueológico. O arcaico pode sintetizar e utilizar o colesterol como fonte de carbono e energia. [2,10] A origem arqueal das actividades enzimáticas foi indicada pela supressão induzida por antibióticos. O estudo indica a presença de arquebactérias baseadas em actinídeos com enzimas alternativas baseadas em actinídeos ou metalloenzimas no sistema, como indicado pelo aumento induzido rutilo das actividades enzimáticas. [11] A actividade da beta-hidroxil esteroide desidrogenase do arquebactéria indica a síntese de digoxina. [12] A actividade do colesterol oxidase arqueal foi aumentada resultando na geração de piruvato e peróxido de hidrogénio. [10] O piruvato é convertido em glutamato e amoníaco pela via de derivação GABA. O piruvato é convertido em glutamato por transaminase de glutamato de soro piruvato. O glutamato é convertido em glutamato desidrogenase para gerar cetoglutarato alfa e amoníaco. A alanina é mais comummente produzida pela aminação redutiva da piruvato através da alanina transaminase. Esta reacção reversível envolve a interconversão de alanina e piruvato, associada à interconversão de alfa-ketoglutarato (2-oxoglutarato) e glutamato. A alanina pode contribuir para a glicina. O glutamato é actuado pela decarboxilase do ácido glutâmico para gerar GABA. GABA é convertido em semialdeído succínico pela transaminase GABA. A semialdeído succínico é convertido em

415

ácido succínico por semialdeído succinico desidrogenase. Glycine combina com succinil CoA para gerar ácido aminolevulínico delta catalisado pela enzima ALA synthase. Havia síntese de porfirina arqueal upregulada na população de doentes que era de origem arqueal como indicado pela catálise actinídea das reacções. A via da oxidase do colesterol gerou piruvato que entrou na via de derivação GABA. Isto resultou na síntese de succinato e glicina que são substratos da ALA synthase. A arcaea pode sofrer mineralização de magnetite e carbonato de cálcio e pode existir como nanoformas calcificadas. [13]

The possibility of Warburg phenotype induced by actinide based primitive organism like archaea with a mevalonate pathway and cholesterol catabolism was considered in this paper. The Warburg phenotype results in inhibition of pyruvate dehydrogenase and the TCA cycle. The pyruvate enters the GABA shunt pathway where it is converted to succinyl CoA. The glycolytic pathway is upregulated and the glycolytic metabolite phosphoglycerate is converted to serine and glycine. Glycine and succinyl CoA are the substrates for ALA synthesis. The archaea induces the enzyme heme oxygenase. Heme oxygenase converts heme to bilirubin and biliverdin. This depletes heme from the system and results in upregulation of ALA synthase activity resulting in porphyria. Heme inhibits HIF alpha. The heme depletion results in upregulation of HIF alpha activity and further strengthening of the Warburg phenotype. The porphyrin self oxidation results in redox stress which activates HIF alpha and generates the Warburg phenotype. The Warburg phenotype results in channeling acetyl CoA for cholesterol synthesis as the TCA cycle and mitochondrial oxidative phosphorylation are blocked. The archaea uses cholesterol as an energy substrate. Porphyrin and ALA inhibits sodium potassium ATPase. This increases cholesterol synthesis by acting upon intracellular SREBP. The cholesterol is metabolized to pyruvate and then the GABA shunt pathway for ultimate use in porphyrin synthesis. The porphyrins can self organize and self replicate into macromolecular arrays. The porphyrin arrays behave like an autonomous organism and can have intramolecular electron transport generating ATP. The porphyrin macroarrays can store information and can have quantal perception. The porphyrin macroarrays serves the purpose of archaeal energetics and sensory perception. The Warburg phenotype is associated with metabolic syndrome x, coronary artery disease and cerebrovascular disease. Mitochondrial dysfunction contributes to metabolic syndrome x, coronary artery disease and cerebrovascular disease.

The role of archaeal porphyrins in regulation of cell functions and neuro-immuno-endocrine integration is discussed. Protoporphyrin binds to the peripheral benzodiazepine receptor regulating steroid and digoxin synthesis. Increased porphyrin metabolites can contribute to hyperdigoxinemia. Digoxin can modulate the neuro-immuno-endocrine system. Thus the elevated digoxin synthesis noted in metabolic syndrome x with CAD and CVA is due to alteration in porphyrin synthesis. Hyperdigoxinemia is related to metabolic syndrome x with CAD and CVA. Porphyrins can combine with membranes modulating membrane function. Porphyrins can combine with proteins oxidizing their tyrosine, tryptophan, cysteine and histidine residues producing crosslinking and altering protein conformation and function. Porphyrins can complex with DNA and RNA modulating their function. Porphyrin interpolating with DNA can alter transcription and generate HERV expression. Heme deficiency can also result in disease states. Heme deficiency results in deficiency of heme enzymes. There is deficiency of cytochrome C oxidase and mitochondrial dysfunction. The glutathione peroxidase is dysfunctional and the glutathione system of free radical scavenging does not function. The cytochrome P450 enzymes involved in steroid and bile acid synthesis have reduced activity leading to steroid- cortisol and sex hormones as well as bile acid deficiency states. Thus porphyrin metabolism can regulate cortisol, testosterone and estrogen levels. Thyroid peroxidase is a heme enzyme. Porphyrin metabolism related heme deficiency can produce defects in thyroxin synthesis. Thus porphyrin metabolic defect can produce adrenal, testes, ovary and thyroid dysfunction as well as contributing to an insulin resistance state. Ovarian, testicular and thyroid dysfunction is associated with insulin resistance state. Porphyrins can thus regulate the endocrine and reproductive system. The heme deficiency results in dysfunction of nitric oxide synthase, heme oxygenase and cystathione beta synthase resulting in lack of gasotransmitters regulating the vascular system and NMDA receptor- NO, CO and H_2S. Heme has got cytoprotective, neuroprotective, anti-inflammatory and antiproliferative effects. Heme is also involved in the stress response. Heme deficiency leads to metabolic syndrome x, coronary artery disease and cerebrovascular disease. Mitochondrial dysfunction due to heme deficiency is related to metabolic syndrome x. Deficiency of glutathione system can contribute to free radical injury crucial in metabolic syndrome x, coronary artery disease and cerebrovascular disease. Deficiency of gasotransmitters can contribute to vasospasm important in metabolic syndrome x, coronary artery disease and cerebrovascular disease. Bile acid deficiency can also contribute to metabolic syndrome x, coronary artery disease and cerebrovascular disease. Bile acids bind to FXR receptor regulating glucose and lipid metabolism.[3-5]

The porphyrins can undergo photo-oxidation and autooxidation generating free radicals. The archaeal porphyrins can produce free radical injury. Free radicals produce NFKB activation, open the mitochondrial PT pore resulting in cell death, produce oncogene activation, activate NMDA receptor and GAD enzyme regulating neurotransmission and generates the Warburg phenotypes activating glycolysis and inhibiting TCA cycle/ oxphos. Porphyrins have been related to metabolic syndrome x, coronary artery disease and cerebrovascular disease. The porphyrins can complex and intercalate with the cell membrane producing sodium potassium ATPase inhibition adding on to digoxin mediated inhibition. Porphyrins can complex with proteins and nucleic acid producing biophoton emission. Porphyrins complexing with proteins can modulate protein structure and function. Porphyrins complexing with DNA and RNA can modulate transcription and translation. The porphyrin especially protoporphyrins can bind to peripheral benzodiazepine receptors in the mitochondria and modulate its function, mitochondrial cholesterol transport and steroidogenesis. Peripheral benzodiazepine receptor modulation by protoporphyrins can regulate cell death, cell proliferation, immunity and neural functions. The peripheral benzodiazepine receptor modulation by porphyrins contributes to metabolic syndrome x. The porphyrin photo-oxidation generates free radicals which can modulate enzyme function. Redox stress modulated enzymes include pyruvate dehydrogenase, nitric oxide synthase, cystathione beta synthase and heme oxygenase. Free radicals can modulate mitochondrial PT pore function. Free radicals can modulate cell membrane function and inhibit sodium potassium ATPase activity. Thus the porphyrins are key regulatory molecules modulating all aspects of cell function.[3-5] This porphyrin mediated regulation of cell organelle function contributes to metabolic syndrome x. There was an increase in free RNA indicating self replicating RNA viroids and free DNA indicating generation of viroid complementary DNA strands by archaeal reverse transcriptase activity. The actinides and porphyrins modulate RNA folding and catalyse its ribozymal action. Digoxin can cut and paste the viroidal strands by modulating RNA splicing generating RNA viroidal diversity. The viroids are evolutionarily escaped archaeal group I introns which have retrotransposition and self splicing qualities. Archaeal pyruvate producing histone deacetylase inhibition and porphyrins intercalating with DNA can produce endogenous retroviral (HERV) reverse transcriptase and integrase expression. This can integrate the RNA viroidal complementary DNA into the noncoding region of eukaryotic non coding DNA using HERV integrase as has been described for borna and ebola viruses. The archaea and viroids can also induce cellular porphyrin synthesis. Bacterial and viral infections can precipitate porphyria. Thus porphyrins can regulate genomic function. The increased expression of HERV RNA can result in metabolic syndrome x, coronary artery disease and cerebrovascular disease. Redox stress can contribute to metabolic syndrome x, coronary artery disease and cerebrovascular disease.[14,15]

The porphyrin photo-oxidation can generate free radicals which can activate NFKB. This can produce immune activation and cytokine mediated injury. The increase in TNF alpha can modulate insulin receptor contributing to insulin resistance. Immune activation has been described in metabolic syndrome x, coronary artery disease and cerebrovascular disease. The protoporphyrins binding to mitochondrial benzodiazepine receptors can modulate immune function. Porphyrins can combine with proteins oxidizing their tyrosine, tryptophan, cysteine and histidine residues producing crosslinking and altering protein conformation and function. Porphyrins can complex with DNA and RNA modulating their structure. Porphyrin complexed with proteins and nucleic acids are antigenic and can lead onto autoimmune pathology implicated in immune activation in metabolic syndrome x, coronary artery disease and cerebrovascular disease.[3,4] The porphyrin photo-oxidation mediated free radical injury can lead to insulin resistance and atherogenesis. Thus archaeal porphyrins can contribute to metabolic syndrome x. Glucose has got a negative effect upon ALA synthase activity. Therefore hyperglycemia may be reactive protective mechanism to increased archaeal porphyrin synthesis. The protoporphyrins binding to mitochondrial benzodiazepine receptors can modulate mitochondrial steroidogenesis and metabolism. Altered porphyrin metabolism has been described in the metabolic syndrome x. Porphyrias can lead onto vascular thrombosis.[3,4] The porphyrin photo-oxidation can generate free radicals inducing HIF alpha. HIF alpha activation contributes to the Warburg phenotype important in metabolic syndrome x, coronary artery disease and cerebrovascular disease.[3,4] The porphyrins can intercalate with DNA producing HERV expression. HERV expression has been related to metabolic syndrome x, coronary artery disease and cerebrovascular disease. The porphyrins in the blood can combine with bacteria and viruses and the photo-oxidation generated free radicals can kill them. The archaeal porphyrins can modulate bacterial and viral infections. The archaeal porphyrins are regulatory molecules keeping other prokaryotes and viruses on check.[3,4] Bacterial and viral infections have been related to the pathogenesis of metabolic syndrome x, coronary artery disease and cerebrovascular disease. This includes

CMV, herpes, EBV and H. pylori. Thus the archaeal porphyrins can contribute to the pathogenesis of metabolic syndrome x, coronary artery disease and cerebrovascular disease. Archaeal porphyrin synthesis is crucial in the pathogenesis of these disorders. Porphyrins may serve as regulatory molecules modulating immune, neural, endocrine, metabolic and genetic systems. The porphyrins photo-oxidation generated free radicals can produce immune activation, produce cell death, activate cell proliferation, produce insulin resistance and modulate conscious/quantal perception. The archaeal porphyrins functions as key regulatory molecules with mitochondrial benzodiazepine receptors playing an important role.[3,4]

The archaea and viroids can regulate the nervous system including the NMDA/GABA thalamo-cortico-thalamic pathway mediating conscious perception. Porphyrin photo-oxidation can generate free radicals which can modulate NMDA transmission. Free radicals can increase NMDA transmission. Free radicals can induce GAD and increase GABA synthesis. ALA blocks GABA transmission and upregulates NMDA. Protoporphyrins bind to GABA receptor and promote GABA transmission. Thus porphyrins can modulate the thalamo-cortico-thalamic pathway of conscious perception. The dipolar porphyrins, PAH and archaeal magnetite in the setting of digoxin induced sodium potassium ATPase inhibition can produce a pumped phonon system mediated Frohlich model superconducting state inducing quantal perception with nanoarchaeal sensed gravity producing the orchestrated reduction of the quantal possibilities to the macroscopic world. ALA can produce sodium potassium ATPase inhibition resulting in a pumped phonon system mediated quantal state involving dipolar porphyrins. Porphyrin molecules have a wave particle existence and can bridge the dividing line between quantal state and particulate state. Thus the porphyrins can mediate conscious and quantal perception. Porphyrins binding to proteins, nucleic acids and cell membranes can produce biophoton emission. Porphyrins by auto-oxidation can generate biophotons and are involved in quantal perception. Biophotons can mediate quantal perception. Cellular porphyrins photo-oxidation are involved in sensing of earth magnetic fields and low level biomagnetic fields. Thus prophyrins can mediate extrasensory perception. The porphyrins can modulate hemispheric dominance. There is increased porphyrin synthesis and RHCD and decreased porphyrin synthesis in LHCD. Right hemispheric chemical dominance can contribute to metabolic syndrome x, coronary artery disease and cerebrovascular disease. Altered porphyrin metabolism has been described in metabolic syndrome x, coronary artery disease and cerebrovascular disease. Protoporphyrins block acetyl choline transmission producing a vagal neuropathy with sympathetic overactivity. Vagal neuropathy results in immune activation, vasospasm and vascular disease. A vagal neuropathy underlines metabolic syndrome x. Porphyrin induced increased NMDA transmission and free radical injury can contribute to neuronal degeneration. Free radicals can produce mitochondrial PT pore dysfunction. This can lead to cyto C leak and activation of the caspase cascade leading to apoptosis and cell death. Altered porphyrin metabolism has been described in Alzheimer's disease and mood disorders which is increased in metabolic syndrome x. The protoporphyrins binding to mitochondrial benzodiazepine receptors can regulate brain function and cell death.[3,4,16]

The dipolar porphyrins, PAH and archaeal magnetite in the setting of digoxin induced sodium potassium ATPase inhibition can produce a pumped phonon system mediated Frohlich model superconducting state inducing quantal perception with nanoarchaeal sensed gravity producing the orchestrated reduction of the quantal possibilities to the macroscopic world. ALA can produce sodium potassium ATPase inhibition resulting in a pumped phonon system mediated quantal state involving dipolar porphyrins. Porphyrins by auto-oxidation can generate biophotons and are involved in quantal perception. Biophotons can mediate quantal perception. Cellular porphyrins photo-oxidation are involved in sensing of earth magnetic fields and low level biomagnetic fields. Porphyrins can thus contribute to quantal perception. Low level electromagnetic fields and light can induce porphyrin synthesis. Low level EMF can produce ferrochelatase inhibition as well as heme oxygenase induction contributing to heme depletion, ALA synthase induction and increased porphyrin synthesis. Light also induces ALA synthase and porphyrin synthesis. The increased porphyrin synthesized can contribute to increased quantal perception and can modulate conscious perception. The porphyrin induced biophotons and quantal fields can modulate the source from which low level EMF and photic fields were generated. Thus the porphyrin generated by extraneous low level EMF and photic fields can interact with the source of low level EMF and photic fields modulating it. Thus porphyrins can serve as a bridge between the human brain and the source of low level EMF and photic fields. This serves as a mode of communication between the human brain and EMF storage devices like internet. The porphyrins can also serve as the source of communication with the environment. Environmental EMF and chemicals produce heme oxygenase induction and heme depletion increasing porphyrin synthesis, quantal perception and two-way communication. Thus induction of porphyrin synthesis can serve as a mechanism of communication between human brain and the environment by extrasensory perception. The induction of porphyrin synthesis by low level EMF environmental exposure can contribute to the genesis of metabolic syndrome x, coronary artery disease and cerebrovascular disease. Metabolic syndrome x has risen to epidemic proportions due to environmental low level of EMF pollution.

Porphyrins also have evolutionary significance since porphyria is related to Scythian races and contributes to the behavioural and intellectual characteristics of this group of population. Porphyrins can intercalate into DNA and produce HERV expression. HERV RNA can get converted to DNA by reverse transcriptase which can get integrated into DNA by integrase. This tends to increase the length of the non-coding region of the DNA. The increase in non coding region of the DNA is involved in primate and human evolution. Thus, increased rates of porphyrin synthesis would correlate with increase in non coding DNA length. The alteration in the length of the non-coding region of the DNA contributes to the dynamic nature of the genome. Thus genetic and acquired porphyrias can lead to alteration in the non-coding region of the genome. The alteration of the length of the non-coding region of the DNA contributes to the racial and individual differences in populations. An increased length of non-coding region as well as increased porphyrin synthesis leads to increased cognitive and creative neuronal function. Porphyrins are involved in quantal perception and regulation of the thalamocorticothalamic pathway of conscious perception. Thus genetic and acquired porphyrias contribute to higher cognitive and creative capacity of certain races. Porphyrias are common among Eurasian Scythian races who have assumed leadership roles in communities and groups. Porphyrins have contributed to human and primate evolution. The incidence of metabolic syndrome x, coronary artery disease and cerebrovascular disease is high in Scythian races. The majority of our patients belonged to this group.[3,4]

Porphyrins thus serve as the principal critical molecules regulating the metabolic pathways and endocrine system. Porphyrin metabolic defects are the basic molecular pathology underlying metabolic syndrome x, coronary artery disease and cerebrovascular disease.

Referências

1   Eckburg P.B., Lepp, P.W., Relman, D.A. (2003). Archaea and their potential role in human disease, *Infect Immun*, 71, 591-596.

2   Smit A., Mushegian, A. (2000). Biosynthesis of isoprenoids via mevalonate in Archaea: the lost pathway, *Genome Res*, 10(10), 1468-84.

3   Puy, H., Gouya, L., Deybach, J.C. (2010). Porphyrias. *The Lancet*, 375(9718), 924 – 937.

4   Kadish, K.M., Smith, K.M., Guilard, C. (1999). *Porphyrin Hand Book*. Academic Press, Nova Iorque: Elsevier.

5   Gavish M., Bachman, I., Shoukrun, R., Katz, Y., Veenman, L., Weisinger, G.,Weizman,A. (1999). Enigma of the Peripheral Benzodiazepine Receptor. *Pharmacological Reviews*, 51(4), 629-650.

6   Richmond W. (1973). Preparation and properties of a cholesterol oxidase from nocardia species and its application to the enzymatic assay of total cholesterol in serum, *Clin Chem*, 19, 1350-1356.

7   Snell E.D., Snell, C.T. (1961). *Métodos Colorimétricos de Análise*. Vol 3A. Nova Iorque: Van NoStrand.

8   Glick D. (1971). *Métodos de Análise Bioquímica*. Vol 5. Nova Iorque: Interscience Publishers.

9   Colowick, Kaplan, N.O. (1955). *Métodos em Enzimologia*. Vol 2. Nova Iorque: Imprensa académica.

10   Van der Geize R., Yam, K., Heuser, T., Wilbrink, M.H., Hara, H., Anderton, M.C. (2007). A gene cluster encoding cholesterol catabolism in a soil actinomycete provides insight into Mycobacterium tuberculosis survival in macrophages, *Proc Natl Acad Sci USA*, 104(6), 1947-52.

11   Francis A.J. (1998). Biotransformation of uranium and other actinides in radioactive wastes, *Journal of Alloys and Compounds,* 271(273), 78-84.

12   Schoner W. (2002). Endogenous cardiac glycosides, uma nova classe de hormonas esteróides, *Eur J Biochem,* 269, 2440-2448.

13   Vainshtein M., Suzina, N., Kudryashova, E., Ariskina, E. (2002). New Magnet-Sensitive Structures in Bacterial and Archaeal Cells, *Biol Cell,* 94(1), 29-35.

14   Tsagris E.M., de Alba, A.E., Gozmanova, M., Kalantidis, K. (2008). Viroids, *Cell Microbiol,* 10, 2168.

15   Horie M., Honda, T., Suzuki, Y., Kobayashi, Y., Daito, T., Oshida, T. (2010). Elementos endógenos não retrovirais do vírus RNA em genomas de mamíferos, *Nature,* 463, 84-87.

16   Kurup R., Kurup, P.A. (2009). *Digoxina hipotalâmica, dominância cerebral e função cerebral na saúde e nas doenças.* Nova Iorque: Nova Science Publishers.

CHAPTER 43

PORPHYRIONS AND REGULATION OF CELL PROLIFERATION AND DIFFERENTIATION- PORPHYRIONS INDUCE ONCOGENESIS

Introdução

Actinidic archaea have been related to the pathogenesis of malignancy- non-hodgkin's lymphoma, multiple myeloma and CNS glioma. An actinide dependent shadow biosphere of archaea and viroids in the above mentioned disease states is described. Actinidic archaea have a mevalonate pathway and are cholesterol catabolizing. They can use cholesterol as a carbon and energy source. Archaeal cholesterol catabolism can generate porphyrins via the cholesterol ring oxidase generated pyruvate and GABA shunt pathway. Archaea can produce a secondary porphyria by inducing the enzyme heme oxygenase resulting in heme depletion and activation of the enzyme ALA synthase. Porphyrins have been related to malignancy- non-Hodgkin's lymphoma, multiple myeloma and CNS glioma. The role of archaeal porphyrins in regulation of cell proliferation and differentiation is discussed. A porphyrin metabolic dysfunction is the principal molecular abnormality underlying oncogenesis in neoplastic disorders as exemplified in non-Hodgkin's lymphoma, multiple myeloma and CNS glioma.[1-5] They can function as self replicating supramolecular organisms which can be called as porphyrions.

Materiais e Métodos

The following groups were included in the study:- neoplastic disorders- non-Hodgkin's lymphoma, multiple myeloma and CNS glioma. There were 10 patients in each group and each patient had an age and sex matched healthy control selected randomly from the general population. There were 10 normal people each with right hemispheric dominance, left hemispheric dominance and bi-hemispheric dominance selected for the study. The blood samples were drawn in the fasting state before treatment was initiated. Plasma from fasting heparinised blood was used and the experimental protocol was as follows (I) Plasma+phosphate buffered saline, (II) same as I+cholesterol substrate, (III) same as II+rutile 0.1 mg/ml, (IV) same as II+ciprofloxacine and doxycycline each in a concentration of 1 mg/ml. Cholesterol substrate was prepared as described by Richmond. Aliquots were withdrawn at zero time immediately after mixing and after incubation at 37°C for 1 hour. The following estimations were carried out:- Cytochrome F420, free RNA, free DNA, polycyclic aromatic hydrocarbon, hydrogen peroxide, pyruvate, ammonia, glutamate, delta aminolevulinic acid, succinate, glycine and digoxin. Cytochrome F420 was estimated flourimetrically (excitation wavelength 420 nm and emission wavelength 520 nm). Polycyclic aromatic hydrocarbon was estimated by measuring hydrogen peroxide liberated by using glucose reagent. The study also involved estimating the following parameters in the patient population- digoxin, bile acid, hexokinase, porphyrins, pyruvate, glutamate, ammonia, acetyl CoA, acetyl choline, HMG

CoA reductase, cytochrome C, blood ATP, ATP synthase, ERV RNA (endogenous retroviral RNA), H_2O_2 (hydrogen peroxide), NOX (NADPH oxidase), TNF alpha and heme oxygenase.[6-9] Informed consent of the subjects and the approval of the ethics committee were obtained for the study. The statistical analysis was done by ANOVA.

Resultados

O plasma dos sujeitos de controlo mostrou níveis aumentados dos parâmetros acima mencionados com após incubação durante 1 hora e a adição de substrato de colesterol resultou num aumento ainda mais significativo destes parâmetros. O plasma dos pacientes mostrou resultados semelhantes, mas a extensão do aumento foi maior. A adição de antibióticos ao plasma de controlo causou uma diminuição em todos os parâmetros enquanto que a adição de rutilo aumentou os seus níveis. A adição de antibióticos ao plasma do paciente causou uma diminuição em todos os parâmetros enquanto que a adição de rutilo aumentou os seus níveis mas a extensão da mudança foi maior nos soros dos pacientes em comparação com os controlos. Os resultados são expressos na secção 1: tabelas 1-6 como mudança percentual nos parâmetros após 1 hora de incubação, em comparação com os valores a tempo zero. Houve síntese não-preparada de porfirina arqueal na população de doentes, que era de origem arqueal como indicado pela catálise actinídea das reacções. A via de oxidase do colesterol gerou piruvato que entrou na via de derivação GABA. Isto resultou na síntese de succinato e glicina que são substratos da ALA synthase.

The study showed the patient's blood and right hemispheric dominance had increased heme oxygenase activity and porphyrins. The hexokinase activity was high. The pyruvate, glutamate and ammonia levels were elevated indicating blockade of PDH activity, and operation of the GABA shunt pathway. The acetyl CoA levels were low and acetyl choline was decreased. The cyto C levels were increased in the serum indicating mitochondrial dysfunction suggested by low blood ATP levels. This was indicative of the Warburg's phenotype. There were increased NOX and TNF alpha levels indicating immune activation. The HMG CoA reductase activity was high indicating cholesterol synthesis. The bile acid levels were low indicating depletion of cytochrome P450. The normal population with right hemispheric dominance had values resembling the patient population with increased porphyrin synthesis. The normal population with left hemispheric dominance had low values with decreased porphyrin synthesis.

Secção 1: Estudo experimental

Quadro 1. Efeito do rutilo e dos antibióticos no citocromo F420 e HAP

Grupo	CYT F420 % (Aumento com Rutilo)		CYT F420 % (Diminuir com Doxy+Cipro)		PAH % mudança (Aumento com Rutilo)		PAH % mudança (Diminuir com Doxy+Cipro)	
	Média	$\pm$ SD	Média	$\pm$ SD	Média	$\pm$ SD	Média	$\pm$ SD
Normal	4.48	0.15	18.24	0.66	4.45	0.14	18.25	0.72
NHL	22.79	2.13	55.90	7.29	22.84	1.42	66.07	3.78
Mieloma	21.68	1.90	57.93	9.64	22.61	1.42	64.48	6.90
Glioma	22.70	1.87	60.46	8.06	23.73	1.38	65.20	6.20
	F valor 306,749		F valor 130.054		F valor 391.318		F valor 257.996	
	Valor P < 0,001		Valor P < 0,001		Valor P < 0,001		Valor P < 0,001	

Quadro 2. Efeito do rutilo e dos antibióticos no ARN e ADN livres

Grupo	ADN % mudança (Aumento com Rutilo)		ADN % mudança (Diminuir com Doxy+Cipro)		RNA % mudança (Aumento com Rutilo)		RNA % mudança (Diminuir com Doxy+Cipro)	
	Média	$\pm$ SD	Média	$\pm$ SD	Média	$\pm$ SD	Média	$\pm$ SD
Normal	4.37	0.15	18.39	0.38	4.37	0.13	18.38	0.48
NHL	22.42	1.99	61.14	3.47	23.78	1.20	66.90	4.10
Mieloma	22.12	2.44	63.69	5.14	23.33	1.35	66.83	3.27
Glioma	22.29	2.05	58.70	7.34	22.29	2.05	67.03	5.97
	Valor F 337.577		F valor 356.621		Valor F 427.828		Valor F 654.453	
	Valor P < 0,001		Valor P < 0,001		Valor P < 0,001		Valor P < 0,001	

Quadro 3. Efeito do rutilo e dos antibióticos na digoxina e no ácido aminolevulínico delta

Grupo	Digoxina (ng/ml) (Aumento com Rutilo)		Digoxina (ng/ml) (Diminuir com Doxy+Cipro)		ALA % (Aumento com Rutilo)		ALA % (Diminuir com Doxy+Cipro)	
	Média	$\pm$ SD	Média	$\pm$ SD	Média	$\pm$ SD	Média	$\pm$ SD
Normal	0.11	0.00	0.054	0.003	4.40	0.10	18.48	0.39
NHL	0.54	0.04	0.210	0.042	23.34	1.75	66.80	3.43
Mieloma	0.53	0.08	0.205	0.041	23.20	1.57	66.65	4.26
Glioma	0.51	0.05	0.213	0.033	22.29	2.05	61.91	7.56
	Valor F 135,116		Valor F 71.706		Valor F 372.716		F valor 556.411	
	Valor P < 0,001		Valor P < 0,001		Valor P < 0,001		Valor P < 0,001	

Quadro 4. Efeito do rutilo e dos antibióticos no succinato e na glicina

Grupo	Succinate % Succinate (Aumento com Rutilo)		Succinate % Succinate (Diminuir com Doxy+Cipro)		Glycine % mudança (Aumento com Rutilo)		Glycine % mudança (Diminuir com Doxy+Cipro)	
	Média	$\pm$ SD	Média	$\pm$ SD	Média	$\pm$ SD	Média	$\pm$ SD
Normal	4.41	0.15	18.63	0.12	4.34	0.15	18.24	0.37
NHL	23.43	1.57	66.30	3.57	22.98	1.50	65.13	4.87
Mieloma	21.88	1.19	66.28	3.60	23.02	1.65	67.61	2.77
Glioma	22.29	1.33	65.38	3.62	22.13	2.14	66.26	3.93
	Valor F 403.394		Valor F 680.284		Valor F 348.867		Valor F 364,999	
	Valor P < 0,001		Valor P < 0,001		Valor P < 0,001		Valor P < 0,001	

Quadro 5. Efeito do rutilo e dos antibióticos sobre o piruvato e o glutamato

Grupo	Pyruvate % mudança (Aumento com Rutilo)		Pyruvate % mudança (Diminuir com Doxy+Cipro)		Glutamato (Aumento com Rutilo)		Glutamato (Diminuir com Doxy+Cipro)	
	Média	$\pm$ SD	Média	$\pm$ SD	Média	$\pm$ SD	Média	$\pm$ SD
Normal	4.34	0.21	18.43	0.82	4.21	0.16	18.56	0.76
NHL	21.19	1.61	58.57	7.47	22.53	2.41	64.29	5.44
Mieloma	21.91	1.71	58.45	6.66	22.88	1.87	65.45	5.08
Glioma	22.29	2.05	62.37	5.05	21.66	1.94	67.03	5.97
	Valor F 321.255		F valor 115.242		F valor 292.065		Valor F 317.966	
	Valor P < 0,001		Valor P < 0,001		Valor P < 0,001		Valor P < 0,001	

Quadro 6. Efeito do rutilo e dos antibióticos no peróxido de hidrogénio e no amoníaco

Grupo	H2O2 % (Aumento com Rutilo)		H2O2 % (Diminuir com Doxy+Cipro)		Amoníaco % (Aumento com Rutilo)		Amoníaco % (Diminuir com Doxy+Cipro)	
	Média	$\pm$ SD	Média	$\pm$ SD	Média	$\pm$ SD	Média	$\pm$ SD
Normal	4.43	0.19	18.13	0.63	4.40	0.10	18.48	0.39
NHL	23.35	1.76	59.17	3.33	23.34	1.75	66.80	3.43
Mieloma	23.52	1.49	63.24	7.36	23.20	1.57	66.65	4.26
Glioma	23.29	1.67	60.52	5.38	22.29	2.05	61.91	7.56
	Valor F 380,721		Valor F 171.228		Valor F 372.716		F valor 556.411	
	Valor P < 0,001		Valor P < 0,001		Valor P < 0,001		Valor P < 0,001	

Quadro 1

Grupo	Digoxina RBC (ng/ml RBC Susp)		Citocromo F 420		HERV RNA (ug/ml)		H2O2 (umol/ml RBC)	
	Média	$\pm$ SD	Média	$\pm$ SD	Média	$\pm$ SD	Média	$\pm$ SD
NO/BHCD	0.58	0.07	1.00	0.00	17.75	0.72	177.43	6.71
RHCD	1.41	0.23	4.00	0.00	55.17	5.85	278.29	7.74
LHCD	0.18	0.05	0.00	0.00	8.70	0.90	111.63	5.40
NHL	1.26	0.23	4.00	0.00	51.08	5.24	283.39	10.67
Glio	1.27	0.24	4.00	0.00	51.57	2.66	278.19	12.80
Mieloma	1.35	0.22	4.00	0.00	48.54	5.97	277.50	7.51
Valor F	60.288		0.001		194.418		713.569	
Valor P	< 0.001		< 0.001		< 0.001		< 0.001	

Quadro 2

Grupo	NOX (OD dif/hr/mgpro)		TNF ALP (pg/ml)		ALA (umol24)		PBG (umol24)	
	Média	$\pm$ SD	Média	$\pm$ SD	Média	$\pm$ SD	Média	$\pm$ SD
NO/BHCD	0.012	0.001	17.94	0.59	15.44	0.50	20.82	1.19
RHCD	0.036	0.008	78.63	5.08	63.50	6.95	42.20	8.50
LHCD	0.007	0.001	9.29	0.81	3.86	0.26	12.11	1.34
NHL	0.041	0.006	77.98	5.68	63.21	6.55	47.17	4.86
Glio	0.038	0.007	79.18	5.88	67.67	5.69	46.84	4.43
Mieloma	0.040	0.006	80.34	4.73	66.68	4.14	48.70	3.35
Valor F	44.896		427.654		295.467		183.296	
Valor P	< 0.001		< 0.001		< 0.001		< 0.001	

Quadro 3

Grupo	Uroporfirina (nmol24)		Coproporfirina (nmol/24)		Protoporfirina (unidade Ab)		Heme (uM)	
	Média	$\pm$ SD	Média	$\pm$ SD	Média	$\pm$ SD	Média	$\pm$ SD
NO/BHCD	50.18	3.54	137.94	4.75	10.35	0.38	30.27	0.81
RHCD	250.28	23.43	389.01	54.11	42.46	6.36	12.47	2.82
LHCD	9.51	1.19	64.33	13.09	2.64	0.42	50.55	1.07
NHL	310.25	40.44	495.98	39.11	54.80	4.04	11.76	1.37
Glio	304.19	14.16	479.35	58.86	53.73	5.34	13.68	1.67
Mieloma	287.09	15.63	442.85	49.61	50.36	3.49	12.01	1.53
Valor F	160.533		279.759		424.198		1472.05	
Valor P	< 0.001		< 0.001		< 0.001		< 0.001	

Quadro 4

Grupo	Bilirubin (mg/dl)		Biliverdin (unidade Ab)		ATP Synthase (umol/gHb)		SE ATP (umol/dl)	
	Média	$\pm$ SD	Média	$\pm$ SD	Média	$\pm$ SD	Média	$\pm$ SD
NO/BHCD	0.55	0.02	0.030	0.001	0.36	0.13	0.42	0.11
RHCD	1.70	0.20	0.067	0.011	2.73	0.94	2.24	0.44
LHCD	0.21	0.00	0.017	0.001	0.09	0.01	0.02	0.01
NHL	1.84	0.08	0.077	0.011	3.01	0.55	1.73	0.26
Glio	1.76	0.11	0.073	0.012	2.70	0.62	1.48	0.32
Mieloma	1.84	0.07	0.073	0.011	3.15	0.46	1.51	0.38
Valor F	370.517		59.963		54.754		67.588	
Valor P	< 0.001		< 0.001		< 0.001		< 0.001	

Quadro 5

Grupo	Cyto C (ng/ml)		Lactato (mg/dl)		Pyruvate (umol/l)		RBC Hexokinase (ug glu fos/ hr/mgpro)	
	Média	$\pm$ SD	Média	$\pm$ SD	Média	$\pm$ SD	Média	$\pm$ SD
NO/BHCD	2.79	0.28	7.38	0.31	40.51	1.42	1.66	0.45
RHCD	12.39	1.23	25.99	8.10	100.51	12.32	5.46	2.83
LHCD	1.21	0.38	2.75	0.41	23.79	2.51	0.68	0.23
NHL	11.91	0.49	22.83	1.24	95.81	12.18	7.41	4.22
Glio	13.00	0.42	22.20	0.85	96.58	8.75	7.82	3.51
Mieloma	12.23	0.94	23.66	1.64	94.36	8.06	8.53	2.64
Valor F	445.772		162.945		154.701		18.187	
Valor P	< 0.001		< 0.001		< 0.001		< 0.001	

Quadro 6

Grupo	ACOA (mg/dl)		ACH (ug/ml)		Glutamato (mg/dl)	
	Média	$\pm$ SD	Média	$\pm$ SD	Média	$\pm$ SD
NO/BHCD	8.75	0.38	75.11	2.96	0.65	0.03
RHCD	2.51	0.36	38.57	7.03	3.19	0.32
LHCD	16.49	0.89	91.98	2.89	0.16	0.02
NHL	2.30	0.26	50.58	3.82	3.48	0.46
Glio	2.34	0.43	42.51	11.58	3.28	0.39
Mieloma	2.04	0.10	37.95	8.82	3.33	0.25
Valor F	1871.04		116.901		200.702	
Valor P	< 0.001		< 0.001		< 0.001	

Table 7

Grupo	Se. Amoníaco (ug/dl)		HMG Co A (HMG CoA/MEV)		Ácido biliar (mg/ml)	
	Média	$\pm$ SD	Média	$\pm$ SD	Média	$\pm$ SD
NO/BHCD	50.60	1.42	1.70	0.07	79.99	3.36
RHCD	93.43	4.85	1.16	0.10	25.68	7.04
LHCD	23.92	3.38	2.21	0.39	140.40	10.32
NHL	91.62	3.24	1.12	0.10	23.45	5.01
Glio	93.20	4.46	1.10	0.09	23.43	6.03
Mieloma	93.42	5.34	1.01	0.09	23.87	4.00
Valor F	61.645		159.963		635.306	
Valor P	< 0.001		< 0.001		< 0.001	

Abreviaturas

NO/BHCD- Dominância química normal/Bi-hemisférica

RHCD- Domínio químico hemisférico direito

LHCD- Domínio químico hemisférico esquerdo

NHL- Non-hodgkin's lymphoma

Glio- Glioma

Discussão

There was increase in cytochrome F420 indicating archaeal growth. The archaea can synthesize and use cholesterol as a carbon and energy source.[2,10] The archaeal origin of the enzyme activities was indicated by antibiotic induced suppression. The study indicates the presence of actinide based archaea with an alternate actinide based enzymes or metalloenzymes in the system as indicated by rutile induced increase in enzyme activities.[11] The archaeal beta hydroxyl steroid dehydrogenase activity indicating digoxin synthesis.[12] The archaeal cholesterol oxidase activity was increased resulting in generation of pyruvate and hydrogen peroxide.[10] The pyruvate gets converted to glutamate and ammonia by the GABA shunt pathway. The pyruvate is converted to glutamate by serum glutamate pyruvate transaminase. The glutamate gets acted upon by glutamate dehydrogenase to generate alpha ketoglutarate and ammonia. Alanine is most commonly produced by the reductive amination of pyruvate via alanine transaminase. This reversible reaction involves the interconversion of alanine and pyruvate, coupled to the interconversion of alpha-ketoglutarate (2-oxoglutarate) and glutamate. Alanine can contribute to glycine. Glutamate is acted upon by Glutamic acid decarboxylase to generate GABA. GABA is converted to succinic semialdehyde by GABA transaminase. Succinic semialdehyde is converted to succinic acid by succinic semialdehyde dehydrogenase. Glycine combines with succinyl CoA to generate delta aminolevulinic acid catalysed by the enzyme ALA synthase. There was upregulated archaeal porphyrin synthesis in the patient population which was archaeal in origin as indicated by actinide catalysis of the reactions. The cholesterol oxidase pathway generated pyruvate which entered the GABA shunt pathway. This resulted in synthesis of succinate and glycine which are substrates for ALA synthase. The archaea can undergo magnetite and calcium carbonate mineralization and can exist as calcified nanoforms.[13]

The porphyrins can undergo photo-oxidation and autooxidation generating free radicals. The archaeal porphyrins can produce free radical injury. Free radicals produce NFKB activation, open the mitochondrial PT pore resulting in cell death, produce oncogene activation, activate NMDA receptor and GAD enzyme regulating neurotransmission and generates the Warburg phenotypes activating glycolysis and inhibiting TCA cycle/oxphos. Porphyrins have been related to malignancy. The porphyrins can complex and intercalate with the cell membrane producing sodium potassium ATPase inhibition adding on to digoxin mediated inhibition. Porphyrins can complex with proteins and nucleic acid producing biophoton emission. Porphyrins complexing with proteins can modulate protein structure and function. Porphyrins complexing with DNA and RNA can modulate transcription and translation. The porphyrin photo-oxidation generates free radicals which can modulate enzyme function. Redox stress modulated enzymes include pyruvate dehydrogenase, nitric oxide synthase, cystathione beta synthase and heme oxygenase. Free radicals can modulate mitochondrial PT pore function. Free radicals can modulate cell membrane function and inhibit sodium potassium ATPase activity. Thus the porphyrins are key regulatory molecules modulating all aspects of cell function.[3-5] There was an increase in free RNA indicating self replicating RNA viroids and free DNA indicating generation of viroid complementary DNA strands by archaeal reverse transcriptase activity. The actinides and porphyrins modulate RNA folding and catalyse its ribozymal action. Digoxin can cut and paste the viroidal strands by modulating RNA splicing generating RNA viroidal diversity. The viroids are evolutionarily escaped archaeal group I introns which have retrotransposition and self splicing qualities. Archaeal pyruvate producing histone deacetylase inhibition and porphyrins intercalating with DNA can produce endogenous retroviral (HERV) reverse transcriptase and integrase expression. This can integrate the RNA viroidal complementary DNA into the noncoding region of eukaryotic non coding DNA using HERV integrase as has been described for borna and ebola viruses. The archaea and viroids can also induce cellular porphyrin synthesis. Viroids have been related to malignant transformation. Bacterial and viral infections can precipitate porphyria. Thus porphyrins can regulate genomic function.[14,15]

The possibility of Warburg phenotype induced by actinide based primitive organism like archaea with a mevalonate pathway and cholesterol catabolism was considered in this paper. The Warburg phenotype results in inhibition of pyruvate dehydrogenase and the TCA cycle. The pyruvate enters the GABA shunt pathway where it is converted to succinyl CoA. The glycolytic pathway is upregulated and the glycolytic metabolite phosphoglycerate is converted to serine and glycine. Glycine and succinyl CoA are the substrates for ALA synthesis. The archaea induces the enzyme heme oxygenase. Heme oxygenase converts heme to bilirubin and biliverdin. This depletes heme from the system and results in upregulation of ALA synthase activity resulting in porphyria. Heme inhibits HIF alpha. The heme depletion results in upregulation of HIF alpha activity and further strengthening of the Warburg phenotype. The porphyrin self oxidation results in redox stress which activates HIF alpha and generates the Warburg phenotype. The Warburg phenotype results in channeling acetyl CoA for cholesterol synthesis as the TCA cycle and mitochondrial oxidative phosphorylation are blocked. The archaea uses cholesterol as an energy substrate. Porphyrin and ALA inhibits sodium potassium ATPase. This increases cholesterol synthesis by acting upon intracellular SREBP. The cholesterol is metabolized to pyruvate and then the GABA shunt pathway for ultimate use in porphyrin synthesis. The porphyrins can self organize and self replicate into macromolecular arrays. The porphyrin arrays behave like an autonomous organism and can have intramolecular electron transport generating ATP. The porphyrin macroarrays can store information and can have quantal perception. The porphyrin macroarrays serves the purpose of archaeal energetics and sensory perception. The Warburg phenotype is associated with neoplastic disorders- non-Hodgkin's lymphoma, multiple myeloma and CNS glioma. Porphyrin metabolic dysfunction leads to heme deficiency. Heme deficiency leads to HIF alpha activation generating the Warburg phenotype. Porphyrin autooxidation can generate free radicals which activates HIF alpha. The generation of the Warburg phenotype produces cell proliferation. The increase in glycolysis results in increased generation of hexokinase. Hexokinase is an important component of the mitochondrial PT pore. The increase in hexokinase modulates the mitochondrial PT pore contributing to cell proliferation and dedifferentiation. The increase in glycolysis leads to increased levels of fructose 1,6 diphosphate which enters the pentose phosphate pathway. This generates NADPH leading to NOX activation. NOX activation generates H_2O_2 activating oncogenes. This produces malignant transformation.

The role of archaeal porphyrins in regulation of cell functions and neuro-immuno-endocrine integration is discussed. The porphyrin especially protoporphyrins can bind to peripheral benzodiazepine receptors in the mitochondria and modulate its function, mitochondrial cholesterol transport and steroidogenesis. Peripheral benzodiazepine receptor modulation by protoporphyrins can regulate cell proliferation and differentiation. Protoporphyrin binding to peripheral benzodiazepine receptor can contribute to oncogenesis. Protoporphyrin binds to the peripheral benzodiazepine receptor regulating steroid and digoxin synthesis. Increased porphyrin metabolites can contribute to hyperdigoxinemia. Digoxin can modulate cell proliferation and cell differentiation. Hyperdigoxinemia has been documented to be related to neoplastic disorders. Porphyrins can combine with membranes modulating membrane function.

Porphyrins can complex with DNA and RNA modulating their function. Porphyrin interpolating with DNA can alter transcription and generate human endogenous retroviral (HERV) expression. The increase in pyruvate can produce HDAC (histone deacetylase inhibition). Porphyrin autooxidation generates free radicals which produce HDAC inhibition. HDAC inhibition can contribute to HERV expression. HERV expression is related to malignant transformation. The increased expression of HERV can lead to the retroviral state and malignant transformation is described in the acquired immunodeficiency syndrome.

Heme deficiency can also result in disease states. Heme deficiency results in deficiency of heme enzymes. There is deficiency of cytochrome C oxidase and mitochondrial dysfunction. Mitochondrial dysfunction generates free radicals. The glutathione peroxidase is dysfunctional and the glutathione system of free radical scavenging does not function. Porphyrin auto-oxidation also generates free radicals. Free radicals can produce oncogene activation. Thus porphyrin metabolism related redox stress contributes to oncogenesis. The cytochrome P450 enzymes involved in vitamin D hydroxilation and bile acid synthesis have reduced activity leading to active vitamin D as well as bile acid deficiency states. Bile acids especially lithocholic acid binds to the VDR receptor. Active vitamin D deficiency can lead to malignant transformation. Heme has got cytoprotective, anti-inflammatory and antiproliferative effects. Heme is also involved in the stress response. Heme deficiency leads to neoplastic disorders- non-hodgkin's lymphoma, multiple myeloma and CNS glioma.[3-5]

The porphyrin photo-oxidation can generate free radicals which can activate NFKB. This can produce immune activation and cytokine mediated injury. NFKB activation is related to malignant transformation. The increase in archaeal porphyrins can lead to autoimmunity. Autoimmune diseases like SLE and MS can coexist with malignancy. Autoantibodies are related to paraneoplastic syndromes. The protoporphyrins binding to mitochondrial benzodiazepine receptors can modulate immune function. Porphyrins can combine with proteins oxidizing their tyrosine, tryptophan, cysteine and histidine residues producing crosslinking and altering protein conformation and function. Porphyrins can complex with DNA and RNA modulating their structure. Porphyrin complexed with proteins and nucleic acids are antigenic and can lead onto autoimmune disease.[3,4] The porphyrin photo-oxidation mediated free radical injury can lead to insulin resistance and atherogenesis. Thus archaeal porphyrins can contribute to metabolic syndrome x. Glucose has got a negative effect upon ALA synthase activity. Therefore hyperglycemia may be reactive protective mechanism to increased archaeal porphyrin synthesis. The protoporphyrins binding to mitochondrial benzodiazepine receptors can modulate mitochondrial steroidogenesis and metabolism. Altered porphyrin metabolism has been described in the metabolic syndrome x. Porphyrias can lead onto vascular thrombosis.[3,4] Metabolic syndrome x has been related to malignant disorders.

The porphyrins in the blood can combine with bacteria and viruses and the photo-oxidation generated free radicals can kill them. The porphyrins can modulate bacterial and viral infections. The archaeal porphyrins are regulatory molecules keeping other prokaryotes and viruses on check.[3,4] Infections have been related to malignant disorders. EBV virus, herpes virus, mycobacteria, staphylococcus, helicobacter pylori and chlamydia have been related to malignant transformation.[3,4]

The archaea and viroids can regulate the nervous system including the NMDA/GABA thalamocorticothalamic pathway mediating conscious perception. Porphyrin photo-oxidation can generate free radicals which can modulate NMDA transmission. Free radicals can increase NMDA transmission. Free radicals can induce GAD and increase GABA synthesis. ALA blocks GABA transmission and upregulates NMDA. Protoporphyrins bind to GABA receptor and promote GABA transmission. Thus porphyrins can modulate the thalamo-cortico-thalamic pathway of conscious perception. The dipolar porphyrins, PAH and archaeal magnetite in the setting of digoxin induced sodium potassium ATPase inhibition can produce a pumped phonon system mediated Frohlich model superconducting state inducing quantal perception with nanoarchaeal sensed gravity producing the orchestrated reduction of the quantal possibilities to the macroscopic world. ALA can produce sodium potassium ATPase inhibition resulting in a pumped phonon system mediated quantal state involving dipolar porphyrins. Porphyrin molecules have a wave particle existence and can bridge the dividing line between quantal state and particulate state. Thus the porphyrins can mediate conscious and quantal perception. Porphyrins binding to proteins, nucleic acids and cell membranes can produce biophoton emission. Porphyrins by autooxidation can generate biophotons and are involved in quantal perception. Biophotons can mediate quantal perception. Cellular porphyrins photo-oxidation are involved in sensing of earth magnetic fields and low level biomagnetic fields. Thus prophyrins can mediate extrasensory perception. The porphyrins can modulate hemispheric dominance. There is increased porphyrin synthesis and RHCD and decreased porphyrin synthesis in LHCD. Porphyria can lead to psychiatric disorders and seizures. Paraneoplastic neuropsychiatric syndromes are described. Right hemispheric chemical dominance is related to malignant transformation. Protoporphyrins block acetyl choline transmission producing a vagal neuropathy with sympathetic overactivity. Vagal neuropathy results in immune activation, NFKB activation, HIF alpha activation and neoplastic transformations. A vagal neuropathy and sympathetic overactivity underlines neoplastic processes. Porphyrin induced increased NMDA transmission and free radical injury can contribute to neuronal degeneration. Free radicals can produce mitochondrial PT pore dysfunction. This can lead to cyto C leak and activation of the caspase cascade leading to apoptosis and cell death. The protoporphyrins binding to mitochondrial benzodiazepine receptors can regulate brain function and cell death. Altered porphyrin metabolism has been described in neurodegeneration. Paraneoplastic neurodegenerative disorders are described.[3,4,16]

The dipolar porphyrins, PAH and archaeal magnetite in the setting of digoxin induced sodium potassium ATPase inhibition can produce a pumped phonon system mediated Frohlich model superconducting state inducing quantal perception with nanoarchaeal sensed gravity producing the orchestrated reduction of the quantal possibilities to the macroscopic world. ALA can produce sodium potassium ATPase inhibition resulting in a pumped phonon system mediated quantal state involving dipolar porphyrins. Porphyrins by autooxidation can generate biophotons and are involved in quantal perception. Biophotons can mediate quantal perception. Cellular porphyrins photo-oxidation are involved in sensing of earth magnetic fields and low level biomagnetic fields. Porphyrins can thus contribute to quantal perception. Low level electromagnetic fields and light can induce porphyrin synthesis. Low level EMF can produce ferrochelatase inhibition as well as heme oxygenase induction contributing to heme depletion, ALA synthase induction and increased porphyrin synthesis. Light also induces ALA synthase and porphyrin synthesis. The increased porphyrin synthesized can contribute to increased quantal perception and can modulate conscious perception. The porphyrin induced biophotons and quantal fields can modulate the source from which low level EMF and photic fields were generated. Thus the porphyrin generated by extraneous low level EMF and photic fields can interact with the source of low level EMF and photic fields modulating it. Thus porphyrins can serve as a bridge between the human brain and the source of low level EMF and photic fields. This serves as a mode of communication between the human brain and EMF storage devices like internet. The porphyrins can also serve as the source of communication with the environment. Environmental EMF and chemicals produce heme oxygenase induction and heme depletion increasing porphyrin synthesis, quantal perception and two-way communication. Thus induction of porphyrin synthesis can serve as a mechanism of communication between human brain and the environment by extrasensory perception. Increased environmental pollution with low levels of EMF can lead to neoplastic transformation. The increased incidence of neoplastic disease in epidemic proportions is related to low level of EMF.

Porphyrins also have evolutionary significance since porphyria is related to Scythian races and contributes to the behavioural and intellectual characteristics of this group of population. Porphyrins can intercalate into DNA and produce HERV expression. HERV RNA can get converted to DNA by reverse transcriptase which can get integrated into DNA by integrase. This tends to increase the length of the non-coding region of the DNA. The increase in non-coding region of the DNA is involved in primate and human evolution. Thus, increased rates of porphyrin synthesis would correlate with increase in non-coding DNA length. The alteration in the length of the non-coding region of the DNA contributes to the dynamic nature of the genome. Thus genetic and acquired porphyrias can lead to alteration in the non-coding region of the genome. The alteration of the length of the non-coding region of the DNA contributes to the racial and individual differences in populations. An increased length of non-coding region as well as increased porphyrin synthesis leads to increased cognitive and creative neuronal function. Porphyrins are involved in quantal perception and regulation of the thalamo-cortico-thalamic pathway of conscious perception. Thus genetic and acquired porphyrias contribute to higher cognitive and creative capacity of certain races. Porphyrias are common among Eurasian Scythian races who have assumed leadership roles in communities and groups. Porphyrins have contributed to human and primate evolution. There is an increased incidence of neoplastic disease in Scythian races and most of our patient population belonged to this group.[3,4]

An actinide dependent shadow biosphere of archaea and viroids in malignancy-non-hodgkin's lymphoma, multiple myeloma and CNS glioma is described. The archaeal porphyrins can contribute to the pathogenesis of malignancy- non-Hodgkin's lymphoma, multiple myeloma and CNS glioma. Archaeal porphyrin synthesis is crucial in the pathogenesis of these neoplastic disorders. Porphyrins may serve as regulatory molecules modulating the cell cycle and regulating cell proliferation and differentiation. Porphyrin metabolic dysfunction leads to heme deficiency. Heme deficiency leads to HIF alpha activation generating the Warburg phenotype. Porphyrin auto-oxidation can generate free radicals which activates HIF alpha. The generation of the Warburg phenotype produces cell proliferation. The increase in glycolysis results in increased generation of hexokinase. Hexokinase is an important component of the mitochondrial PT pore. The increase in hexokinase modulates the mitochondrial PT pore contributing to cell proliferation and dedifferentiation. Heme deficiency leads to cytochrome oxidase dysfunction and mitochondrial dysfunction. Heme deficiency also leads to glutathione peroxidase dysfunction and lack of glutathione system of free radical scavenging. Porphyrin auto-oxidation can also generate free radicals. Free radicals can produce oncogene activation resulting in cell proliferation and dedifferentiation. Free radicals can activate NFKB which is involved in maintenance of cell proliferation. This contributes to the neoplastic process. Porphyrins can intercalate with DNA producing HERV expression. HERV expression is related to oncogenic transformation. Protoporphyrins can bind to the mitochondrial peripheral benzodiazepine receptor regulating cell proliferation and differentiation. Protoporphyrin modulation of the peripheral benzodiazepine receptor can lead to oncogenesis. Altered porphyrin metabolism contributes to right hemispheric chemical dominance. Right hemispheric chemical dominance is related to neoplastic transformations. The porphyrins functions as key regulatory molecules modulating cell proliferation and differentiation. A porphyrin metabolic dysfunction is the principal molecular abnormality underlying oncogenesis in neoplastic disorders as exemplified in non-Hodgkin's lymphoma, multiple myeloma and CNS glioma.

Referências

1   Eckburg P.B., Lepp, P.W., Relman, D.A. (2003). Archaea and their potential role in human disease, *Infect Immun,* 71, 591-596.

2   Smit A., Mushegian, A. (2000). Biosynthesis of isoprenoids via mevalonate in Archaea: the lost pathway, *Genome Res,* 10(10), 1468-84.

3   Puy, H., Gouya, L., Deybach, J.C. (2010). Porphyrias. *The Lancet*, 375(9718), 924 – 937.

4   Kadish, K.M., Smith, K.M., Guilard, C. (1999). *Porphyrin Hand Book.* Academic Press, Nova Iorque: Elsevier.

5   Gavish M., Bachman, I., Shoukrun, R., Katz, Y., Veenman, L., Weisinger, G.,Weizman,A. (1999). Enigma of the Peripheral Benzodiazepine Receptor. *Pharmacological Reviews,* 51(4), 629-650.

6   Richmond W. (1973). Preparation and properties of a cholesterol oxidase from nocardia species and its application to the enzymatic assay of total cholesterol in serum, *Clin Chem,* 19, 1350-1356.

7   Snell E.D., Snell, C.T. (1961). *Métodos Colorimétricos de Análise.* Vol 3A. Nova Iorque: Van NoStrand.

8   Glick D. (1971). *Métodos de Análise Bioquímica.* Vol 5. Nova Iorque: Interscience Publishers.

9   Colowick, Kaplan, N.O. (1955). *Métodos em Enzimologia.* Vol 2. Nova Iorque: Imprensa académica.

10   Van der Geize R., Yam, K., Heuser, T., Wilbrink, M.H., Hara, H., Anderton, M.C. (2007). A gene cluster encoding cholesterol catabolism in a soil actinomycete

provides insight into Mycobacterium tuberculosis survival in macrophages, *Proc Natl Acad Sci USA,* 104(6), 1947-52.

11   Francis A.J. (1998). Biotransformation of uranium and other actinides in radioactive wastes, *Journal of Alloys and Compounds,* 271(273), 78-84.

12   Schoner W. (2002). Endogenous cardiac glycosides, uma nova classe de hormonas esteróides, *Eur J Biochem,* 269, 2440-2448.

13   Vainshtein M., Suzina, N., Kudryashova, E., Ariskina, E. (2002). New Magnet-Sensitive Structures in Bacterial and Archaeal Cells, *Biol Cell,* 94(1), 29-35.

14   Tsagris E.M., de Alba, A.E., Gozmanova, M., Kalantidis, K. (2008). Viroids, *Cell Microbiol,* 10, 2168.

15   Horie M., Honda, T., Suzuki, Y., Kobayashi, Y., Daito, T., Oshida, T. (2010). Elementos endógenos não retrovirais do vírus RNA em genomas de mamíferos, *Nature,* 463, 84-87.

16   Kurup R., Kurup, P.A. (2009). *Digoxina hipotalâmica, dominância cerebral e função cerebral na saúde e nas doenças.* Nova Iorque: Nova Science Publishers.

CHAPTER 44

PORPHYRIONS AND REGULATION OF CELL DEATH- PORPHYRIONS INDUCE NEURODEGENERATION- ALZHEIMER'S DISEASE, PARKINSON'S DISEASE AND MOTOR NEURON DISEASE

Introdução

Actinidic archaea have been related to the pathogenesis of Alzheimer's disease, Parkinson's disease and motor neuron disease.[1-8] An actinide dependent shadow biosphere of archaea and viroids in the above mentioned disease states is described.[7,9] Actinidic archaea have a mevalonate pathway and are cholesterol catabolizing. They can use cholesterol as a carbon and energy source. Archaeal cholesterol catabolism can generate porphyrins via the cholesterol ring oxidase generated pyruvate and GABA shunt pathway. Porphyrins have been related to Alzheimer's disease, Parkinson's disease and motor neuron disease. The role of archaeal porphyrins in regulation of cell death and apoptosis is discussed.[1-5] They can function as self replicating supramolecular organisms which can be called as porphyrions.

Materiais e Métodos

The following groups were included in the study:- Alzheimer's disease, Parkinson's disease and motor neuron disease. There were 10 patients in each group and each patient had an age and sex matched healthy control selected randomly from the general population. 10 normal people each with right hemispheric, left hemispheric and bi-hemispheric dominance were also selected for the study. The blood samples were drawn in the fasting state before treatment was initiated. Plasma from fasting heparinised blood was used and the experimental protocol was as follows (I) Plasma+phosphate buffered saline, (II) same as I+cholesterol substrate, (III) same as II+rutile 0.1 mg/ml, (IV) same as II+ciprofloxacine and doxycycline each in a concentration of 1 mg/ml. The following estimations were carried out:- Cytochrome F420, free RNA, free DNA, polycyclic aromatic hydrocarbon, hydrogen peroxide, pyruvate, ammonia, glutamate, succinate, glycine, delta aminolevulinic acid and digoxin. Plasma from fasting heparinised blood was used and the experimental protocol was as follows (I) Plasma+phosphate buffered saline, (II) same as I+cholesterol substrate, (III) same as II+rutile 0.1 mg/ml, (IV) same as II+ciprofloxacine and doxycycline each in a concentration of 1 mg/ml. Cholesterol substrate was prepared as described by Richmond. Aliquots were withdrawn at zero time immediately after mixing and after incubation at 37°C for 1 hour. The following estimations were carried out:- Cytochrome F420, free RNA, free DNA, polycyclic aromatic hydrocarbon, hydrogen peroxide, pyruvate, ammonia, glutamate, delta aminolevulinic acid, succinate, glycine and digoxin. Cytochrome F420 was estimated flourimetrically (excitation wavelength 420 nm and emission wavelength 520 nm). Polycyclic aromatic hydrocarbon was estimated by measuring hydrogen peroxide liberated by using glucose reagent. The study also involved estimating the following parameters in the patient population- digoxin, bile acid, hexokinase, porphyrins, pyruvate, glutamate, ammonia, acetyl CoA, acetyl choline, HMG CoA reductase, cytochrome C, blood ATP, ATP synthase, ERV RNA (endogenous retroviral RNA), H_2O_2 (hydrogen peroxide), NOX (NADPH oxidase), TNF alpha and heme oxygenase.[6-9] Informed consent of the subjects and the approval of the ethics committee were obtained for the study. The statistical analysis was done by ANOVA.

Resultados

Plasma of control subjects showed increased levels of the above mentioned parameters with after incubation for 1 hour and addition of cholesterol substrate resulted in still further significant increase in these parameters. The plasma of patients showed similar results but the extent of increase was more. The addition of antibiotics to the control plasma caused a decrease in all the parameters while addition of rutile increased their levels. The addition of antibiotics to the patient's plasma caused a decrease in all the parameters while addition of rutile increased their levels but the extent of change was more in patient's sera as compared to controls. The results are expressed in tables section 1: 1-6 as percentage change in the parameters after 1 hour incubation as compared to the values at zero time. There was upregulated archaeal porphyrin synthesis in the patient population which was archaeal in origin as indicated by actinide catalysis of the reactions. The cholesterol oxidase pathway generated pyruvate which entered the GABA shunt pathway. This resulted in synthesis of succinate and glycine which are substrates for ALA synthase.

The study showed the patient's blood and right hemispheric dominance had increased heme oxygenase activity and porphyrins. The hexokinase activity was high. The pyruvate, glutamate and ammonia levels were elevated indicating blockade of PDH activity, and operation of the GABA shunt pathway. The acetyl CoA levels were low and acetyl choline was decreased. The cyto C levels were increased in the serum indicating mitochondrial dysfunction suggested by low blood ATP levels. This was indicative of the Warburg's phenotype. There were increased NOX and TNF alpha levels indicating immune activation. The HMG CoA reductase activity was high indicating cholesterol synthesis. The bile acid levels were low indicating depletion of cytochrome P450. The normal population with right hemispheric dominance had values resembling the patient population with increased porphyrin synthesis. The normal population with left hemispheric dominance had low values with decreased porphyrin synthesis.

Quadro 1. Efeito do rutilo e dos antibióticos no citocromo F420 e HAP

Grupo	CYT F420 % (Aumento com Rutilo)		CYT F420 % (Diminuir com Doxy+Cipro)		PAH % mudança (Aumento com Rutilo)		PAH % mudança (Diminuir com Doxy+Cipro)	
	Média	± SD	Média	± SD	Média	± SD	Média	± SD
Normal	4.48	0.15	18.24	0.66	4.45	0.14	18.25	0.72
AD	23.12	2.00	56.90	6.94	23.26	1.53	60.91	7.59
PD	22.79	2.13	55.90	7.29	22.84	1.42	66.07	3.78
MND	22.70	1.87	60.46	8.06	23.73	1.38	65.20	6.20
	F valor 306,749		F valor 130.054		F valor 391.318		F valor 257.996	
	Valor P < 0,001		Valor P < 0,001		Valor P < 0,001		Valor P < 0,001	

Quadro 2. Efeito do rutilo e dos antibióticos no ARN e ADN livres

Grupo	ADN % mudança (Aumento com Rutilo)		ADN % mudança (Diminuir com Doxy+Cipro)		RNA % mudança (Aumento com Rutilo)		RNA % mudança (Diminuir com Doxy+Cipro)	
	Média	± SD	Média	± SD	Média	± SD	Média	± SD
Normal	4.37	0.15	18.39	0.38	4.37	0.13	18.38	0.48
AD	23.52	1.65	64.15	4.60	23.29	1.92	65.39	3.95
MND	22.56	2.46	62.70	4.53	23.32	1.74	65.67	4.16
PD	22.29	2.05	58.70	7.34	22.29	2.05	67.03	5.97
	Valor F 337.577		F valor 356.621		Valor F 427.828		Valor F 654.453	
	Valor P < 0,001		Valor P < 0,001		Valor P < 0,001		Valor P < 0,001	

Quadro 3. Efeito do rutilo e dos antibióticos na digoxina e no ácido aminolevulínico delta

Grupo	Digoxina (ng/ml) (Aumento com Rutilo)		Digoxina (ng/ml) (Diminuir com Doxy+Cipro)		ALA % (Aumento com Rutilo)		ALA % (Diminuir com Doxy+Cipro)	
	Média	± SD	Média	± SD	Média	± SD	Média	± SD
Normal	0.11	0.00	0.054	0.003	4.40	0.10	18.48	0.39
AD	0.55	0.03	0.192	0.040	23.67	1.68	66.50	3.58
PD	0.54	0.04	0.210	0.042	23.34	1.75	66.80	3.43
MND	0.53	0.06	0.212	0.045	23.17	1.88	68.53	2.65
	Valor F 135,116		Valor F 71.706		Valor F 372.716		F valor 556.411	
	Valor P < 0,001		Valor P < 0,001		Valor P < 0,001		Valor P < 0,001	

Quadro 4. Efeito do rutilo e dos antibióticos no succinato e na glicina

Grupo	Succinate % Succinate (Aumento com Rutilo)		Succinate % Succinate (Diminuir com Doxy+Cipro)		Glycine % mudança (Aumento com Rutilo)		Glycine % mudança (Diminuir com Doxy+Cipro)	
	Média	$\pm$ SD	Média	$\pm$ SD	Média	$\pm$ SD	Média	$\pm$ SD
Normal	4.41	0.15	18.63	0.12	4.34	0.15	18.24	0.37
AD	23.81	1.90	66.95	3.67	23.12	1.71	65.12	5.58
PD	23.43	1.57	66.30	3.57	22.98	1.50	65.13	4.87
MND	22.29	1.33	65.38	3.62	22.13	2.14	66.26	3.93
	Valor F 403.394		Valor F 680.284		Valor F 348.867		Valor F 364,999	
	Valor P < 0,001		Valor P < 0,001		Valor P < 0,001		Valor P < 0,001	

Quadro 5. Efeito do rutilo e dos antibióticos sobre o piruvato e o glutamato

Grupo	Pyruvate % mudança (Aumento com Rutilo)		Pyruvate % mudança (Diminuir com Doxy+Cipro)		Glutamato (Aumento com Rutilo)		Glutamato (Diminuir com Doxy+Cipro)	
	Média	$\pm$ SD	Média	$\pm$ SD	Média	$\pm$ SD	Média	$\pm$ SD
Normal	4.34	0.21	18.43	0.82	4.21	0.16	18.56	0.76
AD	22.63	0.88	56.40	8.59	22.96	2.12	65.11	5.91
PD	20.67	1.38	58.75	8.12	23.23	1.88	65.11	5.14
MND	21.91	1.71	58.45	6.66	22.88	1.87	65.45	5.08
	Valor F 321.255		F valor 115.242		F valor 292.065		Valor F 317.966	
	Valor P < 0,001		Valor P < 0,001		Valor P < 0,001		Valor P < 0,001	

Quadro 6. Efeito do rutilo e dos antibióticos no peróxido de hidrogénio e no amoníaco

Grupo	H2O2 % (Aumento com Rutilo)		H2O2 % (Diminuir com Doxy+Cipro)		Amoníaco % (Aumento com Rutilo)		Amoníaco % (Diminuir com Doxy+Cipro)	
	Média	$\pm$ SD	Média	$\pm$ SD	Média	$\pm$ SD	Média	$\pm$ SD
Normal	4.43	0.19	18.13	0.63	4.40	0.10	18.48	0.39
AD	22.65	2.48	60.19	6.98	23.67	1.68	66.50	3.58
MND	23.32	1.71	63.15	7.62	23.45	1.79	66.32	3.63
PD	23.29	1.67	60.52	5.38	22.29	2.05	61.91	7.56
	Valor F 380,721		Valor F 171.228		Valor F 372.716		F valor 556.411	
	Valor P < 0,001		Valor P < 0,001		Valor P < 0,001		Valor P < 0,001	

Quadro 1

Grupo	Digoxina RBC (ng/ml RBC Susp)		Citocromo F 420		HERV RNA (ug/ml)		H2O2 (umol/ml RBC)	
	Média	± SD	Média	± SD	Média	± SD	Média	± SD
NO/BHCD	0.58	0.07	1.00	0.00	17.75	0.72	177.43	6.71
RHCD	1.41	0.23	4.00	0.00	55.17	5.85	278.29	7.74
LHCD	0.18	0.05	0.00	0.00	8.70	0.90	111.63	5.40
PD	1.34	0.31	4.00	0.00	51.16	7.78	295.37	3.78
AD	1.10	0.08	4.00	0.00	51.56	3.69	277.47	10.90
MND	1.44	0.19	4.00	0.00	53.49	4.15	273.70	12.37
Valor F	60.288		0.001		194.418		713.569	
Valor P	< 0.001		< 0.001		< 0.001		< 0.001	

Quadro 2

Grupo	NOX (OD dif/hr/mgpro)		TNF ALP (pg/ml)		ALA (umol24)		PBG (umol24)	
	Média	± SD	Média	± SD	Média	± SD	Média	± SD
NO/BHCD	0.012	0.001	17.94	0.59	15.44	0.50	20.82	1.19
RHCD	0.036	0.008	78.63	5.08	63.50	6.95	42.20	8.50
LHCD	0.007	0.001	9.29	0.81	3.86	0.26	12.11	1.34
PD	0.035	0.011	82.13	3.97	67.30	5.98	47.25	4.19
AD	0.036	0.007	79.65	5.57	67.32	5.40	49.83	3.45
MND	0.038	0.008	80.02	6.82	65.56	6.28	44.58	4.52
Valor F	44.896		427.654		295.467		183.296	
Valor P	< 0.001		< 0.001		< 0.001		< 0.001	

Quadro 3

Grupo	Uroporfirina (nmol24)		Coproporfirina (nmol/24)		Protoporfirina (unidade Ab)		Heme (uM)	
	Média	± SD	Média	± SD	Média	± SD	Média	± SD
NO/BHCD	50.18	3.54	137.94	4.75	10.35	0.38	30.27	0.81
RHCD	250.28	23.43	389.01	54.11	42.46	6.36	12.47	2.82
LHCD	9.51	1.19	64.33	13.09	2.64	0.42	50.55	1.07
PD	286.84	24.18	432.22	50.11	49.36	4.18	11.81	0.80
AD	259.61	33.18	433.17	45.61	49.68	3.30	12.09	1.12
MND	280.16	26.14	431.39	28.88	49.23	3.91	11.61	1.36
Valor F	160.533		279.759		424.198		1472.05	
Valor P	< 0.001		< 0.001		< 0.001		< 0.001	

Quadro 4

Grupo	Bilirubin (mg/dl)		Biliverdin (unidade Ab)		ATP Synthase (umol/gHb)		SE ATP (umol/dl)	
	Média	$\pm$ SD	Média	$\pm$ SD	Média	$\pm$ SD	Média	$\pm$ SD
NO/BHCD	0.55	0.02	0.030	0.001	0.36	0.13	0.42	0.11
RHCD	1.70	0.20	0.067	0.011	2.73	0.94	2.24	0.44
LHCD	0.21	0.00	0.017	0.001	0.09	0.01	0.02	0.01
PD	1.83	0.09	0.071	0.014	3.34	0.84	1.27	0.26
AD	1.77	0.13	0.073	0.016	3.34	0.75	2.06	0.19
MND	1.85	0.09	0.069	0.012	3.14	0.46	1.56	0.39
Valor F	370.517		59.963		54.754		67.588	
Valor P	< 0.001		< 0.001		< 0.001		< 0.001	

Quadro 5

Grupo	Cyto C (ng/ml)		Lactato (mg/dl)		Pyruvate (umol/l)		RBC Hexokinase (ug glu fos/ hr/mgpro)	
	Média	$\pm$ SD	Média	$\pm$ SD	Média	$\pm$ SD	Média	$\pm$ SD
NO/BHCD	2.79	0.28	7.38	0.31	40.51	1.42	1.66	0.45
RHCD	12.39	1.23	25.99	8.10	100.51	12.32	5.46	2.83
LHCD	1.21	0.38	2.75	0.41	23.79	2.51	0.68	0.23
PD	12.65	1.06	24.28	1.69	95.44	12.04	9.30	3.98
AD	11.94	0.86	22.04	0.64	97.26	8.26	8.46	3.63
MND	12.14	1.30	23.12	1.81	95.33	11.78	7.92	3.32
Valor F	445.772		162.945		154.701		18.187	
Valor P	< 0.001		< 0.001		< 0.001		< 0.001	

Quadro 6

Grupo	ACOA (mg/dl)		ACH (ug/ml)		Glutamato (mg/dl)	
	Média	$\pm$ SD	Média	$\pm$ SD	Média	$\pm$ SD
NO/BHCD	8.75	0.38	75.11	2.96	0.65	0.03
RHCD	2.51	0.36	38.57	7.03	3.19	0.32
LHCD	16.49	0.89	91.98	2.89	0.16	0.02
PD	1.95	0.06	35.02	5.85	3.14	0.32
AD	2.19	0.15	42.84	8.26	3.53	0.39
MND	2.06	0.35	40.79	9.34	3.24	0.34
Valor F	1871.04		116.901		200.702	
Valor P	< 0.001		< 0.001		< 0.001	

Quadro 7

Grupo	Se. Amoníaco (ug/dl)		HMG Co A (HMG CoA/MEV)		Bile Acid (mg/ml)	
	Média	$\pm$ SD	Média	$\pm$ SD	Média	$\pm$ SD
NO/BHCD	50.60	1.42	1.70	0.07	79.99	3.36
RHCD	93.43	4.85	1.16	0.10	25.68	7.04
LHCD	23.92	3.38	2.21	0.39	140.40	10.32
PD	94.60	8.52	1.08	0.13	28.93	4.93
AD	95.37	4.66	1.10	0.07	26.26	7.34
MND	92.09	3.21	1.07	0.09	22.80	5.02
Valor F	61.645		159.963		635.306	
Valor P	< 0.001		< 0.001		< 0.001	

Abreviaturas

NO/BHCD- Dominância química normal/Bi-hemisférica

RHCD- Domínio químico hemisférico direito

LHCD- Domínio químico hemisférico esquerdo

PD- Parkinson's disease

AD- Alzheimer's disease

MND- Motor neuron disease

Discussão

Houve um aumento do citocromo F420, indicando um crescimento arqueológico. O arcaico pode sintetizar e utilizar o colesterol como fonte de carbono e energia. [2,10] A origem arqueal das actividades enzimáticas foi indicada pela supressão induzida por antibióticos. O estudo indica a presença de arquebactérias baseadas em actinídeos com enzimas alternativas baseadas em actinídeos ou metalloenzimas no sistema, como indicado pelo aumento induzido rutilo das actividades enzimáticas. [11] A actividade da beta-hidroxil esteroide desidrogenase do arquebactéria indica a síntese de digoxina. [12] A actividade do colesterol oxidase arqueal foi aumentada resultando na geração de piruvato e peróxido de hidrogénio. [10] O piruvato é convertido em glutamato e amoníaco pela via de derivação GABA. O piruvato é convertido em glutamato por transaminase de glutamato de soro piruvato. O glutamato é convertido em glutamato desidrogenase para gerar cetoglutarato alfa e amoníaco. A alanina é mais comummente produzida pela aminação redutiva da piruvato através da alanina transaminase. Esta reacção reversível envolve a interconversão de alanina e piruvato, associada à interconversão de alfa-ketoglutarato (2-oxoglutarato) e glutamato. A alanina pode contribuir para a glicina. O glutamato é actuado pela decarboxilase do ácido glutâmico para gerar GABA. GABA é convertido em semialdeído succínico pela transaminase GABA. A semialdeído succínico é convertido em

ácido succínico por semialdeído succinico desidrogenase. Glycine combina com succinil CoA para gerar ácido aminolevulínico delta catalisado pela enzima ALA synthase. Havia síntese de porfirina arqueal upregulada na população de doentes que era de origem arqueal como indicado pela catálise actinídea das reacções. A via da oxidase do colesterol gerou piruvato que entrou na via de derivação GABA. Isto resultou na síntese de succinato e glicina que são substratos da ALA synthase. A arcaea pode sofrer mineralização de magnetite e carbonato de cálcio e pode existir como nanoformas calcificadas. [13]

The possibility of Warburg phenotype induced by actinide based primitive organism like archaea with a mevalonate pathway and cholesterol catabolism was considered in this paper. The Warburg phenotype results in inhibition of pyruvate dehydrogenase and the TCA cycle. The pyruvate enters the GABA shunt pathway where it is converted to succinyl CoA. The glycolytic pathway is upregulated and the glycolytic metabolite phosphoglycerate is converted to serine and glycine. Glycine and succinyl CoA are the substrates for ALA synthesis. The archaea induces the enzyme heme oxygenase. Heme oxygenase converts heme to bilirubin and biliverdin. This depletes heme from the system and results in upregulation of ALA synthase activity resulting in porphyria. Heme inhibits HIF alpha. The heme depletion results in upregulation of HIF alpha activity and further strengthening of the Warburg phenotype. The porphyrin self oxidation results in redox stress which activates HIF alpha and generates the Warburg phenotype. The Warburg phenotype results in channeling acetyl CoA for cholesterol synthesis as the TCA cycle and mitochondrial oxidative phosphorylation are blocked. The archaea uses cholesterol as an energy substrate. Porphyrin and ALA inhibits sodium potassium ATPase. This increases cholesterol synthesis by acting upon intracellular SREBP. The cholesterol is metabolized to pyruvate and then the GABA shunt pathway for ultimate use in porphyrin synthesis. The porphyrins can self organize and self replicate into macromolecular arrays. The porphyrin arrays behave like an autonomous organism and can have intramolecular electron transport generating ATP. The porphyrin macroarrays can store information and can have quantal perception. The porphyrin macroarrays serves the purpose of archaeal energetics and sensory perception. The Warburg phenotype is associated with Alzheimer's disease, Parkinson's disease and motor neuron disease. The increase in glycolytic pathway leads to increase in glyceraldehyde-3-phosphate dehydrogenase. The glyceraldehyde-3-phosphate dehydrogenase gets polyadenylated by redox activated PARP. The polyadenylated glyceraldehyde-3-phosphate dehydrogenase gets transported to the cell nucleus producing nuclear mediated cell death. The increase in glycolysis leads to increase in fructose 1,6 diphosphate which enters the pentose phosphate pathway generating NADPH leading on to NOX activation. NOX activation induces NMDA excitotoxicity and neuronal cell death. NOX activation also leads to free radical injury, mitochondrial PT pore opening and caspase cascade activity. This leads to mitochondria mediated cell death. The lymphocytes depend on glycolysis for its energy needs. The increase in glycolysis activates the immune system leading to cytokine mediated cell death. Thus the generation of the Warburg phenotype can mediate cell death.

The porphyrins can undergo photo-oxidation and autooxidation generating free radicals. The archaeal porphyrins can produce free radical injury. Free radicals produce

NFKB activation, open the mitochondrial PT pore resulting in cell death, produce oncogene activation, activate NMDA receptor and GAD enzyme regulating neurotransmission and generates the Warburg phenotypes activating glycolysis and inhibiting TCA cycle/oxphos. Porphyrins have been related to Alzheimer's disease, Parkinson's disease and motor neuron disease. The porphyrins can complex and intercalate with the cell membrane producing sodium potassium ATPase inhibition adding on to digoxin mediated inhibition. Porphyrins can complex with proteins and nucleic acid producing biophoton emission. Porphyrins complexing with proteins can modulate protein structure and function. Porphyrins complexing with DNA and RNA can modulate transcription and translation. The porphyrin especially protoporphyrins can bind to peripheral benzodiazepine receptors in the mitochondria and modulate its function, mitochondrial cholesterol transport and steroidogenesis. Peripheral benzodiazepine receptor modulation by protoporphyrins can regulate cell death, cell proliferation, immunity and neural functions. The porphyrin photo-oxidation generates free radicals which can modulate enzyme function. Redox stress modulated enzymes include pyruvate dehydrogenase, nitric oxide synthase, cystathione beta synthase and heme oxygenase. Free radicals can modulate mitochondrial PT pore function. Free radicals can modulate cell membrane function and inhibit sodium potassium ATPase activity. Thus the porphyrins are key regulatory molecules modulating all aspects of cell function.[3-5] There was an increase in free RNA indicating self replicating RNA viroids and free DNA indicating generation of viroid complementary DNA strands by archaeal reverse transcriptase activity. The actinides and porphyrins modulate RNA folding and catalyse its ribozymal action. Digoxin can cut and paste the viroidal strands by modulating RNA splicing generating RNA viroidal diversity. The viroids are evolutionarily escaped archaeal group I introns which have retrotransposition and self splicing qualities. Archaeal pyruvate producing histone deacetylase inhibition and porphyrins intercalating with DNA can produce endogenous retroviral (HERV) reverse transcriptase and integrase expression. This can integrate the RNA viroidal complementary DNA into the noncoding region of eukaryotic non coding DNA using HERV integrase as has been described for borna and ebola viruses. The archaea and viroids can also induce cellular porphyrin synthesis. Bacterial and viral infections can precipitate porphyria. Thus porphyrins can regulate genomic function. The increased expression of HERV RNA can result in autoimmunity and neuronal degenerations.[14,15]

The role of archaeal porphyrins in regulation of cell functions including cell death and neuro-immuno-endocrine integration is discussed. Protoporphyrins are the endogenous ligand of the peripheral benzodiazepine receptor. Protoporphyrins binding to the mitochondrial peripheral benzodiazepine receptor can mediate cell death. Protoporphyrin binds to the peripheral benzodiazepine receptor regulating steroid and digoxin synthesis. Increased porphyrin metabolites can contribute to hyperdigoxinemia. Digoxin can modulate the neuro-immuno-endocrine system. Digoxin can inhibit sodium potassium ATPase producing intracellular calcium overload and activation of the caspase cascade producing cell death. Hyperdigoxinemia has been related to neuronal degeneration. Porphyrins can combine with membranes modulating membrane function. Porphyrins binding to cell membrane can produce sodium potassium ATPase inhibition and intracellular calcium overload. This can activate the caspase cascade producing cell death. Porphyrins can combine with proteins oxidizing their tyrosine, tryptophan, cysteine and histidine residues producing crosslinking and altering protein conformation and function. Porphyrins can modulate protein conformation. Neurodegenerations are basically conformational diseases. The proteins with altered conformation resist lysosomal digestion and accumulate in the cell producing cell death. This occurs with beta amyloid in Alzheimer's disease and alpha synuclein in Parkinson's disease. The increased porphyrin binding to proteins can produce alteration in protein conformation contributing to degenerations. Porphyrins can complex with DNA and RNA modulating their function. Porphyrin interpolating with DNA can alter transcription and generate HERV expression. HERV expression has been related to neurodegenerations. HERV expression and increased reverse transcriptase activity is documented in motor neuron disease. Heme deficiency can also result in disease states. Heme deficiency results in deficiency of heme enzymes. There is deficiency of cytochrome C oxidase and mitochondrial dysfunction. Mitochondrial dysfunction can lead to neurodegeneration. It has been described in Alzheimer's disease, Parkinson's disease and motor neuron disease. The glutathione peroxidase is dysfunctional and the glutathione system of free radical scavenging does not function. Free radical injury and dysfunction of the glutathione system is described in neurodegeneration. The cytochrome P450 enzymes involved in steroid and bile acid synthesis have reduced activity leading to steroid- cortisol and sex hormones as well as bile acid deficiency states. Bile acids are neuroprotective and deficiency of bile acids can contribute to neurodegeneration. The heme deficiency results in dysfunction of nitric oxide synthase, heme oxygenase and cystathione beta synthase resulting in lack of gasotransmitters regulating the vascular system and NMDA receptor- NO, CO and H_2S. NO, CO and H2S can combine with iron residues in cytochrome c oxidase producing mitochondrial hibernation and cytoprotection. The deficiency of NO, CO and H_2S results in loss of this cytoprotection and neurodegeneration. Heme has got cytoprotective, neuroprotective, anti-inflammatory and antiproliferative effects. Heme deficiency can lead to cytokine mediated cell death and contribute to neurodegeneration. Heme is also involved in the stress response.[3-5]

The porphyrin photo-oxidation can generate free radicals which can activate NFKB. This can produce immune activation and cytokine mediated injury. The increase in archaeal porphyrins can lead to Alzheimer's disease, Parkinson's disease and motor neuron disease. The protoporphyrins binding to mitochondrial benzodiazepine receptors can modulate immune function. Porphyrins can combine with proteins oxidizing their tyrosine, tryptophan, cysteine and histidine residues producing crosslinking and altering protein conformation and function. Porphyrins can complex with DNA and RNA modulating their structure. Porphyrin complexed with proteins and nucleic acids are antigenic and can lead onto autoimmune disease.[3,4] An autoimmune pathology has been related to neurodegenerations.

The porphyrin photo-oxidation mediated free radical injury can lead to insulin resistance and atherogenesis. Thus archaeal porphyrins can contribute to metabolic syndrome x. Glucose has got a negative effect upon ALA synthase activity. Therefore hyperglycemia may be reactive protective mechanism to increased archaeal porphyrin synthesis. The protoporphyrins binding to mitochondrial benzodiazepine receptors can modulate mitochondrial steroidogenesis and metabolism. Altered porphyrin metabolism has been described in the metabolic syndrome x. Porphyrias can lead onto vascular thrombosis.[3,4] Insulin resistance can contribute to neuronal degeneration especially Alzheimer's disease. Porphyrins play a role in the induction of neurodegenerations associated with systemic illness. The porphyrin photo-oxidation can generate free radicals inducing HIF alpha and producing oncogene activation. Heme deficiency can lead to activation of HIF alpha. HIF alpha can induce the Warburg phenotype. This can lead to oncogenesis. Cancer related neurodegenerative syndromes like motor neuron disease coexisting with lymphomas are described. The Warburg phenotype can itself induce neurodegenerations. The protoporphyrins binding to mitochondrial benzodiazepine receptors can regulate cell proliferation.[3,4] The porphyrin can combine with prion proteins modulating their conformation. This leads to abnormal prion protein conformation and degradation. Archaeal porphyrins can contribute to prion disease. Prion diseases are basically neurodegenerative diseases. The porphyrins can intercalate with DNA producing HERV expression. The HERV particles generated can contribute to the retroviral state. Neurodegenerations have been described in the acquired immunodeficiency syndrome. The porphyrins in the blood can combine with bacteria and viruses and the photo-oxidation generated free radicals can kill them. The archaeal porphyrins can modulate bacterial and viral infections. The archaeal porphyrins are regulatory molecules keeping other prokaryotes and viruses on check.[3,4] Infections have been related to neuronal degenerations. Enterovirus, retroviral and mycoplasmal infections have been related to MND. Nocardia, H. pylori and corona virus infection has been related to Parkinson's disease. Chlamydia and borrelia infections have been related to Alzheimer's disease. Thus the archaeal porphyrins can contribute to the pathogenesis of Alzheimer's disease, Parkinson's disease and motor neuron disease. Archaeal porphyrin synthesis is crucial in the pathogenesis of these disorders. Porphyrins may serve as regulatory molecules modulating immune, neural, endocrine, metabolic and genetic systems. The porphyrins photo-oxidation generated free radicals can produce immune activation, produce cell death, activate cell proliferation, produce insulin resistance and modulate conscious/quantal perception. The archaeal porphyrins functions as key regulatory molecules with mitochondrial benzodiazepine receptors playing an important role.[3,4]

The archaea and viroids can regulate the nervous system including the NMDA/GABA thalamocorticothalamic pathway mediating conscious perception. Porphyrin photo-oxidation can generate free radicals which can modulate NMDA transmission. Free radicals can increase NMDA transmission. Free radicals can induce GAD and increase GABA synthesis. ALA blocks GABA transmission and upregulates NMDA. Protoporphyrins bind to GABA receptor and promote GABA transmission. Thus porphyrins can modulate the thalamocorticothalamic pathway of conscious perception. The dipolar porphyrins, PAH and archaeal magnetite in the setting of digoxin induced sodium potassium ATPase inhibition can produce a pumped phonon system mediated Frohlich model superconducting state inducing quantal perception with nanoarchaeal sensed gravity producing the orchestrated reduction of the quantal possibilities to the macroscopic world. ALA can produce sodium potassium ATPase inhibition resulting in a pumped phonon system mediated quantal state involving dipolar porphyrins. Porphyrin molecules have a wave particle existence and can bridge the dividing line between quantal state and particulate state. Thus the porphyrins can mediate conscious and quantal perception. Porphyrins binding to proteins, nucleic acids and cell membranes can produce biophoton emission. Porphyrins by autooxidation can generate biophotons and are involved in quantal perception. Biophotons can mediate quantal perception. Cellular porphyrins photo-oxidation are involved in sensing of earth magnetic fields and low level biomagnetic fields. Thus prophyrins can mediate extrasensory perception. The porphyrins can modulate hemispheric dominance. There is increased porphyrin synthesis and RHCD and decreased porphyrin synthesis in LHCD. Porphyrin mediated NMDA excitotoxicity can contribute to neurodegenerations. Porphyria can lead to psychiatric disorders and seizures which can coexist with neurodegeneration. Mood disorders and schizophrenia can coexist with Alzheimer's disease. Psychiatric abnormalities as in frontotemporal dementia are described in MND. Depression and dementia are common in Parkinson's disease. Right hemispheric chemical dominance is associated with Alzheimer's disease, Parkinson's disease and motor neuron disease. Protoporphyrins block acetyl choline transmission producing a vagal neuropathy with sympathetic overactivity. Blockade in cholinergic transmission can lead to Alzheimer's disease. Cholinergic transmission is dysfunctional in motor neuron disease. Vagal neuropathy results in immune activation, vasospasm and vascular disease. A vagal neuropathy underlines neoplastic and autoimmune processes as well as metabolic syndrome x. A vagal neuropathy related to porphyrin accumulation can lead to neurodegenerations. Porphyrin induced increased NMDA transmission and free radical injury can contribute to neuronal degeneration. Porphyrin autooxidation related ROS generation can produce NMDA excitotoxicity. ALA accumulation can block GABA transmission which is neuroprotective.[3,4,16]

The dipolar porphyrins, PAH and archaeal magnetite in the setting of digoxin induced sodium potassium ATPase inhibition can produce a pumped phonon system mediated Frohlich model superconducting state inducing quantal perception with nanoarchaeal sensed gravity producing the orchestrated reduction of the quantal possibilities to the macroscopic world. ALA can produce sodium potassium ATPase inhibition resulting in a pumped phonon system mediated quantal state involving dipolar porphyrins. Porphyrins by auto-oxidation can generate biophotons and are involved in quantal perception. Biophotons can mediate quantal perception. Cellular porphyrins photo-oxidation are involved in sensing of earth magnetic fields and low level biomagnetic fields. Porphyrins can thus contribute to quantal perception. Low level electromagnetic fields and light can induce porphyrin synthesis. Low level EMF can produce ferrochelatase inhibition as well as heme oxygenase induction contributing to heme depletion, ALA synthase induction and increased porphyrin synthesis. Light also induces ALA synthase and porphyrin synthesis. The increased porphyrin synthesized can contribute to increased quantal perception and can modulate conscious perception. The porphyrin induced biophotons and quantal fields can modulate the source from which low level EMF and photic fields were generated. Thus the porphyrin generated by extraneous low level EMF and photic fields can interact with the source of low level EMF and photic fields modulating it. Thus porphyrins can serve as a bridge between the human brain and the source of low level EMF and photic fields. This serves as a mode of communication between the human brain and EMF storage devices like internet. The porphyrins can also serve as the source of communication with the environment. Environmental EMF and chemicals produce heme oxygenase induction and heme depletion increasing porphyrin synthesis, quantal perception and two-way communication. Thus induction of porphyrin synthesis can serve as a mechanism of communication between human brain and the environment by extrasensory perception. Increased exposure to low levels of EMF can lead to neurodegenerations.

Porphyrins also have evolutionary significance since porphyria is related to Scythian races and contributes to the behavioural and intellectual characteristics of this group of population. Porphyrins can intercalate into DNA and produce HERV expression. HERV RNA can get converted to DNA by reverse transcriptase which can get integrated into DNA by integrase. This tends to increase the length of the non-coding region of the DNA. The increase in non-coding region of the DNA is involved in primate and human evolution. Thus, increased rates of porphyrin synthesis would correlate with increase in non-coding DNA length. The alteration in the length of the non-coding region of the DNA contributes to the dynamic nature of the genome. Thus genetic and acquired porphyrias can lead to alteration in the non-coding region of the genome. The alteration of the length of the non coding region of the DNA contributes to the racial and individual differences in populations. An increased length of non-coding region as well as increased porphyrin synthesis leads to increased cognitive and creative neuronal function. Porphyrins are involved in quantal perception and regulation of the thalamo-cortico-thalamic pathway of conscious perception. Thus genetic and acquired porphyrias contribute to higher cognitive and creative capacity of certain races. Porphyrias are common among Eurasian Scythian races who have assumed leadership roles in communities and groups. Porphyrins have contributed to human and primate evolution.[3,4] The neurodegenerations are common in scythian races and most of the our patient population belong to this group.

An actinide dependent shadow biosphere of archaea and viroids in Alzheimer's disease, Parkinson's disease and motor neuron disease is described. The porphyrins can contribute to the pathogenesis of Alzheimer's disease, Parkinson's disease and motor neuron disease. The porphyrin synthesis is crucial in the pathogenesis of these disorders. Porphyrins may serve as regulatory molecules modulating immune, neural, endocrine, metabolic and genetic systems. Heme deficiency can produce cytochrome C oxidase deficiency and mitochondrial dysfunction contributing to neurodegeneration. Heme deficiency can lead to deficiency of glutathione peroxidase and produce dysfunction of glutathione system of free radicals scavenging leading to cell death. Protoporphyrins can bind to peripheral benzodiazepine receptor producing cell death. Porphyrin autooxidation related free radical injury can activate NFKB inducing cytokine mediated cell death. Porphyrin autooxidation related free radical injury can open the mitochondrial PT pore and produce leakage of cyto C activating the caspase cascade. Porphyrins can intercalate into the cell membrane inducing sodium-potassium ATPase inhibition and intracellular calcium overload activating the caspase cascade. Protoporphyrins binding to the peripheral benzodiazepine receptor can induce steroidal endogenous digoxin synthesis producing digoxin mediated cell death. Thus porphyrins are key molecules inducing cell death and the porphyrin metabolic pathway dysfunction is the key molecular abnormality underlying neurodegeneration.

Referências

1   Eckburg P.B., Lepp, P.W., Relman, D.A. (2003). Archaea and their potential role in human disease, *Infect Immun*, 71, 591-596.

2   Smit A., Mushegian, A. (2000). Biosynthesis of isoprenoids via mevalonate in Archaea: the lost pathway, *Genome Res*, 10(10), 1468-84.

3   Puy, H., Gouya, L., Deybach, J.C. (2010). Porphyrias. *The Lancet*, 375(9718), 924 – 937.

4   Kadish, K.M., Smith, K.M., Guilard, C. (1999). *Porphyrin Hand Book*. Academic Press, Nova Iorque: Elsevier.

5   Gavish M., Bachman, I., Shoukrun, R., Katz, Y., Veenman, L., Weisinger, G.,Weizman,A. (1999). Enigma of the Peripheral Benzodiazepine Receptor. *Pharmacological Reviews*, 51(4), 629-650.

6   Richmond W. (1973). Preparation and properties of a cholesterol oxidase from nocardia species and its application to the enzymatic assay of total cholesterol in serum, *Clin Chem*, 19, 1350-1356.

7   Snell E.D., Snell, C.T. (1961). *Métodos Colorimétricos de Análise*. Vol 3A. Nova Iorque: Van NoStrand.

8   Glick D. (1971). *Métodos de Análise Bioquímica*. Vol 5. Nova Iorque: Interscience Publishers.

9   Colowick, Kaplan, N.O. (1955). *Métodos em Enzimologia*. Vol 2. Nova Iorque: Imprensa académica.

10   Van der Geize R., Yam, K., Heuser, T., Wilbrink, M.H., Hara, H., Anderton, M.C. (2007). A gene cluster encoding cholesterol catabolism in a soil actinomycete provides insight into Mycobacterium tuberculosis survival in macrophages, *Proc Natl Acad Sci USA*, 104(6), 1947-52.

11   Francis A.J. (1998). Biotransformation of uranium and other actinides in radioactive wastes, *Journal of Alloys and Compounds*, 271(273), 78-84.

12   Schoner W. (2002). Endogenous cardiac glycosides, uma nova classe de hormonas esteróides, *Eur J Biochem*, 269, 2440-2448.

13   Vainshtein M., Suzina, N., Kudryashova, E., Ariskina, E. (2002). New Magnet-Sensitive Structures in Bacterial and Archaeal Cells, *Biol Cell*, 94(1), 29-35.

14   Tsagris E.M., de Alba, A.E., Gozmanova, M., Kalantidis, K. (2008). Viroids, *Cell Microbiol*, 10, 2168.

15   Horie M., Honda, T., Suzuki, Y., Kobayashi, Y., Daito, T., Oshida, T. (2010). Elementos endógenos não retrovirais do vírus RNA em genomas de mamíferos, *Nature,* 463, 84-87.

16   Kurup R., Kurup, P.A. (2009). *Digoxina hipotalâmica, dominância cerebral e função cerebral na saúde e nas doenças.* Nova Iorque: Nova Science Publishers.

CHAPTER 45

PORPHYRIONS REGULATES NEURODEVELOPMENT AND HEMISPHERIC DOMINANCE- PORPHYRIONS INDUCE AUTISM, TRISOMY 21, ATTENTION DEFICIT HYPERACTIVITY DISORDER AND CEREBRAL PALSY

Introdução

Actinidic archaea have been related to the pathogenesis of neurodevelopmental disorders- cerebral palsy, trisomy 21, attention deficit hyperactivity disorder and autism. An actinide dependent shadow biosphere of archaea and viroids in the above mentioned disease states is described. Actinidic archaea have a mevalonate pathway and are cholesterol catabolizing. They can use cholesterol as a carbon and energy source. Archaeal cholesterol catabolism can generate porphyrins via the cholesterol ring oxidase generated pyruvate and GABA shunt pathway. Archaea can produce a secondary porphyria by inducing the enzyme heme oxygenase resulting in heme depletion and activation of the enzyme ALA synthase. A porphyrin metabolic dysfunction is described in neurodevelopmental disorders- cerebral palsy, trisomy 21, attention deficit hyperactivity disorder and autism in this report. The role of porphyrins in regulation of cell functions, neural development, conscious/quantal perception, hemispheric dominance and neuro-immuno-endocrine integration is discussed.[1-5] They can function as self replicating supramolecular organisms which can be called as porphyrions.

Materiais e Métodos

The following neurodevelopmental disorders were included in the study:- cerebral palsy, trisomy 21, attention deficit hyperactivity disorder and autism. There were 10 patients in each group and each patient had an age and sex matched healthy control selected randomly from the general population. There were also 10 normal population samples with right, left and bi-hemispheric dominance. The blood samples were drawn in the fasting state before treatment was initiated. Plasma from fasting heparinised blood was used and the experimental protocol was as follows (I) Plasma+phosphate buffered saline, (II) same as I+cholesterol substrate, (III) same as II+rutile 0.1 mg/ml, (IV) same as II+ciprofloxacine and doxycycline each in a concentration of 1 mg/ml. Cholesterol substrate was prepared as described by Richmond. Aliquots were withdrawn at zero time immediately after mixing and after incubation at 37°C for 1 hour. The following estimations were carried out:- Cytochrome F420, free RNA, free DNA, polycyclic aromatic hydrocarbon, hydrogen peroxide, pyruvate, ammonia, glutamate, delta aminolevulinic acid, succinate, glycine and digoxin. Cytochrome F420 was estimated flourimetrically (excitation wavelength 420 nm and emission wavelength 520 nm). Polycyclic aromatic hydrocarbon was estimated by measuring hydrogen peroxide liberated by using glucose reagent. The study also involved estimating the following parameters in the patient population- digoxin, bile acid, hexokinase, porphyrins, pyruvate, glutamate, ammonia, acetyl CoA, acetyl choline, HMG CoA reductase, cytochrome C, blood ATP, ATP synthase, ERV RNA (endogenous retroviral RNA), H_2O_2 (hydrogen peroxide), NOX (NADPH oxidase), TNF alpha and heme oxygenase.[6-9] Informed consent of the subjects and the approval of the ethics committee were obtained for the study. The statistical analysis was done by ANOVA.

Resultados

O plasma dos sujeitos de controlo mostrou níveis aumentados dos parâmetros acima mencionados com após incubação durante 1 hora e a adição de substrato de colesterol resultou num aumento ainda mais significativo destes parâmetros. O plasma dos pacientes mostrou resultados semelhantes, mas a extensão do aumento foi maior. A adição de antibióticos ao plasma de controlo causou uma diminuição em todos os parâmetros enquanto que a adição de rutilo aumentou os seus níveis. A adição de antibióticos ao plasma do paciente causou uma diminuição em todos os parâmetros enquanto que a adição de rutilo aumentou os seus níveis mas a extensão da mudança foi maior nos soros dos pacientes em comparação com os controlos. Os resultados são expressos na secção 1: tabelas 1-6 como mudança percentual nos parâmetros após 1 hora de incubação, em comparação com os valores a tempo zero. Houve síntese não-preparada de porfirina arqueal na população de doentes, que era de origem arqueal como indicado pela catálise actinídea das reacções. A via de oxidase do colesterol gerou piruvato que entrou na via de derivação GABA. Isto resultou na síntese de succinato e glicina que são substratos da ALA synthase.

The study showed the patient's blood and right hemispheric dominance had increased heme oxygenase activity and porphyrins. The hexokinase activity was high. The pyruvate, glutamate and ammonia levels were elevated indicating blockade of PDH activity, and operation of the GABA shunt pathway. The acetyl CoA levels were low and acetyl choline was decreased. The cyto C levels were increased in the serum indicating mitochondrial dysfunction suggested by low blood ATP levels. This was indicative of the Warburg's phenotype. There were increased NOX and TNF alpha levels indicating immune activation. The HMG CoA reductase activity was high indicating cholesterol synthesis. The bile acid levels were low indicating depletion of cytochrome P450. The normal population with right hemispheric dominance had values resembling the patient population with increased porphyrin synthesis. The normal population with left hemispheric dominance had low values with decreased porphyrin synthesis.

Quadro 1. Efeito do rutilo e dos antibióticos no citocromo F420 e HAP

Grupo	CYT F420 % (Aumento com Rutilo)		CYT F420 % (Diminuir com Doxy+Cipro)		PAH % mudança (Aumento com Rutilo)		PAH % mudança (Diminuir com Doxy+Cipro)	
	Média	$\pm$ SD	Média	$\pm$ SD	Média	$\pm$ SD	Média	$\pm$ SD
Normal	4.48	0.15	18.24	0.66	4.45	0.14	18.25	0.72
CP	22.29	1.66	59.02	7.50	23.23	1.97	65.89	5.05
Trisomy 21	22.06	1.61	57.81	6.04	23.46	1.91	61.56	4.61
Autismo	21.68	1.90	57.93	9.64	22.61	1.42	64.48	6.90
ADHD	22.70	1.87	60.46	8.06	23.73	1.38	65.20	6.20
	F valor 306,749 Valor P < 0,001		F valor 130.054 Valor P < 0,001		F valor 391.318 Valor P < 0,001		F valor 257.996 Valor P < 0,001	

Quadro 2. Efeito do rutilo e dos antibióticos no ARN e ADN livres

Grupo	ADN % mudança (Aumento com Rutilo)		ADN % mudança (Diminuir com Doxy+Cipro)		RNA % mudança (Aumento com Rutilo)		RNA % mudança (Diminuir com Doxy+Cipro)	
	Média	$\pm$ SD	Média	$\pm$ SD	Média	$\pm$ SD	Média	$\pm$ SD
Normal	4.37	0.15	18.39	0.38	4.37	0.13	18.38	0.48
CP	22.56	2.46	62.70	4.53	23.32	1.74	65.67	4.16
Trisomy 21	23.30	1.42	65.07	4.95	23.11	1.52	66.68	3.97
Autismo	22.12	2.44	63.69	5.14	23.33	1.35	66.83	3.27
ADHD	22.29	2.05	58.70	7.34	22.29	2.05	67.03	5.97
	Valor F 337.577 Valor P < 0,001		F valor 356.621 Valor P < 0,001		Valor F 427.828 Valor P < 0,001		Valor F 654.453 Valor P < 0,001	

Quadro 3. Efeito do rutilo e dos antibióticos na digoxina e no ácido aminolevulínico delta

Grupo	Digoxina (ng/ml) (Aumento com Rutilo)		Digoxina (ng/ml) (Diminuir com Doxy+Cipro)		ALA % (Aumento com Rutilo)		ALA % (Diminuir com Doxy+Cipro)	
	Média	$\pm$ SD	Média	$\pm$ SD	Média	$\pm$ SD	Média	$\pm$ SD
Normal	0.11	0.00	0.054	0.003	4.40	0.10	18.48	0.39
CP	0.56	0.05	0.220	0.052	23.45	1.79	66.32	3.63
Trisomy 21	0.53	0.06	0.212	0.045	23.17	1.88	68.53	2.65
Autismo	0.53	0.08	0.205	0.041	23.20	1.57	66.65	4.26
ADHD	0.51	0.05	0.213	0.033	22.29	2.05	61.91	7.56
	Valor F 135,116 Valor P < 0,001		Valor F 71.706 Valor P < 0,001		Valor F 372.716 Valor P < 0,001		F valor 556.411 Valor P < 0,001	

Quadro 4. Efeito do rutilo e dos antibióticos no succinato e na glicina

Grupo	Succinate % Succinate (Aumento com Rutilo)		Succinate % Succinate (Diminuir com Doxy+Cipro)		Glycine % mudança (Aumento com Rutilo)		Glycine % mudança (Diminuir com Doxy+Cipro)	
	Média	$\pm$ SD	Média	$\pm$ SD	Média	$\pm$ SD	Média	$\pm$ SD
Normal	4.41	0.15	18.63	0.12	4.34	0.15	18.24	0.37
CP	23.66	1.67	65.97	3.36	23.09	1.81	65.86	4.27
Trisomy 21	22.92	2.14	67.54	3.65	21.93	2.29	63.70	5.63
Autismo	21.88	1.19	66.28	3.60	23.02	1.65	67.61	2.77
ADHD	22.29	1.33	65.38	3.62	22.13	2.14	66.26	3.93
	Valor F 403.394		Valor F 680.284		Valor F 348.867		Valor F 364,999	
	Valor P < 0,001		Valor P < 0,001		Valor P < 0,001		Valor P < 0,001	

Quadro 5. Efeito do rutilo e dos antibióticos sobre o piruvato e o glutamato

Grupo	Pyruvate % mudança (Aumento com Rutilo)		Pyruvate % mudança (Diminuir com Doxy+Cipro)		Glutamato (Aumento com Rutilo)		Glutamato (Diminuir com Doxy+Cipro)	
	Média	$\pm$ SD	Média	$\pm$ SD	Média	$\pm$ SD	Média	$\pm$ SD
Normal	4.34	0.21	18.43	0.82	4.21	0.16	18.56	0.76
CP	21.21	2.36	58.73	8.10	21.11	2.25	64.20	5.38
Trisomy 21	21.07	1.79	63.90	7.13	22.47	2.17	65.97	4.62
Autismo	21.91	1.71	58.45	6.66	22.88	1.87	65.45	5.08
ADHD	22.29	2.05	62.37	5.05	21.66	1.94	67.03	5.97
	Valor F 321.255		F valor 115.242		F valor 292.065		Valor F 317.966	
	Valor P < 0,001		Valor P < 0,001		Valor P < 0,001		Valor P < 0,001	

Quadro 6. Efeito do rutilo e dos antibióticos no peróxido de hidrogénio e no amoníaco

Grupo	H2O2 % (Aumento com Rutilo)		H2O2 % (Diminuir com Doxy+Cipro)		Amoníaco % (Aumento com Rutilo)		Amoníaco % (Diminuir com Doxy+Cipro)	
	Média	$\pm$ SD	Média	$\pm$ SD	Média	$\pm$ SD	Média	$\pm$ SD
Normal	4.43	0.19	18.13	0.63	4.40	0.10	18.48	0.39
CP	23.32	1.71	63.15	7.62	23.45	1.79	66.32	3.63
Trisomy 21	22.86	1.91	63.66	6.88	23.17	1.88	68.53	2.65
Autismo	23.52	1.49	63.24	7.36	23.20	1.57	66.65	4.26
ADHD	23.29	1.67	60.52	5.38	22.29	2.05	61.91	7.56
	Valor F 380,721		Valor F 171.228		Valor F 372.716		F valor 556.411	
	Valor P < 0,001		Valor P < 0,001		Valor P < 0,001		Valor P < 0,001	

Abreviaturas

CP- Cerebral palsy

ADHD- Attention deficit hyperactivity disorder

Quadro 1

Grupo	Digoxina RBC (ng/ml RBC Susp)		Citocromo F 420		HERV RNA (ug/ml)		H2O2 (umol/ml RBC)	
	Média	$\pm$ SD	Média	$\pm$ SD	Média	$\pm$ SD	Média	$\pm$ SD
NO/BHCD	0.58	0.07	1.00	0.00	17.75	0.72	177.43	6.71
RHCD	1.41	0.23	4.00	0.00	55.17	5.85	278.29	7.74
LHCD	0.18	0.05	0.00	0.00	8.70	0.90	111.63	5.40
ADHD	1.48	0.27	4.00	0.00	49.85	6.40	286.16	10.90
Autismo	1.19	0.24	4.00	0.00	52.87	7.04	274.52	9.29
Trisomy 21	1.34	0.25	4.00	0.00	47.28	3.55	283.04	9.17
Paralisia Cerebral	1.44	0.19	4.00	0.00	53.49	4.15	273.70	12.37
Valor F	60.288		0.001		194.418		713.569	
Valor P	< 0.001		< 0.001		< 0.001		< 0.001	

Quadro 2

Grupo	NOX (OD dif/hr/mgpro)		TNF ALP (pg/ml)		ALA (umol24)		PBG (umol24)	
	Média	$\pm$ SD	Média	$\pm$ SD	Média	$\pm$ SD	Média	$\pm$ SD
NO/BHCD	0.012	0.001	17.94	0.59	15.44	0.50	20.82	1.19
RHCD	0.036	0.008	78.63	5.08	63.50	6.95	42.20	8.50
LHCD	0.007	0.001	9.29	0.81	3.86	0.26	12.11	1.34
ADHD	0.039	0.006	80.41	5.70	66.99	3.71	47.94	5.33
Autismo	0.036	0.006	76.71	5.25	68.16	4.92	42.04	2.38
Trisomy 21	0.035	0.009	80.30	6.65	64.99	6.72	45.69	4.18
Paralisia Cerebral	0.038	0.008	80.02	6.82	65.56	6.28	44.58	4.52
Valor F	44.896		427.654		295.467		183.296	
Valor P	< 0.001		< 0.001		< 0.001		< 0.001	

Quadro 3

Grupo	Uroporfirina (nmol24)		Coproporfirina (nmol/24)		Protoporfirina (unidade Ab)		Heme (uM)	
	Média	$\pm$ SD	Média	$\pm$ SD	Média	$\pm$ SD	Média	$\pm$ SD
NO/BHCD	50.18	3.54	137.94	4.75	10.35	0.38	30.27	0.81
RHCD	250.28	23.43	389.01	54.11	42.46	6.36	12.47	2.82
LHCD	9.51	1.19	64.33	13.09	2.64	0.42	50.55	1.07
ADHD	317.92	29.63	429.24	18.29	50.02	4.58	11.76	1.32
Autismo	318.84	82.90	423.29	47.57	47.50	2.87	12.37	2.09
Trisomy 21	258.33	37.85	421.52	36.57	50.97	7.07	11.81	1.14
Paralisia Cerebral	280.16	26.14	431.39	28.88	49.23	3.91	11.61	1.36
Valor F	160.533		279.759		424.198		1472.05	
Valor P	< 0.001		< 0.001		< 0.001		< 0.001	

Quadro 4

Grupo	Bilirubin (mg/dl)		Biliverdin (unidade Ab)		ATP Synthase (umol/gHb)		SE ATP (umol/dl)	
	Média	$\pm$ SD	Média	$\pm$ SD	Média	$\pm$ SD	Média	$\pm$ SD
NO/BHCD	0.55	0.02	0.030	0.001	0.36	0.13	0.42	0.11
RHCD	1.70	0.20	0.067	0.011	2.73	0.94	2.24	0.44
LHCD	0.21	0.00	0.017	0.001	0.09	0.01	0.02	0.01
ADHD	1.82	0.09	0.066	0.009	3.21	0.95	1.69	0.43
Autismo	1.83	0.16	0.072	0.014	2.67	0.80	2.03	0.12
Trisomy 21	1.85	0.07	0.071	0.015	3.15	0.73	1.17	0.11
Paralisia Cerebral	1.85	0.09	0.069	0.012	3.14	0.46	1.56	0.39
Valor F	370.517		59.963		54.754		67.588	
Valor P	< 0.001		< 0.001		< 0.001		< 0.001	

Quadro 5

Grupo	Cyto C (ng/ml)		Lactato (mg/dl)		Pyruvate (umol/l)		RBC Hexokinase (ug glu fos/ hr/mgpro)	
	Média	$\pm$ SD	Média	$\pm$ SD	Média	$\pm$ SD	Média	$\pm$ SD
NO/BHCD	2.79	0.28	7.38	0.31	40.51	1.42	1.66	0.45
RHCD	12.39	1.23	25.99	8.10	100.51	12.32	5.46	2.83
LHCD	1.21	0.38	2.75	0.41	23.79	2.51	0.68	0.23
ADHD	12.19	1.22	23.02	1.61	96.50	5.93	8.81	4.26
Autismo	12.48	0.79	21.95	0.65	92.71	8.43	6.95	2.02
Trisomy 21	12.79	1.15	23.69	2.19	91.81	4.12	8.68	2.60
Paralisia Cerebral	12.14	1.30	23.12	1.81	95.33	11.78	7.92	3.32
Valor F	445.772		162.945		154.701		18.187	
Valor P	< 0.001		< 0.001		< 0.001		< 0.001	

Quadro 6

Grupo	ACOA (mg/dl)		ACH (ug/ml)		Glutamato (mg/dl)	
	Média	$\pm$ SD	Média	$\pm$ SD	Média	$\pm$ SD
NO/BHCD	8.75	0.38	75.11	2.96	0.65	0.03
RHCD	2.51	0.36	38.57	7.03	3.19	0.32
LHCD	16.49	0.89	91.98	2.89	0.16	0.02
ADHD	2.10	0.27	34.97	4.24	3.94	0.22
Autismo	2.42	0.41	50.61	6.32	3.30	0.32
Trisomy 21	2.01	0.08	39.34	8.15	3.30	0.48
Paralisia Cerebral	2.06	0.35	40.79	9.34	3.24	0.34
Valor F	1871.04		116.901		200.702	
Valor P	< 0.001		< 0.001		< 0.001	

Quadro 7

Grupo	Se. Amoníaco (ug/dl)		HMG Co A (HMG CoA/MEV)		Bile Acid (mg/ml)	
	Média	$\pm$ SD	Média	$\pm$ SD	Média	$\pm$ SD
NO/BHCD	50.60	1.42	1.70	0.07	79.99	3.36
RHCD	93.43	4.85	1.16	0.10	25.68	7.04
LHCD	23.92	3.38	2.21	0.39	140.40	10.32
ADHD	93.13	5.79	1.09	0.12	21.26	4.81
Autismo	94.01	5.00	1.12	0.06	23.16	5.78
Trisomy 21	98.81	15.65	1.09	0.11	21.31	4.49
Paralisia Cerebral	92.09	3.21	1.07	0.09	22.80	5.02
Valor F	61.645		159.963		635.306	
Valor P	< 0.001		< 0.001		< 0.001	

Abreviaturas

NO/BHCD: Dominância química normal/Bi-hemisférica
RHCD: Domínio químico hemisférico direito
LHCD: Domínio químico hemisférico esquerdo
ADHD: Attention deficit hyperactivity disorder

Discussão

There was increase in cytochrome F420 indicating archaeal growth. The archaea can synthesize and use cholesterol as a carbon and energy source.[2,10] The archaeal origin of the enzyme activities was indicated by antibiotic induced suppression. The study indicates the presence of actinide based archaea with an alternate actinide based enzymes or metalloenzymes in the system as indicated by rutile induced increase in enzyme activities.[11] The archaeal beta hydroxyl steroid dehydrogenase activity indicating digoxin synthesis.[12] The archaeal cholesterol oxidase activity was increased resulting in generation of pyruvate and hydrogen peroxide.[10] The pyruvate gets converted to glutamate and ammonia by the GABA shunt pathway. The pyruvate is converted to glutamate by serum glutamate pyruvate transaminase. The glutamate gets acted upon by glutamate dehydrogenase to generate alpha ketoglutarate and ammonia. Alanine is most commonly produced by the reductive amination of pyruvate via alanine transaminase. This reversible reaction involves the interconversion of alanine and pyruvate, coupled to the interconversion of alpha-ketoglutarate (2-oxoglutarate) and glutamate. Alanine can contribute to glycine. Glutamate is acted upon by Glutamic acid decarboxylase to generate GABA. GABA is converted to succinic semialdehyde by GABA transaminase. Succinic semialdehyde is converted to succinic acid by succinic semialdehyde dehydrogenase. Glycine combines with succinyl CoA to generate delta aminolevulinic acid catalyzed by the enzyme ALA synthase. There was upregulated archaeal porphyrin synthesis in the patient population which was archaeal in origin as indicated by actinide catalysis of the reactions. The cholesterol oxidase pathway generated pyruvate which entered the GABA shunt pathway. This resulted in synthesis of succinate and glycine which are substrates for ALA synthase. The archaea can undergo magnetite and calcium carbonate mineralization and can exist as calcified nanoforms.[13]

The porphyrin metabolic dysfunction can contribute to cerebral palsy, trisomy 21, attention deficit hyperactivity disorder and autism. The porphyrins can undergo photo-oxidation and autooxidation generating free radicals. The archaeal porphyrins can produce free radical injury. Free radicals produce NFKB activation, open the mitochondrial PT pore resulting in cell death, produce oncogene activation, activate NMDA receptor and GAD enzyme regulating neurotransmission and generates the Warburg phenotypes activating glycolysis and inhibiting TCA cycle/oxphos. The porphyrins can complex and intercalate with the cell membrane producing sodium potassium ATPase inhibition adding on to digoxin mediated inhibition. Porphyrins can complex with proteins and nucleic acid producing biophoton emission. Porphyrins complexing with proteins can modulate protein structure and function. Porphyrins complexing with DNA and RNA can modulate transcription and translation. The porphyrin especially protoporphyrins can bind to peripheral benzodiazepine receptors in the mitochondria and modulate its function, mitochondrial cholesterol transport and steroidogenesis. Peripheral benzodiazepine receptor modulation by protoporphyrins can regulate cell death, cell proliferation, immunity and neural functions. The porphyrin photo-oxidation generates free radicals which can modulate enzyme function. Redox stress modulated enzymes include pyruvate dehydrogenase, nitric oxide synthase, cystathione beta synthase and heme oxygenase. Free radicals can modulate mitochondrial PT pore function. Free radicals can modulate cell membrane function and inhibit sodium potassium ATPase activity. Thus the porphyrins are key regulatory molecules modulating all aspects of cell function.[3-5] There was an increase in free RNA indicating self replicating RNA viroids and free DNA indicating generation of viroid complementary DNA strands by archaeal reverse transcriptase activity. The actinides and porphyrins modulate RNA folding and catalyse its ribozymal action. Digoxin can cut and paste the viroidal strands by modulating RNA splicing generating RNA viroidal diversity. The viroids are evolutionarily escaped archaeal group I introns which have retrotransposition and self splicing qualities. Archaeal pyruvate producing histone deacetylase inhibition and porphyrins intercalating with DNA can produce endogenous retroviral (HERV) reverse transcriptase and integrase expression. This can integrate the RNA viroidal complementary DNA into the noncoding region of eukaryotic non coding DNA using HERV integrase as has been described for borna and ebola viruses. The archaea and viroids can also induce cellular porphyrin synthesis. Bacterial and viral infections can precipitate porphyria. Thus porphyrins can regulate genomic function. The viroids can contribute to the genesis of cerebral palsy, trisomy 21, attention deficit hyperactivity disorder and autism by the phenomena of RNA interference. Viroid induced RNA interference contributes to neurodevelopmental disorders. HERV expression has been related to cerebral palsy, trisomy 21, attention deficit hyperactivity disorder and autism. HERV RNA can also modulate brain function by the phenomena of RNA interference. Redox stress can contribute to cerebral palsy, trisomy 21, attention deficit hyperactivity disorder and autism.[14,15]

The possibility of Warburg phenotype induced by actinide based primitive organism like archaea with a mevalonate pathway and cholesterol catabolism in neurodevelopmental disorders- cerebral palsy, trisomy 21, attention deficit hyperactivity disorder and autism was considered in this paper. The Warburg phenotype results in inhibition of pyruvate dehydrogenase and the TCA cycle. The pyruvate enters the GABA shunt pathway where it is converted to succinyl CoA. The glycolytic pathway is upregulated and the glycolytic metabolite phosphoglycerate is converted to serine and glycine. Glycine and succinyl CoA are the substrates for ALA synthesis. The archaea induces the enzyme heme oxygenase. Heme oxygenase converts heme to bilirubin and biliverdin. This depletes heme from the system and results in upregulation of ALA synthase activity resulting in porphyria. Heme inhibits HIF alpha. The heme depletion results in upregulation of HIF alpha activity and further strengthening of the Warburg phenotype. The porphyrin self oxidation results in redox stress which activates HIF alpha and generates the Warburg phenotype. The Warburg phenotype results in channeling acetyl CoA for cholesterol synthesis as the TCA cycle and mitochondrial oxidative phosphorylation are blocked. The archaea uses cholesterol as an energy substrate. Porphyrin and ALA inhibits sodium potassium ATPase. This increases cholesterol synthesis by acting upon intracellular SREBP. The cholesterol is metabolized to pyruvate and then the GABA shunt pathway for ultimate use in porphyrin synthesis. The porphyrins can self organize and self replicate into macromolecular arrays. The porphyrin arrays behave like an autonomous organism and can have intramolecular electron transport generating ATP. The porphyrin macroarrays can store information and can have quantal perception. The porphyrin macroarrays serves the purpose of archaeal energetics and sensory perception. The Warburg phenotype can contribute to neurodevelopmental disorders- cerebral palsy, trisomy 21, attention deficit hyperactivity disorder and autism. The increase in the glycolytic metabolite fructose 1,6 diphosphate results in it being channeled to the pentose phosphate pathway. This results in generation of NADPH which activates NOX. NOX activation generates H_2O_2 and stimulates the NMDA receptor. Redox stress and glutamate excitotoxicity is related to neurodevelopmental disorders- cerebral palsy, trisomy 21, attention deficit hyperactivity disorder and autism. The upregulation of glycolysis results in lymphocyte activation as the lymphocytes depends on glycolysis for its energy needs. Lymphocyte activation results in cytokine mediated tissue injury crucial in neurodevelopmental disorders- cerebral palsy, trisomy 21, attention deficit hyperactivity disorder and autism. The upregulation of glycolysis results in increased activity of glyceraldehyde 3 phosphate dehydrogenase which gets polyadenylated by redox activated PARP. The polyadenylated glyceraldehyde 3 phosphate dehydrogenase gets transported to the nucleus producing cell death crucial in cerebral palsy, trisomy 21, attention deficit hyperactivity disorder and autism.

The role of archaeal porphyrins in regulation of cell functions and neuro-immuno-endocrine integration is discussed. The disorder of this regulatory function results in cerebral palsy, trisomy 21, attention deficit hyperactivity disorder and autism. Protoporphyrin binds to the peripheral benzodiazepine receptor regulating steroid and digoxin synthesis. Increased porphyrin metabolites can contribute to hyperdigoxinemia. Digoxin can modulate the neuro-immuno-endocrine system. Porphyrins can combine with membranes modulating membrane function. Porphyrins intercalating with cell membranes can produce sodium potassium ATPase inhibition. Porphyrins can add on to the sodium potassium ATPase inhibition produced by digoxin. Membrane sodium potassium ATPase inhibition results in increase in intracellular calcium and decrease in intracellular magnesium. This produces NFKB activation and mitochondrial dysfunction crucial in cerebral palsy, trisomy 21, attention deficit hyperactivity disorder and autism. Intracellular magnesium depletion can produce chromosomal non disjunction and trisomy 21. Hyperdigoxinemia has been related to cerebral palsy, trisomy 21, attention deficit hyperactivity disorder and autism. Porphyrins can combine with proteins oxidizing their tyrosine, tryptophan, cysteine and histidine residues producing crosslinking and altering protein conformation and function. This produces a protein processing dysfunction. Defectively processed proteins resist lysosomal digestion and accumulate in the neurons producing cell death. This protein processing dysfunction contributes to the pathogenesis of cerebral palsy, trisomy 21, attention deficit hyperactivity disorder and autism. Amyloid deposition is described in trisomy 21. Porphyrins binding to spindle fibre proteins can produce chromosomal nondisjunction resulting in trisomy 21. Porphyrins can complex with DNA and RNA modulating their function. Porphyrin interpolating with DNA can alter transcription and generate HERV expression. HERV expression has been related to neuronal degeneration and contributes to the pathogenesis of cerebral palsy, trisomy 21, attention deficit hyperactivity disorder and autism. Porphyrin binding to DNA can produce chromosomal nondisjunction resulting in trisomy 21. Heme deficiency can also result in disease states. Heme deficiency results in deficiency of heme enzymes. There is deficiency of cytochrome C oxidase and mitochondrial dysfunction. Mitochondrial dysfunction is related to the pathogenesis of cerebral palsy, trisomy 21, attention deficit hyperactivity disorder and autism. The glutathione peroxidase is dysfunctional and the glutathione system of free radical scavenging does not function. Redox stress is related to the pathogenesis of cerebral palsy, trisomy 21, attention deficit hyperactivity disorder and autism. The cytochrome P450 enzymes involved in steroid and bile acid synthesis have reduced activity leading to steroid- activated vitamin D, cortisol and sex hormones as well as bile acid deficiency states. Vitamin D and bile acids like lithocholic acid bind to VDR producing immunomodulation and regulating brain development. Activated vitamin D deficiency and bile acid deficiency can contribute to cerebral palsy, trisomy 21, attention deficit hyperactivity disorder and autism. Bile acids bind to the olfactory receptor, stimulates the limbic lobe producing social and group identity. Social and group identity is lost in trisomy 21, attention deficit hyperactivity disorder and autism. Heme deficiency results in defective thyroid peroxidase synthesis as it is a heme enzyme. Subclinical hypothyroidism can contribute to neurodevelopmental dysfunction in cerebral palsy, trisomy 21, attention deficit hyperactivity disorder and autism. The heme deficiency results in dysfunction of nitric oxide synthase, heme oxygenase and cystathione beta synthase resulting in lack of gasotransmitters regulating the vascular system and NMDA receptor- NO, CO and H_2S. NO, CO and H_2S bind to cytochrome c oxidase producing mitochondrial hibernation and cytoprotection. This cytoprotection is lost in cerebral palsy, trisomy 21, attention deficit hyperactivity disorder and autism. NO, CO and H_2S can increase NMDA transmission. The deficiency of NO, CO and H_2S can contribute to the defects in NMDA transmission noticed in certain groups of cerebral palsy, trisomy 21, attention deficit hyperactivity disorder and autism. As serine and glycine are utilized for porphyrin synthesis, they are not available for positive modulation of the NMDA receptor. This can contribute to NMDA receptor dysfunction in cerebral palsy, trisomy 21, attention deficit hyperactivity disorder and autism. Heme has got cytoprotective, neuroprotective, anti-inflammatory and antiproliferative effects. Heme is also involved in the stress response. Heme deficiency leads to cerebral palsy, trisomy 21, attention deficit hyperactivity disorder and autism.[3-5]

The porphyrin photo-oxidation can generate free radicals which can activate NFKB. This can produce immune activation and cytokine mediated injury. Immune activation has been related to cerebral palsy, trisomy 21, attention deficit hyperactivity disorder and autism. The increase in porphyrins can lead to immune activation crucial in the pathogenesis of neurodevelopmental disorders. The protoporphyrins binding to mitochondrial benzodiazepine receptors can modulate immune function. Porphyrins can combine with proteins oxidizing their tyrosine, tryptophan, cysteine and histidine residues producing crosslinking and altering protein conformation and function. Porphyrins can complex with DNA and RNA modulating their structure. Porphyrin complexed with proteins and nucleic acids are antigenic and can lead onto autoimmune pathology documented in cerebral palsy, trisomy 21, attention deficit hyperactivity disorder and autism.[3,4] Autoantibodies are described in cerebral palsy, trisomy 21, attention deficit hyperactivity disorder and autism. The porphyrin photo-oxidation mediated free radical injury can lead to insulin resistance state. Thus porphyrins can contribute to metabolic syndrome x. Glucose has got a negative effect upon ALA synthase activity. Therefore hyperglycemia may be reactive protective mechanism to increased archaeal porphyrin synthesis. Altered porphyrin metabolism has been described in the metabolic syndrome x.[3,4] Metabolic syndrome x is a risk factor for cerebral palsy, trisomy 21, attention deficit hyperactivity disorder and autism. The porphyrin photo-oxidation can generate free radicals inducing HIF alpha and producing oncogene activation. Heme deficiency can lead to activation of HIF alpha and oncogenesis. The protoporphyrins binding to mitochondrial benzodiazepine receptors can regulate cell proliferation.[3,4] Oncogenesis is common in trisomy 21. The protoporphyrins binding to mitochondrial benzodiazepine receptors can modulate mitochondrial steroidogenesis and metabolism. Sex steroids can modulate brain neurotransmission and contribute to the pathogenesis of cerebral palsy, trisomy 21, attention deficit hyperactivity disorder and autism.[3,4] The porphyrins in the blood can combine with bacteria and viruses and the photo-oxidation generated free radicals can kill them. The archaeal porphyrins can modulate bacterial and viral infections. The archaeal porphyrins are regulatory molecules keeping other prokaryotes and viruses on check.

Borna and herpes viruses as well as mycoplasma infection has been related to cerebral palsy, trisomy 21, attention deficit hyperactivity disorder and autism.[3,4] Thus the archaeal porphyrins can contribute to the pathogenesis of cerebral palsy, trisomy 21, attention deficit hyperactivity disorder and autism. [3,4]

The archaea and viroids can regulate the nervous system including the NMDA/GABA thalamocorticothalamic pathway mediating conscious perception. Porphyrin photo-oxidation can generate free radicals which can modulate NMDA transmission. Free radicals can increase NMDA transmission. Free radicals can induce GAD and increase GABA synthesis. ALA blocks GABA transmission and upregulates NMDA. Protoporphyrins bind to GABA receptor and promote GABA transmission. Thus porphyrins can modulate the thalamocorticothalamic pathway of conscious perception. The dipolar porphyrins, PAH and archaeal magnetite in the setting of digoxin induced sodium potassium ATPase inhibition can produce a pumped phonon system mediated Frohlich model superconducting state inducing quantal perception with nanoarchaeal sensed gravity producing the orchestrated reduction of the quantal possibilities to the macroscopic world. ALA can produce sodium potassium ATPase inhibition resulting in a pumped phonon system mediated quantal state involving dipolar porphyrins. Porphyrin molecules have a wave particle existence and can bridge the dividing line between quantal state and particulate state. Thus the porphyrins can mediate conscious and quantal perception. Porphyrins binding to proteins, nucleic acids and cell membranes can produce biophoton emission. Porphyrins by autooxidation can generate biophotons and are involved in quantal perception. Biophotons can mediate quantal perception. Cellular porphyrins photo-oxidation are involved in sensing of earth magnetic fields and low level biomagnetic fields. Thus prophyrins can mediate extrasensory perception. The porphyrins can modulate hemispheric dominance. There is increased porphyrin synthesis and RHCD and decreased porphyrin synthesis in LHCD. Right hemispheric chemical dominance is related to cerebral palsy, trisomy 21, attention deficit hyperactivity disorder and autism. The increase in porphyrins can contribute to the pathogenesis of cerebral palsy, trisomy 21, attention deficit hyperactivity disorder and autism. Altered porphyrin metabolism has been described in autism. Porphyrin by modulating conscious and quantal perception is involved in the pathogenesis of cerebral palsy, trisomy 21, attention deficit hyperactivity disorder and autism. Protoporphyrins block acetyl choline transmission producing a vagal neuropathy with sympathetic overactivity. Vagal neuropathy results in immune activation. Immune activation and perfusion abnormalities in the brain have been described in cerebral palsy, trisomy 21, attention deficit hyperactivity disorder and autism. A vagal neuropathy underlines cerebral palsy, trisomy 21, attention deficit hyperactivity disorder and autism. Porphyrin induced increased NMDA transmission and free radical injury can contribute to neuronal degeneration. Free radicals can produce mitochondrial PT pore dysfunction. This can lead to cyto C leak and activation of the caspase cascade leading to apoptosis and cell death. Altered porphyrin metabolism has been described in cerebral palsy, trisomy 21, attention deficit hyperactivity disorder and autism. The increased porphyrin photo-oxidation generated free radicals mediated NMDA transmission can also contribute to epileptogenesis. The protoporphyrins binding to mitochondrial benzodiazepine receptors can regulate brain function and cell death.[3,4,16]

The dipolar porphyrins, PAH and archaeal magnetite in the setting of digoxin induced sodium potassium ATPase inhibition can produce a pumped phonon system mediated Frohlich model superconducting state inducing quantal perception with nanoarchaeal sensed gravity producing the orchestrated reduction of the quantal possibilities to the macroscopic world. ALA can produce sodium potassium ATPase inhibition resulting in a pumped phonon system mediated quantal state involving dipolar porphyrins. Porphyrins by autooxidation can generate biophotons and are involved in quantal perception. Biophotons can mediate quantal perception. Cellular porphyrins photo-oxidation are involved in sensing of earth magnetic fields and low level biomagnetic fields. Porphyrins can thus contribute to quantal perception. Low level electromagnetic fields and light can induce porphyrin synthesis. Low level EMF can produce ferrochelatase inhibition as well as heme oxygenase induction contributing to heme depletion, ALA synthase induction and increased porphyrin synthesis. Light also induces ALA synthase and porphyrin synthesis. The increased porphyrin synthesized can contribute to increased quantal perception and can modulate conscious perception. The porphyrin induced biophotons and quantal fields can modulate the source from which low level EMF and photic fields were generated. Thus the porphyrin generated by extraneous low level EMF and photic fields can interact with the source of low level EMF and photic fields modulating it. Thus porphyrins can serve as a bridge between the human brain and the source of low level EMF and photic fields. This serves as a mode of communication between the human brain and EMF storage devices like internet. The porphyrins can also serve as the source of communication with the environment. Environmental EMF and chemicals produce heme oxygenase induction and heme depletion increasing porphyrin synthesis, quantal perception and two-way communication. Thus induction of porphyrin synthesis can serve as a mechanism of communication between human brain and the environment by extrasensory perception. Thus porphyrin mediated extrasensory perception can contribute to the pathogenesis of autism, seizure disorder, schizophrenia and chronic fatigue syndrome as well as hemispheric dominance. A porphyrin metabolic defect may underlie autism, seizure disorder, schizophrenia and chronic fatigue syndrome. Porphyrins are the principal molecules modulating quantal and conscious perception as well as hemispheric dominance. Low level of EMF can contribute to the pathogenesis of cerebral palsy, trisomy 21, attention deficit hyperactivity disorder and autism.

Porphyrins also have evolutionary significance since porphyria is related to Scythian races and contributes to the behavioural and intellectual characteristics of this group of population. Porphyrins can intercalate into DNA and produce HERV expression. HERV RNA can get converted to DNA by reverse transcriptase which can get integrated into DNA by integrase. This tends to increase the length of the non-coding region of the DNA. The increase in non-coding region of the DNA is involved in primate and human evolution. Thus, increased rates of porphyrin synthesis would correlate with increase in non-coding DNA length. The alteration in the length of the non coding region of the DNA contributes to the dynamic nature of the genome. Thus genetic and acquired porphyrias can lead to alteration in the non-coding region of the genome. The alteration of the length of the non coding region of the DNA contributes to the racial and individual differences in populations. An increased length of non-coding region as well as increased porphyrin synthesis leads to increased cognitive and creative neuronal function. Porphyrins are involved in quantal perception and regulation of the thalamo-cortico-thalamic pathway of conscious perception. Thus genetic and acquired porphyrias contribute to higher cognitive and creative capacity of certain races. Porphyrias are common among Eurasian Scythian races who have assumed leadership roles in communities and groups. Porphyrins have contributed to human and primate evolution. There is high incidence of cerebral palsy, trisomy 21, attention deficit hyperactivity disorder and autism in Scythian races and most of our patient population belonged to this group.[3,4]

An actinide dependent shadow biosphere of archaea and viroids in neurodevelopmental disorders- cerebral palsy, trisomy 21, attention deficit hyperactivity disorder and autism. The archaeal and endogenous porphyrins can contribute to the pathogenesis of neurodevelopmental disorders- cerebral palsy, trisomy 21, attention deficit hyperactivity disorder and autism. Archaeal and endogenous porphyrin synthesis is crucial in the pathogenesis of these disorders. Porphyrins may serve as regulatory molecules modulating immune, neural, endocrine, metabolic and genetic systems. The porphyrins photo-oxidation generated free radicals can produce immune activation, produce cell death, activate cell proliferation, produce insulin resistance and modulate conscious/quantal perception. The archaeal porphyrins functions as key regulatory molecules with mitochondrial benzodiazepine receptors playing an important role. The porphyrins photo-oxidation generated free radicals can produce immune activation, produce cell death, activate cell proliferation, produce insulin resistance and modulate conscious/quantal perception. Porphyrins can regulate hemispheric dominance. The porphyrins functions as key regulatory molecules with mitochondrial benzodiazepine receptors playing an important role. A porphyrin metabolic defect is the key principal molecular abnormality underlying neurodevelopmental disorders- cerebral palsy, trisomy 21, attention deficit hyperactivity disorder and autism.

Referências

1   Eckburg P.B., Lepp, P.W., Relman, D.A. (2003). Archaea and their potential role in human disease, *Infect Immun,* 71, 591-596.

2   Smit A., Mushegian, A. (2000). Biosynthesis of isoprenoids via mevalonate in Archaea: the lost pathway, *Genome Res,* 10(10), 1468-84.

3   Puy, H., Gouya, L., Deybach, J.C. (2010). Porphyrias. *The Lancet,* 375(9718), 924 – 937.

4   Kadish, K.M., Smith, K.M., Guilard, C. (1999). *Porphyrin Hand Book.* Academic Press, Nova Iorque: Elsevier.

5   Gavish M., Bachman, I., Shoukrun, R., Katz, Y., Veenman, L., Weisinger, G.,Weizman,A. (1999). Enigma of the Peripheral Benzodiazepine Receptor. *Pharmacological Reviews,* 51(4), 629-650.

6   Richmond W. (1973). Preparation and properties of a cholesterol oxidase from nocardia species and its application to the enzymatic assay of total cholesterol in serum, *Clin Chem,* 19, 1350-1356.

7   Snell E.D., Snell, C.T. (1961). *Métodos Colorimétricos de Análise.* Vol 3A. Nova Iorque: Van NoStrand.

8   Glick D. (1971). *Métodos de Análise Bioquímica.* Vol 5. Nova Iorque: Interscience Publishers.

9   Colowick, Kaplan, N.O. (1955). *Métodos em Enzimologia.* Vol 2. Nova Iorque: Imprensa académica.

10   Van der Geize R., Yam, K., Heuser, T., Wilbrink, M.H., Hara, H., Anderton, M.C. (2007). A gene cluster encoding cholesterol catabolism in a soil actinomycete provides insight into Mycobacterium tuberculosis survival in macrophages, *Proc Natl Acad Sci USA,* 104(6), 1947-52.

11   Francis A.J. (1998). Biotransformation of uranium and other actinides in radioactive wastes, *Journal of Alloys and Compounds,* 271(273), 78-84.

12   Schoner W. (2002). Endogenous cardiac glycosides, uma nova classe de hormonas esteróides, *Eur J Biochem,* 269, 2440-2448.

13   Vainshtein M., Suzina, N., Kudryashova, E., Ariskina, E. (2002). New Magnet-Sensitive Structures in Bacterial and Archaeal Cells, *Biol Cell,* 94(1), 29-35.

14   Tsagris E.M., de Alba, A.E., Gozmanova, M., Kalantidis, K. (2008). Viroids, *Cell Microbiol,* 10, 2168.

15   Horie M., Honda, T., Suzuki, Y., Kobayashi, Y., Daito, T., Oshida, T. (2010). Elementos endógenos não retrovirais do vírus RNA em genomas de mamíferos, *Nature,* 463, 84-87.

16   Kurup R., Kurup, P.A. (2009). *Digoxina hipotalâmica, dominância cerebral e função cerebral na saúde e nas doenças.* Nova Iorque: Nova Science Publishers.

CHAPTER 46

PORPHYRIONS AND RETROVIRAL STATE

Introdução

Actinidic archaea have been related to the pathogenesis of acquired immunodeficiency syndrome. An actinide dependent shadow biosphere of archaea and viroids in acquired immunodeficiency syndrome is described. Actinidic archaea have a mevalonate pathway and are cholesterol catabolizing. They can use cholesterol as a carbon and energy source. Archaeal cholesterol catabolism can generate porphyrins via the cholesterol ring oxidase generated pyruvate and GABA shunt pathway. Archaea can produce a secondary porphyria by inducing the enzyme heme oxygenase resulting in heme depletion and activation of the enzyme ALA synthase. Porphyrins have been related to acquired immunodeficiency syndrome. The role of archaeal porphyrins in regulation of cell functions, human endogenous retroviral expression and induction of a retroviral state is described.[1-5] They can function as self replicating supramolecular organisms which can be called as porphyrions.

Materiais e Métodos

The following group was included in the study:- acquired immunodeficiency syndrome. There were 10 patients in each group and each patient had an age and sex matched healthy control selected randomly from the general population. There were also 10 normal people with right hemispheric dominance, left hemispheric dominance and bi-hemispheric dominance included in the study. The blood samples were drawn in the fasting state before treatment was initiated. Plasma from fasting heparinised blood was used and the experimental protocol was as follows (I) Plasma+phosphate buffered saline, (II) same as I+cholesterol substrate, (III) same as II+rutile 0.1 mg/ml, (IV) same as II+ciprofloxacine and doxycycline each in a concentration of 1 mg/ml. Cholesterol substrate was prepared as described by Richmond. Aliquots were withdrawn at zero time immediately after mixing and after incubation at 37°C for 1 hour. The following estimations were carried out:- Cytochrome F420, free RNA, free DNA, polycyclic aromatic hydrocarbon, hydrogen peroxide, pyruvate, ammonia, glutamate, delta aminolevulinic acid, succinate, glycine and digoxin. Cytochrome F420 was estimated flourimetrically (excitation wavelength 420 nm and emission wavelength 520 nm). Polycyclic aromatic hydrocarbon was estimated by measuring hydrogen peroxide liberated by using glucose reagent. The study also involved estimating the following parameters in the patient population- digoxin, bile acid, hexokinase, porphyrins, pyruvate, glutamate, ammonia, acetyl CoA, acetyl choline, HMG CoA reductase, cytochrome C, blood ATP, ATP synthase, ERV RNA (endogenous retroviral RNA), H_2O_2 (hydrogen peroxide), NOX (NADPH oxidase), TNF alpha and heme oxygenase.[6-9] Informed consent of the subjects and the approval of the ethics committee were obtained for the study. The statistical analysis was done by ANOVA.

Resultados

O plasma dos sujeitos de controlo mostrou níveis aumentados dos parâmetros acima mencionados com após incubação durante 1 hora e a adição de substrato de colesterol resultou num aumento ainda mais significativo destes parâmetros. O plasma dos pacientes mostrou resultados semelhantes, mas a extensão do aumento foi maior. A adição de antibióticos ao plasma de controlo causou uma diminuição em todos os parâmetros enquanto que a adição de rutilo aumentou os seus níveis. A adição de antibióticos ao plasma do paciente causou uma diminuição em todos os parâmetros enquanto que a adição de rutilo aumentou os seus níveis mas a extensão da mudança foi maior nos soros dos pacientes em comparação com os controlos. Os resultados são expressos na secção 1: tabelas 1-6 como mudança percentual nos parâmetros após 1 hora de incubação, em comparação com os valores a tempo zero. Houve síntese não-preparada de porfirina arqueal na população de doentes, que era de origem arqueal como indicado pela catálise actinídea das reacções. A via de oxidase do colesterol gerou piruvato que entrou na via de derivação GABA. Isto resultou na síntese de succinato e glicina que são substratos da ALA synthase.

O estudo mostrou que o sangue do paciente e o seu domínio hemisférico direito tinham aumentado a actividade da heme oxigenase e das porfirinas. A actividade da hexoquinase era elevada. Os níveis de piruvato, glutamato e amoníaco foram elevados, indicando bloqueio da actividade de PDH, e operação da via de derivação GABA. Os níveis de acetil CoA eram baixos e a acetil colina foi diminuída. Os níveis de citoC foram aumentados no soro indicando disfunção mitocondrial sugerida por baixos níveis de ATP sanguíneo. Isto era indicativo do fenótipo de Warburg. Houve um aumento dos níveis de NOX e TNF alfa indicando activação imunitária. A actividade da HMG CoA redutase era alta, indicando síntese de colesterol. Os níveis de ácido biliar eram baixos, indicando o esgotamento do citocromo P450. A população normal com domínio hemisférico direito tinha valores semelhantes aos da população de doentes com síntese aumentada de porfirina. A população normal com dominância hemisférica esquerda apresentava valores baixos com diminuição da síntese de porfirina.

Section 1: Experimental study

Quadro 1. Efeito do rutilo e dos antibióticos no citocromo F420 e HAP

Grupo	CYT F420 % (Aumento com Rutilo)		CYT F420 % (Diminuir com Doxy+Cipro)		PAH % mudança (Aumento com Rutilo)		PAH % mudança (Diminuir com Doxy+Cipro)	
	Média	$\pm$ SD	Média	$\pm$ SD	Média	$\pm$ SD	Média	$\pm$ SD
Normal	4.48	0.15	18.24	0.66	4.45	0.14	18.25	0.72
SIDA	22.29	1.66	59.02	7.50	23.23	1.97	65.89	5.05
	F valor 306,749		F valor 130.054		F valor 391.318		F valor 257.996	
	Valor P < 0,001		Valor P < 0,001		Valor P < 0,001		Valor P < 0,001	

Quadro 2. Efeito do rutilo e dos antibióticos no ARN e ADN livres

Grupo	ADN % mudança (Aumento com Rutilo)		ADN % mudança (Diminuir com Doxy+Cipro)		RNA % mudança (Aumento com Rutilo)		RNA % mudança (Diminuir com Doxy+Cipro)	
	Média	$\pm$ SD	Média	$\pm$ SD	Média	$\pm$ SD	Média	$\pm$ SD
Normal	4.37	0.15	18.39	0.38	4.37	0.13	18.38	0.48
SIDA	22.56	2.46	62.70	4.53	23.32	1.74	65.67	4.16
	Valor F 337.577		F valor 356.621		Valor F 427.828		Valor F 654.453	
	Valor P < 0,001		Valor P < 0,001		Valor P < 0,001		Valor P < 0,001	

Quadro 3. Efeito do rutilo e dos antibióticos na digoxina e no ácido aminolevulínico delta

Grupo	Digoxina (ng/ml) (Aumento com Rutilo)		Digoxina (ng/ml) (Diminuir com Doxy+Cipro)		ALA % (Aumento com Rutilo)		ALA % (Diminuir com Doxy+Cipro)	
	Média	$\pm$ SD	Média	$\pm$ SD	Média	$\pm$ SD	Média	$\pm$ SD
Normal	0.11	0.00	0.054	0.003	4.40	0.10	18.48	0.39
SIDA	0.56	0.05	0.220	0.052	23.45	1.79	66.32	3.63
	Valor F 135,116		Valor F 71.706		Valor F 372.716		F valor 556.411	
	Valor P < 0,001		Valor P < 0,001		Valor P < 0,001		Valor P < 0,001	

Quadro 4. Efeito do rutilo e dos antibióticos no succinato e na glicina

Grupo	Succinate % Succinate (Aumento com Rutilo)		Succinate % Succinate (Diminuir com Doxy+Cipro)		Glycine % mudança (Aumento com Rutilo)		Glycine % mudança (Diminuir com Doxy+Cipro)	
	Média	$\pm$ SD	Média	$\pm$ SD	Média	$\pm$ SD	Média	$\pm$ SD
Normal	4.41	0.15	18.63	0.12	4.34	0.15	18.24	0.37
SIDA	23.66	1.67	65.97	3.36	23.09	1.81	65.86	4.27
	Valor F 403.394 Valor P < 0,001		Valor F 680.284 Valor P < 0,001		Valor F 348.867 Valor P < 0,001		Valor F 364,999 Valor P < 0,001	

Quadro 5. Efeito do rutilo e dos antibióticos sobre o piruvato e o glutamato

Grupo	Pyruvate % mudança (Aumento com Rutilo)		Pyruvate % mudança (Diminuir com Doxy+Cipro)		Glutamato (Aumento com Rutilo)		Glutamato (Diminuir com Doxy+Cipro)	
	Média	$\pm$ SD	Média	$\pm$ SD	Média	$\pm$ SD	Média	$\pm$ SD
Normal	4.34	0.21	18.43	0.82	4.21	0.16	18.56	0.76
SIDA	21.21	2.36	58.73	8.10	21.11	2.25	64.20	5.38
	Valor F 321.255 Valor P < 0,001		F valor 115.242 Valor P < 0,001		F valor 292.065 Valor P < 0,001		Valor F 317.966 Valor P < 0,001	

Quadro 6. Efeito do rutilo e dos antibióticos no peróxido de hidrogénio e no amoníaco

Grupo	H2O2 % (Aumento com Rutilo)		H2O2 % (Diminuir com Doxy+Cipro)		Amoníaco % (Aumento com Rutilo)		Amoníaco % (Diminuir com Doxy+Cipro)	
	Média	$\pm$ SD	Média	$\pm$ SD	Média	$\pm$ SD	Média	$\pm$ SD
Normal	4.43	0.19	18.13	0.63	4.40	0.10	18.48	0.39
SIDA	23.32	1.71	63.15	7.62	23.45	1.79	66.32	3.63
	Valor F 380,721 Valor P < 0,001		Valor F 171.228 Valor P < 0,001		Valor F 372.716 Valor P < 0,001		F valor 556.411 Valor P < 0,001	

Quadro 1

Grupo	Digoxina RBC (ng/ml RBC Susp)		Citocromo F 420		HERV RNA (ug/ml)		H2O2 (umol/ml RBC)	
	Média	± SD	Média	± SD	Média	± SD	Média	± SD
NO/BHCD	0.58	0.07	1.00	0.00	17.75	0.72	177.43	6.71
RHCD	1.41	0.23	4.00	0.00	55.17	5.85	278.29	7.74
LHCD	0.18	0.05	0.00	0.00	8.70	0.90	111.63	5.40
SIDA	1.31	0.24	4.00	0.00	50.15	6.96	278.58	12.72
Valor F	60.288		0.001		194.418		713.569	
Valor P	< 0.001		< 0.001		< 0.001		< 0.001	

Quadro 2

Grupo	NOX (OD dif/hr/mgpro)		TNF ALP (pg/ml)		ALA (umol24)		PBG (umol24)	
	Média	± SD	Média	± SD	Média	± SD	Média	± SD
NO/BHCD	0.012	0.001	17.94	0.59	15.44	0.50	20.82	1.19
RHCD	0.036	0.008	78.63	5.08	63.50	6.95	42.20	8.50
LHCD	0.007	0.001	9.29	0.81	3.86	0.26	12.11	1.34
SIDA	0.039	0.010	79.17	5.88	67.78	4.41	48.03	3.64
Valor F	44.896		427.654		295.467		183.296	
Valor P	< 0.001		< 0.001		< 0.001		< 0.001	

Quadro 3

Grupo	Uroporfirina (nmol24)		Coproporfirina (nmol/24)		Protoporfirina (unidade Ab)		Heme (uM)	
	Média	± SD	Média	± SD	Média	± SD	Média	± SD
NO/BHCD	50.18	3.54	137.94	4.75	10.35	0.38	30.27	0.81
RHCD	250.28	23.43	389.01	54.11	42.46	6.36	12.47	2.82
LHCD	9.51	1.19	64.33	13.09	2.64	0.42	50.55	1.07
SIDA	306.61	22.47	429.72	24.97	49.32	5.13	11.60	1.23
Valor F	160.533		279.759		424.198		1472.05	
Valor P	< 0.001		< 0.001		< 0.001		< 0.001	

Quadro 4

Grupo	Bilirubin (mg/dl)		Biliverdin (unidade Ab)		ATP Synth (umol/gHb)		SE ATP (umol/dl)	
	Média	$\pm$ SD	Média	$\pm$ SD	Média	$\pm$ SD	Média	$\pm$ SD
NO/BHCD	0.55	0.02	0.030	0.001	0.36	0.13	0.42	0.11
RHCD	1.70	0.20	0.067	0.011	2.73	0.94	2.24	0.44
LHCD	0.21	0.00	0.017	0.001	0.09	0.01	0.02	0.01
SIDA	1.79	0.08	0.072	0.013	3.29	0.63	1.59	0.38
Valor F	370.517		59.963		54.754		67.588	
Valor P	< 0.001		< 0.001		< 0.001		< 0.001	

Quadro 5

Grupo	Cyto C (ng/ml)		Lactato (mg/dl)		Pyruvate (umol/l)		RBC Hexokinase (ug glu fos/ hr/mgpro)	
	Média	$\pm$ SD	Média	$\pm$ SD	Média	$\pm$ SD	Média	$\pm$ SD
NO/BHCD	2.79	0.28	7.38	0.31	40.51	1.42	1.66	0.45
RHCD	12.39	1.23	25.99	8.10	100.51	12.32	5.46	2.83
LHCD	1.21	0.38	2.75	0.41	23.79	2.51	0.68	0.23
SIDA	12.29	0.89	24.87	4.14	95.55	7.20	9.84	2.43
Valor F	445.772		162.945		154.701		18.187	
Valor P	< 0.001		< 0.001		< 0.001		< 0.001	

Quadro 6

Grupo	ACOA (mg/dl)		ACH (ug/ml)		Glutamato (mg/dl)	
	Média	$\pm$ SD	Média	$\pm$ SD	Média	$\pm$ SD
NO/BHCD	8.75	0.38	75.11	2.96	0.65	0.03
RHCD	2.51	0.36	38.57	7.03	3.19	0.32
LHCD	16.49	0.89	91.98	2.89	0.16	0.02
SIDA	2.11	0.19	38.40	7.74	3.45	0.49
Valor F	1871.04		116.901		200.702	
Valor P	< 0.001		< 0.001		< 0.001	

Quadro 7

Grupo	Se. Amoníaco (ug/dl)		HMG Co A (HMG CoA/MEV)		Ácido biliar (mg/ml)	
	Média	± SD	Média	± SD	Média	± SD
NO/BHCD	50.60	1.42	1.70	0.07	79.99	3.36
RHCD	93.43	4.85	1.16	0.10	25.68	7.04
LHCD	23.92	3.38	2.21	0.39	140.40	10.32
SIDA	92.47	3.97	1.08	0.11	23.28	5.81
Valor F	61.645		159.963		635.306	
Valor P	< 0.001		< 0.001		< 0.001	

Abreviaturas

NO/BHCD- Dominância química normal/Bi-hemisférica

RHCD- Domínio químico hemisférico direito

LHCD- Domínio químico hemisférico esquerdo

AIDS- Acquired immunodeficiency syndrome

Discussão

There was increase in cytochrome F420 indicating archaeal growth. The archaea can synthesize and use cholesterol as a carbon and energy source.[2,10] The archaeal origin of the enzyme activities was indicated by antibiotic induced suppression. The study indicates the presence of actinide based archaea with an alternate actinide based enzymes or metalloenzymes in the system as indicated by rutile induced increase in enzyme activities.[11] The archaeal beta hydroxyl steroid dehydrogenase activity indicating digoxin synthesis.[12] The archaeal cholesterol oxidase activity was increased resulting in generation of pyruvate and hydrogen peroxide.[10] The pyruvate gets converted to glutamate and ammonia by the GABA shunt pathway. The pyruvate is converted to glutamate by serum glutamate pyruvate transaminase. The glutamate gets acted upon by glutamate dehydrogenase to generate alpha ketoglutarate and ammonia. Alanine is most commonly produced by the reductive amination of pyruvate via alanine transaminase. This reversible reaction involves the interconversion of alanine and pyruvate, coupled to the interconversion of alpha-ketoglutarate (2-oxoglutarate) and glutamate. Alanine can contribute to glycine. Glutamate is acted upon by Glutamic acid decarboxylase to generate GABA. GABA is converted to succinic semialdehyde by GABA transaminase. Succinic semialdehyde is converted to succinic acid by succinic semialdehyde dehydrogenase. Glycine combines with succinyl CoA to generate delta aminolevulinic acid catalysed by the enzyme ALA synthase. There was upregulated archaeal porphyrin synthesis in the patient population which was archaeal in origin as indicated by actinide catalysis of the reactions. The cholesterol oxidase pathway generated pyruvate which entered the GABA shunt pathway. This resulted in synthesis of succinate and glycine which are substrates for ALA synthase. The archaea can undergo magnetite and calcium carbonate mineralization and can exist as calcified nanoforms.[13]

The porphyrins can undergo photo-oxidation and auto-oxidation generating free radicals. The archaeal porphyrins can produce free radical injury. Free radicals produce NFKB activation, open the mitochondrial PT pore resulting in cell death, produce oncogene activation, activate NMDA receptor and GAD enzyme regulating neurotransmission and generates the Warburg phenotypes activating glycolysis and inhibiting TCA cycle/ oxphos. Porphyrins have been related to acquired immunodeficiency syndrome. The porphyrins can complex and intercalate with the cell membrane producing sodium potassium ATPase inhibition adding on to digoxin mediated inhibition. Porphyrins can complex with proteins and nucleic acid producing biophoton emission. Porphyrins complexing with proteins can modulate protein structure and function. Porphyrins complexing with DNA and RNA can modulate transcription and translation. The porphyrin especially protoporphyrins can bind to peripheral benzodiazepine receptors in the mitochondria and modulate its function, mitochondrial cholesterol transport and steroidogenesis. Peripheral benzodiazepine receptor modulation by protoporphyrins can regulate cell death, cell proliferation, immunity and neural functions. The porphyrin photo-oxidation generates free radicals which can modulate enzyme function. Redox stress modulated enzymes include pyruvate dehydrogenase, nitric oxide synthase, cystathione beta synthase and heme oxygenase. Free radicals can modulate mitochondrial PT pore function. Free radicals can modulate cell membrane function and inhibit sodium potassium ATPase activity. Thus the porphyrins are key regulatory molecules modulating all aspects of cell function.[3-5] There was an increase in free RNA indicating self replicating RNA viroids and free DNA indicating generation of viroid complementary DNA strands by archaeal reverse transcriptase activity. The actinides and porphyrins modulate RNA folding and catalyse its ribozymal action. Digoxin can cut and paste the viroidal strands by modulating RNA splicing generating RNA viroidal diversity. The viroids are evolutionarily escaped archaeal group I introns which have retrotransposition and self splicing qualities. Archaeal pyruvate producing histone deacetylase inhibition and porphyrins intercalating with DNA can produce endogenous retroviral (HERV) reverse transcriptase and integrase expression. This can integrate the RNA viroidal complementary DNA into the noncoding region of eukaryotic non-coding DNA using HERV integrase as has been described for borna and ebola viruses. The archaea and viroids can also induce cellular porphyrin synthesis. The RNA viroids bound in phospholipid membranes can induce the retroviral state. Bacterial and viral infections can precipitate porphyria. Thus porphyrins can regulate genomic function. The increased expression of HERV RNA can result in acquired immunodeficiency syndrome.[14,15]

The role of porphyrins in regulation of cell functions, neuro-immuno-endocrine integration and generation of the retroviral state is discussed. Protoporphyrin binds to the peripheral benzodiazepine receptor regulating steroid and digoxin synthesis. Increased porphyrin metabolites can contribute to hyperdigoxinemia. Digoxin can modulate the neuro-immuno-endocrine system. Hyperdigoxinemia is related to acquired immunodeficiency syndrome. Digoxin can produce sodium potassium ATPase inhibition, increase in intracellular calcium, mitochondrial PT pore dysfunction, redox stress, HDAC inhibition and endogenous retroviral expression. Porphyrins can combine with membranes modulating membrane function. Porphyrin intercalating with membrane can produce sodium potassium ATPase inhibition adding onto digoxin induced inhibition. Porphyrins can complex with DNA and RNA modulating their function. Porphyrin interpolating with DNA can alter transcription and generate HERV expression. Heme deficiency results in deficiency of heme enzymes. There is deficiency of cytochrome C oxidase and mitochondrial dysfunction. Mitochondrial dysfunction leads to redox stress. The glutathione peroxidase is dysfunctional and the glutathione system of free radical scavenging does not function. Porphyrin autooxidation can generate redox stress. Redox stress leads to HDAC inhibition. The increased generation of pyruvate can also lead to HDAC inhibition. HDAC inhibition leads to HERV expression. Porphyrin induced redox stress can also activate NFKB inducing retroviral expression. The expressed HERV (endogenous retrovirus) particles bound in phospholipid membrane can contribute to the retroviral state.

Heme deficiency leads to cytochrome P450 depletion. The cytochrome P450 enzymes involved in steroid synthesis have reduced activity. Deficiency of cytochrome P450 enzymes dealing with sex hormone synthesis produces deficiency of testosterone and estrogen. This leads to generation of states with sex hormone deficiency. The heme deficiency results in dysfunction of nitric oxide synthase, heme oxygenase and cystathione beta synthase resulting in lack of gasotransmitters regulating the vascular system - NO, CO and H$_2$S. NO, CO and H$_2$S are involved in vasodilation of the vascular spaces of the corpora cavernosa. The deficiency of the gasotransmitters leads to erectile and sexual dysfunction. Thus the heme deficiency related cytochrome P450 enzyme dysfunction leads to the evolution of an asexual personality with sex hormone deficiency and gasotransmitter deficiency related sexual dysfunction. This leads on to altered homosexual behaviour contributing to the acquired immunodeficiency syndrome.[3-5]

The possibility of Warburg phenotype induced by actinide based primitive organism like archaea with a mevalonate pathway and cholesterol catabolism was considered in this paper. The Warburg phenotype results in inhibition of pyruvate dehydrogenase and the TCA cycle. The pyruvate enters the GABA shunt pathway where it is converted to succinyl CoA. The glycolytic pathway is upregulated and the glycolytic metabolite phosphoglycerate is converted to serine and glycine. Glycine and succinyl CoA are the substrates for ALA synthesis. The archaea induces the enzyme heme oxygenase. Heme oxygenase converts heme to bilirubin and biliverdin. This depletes heme from the system and results in upregulation of ALA synthase activity resulting in porphyria. Heme inhibits HIF alpha. The heme depletion results in upregulation of HIF alpha activity and further strengthening of the Warburg phenotype. The porphyrin self oxidation results in redox stress which activates HIF alpha and generates the Warburg phenotype. The Warburg phenotype results in channeling acetyl CoA for cholesterol synthesis as the TCA cycle and mitochondrial oxidative phosphorylation are blocked. The archaea uses cholesterol as an energy substrate. Porphyrin and ALA inhibits sodium potassium ATPase. This increases cholesterol synthesis by acting upon intracellular SREBP. The cholesterol is metabolized to pyruvate and then the GABA shunt pathway for ultimate use in porphyrin synthesis. The porphyrins can self organize and self replicate into macromolecular arrays. The porphyrin arrays behave like an autonomous organism and can have intramolecular electron transport generating ATP. The porphyrin macroarrays can store information and can have quantal perception. The porphyrin macroarrays serves the purpose of archaeal energetics and sensory perception. The Warburg phenotype is associated with acquired immunodeficiency syndrome. The Warburg phenotype results in increased mitochondrial PT pore hexokinase and malignant transformation. There is an increased incidence of malignancy in AIDS. The increase in glycolysis generates increased fructose 1,6 diphosphate which enters the pentose phosphate pathway generating NADPH. This activates NOX generating H_2O_2. Redox stress produces HDAC inhibition and retroviral expression. The increased lymphocytic glycolysis leads to immune activation, NFKB expression and retroviral expression. Immune activation and autoimmune disorders is associated with AIDS. The increase in glyceraldehyde 3-phosphate dehydrogenase contributes to nuclear cell death. The glyceraldehyde 3-phosphate dehydrogenase is polyadenylated by redox stress activated PARP. The polyadenylated glyceraldehyde 3-phosphate dehydrogenase is transferred to the cell nucleus producing cell death. Apoptosis is a feature on AIDS dementia. All of these are related to the generation of the Warburg phenotype.

The archaea and viroids can regulate the nervous system including the NMDA/GABA thalamocorticothalamic pathway mediating conscious perception. Porphyrin photo-oxidation can generate free radicals which can modulate NMDA transmission. Free radicals can increase NMDA transmission. Free radicals can induce GAD and increase GABA synthesis. ALA blocks GABA transmission and upregulates NMDA. Protoporphyrins bind to GABA receptor and promote GABA transmission. Thus porphyrins can modulate the thalamocorticothalamic pathway of conscious perception. The dipolar porphyrins, PAH and archaeal magnetite in the setting of digoxin induced sodium potassium ATPase inhibition can produce a pumped phonon system mediated Frohlich model superconducting state inducing quantal perception with nanoarchaeal sensed gravity producing the orchestrated reduction of the quantal possibilities to the macroscopic world. ALA can produce sodium potassium ATPase inhibition resulting in a pumped phonon system mediated quantal state involving dipolar porphyrins. Porphyrin molecules have a wave particle existence and can bridge the dividing line between quantal state and particulate state. Thus the porphyrins can mediate conscious and quantal perception. Porphyrins binding to proteins, nucleic acids and cell membranes can produce biophoton emission. Porphyrins by autooxidation can generate biophotons and are involved in quantal perception. Biophotons can mediate quantal perception. Cellular porphyrins photo-oxidation are involved in sensing of earth magnetic fields and low level biomagnetic fields. Thus prophyrins can mediate extrasensory perception. The porphyrins can modulate hemispheric dominance. There is increased porphyrin synthesis in RHCD and decreased porphyrin synthesis in LHCD. Right hemispheric chemical dominance is related to the retroviral state. Porphyria can lead to psychiatric disorders and seizures. Neuropsychiatric syndromes have been described in AIDS dementia. Protoporphyrins block acetyl choline transmission producing a vagal neuropathy with sympathetic overactivity. Vagal neuropathy results in immune activation, NFKB activation and retroviral expression. A vagal neuropathy and sympathetic activation underlies the acquired immunodeficiency syndrome. Porphyrin induced increased NMDA transmission and free radical injury can contribute to neuronal degeneration. Free radicals can produce mitochondrial PT pore dysfunction. This can lead to cytoC leak and activation of the caspase cascade leading to apoptosis and cell death. The protoporphyrins binding to mitochondrial benzodiazepine receptors can regulate brain function and cell death. Neuronal cell death can lead on to AIDS dementia.[3,4,16]

The dipolar porphyrins, PAH and archaeal magnetite in the setting of digoxin induced sodium potassium ATPase inhibition can produce a pumped phonon system mediated Frohlich model superconducting state inducing quantal perception with nanoarchaeal sensed gravity producing the orchestrated reduction of the quantal possibilities to the macroscopic world. ALA can produce sodium potassium ATPase inhibition resulting in a pumped phonon system mediated quantal state involving dipolar porphyrins. Porphyrins by auto-oxidation can generate biophotons and are involved in quantal perception. Biophotons can mediate quantal perception. Cellular porphyrins photo-oxidation are involved in sensing of earth magnetic fields and low level biomagnetic fields. Porphyrins can thus contribute to quantal perception. Low level electromagnetic fields and light can induce porphyrin synthesis. Low level EMF can produce ferrochelatase inhibition as well as heme oxygenase induction contributing to heme depletion, ALA synthase induction and increased porphyrin synthesis. Light also induces ALA synthase and porphyrin synthesis. The increased porphyrin synthesized can contribute to increased quantal perception and can modulate conscious perception. The porphyrin induced biophotons and quantal fields can modulate the source from which low level EMF and photic fields were generated. Thus the porphyrin generated by extraneous low level EMF and photic fields can interact with the source of low level EMF and photic fields modulating it. Thus porphyrins can serve as a bridge between the human brain and the source of low level EMF and photic fields. This serves as a mode of communication between the human brain and EMF storage devices like internet. The porphyrins can also serve as the source of communication with the environment. Environmental EMF and chemicals produce heme oxygenase induction and heme depletion increasing porphyrin synthesis, quantal perception and two-way communication. Thus induction of porphyrin synthesis can serve as a mechanism of communication between human brain and the environment by extrasensory perception. The increased environmental pollution with low level EMF can contribute to acquired immunodeficiency syndrome. The increase in incidence of acquired immunodeficiency syndrome in epidemic proportions is due to low level EMF pollution.

The porphyrin photo-oxidation can generate free radicals which can activate NFKB. This can produce immune activation and cytokine mediated injury. The protoporphyrins binding to mitochondrial benzodiazepine receptors can modulate immune function. Porphyrins can combine with proteins oxidizing their tyrosine, tryptophan, cysteine and histidine residues producing crosslinking and altering protein conformation and function. Porphyrins can complex with DNA and RNA modulating their structure. Porphyrin complexed with proteins and nucleic acids are antigenic and can lead onto autoimmune disease.[3,4] The increase in porphyrins can lead to autoimmune disease common in acquired immunodeficiency syndrome. The porphyrin photo-oxidation mediated free radical injury can lead to insulin resistance and atherogenesis. Thus archaeal porphyrins can contribute to metabolic syndrome x. Glucose has got a negative effect upon ALA synthase activity. Therefore hyperglycemia may be reactive protective mechanism to increased archaeal porphyrin synthesis. The protoporphyrins binding to mitochondrial benzodiazepine receptors can modulate mitochondrial steroidogenesis and metabolism. Altered porphyrin metabolism has been described in the metabolic syndrome x. Porphyrias can lead onto vascular thrombosis.[3,4] Metabolic syndrome x is associated with acquired immunodeficiency syndrome. The porphyrin photo-oxidation can generate free radicals inducing HIF alpha and producing oncogene activation. Heme deficiency can lead to activation of HIF alpha and oncogenesis. This can lead to oncogenesis. Hepatic porphyrias induced hepatocellular carcinoma. The protoporphyrins binding to mitochondrial benzodiazepine receptors can regulate cell proliferation.[3,4] Malignant transformation is common in acquired immunodeficiency syndrome. The porphyrins in the blood can combine with bacteria and viruses and the photo-oxidation generated free radicals can kill them. The archaeal porphyrins can modulate bacterial and viral infections. The archaeal porphyrins are regulatory molecules keeping other prokaryotes and viruses on check.[3,4] Infections are common in acquired immunodeficiency syndrome. Mycobacteria, pneumocystis carini and crytosporidial infections are common in acquired immunodeficiency syndrome. Thus the archaeal porphyrins can contribute to the pathogenesis of acquired immunodeficiency syndrome. Archaeal porphyrin synthesis is crucial in the pathogenesis of these disorders. Porphyrins may serve as regulatory molecules modulating immune, neural, endocrine, metabolic and genetic systems. The porphyrins photo-oxidation generated free radicals can produce immune activation, produce cell death, activate cell proliferation, produce insulin resistance and modulate conscious/quantal perception. The archaeal porphyrins functions as key regulatory molecules with mitochondrial benzodiazepine receptors playing an important role.[3,4]

Porphyrins also have evolutionary significance since porphyria is related to Scythian races and contributes to the behavioural and intellectual characteristics of this group of population. Porphyrins can intercalate into DNA and produce HERV expression. HERV RNA can get converted to DNA by reverse transcriptase which can get integrated into DNA by integrase. This tends to increase the length of the non-coding region of the DNA. The increase in non-coding region of the DNA is involved in primate and human evolution. Thus, increased rates of porphyrin synthesis would correlate with increase in non-coding DNA length. The alteration in the length of the non-coding region of the DNA contributes to the dynamic nature of the genome. Thus genetic and acquired porphyrias can lead to alteration in the non-coding region of the genome. The alteration of the length of the non-coding region of the DNA contributes to the racial and individual differences in populations. An increased length of non-coding region as well as increased porphyrin synthesis leads to increased cognitive and creative neuronal function. Porphyrins are involved in quantal perception and regulation of the thalamo-cortico-thalamic pathway of conscious perception. Thus genetic and acquired porphyrias contribute to higher cognitive and creative capacity of certain races. Porphyrias are common among Eurasian scythian races who have assumed leadership roles in communities and groups. Porphyrins have contributed to human and primate evolution. There is increased incidence of AIDS in Scythian races and most of our patient population belongs to this group.[3,4]

An actinide dependent shadow biosphere of archaea and viroids in acquired immunodeficiency syndrome is described. The porphyrins can contribute to the pathogenesis of acquired immunodeficiency syndrome. Porphyrin synthesis is crucial in the pathogenesis of these disorders. Porphyrins may serve as regulatory molecules modulating immune, neural, endocrine, metabolic and genetic systems. The porphyrins photo-oxidation generated free radicals can produce immune activation, produce cell death, activate cell proliferation, produce insulin resistance and modulate conscious/quantal perception. Porphyrins can regulate hemispheric dominance. The archaeal porphyrins functions as key regulatory molecules with mitochondrial benzodiazepine receptors playing an important role. Altered porphyrin metabolism can contribute to the acquired immunodeficiency syndrome. Protoporphyrins binding to the peripheral benzodiazepine receptor can induce steroidal digoxin synthesis. Hyperdigoxinemia is related to the acquired immunodeficiency syndrome. Porphyrins can intercalate with DNA producing HERV expression. Porphyrin auto-oxidation generates free radicals. Free radicals can produce HDAC inhibition. The increased levels of pyruvate generated can also produce HDAC inhibition. HDAC inhibition can produce HERV expression. There is immune activation induced by increased glycolysis, NOX activation and redox stress. This induces NFKB which can induce retroviral expression. HERV particles covered by phospholipid membranes can induce a retroviral state. Porphyrins can thus induce a retroviral state. Right hemispheric dominance is related to the retroviral state. Porphyrin metabolic pathway dysfunction is the key principal molecular abnormality in acquired immunodeficiency syndrome.

Referências

1   Eckburg P.B., Lepp, P.W., Relman, D.A. (2003). Archaea and their potential role in human disease, *Infect Immun,* 71, 591-596.

2   Smit A., Mushegian, A. (2000). Biosynthesis of isoprenoids via mevalonate in Archaea: the lost pathway, *Genome Res,* 10(10), 1468-84.

3   Puy, H., Gouya, L., Deybach, J.C. (2010). Porphyrias. *The Lancet,* 375(9718), 924 – 937.

4   Kadish, K.M., Smith, K.M., Guilard, C. (1999). *Porphyrin Hand Book.* Academic Press, Nova Iorque: Elsevier.

5   Gavish M., Bachman, I., Shoukrun, R., Katz, Y., Veenman, L., Weisinger, G.,Weizman,A. (1999). Enigma of the Peripheral Benzodiazepine Receptor. *Pharmacological Reviews,* 51(4), 629-650.

6   Richmond W. (1973). Preparation and properties of a cholesterol oxidase from nocardia species and its application to the enzymatic assay of total cholesterol in serum, *Clin Chem,* 19, 1350-1356.

7   Snell E.D., Snell, C.T. (1961). *Métodos Colorimétricos de Análise.* Vol 3A. Nova Iorque: Van NoStrand.

8	Glick D. (1971). *Métodos de Análise Bioquímica.* Vol 5. Nova Iorque: Interscience Publishers.

9	Colowick, Kaplan, N.O. (1955). *Métodos em Enzimologia.* Vol 2. Nova Iorque: Imprensa académica.

10	Van der Geize R., Yam, K., Heuser, T., Wilbrink, M.H., Hara, H., Anderton, M.C. (2007). A gene cluster encoding cholesterol catabolism in a soil actinomycete provides insight into Mycobacterium tuberculosis survival in macrophages, *Proc Natl Acad Sci USA,* 104(6), 1947-52.

11	Francis A.J. (1998). Biotransformation of uranium and other actinides in radioactive wastes, *Journal of Alloys and Compounds,* 271(273), 78-84.

12	Schoner W. (2002). Endogenous cardiac glycosides, uma nova classe de hormonas esteróides, *Eur J Biochem,* 269, 2440-2448.

13	Vainshtein M., Suzina, N., Kudryashova, E., Ariskina, E. (2002). New Magnet-Sensitive Structures in Bacterial and Archaeal Cells, *Biol Cell,* 94(1), 29-35.

14	Tsagris E.M., de Alba, A.E., Gozmanova, M., Kalantidis, K. (2008). Viroids, *Cell Microbiol,* 10, 2168.

15	Horie M., Honda, T., Suzuki, Y., Kobayashi, Y., Daito, T., Oshida, T. (2010). Elementos endógenos não retrovirais do vírus RNA em genomas de mamíferos, *Nature,* 463, 84-87.

16	Kurup R., Kurup, P.A. (2009). *Digoxina hipotalâmica, dominância cerebral e função cerebral na saúde e nas doenças.* Nova Iorque: Nova Science Publishers.

CHAPTER 47

PORPHYRIONS AND CONFORMATIONAL DISEASE- PORPHYRIONS INDUCE SLOW VIRAL DISEASE- CREUTZFELDT JAKOB'S DISEASE

Introdução

Actinidic archaea have been related to the pathogenesis of Creutzfeldt Jakob's disease.[1-8] An actinide dependent shadow biosphere of archaea and viroids in Creutzfeldt Jakob's disease is described.[7,9] Actinidic archaea have a mevalonate pathway and are cholesterol catabolizing. They can use cholesterol as a carbon and energy source. Archaeal cholesterol catabolism can generate porphyrins via the cholesterol ring oxidase generated pyruvate and GABA shunt pathway. Porphyrins have been related to Creutzfeldt Jakob's disease. The role of porphyrins in the pathogenesis of conformational diseases like Creutzfeldt-jakob's disease is discussed.[1-5] They can function as self replicating supramolecular organisms which can be called as porphyrions.

Materiais e Métodos

The following groups were included in the study:- Creutzfeldt Jakob's disease. There were 10 patients in each group and each patient had an age and sex matched healthy control selected randomly from the general population. 10 normal people each with right hemispheric, left hemispheric and bi-hemispheric dominance were also selected for the study. The blood samples were drawn in the fasting state before treatment was initiated. Plasma from fasting heparinised blood was used and the experimental protocol was as follows (I) Plasma+phosphate buffered saline, (II) same as I+cholesterol substrate, (III) same as II+rutile 0.1 mg/ml, (IV) same as II+ciprofloxacine and doxycycline each in a concentration of 1 mg/ml. The following estimations were carried out:- Cytochrome F420, free RNA, free DNA, polycyclic aromatic hydrocarbon, hydrogen peroxide, pyruvate, ammonia, glutamate, succinate, glycine, delta aminolevulinic acid and digoxin. Plasma from fasting heparinised blood was used and the experimental protocol was as follows (I) Plasma+phosphate buffered saline, (II) same as I+cholesterol substrate, (III) same as II+rutile 0.1 mg/ml, (IV) same as II+ciprofloxacine and doxycycline each in a concentration of 1 mg/ml. Cholesterol substrate was prepared as described by Richmond. Aliquots were withdrawn at zero time immediately after mixing and after incubation at 37°C for 1 hour. The following estimations were carried out:- Cytochrome F420, free RNA, free DNA, polycyclic aromatic hydrocarbon, hydrogen peroxide, pyruvate, ammonia, glutamate, delta aminolevulinic acid, succinate, glycine and digoxin. Cytochrome F420 was estimated flourimetrically (excitation wavelength 420 nm and emission wavelength 520 nm). Polycyclic aromatic hydrocarbon was estimated by measuring hydrogen peroxide liberated by using glucose reagent. The study also involved estimating the following parameters in the patient population- digoxin, bile acid, hexokinase, porphyrins, pyruvate, glutamate, ammonia, acetyl CoA, acetyl choline, HMG

CoA reductase, cytochrome C, blood ATP, ATP synthase, ERV RNA (endogenous retroviral RNA), H_2O_2 (hydrogen peroxide), NOX (NADPH oxidase), TNF alpha and heme oxygenase.[6-9] Informed consent of the subjects and the approval of the ethics committee were obtained for the study. The statistical analysis was done by ANOVA.

Resultados

Plasma of control subjects showed increased levels of the above mentioned parameters with after incubation for 1 hour and addition of cholesterol substrate resulted in still further significant increase in these parameters. The plasma of patients showed similar results but the extent of increase was more. The addition of antibiotics to the control plasma caused a decrease in all the parameters while addition of rutile increased their levels. The addition of antibiotics to the patient's plasma caused a decrease in all the parameters while addition of rutile increased their levels but the extent of change was more in patient's sera as compared to controls. The results are expressed in tables section 1: 1-6 as percentage change in the parameters after 1 hour incubation as compared to the values at zero time. There was upregulated archaeal porphyrin synthesis in the patient population which was archaeal in origin as indicated by actinide catalysis of the reactions. The cholesterol oxidase pathway generated pyruvate which entered the GABA shunt pathway. This resulted in synthesis of succinate and glycine which are substrates for ALA synthase.

The study showed the patient's blood and right hemispheric dominance had increased heme oxygenase activity and porphyrins. The hexokinase activity was high. The pyruvate, glutamate and ammonia levels were elevated indicating blockade of PDH activity, and operation of the GABA shunt pathway. The acetyl CoA levels were low and acetyl choline was decreased. The cyto C levels were increased in the serum indicating mitochondrial dysfunction suggested by low blood ATP levels. This was indicative of the Warburg's phenotype. There were increased NOX and TNF alpha levels indicating immune activation. The HMG CoA reductase activity was high indicating cholesterol synthesis. The bile acid levels were low indicating depletion of cytochrome P450. The normal population with right hemispheric dominance had values resembling the patient population with increased porphyrin synthesis. The normal population with left hemispheric dominance had low values with decreased porphyrin synthesis.

Secção 1: Estudo experimental

Quadro 1. Efeito do rutilo e dos antibióticos no citocromo F420 e HAP

Grupo	CYT F420 % (Aumento com Rutilo)		CYT F420 % (Diminuir com Doxy+Cipro)		PAH % mudança (Aumento com Rutilo)		PAH % mudança (Diminuir com Doxy+Cipro)	
	Média	$\pm$ SD	Média	$\pm$ SD	Média	$\pm$ SD	Média	$\pm$ SD
Normal	4.48	0.15	18.24	0.66	4.45	0.14	18.25	0.72
CJD	22.06	1.61	57.81	6.04	23.46	1.91	61.56	4.61
	F valor 306,749		F valor 130.054		F valor 391.318		F valor 257.996	
	Valor P < 0,001		Valor P < 0,001		Valor P < 0,001		Valor P < 0,001	

Quadro 2. Efeito do rutilo e dos antibióticos no ARN e ADN livres

Grupo	ADN % mudança (Aumento com Rutilo)		ADN % mudança (Diminuir com Doxy+Cipro)		RNA % mudança (Aumento com Rutilo)		RNA % mudança (Diminuir com Doxy+Cipro)	
	Média	$\pm$ SD	Média	$\pm$ SD	Média	$\pm$ SD	Média	$\pm$ SD
Normal	4.37	0.15	18.39	0.38	4.37	0.13	18.38	0.48
CJD	23.30	1.42	65.07	4.95	23.11	1.52	66.68	3.97
	Valor F 337.577		F valor 356.621		Valor F 427.828		Valor F 654.453	
	Valor P < 0,001		Valor P < 0,001		Valor P < 0,001		Valor P < 0,001	

Quadro 3. Efeito do rutilo e dos antibióticos na digoxina e no ácido aminolevulínico delta

Grupo	Digoxina (ng/ml) (Aumento com Rutilo)		Digoxina (ng/ml) (Diminuir com Doxy+Cipro)		ALA % (Aumento com Rutilo)		ALA % (Diminuir com Doxy+Cipro)	
	Média	$\pm$ SD	Média	$\pm$ SD	Média	$\pm$ SD	Média	$\pm$ SD
Normal	0.11	0.00	0.054	0.003	4.40	0.10	18.48	0.39
CJD	0.53	0.06	0.212	0.045	23.17	1.88	68.53	2.65
	Valor F 135,116		Valor F 71.706		Valor F 372.716		F valor 556.411	
	Valor P < 0,001		Valor P < 0,001		Valor P < 0,001		Valor P < 0,001	

Quadro 4. Efeito do rutilo e dos antibióticos no succinato e na glicina

Grupo	Succinate % Succinate (Aumento com Rutilo)		Succinate % Succinate (Diminuir com Doxy+Cipro)		Glycine % mudança (Aumento com Rutilo)		Glycine % mudança (Diminuir com Doxy+Cipro)	
	Média	$\pm$ SD	Média	$\pm$ SD	Média	$\pm$ SD	Média	$\pm$ SD
Normal	4.41	0.15	18.63	0.12	4.34	0.15	18.24	0.37
CJD	22.92	2.14	67.54	3.65	21.93	2.29	63.70	5.63
	Valor F 403.394		Valor F 680.284		Valor F 348.867		Valor F 364,999	
	Valor P < 0,001		Valor P < 0,001		Valor P < 0,001		Valor P < 0,001	

Table 5. Effect of rutile and antibiotics on pyruvate and glutamate

Grupo	Pyruvate % mudança (Aumento com Rutilo)		Pyruvate % mudança (Diminuir com Doxy+Cipro)		Glutamato (Aumento com Rutilo)		Glutamato (Diminuir com Doxy+Cipro)	
	Média	± SD	Média	± SD	Média	± SD	Média	± SD
Normal	4.34	0.21	18.43	0.82	4.21	0.16	18.56	0.76
CJD	21.07	1.79	63.90	7.13	22.47	2.17	65.97	4.62
	Valor F 321.255		F valor 115.242		F valor 292.065		Valor F 317.966	
	Valor P < 0,001		Valor P < 0,001		Valor P < 0,001		Valor P < 0,001	

Quadro 6. Efeito do rutilo e dos antibióticos no peróxido de hidrogénio e no amoníaco

Grupo	H2O2 % (Aumento com Rutilo)		H2O2 % (Diminuir com Doxy+Cipro)		Amoníaco % (Aumento com Rutilo)		Amoníaco % (Diminuir com Doxy+Cipro)	
	Média	± SD	Média	± SD	Média	± SD	Média	± SD
Normal	4.43	0.19	18.13	0.63	4.40	0.10	18.48	0.39
CJD	22.86	1.91	63.66	6.88	23.17	1.88	68.53	2.65
	Valor F 380,721		Valor F 171.228		Valor F 372.716		F valor 556.411	
	Valor P < 0,001		Valor P < 0,001		Valor P < 0,001		Valor P < 0,001	

Secção 2: Estudo do paciente

Quadro 1

Grupo	Digoxina RBC (ng/ml RBC Susp)		Citocromo F 420		HERV RNA (ug/ml)		H2O2 (umol/ml RBC)	
	Média	± SD	Média	± SD	Média	± SD	Média	± SD
NO/BHCD	0.58	0.07	1.00	0.00	17.75	0.72	177.43	6.71
RHCD	1.41	0.23	4.00	0.00	55.17	5.85	278.29	7.74
LHCD	0.18	0.05	0.00	0.00	8.70	0.90	111.63	5.40
CJD	1.48	0.27	4.00	0.00	49.85	6.40	286.16	10.90
Valor F	60.288		0.001		194.418		713.569	
Valor P	< 0.001		< 0.001		< 0.001		< 0.001	

Quadro 2

Grupo	NOX (OD dif/hr/mgpro)		TNF ALP (pg/ml)		ALA (umol24)		PBG (umol24)	
	Média	$\pm$ SD	Média	$\pm$ SD	Média	$\pm$ SD	Média	$\pm$ SD
NO/BHCD	0.012	0.001	17.94	0.59	15.44	0.50	20.82	1.19
RHCD	0.036	0.008	78.63	5.08	63.50	6.95	42.20	8.50
LHCD	0.007	0.001	9.29	0.81	3.86	0.26	12.11	1.34
CJD	0.039	0.006	80.41	5.70	66.99	3.71	47.94	5.33
Valor F	44.896		427.654		295.467		183.296	
Valor P	< 0.001		< 0.001		< 0.001		< 0.001	

Quadro 3

Grupo	Uroporfirina (nmol24)		Coproporfirina (nmol/24)		Protoporfirina (unidade Ab)		Heme (uM)	
	Média	$\pm$ SD	Média	$\pm$ SD	Média	$\pm$ SD	Média	$\pm$ SD
NO/BHCD	50.18	3.54	137.94	4.75	10.35	0.38	30.27	0.81
RHCD	250.28	23.43	389.01	54.11	42.46	6.36	12.47	2.82
LHCD	9.51	1.19	64.33	13.09	2.64	0.42	50.55	1.07
CJD	317.92	29.63	429.24	18.29	50.02	4.58	11.76	1.32
Valor F	160.533		279.759		424.198		1472.05	
Valor P	< 0.001		< 0.001		< 0.001		< 0.001	

Quadro 4

Grupo	Bilirubin (mg/dl)		Biliverdin (unidade Ab)		ATP Synthase (umol/gHb)		SE ATP (umol/dl)	
	Média	$\pm$ SD	Média	$\pm$ SD	Média	$\pm$ SD	Média	$\pm$ SD
NO/BHCD	0.55	0.02	0.030	0.001	0.36	0.13	0.42	0.11
RHCD	1.70	0.20	0.067	0.011	2.73	0.94	2.24	0.44
LHCD	0.21	0.00	0.017	0.001	0.09	0.01	0.02	0.01
CJD	1.82	0.09	0.066	0.009	3.21	0.95	1.69	0.43
Valor F	370.517		59.963		54.754		67.588	
Valor P	< 0.001		< 0.001		< 0.001		< 0.001	

Quadro 5

Grupo	Cyto C (ng/ml)		Lactato (mg/dl)		Pyruvate (umol/l)		RBC Hexokinase (ug glu fos/ hr/mgpro)	
	Média	$\pm$ SD	Média	$\pm$ SD	Média	$\pm$ SD	Média	$\pm$ SD
NO/BHCD	2.79	0.28	7.38	0.31	40.51	1.42	1.66	0.45
RHCD	12.39	1.23	25.99	8.10	100.51	12.32	5.46	2.83
LHCD	1.21	0.38	2.75	0.41	23.79	2.51	0.68	0.23
CJD	12.19	1.22	23.02	1.61	96.50	5.93	8.81	4.26
Valor F	445.772		162.945		154.701		18.187	
Valor P	< 0.001		< 0.001		< 0.001		< 0.001	

Quadro 6

Grupo	ACOA (mg/dl)		ACH (ug/ml)		Glutamato (mg/dl)	
	Média	$\pm$ SD	Média	$\pm$ SD	Média	$\pm$ SD
NO/BHCD	8.75	0.38	75.11	2.96	0.65	0.03
RHCD	2.51	0.36	38.57	7.03	3.19	0.32
LHCD	16.49	0.89	91.98	2.89	0.16	0.02
CJD	2.10	0.27	34.97	4.24	3.94	0.22
Valor F	1871.04		116.901		200.702	
Valor P	< 0.001		< 0.001		< 0.001	

Quadro 7

Grupo	Se. Amoníaco (ug/dl)		HMG Co A (HMG CoA/MEV)	
	Média	$\pm$ SD	Média	$\pm$ SD
NO/BHCD	50.60	1.42	1.70	0.07
RHCD	93.43	4.85	1.16	0.10
LHCD	23.92	3.38	2.21	0.39
CJD	93.13	5.79	1.09	0.12
Valor F	61.645		159.963	
Valor P	< 0.001		< 0.001	

Abreviaturas

NO/BHCD- Dominância química normal/Bi-hemisférica

RHCD- Domínio químico hemisférico direito

LHCD- Domínio químico hemisférico esquerdo

CJD- Creutzfeldt Jakob's disease

Discussão

There was increase in cytochrome F420 indicating archaeal growth. The archaea can synthesize and use cholesterol as a carbon and energy source.[2,10] The archaeal origin of the enzyme activities was indicated by antibiotic induced suppression. The study indicates the presence of actinide based archaea with an alternate actinide based enzymes or metalloenzymes in the system as indicated by rutile induced increase in enzyme activities.[11] The archaeal beta hydroxyl steroid dehydrogenase activity indicating digoxin synthesis.[12] The archaeal cholesterol oxidase activity was increased resulting in generation of pyruvate and hydrogen peroxide.[10] The pyruvate gets converted to glutamate and ammonia by the GABA shunt pathway. The pyruvate is converted to glutamate by serum glutamate pyruvate transaminase. The glutamate gets acted upon by glutamate dehydrogenase to generate alpha ketoglutarate and ammonia. Alanine is most commonly produced by the reductive amination of pyruvate via alanine transaminase. This reversible reaction involves the interconversion of alanine and pyruvate, coupled to the interconversion of alpha-ketoglutarate (2-oxoglutarate) and glutamate. Alanine can contribute to glycine. Glutamate is acted upon by glutamic acid decarboxylase to generate GABA. GABA is converted to succinic semialdehyde by GABA transaminase. Succinic semialdehyde is converted to succinic acid by succinic semialdehyde dehydrogenase. Glycine combines with succinyl CoA to generate delta aminolevulinic acid catalysed by the enzyme ALA synthase. There was upregulated archaeal porphyrin synthesis in the patient population which was archaeal in origin as indicated by actinide catalysis of the reactions. The cholesterol oxidase pathway generated pyruvate which entered the GABA shunt pathway. This resulted in synthesis of succinate and glycine which are substrates for ALA synthase. The archaea can undergo magnetite and calcium carbonate mineralization and can exist as calcified nanoforms.[13] The porphyrins can regulate cell function. The porphyrins can undergo photo-oxidation and auto-oxidation generating free radicals. The archaeal porphyrins can produce free radical injury. Free radicals produce NFKB activation, open the mitochondrial PT pore resulting in cell death, produce oncogene activation, activate NMDA receptor and GAD enzyme regulating neurotransmission and generates the Warburg phenotypes activating glycolysis and inhibiting TCA cycle/oxphos. Porphyrins have been related to Creutzfeldt-jakob's disease. The porphyrins can complex and intercalate with the cell membrane producing sodium potassium ATPase inhibition adding on to digoxin mediated inhibition. Porphyrins can complex with proteins and nucleic acid producing biophoton emission. Porphyrins complexing with proteins can modulate protein structure and function. Porphyrins complexing with DNA and RNA can modulate transcription and translation. The porphyrin especially protoporphyrins can bind to peripheral benzodiazepine receptors in the mitochondria and modulate its function, mitochondrial cholesterol transport and steroidogenesis. Peripheral benzodiazepine receptor modulation by protoporphyrins can regulate cell death, cell proliferation, immunity and neural functions. The porphyrin photo-oxidation generates free radicals which can modulate enzyme function. Redox stress modulated enzymes include pyruvate dehydrogenase, nitric oxide synthase, cystathione beta synthase and heme oxygenase. Free radicals can modulate mitochondrial PT pore function. Free radicals can modulate cell membrane function and inhibit sodium potassium ATPase activity. Thus the porphyrins are key regulatory molecules modulating all aspects of cell function.[3-5] There was an increase in free RNA indicating self replicating RNA viroids and free DNA indicating generation of viroid complementary DNA strands by archaeal reverse transcriptase activity. The actinides and porphyrins modulate RNA folding and catalyse its ribozymal action. Digoxin can cut and paste the viroidal strands by modulating RNA splicing generating RNA viroidal diversity. The viroids are evolutionarily escaped archaeal group I introns which have retrotransposition and self splicing qualities. Archaeal pyruvate producing histone deacetylase inhibition and porphyrins intercalating with DNA can produce endogenous retroviral (HERV) reverse transcriptase and integrase expression. This can integrate the RNA viroidal complementary DNA into the noncoding region of eukaryotic non-coding DNA using HERV integrase as has been described for borna and ebola viruses. The archaea and viroids can also induce cellular porphyrin synthesis. Bacterial and viral infections can precipitate porphyria. Thus porphyrins can regulate genomic function. The increased expression of HERV RNA can result in neuronal degenerations. The viroidal RNA and HERV RNA can complex with prion proteins altering the prion protein conformation resulting in defective lysosomal digestion and accumulation in the neuron in Creutzfeldt Jakob's disease.[14,15]

An actinide dependent shadow biosphere of archaea and viroids in Creutzfeldt Jakob's disease is described. The porphyrins can contribute to the pathogenesis of Creutzfeldt Jakob's disease. The porphyrin synthesis is crucial in the pathogenesis of these disorders. Porphyrins may serve as regulatory molecules modulating immune, neural, endocrine, metabolic and genetic systems. The role of porphyrins in regulation of cell functions including cell death and neuro-immuno-endocrine integration is discussed. Protoporphyrins are the endogenous ligand of the peripheral benzodiazepine receptor. Protoporphyrins binding to the mitochondrial peripheral benzodiazepine receptor can mediate cell death in CJD. Protoporphyrin binds to the peripheral benzodiazepine receptor regulating steroid and digoxin synthesis. Increased porphyrin metabolites can contribute to hyperdigoxinemia. Digoxin can modulate the neuro-immuno-endocrine system. Digoxin can inhibit sodium potassium ATPase producing intracellular calcium overload and activation of the caspase cascade producing cell death. Hyperdigoxinemia has been related to neuronal degeneration and slow viral diseases like CJD. Porphyrins can combine with membranes modulating membrane function. Porphyrins binding to cell membrane can produce sodium potassium ATPase inhibition and intracellular calcium overload. This can activate the caspase cascade producing cell death in CJD. Porphyrins can combine with proteins oxidizing their tyrosine, tryptophan, cysteine and histidine residues producing crosslinking and altering protein conformation and function. Porphyrins can modulate protein conformation. Neurodegenerations like CJD are basically conformational diseases. The proteins with altered conformation resist lysosomal digestion and accumulate in the cell producing cell death. The increased porphyrin binding to proteins can produce alteration in protein conformation contributing to degenerations in CJD. Amyloid deposition in CJD is related to it. Porphyrins can complex with DNA and RNA modulating their function. Porphyrin interpolating with DNA can alter transcription and generate HERV expression. HERV expression has been related to neurodegenerations and slow viral diseases. The HERV RNA combines with prion protein altering its conformation. The conformationally altered prion protein resists digestion by lysosomal enzymes and accumulate. Heme deficiency can also result in disease states like CJD. Heme deficiency results in deficiency of heme enzymes. There is deficiency of cytochrome C oxidase and mitochondrial dysfunction. Mitochondrial dysfunction can lead to neurodegeneration in CJD. The glutathione peroxidase is dysfunctional and the glutathione system of free radical scavenging does not function. Free radical injury and dysfunction of the glutathione system is described in neurodegeneration in CJD. The cytochrome P450 enzymes involved in steroid and bile acid synthesis have reduced activity leading to steroid- cortisol and sex hormones as well as bile acid deficiency states. Bile acids are neuroprotective and deficiency of bile acids can contribute to neurodegeneration in CJD. The heme deficiency results in dysfunction of nitric oxide synthase, heme oxygenase and cystathione beta synthase resulting in lack of gasotransmitters regulating the vascular system and NMDA receptor- NO, CO and H_2S. NO, CO and H_2S can combine with iron residues in cytochrome c oxidase producing mitochondrial hibernation and cytoprotection. The deficiency of NO, CO and H_2S results in loss of this cytoprotection and neurodegeneration in CJD. Heme has got cytoprotective, neuroprotective, anti-inflammatory and antiproliferative effects. Heme deficiency can lead to cytokine mediated cell death and contribute to neurodegeneration in CJD. Heme is also involved in the stress response.[3-5]

The possibility of Warburg phenotype induced by actinide based primitive organism like archaea with a mevalonate pathway and cholesterol catabolism in CJD was considered in this paper. The Warburg phenotype results in inhibition of pyruvate dehydrogenase and the TCA cycle. The pyruvate enters the GABA shunt pathway where it is converted to succinyl CoA. The glycolytic pathway is upregulated and the glycolytic metabolite phosphoglycerate is converted to serine and glycine. Glycine and succinyl CoA are the substrates for ALA synthesis. The archaea induces the enzyme heme oxygenase. Heme oxygenase converts heme to bilirubin and biliverdin. This depletes heme from the system and results in upregulation of ALA synthase activity resulting in porphyria. Heme inhibits HIF alpha. The heme depletion results in upregulation of HIF alpha activity and further strengthening of the Warburg phenotype. The porphyrin self oxidation results in redox stress which activates HIF alpha and generates the Warburg phenotype. The Warburg phenotype results in channeling acetyl CoA for cholesterol synthesis as the TCA cycle and mitochondrial oxidative phosphorylation are blocked. The archaea uses cholesterol as an energy substrate. Porphyrin and ALA inhibits sodium potassium ATPase. This increases cholesterol synthesis by acting upon intracellular SREBP. The cholesterol is metabolized to pyruvate and then the GABA shunt pathway for ultimate use in porphyrin synthesis. The porphyrins can self organize and self replicate into macromolecular arrays. The porphyrin arrays behave like an autonomous organism and can have intramolecular electron transport generating ATP. The porphyrin macroarrays can store information and can have quantal perception. The porphyrin macroarrays serves the purpose of archaeal energetics and sensory perception. The Warburg phenotype is associated with Alzheimer's disease, Parkinson's disease and motor neuron disease. The increase in glycolytic pathway leads to increase in glyceraldehyde-3-phosphate dehydrogenase. The glyceraldehyde-3-phosphate dehydrogenase gets polyadenylated by redox activated PARP. The polyadenylated glyceraldehyde-3-phosphate dehydrogenase gets transported to the cell nucleus producing nuclear mediated cell death. The increase in glycolysis leads to increase in fructose 1,6 diphosphate which enters the pentose phosphate pathway generating NADPH leading on to NOX activation. NOX activation induces NMDA excitotoxicity and neuronal cell death. NOX activation also leads to free radical injury, mitochondrial PT pore opening and caspase cascade activity. This leads to mitochondria mediated cell death. The lymphocytes depend on glycolysis for its energy needs. The increase in glycolysis activates the immune system leading to cytokine mediated cell death. Thus the generation of the Warburg phenotype can mediate cell death. This contributes to the cell death in CJD.

The porphyrin photo-oxidation can generate free radicals which can activate NFKB. This can produce immune activation and cytokine mediated injury. The increase in porphyrins can lead to CJD. The protoporphyrins binding to mitochondrial benzodiazepine receptors can modulate immune function. Porphyrins can combine with proteins oxidizing their tyrosine, tryptophan, cysteine and histidine residues producing crosslinking and altering protein conformation and function. Porphyrins can complex with DNA and RNA modulating their structure. Porphyrin complexed with proteins and nucleic acids are antigenic and can lead onto autoimmune disease.[3,4] An autoimmune pathology has been related to neurodegenerations in CJD.

The porphyrin photo-oxidation mediated free radical injury can lead to insulin resistance and atherogenesis. Thus porphyrins can contribute to metabolic syndrome x. Glucose has got a negative effect upon ALA synthase activity. Therefore hyperglycemia may be reactive protective mechanism to increased archaeal porphyrin synthesis. The protoporphyrins binding to mitochondrial benzodiazepine receptors can modulate mitochondrial steroidogenesis and metabolism. Altered porphyrin metabolism has been described in the metabolic syndrome x.[3,4] Insulin resistance can contribute to neuronal degeneration and amyloid deposition in CJD.

The porphyrins in the blood can combine with bacteria and viruses and the photo-oxidation generated free radicals can kill them. The archaeal porphyrins can modulate bacterial and viral infections. The archaeal porphyrins are regulatory molecules keeping other prokaryotes and viruses on check.[3,4] Infections have been related to neuronal degenerations in CJD. Spiroplasma infection has been described in CJD.

The archaea and viroids can regulate the nervous system including the NMDA/GABA thalamocorticothalamic pathway mediating conscious perception. Porphyrin photo-oxidation can generate free radicals which can modulate NMDA transmission. Free radicals can increase NMDA transmission. Free radicals can induce GAD and increase GABA synthesis. ALA blocks GABA transmission and upregulates NMDA. Protoporphyrins bind to GABA receptor and promote GABA transmission. Thus porphyrins can modulate the thalamocorticothalamic pathway of conscious perception. The dipolar porphyrins, PAH and archaeal magnetite in the setting of digoxin induced sodium potassium ATPase inhibition can produce a pumped phonon system mediated Frohlich model superconducting state inducing quantal perception with nanoarchaeal sensed gravity producing the orchestrated reduction of the quantal possibilities to the macroscopic world. ALA can produce sodium potassium ATPase inhibition resulting in a pumped phonon system mediated quantal state involving dipolar porphyrins. Porphyrin molecules have a wave particle existence and can bridge the dividing line between quantal state and particulate state. Thus the porphyrins can mediate conscious and quantal perception. Porphyrins binding to proteins, nucleic acids and cell membranes can produce biophoton emission. Porphyrins by auto-oxidation can generate biophotons and are involved in quantal perception. Biophotons can mediate quantal perception. Cellular porphyrins photo-oxidation are involved in sensing of earth magnetic fields and low level biomagnetic fields. Thus prophyrins can mediate extrasensory perception. The porphyrins can modulate hemispheric dominance. There is increased porphyrin synthesis and RHCD and decreased porphyrin synthesis in LHCD. Porphyrin mediated NMDA excitotoxicity can contribute to neurodegenerations in CJD. Porphyrinuria can lead to psychiatric disorders and seizures which can coexist with neurodegeneration. Mood disorders and schizophrenia can coexist with CJD. Right hemispheric chemical dominance is associated with CJD. Protoporphyrins block acetyl choline transmission producing a vagal neuropathy with sympathetic overactivity. Blockade in cholinergic transmission can lead to dementia in CJD. Cholinergic transmission is dysfunctional in CJD. Vagal neuropathy results in immune activation and cell death in CJD. A vagal neuropathy underlines autoimmune processes as well as metabolic syndrome x and insulin resistance. A vagal neuropathy related to porphyrin accumulation can lead to neurodegenerations in CJD. Porphyrin induced increased NMDA transmission and free radical injury can contribute to neuronal degeneration in CJD. Porphyrin autooxidation related ROS generation can produce NMDA excitotoxicity. ALA accumulation can block GABA transmission which is neuroprotective.[3,4,16]

The dipolar porphyrins, PAH and archaeal magnetite in the setting of digoxin induced sodium potassium ATPase inhibition can produce a pumped phonon system mediated Frohlich model superconducting state inducing quantal perception with nanoarchaeal sensed gravity producing the orchestrated reduction of the quantal possibilities to the macroscopic world. ALA can produce sodium potassium ATPase inhibition resulting in a pumped phonon system mediated quantal state involving dipolar porphyrins. Porphyrins by autooxidation can generate biophotons and are involved in quantal perception. Biophotons can mediate quantal perception. Cellular porphyrins photo-oxidation are involved in sensing of earth magnetic fields and low level biomagnetic fields. Porphyrins can thus contribute to quantal perception. Low level electromagnetic fields and light can induce porphyrin synthesis. Low level EMF can produce ferrochelatase inhibition as well as heme oxygenase induction contributing to heme depletion, ALA synthase induction and increased porphyrin synthesis. Light also induces ALA synthase and porphyrin synthesis. The increased porphyrin synthesized can contribute to increased quantal perception and can modulate conscious perception. The porphyrin induced biophotons and quantal fields can modulate the source from which low level EMF and photic fields were generated. Thus the porphyrin generated by extraneous low level EMF and photic fields can interact with the source of low level EMF and photic fields modulating it. Thus porphyrins can serve as a bridge between the human brain and the source of low level EMF and photic fields. This serves as a mode of communication between the human brain and EMF storage devices like internet. The porphyrins can also serve as the source of communication with the environment. Environmental EMF and chemicals produce heme oxygenase induction and heme depletion increasing porphyrin synthesis, quantal perception and two-way communication. Thus induction of porphyrin synthesis can serve as a mechanism of communication between human brain and the environment by extrasensory perception. Increased exposure to low levels of EMF can lead to neurodegenerations in CJD.

Porphyrins also have evolutionary significance since porphyria is related to Scythian races and contributes to the behavioural and intellectual characteristics of this group of population. Porphyrins can intercalate into DNA and produce HERV expression. HERV RNA can get converted to DNA by reverse transcriptase which can get integrated into DNA by integrase. This tends to increase the length of the non-coding region of the DNA. The increase in non-coding region of the DNA is involved in primate and human evolution. Thus, increased rates of porphyrin synthesis would correlate with increase in non-coding DNA length. The alteration in the length of the non-coding region of the DNA contributes to the dynamic nature of the genome. Thus genetic and acquired porphyrias can lead to alteration in the non-coding region of the genome. The alteration of the length of the non-coding region of the DNA contributes to the racial and individual differences in populations. An increased length of non-coding region as well as increased porphyrin synthesis leads to increased cognitive and creative neuronal function. Porphyrins are involved in quantal perception and regulation of the thalamo-cortico-thalamic pathway of conscious perception. Thus genetic and acquired porphyrias contribute to higher cognitive and creative capacity of certain races. Porphyrias are common among Eurasian Scythian races who have assumed leadership roles in communities and groups. Porphyrins have contributed to human and primate evolution.[3,4] The neurodegenerations like CJD are common in Scythian races and most of the our patient population belong to this group.

An actinide dependent shadow biosphere of archaea and viroids in Creutzfeldt Jakob's disease is described. The porphyrins can contribute to the pathogenesis of Creutzfeldt Jakob's disease. The porphyrin synthesis is crucial in the pathogenesis of these disorders. The porphyrin synthesis is crucial in the pathogenesis of CJD. Porphyrins may serve as regulatory molecules modulating immune, neural, endocrine, metabolic and genetic systems. The porphyrins photo-oxidation generated free radicals can produce immune activation, produce cell death, activate cell proliferation, produce insulin resistance and modulate conscious/quantal perception. The porphyrins functions as key regulatory molecules with mitochondrial benzodiazepine receptors playing an important role.[3,4] Porphyrins can combine with proteins oxidizing their tyrosine, tryptophan, cysteine and histidine residues producing crosslinking and altering protein conformation and function. Porphyrins can modulate protein conformation. Slow viral diseases are basically conformational diseases. The proteins with altered conformation resist lysosomal digestion and accumulate in the cell producing cell death. This contributes to the pathology of Creutzfeldt Jakob's disease. Heme deficiency can produce cytochrome C oxidase deficiency and mitochondrial dysfunction contributing to neurodegeneration. Heme deficiency can lead to deficiency of glutathione peroxidase and produce dysfunction of glutathione system of free radicals scavenging leading to cell death. Protoporphyrins can bind to peripheral benzodiazepine receptor producing cell death. Porphyrin autooxidation related free radical injury can activate NFKB inducing cytokine mediated cell death. Porphyrin autooxidation related free radical injury can open the mitochondrial PT pore and produce leakage of cyto C activating the caspase cascade. Porphyrins can intercalate into the cell membrane inducing sodium-potassium ATPase inhibition and intracellular calcium overload activating the caspase cascade. Protoporphyrins binding to the peripheral benzodiazepine receptor can induce steroidal endogenous digoxin synthesis producing digoxin mediated cell death. Thus porphyrins are key molecules inducing cell death and the porphyrin metabolic pathway dysfunction is the key molecular abnormality underlying Creutzfeldt Jakob's disease.

Referências

1   Eckburg P.B., Lepp, P.W., Relman, D.A. (2003). Archaea and their potential role in human disease, *Infect Immun,* 71, 591-596.

2   Smit A., Mushegian, A. (2000). Biosynthesis of isoprenoids via mevalonate in Archaea: the lost pathway, *Genome Res,* 10(10), 1468-84.

3   Puy, H., Gouya, L., Deybach, J.C. (2010). Porphyrias. *The Lancet,* 375(9718), 924 – 937.

4   Kadish, K.M., Smith, K.M., Guilard, C. (1999). *Porphyrin Hand Book.* Academic Press, Nova Iorque: Elsevier.

5   Gavish M., Bachman, I., Shoukrun, R., Katz, Y., Veenman, L., Weisinger, G.,Weizman,A. (1999). Enigma of the Peripheral Benzodiazepine Receptor. *Pharmacological Reviews,* 51(4), 629-650.

6   Richmond W. (1973). Preparation and properties of a cholesterol oxidase from nocardia species and its application to the enzymatic assay of total cholesterol in serum, *Clin Chem,* 19, 1350-1356.

7   Snell E.D., Snell, C.T. (1961). *Métodos Colorimétricos de Análise.* Vol 3A. Nova Iorque: Van NoStrand.

8   Glick D. (1971). *Métodos de Análise Bioquímica.* Vol 5. Nova Iorque: Interscience Publishers.

9   Colowick, Kaplan, N.O. (1955). *Métodos em Enzimologia.* Vol 2. Nova Iorque: Imprensa académica.

10   Van der Geize R., Yam, K., Heuser, T., Wilbrink, M.H., Hara, H., Anderton, M.C. (2007). A gene cluster encoding cholesterol catabolism in a soil actinomycete provides insight into Mycobacterium tuberculosis survival in macrophages, *Proc Natl Acad Sci USA,* 104(6), 1947-52.

11   Francis A.J. (1998). Biotransformation of uranium and other actinides in radioactive wastes, *Journal of Alloys and Compounds,* 271(273), 78-84.

12   Schoner W. (2002). Endogenous cardiac glycosides, uma nova classe de hormonas esteróides, *Eur J Biochem,* 269, 2440-2448.

13   Vainshtein M., Suzina, N., Kudryashova, E., Ariskina, E. (2002). New Magnet-Sensitive Structures in Bacterial and Archaeal Cells, *Biol Cell,* 94(1), 29-35.

14   Tsagris E.M., de Alba, A.E., Gozmanova, M., Kalantidis, K. (2008). Viroids, *Cell Microbiol,* 10, 2168.

15   Horie M., Honda, T., Suzuki, Y., Kobayashi, Y., Daito, T., Oshida, T. (2010). Elementos endógenos não retrovirais do vírus RNA em genomas de mamíferos, *Nature,* 463, 84-87.

16   Kurup R., Kurup, P.A. (2009). *Digoxina hipotalâmica, dominância cerebral e função cerebral na saúde e nas doenças.* Nova Iorque: Nova Science Publishers.

CHAPTER 48

THE PORPHYRIONS AND SYSTEMIC DISEASES- PORPHYRIONS INDUCE CIRRHOSIS LIVER, CHRONIC RENAL FAILURE, VASCULAR THROMBOSIS, CHRONIC OBSTRUCTIVE PULMONARY DISEASE AND INTERSTITIAL LUNG DISEASE

Introdução

Actinidic archaea have been related to the pathogenesis of cirrhosis liver, chronic renal failure, interstitial lung disease, chronic obstructive pulmonary disease and vascular thrombosis. An actinide dependent shadow biosphere of archaea and viroids in the above mentioned disease states is described. Actinidic archaea have a mevalonate pathway and are cholesterol catabolizing.[1-5] They can use cholesterol as a carbon and energy source. Archaeal cholesterol catabolism can generate porphyrins via the cholesterol ring oxidase generated pyruvate and GABA shunt pathway. Archaea can produce a secondary porphyria by inducing the enzyme heme oxygenase resulting in heme depletion and activation of the enzyme ALA synthase. Porphyrins have been related to cirrhosis liver, chronic renal failure, interstitial lung disease, chronic obstructive pulmonary disease and vascular thrombosis. The role of archaeal porphyrins in regulation of cell functions and neuro-immuno-endocrine integration is discussed.[1-5] They can function as self replicating supramolecular organisms which can be called as porphyrions.

Materiais e Métodos

The following groups of systemic disease were included in the study:- cirrhosis liver, chronic renal failure, interstitial lung disease, chronic obstructive pulmonary disease and vascular thrombosis. There were 10 patients in each group and each patient had an age and sex matched healthy control selected randomly from the general population. There were also 10 normal people with right hemispheric dominance, left hemispheric dominance and bi-hemispheric dominance selected from the general population. The blood samples were drawn in the fasting state before treatment was initiated. Plasma from fasting heparinised blood was used and the experimental protocol was as follows (I) Plasma+phosphate buffered saline, (II) same as I+cholesterol substrate, (III) same as II+rutile 0.1 mg/ml, (IV) same as II+ciprofloxacine and doxycycline each in a concentration of 1 mg/ml. Cholesterol substrate was prepared as described by Richmond. Aliquots were withdrawn at zero time immediately after mixing and after incubation at 37°C for 1 hour. The following estimations were carried out:- Cytochrome F420, free RNA, free DNA, polycyclic aromatic hydrocarbon, hydrogen peroxide, pyruvate, ammonia, glutamate, delta aminolevulinic acid, succinate, glycine and digoxin. Cytochrome F420 was estimated flourimetrically (excitation wavelength 420 nm and emission wavelength 520 nm). Polycyclic aromatic hydrocarbon was estimated by measuring hydrogen peroxide liberated by using glucose reagent. The study also involved estimating the following parameters in the patient population- digoxin, bile acid, hexokinase, porphyrins, pyruvate, glutamate, ammonia, acetyl CoA, acetyl choline, HMG CoA reductase, cytochrome C, blood ATP, ATP synthase, ERV RNA (endogenous retroviral RNA), H_2O_2 (hydrogen peroxide), NOX (NADPH oxidase), TNF alpha and heme oxygenase.[6-9] Informed consent of the subjects and the approval of the ethics committee were obtained for the study. The statistical analysis was done by ANOVA.

Resultados

O plasma dos sujeitos de controlo mostrou níveis aumentados dos parâmetros acima mencionados com após incubação durante 1 hora e a adição de substrato de colesterol resultou num aumento ainda mais significativo destes parâmetros. O plasma dos pacientes mostrou resultados semelhantes, mas a extensão do aumento foi maior. A adição de antibióticos ao plasma de controlo causou uma diminuição em todos os parâmetros enquanto que a adição de rutilo aumentou os seus níveis. A adição de antibióticos ao plasma do paciente causou uma diminuição em todos os parâmetros enquanto que a adição de rutilo aumentou os seus níveis mas a extensão da mudança foi maior nos soros dos pacientes em comparação com os controlos. Os resultados são expressos na secção 1: tabelas 1-6 como mudança percentual nos parâmetros após 1 hora de incubação, em comparação com os valores a tempo zero. Houve síntese não-preparada de porfirina arqueal na população de doentes, que era de origem arqueal como indicado pela catálise actinídea das reacções. A via de oxidase do colesterol gerou piruvato que entrou na via de derivação GABA. Isto resultou na síntese de succinato e glicina que são substratos da ALA synthase.

The study showed the patient's blood and right hemispheric dominance had increased heme oxygenase activity and porphyrins. The hexokinase activity was high. The pyruvate, glutamate and ammonia levels were elevated indicating blockade of PDH activity, and operation of the GABA shunt pathway. The acetyl CoA levels were low and acetyl choline was decreased. The cyto C levels were increased in the serum indicating mitochondrial dysfunction suggested by low blood ATP levels. This was indicative of the Warburg's phenotype. There were increased NOX and TNF alpha levels indicating immune activation. The HMG CoA reductase activity was high indicating cholesterol synthesis. The bile acid levels were low indicating depletion of cytochrome P450. The normal population with right hemispheric dominance had values resembling the patient population with increased porphyrin synthesis. The normal population with left hemispheric dominance had low values with decreased porphyrin synthesis.

Quadro 1. Efeito do rutilo e dos antibióticos no citocromo F420 e HAP

Grupo	CYT F420 % (Aumento com Rutilo)		CYT F420 % (Diminuir com Doxy+Cipro)		PAH % mudança (Aumento com Rutilo)		PAH % mudança (Diminuir com Doxy+Cipro)	
	Média	$\pm$ SD	Média	$\pm$ SD	Média	$\pm$ SD	Média	$\pm$ SD
Normal	4.48	0.15	18.24	0.66	4.45	0.14	18.25	0.72
COPD	23.46	1.87	59.27	8.86	22.67	2.29	57.69	5.29
ILD	22.79	2.13	55.90	7.29	22.84	1.42	66.07	3.78
CAD/CVA	22.59	1.86	57.05	8.45	23.40	1.55	65.77	5.27
CRF	22.06	1.61	57.81	6.04	23.46	1.91	61.56	4.61
CLD	22.70	1.87	60.46	8.06	23.73	1.38	65.20	6.20
	F valor 306,749		F valor 130.054		F valor 391.318		F valor 257.996	
	Valor P < 0,001		Valor P < 0,001		Valor P < 0,001		Valor P < 0,001	

Quadro 2. Efeito do rutilo e dos antibióticos no ARN e ADN livres

Grupo	ADN % mudança (Aumento com Rutilo)		ADN % mudança (Diminuir com Doxy+Cipro)		RNA % mudança (Aumento com Rutilo)		RNA % mudança (Diminuir com Doxy+Cipro)	
	Média	$\pm$ SD	Média	$\pm$ SD	Média	$\pm$ SD	Média	$\pm$ SD
Normal	4.37	0.15	18.39	0.38	4.37	0.13	18.38	0.48
COPD	23.40	1.51	63.68	4.66	23.08	1.87	65.09	3.48
ILD	22.42	1.99	61.14	3.47	23.78	1.20	66.90	4.10
CAD/CVA	23.01	1.67	65.35	3.56	23.33	1.86	66.46	3.65
CRF	23.30	1.42	65.07	4.95	23.11	1.52	66.68	3.97
CLD	22.29	2.05	58.70	7.34	22.29	2.05	67.03	5.97
	Valor F 337.577		F valor 356.621		Valor F 427.828		Valor F 654.453	
	Valor P < 0,001		Valor P < 0,001		Valor P < 0,001		Valor P < 0,001	

Table 3. Effect of rutile and antibiotics on digoxin and delta aminolevulinic acid

Grupo	Digoxina (ng/ml) (Aumento com Rutilo)		Digoxina (ng/ml) (Diminuir com Doxy+Cipro)		ALA % (Aumento com Rutilo)		ALA % (Diminuir com Doxy+Cipro)	
	Média	$\pm$ SD	Média	$\pm$ SD	Média	$\pm$ SD	Média	$\pm$ SD
Normal	0.11	0.00	0.054	0.003	4.40	0.10	18.48	0.39
COPD	0.51	0.05	0.199	0.027	22.83	1.90	67.23	3.45
ILD	0.54	0.04	0.210	0.042	23.34	1.75	66.80	3.43
CAD/CVA	0.47	0.04	0.202	0.025	22.87	1.84	66.31	3.68
CRF	0.53	0.06	0.212	0.045	23.17	1.88	68.53	2.65
CLD	0.51	0.05	0.213	0.033	22.29	2.05	61.91	7.56
	Valor F 135,116		Valor F 71.706		Valor F 372.716		F valor 556.411	
	Valor P < 0,001		Valor P < 0,001		Valor P < 0,001		Valor P < 0,001	

Quadro 4. Efeito do rutilo e dos antibióticos no succinato e na glicina

Grupo	Succinate % Succinate (Aumento com Rutilo)		Succinate % Succinate (Diminuir com Doxy+Cipro)		Glycine % mudança (Aumento com Rutilo)		Glycine % mudança (Diminuir com Doxy+Cipro)	
	Média	$\pm$ SD	Média	$\pm$ SD	Média	$\pm$ SD	Média	$\pm$ SD
Normal	4.41	0.15	18.63	0.12	4.34	0.15	18.24	0.37
COPD	22.28	1.52	64.05	2.79	22.82	1.56	64.61	4.95
ILD	23.43	1.57	66.30	3.57	22.98	1.50	65.13	4.87
CAD/CVA	23.70	1.75	68.06	3.52	23.81	1.49	64.89	6.01
CRF	22.92	2.14	67.54	3.65	21.93	2.29	63.70	5.63
CLD	22.29	1.33	65.38	3.62	22.13	2.14	66.26	3.93
	Valor F 403.394		Valor F 680.284		Valor F 348.867		Valor F 364,999	
	Valor P < 0,001		Valor P < 0,001		Valor P < 0,001		Valor P < 0,001	

Quadro 5. Efeito do rutilo e dos antibióticos sobre o piruvato e o glutamato

Grupo	Pyruvate % mudança (Aumento com Rutilo)		Pyruvate % mudança (Diminuir com Doxy+Cipro)		Glutamato (Aumento com Rutilo)		Glutamato (Diminuir com Doxy+Cipro)	
	Média	$\pm$ SD	Média	$\pm$ SD	Média	$\pm$ SD	Média	$\pm$ SD
Normal	4.34	0.21	18.43	0.82	4.21	0.16	18.56	0.76
COPD	20.94	1.54	62.76	8.52	23.33	1.79	62.50	5.56
ILD	21.19	1.61	58.57	7.47	22.53	2.41	64.29	5.44
CAD/CVA	20.67	1.38	58.75	8.12	23.23	1.88	65.11	5.14
CRF	21.07	1.79	63.90	7.13	22.47	2.17	65.97	4.62
CLD	22.29	2.05	62.37	5.05	21.66	1.94	67.03	5.97
	Valor F 321.255		F valor 115.242		F valor 292.065		Valor F 317.966	
	Valor P < 0,001		Valor P < 0,001		Valor P < 0,001		Valor P < 0,001	

Table 6. Effect of rutile and antibiotics on hydrogen peroxide and ammonia

Grupo	H2O2 % (Aumento com Rutilo)		H2O2 % (Diminuir com Doxy+Cipro)		Amoníaco % (Aumento com Rutilo)		Amoníaco % (Diminuir com Doxy+Cipro)	
	Média	± SD	Média	± SD	Média	± SD	Média	± SD
Normal	4.43	0.19	18.13	0.63	4.40	0.10	18.48	0.39
COPD	23.81	1.19	61.08	7.38	22.83	1.90	67.23	3.45
ILD	23.35	1.76	59.17	3.33	23.34	1.75	66.80	3.43
CAD/CVA	23.27	1.53	58.91	6.09	22.87	1.84	66.31	3.68
CRF	22.86	1.91	63.66	6.88	23.17	1.88	68.53	2.65
CLD	23.29	1.67	60.52	5.38	22.29	2.05	61.91	7.56
	Valor F 380,721		Valor F 171.228		Valor F 372.716		F valor 556.411	
	Valor P < 0,001		Valor P < 0,001		Valor P < 0,001		Valor P < 0,001	

Secção 2: Estudo do paciente

Quadro 1

Grupo	Digoxina RBC (ng/ml RBC Susp)		Citocromo F 420		HERV RNA (ug/ml)		H2O2 (umol/ml RBC)	
	Média	± SD	Média	± SD	Média	± SD	Média	± SD
NO/BHCD	0.58	0.07	1.00	0.00	17.75	0.72	177.43	6.71
RHCD	1.41	0.23	4.00	0.00	55.17	5.85	278.29	7.74
LHCD	0.18	0.05	0.00	0.00	8.70	0.90	111.63	5.40
CAD	1.22	0.16	4.00	0.00	50.00	5.91	280.89	13.79
CVA	1.33	0.27	4.00	0.00	51.06	4.83	287.33	9.47
CRF	1.26	0.26	4.00	0.00	49.39	5.51	285.51	8.79
CLD	1.50	0.20	4.00	0.00	46.82	4.73	275.97	10.66
COPD	1.40	0.32	4.00	0.00	46.37	4.87	290.37	9.10
ILD	1.51	0.29	4.00	0.00	47.47	4.34	287.49	9.81
Valor F	60.288		0.001		194.418		713.569	
Valor P	< 0.001		< 0.001		< 0.001		< 0.001	

Quadro 2

Grupo	NOX (OD dif/hr/mgpro)		TNF ALP (pg/ml)		ALA (umol24)		PBG (umol24)	
	Média	$\pm$ SD	Média	$\pm$ SD	Média	$\pm$ SD	Média	$\pm$ SD
NO/BHCD	0.012	0.001	17.94	0.59	15.44	0.50	20.82	1.19
RHCD	0.036	0.008	78.63	5.08	63.50	6.95	42.20	8.50
LHCD	0.007	0.001	9.29	0.81	3.86	0.26	12.11	1.34
CAD	0.038	0.009	78.15	3.72	66.66	7.77	47.00	3.81
CVA	0.037	0.007	77.59	5.24	69.02	4.86	46.33	4.01
CRF	0.039	0.008	81.36	5.37	67.61	5.55	46.81	4.62
CLD	0.037	0.010	77.61	4.42	66.28	6.55	48.23	2.36
COPD	0.039	0.010	79.38	5.14	67.86	5.65	44.08	2.81
ILD	0.035	0.008	80.04	4.69	64.76	5.23	44.82	3.46
Valor F	44.896		427.654		295.467		183.296	
Valor P	< 0.001		< 0.001		< 0.001		< 0.001	

Quadro 3

Grupo	Uroporfirina (nmol24)		Coproporfirina (nmol/24)		Protoporfirina (unidade Ab)		Heme (uM)	
	Média	$\pm$ SD	Média	$\pm$ SD	Média	$\pm$ SD	Média	$\pm$ SD
NO/BHCD	50.18	3.54	137.94	4.75	10.35	0.38	30.27	0.81
RHCD	250.28	23.43	389.01	54.11	42.46	6.36	12.47	2.82
LHCD	9.51	1.19	64.33	13.09	2.64	0.42	50.55	1.07
CAD	314.01	17.82	426.14	24.28	49.51	2.27	11.39	1.10
CVA	320.85	24.73	402.16	33.80	46.74	4.28	11.26	0.95
CRF	301.78	48.22	427.57	33.55	49.66	4.41	12.03	1.40
CLD	276.51	16.66	436.44	25.65	50.56	1.63	11.92	1.33
COPD	303.86	13.91	441.58	25.51	47.86	3.34	12.13	1.10
ILD	300.90	31.96	443.22	38.14	51.37	4.86	12.61	2.00
Valor F	160.533		279.759		424.198		1472.05	
Valor P	< 0.001		< 0.001		< 0.001		< 0.001	

Quadro 4

Grupo	Bilirubin (mg/dl)		Biliverdin (unidade Ab)		ATP Synthase (umol/gHb)		SE ATP (umol/dl)	
	Média	± SD	Média	± SD	Média	± SD	Média	± SD
NO/BHCD	0.55	0.02	0.030	0.001	0.36	0.13	0.42	0.11
RHCD	1.70	0.20	0.067	0.011	2.73	0.94	2.24	0.44
LHCD	0.21	0.00	0.017	0.001	0.09	0.01	0.02	0.01
CAD	1.75	0.12	0.080	0.007	2.99	0.65	1.57	0.37
CVA	1.82	0.10	0.079	0.009	2.98	0.78	1.49	0.27
CRF	1.76	0.22	0.070	0.012	3.14	0.57	1.53	0.33
CLD	1.81	0.10	0.076	0.009	3.01	0.47	1.32	0.26
COPD	1.78	0.24	0.067	0.014	2.92	0.55	1.35	0.29
ILD	1.79	0.07	0.074	0.009	3.12	0.60	1.56	0.48
Valor F	370.517		59.963		54.754		67.588	
Valor P	< 0.001		< 0.001		< 0.001		< 0.001	

Quadro 5

Grupo	Cyto C (ng/ml)		Lactato (mg/dl)		Pyruvate (umol/l)		RBC Hexokinase (ug glu fos/ hr/mgpro)	
	Média	± SD	Média	± SD	Média	± SD	Média	± SD
NO/BHCD	2.79	0.28	7.38	0.31	40.51	1.42	1.66	0.45
RHCD	12.39	1.23	25.99	8.10	100.51	12.32	5.46	2.83
LHCD	1.21	0.38	2.75	0.41	23.79	2.51	0.68	0.23
CAD	11.51	0.47	22.83	0.82	97.29	12.45	8.88	3.09
CVA	12.74	0.80	23.03	1.26	103.25	9.49	7.87	2.72
CRF	12.66	1.01	23.42	1.20	97.38	10.76	7.75	3.08
CLD	12.81	0.90	26.20	5.29	97.77	13.24	8.99	3.27
COPD	12.84	0.74	23.64	1.43	96.19	12.15	10.12	1.75
ILD	12.72	0.92	25.35	5.52	103.32	13.04	9.44	3.40
Valor F	445.772		162.945		154.701		18.187	
Valor P	< 0.001		< 0.001		< 0.001		< 0.001	

Quadro 6

Grupo	ACOA (mg/dl)		ACH (ug/ml)		Glutamato (mg/dl)	
	Média	± SD	Média	± SD	Média	± SD
NO/BHCD	8.75	0.38	75.11	2.96	0.65	0.03
RHCD	2.51	0.36	38.57	7.03	3.19	0.32
LHCD	16.49	0.89	91.98	2.89	0.16	0.02
CAD	2.37	0.44	49.19	6.86	3.61	0.28
CVA	2.25	0.44	37.45	7.93	3.31	0.43
CRF	2.24	0.32	37.52	4.37	3.26	0.43
CLD	2.13	0.17	46.20	4.95	3.25	0.40
COPD	2.51	0.42	45.51	7.56	3.11	0.36
ILD	2.19	0.19	42.48	8.62	3.27	0.39
Valor F	1871.04		116.901		200.702	
Valor P	< 0.001		< 0.001		< 0.001	

501

Quadro 7

Grupo	Se. Amoníaco (ug/dl)		HMG Co A (HMG CoA/MEV)		Ácido biliar (mg/ml)	
	Média	$\pm$ SD	Média	$\pm$ SD	Média	$\pm$ SD
NO/BHCD	50.60	1.42	1.70	0.07	79.99	3.36
RHCD	93.43	4.85	1.16	0.10	25.68	7.04
LHCD	23.92	3.38	2.21	0.39	140.40	10.32
CAD	93.93	4.86	1.07	0.12	24.55	6.26
CVA	103.18	27.27	1.05	0.09	22.39	3.35
CRF	98.76	11.12	1.03	0.10	26.47	5.30
CLD	94.77	2.86	1.04	0.10	24.91	5.06
COPD	92.40	4.34	1.12	0.08	24.37	4.38
ILD	95.37	5.76	1.08	0.08	25.17	3.80
Valor F	61.645		159.963		635.306	
Valor P	< 0.001		< 0.001		< 0.001	

<u>Abreviaturas</u>

NO/BHCD- Dominância química normal/Bi-hemisférica

RHCD- Domínio químico hemisférico direito

LHCD- Domínio químico hemisférico esquerdo

CAD- Coronary artery disease

CVA- Cerebrovascular accident

CRF- Chronic renal failure

CLD- Chronic liver disease

COPD- Chronic obstructive pulmonary disease

ILD- Interstitial lung disease

Discussion

Houve um aumento do citocromo F420, indicando um crescimento arqueológico. O arcaico pode sintetizar e utilizar o colesterol como fonte de carbono e energia. [2,10] A origem arqueal das actividades enzimáticas foi indicada pela supressão induzida por antibióticos. O estudo indica a presença de arquebactérias baseadas em actinídeos com enzimas alternativas baseadas em actinídeos ou metalloenzimas no sistema, como indicado pelo aumento induzido rutilo das actividades enzimáticas. [11] A actividade da beta-hidroxil esteroide desidrogenase do arquebactéria indica a síntese de digoxina. [12] A actividade do colesterol oxidase arqueal foi aumentada resultando na geração de piruvato e peróxido de hidrogénio. [10] O piruvato é convertido em glutamato e amoníaco pela via de derivação GABA. O piruvato é convertido em glutamato por transaminase de glutamato de soro piruvato. O glutamato é convertido em glutamato desidrogenase para gerar cetoglutarato alfa e amoníaco. A alanina é mais comummente produzida pela aminação redutiva da piruvato através da alanina transaminase. Esta reacção reversível envolve a interconversão de alanina e piruvato, associada à interconversão de alfa-ketoglutarato (2-oxoglutarato) e glutamato. A alanina pode contribuir para a glicina. O glutamato é actuado pela decarboxilase do ácido glutâmico para gerar GABA. GABA é convertido em semialdeído succínico pela transaminase GABA. A semialdeído succínico é convertido em ácido succínico por semialdeído succinico desidrogenase. Glycine combina com succinil CoA para gerar ácido aminolevulínico delta catalisado pela enzima ALA synthase. Havia síntese de porfirina arqueal upregulada na população de doentes que era de origem arqueal como indicado pela catálise actinídea das reacções. A via da oxidase do colesterol gerou piruvato que entrou na via de derivação GABA. Isto resultou na síntese de succinato e glicina que são substratos da ALA synthase. A arcaea pode sofrer a mineralização de magnetite e carbonato de cálcio e pode existir como nanoformas calcificadas. [13]

The porphyrins can contribute to the pathogenesis of cirrhosis liver, chronic renal failure, interstitial lung disease, chronic obstructive pulmonary disease and vascular thrombosis. The porphyrins can undergo photo-oxidation and auto-oxidation generating free radicals. The archaeal porphyrins can produce free radical injury. Free radicals produce NFKB activation, open the mitochondrial PT pore resulting in cell death, produce oncogene activation, activate NMDA receptor and GAD enzyme regulating neurotransmission and generates the Warburg phenotypes activating glycolysis and inhibiting TCA cycle/oxphos. Porphyrins have been related to cirrhosis liver, chronic renal failure, interstitial lung disease, chronic obstructive pulmonary disease and vascular thrombosis. The porphyrins can complex and intercalate with the cell membrane producing sodium potassium ATPase inhibition adding on to digoxin mediated inhibition. Porphyrins can complex with proteins and nucleic acid producing biophoton emission. Porphyrins complexing with proteins can modulate protein structure and function. Porphyrins complexing with DNA and RNA can modulate transcription and translation. The porphyrin especially protoporphyrins can bind to peripheral benzodiazepine receptors in the mitochondria and modulate its function, mitochondrial cholesterol transport and steroidogenesis. Peripheral benzodiazepine receptor modulation by protoporphyrins can regulate cell death, cell proliferation, immunity and neural functions. The porphyrin photo-oxidation generates free radicals which can modulate enzyme function. Redox stress modulated enzymes include pyruvate dehydrogenase, nitric oxide synthase, cystathione beta synthase and heme oxygenase. Free radicals can modulate mitochondrial PT pore function. Free radicals can modulate cell membrane function and inhibit sodium potassium ATPase activity. Thus the porphyrins are key regulatory molecules modulating all aspects of cell function.[3-5] There was an increase in free RNA indicating self replicating RNA viroids and free DNA indicating generation of viroid complementary DNA strands by archaeal reverse transcriptase activity. The actinides and porphyrins modulate RNA folding and catalyse its ribozymal action. Digoxin can cut and paste the viroidal strands by modulating RNA splicing generating RNA viroidal diversity. The viroids are evolutionarily escaped archaeal group I introns which have retrotransposition and self splicing qualities. Archaeal pyruvate producing histone deacetylase inhibition and porphyrins intercalating with DNA can produce endogenous retroviral (HERV) reverse transcriptase and integrase expression. This can integrate the RNA viroidal complementary DNA into the noncoding region of eukaryotic non coding DNA using HERV integrase as has been described for borna and ebola viruses. The archaea and viroids can also induce cellular porphyrin synthesis. Bacterial and viral infections can precipitate porphyria. The viroids can contribute to the pathogenesis of cirrhosis liver, chronic renal failure, interstitial lung disease, chronic obstructive pulmonary disease and vascular thrombosis. Viroids can modulate cell function by RNA interference. Thus porphyrins can regulate genomic function. The increased expression of HERV RNA can also result in cirrhosis liver, chronic renal failure, interstitial lung disease, chronic obstructive pulmonary disease and vascular thrombosis. HERV RNA can also modulate cell function by RNA interference.[14,15]

The possibility of Warburg phenotype induced by actinide based primitive organism like archaea with a mevalonate pathway and cholesterol catabolism in cirrhosis liver, chronic renal failure, interstitial lung disease, chronic obstructive pulmonary disease and vascular thrombosis was considered in this paper. The Warburg phenotype results in inhibition of pyruvate dehydrogenase and the TCA cycle. The pyruvate enters the GABA shunt pathway where it is converted to succinyl CoA. The glycolytic pathway is upregulated and the glycolytic metabolite phosphoglycerate is converted to serine and glycine. Glycine and succinyl CoA are the substrates for ALA synthesis. The archaea induces the enzyme heme oxygenase. Heme oxygenase converts heme to bilirubin and biliverdin. This depletes heme from the system and results in upregulation of ALA synthase activity resulting in porphyria. Heme inhibits HIF alpha. The heme depletion results in upregulation of HIF alpha activity and further strengthening of the Warburg phenotype. The porphyrin self oxidation results in redox stress which activates HIF alpha and generates the Warburg phenotype. Heme deficiency results in cytochrome C oxidase dysfunction and mitochondrial dysfunction. The Warburg phenotype results in channeling acetyl CoA for cholesterol synthesis as the TCA cycle and mitochondrial oxidative phosphorylation are blocked. The archaea uses cholesterol as an energy substrate. Porphyrin and ALA inhibits sodium potassium ATPase. This increases cholesterol synthesis by acting upon intracellular SREBP. The cholesterol is metabolized to pyruvate and then the GABA shunt pathway for ultimate use in porphyrin synthesis. The porphyrins can self organize and self replicate into macromolecular arrays. The porphyrin arrays behave like an autonomous organism and can have intramolecular electron transport generating ATP. The porphyrin macroarrays can store information and can have quantal perception. The porphyrin macroarrays serves the purpose of archaeal energetics and sensory perception. The Warburg phenotype is associated with cirrhosis liver, chronic renal failure, interstitial lung disease, chronic obstructive pulmonary disease and vascular thrombosis. Mitochondrial dysfunction can contribute to the pathogenesis of cirrhosis liver, chronic renal failure, interstitial lung disease, chronic obstructive pulmonary disease and vascular thrombosis. The upregulated glycolysis results in channeling of glycolytic metabolite fructose 1,6 diphosphate to the pentose phosphate pathway generating NADPH. NADPH activates the NOX enzyme which generates H_2O_2 producing redox stress. Redox stress is related to the pathogenesis of cirrhosis liver, chronic renal failure, interstitial lung disease, chronic obstructive pulmonary disease and vascular thrombosis. The channeling of fructose 1,6 diphosphate to the pentose phosphate pathway results in generation of amino sugars involved in mucopolysaccharide biosynthesis. This results in connective tissue deposition in organ systems contributing to the pathogenesis of cirrhosis liver, chronic renal failure, interstitial lung disease, chronic obstructive pulmonary disease and vascular thrombosis. The upregulated glycolysis results in immune activation as lymphocytes depend on glycolysis for its energy needs. This results in cytokine related tissue injury contributing to the pathogenesis of cirrhosis liver, chronic renal failure, interstitial lung disease, chronic obstructive pulmonary disease and vascular thrombosis.

The role of porphyrins in regulation of cell functions and neuro-immuno-endocrine integration and its dysfunction is discussed in the setting of cirrhosis liver, chronic renal failure, interstitial lung disease, chronic obstructive pulmonary disease and vascular thrombosis. Protoporphyrin binds to the peripheral benzodiazepine receptor regulating steroid and digoxin synthesis. Increased porphyrin metabolites can contribute to hyperdigoxinemia. Digoxin can modulate the neuro-immuno-endocrine system. Digoxin can produce membrane sodium potassium ATPase inhibition resulting in increased intracellular calcium. Porphyrins can combine with membranes modulating membrane function and producing sodium potassium ATPase inhibition. The increased intracellular calcium can activate NFKB producing immune activation and produce mitochondrial dysfunction. This contributes to the pathogenesis of cirrhosis liver, chronic renal failure, interstitial lung disease, chronic obstructive pulmonary disease and vascular thrombosis. Hyperdigoxinemia has been detected in cirrhosis liver, chronic renal failure, interstitial lung disease, chronic obstructive pulmonary disease and vascular thrombosis. Porphyrins can combine with proteins oxidizing their tyrosine, tryptophan, cysteine and histidine residues producing crosslinking and altering protein conformation and function. This can contribute to protein processing defects and impaired lysosomal digestion of the defectively processed proteins which accumulates in tissues. This can contribute to the pathogenesis of cirrhosis liver, chronic renal failure, interstitial lung disease, chronic obstructive pulmonary disease and vascular thrombosis. Porphyrins can complex with DNA and RNA modulating their function. Porphyrin interpolating with DNA can alter transcription and generate HERV expression. HERV expression can contribute to the pathogenesis of these systemic diseases- cirrhosis liver, chronic renal failure, interstitial lung disease, chronic obstructive pulmonary disease and vascular thrombosis. Heme deficiency can also result in disease states. Heme deficiency results in deficiency of heme enzymes. There is deficiency of cytochrome C oxidase and mitochondrial dysfunction.

Mitochondrial dysfunction can also contribute to the pathogenesis of these systemic diseases- cirrhosis liver, chronic renal failure, interstitial lung disease, chronic obstructive pulmonary disease and vascular thrombosis. The glutathione peroxidase is dysfunctional and the glutathione system of free radical scavenging does not function. Redox stress can contribute to the pathogenesis of these systemic diseases- cirrhosis liver, chronic renal failure, interstitial lung disease, chronic obstructive pulmonary disease and vascular thrombosis. The cytochrome P450 enzymes involved in steroid and bile acid synthesis have reduced activity leading to steroid- cortisol and sex hormones, activated vitamin D as well as bile acid deficiency states. Bile acids are tissue protective. Bile acids like lithocholic acid bind to VDR receptor. Bile acid and activated vitamin D deficiency can lead to immune activation and cytokine injury in systemic diseases- cirrhosis liver, chronic renal failure, interstitial lung disease, chronic obstructive pulmonary disease and vascular thrombosis. The heme deficiency results in dysfunction of nitric oxide synthase, heme oxygenase and cystathione beta synthase resulting in lack of gasotransmitters regulating the vascular system and NMDA receptor- NO, CO and H_2S. Deficiency of gasotransmitters can contribute to vasospasm and vascular thrombosis. NO, CO and H_2S can combine with cytochrome c oxidase producing mitochondrial hibernation and tissue protection. Loss of gasotransmitters related mitochondrial hibernation can contribute to the pathogenesis of these systemic diseases- cirrhosis liver, chronic renal failure, interstitial lung disease, chronic obstructive pulmonary disease and vascular thrombosis. Heme has got cytoprotective, neuroprotective, anti-inflammatory and antiproliferative effects. Heme is also involved in the stress response. Heme deficiency leads to cirrhosis liver, chronic renal failure, interstitial lung disease, chronic obstructive pulmonary disease and vascular thrombosis.[3-5]

The porphyrin photo-oxidation can generate free radicals which can activate NFKB. This can produce immune activation and cytokine mediated injury. The increase in porphyrins can lead to cirrhosis liver, chronic renal failure, interstitial lung disease, chronic obstructive pulmonary disease and vascular thrombosis. The protoporphyrins binding to mitochondrial benzodiazepine receptors can modulate immune function. Immune activation and cytokine mediated tissue injury is related to the pathogenesis of systemic diseases- cirrhosis liver, chronic renal failure, interstitial lung disease, chronic obstructive pulmonary disease and vascular thrombosis. Porphyrins can combine with proteins oxidizing their tyrosine, tryptophan, cysteine and histidine residues producing crosslinking and altering protein conformation and function. Porphyrins can complex with DNA and RNA modulating their structure. Porphyrin complexed with proteins and nucleic acids are antigenic and can lead onto autoimmune disease.[3,4] Autoantibodies are related to the pathogenesis of cirrhosis liver, chronic renal failure, interstitial lung disease, chronic obstructive pulmonary disease and vascular thrombosis. The porphyrin photo-oxidation mediated free radical injury can lead to insulin resistance and atherogenesis. Thus archaeal porphyrins can contribute to metabolic syndrome x. Glucose has got a negative effect upon ALA synthase activity. Therefore hyperglycemia may be reactive protective mechanism to increased archaeal porphyrin synthesis. The protoporphyrins binding to mitochondrial benzodiazepine receptors can modulate mitochondrial steroidogenesis and metabolism. Altered porphyrin metabolism has been described in the metabolic syndrome x. Porphyrias can lead onto vascular thrombosis.[3,4] Metabolic syndrome x is a risk factor for cirrhosis liver, chronic renal failure, interstitial lung disease, chronic obstructive pulmonary disease and vascular thrombosis. The porphyrin photo-oxidation can generate free radicals inducing HIF alpha and producing oncogene activation. Heme deficiency can lead to activation of HIF alpha and oncogenesis. The protoporphyrins binding to mitochondrial benzodiazepine receptors can regulate cell proliferation.[3,4] Oncogene activation, connective tissue deposition and fibrosis is related to cirrhosis liver, chronic renal failure, interstitial lung disease, chronic obstructive pulmonary disease and vascular thrombosis. The porphyrins in the blood can combine with bacteria and viruses and the photo-oxidation generated free radicals can kill them. The archaeal porphyrins can modulate bacterial and viral infections. The archaeal porphyrins are regulatory molecules keeping other prokaryotes and viruses on check.[3,4] Infections have been related to the pathogenesis of cirrhosis liver, chronic renal failure, interstitial lung disease, chronic obstructive pulmonary disease and vascular thrombosis. EBV, CMV, herpes and chlamydial infections have been related to vascular thrombosis. Corona virus infection and chlamydial infection have been related to interstitial lung disease and COPD. Thus the porphyrins can contribute to the pathogenesis of these systemic diseases.[3,4]

The archaea and viroids can regulate the nervous system including the NMDA/GABA thalamo-cortico-thalamic pathway mediating conscious perception. Porphyrin photo-oxidation can generate free radicals which can modulate NMDA transmission. Free radicals can increase NMDA transmission. Free radicals can induce GAD and increase GABA synthesis. ALA blocks GABA transmission and upregulates NMDA. Protoporphyrins bind to GABA receptor and promote GABA transmission. Thus porphyrins can modulate the thalamo-cortico-thalamic pathway of conscious perception. The dipolar porphyrins, PAH and archaeal magnetite in the setting of digoxin induced sodium potassium ATPase inhibition can produce a pumped phonon system mediated Frohlich model superconducting state inducing quantal perception with nanoarchaeal sensed gravity producing the orchestrated reduction of the quantal possibilities to the macroscopic world. ALA can produce sodium potassium ATPase inhibition resulting in a pumped phonon system mediated quantal state involving dipolar porphyrins. Porphyrin molecules have a wave particle existence and can bridge the dividing line between quantal state and particulate state. Thus the porphyrins can mediate conscious and quantal perception. Porphyrins binding to proteins, nucleic acids and cell membranes can produce biophoton emission. Porphyrins by auto-oxidation can generate biophotons and are involved in quantal perception. Biophotons can mediate quantal perception. Cellular porphyrins photo-oxidation are involved in sensing of earth magnetic fields and low level biomagnetic fields. Thus prophyrins can mediate extrasensory perception. The porphyrins can modulate hemispheric dominance. There is increased porphyrin synthesis and RHCD and decreased porphyrin synthesis in LHCD. Porphyria can lead to psychiatric disorders and seizures. Neuropsychiatric syndromes are described in chronic hepatic encephalopathy, chronic renal failure and respiratory failure. Right hemispheric chemical dominance has been related to cirrhosis liver, chronic renal failure, interstitial lung disease, chronic obstructive pulmonary disease and vascular thrombosis. Protoporphyrins block acetyl choline transmission producing a vagal neuropathy with sympathetic overactivity. Vagal neuropathy results in immune activation, vasospasm and vascular disease. A vagal neuropathy underlines cirrhosis liver, chronic renal failure, interstitial lung disease, chronic obstructive pulmonary disease and vascular thrombosis. Porphyrin induced increase free radical injury can contribute to cell death. Free radicals can produce mitochondrial PT pore dysfunction. This can lead to cyto C leak and activation of the caspase cascade leading to apoptosis and cell death in systemic diseases. The protoporphyrins binding to mitochondrial benzodiazepine receptors can regulate brain function and cell death. Cell death mediated by porphyrins can contribute to the pathogenesis of cirrhosis liver, chronic renal failure, interstitial lung disease, chronic obstructive pulmonary disease and vascular thrombosis.[3,4,16]

The dipolar porphyrins, PAH and archaeal magnetite in the setting of digoxin induced sodium potassium ATPase inhibition can produce a pumped phonon system mediated Frohlich model superconducting state inducing quantal perception with nanoarchaeal sensed gravity producing the orchestrated reduction of the quantal possibilities to the macroscopic world. ALA can produce sodium potassium ATPase inhibition resulting in a pumped phonon system mediated quantal state involving dipolar porphyrins. Porphyrins by autooxidation can generate biophotons and are involved in quantal perception. Biophotons can mediate quantal perception. Cellular porphyrins photo-oxidation are involved in sensing of earth magnetic fields and low level biomagnetic fields. Porphyrins can thus contribute to quantal perception. Low level electromagnetic fields and light can induce porphyrin synthesis. Low level EMF can produce ferrochelatase inhibition as well as heme oxygenase induction contributing to heme depletion, ALA synthase induction and increased porphyrin synthesis. Light also induces ALA synthase and porphyrin synthesis. The increased porphyrin synthesized can contribute to increased quantal perception and can modulate conscious perception. The porphyrin induced biophotons and quantal fields can modulate the source from which low level EMF and photic fields were generated. Thus the porphyrin generated by extraneous low level EMF and photic fields can interact with the source of low level EMF and photic fields modulating it. Thus porphyrins can serve as a bridge between the human brain and the source of low level EMF and photic fields. This serves as a mode of communication between the human brain and EMF storage devices like internet. The porphyrins can also serve as the source of communication with the environment. Environmental EMF and chemicals produce heme oxygenase induction and heme depletion increasing porphyrin synthesis, quantal perception and two-way communication. Thus induction of porphyrin synthesis can serve as a mechanism of communication between human brain and the environment by extrasensory perception. Low level of EMF can contribute to the pathogenesis of cirrhosis liver, chronic renal failure, interstitial lung disease, chronic obstructive pulmonary disease and vascular thrombosis.

Porphyrins also have evolutionary significance since porphyria is related to Scythian races and contributes to the behavioural and intellectual characteristics of this group of population. Porphyrins can intercalate into DNA and produce HERV expression. HERV RNA can get converted to DNA by reverse transcriptase which can get integrated into DNA by integrase. This tends to increase the length of the non-coding region of the DNA. The increase in non-coding region of the DNA is involved in primate and human evolution. Thus, increased rates of porphyrin synthesis would correlate with increase in non-coding DNA length. The alteration in the length of the non-coding region of the DNA contributes to the dynamic nature of the genome. Thus genetic and acquired porphyrias can lead to alteration in the non-coding region of the genome. The alteration of the length of the non-coding region of the DNA contributes to the racial and individual differences in populations. An increased length of non coding region as well as increased porphyrin synthesis leads to increased cognitive and creative neuronal function. Porphyrins are involved in quantal perception and regulation of the thalamo-cortico-thalamic pathway of conscious perception. Thus genetic and acquired porphyrias contribute to higher cognitive and creative capacity of certain races. Porphyrias are common among Eurasian Scythian races who have assumed leadership roles in communities and groups. The systemic diseases- cirrhosis liver, chronic renal failure, interstitial lung disease, chronic obstructive pulmonary disease and vascular thrombosis are common in the Scythian races and most of our patient population belonged to this group.[3,4]

An actinide dependent shadow biosphere of archaea and viroids in cirrhosis liver, chronic renal failure, interstitial lung disease, chronic obstructive pulmonary disease and vascular thrombosis is described. The archaeal porphyrins can contribute to the pathogenesis of cirrhosis liver, chronic renal failure, interstitial lung disease, chronic obstructive pulmonary disease and vascular thrombosis. Porphyrin synthesis is crucial in the pathogenesis of these disorders. Porphyrins may serve as regulatory molecules modulating immune, neural, endocrine, metabolic and genetic systems. The porphyrins photo-oxidation generated free radicals can produce immune activation, produce cell death, activate cell proliferation, produce insulin resistance and modulate conscious/quantal perception. The porphyrins functions as key regulatory molecules with mitochondrial benzodiazepine receptors playing an important role. The porphyrins photo-oxidation generated free radicals can produce immune activation, produce cell death, activate cell proliferation, produce insulin resistance and modulate conscious/quantal perception. Porphyrins can regulate hemispheric dominance. The porphyrins functions as key regulatory molecules with mitochondrial benzodiazepine receptors playing an important role. A porphyrin metabolic dysfunction is the principal critical abnormality underlying cirrhosis liver, chronic renal failure, interstitial lung disease, chronic obstructive pulmonary disease and vascular thrombosis.

Referências

1   Eckburg P.B., Lepp, P.W., Relman, D.A. (2003). Archaea and their potential role in human disease, *Infect Immun,* 71, 591-596.

2   Smit A., Mushegian, A. (2000). Biosynthesis of isoprenoids via mevalonate in Archaea: the lost pathway, *Genome Res,* 10(10), 1468-84.

3   Puy, H., Gouya, L., Deybach, J.C. (2010). Porphyrias. *The Lancet,* 375(9718), 924 – 937.

4   Kadish, K.M., Smith, K.M., Guilard, C. (1999). *Porphyrin Hand Book.* Academic Press, Nova Iorque: Elsevier.

5   Gavish M., Bachman, I., Shoukrun, R., Katz, Y., Veenman, L., Weisinger, G.,Weizman,A. (1999). Enigma of the Peripheral Benzodiazepine Receptor. *Pharmacological Reviews,* 51(4), 629-650.

6   Richmond W. (1973). Preparation and properties of a cholesterol oxidase from nocardia species and its application to the enzymatic assay of total cholesterol in serum, *Clin Chem,* 19, 1350-1356.

7   Snell E.D., Snell, C.T. (1961). *Métodos Colorimétricos de Análise.* Vol 3A. Nova Iorque: Van NoStrand.

8   Glick D. (1971). *Métodos de Análise Bioquímica.* Vol 5. Nova Iorque: Interscience Publishers.

9   Colowick, Kaplan, N.O. (1955). *Métodos em Enzimologia.* Vol 2. Nova Iorque: Imprensa académica.

10   Van der Geize R., Yam, K., Heuser, T., Wilbrink, M.H., Hara, H., Anderton, M.C. (2007). A gene cluster encoding cholesterol catabolism in a soil actinomycete provides insight into Mycobacterium tuberculosis survival in macrophages, *Proc Natl Acad Sci USA,* 104(6), 1947-52.

11   Francis A.J. (1998). Biotransformation of uranium and other actinides in radioactive wastes, *Journal of Alloys and Compounds,* 271(273), 78-84.

12   Schoner W. (2002). Endogenous cardiac glycosides, uma nova classe de hormonas esteróides, *Eur J Biochem,* 269, 2440-2448.

13   Vainshtein M., Suzina, N., Kudryashova, E., Ariskina, E. (2002). New Magnet-Sensitive Structures in Bacterial and Archaeal Cells, *Biol Cell,* 94(1), 29-35.

14   Tsagris E.M., de Alba, A.E., Gozmanova, M., Kalantidis, K. (2008). Viroids, *Cell Microbiol,* 10, 2168.

15   Horie M., Honda, T., Suzuki, Y., Kobayashi, Y., Daito, T., Oshida, T. (2010). Elementos endógenos não retrovirais do vírus RNA em genomas de mamíferos, *Nature,* 463, 84-87.

16   Kurup R., Kurup, P.A. (2009). *Digoxina hipotalâmica, dominância cerebral e função cerebral na saúde e nas doenças.* Nova Iorque: Nova Science Publishers.

CHAPTER 49

PORPHYRIONS - RELATION TO CVS-PULMONARY-GIT DYSAUTONOMIA, CORONARY/CEREBRAL MICROANGIOPATHY, POLYENDOCRINE FAILURE AND CHRONIC FATIGUE/PANIC SYNDROME COMPLEX

Introdução

Actinidic archaea is described as an endosymbiont in humans and can induce porphyrinuria in humans. The study aims to relate actinidic archaea to the pathogenesis of migraine, bronchial asthma, essential hypertension with cardiac autonomic neuropathy, irritable bowel syndrome, inflammatory bowel disease, sexual dysautonomia, peptic ulcer disease, polyendocrine failure, Hashimoto's encephalopathy, microangiopathic cerebral/coronary disease, normal pressure hydrocephalus, panic syndrome and chronic fatigue syndrome. An actinide dependent shadow biosphere of archaea and viroids in the above mentioned disease states is described. Actinidic archaea have a mevalonate pathway and are cholesterol catabolizing. They can use cholesterol as a carbon and energy source. Archaeal cholesterol catabolism can generate porphyrins via the cholesterol ring oxidase generated pyruvate and GABA shunt pathway. Archaea can produce a secondary porphyria by inducing the enzyme heme oxygenase resulting in heme depletion and activation of the enzyme ALA synthase. The study also aims to relate porphyrins to the pathogenesis of migraine, bronchial asthma, essential hypertension with cardiac autonomic neuropathy, irritable bowel syndrome, inflammatory bowel disease, sexual dysautonomia, peptic ulcer disease, polyendocrine failure, Hashimoto's encephalopathy, microangiopathic cerebral/ coronary disease, normal pressure hydrocephalus, panic syndrome and chronic fatigue syndrome. This syndrome complex with porphyrinuria can exist as isolated entities or in differing combinations. It constitutes an acquired porphyrin metabolic defect resulting from growth of endosymbiontic actinidic archaea as well as due to environmental pollution. Environmental pollution with pesticides and toxins induces cytochrome P450 enzyme resulting in heme deficiency, ALA synthase induction and porphyrin synthesis. This can be considered as a disorder of civilizational progress. The role of archaeal porphyrins in regulation of cell functions and neuro-immuno-endocrine integration is discussed. A porphyrin metabolic dysfunction related CVS-pulmonary-GIT dysautonomia, coronary/cerebral microangiopathy, polyendocrine failure and chronic fatigue/panic syndrome complex is described.[1-5] They can function as self replicating supramolecular organisms which can be called as porphyrions.

Materiais e Métodos

The following groups were included in the study:- (1) migraine, (2) bronchial asthma, (3) essential hypertension and cardiac autonomic neuropathy (4) irritable bowel syndrome, (5) inflammatory bowel disease (6) peptic ulcer disease, (7) sexual dysautonomia (8) polyendocrine failure, (9) Hashimoto's encephalopathy, (10) microangiopathic cerebral/ coronary disease, (11) normal pressure hydrocephalus, (12) panic syndrome and (13) chronic fatigue syndrome. There were 10 patients in each group and each patient had an age and sex matched healthy control selected randomly from the general population. There were also 10 normal people with right hemispheric dominance, left hemispheric dominance and bi-hemispheric dominance drawn from the general population. The blood samples were drawn in the fasting state before treatment was initiated. Plasma from fasting heparinised blood was used and the experimental protocol was as follows (I) Plasma+phosphate buffered saline, (II) same as I+cholesterol substrate, (III) same as II+rutile 0.1 mg/ml, (IV) same as II+ciprofloxacine and doxycycline each in a concentration of 1 mg/ml. Cholesterol substrate was prepared as described by Richmond. Aliquots were withdrawn at zero time immediately after mixing and after incubation at 37°C for 1 hour. The following estimations were carried out:- Cytochrome F420, free RNA, free DNA, polycyclic aromatic hydrocarbon, hydrogen peroxide, pyruvate, ammonia, glutamate, delta aminolevulinic acid, succinate, glycine and digoxin. Cytochrome F420 was estimated flourimetrically (excitation wavelength 420 nm and emission wavelength 520 nm). Polycyclic aromatic hydrocarbon was estimated by measuring hydrogen peroxide liberated by using glucose reagent. The study also involved estimating the following parameters in the patient population- digoxin, bile acid, hexokinase, porphyrins, pyruvate, glutamate, ammonia, acetyl CoA, acetyl choline, HMG CoA reductase, cytochrome C, blood ATP, ATP synthase, ERV RNA (endogenous retroviral RNA), H_2O_2 (hydrogen peroxide), NOX (NADPH oxidase), TNF alpha and heme oxygenase.[6-9] Informed consent of the subjects and the approval of the ethics committee were obtained for the study. The statistical analysis was done by ANOVA.

Resultados

O plasma dos sujeitos de controlo mostrou níveis aumentados dos parâmetros acima mencionados com após incubação durante 1 hora e a adição de substrato de colesterol resultou num aumento ainda mais significativo destes parâmetros. O plasma dos pacientes mostrou resultados semelhantes, mas a extensão do aumento foi maior. A adição de antibióticos ao plasma de controlo causou uma diminuição em todos os parâmetros enquanto que a adição de rutilo aumentou os seus níveis. A adição de antibióticos ao plasma do paciente causou uma diminuição em todos os parâmetros enquanto que a adição de rutilo aumentou os seus níveis mas a extensão da mudança foi maior nos soros dos pacientes em comparação com os controlos. Os resultados são expressos na secção 1: tabelas 1-6 como mudança percentual nos parâmetros após 1 hora de incubação, em comparação com os valores a tempo zero. Houve síntese não-preparada de porfirina arqueal na população de doentes, que era de origem arqueal como indicado pela catálise actinídea das reacções. A via de oxidase do colesterol gerou piruvato que entrou na via de derivação GABA. Isto resultou na síntese de succinato e glicina que são substratos da ALA synthase.

The study showed the patient's blood and right hemispheric dominance had increased heme oxygenase activity and porphyrins. The hexokinase activity was high. The pyruvate, glutamate and ammonia levels were elevated indicating blockade of PDH activity, and operation of the GABA shunt pathway. The acetyl CoA levels were low and acetyl choline was decreased. The cytoC levels were increased in the serum indicating mitochondrial dysfunction suggested by low blood ATP levels. This was indicative of the Warburg's phenotype. There were increased NOX and TNF alpha levels indicating immune activation. The HMG CoA reductase activity was high indicating cholesterol synthesis. The bile acid levels were low indicating depletion of cytochrome P450. The normal population with right hemispheric dominance had values resembling the patient population with increased porphyrin synthesis. The normal population with left hemispheric dominance had low values with decreased porphyrin synthesis.

Secção 1: Estudo experimental

Quadro 1. Efeito do rutilo e dos antibióticos no citocromo F420 e HAP

Grupo	CYT F420 % (Aumento com Rutilo)		CYT F420 % (Diminuir com Doxy+Cipro)		PAH % mudança (Aumento com Rutilo)		PAH % mudança (Diminuir com Doxy+Cipro)	
	Média	± SD	Média	± SD	Média	± SD	Média	± SD
Normal	4.48	0.15	18.24	0.66	4.45	0.14	18.25	0.72
Migraine	23.24	2.01	58.72	7.08	23.01	1.69	59.49	4.30
BA	23.46	1.87	59.27	8.86	22.67	2.29	57.69	5.29
HBP	23.12	2.00	56.90	6.94	23.26	1.53	60.91	7.59
IBD/IBS	22.12	1.81	61.33	9.82	22.83	1.78	59.84	7.62
PUD	22.79	2.13	55.90	7.29	22.84	1.42	66.07	3.78
CFS	22.59	1.86	57.05	8.45	23.40	1.55	65.77	5.27
HE/NPH	22.29	1.66	59.02	7.50	23.23	1.97	65.89	5.05
CAD/CVA	22.06	1.61	57.81	6.04	23.46	1.91	61.56	4.61
Endo failure	21.68	1.90	57.93	9.64	22.61	1.42	64.48	6.90
Panic attacks	22.70	1.87	60.46	8.06	23.73	1.38	65.20	6.20
	F valor 306,749 Valor P < 0,001		F valor 130.054 Valor P < 0,001		F valor 391.318 Valor P < 0,001		F valor 257.996 Valor P < 0,001	

Quadro 2. Efeito do rutilo e dos antibióticos no ARN e ADN livres

Grupo	ADN % mudança (Aumento com Rutilo)		ADN % mudança (Diminuir com Doxy+Cipro)		RNA % mudança (Aumento com Rutilo)		RNA % mudança (Diminuir com Doxy+Cipro)	
	Média	± SD	Média	± SD	Média	± SD	Média	± SD
Normal	4.37	0.15	18.39	0.38	4.37	0.13	18.38	0.48
Migraine	23.28	1.70	61.41	3.36	23.59	1.83	65.69	3.94
BA	23.40	1.51	63.68	4.66	23.08	1.87	65.09	3.48
HBP	23.52	1.65	64.15	4.60	23.29	1.92	65.39	3.95
IBD/IBS	22.62	1.38	63.82	5.53	23.29	1.98	67.46	3.96
PUD	22.42	1.99	61.14	3.47	23.78	1.20	66.90	4.10
CFS	23.01	1.67	65.35	3.56	23.33	1.86	66.46	3.65
HE/NPH	22.56	2.46	62.70	4.53	23.32	1.74	65.67	4.16
CAD/CVA	23.30	1.42	65.07	4.95	23.11	1.52	66.68	3.97
Endo failure	22.12	2.44	63.69	5.14	23.33	1.35	66.83	3.27
Panic attacks	22.29	2.05	58.70	7.34	22.29	2.05	67.03	5.97
	Valor F 337.577 Valor P < 0,001		F valor 356.621 Valor P < 0,001		Valor F 427.828 Valor P < 0,001		Valor F 654.453 Valor P < 0,001	

Quadro 3. Efeito do rutilo e dos antibióticos na digoxina e no ácido aminolevulínico delta

Grupo	Digoxina (ng/ml) (Aumento com Rutilo)		Digoxina (ng/ml) (Diminuir com Doxy+Cipro)		ALA % (Aumento com Rutilo)		ALA % (Diminuir com Doxy+Cipro)	
	Média	+ SD	Média	+ SD	Média	+ SD	Média	+ SD
Normal	0.11	0.00	0.054	0.003	4.40	0.10	18.48	0.39
Migraine	0.55	0.06	0.219	0.043	22.52	1.90	66.39	4.20
BA	0.51	0.05	0.199	0.027	22.83	1.90	67.23	3.45
HBP	0.55	0.03	0.192	0.040	23.67	1.68	66.50	3.58
IBD/IBS	0.52	0.03	0.214	0.032	22.38	1.79	67.10	3.82
PUD	0.54	0.04	0.210	0.042	23.34	1.75	66.80	3.43
CFS	0.47	0.04	0.202	0.025	22.87	1.84	66.31	3.68
HE/NPH	0.56	0.05	0.220	0.052	23.45	1.79	66.32	3.63
CAD/CVA	0.53	0.06	0.212	0.045	23.17	1.88	68.53	2.65
Endo failure	0.53	0.08	0.205	0.041	23.20	1.57	66.65	4.26
Panic attacks	0.51	0.05	0.213	0.033	22.29	2.05	61.91	7.56
	Valor F 135,116		Valor F 71.706		Valor F 372.716		F valor 556.411	
	Valor P < 0,001		Valor P < 0,001		Valor P < 0,001		Valor P < 0,001	

Quadro 4. Efeito do rutilo e dos antibióticos no succinato e na glicina

Grupo	Succinate % Succinate (Aumento com Rutilo)		Succinate % Succinate (Diminuir com Doxy+Cipro)		Glycine % mudança (Aumento com Rutilo)		Glycine % mudança (Diminuir com Doxy+Cipro)	
	Média	+ SD	Média	+ SD	Média	+ SD	Média	+ SD
Normal	4.41	0.15	18.63	0.12	4.34	0.15	18.24	0.37
Migraine	22.76	2.20	67.63	3.52	22.79	2.20	64.26	6.02
BA	22.28	1.52	64.05	2.79	22.82	1.56	64.61	4.95
HBP	23.81	1.90	66.95	3.67	23.12	1.71	65.12	5.58
IBD/IBS	24.10	1.61	65.78	4.43	22.73	2.46	65.87	4.35
PUD	23.43	1.57	66.30	3.57	22.98	1.50	65.13	4.87
CFS	23.70	1.75	68.06	3.52	23.81	1.49	64.89	6.01
HE/NPH	23.66	1.67	65.97	3.36	23.09	1.81	65.86	4.27
CAD/CVA	22.92	2.14	67.54	3.65	21.93	2.29	63.70	5.63
Endo failure	21.88	1.19	66.28	3.60	23.02	1.65	67.61	2.77
Panic attacks	22.29	1.33	65.38	3.62	22.13	2.14	66.26	3.93
	Valor F 403.394		Valor F 680.284		Valor F 348.867		Valor F 364,999	
	Valor P < 0,001		Valor P < 0,001		Valor P < 0,001		Valor P < 0,001	

Quadro 5. Efeito do rutilo e dos antibióticos sobre o piruvato e o glutamato

Grupo	Pyruvate % mudança (Aumento com Rutilo)		Pyruvate % mudança (Diminuir com Doxy+Cipro)		Glutamato (Aumento com Rutilo)		Glutamato (Diminuir com Doxy+Cipro)	
	Média	$\pm$ SD	Média	$\pm$ SD	Média	$\pm$ SD	Média	$\pm$ SD
Normal	4.34	0.21	18.43	0.82	4.21	0.16	18.56	0.76
Migraine	20.99	1.46	61.23	9.73	23.01	2.61	65.87	5.27
BA	20.94	1.54	62.76	8.52	23.33	1.79	62.50	5.56
HBP	22.63	0.88	56.40	8.59	22.96	2.12	65.11	5.91
IBD/IBS	21.59	1.23	60.28	9.22	22.81	1.91	63.47	5.81
PUD	21.19	1.61	58.57	7.47	22.53	2.41	64.29	5.44
CFS	20.67	1.38	58.75	8.12	23.23	1.88	65.11	5.14
HE/NPH	21.21	2.36	58.73	8.10	21.11	2.25	64.20	5.38
CAD/CVA	21.07	1.79	63.90	7.13	22.47	2.17	65.97	4.62
Endo failure	21.91	1.71	58.45	6.66	22.88	1.87	65.45	5.08
Panic attacks	22.29	2.05	62.37	5.05	21.66	1.94	67.03	5.97
	Valor F 321.255		F valor 115.242		F valor 292.065		Valor F 317.966	
	Valor P $<$ 0,001		Valor P $<$ 0,001		Valor P $<$ 0,001		Valor P $<$ 0,001	

Quadro 6. Efeito do rutilo e dos antibióticos no peróxido de hidrogénio e no amoníaco

Grupo	H2O2 % (Aumento com Rutilo)		H2O2 % (Diminuir com Doxy+Cipro)		Amoníaco % (Aumento com Rutilo)		Amoníaco % (Diminuir com Doxy+Cipro)	
	Média	$\pm$ SD	Média	$\pm$ SD	Média	$\pm$ SD	Média	$\pm$ SD
Normal	4.43	0.19	18.13	0.63	4.40	0.10	18.48	0.39
Migraine	22.50	1.66	60.21	7.42	22.52	1.90	66.39	4.20
BA	23.81	1.19	61.08	7.38	22.83	1.90	67.23	3.45
HBP	22.65	2.48	60.19	6.98	23.67	1.68	66.50	3.58
IBD/IBS	21.14	1.20	60.53	4.70	22.38	1.79	67.10	3.82
PUD	23.35	1.76	59.17	3.33	23.34	1.75	66.80	3.43
CFS	23.27	1.53	58.91	6.09	22.87	1.84	66.31	3.68
HE/NPH	23.32	1.71	63.15	7.62	23.45	1.79	66.32	3.63
CAD/CVA	22.86	1.91	63.66	6.88	23.17	1.88	68.53	2.65
Endo failure	23.52	1.49	63.24	7.36	23.20	1.57	66.65	4.26
Panic attacks	23.29	1.67	60.52	5.38	22.29	2.05	61.91	7.56
	Valor F 380,721		Valor F 171.228		Valor F 372.716		F valor 556.411	
	Valor P $<$ 0,001		Valor P $<$ 0,001		Valor P $<$ 0,001		Valor P $<$ 0,001	

<u>Abreviaturas</u>

BA: Bronchial asthma

HBP: Hypertension

IBD: Inflammatory bowel disease

IBS: Irritable bowel syndrome

PUD: Peptic ulcer disease

CFS: Chronic fatigue syndrome

HE: Hashimoto's encephalopathy

NPH: Normal pressure hydrocephalus

CAD: Microangiopathic coronary artery disease

CVA: Microangiopathic cerebrovascular disease

Quadro 1

Grupo	Digoxina RBC (ng/ml RBC Susp)		Citocromo F 420		HERV RNA (ug/ml)		H2O2 (umol/ml RBC)	
	Média	+ SD	Média	+ SD	Média	+ SD	Média	+ SD
NO/BHCD	0.58	0.07	1.00	0.00	17.75	0.72	177.43	6.71
RHCD	1.41	0.23	4.00	0.00	55.17	5.85	278.29	7.74
LHCD	0.18	0.05	0.00	0.00	8.70	0.90	111.63	5.40
Migraine	1.38	0.26	4.00	0.00	51.17	3.65	274.88	8.73
Bronchial asthma	1.23	0.26	4.00	0.00	50.04	3.91	278.90	11.20
Hypertension/CAN	1.34	0.31	4.00	0.00	51.16	7.78	295.37	3.78
IBS	1.10	0.08	4.00	0.00	51.56	3.69	277.47	10.90
IBD	1.21	0.21	4.00	0.00	47.90	6.99	280.89	11.25
PUD	1.50	0.33	4.00	0.00	48.20	5.53	278.59	11.51
NPH with HE	1.26	0.23	4.00	0.00	51.08	5.24	283.39	10.67
Panic syndrome	1.27	0.24	4.00	0.00	51.57	2.66	278.19	12.80
CFS	1.35	0.26	4.00	0.00	51.98	5.05	280.89	10.58
CAD	1.22	0.16	4.00	0.00	50.00	5.91	280.89	13.79
CVA	1.33	0.27	4.00	0.00	51.06	4.83	287.33	9.47
Polyendocrine failure	1.31	0.24	4.00	0.00	50.15	6.96	278.58	12.72
Sexual dysautonomia	1.48	0.27	4.00	0.00	49.85	6.40	286.16	10.90
Valor F	60.288		0.001		194.418		713.569	
Valor P	< 0.001		< 0.001		< 0.001		< 0.001	

Quadro 2

Grupo	NOX (OD dif/hr/mgpro)		TNF ALP (pg/ml)		ALA (umol24)		PBG (umol24)	
	Média	+ SD	Média	+ SD	Média	+ SD	Média	+ SD
NO/BHCD	0.012	0.001	17.94	0.59	15.44	0.50	20.82	1.19
RHCD	0.036	0.008	78.63	5.08	63.50	6.95	42.20	8.50
LHCD	0.007	0.001	9.29	0.81	3.86	0.26	12.11	1.34
Migraine	0.036	0.009	78.23	7.13	66.16	6.51	42.50	3.23
Bronchial asthma	0.038	0.007	79.28	4.55	68.28	6.02	46.54	4.55
Hypertension/CAN	0.035	0.011	82.13	3.97	67.30	5.98	47.25	4.19
IBS	0.036	0.007	79.65	5.57	67.32	5.40	49.83	3.45
IBD	0.034	0.009	80.18	5.67	64.00	7.33	46.85	3.49
PUD	0.038	0.008	81.03	6.22	65.01	5.42	48.55	3.81
NPH with HE	0.041	0.006	77.98	5.68	63.21	6.55	47.17	4.86
Panic syndrome	0.038	0.007	79.18	5.88	67.67	5.69	46.84	4.43
CFS	0.041	0.005	78.36	6.68	64.72	6.81	48.15	3.36
CAD	0.038	0.009	78.15	3.72	66.66	7.77	47.00	3.81
CVA	0.037	0.007	77.59	5.24	69.02	4.86	46.33	4.01
Polyendocrine failure	0.039	0.010	79.17	5.88	67.78	4.41	48.03	3.64
Sexual dysautonomia	0.039	0.006	80.41	5.70	66.99	3.71	47.94	5.33
Valor F	44.896		427.654		295.467		183.296	
Valor P	< 0.001		< 0.001		< 0.001		< 0.001	

Table 3

Grupo	Uroporfirina (nmol24)		Coproporfirina (nmol/24)		Protoporfirina (unidade Ab)		Heme (uM)	
	Média	+ SD	Média	+ SD	Média	+ SD	Média	+ SD
NO/BHCD	50.18	3.54	137.94	4.75	10.35	0.38	30.27	0.81
RHCD	250.28	23.43	389.01	54.11	42.46	6.36	12.47	2.82
LHCD	9.51	1.19	64.33	13.09	2.64	0.42	50.55	1.07
Migraine	267.81	64.05	401.49	50.73	44.30	2.66	12.82	2.40
Bronchial asthma	290.44	57.65	436.71	52.95	49.59	1.70	13.03	0.70
Hypertension/CAN	286.84	24.18	432.22	50.11	49.36	4.18	11.81	0.80
IBS	259.61	33.18	433.17	45.61	49.68	3.30	12.09	1.12
IBD	277.36	15.48	440.35	25.34	50.81	3.21	11.87	1.84
PUD	294.51	58.62	447.39	39.84	52.94	3.67	12.95	1.53
NPH with HE	310.25	40.44	495.98	39.11	54.80	4.04	11.76	1.37
Panic syndrome	304.19	14.16	479.35	58.86	53.73	5.34	13.68	1.67
CFS	285.46	29.46	422.27	33.86	49.80	4.01	12.83	2.07
CAD	314.01	17.82	426.14	24.28	49.51	2.27	11.39	1.10
CVA	320.85	24.73	402.16	33.80	46.74	4.28	11.26	0.95
Polyendocrine failure	306.61	22.47	429.72	24.97	49.32	5.13	11.60	1.23
Sexual dysautonomia	317.92	29.63	429.24	18.29	50.02	4.58	11.76	1.32
Valor F	160.533		279.759		424.198		1472.05	
Valor P	< 0.001		< 0.001		< 0.001		< 0.001	

Quadro 4

Grupo	Bilirubin (mg/dl)		Biliverdin (unidade Ab)		ATP Synthase (umol/gHb)		SE ATP (umol/dl)	
	Média	+ SD	Média	+ SD	Média	+ SD	Média	+ SD
NO/BHCD	0.55	0.02	0.030	0.001	0.36	0.13	0.42	0.11
RHCD	1.70	0.20	0.067	0.011	2.73	0.94	2.24	0.44
LHCD	0.21	0.00	0.017	0.001	0.09	0.01	0.02	0.01
Migraine	1.74	0.08	0.073	0.013	2.66	0.58	1.26	0.19
Bronchial asthma	1.84	0.07	0.070	0.015	3.09	0.65	1.66	0.56
Hypertension/CAN	1.83	0.09	0.071	0.014	3.34	0.84	1.27	0.26
IBS	1.77	0.13	0.073	0.016	3.34	0.75	2.06	0.19
IBD	1.81	0.10	0.079	0.007	3.05	0.52	1.63	0.26
PUD	1.82	0.08	0.061	0.006	2.85	0.34	1.59	0.22
NPH with HE	1.84	0.08	0.077	0.011	3.01	0.55	1.73	0.26
Panic syndrome	1.76	0.11	0.073	0.012	2.70	0.62	1.48	0.32
CFS	1.77	0.19	0.067	0.014	3.19	0.89	1.97	0.11
CAD	1.75	0.12	0.080	0.007	2.99	0.65	1.57	0.37
CVA	1.82	0.10	0.079	0.009	2.98	0.78	1.49	0.27
Polyendocrine failure	1.79	0.08	0.072	0.013	3.29	0.63	1.59	0.38
Sexual dysautonomia	1.82	0.09	0.066	0.009	3.21	0.95	1.69	0.43
Valor F	370.517		59.963		54.754		67.588	
Valor P	< 0.001		< 0.001		< 0.001		< 0.001	

Quadro 5

Grupo	Cyto C (ng/ml)		Lactato (mg/dl)		Pyruvate (umol/l)		RBC Hexokinase (ug glu fos/ hr/mgpro)	
	Média	+ SD	Média	+ SD	Média	+ SD	Média	+ SD
NO/BHCD	2.79	0.28	7.38	0.31	40.51	1.42	1.66	0.45
RHCD	12.39	1.23	25.99	8.10	100.51	12.32	5.46	2.83
LHCD	1.21	0.38	2.75	0.41	23.79	2.51	0.68	0.23
Migraine	11.58	0.90	22.07	1.06	96.54	9.96	7.69	3.40
Bronchial asthma	12.06	1.09	21.78	0.58	90.46	8.30	6.29	1.73
Hypertension/CAN	12.65	1.06	24.28	1.69	95.44	12.04	9.30	3.98
IBS	11.94	0.86	22.04	0.64	97.26	8.26	8.46	3.63
IBD	11.81	0.67	23.32	1.10	102.48	13.20	8.56	4.75
PUD	11.73	0.56	23.06	1.49	100.51	9.79	8.02	3.01
NPH with HE	11.91	0.49	22.83	1.24	95.81	12.18	7.41	4.22
Panic syndrome	13.00	0.42	22.20	0.85	96.58	8.75	7.82	3.51
CFS	12.95	0.56	25.56	7.93	96.30	10.33	7.05	1.86
CAD	11.51	0.47	22.83	0.82	97.29	12.45	8.88	3.09
CVA	12.74	0.80	23.03	1.26	103.25	9.49	7.87	2.72
Polyendocrine failure	12.29	0.89	24.87	4.14	95.55	7.20	9.84	2.43
Sexual dysautonomia	12.19	1.22	23.02	1.61	96.50	5.93	8.81	4.26
Valor F	445.772		162.945		154.701		18.187	
Valor P	< 0.001		< 0.001		< 0.001		< 0.001	

Quadro 6

Grupo	ACOA (mg/dl)		ACH (ug/ml)		Glutamato (mg/dl)	
	Média	+ SD	Média	+ SD	Média	+ SD
NO/BHCD	8.75	0.38	75.11	2.96	0.65	0.03
RHCD	2.51	0.36	38.57	7.03	3.19	0.32
LHCD	16.49	0.89	91.98	2.89	0.16	0.02
Migraine	2.51	0.57	48.52	6.28	3.41	0.41
Bronchial asthma	2.15	0.22	33.27	5.99	3.67	0.38
Hypertension/CAN	1.95	0.06	35.02	5.85	3.14	0.32
IBS	2.19	0.15	42.84	8.26	3.53	0.39
IBD	2.03	0.09	39.99	12.61	3.58	0.36
PUD	2.54	0.38	49.30	7.26	3.37	0.38
NPH with HE	2.30	0.26	50.58	3.82	3.48	0.46
Panic syndrome	2.34	0.43	42.51	11.58	3.28	0.39
CFS	2.17	0.40	41.31	10.69	3.53	0.44
CAD	2.37	0.44	49.19	6.86	3.61	0.28
CVA	2.25	0.44	37.45	7.93	3.31	0.43
Polyendocrine failure	2.11	0.19	38.40	7.74	3.45	0.49
Sexual dysautonomia	2.10	0.27	34.97	4.24	3.94	0.22
Valor F	1871.04		116.901		200.702	
Valor P	< 0.001		< 0.001		< 0.001	

Quadro 7

Grupo	Se. Amoníaco (ug/dl)		HMG Co A (HMG CoA/MEV)		Ácido biliar (mg/ml)	
	Média	± SD	Média	± SD	Média	± SD
NO/BHCD	50.60	1.42	1.70	0.07	79.99	3.36
RHCD	93.43	4.85	1.16	0.10	25.68	7.04
LHCD	23.92	3.38	2.21	0.39	140.40	10.32
Migraine	94.72	3.28	1.11	0.08	22.45	5.57
Bronchial asthma	95.61	7.88	1.14	0.07	22.98	5.19
Hypertension/CAN	94.60	8.52	1.08	0.13	28.93	4.93
IBS	95.37	4.66	1.10	0.07	26.26	7.34
IBD	93.42	3.69	1.13	0.08	24.12	6.43
PUD	101.18	17.06	1.14	0.07	19.62	1.97
NPH with HE	91.62	3.24	1.12	0.10	23.45	5.01
Panic syndrome	93.20	4.46	1.10	0.09	23.43	6.03
CFS	93.38	7.76	1.09	0.12	22.77	4.94
CAD	93.93	4.86	1.07	0.12	24.55	6.26
CVA	103.18	27.27	1.05	0.09	22.39	3.35
Polyendocrine failure	92.47	3.97	1.08	0.11	23.28	5.81
Sexual dysautonomia	93.13	5.79	1.09	0.12	21.26	4.81
Valor F	61.645		159.963		635.306	
Valor P	< 0.001		< 0.001		< 0.001	

<u>Abreviaturas</u>

NO/BHCD: Dominância química normal/Bi-hemisférica

RHCD: Domínio químico hemisférico direito

LHCD: Domínio químico hemisférico esquerdo

CAN: Coronary autonomic neuropathy

IBS: Irritable bowel syndrome

IBD: Inflammatory bowel disease

PUD: Peptic ulcer disease

NPH with HE: Normal pressure hydrocephalus with Hashimoto's encephalopathy

CFS: Chronic fatigue syndrome

CAD: Microangiopathic coronary artery disease

CVA: Microangiopathic cerebrovascular disease

Discussão

Houve um aumento do citocromo F420, indicando um crescimento arqueológico. O arcaico pode sintetizar e utilizar o colesterol como fonte de carbono e energia. [2,10] A origem arqueal das actividades enzimáticas foi indicada pela supressão induzida por antibióticos. O estudo indica a presença de arquebactérias baseadas em actinídeos com enzimas alternativas baseadas em actinídeos ou metalloenzimas no sistema, como indicado pelo aumento induzido rutilo das actividades enzimáticas. [11] A actividade da beta-hidroxil esteroide desidrogenase do arquebactéria indica a síntese de digoxina. [12] A actividade do colesterol oxidase arqueal foi aumentada resultando na geração de piruvato e peróxido de hidrogénio. [10] O piruvato é convertido em glutamato e amoníaco pela via de derivação GABA. O piruvato é convertido em glutamato por transaminase de glutamato de soro piruvato. O glutamato é convertido em glutamato desidrogenase para gerar cetoglutarato alfa e amoníaco. A alanina é mais comummente produzida pela aminação redutiva da piruvato através da alanina transaminase. Esta reacção reversível envolve a interconversão de alanina e piruvato, associada à interconversão de alfa-ketoglutarato (2-oxoglutarato) e glutamato. A alanina pode contribuir para a glicina. O glutamato é actuado pela decarboxilase do ácido glutâmico para gerar GABA. GABA é convertido em semialdeído succínico pela transaminase GABA. A semialdeído succínico é convertido em ácido succínico por semialdeído succinico desidrogenase. Glycine combina com succinil CoA para gerar ácido aminolevulínico delta catalisado pela enzima ALA synthase. Havia síntese de porfirina arqueal upregulada na população de doentes que era de origem arqueal como indicado pela catálise actinídea das reacções. A via da oxidase do colesterol gerou piruvato que entrou na via de derivação GABA. Isto resultou na síntese de succinato e glicina que são substratos da ALA synthase. A arcaea pode sofrer a mineralização de magnetite e carbonato de cálcio e pode existir como nanoformas calcificadas. [13]

The porphyrins can contribute to the pathogenesis of migraine, bronchial asthma, essential hypertension, irritable bowel syndrome, inflammatory bowel disease, sexual dysautonomia, peptic ulcer disease, polyendocrine failure, Hashimoto's encephalopathy, microangiopathic cerebral/ coronary disease, normal pressure hydrocephalus, panic syndrome and chronic fatigue syndrome. The porphyrins can undergo photo-oxidation and auto-oxidation generating free radicals. The archaeal porphyrins can produce free radical injury. The porphyrin photo-oxidation generated free radicals which can modulate enzyme function. Redox stress modulated enzymes include pyruvate dehydrogenase, nitric oxide synthase, cystathione beta synthase and heme oxygenase. Free radicals can modulate mitochondrial PT pore function. Free radicals can modulate cell membrane function and inhibit sodium potassium ATPase activity. Free radicals produce NFKB activation, open the mitochondrial PT pore resulting in cell death, produce oncogene activation, activate NMDA receptor and GAD enzyme regulating neurotransmission and generates the Warburg phenotypes activating glycolysis and inhibiting TCA cycle/oxphos. Redox stress induced by porphyrin auto-oxidation is crucial to the pathogenesis of these functional disorders. The porphyrins can complex and intercalate with the cell membrane producing sodium potassium ATPase inhibition adding on to digoxin mediated inhibition. Porphyrin induced sodium potassium ATPase inhibition can increase the intracellular calcium load as well as produce intracellular magnesium depletion which are crucial to the pathogenesis of these functional disorders. Increased calcium load and magnesium depletion in the cell produce vasospasm, bronchospasm, bowel motility dysfunction, immune activation and mitochondrial dysfunction. Porphyrins can complex with proteins and nucleic acid producing biophoton emission. Porphyrins complexing with proteins can modulate protein structure and function. Porphyrins complexing with DNA and RNA can modulate transcription and translation. Porphyrin modulating protein, DNA and RNA function can contribute to the pathogenesis of these functional disorders. The porphyrin especially protoporphyrins can bind to peripheral benzodiazepine receptors in the mitochondria and modulate its function, mitochondrial cholesterol transport and steroidogenesis. Defective mitochondrial steroidogenesis can contribute to endocrine failure. Peripheral benzodiazepine receptor modulation by protoporphyrins can regulate cell death, cell proliferation, immunity and neural functions. The protoporphyrin modulation of the peripheral benzodiazepine receptors is important in the pathogenesis of these functional disorders.[3-5] There was an increase in free RNA indicating self replicating RNA viroids and free DNA indicating generation of viroid complementary DNA strands by archaeal reverse transcriptase activity. The actinides and porphyrins modulate RNA folding and catalyse its ribozymal action. Digoxin can cut and paste the viroidal strands by modulating RNA splicing generating RNA viroidal diversity. The viroids are evolutionarily escaped archaeal group I introns which have retrotransposition and self splicing qualities. Archaeal pyruvate producing histone deacetylase inhibition and porphyrins intercalating with DNA can produce endogenous retroviral (HERV) reverse transcriptase and integrase expression. This can integrate the RNA viroidal complementary DNA into the noncoding region of eukaryotic non coding DNA using HERV integrase as has been described for borna and ebola viruses. The archaea and viroids can also induce cellular porphyrin synthesis. Bacterial and viral infections can precipitate porphyria. Thus porphyrins can regulate genomic function. The viroids and HERV RNA can modulate mRNA function by RNA interference. The viroids and HERV RNA can contribute to the pathogenesis of migraine, bronchial asthma, essential hypertension, irritable bowel syndrome, inflammatory bowel disease, sexual dysautonomia, peptic ulcer disease, polyendocrine failure, Hashimoto's encephalopathy, microangiopathic cerebral/coronary disease, normal pressure hydrocephalus, panic syndrome and chronic fatigue syndrome. Thus the porphyrins are key regulatory molecules modulating all aspects of cell function.[14,15]

The possibility of Warburg phenotype induced by actinide based primitive organism like archaea with a mevalonate pathway and cholesterol catabolism contributing the pathogenesis of migraine, bronchial asthma, essential hypertension with cardiac autonomic neuropathy, irritable bowel syndrome, inflammatory bowel disease, sexual dysautonomia, peptic ulcer disease, polyendocrine failure, Hashimoto's encephalopathy, microangiopathic cerebral/coronary disease, normal pressure hydrocephalus, panic syndrome and chronic fatigue syndrome is important. The Warburg phenotype results in inhibition of pyruvate dehydrogenase and the TCA cycle. The pyruvate enters the GABA shunt pathway where it is converted to succinyl CoA. The glycolytic pathway is upregulated and the glycolytic metabolite phosphoglycerate is converted to serine and glycine. Glycine and succinyl CoA are the substrates for ALA synthesis. The archaea induces the enzyme heme oxygenase. Heme oxygenase converts heme to bilirubin and biliverdin. This depletes heme from the system and results in upregulation of ALA synthase activity resulting in porphyria. Heme inhibits HIF alpha. The heme depletion results in upregulation of HIF alpha activity and further strengthening of the Warburg phenotype. The porphyrin self oxidation results in redox stress which activates HIF alpha and generates the Warburg phenotype. The Warburg phenotype results in channeling acetyl CoA for cholesterol synthesis as the TCA cycle and mitochondrial oxidative phosphorylation are blocked. The archaea uses cholesterol as an energy substrate. Porphyrin and ALA inhibits sodium potassium ATPase. This increases cholesterol synthesis by acting upon intracellular SREBP. The cholesterol is metabolized to pyruvate and then the GABA shunt pathway for ultimate use in porphyrin synthesis. The porphyrins can self organize and self replicate into macromolecular arrays. The porphyrin arrays behave like an autonomous organism and can have intramolecular electron transport generating ATP. The porphyrin macroarrays can store information and can have quantal perception. The porphyrin macroarrays serves the purpose of archaeal energetics and sensory perception. The Warburg phenotype is associated with migraine, bronchial asthma, essential hypertension, irritable bowel syndrome, inflammatory bowel disease, sexual dysautonomia, peptic ulcer disease, polyendocrine failure, Hashimoto's encephalopathy, microangiopathic cerebral/ coronary disease, normal pressure hydrocephalus, panic syndrome and chronic fatigue syndrome. The increased generation of fructose 1,6 diphosphate and its channeling to the pentose phosphate pathway generates NADPH activating NOX. NOX activation generates H_2O_2 induced redox stress contributing to induction of NFKB and immune activation. The lymphocytes depend exclusively on glycolysis for its energy needs. The upregulation of glycolysis produces immune activation. Immune activation and cytokine injury can contribute to the pathogenesis of these functional disorders. NOX induced redox stress mediated by H_2O_2 can contribute to the pathogenesis of these functional disorders. Warburg phenotype associated mitochondrial dysfunction is crucial to the pathogenesis of migraine, bronchial asthma, essential hypertension, irritable bowel syndrome, inflammatory bowel disease, sexual dysautonomia, peptic ulcer disease, polyendocrine failure, Hashimoto's encephalopathy, microangiopathic cerebral/coronary disease, normal pressure hydrocephalus, panic syndrome and chronic fatigue syndrome.

The role of archaeal porphyrins in regulation of cell functions and neuro-immuno-endocrine integration is discussed. Protoporphyrin binds to the peripheral benzodiazepine receptor regulating steroid and digoxin synthesis. Increased porphyrin metabolites can contribute to hyperdigoxinemia. Digoxin can modulate the neuro-immuno-endocrine system. Digoxin can produce membrane sodium potassium ATPase inhibition increasing intracellular calcium and reducing intracellular magnesium. Porphyrins can combine with membranes modulating membrane function and producing sodium potassium ATPase inhibition. Digoxin induced intracellular calcium load can activate NFKB producing cytokine injury as well as produce mitochondrial dysfunction. Digoxin induced increased intracellular calcium can produce vasospasm and bronchospasm. Digoxin induced mitochondrial dysfunction can produce redox stress. Hyperdigoxinemia is related to the pathogenesis of migraine, bronchial asthma, essential hypertension, irritable bowel syndrome, inflammatory bowel disease, sexual dysautonomia, peptic ulcer disease, polyendocrine failure, Hashimoto's encephalopathy, microangiopathic cerebral/coronary disease, normal pressure hydrocephalus, panic syndrome and chronic fatigue syndrome.

These groups of functional disorders can be classified as intracellular calcium overload and magnesium depleted states.

Porphyrins can combine with proteins oxidizing their tyrosine, tryptophan, cysteine and histidine residues producing crosslinking and altering protein conformation and function. This can produce a protein processing dysfunction and defectively processed proteins accumulate in the cell. Porphyrin induced protein processing dysfunction and defective protein function can contribute to migraine, bronchial asthma, essential hypertension, irritable bowel syndrome, inflammatory bowel disease, sexual dysautonomia, peptic ulcer disease, polyendocrine failure, Hashimoto's encephalopathy, microangiopathic cerebral/coronary disease, normal pressure hydrocephalus, panic syndrome and chronic fatigue syndrome. Porphyrins can complex with DNA and RNA modulating their function. Porphyrin interpolating with DNA can alter transcription and generate HERV expression. HERV RNA can produce mRNA interference affecting its function. HERV expression can also contribute to the pathogenesis of these functional disorders.

Heme deficiency can also result in disease states. Heme deficiency results in deficiency of heme enzymes. There is deficiency of cytochrome C oxidase and mitochondrial dysfunction. Mitochondrial dysfunction induced energy depletion and redox stress is crucial to the pathogenesis of these functional disorders. Mitochondrial dysfunction induced muscle weakness is crucial in chronic fatigue syndrome. The glutathione peroxidase is dysfunctional and the glutathione system of free radical scavenging does not function. Redox stress is crucial to the pathogenesis of these functional disorders. The cytochrome P450 enzymes involved in steroid and bile acid synthesis have reduced activity leading to steroid- cortisol, activated vitamin D and sex hormones as well as bile acid deficiency states. Heme deficiency also results in defective thyroid peroxidase function and thyroid hormone deficiency. Deficiency of cortisol, thyroid and sex hormones produce the syndrome of endocrine failure. Bile acid deficiency and activated vitamin D deficiency are important in the evolution of these disorders. Activated vitamin D and bile acid like lithocholic acid bind to VDR modulating the immune system. Activated vitamin D deficiency as well as bile acid deficiency can lead to immune activation and cytokine injury important in the pathogenesis of these functional disorders. The heme deficiency results in dysfunction of nitric oxide synthase, heme oxygenase and cystathione beta synthase resulting in lack of gasotransmitters regulating the vascular system and NMDA receptor- NO, CO and H_2S. Heme has got cytoprotective, neuroprotective, anti-inflammatory and antiproliferative effects. Deficiency of NO, CO and H_2S which are vasodilatory gasotransmitters can contribute to hypertension, cardiac autonomic neuropathy and sexual dysautonomia. Sexual dysautonomia combined with gonadal failure can contribute to infertility and asexuality. Heme is also involved in the stress response. Deficient heme induced stress response can lead to panic attacks. Heme deficiency leads to migraine, bronchial asthma, essential hypertension, irritable bowel syndrome, inflammatory bowel disease, sexual dysautonomia, peptic ulcer disease, polyendocrine failure, Hashimoto's encephalopathy, microangiopathic cerebral/coronary disease, normal pressure hydrocephalus, panic syndrome and chronic fatigue syndrome.[3-5]

Porphyrins can lead on to an immune activated state. The porphyrin photo-oxidation can generate free radicals which can activate NFKB. This can produce immune activation and cytokine mediated injury. The protoporphyrins binding to mitochondrial benzodiazepine receptors can modulate immune function. Porphyrins can combine with proteins oxidizing their tyrosine, tryptophan, cysteine and histidine residues producing crosslinking and altering protein conformation and function. Porphyrins can complex with DNA and RNA modulating their structure. Porphyrin complexed with proteins and nucleic acids are antigenic and can lead onto autoimmune disease.[3,4] Immune activation and autoimmunity is crucial to migraine, bronchial asthma, essential hypertension, irritable bowel syndrome, inflammatory bowel disease, sexual dysautonomia, peptic ulcer disease, polyendocrine failure, Hashimoto's encephalopathy, microangiopathic cerebral/coronary disease, normal pressure hydrocephalus, panic syndrome and chronic fatigue syndrome. Porphyrins can lead on to an insulin resistance state. The porphyrin photo-oxidation mediated free radical injury can lead to insulin resistance and atherogenesis. Thus archaeal porphyrins can contribute to metabolic syndrome x. Glucose has got a negative effect upon ALA synthase activity. Therefore hyperglycemia may be reactive protective mechanism to increased archaeal porphyrin synthesis. The protoporphyrins binding to mitochondrial benzodiazepine receptors can modulate mitochondrial steroidogenesis and metabolism. Altered porphyrin metabolism has been described in the metabolic syndrome x. Porphyrias can lead onto vascular thrombosis.[3,4] Insulin resistance states have been related to migraine, bronchial asthma, essential hypertension, irritable bowel syndrome, inflammatory bowel disease, sexual dysautonomia, peptic ulcer disease, polyendocrine failure, Hashimoto's encephalopathy, microangiopathic cerebral/ coronary disease, normal pressure hydrocephalus, panic syndrome and chronic fatigue syndrome. The porphyrin photo-oxidation can generate free radicals inducing HIF alpha and producing oncogene activation. Heme deficiency can lead to activation of HIF alpha and oncogenesis. This can lead to oncogenesis. All these functional disorders can lead to malignant transformations as in the case of IBD. The protoporphyrins binding to mitochondrial benzodiazepine receptors can regulate cell proliferation.[3,4] The porphyrins can intercalate with DNA producing HERV expression. The HERV particles generated can contribute to the retroviral state. All these functional disorders are associated with the retroviral state. The porphyrins in the blood can combine with bacteria and viruses and the photo-oxidation generated free radicals can kill them. The archaeal porphyrins can modulate bacterial and viral infections. The archaeal porphyrins are regulatory molecules keeping other prokaryotes and viruses on check.[3,4] Bacterial and viral infections have been related to migraine, bronchial asthma, essential hypertension, irritable bowel syndrome, inflammatory bowel disease, sexual dysautonomia, peptic ulcer disease, polyendocrine failure, Hashimoto's encephalopathy, microangiopathic cerebral/coronary disease, normal pressure hydrocephalus, panic syndrome and chronic fatigue syndrome. *H. pylori* infection can lead to peptic ulcer disease.[3,4]

The archaea and viroids can regulate the nervous system including the NMDA/GABA thalamocorticothalamic pathway mediating conscious perception. Porphyrin photo-oxidation can generate free radicals which can modulate NMDA transmission. Free radicals can increase NMDA transmission. Free radicals can induce GAD and increase GABA synthesis. ALA blocks GABA transmission and upregulates

NMDA. Protoporphyrins bind to GABA receptor and promote GABA transmission. Thus porphyrins can modulate the thalamocorticothalamic pathway of conscious perception. The dipolar porphyrins, PAH and archaeal magnetite in the setting of digoxin induced sodium potassium ATPase inhibition can produce a pumped phonon system mediated Frohlich model superconducting state inducing quantal perception with nanoarchaeal sensed gravity producing the orchestrated reduction of the quantal possibilities to the macroscopic world. ALA can produce sodium potassium ATPase inhibition resulting in a pumped phonon system mediated quantal state involving dipolar porphyrins. Porphyrin molecules have a wave particle existence and can bridge the dividing line between quantal state and particulate state. Thus the porphyrins can mediate conscious and quantal perception. Porphyrins binding to proteins, nucleic acids and cell membranes can produce biophoton emission. Porphyrins by auto-oxidation can generate biophotons and are involved in quantal perception. Biophotons can mediate quantal perception. Cellular porphyrins photo-oxidation are involved in sensing of earth magnetic fields and low level biomagnetic fields. Thus prophyrins can mediate extrasensory perception. The porphyrins can modulate hemispheric dominance. There is increased porphyrin synthesis and RHCD and decreased porphyrin synthesis in LHCD. Porphyria can lead to psychiatric disorders and seizures. Right hemispheric chemical dominance is related to migraine, bronchial asthma, essential hypertension, irritable bowel syndrome, inflammatory bowel disease, sexual dysautonomia, peptic ulcer disease, polyendocrine failure, Hashimoto's encephalopathy, microangiopathic cerebral/coronary disease, normal pressure hydrocephalus, panic syndrome and chronic fatigue syndrome. All these functional disorders have a neuropsychiatric substratum.

Protoporphyrins block acetyl choline transmission producing a vagal neuropathy with sympathetic overactivity. This can lead to panic syndrome, coronary autonomic neuropathy and hypertension. Vagal neuropathy results in immune activation, vasospasm and vascular disease. A vagal neuropathy underlines metabolic syndrome x and microangiopathic disease. Vagal neuropathy induced immune activation can produce cytokine injury crucial in the pathogenesis of migraine, bronchial asthma, essential hypertension, irritable bowel syndrome, inflammatory bowel disease, sexual dysautonomia, peptic ulcer disease, polyendocrine failure, Hashimoto's encephalopathy, microangiopathic cerebral/coronary disease, normal pressure hydrocephalus, panic syndrome and chronic fatigue syndrome. Porphyrin induced increased NMDA transmission and free radical injury can contribute to cell death. Free radicals can produce mitochondrial PT pore dysfunction. This can lead to cyto C leak and activation of the caspase cascade leading to apoptosis and cell death. Porphyrin induced cell death can contribute to the pathogenesis of these disorders. The protoporphyrins binding to mitochondrial benzodiazepine receptors can regulate brain function and cell death.[3,4,16]

The dipolar porphyrins, PAH and archaeal magnetite in the setting of digoxin induced sodium potassium ATPase inhibition can produce a pumped phonon system mediated Frohlich model superconducting state inducing quantal perception with nanoarchaeal sensed gravity producing the orchestrated reduction of the quantal possibilities to the macroscopic world. ALA can produce sodium potassium ATPase inhibition resulting in a pumped phonon system mediated quantal state involving dipolar porphyrins. Porphyrins by autooxidation can generate biophotons and are involved in quantal perception. Biophotons can mediate quantal perception. Cellular porphyrins photo-oxidation are involved in sensing of earth magnetic fields and low level biomagnetic fields. Porphyrins can thus contribute to quantal perception. Low level electromagnetic fields and light can induce porphyrin synthesis. Low level EMF can produce ferrochelatase inhibition as well as heme oxygenase induction contributing to heme depletion, ALA synthase induction and increased porphyrin synthesis. Light also induces ALA synthase and porphyrin synthesis. The increased porphyrin synthesized can contribute to increased quantal perception and can modulate conscious perception. The porphyrin induced biophotons and quantal fields can modulate the source from which low level EMF and photic fields were generated. Thus the porphyrin generated by extraneous low level EMF and photic fields can interact with the source of low level EMF and photic fields modulating it. Thus porphyrins can serve as a bridge between the human brain and the source of low level EMF and photic fields. This serves as a mode of communication between the human brain and EMF storage devices like internet. The porphyrins can also serve as the source of communication with the environment. Environmental EMF and chemicals produce heme oxygenase induction and heme depletion increasing porphyrin synthesis, quantal perception and two-way communication. Thus induction of porphyrin synthesis can serve as a mechanism of communication between human brain and the environment by extrasensory perception. Low level of EMF exposure can lead to migraine, bronchial asthma, essential hypertension with cardiac autonomic neuropathy, irritable bowel syndrome, inflammatory bowel disease, sexual dysautonomia, peptic ulcer disease, polyendocrine failure, Hashimoto's encephalopathy, microangiopathic cerebral/coronary disease, normal pressure hydrocephalus, panic syndrome and chronic fatigue syndrome. All these functional disorders are increasing in epidemic proportions and environmental pollution with low level of EMF is related to it. These functional disorders are related to civilizational progress.

Porphyrins also have evolutionary significance since porphyria is related to Scythian races and contributes to the behavioural and intellectual characteristics of this group of population. Porphyrins can intercalate into DNA and produce HERV expression. HERV RNA can get converted to DNA by reverse transcriptase which can get integrated into DNA by integrase. This tends to increase the length of the non-coding region of the DNA. The increase in non-coding region of the DNA is involved in primate and human evolution. Thus, increased rates of porphyrin synthesis would correlate with increase in non-coding DNA length. The alteration in the length of the non coding region of the DNA contributes to the dynamic nature of the genome. Thus genetic and acquired porphyrias can lead to alteration in the non-coding region of the genome. The alteration of the length of the non-coding region of the DNA contributes to the racial and individual differences in populations. An increased length of non-coding region as well as increased porphyrin synthesis leads to increased cognitive and creative neuronal function. Porphyrins are involved in quantal perception and regulation of the thalamo-cortico-thalamic pathway of conscious perception. Thus genetic and acquired porphyrias contribute to higher cognitive and creative capacity of certain races. Porphyrias are common among Eurasian Scythian races who have assumed leadership roles in communities and groups. Porphyrins have contributed to human and primate evolution. Scythian races have a higher incidence of migraine, bronchial asthma, essential hypertension with cardiac autonomic neuropathy, irritable bowel syndrome, inflammatory bowel disease, sexual dysautonomia, peptic ulcer disease, polyendocrine failure, Hashimoto's encephalopathy, microangiopathic cerebral/coronary disease, normal pressure hydrocephalus, panic syndrome and chronic fatigue syndrome. Most of our patient population belonged to this group.[3,4]

An actinide dependent shadow biosphere of archaea and viroids in the above mentioned disease states- migraine, bronchial asthma, essential hypertension with cardiac autonomic neuropathy, irritable bowel syndrome, inflammatory bowel disease, sexual dysautonomia, peptic ulcer disease, polyendocrine failure, Hashimoto's encephalopathy, microangiopathic cerebral/coronary disease, normal pressure hydrocephalus, panic syndrome and chronic fatigue syndrome is described. Porphyrin synthesis is crucial in the pathogenesis of these disorders. Porphyrins may serve as regulatory molecules modulating immune, neural, endocrine, metabolic and genetic systems. The porphyrins photo-oxidation generated free radicals can produce immune activation, produce cell death, activate cell proliferation, produce insulin resistance and modulate conscious/quantal perception. The archaeal porphyrins functions as key regulatory molecules with mitochondrial benzodiazepine receptors playing an important role. The porphyrins photo-oxidation generated free radicals can produce immune activation, produce cell death, activate cell proliferation, produce insulin resistance and modulate conscious/quantal perception. Porphyrins can regulate hemispheric dominance. Porphyrins inhibit cholinergic transmission producing a vagal neuropathy and sympathetic overactivity. Heme deficiency can induce the Warburg phenotype contributing to the pathogenesis. Heme deficiency also results in mitochondrial dysfunction as well as dysfunction of the glutathione system of free radicals scavenging. Heme deficiency can affect thyroid peroxidase and cytochrome P450 enzymes involved in steroidal synthesis producing a polyendocrine failure. Heme deficiency can affect the heme enzymes producing the vasodilatory gasotransmitter NO, CO and H_2S synthesis producing hypertension and erectile dysfunction. The gonadal failure with erectile dysfunction can lead on to asexual personality. Porphyrin generated redox stress can induce NFKB producing immune activation. Vagal neuropathy and gasotransmitter deficiency especially of NO can lead to microangiopathic of the coronary and cerebral circulation. Vagal neuropathy can also contribute to immune activation. Immune activation can contribute to IBD. Gasotransmitter deficiency and immune activation can induce IBS. Immune activation leading to an immune mediated aseptic meningitis and vagal neuropathy related microangiopathic disease are causal factors for normal pressure hydrocephalus. Immune activation consequent to vagal neuropathy and redox stress as well as heme deficiency related mitochondrial dysfunction can lead to chronic fatigue syndrome. Vagal neuropathy with sympathetic overactivity can induce to panic attacks. Redox stress and immune activation can lead to migraine and bronchial asthma. Protoporhyrin mediated increased digoxin synthesis can contribute to increased intracellular calcium producing hypertension, bronchial asthma and migraine. The archaeal porphyrins functions as key regulatory molecules with mitochondrial benzodiazepine receptors playing an important role. A porphyrin metabolic defect underlies the pathogenesis of migraine, bronchial asthma, essential hypertension with cardiac autonomic neuropathy, irritable bowel syndrome, inflammatory bowel disease, sexual dysautonomia, peptic ulcer disease, polyendocrine failure, Hashimoto's encephalopathy, microangiopathic cerebral/coronary disease, normal pressure hydrocephalus, panic syndrome and chronic fatigue syndrome. This can be called as a civilizational porphyrin metabolic disorder. A porphyrin metabolic dysfunction related CVS-pulmonary-GIT dysautonomia, coronary/cerebral microangiopathy, polyendocrine failure and chronic fatigue/panic syndrome complex is described.

Referências

1   Eckburg P.B., Lepp, P.W., Relman, D.A. (2003). Archaea and their potential role in human disease, *Infect Immun,* 71, 591-596.

2   Smit A., Mushegian, A. (2000). Biosynthesis of isoprenoids via mevalonate in Archaea: the lost pathway, *Genome Res,* 10(10), 1468-84.

3   Puy, H., Gouya, L., Deybach, J.C. (2010). Porphyrias. *The Lancet,* 375(9718), 924 – 937.

4   Kadish, K.M., Smith, K.M., Guilard, C. (1999). *Porphyrin Hand Book.* Academic Press, Nova Iorque: Elsevier.

5   Gavish M., Bachman, I., Shoukrun, R., Katz, Y., Veenman, L., Weisinger, G.,Weizman,A. (1999). Enigma of the Peripheral Benzodiazepine Receptor. *Pharmacological Reviews,* 51(4), 629-650.

6   Richmond W. (1973). Preparation and properties of a cholesterol oxidase from nocardia species and its application to the enzymatic assay of total cholesterol in serum, *Clin Chem,* 19, 1350-1356.

7   Snell E.D., Snell, C.T. (1961). *Métodos Colorimétricos de Análise.* Vol 3A. Nova Iorque: Van NoStrand.

8   Glick D. (1971). *Métodos de Análise Bioquímica.* Vol 5. Nova Iorque: Interscience Publishers.

9   Colowick, Kaplan, N.O. (1955). *Métodos em Enzimologia.* Vol 2. Nova Iorque: Imprensa académica.

10   Van der Geize R., Yam, K., Heuser, T., Wilbrink, M.H., Hara, H., Anderton, M.C. (2007). A gene cluster encoding cholesterol catabolism in a soil actinomycete provides insight into Mycobacterium tuberculosis survival in macrophages, *Proc Natl Acad Sci USA,* 104(6), 1947-52.

11   Francis A.J. (1998). Biotransformation of uranium and other actinides in radioactive wastes, *Journal of Alloys and Compounds,* 271(273), 78-84.

12   Schoner W. (2002). Endogenous cardiac glycosides, uma nova classe de hormonas esteróides, *Eur J Biochem,* 269, 2440-2448.

13   Vainshtein M., Suzina, N., Kudryashova, E., Ariskina, E. (2002). New Magnet-Sensitive Structures in Bacterial and Archaeal Cells, *Biol Cell,* 94(1), 29-35.

14   Tsagris E.M., de Alba, A.E., Gozmanova, M., Kalantidis, K. (2008). Viroids, *Cell Microbiol,* 10, 2168.

15   Horie M., Honda, T., Suzuki, Y., Kobayashi, Y., Daito, T., Oshida, T. (2010). Elementos endógenos não retrovirais do vírus RNA em genomas de mamíferos, *Nature,* 463, 84-87.

16   Kurup R., Kurup, P.A. (2009). *Digoxina hipotalâmica, dominância cerebral e função cerebral na saúde e nas doenças.* Nova Iorque: Nova Science Publishers.

CHAPTER 50

PORPHYRIONS AND HUMAN DISEASE- DIETARY FIBRE AND POLLUTION
RELATED ANTIOXIDANT DEFICIENCY INDUCED CIVILIZATIONAL
DISEASE- MODULATION BY DIETARY FIBRE AND ANTIOXIDANT
VITAMINS E AND C

Introdução

Actinidic archaea have been related to the pathogenesis of schizophrenia, malignancy, metabolic syndrome x, autoimmune disease and neuronal degeneration. An actinide dependent shadow biosphere of archaea and viroids in the above mentioned disease states is described. Actinidic archaea have a mevalonate pathway and are cholesterol catabolizing. They can use cholesterol as a carbon and energy source. Archaeal cholesterol catabolism can generate porphyrins via the cholesterol ring oxidase generated pyruvate and GABA shunt pathway. Archaea can produce a secondary porphyria by inducing the enzyme heme oxygenase resulting in heme depletion and activation of the enzyme ALA synthase. Porphyrins have been related to schizophrenia, metabolic syndrome x, malignancy, systemic lupus erythematosis, multiple sclerosis and Alzheimer's diseases. Porphyrin metabolic abnormality can be modulated by drugs. In this report correction of the porphyrin metabolic abnormality contributing to disease by high fibre diet and dietary antioxidants vitamin E and C is discussed. High fibre diet generates short chain fatty acid acetate which inhibits ALA synthase. Dietary fibre itself functions as an antioxidant and has anti-archaeal activity. Vitamin E and C functions as modulators of porphyrin metabolism inhibiting ALA synthase. Dietary monosaccharides like glucose and fructose can inhibit ALA synthase. Fructose was used in this study. The above mentioned disorders of metabolic syndrome x, malignancy, psychiatric disorders, autoimmune disease, AIDS, prion disease, neuronal degeneration and epileptogenesis are disorders of civilization due to decreased consumption of dietary fibre and environmental pollution induced antioxidant vitamin C and E deficiency. The results are presented in this report.[1-5] A dietary fibre deficiency and environmental pollution induced antioxidant vitamin E and C deficiency civilizational disorder due to porphyrin metabolic dysfunction with schizophrenia, malignancy, metabolic syndrome x, autoimmune disease and neuronal degeneration is described. They can function as self replicating supramolecular organisms which can be called as porphyrions.

530

Materials and Methods

The following groups were included in the study:- endomyocardial fibrosis, Alzheimer's disease, multiple sclerosis, non-Hodgkin's lymphoma, metabolic syndrome x with cerebrovascular thrombosis and coronary artery disease, schizophrenia, autism, seizure disorder, Creutzfeldt Jakob disease and acquired immunodeficiency syndrome. There were also patients on treatment with high banana fibre diet at doses of 40 g/day, fructose in doses of 50 g/day, high vitamin C 1 g per day and vitamin E 800 mg per day. There were 10 patients in each group and each patient had an age and sex matched healthy control selected randomly from the general population. Plasma from fasting heparinised blood was used and the experimental protocol was as follows (I) Plasma+phosphate buffered saline, (II) same as I+cholesterol substrate, (III) same as II+rutile 0.1 mg/ml, (IV) same as II+ciprofloxacine and doxycycline each in a concentration of 1 mg/ml. The following estimations were carried out:- Cytochrome F420, free RNA, free DNA, polycyclic aromatic hydrocarbon, hydrogen peroxide, pyruvate, ammonia, glutamate, succinate, glycine, delta aminolevulinic acid and digoxin. The study also involved estimating the following parameters in the patient population- Hexokinase, porphyrins, pyruvate, glutamate, ammonia, succinic acid, serine, glycine, HMG CoA reductase, cytochrome C, blood ATP and heme oxygenase.[6-9] Informed consent of the subjects and the approval of the ethics committee were obtained for the study. The statistical analysis was done by ANOVA.

Resultados

Plasma of treatment group showed decreased levels of the above mentioned parameters with after incubation for 1 hour and addition of cholesterol substrate also resulted in decrease in the above parameters. The plasma of patients showed increase in the above mentioned parameters. The addition of antibiotics to the treatment group caused a decrease in all the parameters while addition of rutile increased their levels to some extent. The addition of antibiotics and rutile to the patient's plasma produced the same changes but the extent of change was more in patient's sera as compared to treatment group. The results are expressed in section 1: tables 1-6 as percentage change in the parameters after 1 hour incubation as compared to the values at zero time. There was upregulated archaeal porphyrin synthesis in the patient population which was archaeal in origin as indicated by actinide catalysis of the reactions. The cholesterol oxidase pathway generated pyruvate which entered the GABA shunt pathway. This resulted in synthesis of succinate and glycine which are substrates for ALA synthase.

The study showed the patient's blood had increased heme oxygenase activity, increased serine, glycine, succinic acid and porphyrins. The hexokinase activity was high. The pyruvate, glutamate, ammonia, GABA and succinic acid levels were elevated indicating blockade of PDH activity, and operation of the GABA shunt pathway. The cyto C levels were increased in the serum indicating mitochondrial dysfunction suggested by low blood ATP levels. This was indicative of the Warburg's phenotype. The HMG CoA reductase activity was high indicating cholesterol synthesis. The addition of high fibre diet, high fructose, vitamin E and vitamin C produced inhibition of porphyrin synthesis and reversed the metabolic abnormalities significantly. Acetate derived from dietary fibre, vitamin E, vitamin C and fructose functions as factors inhibiting ALA synthase and modulating porphyrin metabolism.

Secção 1: Estudo experimental

Quadro 1. Efeito do rutilo e dos antibióticos no citocromo F420 e HAP

Grupo	CYT F420 % (Aumento com Rutilo)		CYT F420 % (Diminuir com Doxy+Cipro)		PAH % mudança (Aumento com Rutilo)		PAH % mudança (Diminuir com Doxy+Cipro)	
	Média	**$\pm$ SD**	**Média**	**$\pm$ SD**	**Média**	**$\pm$ SD**	**Média**	**$\pm$ SD**
Treatment grp.	4.48	0.15	18.24	0.66	4.45	0.14	18.25	0.72
Schizo	23.24	2.01	58.72	7.08	23.01	1.69	59.49	4.30
Apreensão	23.46	1.87	59.27	8.86	22.67	2.29	57.69	5.29
AD	23.12	2.00	56.90	6.94	23.26	1.53	60.91	7.59
EM	22.12	1.81	61.33	9.82	22.83	1.78	59.84	7.62
NHL	22.79	2.13	55.90	7.29	22.84	1.42	66.07	3.78
DM	22.59	1.86	57.05	8.45	23.40	1.55	65.77	5.27
SIDA	22.29	1.66	59.02	7.50	23.23	1.97	65.89	5.05
CJD	22.06	1.61	57.81	6.04	23.46	1.91	61.56	4.61
Autismo	21.68	1.90	57.93	9.64	22.61	1.42	64.48	6.90
FME	22.70	1.87	60.46	8.06	23.73	1.38	65.20	6.20
	F valor 306,749 Valor P < 0,001		F valor 130.054 Valor P < 0,001		F valor 391.318 Valor P < 0,001		F valor 257.996 Valor P < 0,001	

Quadro 2. Efeito do rutilo e dos antibióticos no ARN e ADN livres

Grupo	ADN % mudança (Aumento com Rutilo)		ADN % mudança (Diminuir com Doxy+Cipro)		RNA % mudança (Aumento com Rutilo)		RNA % mudança (Diminuir com Doxy+Cipro)	
	Média	± SD	Média	± SD	Média	± SD	Média	± SD
Treatment grp.	4.37	0.15	18.39	0.38	4.37	0.13	18.38	0.48
Schizo	23.28	1.70	61.41	3.36	23.59	1.83	65.69	3.94
Apreensão	23.40	1.51	63.68	4.66	23.08	1.87	65.09	3.48
AD	23.52	1.65	64.15	4.60	23.29	1.92	65.39	3.95
EM	22.62	1.38	63.82	5.53	23.29	1.98	67.46	3.96
NHL	22.42	1.99	61.14	3.47	23.78	1.20	66.90	4.10
DM	23.01	1.67	65.35	3.56	23.33	1.86	66.46	3.65
SIDA	22.56	2.46	62.70	4.53	23.32	1.74	65.67	4.16
CJD	23.30	1.42	65.07	4.95	23.11	1.52	66.68	3.97
Autismo	22.12	2.44	63.69	5.14	23.33	1.35	66.83	3.27
FME	22.29	2.05	58.70	7.34	22.29	2.05	67.03	5.97
	Valor F 337.577		F valor 356.621		Valor F 427.828		Valor F 654.453	
	Valor P < 0,001		Valor P < 0,001		Valor P < 0,001		Valor P < 0,001	

Quadro 3. Efeito do rutilo e dos antibióticos na digoxina e no ácido aminolevulínico delta

Grupo	Digoxina (ng/ml) (Aumento com Rutilo)		Digoxina (ng/ml) (Diminuir com Doxy+Cipro)		ALA % (Aumento com Rutilo)		ALA % (Diminuir com Doxy+Cipro)	
	Média	± SD	Média	± SD	Média	± SD	Média	± SD
Treatment grp.	0.11	0.00	0.054	0.003	4.40	0.10	18.48	0.39
Schizo	0.55	0.06	0.219	0.043	22.52	1.90	66.39	4.20
Apreensão	0.51	0.05	0.199	0.027	22.83	1.90	67.23	3.45
AD	0.55	0.03	0.192	0.040	23.67	1.68	66.50	3.58
EM	0.52	0.03	0.214	0.032	22.38	1.79	67.10	3.82
NHL	0.54	0.04	0.210	0.042	23.34	1.75	66.80	3.43
DM	0.47	0.04	0.202	0.025	22.87	1.84	66.31	3.68
SIDA	0.56	0.05	0.220	0.052	23.45	1.79	66.32	3.63
CJD	0.53	0.06	0.212	0.045	23.17	1.88	68.53	2.65
Autismo	0.53	0.08	0.205	0.041	23.20	1.57	66.65	4.26
FME	0.51	0.05	0.213	0.033	22.29	2.05	61.91	7.56
	Valor F 135,116		Valor F 71.706		Valor F 372.716		F valor 556.411	
	Valor P < 0,001		Valor P < 0,001		Valor P < 0,001		Valor P < 0,001	

Quadro 4. Efeito do rutilo e dos antibióticos no succinato e na glicina

Grupo	Succinate % Succinate (Aumento com Rutilo)		Succinate % Succinate (Diminuir com Doxy+Cipro)		Glycine % mudança (Aumento com Rutilo)		Glycine % mudança (Diminuir com Doxy+Cipro)	
	Média	$\pm$ SD	Média	$\pm$ SD	Média	$\pm$ SD	Média	$\pm$ SD
Treatment grp.	4.41	0.15	18.63	0.12	4.34	0.15	18.24	0.37
Schizo	22.76	2.20	67.63	3.52	22.79	2.20	64.26	6.02
Apreensão	22.28	1.52	64.05	2.79	22.82	1.56	64.61	4.95
AD	23.81	1.90	66.95	3.67	23.12	1.71	65.12	5.58
EM	24.10	1.61	65.78	4.43	22.73	2.46	65.87	4.35
NHL	23.43	1.57	66.30	3.57	22.98	1.50	65.13	4.87
DM	23.70	1.75	68.06	3.52	23.81	1.49	64.89	6.01
SIDA	23.66	1.67	65.97	3.36	23.09	1.81	65.86	4.27
CJD	22.92	2.14	67.54	3.65	21.93	2.29	63.70	5.63
Autismo	21.88	1.19	66.28	3.60	23.02	1.65	67.61	2.77
FME	22.29	1.33	65.38	3.62	22.13	2.14	66.26	3.93
	Valor F 403.394 Valor P < 0,001		Valor F 680.284 Valor P < 0,001		Valor F 348.867 Valor P < 0,001		Valor F 364,999 Valor P < 0,001	

Quadro 5. Efeito do rutilo e dos antibióticos sobre o piruvato e o glutamato

Grupo	Pyruvate % mudança (Aumento com Rutilo)		Pyruvate % mudança (Diminuir com Doxy+Cipro)		Glutamato (Aumento com Rutilo)		Glutamato (Diminuir com Doxy+Cipro)	
	Média	$\pm$ SD	Média	$\pm$ SD	Média	$\pm$ SD	Média	$\pm$ SD
Treatment grp.	4.34	0.21	18.43	0.82	4.21	0.16	18.56	0.76
Schizo	20.99	1.46	61.23	9.73	23.01	2.61	65.87	5.27
Apreensão	20.94	1.54	62.76	8.52	23.33	1.79	62.50	5.56
AD	22.63	0.88	56.40	8.59	22.96	2.12	65.11	5.91
EM	21.59	1.23	60.28	9.22	22.81	1.91	63.47	5.81
NHL	21.19	1.61	58.57	7.47	22.53	2.41	64.29	5.44
DM	20.67	1.38	58.75	8.12	23.23	1.88	65.11	5.14
SIDA	21.21	2.36	58.73	8.10	21.11	2.25	64.20	5.38
CJD	21.07	1.79	63.90	7.13	22.47	2.17	65.97	4.62
Autismo	21.91	1.71	58.45	6.66	22.88	1.87	65.45	5.08
FME	22.29	2.05	62.37	5.05	21.66	1.94	67.03	5.97
	Valor F 321.255 Valor P < 0,001		F valor 115.242 Valor P < 0,001		F valor 292.065 Valor P < 0,001		Valor F 317.966 Valor P < 0,001	

Table 6. Effect of rutile and antibiotics on hydrogen peroxide and ammonia

Grupo	H2O2 % (Aumento com Rutilo)		H2O2 % (Diminuir com Doxy+Cipro)		Amoníaco % (Aumento com Rutilo)		Amoníaco % (Diminuir com Doxy+Cipro)	
	Média	$\pm$ SD	Média	$\pm$ SD	Média	$\pm$ SD	Média	$\pm$ SD
Treatment grp.	4.43	0.19	18.13	0.63	4.40	0.10	18.48	0.39
Schizo	22.50	1.66	60.21	7.42	22.52	1.90	66.39	4.20
Apreensão	23.81	1.19	61.08	7.38	22.83	1.90	67.23	3.45
AD	22.65	2.48	60.19	6.98	23.67	1.68	66.50	3.58
EM	21.14	1.20	60.53	4.70	22.38	1.79	67.10	3.82
NHL	23.35	1.76	59.17	3.33	23.34	1.75	66.80	3.43
DM	23.27	1.53	58.91	6.09	22.87	1.84	66.31	3.68
SIDA	23.32	1.71	63.15	7.62	23.45	1.79	66.32	3.63
CJD	22.86	1.91	63.66	6.88	23.17	1.88	68.53	2.65
Autismo	23.52	1.49	63.24	7.36	23.20	1.57	66.65	4.26
FME	23.29	1.67	60.52	5.38	22.29	2.05	61.91	7.56
	Valor F 380,721		Valor F 171.228		Valor F 372.716		F valor 556.411	
	Valor P < 0,001		Valor P < 0,001		Valor P < 0,001		Valor P < 0,001	

Quadro 1

Grupo	Digoxina RBC (ng/ml RBC Susp)		Citocromo F 420		HERV RNA (ug/ml)		H2O2 (umol/ml RBC)	
	Média	± SD	Média	± SD	Média	± SD	Média	± SD
Treatment grp.	0.18	0.05	0.00	0.00	8.70	0.90	111.63	5.40
Schizo	1.38	0.26	4.00	0.00	51.17	3.65	274.88	8.73
Apreensão	1.23	0.26	4.00	0.00	50.04	3.91	278.90	11.20
HD	1.34	0.31	4.00	0.00	51.16	7.78	295.37	3.78
AD	1.10	0.08	4.00	0.00	51.56	3.69	277.47	10.90
EM	1.21	0.21	4.00	0.00	47.90	6.99	280.89	11.25
SLE	1.50	0.33	4.00	0.00	48.20	5.53	278.59	11.51
NHL	1.26	0.23	4.00	0.00	51.08	5.24	283.39	10.67
Glio	1.27	0.24	4.00	0.00	51.57	2.66	278.19	12.80
DM	1.35	0.26	4.00	0.00	51.98	5.05	280.89	10.58
CAD	1.22	0.16	4.00	0.00	50.00	5.91	280.89	13.79
CVA	1.33	0.27	4.00	0.00	51.06	4.83	287.33	9.47
SIDA	1.31	0.24	4.00	0.00	50.15	6.96	278.58	12.72
CJD	1.48	0.27	4.00	0.00	49.85	6.40	286.16	10.90
Autismo	1.19	0.24	4.00	0.00	52.87	7.04	274.52	9.29
DS	1.34	0.25	4.00	0.00	47.28	3.55	283.04	9.17
Paralisia Cerebral	1.44	0.19	4.00	0.00	53.49	4.15	273.70	12.37
CRF	1.26	0.26	4.00	0.00	49.39	5.51	285.51	8.79
Falha Cirr/Hep	1.50	0.20	4.00	0.00	46.82	4.73	275.97	10.66
Muc Angio	1.40	0.32	4.00	0.00	46.37	4.87	290.37	9.10
FME	1.51	0.29	4.00	0.00	47.47	4.34	287.49	9.81
CCP	1.35	0.22	4.00	0.00	48.54	5.97	277.50	7.51
Exposição aos CEM	1.41	0.30	4.00	0.00	51.01	4.77	276.49	10.92
Valor F	60.288		0.001		194.418		713.569	
Valor P	< 0.001		< 0.001		< 0.001		< 0.001	

Quadro 2

Grupo	NOX (OD dif/hr/mgpro)		TNF ALP (pg/ml)		ALA (umol24)		PBG (umol24)	
	Média	$\pm$ SD	Média	$\pm$ SD	Média	$\pm$ SD	Média	$\pm$ SD
Treatment grp.	0.007	0.001	9.29	0.81	3.86	0.26	12.11	1.34
Schizo	0.036	0.009	78.23	7.13	66.16	6.51	42.50	3.23
Apreensão	0.038	0.007	79.28	4.55	68.28	6.02	46.54	4.55
HD	0.035	0.011	82.13	3.97	67.30	5.98	47.25	4.19
AD	0.036	0.007	79.65	5.57	67.32	5.40	49.83	3.45
EM	0.034	0.009	80.18	5.67	64.00	7.33	46.85	3.49
SLE	0.038	0.008	81.03	6.22	65.01	5.42	48.55	3.81
NHL	0.041	0.006	77.98	5.68	63.21	6.55	47.17	4.86
Glio	0.038	0.007	79.18	5.88	67.67	5.69	46.84	4.43
DM	0.041	0.005	78.36	6.68	64.72	6.81	48.15	3.36
CAD	0.038	0.009	78.15	3.72	66.66	7.77	47.00	3.81
CVA	0.037	0.007	77.59	5.24	69.02	4.86	46.33	4.01
SIDA	0.039	0.010	79.17	5.88	67.78	4.41	48.03	3.64
CJD	0.039	0.006	80.41	5.70	66.99	3.71	47.94	5.33
Autismo	0.036	0.006	76.71	5.25	68.16	4.92	42.04	2.38
DS-50	0.035	0.009	80.30	6.65	64.99	6.72	45.69	4.18
Paralisia Cerebral	0.038	0.008	80.02	6.82	65.56	6.28	44.58	4.52
CRF	0.039	0.008	81.36	5.37	67.61	5.55	46.81	4.62
Falha Cirr/Hep	0.037	0.010	77.61	4.42	66.28	6.55	48.23	2.36
Muc Angio	0.039	0.010	79.38	5.14	67.86	5.65	44.08	2.81
FME	0.035	0.008	80.04	4.69	64.76	5.23	44.82	3.46
CCP	0.040	0.006	80.34	4.73	66.68	4.14	48.70	3.35
Exposição aos CEM	0.038	0.007	76.41	5.96	68.41	5.53	47.27	3.42
Valor F	44.896		427.654		295.467		183.296	
Valor P	< 0.001		< 0.001		< 0.001		< 0.001	

Quadro 3

Grupo	Uroporfirina (nmol24)		Coproporfirina (nmol/24)		Protoporfirina (unidade Ab)		Heme (uM)	
	Média	± SD	Média	± SD	Média	± SD	Média	± SD
Treatment grp.	9.51	1.19	64.33	13.09	2.64	0.42	50.55	1.07
Schizo	267.81	64.05	401.49	50.73	44.30	2.66	12.82	2.40
Apreensão	290.44	57.65	436.71	52.95	49.59	1.70	13.03	0.70
HD	286.84	24.18	432.22	50.11	49.36	4.18	11.81	0.80
AD	259.61	33.18	433.17	45.61	49.68	3.30	12.09	1.12
EM	277.36	15.48	440.35	25.34	50.81	3.21	11.87	1.84
SLE	294.51	58.62	447.39	39.84	52.94	3.67	12.95	1.53
NHL	310.25	40.44	495.98	39.11	54.80	4.04	11.76	1.37
Glio	304.19	14.16	479.35	58.86	53.73	5.34	13.68	1.67
DM	285.46	29.46	422.27	33.86	49.80	4.01	12.83	2.07
CAD	314.01	17.82	426.14	24.28	49.51	2.27	11.39	1.10
CVA	320.85	24.73	402.16	33.80	46.74	4.28	11.26	0.95
SIDA	306.61	22.47	429.72	24.97	49.32	5.13	11.60	1.23
CJD	317.92	29.63	429.24	18.29	50.02	4.58	11.76	1.32
Autismo	318.84	82.90	423.29	47.57	47.50	2.87	12.37	2.09
DS-50	258.33	37.85	421.52	36.57	50.97	7.07	11.81	1.14
Paralisia Cerbral	280.16	26.14	431.39	28.88	49.23	3.91	11.61	1.36
CRF	301.78	48.22	427.57	33.55	49.66	4.41	12.03	1.40
Falha Cirr/Hep	276.51	16.66	436.44	25.65	50.56	1.63	11.92	1.33
Muc Angio	303.86	13.91	441.58	25.51	47.86	3.34	12.13	1.10
FME	300.90	31.96	443.22	38.14	51.37	4.86	12.61	2.00
CCP	287.09	15.63	442.85	49.61	50.36	3.49	12.01	1.53
Exposição aos CEM	288.21	26.17	444.94	38.89	50.59	1.71	12.36	1.26
Valor F	160.533		279.759		424.198		1472.05	
Valor P	< 0.001		< 0.001		< 0.001		< 0.001	

Quadro 4

Grupo	Bilirubin (mg/dl)		Biliverdin (unidade Ab)		ATP Synthase (umol/gHb)		SE ATP (umol/dl)	
	Média	± SD	Média	± SD	Média	± SD	Média	± SD
Treatment grp.	0.21	0.00	0.017	0.001	0.09	0.01	0.02	0.01
Schizo	1.74	0.08	0.073	0.013	2.66	0.58	1.26	0.19
Apreensão	1.84	0.07	0.070	0.015	3.09	0.65	1.66	0.56
HD	1.83	0.09	0.071	0.014	3.34	0.84	1.27	0.26
AD	1.77	0.13	0.073	0.016	3.34	0.75	2.06	0.19
EM	1.81	0.10	0.079	0.007	3.05	0.52	1.63	0.26
SLE	1.82	0.08	0.061	0.006	2.85	0.34	1.59	0.22
NHL	1.84	0.08	0.077	0.011	3.01	0.55	1.73	0.26
Glio	1.76	0.11	0.073	0.012	2.70	0.62	1.48	0.32
DM	1.77	0.19	0.067	0.014	3.19	0.89	1.97	0.11
CAD	1.75	0.12	0.080	0.007	2.99	0.65	1.57	0.37
CVA	1.82	0.10	0.079	0.009	2.98	0.78	1.49	0.27
SIDA	1.79	0.08	0.072	0.013	3.29	0.63	1.59	0.38
CJD	1.82	0.09	0.066	0.009	3.21	0.95	1.69	0.43
Autismo	1.83	0.16	0.072	0.014	2.67	0.80	2.03	0.12
DS-50	1.85	0.07	0.071	0.015	3.15	0.73	1.17	0.11
Paralisia Cerebral	1.85	0.09	0.069	0.012	3.14	0.46	1.56	0.39
CRF	1.76	0.22	0.070	0.012	3.14	0.57	1.53	0.33
Falha Cirr/Hep	1.81	0.10	0.076	0.009	3.01	0.47	1.32	0.26
Muc Angio	1.78	0.24	0.067	0.014	2.92	0.55	1.35	0.29
FME	1.79	0.07	0.074	0.009	3.12	0.60	1.56	0.48
CCP	1.84	0.07	0.073	0.011	3.15	0.46	1.51	0.38
Exposição aos CEM	1.75	0.22	0.073	0.013	3.39	1.03	1.37	0.27
Valor F	370.517		59.963		54.754		67.588	
Valor P	< 0.001		< 0.001		< 0.001		< 0.001	

Quadro 5

Grupo	Cyto C (ng/ml)		Lactato (mg/dl)		Pyruvate (umol/l)		RBC Hexokinase (ug glu fos/ hr/mgpro)	
	Média	± SD	Média	± SD	Média	± SD	Média	± SD
Treatment grp.	1.21	0.38	2.75	0.41	23.79	2.51	0.68	0.23
Schizo	11.58	0.90	22.07	1.06	96.54	9.96	7.69	3.40
Apreensão	12.06	1.09	21.78	0.58	90.46	8.30	6.29	1.73
HD	12.65	1.06	24.28	1.69	95.44	12.04	9.30	3.98
AD	11.94	0.86	22.04	0.64	97.26	8.26	8.46	3.63
EM	11.81	0.67	23.32	1.10	102.48	13.20	8.56	4.75
SLE	11.73	0.56	23.06	1.49	100.51	9.79	8.02	3.01
NHL	11.91	0.49	22.83	1.24	95.81	12.18	7.41	4.22
Glio	13.00	0.42	22.20	0.85	96.58	8.75	7.82	3.51
DM	12.95	0.56	25.56	7.93	96.30	10.33	7.05	1.86
CAD	11.51	0.47	22.83	0.82	97.29	12.45	8.88	3.09
CVA	12.74	0.80	23.03	1.26	103.25	9.49	7.87	2.72
SIDA	12.29	0.89	24.87	4.14	95.55	7.20	9.84	2.43
CJD	12.19	1.22	23.02	1.61	96.50	5.93	8.81	4.26
Autismo	12.48	0.79	21.95	0.65	92.71	8.43	6.95	2.02
DS-50	12.79	1.15	23.69	2.19	91.81	4.12	8.68	2.60
Paralisia Cerebral	12.14	1.30	23.12	1.81	95.33	11.78	7.92	3.32
CRF	12.66	1.01	23.42	1.20	97.38	10.76	7.75	3.08
Falha Cirr/Hep	12.81	0.90	26.20	5.29	97.77	13.24	8.99	3.27
Muc Angio	12.84	0.74	23.64	1.43	96.19	12.15	10.12	1.75
FME	12.72	0.92	25.35	5.52	103.32	13.04	9.44	3.40
CCP	12.23	0.94	23.66	1.64	94.36	8.06	8.53	2.64
Exposição aos CEM	12.26	1.00	23.31	1.46	103.28	11.47	7.58	3.09
Valor F	445.772		162.945		154.701		18.187	
Valor P	< 0.001		< 0.001		< 0.001		< 0.001	

Quadro 6

Grupo	ACOA (mg/dl)		ACH (ug/ml)		Glutamato (mg/dl)	
	Média	**± SD**	**Média**	**± SD**	**Média**	**± SD**
Treatment grp.	16.49	0.89	91.98	2.89	0.16	0.02
Schizo	2.51	0.57	48.52	6.28	3.41	0.41
Apreensão	2.15	0.22	33.27	5.99	3.67	0.38
HD	1.95	0.06	35.02	5.85	3.14	0.32
AD	2.19	0.15	42.84	8.26	3.53	0.39
EM	2.03	0.09	39.99	12.61	3.58	0.36
SLE	2.54	0.38	49.30	7.26	3.37	0.38
NHL	2.30	0.26	50.58	3.82	3.48	0.46
Glio	2.34	0.43	42.51	11.58	3.28	0.39
DM	2.17	0.40	41.31	10.69	3.53	0.44
CAD	2.37	0.44	49.19	6.86	3.61	0.28
CVA	2.25	0.44	37.45	7.93	3.31	0.43
SIDA	2.11	0.19	38.40	7.74	3.45	0.49
CJD	2.10	0.27	34.97	4.24	3.94	0.22
Autismo	2.42	0.41	50.61	6.32	3.30	0.32
DS-50	2.01	0.08	39.34	8.15	3.30	0.48
Paralisia Cerebral	2.06	0.35	40.79	9.34	3.24	0.34
CRF	2.24	0.32	37.52	4.37	3.26	0.43
Falha Cirr/Hep	2.13	0.17	46.20	4.95	3.25	0.40
Muc Angio	2.51	0.42	45.51	7.56	3.11	0.36
FME	2.19	0.19	42.48	8.62	3.27	0.39
CCP	2.04	0.10	37.95	8.82	3.33	0.25
Exposição aos CEM	2.14	0.19	37.75	7.31	3.47	0.37
Valor F	1871.04		116.901		200.702	
Valor P	< 0.001		< 0.001		< 0.001	

Quadro 7

Grupo	Se. Amoníaco (ug/dl)		HMG Co A (HMG CoA/MEV)		Bile Acid (mg/ml)	
	Média	$\pm$ SD	Média	$\pm$ SD	Média	$\pm$ SD
Treatment grp.	23.92	3.38	2.21	0.39	140.40	10.32
Schizo	94.72	3.28	1.11	0.08	22.45	5.57
Apreensão	95.61	7.88	1.14	0.07	22.98	5.19
HD	94.60	8.52	1.08	0.13	28.93	4.93
AD	95.37	4.66	1.10	0.07	26.26	7.34
EM	93.42	3.69	1.13	0.08	24.12	6.43
SLE	101.18	17.06	1.14	0.07	19.62	1.97
NHL	91.62	3.24	1.12	0.10	23.45	5.01
Glio	93.20	4.46	1.10	0.09	23.43	6.03
DM	93.38	7.76	1.09	0.12	22.77	4.94
CAD	93.93	4.86	1.07	0.12	24.55	6.26
CVA	103.18	27.27	1.05	0.09	22.39	3.35
SIDA	92.47	3.97	1.08	0.11	23.28	5.81
CJD	93.13	5.79	1.09	0.12	21.26	4.81
Autismo	94.01	5.00	1.12	0.06	23.16	5.78
DS-50	98.81	15.65	1.09	0.11	21.31	4.49
Paralisia Cerebral	92.09	3.21	1.07	0.09	22.80	5.02
CRF	98.76	11.12	1.03	0.10	26.47	5.30
Falha Cirr/Hep	94.77	2.86	1.04	0.10	24.91	5.06
Muc Angio	92.40	4.34	1.12	0.08	24.37	4.38
FME	95.37	5.76	1.08	0.08	25.17	3.80
CCP	93.42	5.34	1.01	0.09	23.87	4.00
Exposição aos CEM	102.62	26.54	1.00	0.07	22.58	5.07
Valor F	61.645		159.963		635.306	
Valor P	< 0.001		< 0.001		< 0.001	

<u>Abreviaturas</u>

Esquizofrenia: Esquizofrenia

HD: Doença de Huntington

AD: doença de Alzheimer

EM: Esclerose múltipla

LES: Lúpus eritematoso sistémico

NHL: Non-hodgkin's lymphoma

Glio- Glioma

DM: Diabetes mellitus

CAD: Doença das artérias coronárias

AVC: Acidente vascular encefálico

SIDA: Síndrome de imunodeficiência adquirida

CJD: Creutzfeldt Jakob disease

DS: Síndrome de Down

CRF: Insuficiência renal crónica

Cirr/ Falha Hepática - Cirrose/ Falha Hepática

FME: Fibrose endomiocárdica

PCC: Pancreatite Crónica do Pacífico

Discussão

Houve um aumento do citocromo F420, indicando um crescimento arqueológico. O arcaico pode sintetizar e utilizar o colesterol como fonte de carbono e energia. [2,10] A origem arqueal das actividades enzimáticas foi indicada pela supressão induzida por antibióticos. O estudo indica a presença de arquebactérias baseadas em actinídeos com enzimas alternativas baseadas em actinídeos ou metalloenzimas no sistema, como indicado pelo aumento induzido rutilo das actividades enzimáticas. [11] A actividade da beta-hidroxil esteroide desidrogenase do arquebactéria indica a síntese de digoxina. [12] A actividade do colesterol oxidase arqueal foi aumentada resultando na geração de piruvato e peróxido de hidrogénio. [10] O piruvato é convertido em glutamato e amoníaco pela via de derivação GABA. O piruvato é convertido em glutamato por transaminase de glutamato de soro piruvato. O glutamato é convertido em glutamato desidrogenase para gerar cetoglutarato alfa e amoníaco. A alanina é mais comummente produzida pela aminação redutiva da piruvato através da alanina transaminase. Esta reacção reversível envolve a interconversão de alanina e piruvato, associada à interconversão de alfa-ketoglutarato (2-oxoglutarato) e glutamato. A alanina pode contribuir para a glicina. O glutamato é actuado pela decarboxilase do ácido glutâmico para gerar GABA. GABA é convertido em semialdeído succínico pela transaminase GABA. A semialdeído succínico é convertido em ácido succínico por semialdeído succinico desidrogenase. Glycine combina com succinil CoA para gerar ácido aminolevulínico delta catalisado pela enzima ALA synthase. Havia síntese de porfirina arqueal upregulada na população de doentes que era de origem arqueal como indicado pela catálise actinídea das reacções. A via da oxidase do colesterol gerou piruvato que entrou na via de derivação GABA. Isto resultou na síntese de succinato e glicina que são substratos da ALA synthase. A arcaea pode sofrer a mineralização de magnetite e carbonato de cálcio e pode existir como nanoformas calcificadas. [13]

The addition of dietary fibre inhibited porphyrin synthesis, blocked archaeal growth and reverse the biochemical abnormalities. Dietary fibre is converted to acetate by gut bacteria. Dietary fibre is an antioxidant. Acetate and antioxidants can inhibit porphyrin synthesis by blocking ALA synthase activity. Dietary fibre can also have anti-archaeal activity inhibiting archaeal multiplication. Vitamin E and C inhibits ALA synthase and blocks porphyrin metabolism. They function as key factors regulating porphyrin metabolism. Fructose and other monosaccharides like glucose, levulose and mannose can inhibit ALA synthase. The addition of vitamin C, vitamin E and fructose blocked ALA synthase and porphyrin synthesis and reversed the biochemical abnormalities. Vitamin C, vitamin E and fructose also blocked archaeal multiplication and has anti-archaeal activity.

The porphyrin metabolic dysfunction can contribute to metabolic syndrome x, malignancy, psychiatric disorders, autoimmune disease, AIDS, prion disease, neuronal degeneration and epileptogenesis. Actinidic archaea induces porphyrin synthesis and catabolizes cholesterol generating porphyrins. The fibre in the diet is acted upon by gut bacteria generating acetate. Acetate inhibits ALA synthase and porphyrin synthesis. Dietary fibre reduces redox stress and inhibits ALA synthase by modulating redox stress. Dietary fibre has also antioxidant activity. Dietary fibre has anti-archaeal activity. An intake of 30 g of fibre is required for healthy life. The dietary fibre intake of the world population is decreasing and it produces a fibre deficiency syndrome. Dietary fibre deficiency induces porphyrinogenesis and contributes to the pathogenesis of metabolic syndrome x, malignancy, psychiatric disorders, autoimmune disease, AIDS, prion disease, neuronal degeneration and epileptogenesis. Dietary fibre is required to modulate porphyrin metabolism and inhibit the above mentioned disease states. The above mentioned diseases states are disorders of civilization due to dietary fibre deficiency. Antioxidant vitamin C and vitamin E deficiency derived from vegetarian sources also contributes to porphyrinogenesis. Environmental pollution and redox stress can induce increased consumption of antioxidant vitamins contributing to vitamin C and vitamin E deficiency. Increased archaeal multiplication produces cholesterol consumption and deficiency of cholesterol in the system. The lipoproteins functions as vitamin E transport proteins. Increased archaeal multiplication leads to vitamin E deficiency. Deficiency of vitamin E and C when corrected by megadose administration leads to correction of porphyrin metabolic abnormalities. Vitamin E and C has got anti-archaeal activity. Intake of monosaccharides especially fructose inhibits ALA synthase and porphyrin synthesis. Fructose also has got anti-archaeal activity. The above mentioned disorders of metabolic syndrome x, malignancy, psychiatric disorders, autoimmune disease, AIDS, prion disease, neuronal degeneration and epileptogenesis are disorders of civilization due to decreased consumption of dietary fibre and environmental pollution induced antioxidant vitamin C and E deficiency.

The possibility of Warburg phenotype induced by actinide based primitive organism like archaea with a mevalonate pathway and cholesterol catabolism was considered in this paper. The Warburg phenotype results in inhibition of pyruvate dehydrogenase and the TCA cycle. The pyruvate enters the GABA shunt pathway where it is converted to succinyl CoA. The glycolytic pathway is upregulated and the glycolytic metabolite phosphoglycerate is converted to serine and glycine. Glycine and succinyl CoA are the substrates for ALA synthesis. The archaea induces the enzyme heme oxygenase. Heme oxygenase converts heme to bilirubin and biliverdin. This depletes heme from the system and results in upregulation of ALA synthase activity resulting in porphyria. Heme inhibits HIF alpha. The heme depletion results in upregulation of HIF alpha activity and further strengthening of the Warburg phenotype. The porphyrin self oxidation results in redox stress which activates HIF alpha and generates the Warburg phenotype. The Warburg phenotype results in channeling acetyl CoA for cholesterol synthesis as the TCA cycle and mitochondrial oxidative phosphorylation are blocked. The archaea uses cholesterol as an energy substrate. Porphyrin and ALA inhibits sodium potassium ATPase. This increases cholesterol synthesis by acting upon intracellular SREBP. The cholesterol is metabolized to pyruvate and then the GABA shunt pathway for ultimate use in porphyrin synthesis. The porphyrins can self organize and self replicate into macromolecular arrays. The porphyrin arrays behave like an autonomous organism and can have intramolecular electron transport generating ATP. The porphyrin macroarrays can store information and can have quantal perception. The porphyrin macroarrays serves the purpose of archaeal energetics and sensory perception. The Warburg phenotype is associated with malignancy, autoimmune disease and metabolic syndrome x.

The role of archaeal porphyrins in regulation of cell functions and neuro-immuno-endocrine integration is discussed. Protoporphyrine binds to the peripheral benzodiazepine receptor regulating steroid and digoxin synthesis. Increased porphyrin metabolites can contribute to hyperdigoxinemia. Digoxin can modulate the neuro-immuno-endocrine system. Porphyrins can combine with membranes modulating membrane function. Porphyrins can combine with proteins oxidizing their tyrosine, tryptophan, cysteine and histidine residues producing crosslinking and altering protein conformation and function. Porphyrins can complex with DNA and RNA modulating their function. Porphyrin interpolating with DNA can alter transcription and generate HERV expression. Heme deficiency can also result in disease states. Heme deficiency results in deficiency of heme enzymes. There is deficiency of cytochrome C oxidase and mitochondrial dysfunction. The glutathione peroxidase is dysfunctional and the glutathione system of free radical scavenging does not function. The cytochrome P450 enzymes involved in steroid and bile acid synthesis have reduced activity leading to steroid- cortisol and sex hormones as well as bile acid deficiency states. The heme deficiency results in dysfunction of nitric oxide synthase, heme oxygenase and cystathione beta synthase resulting in lack of gasotransmitters regulating the vascular system and NMDA receptor- NO, CO and H_2S. Heme has got cytoprotective, neuroprotective, anti-inflammatory and antiproliferative effects. Heme is also involved in the stress response. Heme deficiency leads to metabolic syndrome, immune disease, degenerations and cancer.[3-5] The porphyrins can undergo photo-oxidation and auto-oxidation generating free radicals. The archaeal porphyrins can produce free radical injury. Free radicals produce NFKB activation, open the mitochondrial PT pore resulting in cell death, produce oncogene activation, activate NMDA receptor and GAD enzyme regulating neurotransmission and generates the Warburg phenotypes activating glycolysis and inhibiting TCA cycle/oxphos. Porphyrins have been related to schizophrenia, metabolic syndrome x, malignancy, systemic lupus erythematosis, multiple sclerosis and Alzheimer's diseases. The porphyrins can complex and intercalate with the cell membrane producing sodium potassium ATPase inhibition adding on to digoxin mediated inhibition. Porphyrins can complex with proteins and nucleic acid producing biophoton emission. Porphyrins complexing with proteins can modulate protein structure and function. Porphyrins complexing with DNA and RNA can modulate transcription and translation. The porphyrin especially protoporphyrins can bind to peripheral benzodiazepine receptors in the mitochondria and modulate its function, mitochondrial cholesterol transport and steroidogenesis. Peripheral benzodiazepine receptor modulation by protoporphyrins can regulate cell death, cell proliferation, immunity and neural functions. The porphyrin photo-oxidation generates free radicals which can modulate enzyme function. Redox stress modulated enzymes include pyruvate dehydrogenase, nitric oxide synthase, cystathione beta synthase and heme oxygenase. Free radicals can modulate mitochondrial PT pore function. Free radicals can modulate cell membrane function and inhibit sodium potassium ATPase activity. Thus the porphyrins are key regulatory molecules modulating all aspects of cell function.[3-5] There was an increase in free RNA indicating self replicating RNA viroids and free DNA indicating generation of viroid complementary DNA strands by archaeal reverse transcriptase activity. The actinides and porphyrins modulate RNA folding and catalyse its ribozymal action. Digoxin can cut and paste the viroidal strands by modulating RNA splicing generating RNA viroidal diversity. The viroids are evolutionarily escaped archaeal group I introns which have retrotransposition and self splicing qualities. Archaeal pyruvate producing histone deacetylase inhibition and porphyrins intercalating with DNA can produce endogenous retroviral (HERV) reverse transcriptase and integrase expression. This can integrate the RNA viroidal complementary DNA into the noncoding region of eukaryotic non coding DNA using HERV integrase as has been described for borna and ebola viruses. The archaea and viroids can also induce cellular porphyrin synthesis. Bacterial and viral infections can precipitate porphyria. Thus porphyrins can regulate genomic function. The increased expression of HERV RNA can result in acquired immunodeficiency syndrome, autoimmune disease, neuronal degenerations, schizophrenia and malignancy.[14,15] The porphyrin photo-oxidation can generate free radicals which can activate NFKB. This can produce immune activation and cytokine mediated injury. The increase in archaeal porphyrins can lead to autoimmune disease like SLE and MS. A hereditary form of MS and SLE related to altered porphyrin metabolism has been described. The protoporphyrins binding to mitochondrial benzodiazepine receptors can modulate immune function. Porphyrins can combine with proteins oxidizing their tyrosine, tryptophan, cysteine and histidine residues producing crosslinking and altering protein conformation and function. Porphyrins can complex with DNA and RNA modulating their structure. Porphyrin complexed with proteins and nucleic acids are antigenic and can lead onto autoimmune disease.[3,4] The porphyrin photo-oxidation mediated free radical injury can lead to insulin resistance and atherogenesis. Thus archaeal porphyrins can contribute to metabolic syndrome x. Glucose has got a negative effect upon ALA synthase activity. Therefore hyperglycemia may be reactive protective mechanism to increased archaeal porphyrin synthesis. The protoporphyrins binding to mitochondrial benzodiazepine receptors can modulate mitochondrial steroidogenesis and metabolism. Altered porphyrin metabolism has been described in the metabolic syndrome x. Porphyrias can lead onto vascular thrombosis.[3,4] The porphyrin photo-oxidation can generate free radicals inducing HIF alpha and producing oncogene activation. Heme deficiency can lead to activation of HIF alpha and oncogenesis. This can lead to oncogenesis. Hepatic porphyrias induced hepatocellular carcinoma. The protoporphyrins binding to mitochondrial benzodiazepine receptors can regulate cell proliferation.[3,4] The porphyrin can combine with prion proteins modulating their conformation. This leads to abnormal prion protein conformation and degradation. Archaeal porphyrins can contribute to prion disease. The porphyrins can intercalate with DNA producing HERV expression. The HERV particles generated can contribute to the retroviral state. The porphyrins in the blood can combine with bacteria and viruses and the photo-oxidation generated free radicals can kill them. The archaeal porphyrins can modulate bacterial and viral infections. The archaeal porphyrins are regulatory molecules keeping other prokaryotes and viruses on check.[3,4] Thus the archaeal porphyrins can contribute to the pathogenesis of metabolic syndrome x, malignancy, psychiatric disorders, autoimmune disease, AIDS, prion disease, neuronal degeneration and epileptogenesis. Archaeal porphyrin synthesis is crucial in the pathogenesis of these disorders. Porphyrins may serve as regulatory molecules modulating immune, neural, endocrine, metabolic and genetic systems. The porphyrins photo-oxidation generated free radicals can produce immune activation, produce cell death, activate cell proliferation, produce insulin resistance and modulate conscious/quantal perception. The archaeal porphyrins functions as key regulatory molecules with mitochondrial benzodiazepine receptors playing an important role.[3,4]

The archaea and viroids can regulate the nervous system including the NMDA/GABA thalamo-cortico-thalamic pathway mediating conscious perception. Porphyrin photo-oxidation can generate free radicals which can modulate NMDA transmission. Free radicals can increase NMDA transmission. Free radicals can induce GAD and increase GABA synthesis. ALA blocks GABA transmission and upregulates NMDA. Protoporphyrins bind to GABA receptor and promote GABA transmission. Thus porphyrins can modulate the thalamo-cortico-thalamic pathway of conscious perception. The dipolar porphyrins, PAH and archaeal magnetite in the setting of digoxin induced sodium potassium ATPase inhibition can produce a pumped phonon system mediated Frohlich model superconducting state inducing quantal perception with nanoarchaeal sensed gravity producing the orchestrated reduction of the quantal possibilities to the macroscopic world. ALA can produce sodium potassium ATPase inhibition resulting in a pumped phonon system mediated quantal state involving dipolar porphyrins. Porphyrin molecules have a wave particle existence and can bridge the dividing line between quantal state and particulate state. Thus the porphyrins can mediate conscious and quantal perception. Porphyrins binding to proteins, nucleic acids and cell membranes can produce biophoton emission. Porphyrins by autooxidation can generate biophotons and are involved in quantal perception. Biophotons can mediate quantal perception. Cellular porphyrins photo-oxidation are involved in sensing of earth magnetic fields and low level biomagnetic fields. Thus prophyrins can mediate extrasensory perception. The porphyrins can modulate hemispheric dominance. There is increased porphyrin synthesis and right hemispherical chemical dominance and decreased porphyrin synthesis in left hemispherical chemical dominance. The increase in archaeal porphyrins can contribute to the pathogenesis of schizophrenia and autism. Porphyria can lead to psychiatric disorders and seizures. Altered porphyrin metabolism has been described in autism. Porphyrin by modulating conscious and quantal perception is involved in the pathogenesis of schizophrenia and autism. Protoporphyrins block acetyl choline transmission producing a vagal neuropathy with sympathetic overactivity. Vagal neuropathy results in immune activation, vasospasm and vascular disease. A vagal neuropathy underlines neoplastic and autoimmune processes as well as metabolic syndrome x. Porphyrin induced increased NMDA transmission and free radical injury can contribute to neuronal degeneration. Free radicals can produce mitochondrial PT pore dysfunction. This can lead to cyto C leak and activation of the caspase cascade leading to apoptosis and cell death. Altered porphyrin metabolism has been described in Alzheimer's disease. The increased porphyrin photo-oxidation generated free radicals mediated NMDA transmission can also contribute to epileptogenesis. The protoporphyrins binding to mitochondrial benzodiazepine receptors can regulate brain function and cell death.[3,4,16] The dipolar porphyrins, PAH and archaeal magnetite in the setting of digoxin induced sodium potassium ATPase inhibition can produce a pumped phonon system mediated Frohlich model superconducting state inducing quantal perception with nanoarchaeal sensed gravity producing the orchestrated reduction of the quantal possibilities to the macroscopic world. ALA can produce sodium potassium ATPase inhibition resulting in a pumped phonon system mediated quantal state involving dipolar porphyrins. Porphyrins by auto-oxidation can generate biophotons and are involved in quantal perception. Biophotons can mediate quantal perception. Cellular porphyrins photo-oxidation are involved in sensing of earth magnetic fields and low level biomagnetic fields. Porphyrins can thus contribute to quantal perception. Low level electromagnetic fields and light can induce porphyrin synthesis. Low level EMF can produce ferrochelatase inhibition as well as heme oxygenase induction contributing to heme depletion, ALA synthase induction and increased porphyrin synthesis. Light also induces ALA synthase and porphyrin synthesis. The increased porphyrin synthesized can contribute to increased quantal perception and can modulate conscious perception. The porphyrin induced biophotons and quantal fields can modulate the source from which low level EMF and photic fields were generated. Thus the porphyrin generated by extraneous low level EMF and photic fields can interact with the source of low level EMF and photic fields modulating it. Thus porphyrins can serve as a bridge between the human brain and the source of low level EMF and photic fields. This serves as a mode of communication between the human brain and EMF storage devices like internet. The porphyrins can also serve as the source of communication with the environment. Environmental EMF and chemicals produce heme oxygenase induction and heme depletion increasing porphyrin synthesis, quantal perception and two-way communication. Thus induction of porphyrin synthesis can serve as a mechanism of communication between human brain and the environment by extrasensory perception.

An actinide dependent shadow biosphere of archaea and viroids in the above mentioned disease states is described. The archaeal porphyrins can contribute to the pathogenesis of metabolic syndrome x, malignancy, psychiatric disorders, autoimmune disease, AIDS, prion disease, neuronal degeneration and epileptogenesis. Archaeal porphyrin synthesis is crucial in the pathogenesis of these disorders. Porphyrins may serve as regulatory molecules modulating immune, neural, endocrine, metabolic and genetic systems. The porphyrins photo-oxidation generated free radicals can produce immune activation, produce cell death, activate cell proliferation, produce insulin resistance and modulate conscious/quantal perception. Porphyrins can regulate hemispheric dominance. The archaeal porphyrins functions as key regulatory molecules with mitochondrial benzodiazepine receptors playing an important role. The porphyrin metabolic abnormality is corrected by acetate derived from bacterial fibre digestion, high dose fructose and high dose antioxidant vitamins C and E. Acetate, vitamin E, vitamin C and fructose inhibits ALA synthase and functions as factors modulating porphyrin metabolism. The above mentioned disorders of metabolic syndrome x, malignancy, psychiatric disorders, autoimmune disease, AIDS, prion disease, neuronal degeneration and epileptogenesis are disorders of civilization due to decreased consumption of dietary fibre and environmental pollution induced antioxidant vitamin C and E deficiency. A dietary fibre deficiency and environmental pollution induced antioxidant vitamin E and C deficiency civilizational disorder due to porphyrin metabolic dysfunction with schizophrenia, malignancy, metabolic syndrome x, autoimmune disease and neuronal degeneration is described.

Referências

1   Eckburg P.B., Lepp, P.W., Relman, D.A. (2003). Archaea and their potential role in human disease, *Infect Immun,* 71, 591-596.

2   Smit A., Mushegian, A. (2000). Biosynthesis of isoprenoids via mevalonate in Archaea: the lost pathway, *Genome Res,* 10(10), 1468-84.

3   Puy, H., Gouya, L., Deybach, J.C. (2010). Porphyrias. *The Lancet,* 375(9718), 924 – 937.

4   Kadish, K.M., Smith, K.M., Guilard, C. (1999). *Porphyrin Hand Book.* Academic Press, Nova Iorque: Elsevier.

5   Gavish M., Bachman, I., Shoukrun, R., Katz, Y., Veenman, L., Weisinger, G.,Weizman,A. (1999). Enigma of the Peripheral Benzodiazepine Receptor. *Pharmacological Reviews,* 51(4), 629-650.

6   Richmond W. (1973). Preparation and properties of a cholesterol oxidase from nocardia species and its application to the enzymatic assay of total cholesterol in serum, *Clin Chem,* 19, 1350-1356.

7   Snell E.D., Snell, C.T. (1961). *Métodos Colorimétricos de Análise.* Vol 3A. Nova Iorque: Van NoStrand.

8   Glick D. (1971). *Métodos de Análise Bioquímica.* Vol 5. Nova Iorque: Interscience Publishers.

9   Colowick, Kaplan, N.O. (1955). *Métodos em Enzimologia.* Vol 2. Nova Iorque: Imprensa académica.

10   Van der Geize R., Yam, K., Heuser, T., Wilbrink, M.H., Hara, H., Anderton, M.C. (2007). A gene cluster encoding cholesterol catabolism in a soil actinomycete provides insight into Mycobacterium tuberculosis survival in macrophages, *Proc Natl Acad Sci USA,* 104(6), 1947-52.

11   Francis A.J. (1998). Biotransformation of uranium and other actinides in radioactive wastes, *Journal of Alloys and Compounds,* 271(273), 78-84.

12   Schoner W. (2002). Endogenous cardiac glycosides, uma nova classe de hormonas esteróides, *Eur J Biochem,* 269, 2440-2448.

13   Vainshtein M., Suzina, N., Kudryashova, E., Ariskina, E. (2002). New Magnet-Sensitive Structures in Bacterial and Archaeal Cells, *Biol Cell,* 94(1), 29-35.

14   Tsagris E.M., de Alba, A.E., Gozmanova, M., Kalantidis, K. (2008). Viroids, *Cell Microbiol,* 10, 2168.

15   Horie M., Honda, T., Suzuki, Y., Kobayashi, Y., Daito, T., Oshida, T. (2010). Elementos endógenos não retrovirais do vírus RNA em genomas de mamíferos, *Nature,* 463, 84-87.

16   Kurup R., Kurup, P.A. (2009). *Digoxina hipotalâmica, dominância cerebral e função cerebral na saúde e nas doenças.* Nova Iorque: Nova Science Publishers.

CHAPTER 51

COVID 19, ARCHAEA, PORPHYRIA, HUMAN SPECIES AND INTERGALACTIC QUANTAL COMPUTING CLOUDS

The corona virus produces defects in oxygenation of hemoglobin. The lung lesions produced by the corona virus is not an adult respiratory distress syndrome but a syndrome akin to high altitude sickness due to oxygen deprivation. The corona virus is a lipid envelope RNA virus and gets transcribed into DNA segments using the HERV reverse transcriptase. The corona virus RNA that gets transcribed to DNA can get integrated into the non-coding sequence of the human DNA and can function as jumping genes. The corona viral proteins can be synthesized by the human cell. The corona viral protein- the envelope protein, the nucleo-capsid protein and ORF3A had heme linked sites. ORF3A also contains cytochrome C reductase and bacterial EFeB protein. The heme linked proteins of the corona virus can dissociate iron of heme to form porphyrins. The ORF8 can bind to porphyrin of heme and displace iron. The structural viral proteins of the corona virus can bind porphyrins and release iron depleting the heme haemoglobin of iron. Corona virus infections are marked by low haemoglobin, increased serum ferritin and hyperbilirubinemia indicating dissociation of iron from heme. This affects the oxygen carrying capacity of the haemoglobin leading on to anoxia an extremophilic states. Heme has got a negative regulation on ALA synthase, the rate limiting enzyme of porphyrin synthesis. The lack of structural heme leads to increase ALAS activity and porphyrin synthesis. This leads to covid 19 porphyria. covid 19 syndrome is an acquired porphyria. This produces a pandemic of porphyria.

The corona virus can bind to porphyrins producing a porphyrinoid virus. The porphyrins can self organize to form porphyrinoids. The porphyrinoids can store information by quantal computation. The porphyrins are dipolar molecules and in the setting of digoxin induced sodium-potassium ATPase inhibition can produce the superconducting pumped phonon state of the Frohlich model. The porphyrinoids can also self replicate serving as its own templates. The porphyrinoids have got an electron transport chain and can synthesize ATP. Thus the virus porphyrinoid can act as an independent organism out of the body environment. Within the body environment the virus porphyrinoid is resistant to antibodies and drugs and can live and replicate eternally. The covid 19 virus porphyrinoid acts as an eternal symbiont of humans regulating human function and structure. The covid 19 virus porphyrinoid can also exists independent of humans for long times and can replicate outside the human body by template replication. The virus porphyrinoid is an unusual living structure and is virtually indestructible. The covid 19 porphyrinoid can be formed by other viruses with heme proteins as their components. In the case of covid 19 the envelope protein, the nucleocapsid protein and ORF3a proteins are heme containing. The ORF3a has a cytochrome reductase segment and bacterial EFeB protein. These three domains dissociate iron from heme to form porphyrins. The accumulation of free iron leads to ferritin formation and iron deposition. Ferritin will activate the cytokine system producing the multisystem hyperimmune state,

551

the thrombotic microangiopathic state and the macrophage activation syndrome. Hemoglobin which is dissociated of iron is not able to carry oxygen and the beta chain of hemoglobin is rendered ineffectous. This produces the syndrome of happy hypoxia which also is an extremophilic state leading to archaeal overgrowth and more of covid 19 secretion. The structural proteins of covid 19 virus can bind to porphyrins and the depletion of heme leads to induction of the rate limiting enzyme of the porphyrin pathway ALA synthase. There is more of porphyrin formation and a pandemic of porphyria. The porphyrin templates can self organize to form porphyrions which have got facility for template mediated self replication, information storage owing to the superconductivity state related to the pumped phonon system formed by dipolar porphyrins within cells in the setting of membrane sodium-potassium ATPase inhibition and an electron transport chain in the porphyrin network generating ATP. The virus linked to this porphyrinoid can exist outside human system and can survive eternally within the human system and can be called as the virus porphyrinoid. The covid 19 virus porphyrinoid is resistant to antibiotics and other antibodies. It is a refractory virus porphyrinoid which can survive within the human body and outside the human body forever. The virus porphyrinoid using the porphyrin part of its body can intercalate any cell or organelle membrane and can reach all parts of the cell and body. The spread of the virus porphyrinoid is not only by respiration but also by touch and other secretions. The use of porphyrins to form virus porphyrinoid and the depletion of heme from hemoglobin disinhibits ALAs and leads to porphyrin synthesis. The porphyrins can form porphyrinoids and a pandemic of porphyria leading to a world of Draculas and Asuras. The porphyrin templates can form abiogenetic archaea and they can produce methanogenesis and global warming. The global warming leads to more of endosymbiotic archaeal formation.

The widespread use of internet leads to EMF pollution, heme oxygenase induction, depletion of heme, induction of ALAs and increased porphyrin synthesis. The porphyrins can self organize to form porphyrinoids which are a form of organism. Viruses like covid 19 can form on porphyrin templates. Archaea can be assembled by self replication on porphyrin templates abiogenetically. Prions and viroids can form on porphyrin templates. The EMF pollution lead formation of the porphyrinoids and magnetotactic archaea are capable of extrasensory quantal perception. This leads to cortical atrophy and cerebellar dominance. Endosymbiotic archaea and covid 19 can produce limbic encephalitis also producing cortical atrophy and cerebellar dominance. This leads to the formation of cerebellar cognitive affective disorder and a society of schizophrenics and autism. The cerebral cortical atrophy and cerebellar dominance leads to a neanderthalised brain. The porphyric template related formation of archaea also leads to the formation of homo neanderthalis. The homo neanderthalis have got a high incidence of congetial porphyria. Homo neanderthalic population includes the homo neanderthalic remnant Aryo-Dravidian population in south India and Europe- Indo-Aryan Dravidians of south India, Aryan-Europeans of northern countries like Scandanavia and Germany, Celtic races, Basques, Khazar Jews and Berbers of north Africa. They are produced by archaeal endosymbiosis. The archaea can produce increased amounts of porphyrins by upregulating the porphyrin pathway. The archaea suppresses mitochondrial function and pyruvate dehydrogenase activity. The pyruvate that accumulates enters the GABA shunt synthesizing succinyl CoA. The elevated glycolysis consequent to archaeal induced Warburg phenotype produces more of phosphoglycerate, serine and glycine. Glycine and succinyl CoA can form delta aminolevulinic acid and porphyrins. Thus the homo neanderthalis have more of endosymbiotic archaea and porphyrins. The covid 19 virus can form of porphyrin templates in the endosymbiotic archaea in the homo neanderthalis. The homo neanderthalis thus secretes Covid 19. The Covid 19 is bound to porphyrins forming Covid 19 porphyrinoid complex and does not harm homo neanderthalis. But the Covid 19 can infect the homo sapien species which includes homo sapien Europeans like slavs and central Europeans, sub-Saharan Africans, Muslims, non-Khazar Semites, lower caste and tribals of India and people of oriental Chinese origin. The homo sapiens do not have congenital porphyria as they do not have archaeal endosymbiosis. The homo sapien genome is parasitized by endogenous retroviruses which form the majority of the homo sapien DNA and act as jumping genes making the homo sapien DNA dynamic. The covid 19 virus which enters the homo sapiens is active as it is not a covid 19 porphyrinoid. The covid 19 virus thus produces dissociation of heme from haemoglobin and a happy hypoxic state and death. The covid 19 virus can also produce limbic encephalitis in the homo sapien population. The covid 19 infection of the homo sapien brain leads to cortical atrophy and cerebellar dominance. This leads to neanderthalisation of the homo sapien brain. The covid 19 dissociates iron from haemoglobin leading to heme depletion. The covid 19 is also a virus which contains several heme proteins. The homo sapien metabolism in the absence of endosymbiotic archaea which primarily dependent on oxygen and mitochondrial oxidative phosphorylation. Therefore the substrates for porphyrin synthesis succinyl CoA and glycine are meagre in homo sapiens. There is no formation of covid 19 porphyrinoid on a large scale in homo sapiens. The formation of covid 19 porphyrinoid occurs only in a small percentage of homo sapiens who survive, but owing to covid 19 limbic encephalitis the homo sapien brain the homo sapiens too become neanderthalised. This heralds a new era of homo neanderthalis and homo neoneanderthalis dominating the earth and homo sapiens becoming extinct. The homo neanderthalis will produce methanogenesis and global warming flooding landmasses and continents. The Eurasian, African and Australian landmasses will be lost in a great flood. The homo neanderthalis and homo neoneanderthalis species which survive will go the polar ice caps which are melted producing areas called Artickos and Antarctikos. Artickos and Antarctikos were the places from which the Aryo-Dravidian neanderthalic communities started the civilization and following a previous great flood migrated to the Eurasian landmasses.

The porphyrions forms the basis of the biological universe. The quantal wave form or the Higgs field gives mass and energy to the particles like protons, neutrons and electrons when it interacts with it. The quantal wave forms can generate porphyrins. Porphyrins can have a macromolecular and wave existence which is interconvertible. The porphyrin arrays can self organize and self reproduce. The macromolecular porphyrin arrays would have functioned as intelligent organisms in the interstellar space. The iron porphyrins can undergo photooxidation and generate a magnetic field. The photonic interaction with the magnetic porphyrins can generate black holes which can collapse to a point before singular density. At this point of time it can undergo rebounce producing new universes. The porphyrin organism with its quantal computing function served as the initial anthropomorphic observer or the lotus of Brahma. The porphyrins would have formed a template for RNA viroids and prions to form. This would have generated primitive archaeal forms. The primitive archaeal cell can extrude RNA viroids generating RNA viroidal clouds. The intergalactic magnetic field generated by the archaea and magnetic porphyrin organism would have contributed to the evolution of star systems and galaxies. The archaeal clouds and RNA viroidal clouds would have served as interstellar intelligence guiding the formation of star systems and galaxies and also functioning as anthropomorphic observers. The meteoritic impacts would have transferred the archaeal and RNA viroidal colonies to earth. They would have self organized into plant and animal species as well as homo sapien and homo neanderthalic species. The homo neanderthalic species are archaeal dominant. The homo sapien species are RNA viroidal dominant. The intergalactic giant quantal computing cloud formed of porphyrions, prions, viroids, viruses, bacteria and archaea form the intergalactic magnetic field will form the God-like structure regulating the universe.

The metal actinides provide radiolytic energy, catalysis for oligomer formation and provide a coordinating ion for metalloenzymes all important in abiogenesis. The metal actinide surfaces would by surface metabolism generate acetate which could get converted to acetyl CoA and then to cholesterol which functions as the primal prebiotic molecule self organizing into self replicating supramolecular systems, the lipid organism. Cholesterol by radiolysis by actinides would have formed PAH generating PAH aromatic organism. Cholesterol radiolysis would generate pyruvate which would get converted to amino acids, sugars, nucleotides, porphyrins, fatty acids and TCA acids. Anastase and rutile surfaces can produce polymerization of amino acids, isoprenyl residues, PAH and nucleotides to generate the initial lipid organism, PAH organism, prions and RNA viroids which would have symbiosed to generate the archaeal protocell. The archaea evolved into gram negative and gram positive bacteria with a mevalonate pathway which had an evolutionary advantage and the symbiosis of archaea with gram negative organism generated the eukaryotic cell[43]. The data supports the persistence of an actinide and cholesterol based shadow biosphere which throws light on the actinide based origin of life and cholesterol as the premier prebiotic molecule. The presence of placer deposits and mineral sands containing monazite, illmenite, rutile and thorium in the Lemurian supercontinent would have made it the ideal place for the primitive cell, nanoarchaea, eukaryote, multicellular eukaryote, primates and humans to evolve. Anthropological studies have provided evidence for the evolution of primates and homosapiens in the rift valley of Kenya part of the prehistoric Lemurian continent.

The archaea can synthesise magnetite by biomineralization. The archaeal cholesterol catabolism can generate PAH. The archaea can exist as nanoarchaea and can have calcified nano forms. The actinidic magnetotactic nanoarchaea and its secreted PAH organisms are extremophiles and survive in the interstellar space and can contribute to the interstellar grains and magnetic fields which play a role in the formation of the galaxies and star systems. The cosmic dust grains occupy the intergalactic space and are thought to be formed of magnetotactic bacteria identified according to their spectral signatures. According to the Hoyle's hypothesis, the cosmic dust magnetotactic bacteria play a role in the formation of the intergalactic magnetic field. A magnetic field equal in strength to about one millionth part of the magnetic field of earth exists throughout much of our galaxy. The magnetic files can be used to trace the spiral arms of the galaxy following a pattern of field lines that connect young stars and dust in which new stars are formed at a rapid rate. Studies have shown that a fraction of the dust particles have elongated shape similar to bacilli and they are systematically lined up in our galaxy. Moreover the direction of alignment is such that the long axes of the dust tend to be at right angles to the direction of the galactic magnetic field at every point. Magnetotactic bacteria have the property to affect the degree of alignment that is observed. The fact that the magnetotactic bacteria appear to be connected to the magnetic field lines that thread through the spiral arms of the galaxy connecting one region of star formation to another support a role for them in star formation and in the mass distribution and rotation of stars. The nutrient supply for a population of interstellar bacteria comes from mass flows out of supernovas populating the galaxy. Giants arising in the evolution of such stars experience a phenomenon in which material containing nitrogen, carbon monoxide, hydrogen, helium, water and trace elements essential for life flows continuously outward into space. The interstellar bacteria need liquid water. Water exists only as vapour or solid in the interstellar space and only through star formation leading to associated planets and cometary bodies can there be access to liquid water. To control conditions leading to star formation is of paramount importance in cosmic biology. The rate of star formation is controlled by two factors. Too high a rate of star formation produces a destructive effect of UV radiation and destroys cosmic biology. Star formation as stated before produces water crucial for bacterial growth. Cosmic biology of magnetotactic bacteria and star formation are thus closely interlinked. Systems like solar systems do not arise in random condensation of blobs of interstellar gas. Only by a rigorous control of rotation of various parts of the system would galaxies and solar system evolved. The key to maintaining control over rotation seems to lie in the intergalactic magnetic field as indeed the whole phenomena of star formation. The intergalactic magnetic fields owes its origin to the lining up of magnetotactic bacteria and the cosmic biology of interstellar bacteria can prosper only by maintaining a firm grip on the interstellar magnetic field and hence on the rate of star formation and type of star system produced. This points to a cosmic intelligence or brain capable of computation, analysis and exploration of the universe at large- of giant magnetotactic bacterial networks. The origin of life on earth according to the Hoyle's hypothesis would be by seeding of bacteria from the outer intergalactic space. Comets carrying microorganisms would have interacted with the earth. A thin skin of graphitized material around a single bacteria or clumps of bacteria can shield the interior from destruction by UV light. The sudden surge and diversification of species of plants and animals and their equally sudden extinction has seen from fossil records point to sporadic evolution produced by induction of fresh cometary genes with the arrival of each major new crop of comets. The interstellar PAH aromatic organism is formed from nanoarchaeal cholesterol catabolism. The PAH and cholesterol are the interconvertable primal prebiotic molecules. PAH aromatic organism and nanoarchaeal magnetite can have a wave particle existence and bridge the world of bosons and fermions. The nanoarchaea can form biofilms and the PAH aromatic organism can form a molecular quantum computing cloud in the biofilm which forms a interstellar intelligence regulating the formation of star systems and galaxies.The magnetite loaded nanoarchaeal biofilms and PAH aromatic organism quantal computing cloud can bridge the wave particle world functioning as the anthropic observer sensing gravity which orchestrates the reduction of the quantal world of possibilities in to the macroscopic world. The actinide based nanoarchaea can regulate the earth's carbon cycle by methanogenesis, nitrogen cycle by ammonia oxidation and rain formation by contributing the seeding nucleus. The earth's temperature and global warming and cooling are regulated by nanoarchaeal synthesised PAH from cholesterol and methanogenesis. The increased nanoarchaeal growth in ocean beds and soil leads to increased methane production and movement of the earth's crust producing tsunamis and massive earthquake leading to catastrophic mass extinction. This nanoarchaeal growth in the Southern ocean and Indian ocean bed due to global warming induced by civilizational progress and human activity would have led to methane burps in the ocean bed contributing to massive earthquakes leading onto Tsunamis. This would have led to catastrophic destruction of the Lemurian supercontinent. The migration of the Lemurian survivors into the Indian subcontinent Indus valley, the Nile valley and the Mesopotamian valley would have contributed to the origin of the Harappan, Sumerian and Egyptian civilization which have all evolved during the same period of human history. The eternal nanoarchaea survive and start the cycle of evolution once more. The actinide based nanoarchaea regulates the human system and biological universe.

The big bang cosmology postulates the evolution of the universe from the Higgs field. Higgs field is made up of Higgs Boson and top quarks. Higgs Boson can exists in two states. The stable state which is of high energy, low density compatible with the present existence of universe and the unstable state which is of low energy and high density. The universe is presently in the edge of the stable state. The low energy high density state is unstable and can cause catastrophic vacuum expansion leading to the end of the universe. The Frohlich model of quantal brain function postulates the existence of Bose-Einstein condensates in the brain at normal temperature. There are dipolar magnetite and porphyrin molecules in the brain which in the context of membrane sodium-potassium ATPase inhibition can lead onto a pumped phonon system producing Bose-Einstein condensate and bosons in the brain. This boson can become unstable leading onto catastrophic vacuum collapse and the possible extinction of the universe. The Frohlich model of Bose-Einstein condensate formed of magnetic dipolar porphyrins and archaeal magnetite in cellular lipid emulsions can interact with photons generating black holes. This black hole can collapse to singularity. But the collapse happens only upto a particular point following which the density or singularity undergoes a rebounce producing a new universe with a new set of universal constants. Thus the quantal model of brain function can lead onto the destruction and reproduction of universes. The brain can be considered to be a multicellular quantal computing archaeal network in the case of homo neanderthalis. The synaptic networks of the brain parallel the galactic networks of the universe. The brain functions as the universal quantal computer and anthropomorphic observer creating and destroying as well as reproducing universes. This occurs to a lesser extent in the homo sapien brain. The covid 19 virus would have an extraterrestrial source and would serve as a form of communication between the intergalactic quantal computing biological cloud and human civilization in earth. Civilizational and species changes in earth are fed by cometary genes from the intergalactic cloud the archaea in the case of homo neanderthalis and the retroviruses in the case of homo sapiens.

The cerebral cortical and cerebellar function can be compared as conscious versus unconscious, dream versus wake and logical versus intuitive. It can also be compared as patriarchal cerebral cortex versus matriarchal cerebellar cortex as well as commonsensical cerebral cortex versus magical cerebellar cortex. The cerebral cortex can be considered as the HERV modulated brain and the cerebellar cortex can be considered as archaeal modulated brain. As said before, the atavistic archaeal colony network secretes digoxin and neuronal cell goes into metabolic and functional hibernation. The atavistic actinidic archaeal colony network functions as an information sensing and processing network which also has a capacity of social intelligence. The archaeal colony network has got magnetite capable of magnetoperception and quantal perception. Actinidic archaeal colony mediated quantal perception becomes the dominant form of perception as the neuronal cells goes into metabolic and functional hibernation induced by digoxin. The conscious perception modulated by the thalamocorticothalamic pathway becomes dysfunctional and is replaced by magnetoperception/quantal perception mediated by digoxin induced pumped phonon system involving in dipolar magnetite and porphyrins. The porphyrin and magnetite induced quantal perception can contribute to wave forms of the atavistic archaeal colony network generating macromolecular quantal states. The porphyrins and magnetite are dipolar molecules and can lead onto macroscopic quantal states. Extrasensory perceptual modes are dominant in autism and schizophrenia. The magnetite and archaeal porphyrins are dipolar and in the presence of digoxin induced sodium potassium ATPase inhibition can create pumped phonon states required for quantal perception. The porphyrins which are synthesized more in autism and schizophrenia contribute to extrasensory perception. Extrasensory quantal perception is dominant in autism and schizophrenia. In the quantal state everything exists as unlimited probabilities and it is the conscious observer that brings one of the probabilities into one graviton criteria and consciousness. The multiple probabilities in the quantal states according to the many world interpretation can exist in multiple universes or multiverses at the same time. Thus the quantal brain modulated by the actinidic archaeal colony is eternal and can exist forever. This forms the basis of the biocentric theory of the universe producing a unified explanation for all phenomena. The world exists because of consciousness. The universe is basically biological. The actinidic nano archaea are extremophilic and can exists in the intergalactic space contributing to the spiral intergalactic magnetic fields whose rotation leads to the evolution of star systems and planets. Life itself would have an actinidic origin formed on actinidic substrates by abiogenesis. The quantal brain function and quantal phenomena like quantal crystal diffraction gradient can lead onto the origin of the material world.

The cerebellum is concerned with extrasensory perception and trance like hypnotic states. The cerebellum is involved in out of the body experience and magical states. Spiritual experiences and magical experiences as well as dream like states are also mediated via the cerebellum. The cerebellum is dominant for intuition. Intuitive phenomenon is the basis of creativity and can be called as sixth sense. The cerebellum is involved in telepathy, telekinesis and poltergeist phenomena. Quantal perception is also dominant in the cerebellum as 50 percent of the neurons in the brain are in the cerebellum and the atavistic actinidic archaeal colony network is basically lodged in cerebellum. Quantal perception can lead to communication with the animals and plants.

Magnetoperception and quantal perception would have generated a feeling of oneness of humans, nature and animals contributing to a spiritual experience. Magnetoperception and porphyrins are involved in sensing of geomagnetic fields. This leads on to a feeling of oneness with nature and group. This leads onto group consciousness, group identity and group motherhood characteristic of Neanderthal clusters. There is no individual identity which is replaced with group identity. This would have contributed to a magical civilization of dreams. This would have generated a pagan culture. The prominent pineal gland would have led to dominant geomagnetic and solar perception leading to a greater level of spirituality. Thus the dominant extrasensory quantal perceptive modes in the Neanderthal brain would have led to a world of dreams in quantal foam where the material world merged with the world of quantal waves. This would have led to a sense of oneness with the world or a feeling of God which can be aptly described as the world of Maya. This can lead onto increase sense of spirituality in the Neanderthal groups. Since the prefrontal and temporal cognitive cortex was small and dysfunctional extrasensory perception dominated. The Neanderthal brain had an atavistic archaeal colony network. The archaeal magnetite induced magnetoperception and group consciousness. The atavistic archaeal colony network has magnetite and actinide mediated magnetoperception in autism. They also had non local communication and telepathic abilities. Quantal perception was more dominant compared to conscious perception. This leads onto dominance of unconscious over conscious function. This contributes to a dreamy shamanic trance like states leading to spiritual experience. Magnetoperception and quantal perception can contribute to perceiving nature and environmental consciousness. Neocortical function is defective due to defective synaptogenesis. Brain function is more intuitive than logical. There is more of emotional behavior than logical behavior. There is more of dreamy trance like spiritual states than wakeful states. The population lives in dreamy, hallucinatory state. Extrasensory perception contributes to spiritual experience in autism and Neanderthals. The conversion of ketone bodies derived from ketogenic diet to the neurotransmitter GABA and hydroxybutyric acid would have contributed to stimulation of inhibitory transmission in the brain and docile, spiritual behavior of Neanderthal societies. Quantal perception and magnetoperception leads to the phenomena of social networking with equality among all people participating in the network and without a leader. Such social networking behaviors have led to rapid social revolutions in recent times as in Egypt and northern Africa. Social networking groups linked by quantal perceptive modes become the basis of society. The family, the caste and religious hierarchies dissolves giving way to more gender equal and social equal networking groups based on quantal perception or magnetoperception.

Neocortical dysfunction contributes to defective vocalization in Neanderthals. They also had a highly placed larynx contributing to disordered symmetry between swallowing and breathing leading to evolution of linguistics characteristic of Dravidian language lacking quantal vowels. Language development and communication skills decline with more of gestural and extrasensory communication. Vocal language spoken and written becomes less and less widely used. The use of gestural and communicative music and dance becomes dominant in replacement to written and spoken speech. The cerebellum is important with regard to speech. Word selection, grammar, prosody and gestures depend on the cerebellum. Cerebellar dominance leads to defective language usage, autism and dyslexias. Symbolic gestural communicative forms and trances have been described in art forms of Kerala exemplified by kathakali and theyyams. Speech defects are hallmark of autism. This leads onto widespread generation of autistic brain phenotypes in the community. The cerebellum though was large was predominantly cognitory. This leads to decreased efficiency of motor function of the cerebellum leading onto a functional cerebellar syndrome. The Neanderthal movements were clumsy owing to cerebellar dysfunction as happens in autism. The cerebellar speech staccato, explosive, incoordinate and slurred. This can lead onto a musical quality for speech. The frontal cortical dysfunction leads to ecolalia and repetitive. This would have lead to the origin of music. The Neanderthal language would have been predominantly musical. The appendicular incoordination leads to appendicular ataxia. This leads onto the creation of vague abstract forms of drawing. This would have been the genesis of the abstract art. The written language of the Neanderthals as in the case of Dravidian Harappans was predominantly as pictorial scripts or hieroglyphics. Abstract art originated in the basque community with leading figures like Piccasso and Dali generated from them. The cerebellar appendicular ataxia also leads to ataxic gait leading to generation of dance forms. Symbolic dance forms of theyyam and kathakali in Kerala are representative of this. The frontal cortical dysfunction also leads to ecopraxia or repetition of motor acts. Repetitive cerebellar and frontal cortical dysfunction related ataxic movements would have been the origin of dance forms. Dominant cerebellar function contributes to the development of religious rituals, music and dance. The archetypes of the unconscious common to all civilizations also have their substratum in the cerebellum. Neanderthal music, art and dance were a form of spiritual worship in communion with nature as a part of environmental consciousness. Repetitive and ritualized motor acts as a part of spiritual worship would have been generated by prefrontal cortex and cerebellar dysfunction. The increased exposure to the low level electromagnetic fields due to increase in internet usage in the current population also leads to atrophy of the prefrontal cortex leading to dominance of parietal, motor and visual cortex. This creates a Neanderthal like brain in people with internet addiction and over usage which is widespread in the modern world. The shrinkage of the prefrontal cortex and its dopaminergic pathways linking to the basal ganglia is the basis of drug, sexual and sugar addiction. Addictive behaviours were common in the Neanderthal population with usage of drugs like ephedra for creating shamanic states. Similar addictive behavior is common in population overexposed to low level electromagnetic fields generated by internet usage and resultant prefrontal cortex shrinkage. The cerebelllar dominance leads to increased incidence of schizophrenia, autism, dyslexia, ADHD, obsessive compulsive disorder and sexual addiction syndromes. The cerebellar size is related to estrogen and testosterone levels and cerebellar dysfunction can contribute to sexual deviant obsessive traits. Thus cerebellar dominance leads to dysmetria of motion and dysmetria of thought leading to dominant quantal perceptive mode. Cerebellar dominant individuals are creative, autistic savants and geniuses but are clumsy with routine motor acts due to dysmetria of motion.

Autistic, schizophrenic and nair metabolonomic patterns had similarities with Neanderthals population. Neanderthals have a low efficient pyruvate dehydrogenase activity.[9] The Neanderthals diet was rich in protein and fat and low in carbohydrate. Ketone body was used as the energy fuel and does not need the insulin receptor for metabolism. Therefore insulin resistance developed as a part of the Neanderthal diet and the Neanderthal phenotype is akin to the metabolic syndrome phenotype. As there was less need to metabolize glucose owing to an intake of high fat, high protein diet the enzyme pyruvate dehydrogenase would have evolved into a low efficiency system. Insulin resistance would have contributed to lipogenesis as a protective adaptation against the cold climate of the ice age. Insulin resistance and ketogenic diet would have contributed to the longevity of the Neanderthal population. Insulin resistance has been related to autism. Pyruvate dehydrogenase deficiency leads to low acetyl CoA levels. This leads to a down regulated mevalonate pathway and low cholesterol synthesis. Low cholesterol levels are related to autism. Smith Lemli Opitz syndrome is related to autism and schizophrenia. Low cholesterol values would have contributed to vitamin D deficiency in Neanderthals. Vitamin D deficiency and rickets would explain the skeletal abnormalities and macrocephaly of Neanderthals. Vitamin D deficiency would have led to fairer complexion of the Neanderthals in view of increased need of cutaneous UV ray absorption to promote increased vitamin D synthesis to correct its deficiency. Cholesterol catabolising endosymbiotic actinidic archaea has been described in systemic and neuropsychiatric disease from our laboratory. There is increased actinide dependent cytochrome F420 activity in autistic, schizophrenic and normal nair population. This indicates increased endosymbiotic archaeal growth which suppresses pyruvate dehydrogenase activity. Autistic, schizophrenic and nair metabolonomic patterns include low efficiency pyruvate dehydrogenase activity contributing to pyruvic acidemia. Pyruvate is not converted to acetyl CoA. Acetyl CoA deficiency results in mitochondrial oxidative phosphorylation defects and mitochondrial dysfunction. Energy is obtained from glycolysis and this leads to the genesis of the Warburg phenotype. The actinide dependent hexokinase activity and actinide dependent ATP synthase activity were high but the blood ATP levels were low. The cyto C activity in the blood was high indicating mitochondrial dysfunction. The pyruvate is channeled to the GABA shunt pathway to glutamate. Glutamate is acted upon by glutamate dehydrogenase generating ammonia which acts as a gasotransmitter modulating thalamo-cortico-thalamic GABA/NMDA function and consciousness. The GABA shunt pathway also generates succinyl CoA and glycine which are substrates for porphyrin synthesis contributing to porphyrinuria. Since glycine is utilized for porphyrin synthesis it is not available for cystathionine synthesis. This contributes to hyperhomocysteinemia and hypermethionemia modulating genomic methylation patterns. Hyperhomocysteinemia, hyperammonemia and porphyrinuria are characteristic of autism and schizophrenia. The low acetyl CoA leads to low cholesterol synthesis and low bile acid as well as vitamin D synthesis. Vitamin D and bile acids bind to the VDR producing immunosuppression and their deficiency contributes to the autoimmunity of autism and schizophrenia. Vitamin D and bile acid deficiency can modulate neocortical development and contribute to autism and schizophrenia. Low cholesterol levels can contribute to low sex hormone levels and less well defined gender phenotypes in autism and schizophrenia. Pyruvate dehydrogenase forms part of the enzyme system 2 oxoacid dehydrogenases which were all deficient in Neanderthals, schizophrenic and autistic groups. The other enzymes included are branched chain ketoacid dehydrogenase, glycine cleavage enzyme-glycine decarboxylase which are deficient in autism, schizophrenic and Neanderthals. The branched chain ketoacid dehydrogenase deficiency leads to increase in branched chain amino acids leucine, isoleucine and valine. The increase in branched chain amino acids leads to metabolic syndrome x and diabetes mellitus. The increase in branched chain amino acids can also produce immune activation and autoimmune disease. The increase in branched chain amino acids can affect the transport of tryptophan and tyrosine through the neutral amino acid transporter leading to deficiency of monoamine transmission. The branched chain amino acids can increase NMDA activation producing neuronal excitability contributing to neurodegenerative disorders. The alteration in NMDA and monoamine transmission can lead to neuropsychiatric disease. The branched chain amino acids can increase the muscle bulk and strength contributing to the Neanderthal phenotype. The deficiency of glycine cleavage enzyme- glycine decarboxylase can lead to accumulation of glycine. The branched chain amino acids itself inhibits the glycine cleavage enzyme. The PDH deficiency leads to increased glycolysis contributing to increased phosphoglycerate, phosphoserine and serine synthesis. L serine is converted to D serine by serine racemase. D serine and glycine can increase NMDA transmission contributing to neuropsychiatric diseases like autism and schizophrenia as well as neurodegeneration. Glycine itself is an inhibitory neurotransmitter in the brain. Serine is immune activating contributing to autoimmune disease. Glycine is immunosuppressive. Serine/glycine ratios can modulate immunity and NMDA transmission. Serine can contribute to cell proliferation and cancer. Glycine on the other hand inhibits cell proliferation. Serine by the action serine palmitoyl transferase can generate sphingolipids. Deoxysphingolipids are atherogenic and contribute to the metabolic syndrome x. Thus the 2 oxoacid dehydrogenases- pyruvate dehydrogenase, branched chain keto acid dehydrogenase and glycine decarboxylase dysfunction in Neanderthals and autism can contribute to neuropsychiatric, neurodegenerative, cancer, autoimmune disease and metabolic syndrome. Alterations in serine/glycine ratios and organic acidurias are seen in autism, schizophrenia, autoimmune disease, tumours, metabolic syndrome and degenerations. As said before the hyperammonemia, porphyria and hyperhomocysteinemia seen in autism and schizophrenia are contributed by Neanderthal genes and Neanderthal metabolism.

The autistic and schizophrenic neanderthalic metabolonomic phenotype is also seen in cancer, autoimmune disease, degeneration, metabolic syndrome x which can coexist with schizophrenia. This is due to a vagal neuropathy due to defective acetyl choline synthesis consequent to lack of substrate acetyl CoA. This also leads to sympathetic overactivity. Vagal neuropathy is associated with immune activation and autoimmune disease. Vagal neuropathy can contribute to insulin resistance and increased sympathetic activity to neoplastic transformation. The cholesterol synthetic defect leads to defective synaptogenesis seen in autism and schizophrenia. Cholesterol derived bile acid and vitamin D deficiency can contribute to schizophrenia and autism. Cholesterol is involved in contact inhibition and when the membranes are defective can lead to cell proliferation. Low cholesterol levels lead to low vitamin D and bile acid levels both of which bind to VDR producing immunosuppression. This can contribute to autoimmunity. Vitamin D deficiency can contribute to insulin resistance and metabolic syndrome phenotype in Neanderthals. Bile acids function as hormones regulating lipid and glucose metabolism and its deficiency can also contribute to syndrome x and insulin resistance. The Warburg phenotype can also contribute to civilisational diseases. The increase in mitochondrial PT pore hexokinase can contribute to cell proliferation and cancer. The increase in GAPD (glyceraldehyde 3-phosphate dehydrogenase) can contribute to its ADP ribosylation and nuclear cell death. The increase in glycolysis can contribute to lymphocytes activation and autoimmune diseases. The MHC genes are of Neanderthal origin and autoimmunity is related to Neanderthal MHC alleles. Autoimmunity and antibrain antibodies are characteristic of autism and schizophrenia. The phosphoglycerate, a glycolytic metabolite can be converted to serine a modulator of NMDA receptor and inhibitory neurotransmitter glycine. The increase in fructose 1,6 diphosphate results in its channeling to the pentose phosphate pathway generating NADPH stimulating NOX and redox stress contributing to disease. NOX is also involved in NMDA activity. Redox stress and increased NMDA activity contributing to thalamocorticothalamic pathway dysfunction is important in schizophrenia. Thus the generation of atavistic archaeal metabolic, immune and neuronal phenotype can contribute to schizophrenia.

The further global warming related increase in archaeal growth leads to an atavistic archaeal endosymbiotic colony with its own metabolic phenotype. The archaea are actinide dependent and use cholesterol as an energy substrate. The increased archaeal cholesterol catabolism produces endogenous digoxin synthesis which inhibits membrane sodium potassium ATPase activity leading to increase in intracellular calcium and reduction in intracellular magnesium. Increase in intracellular calcium produces calcified nanoarchaea which can exist for eternity. The nanoarchaea as in the case of Ignococcus hospitalis can produce multicellular tissue forms resulting in an atavistic actinidic archaeal colony network within the cell. Reverse transcriptase activity of HERV origin can integrate archaeal genomes into the human genome as has been demonstrated with regard to trypanosomal genomes in Chagas disease. The increased expression of archaeal genes and integrated into human genes as a consequence of oxidative stress produced by global warming and ice age resulting in HDAC inhibition and demethylation. The endogenous archaeal genomes when expressed can lead to archaeal multiplication in the system. The basis of origin of Neanderthal hybrids is expression and multiplication of endogenous archaeal sequences in the genome. The Neanderthals would have evolved due to changes in the non-coding area of the primate genome consequent to integration of archaeal genomes into primate genomes in the ice age. Global warming and cooling has been postulated to lead to increased propagation of extremophilic archaeal colonies. In fact global warming has been related to increased release of methane from multiplying archaeal colonies in the ocean bed. During periods of extreme climate change the extremophilic archaea undergoes expansion not only in the environment but also in the non coding area of the human genome. This by global warming related oxidative stress related HDAC inhibition of reverse transcriptase activation and integrase expression which reintegrase the multiplied archaeal genomes into the human genomes. Homo neanderthalis would have evolved as a consequence of archaeal expansion in the human genome in the ice age and the present increased tendency for expression of Neanderthal autistic hybrid phenotypes would result from the phenomena of archaeal expansion in the human genome produced by global warming. The archaeal expansion would result from civilizational and industrial activity of homo sapien population. This results in increased green house gas emissions and carbon dioxide production leading to environmental and symbiotic archaeal multiplication. Symbiotic archaeal multiplication results in increased archaeal integration into the non coding region of genome and expression of Neanderthal hybrids. The environmental archaeal multiplication results in methanogenesis which accelerates geometrically the global warming enhancing the process already set in motion. The increase in archaeal multiplication and global warming will melt the polar ice caps triggering massive floods and catastrophic extinctions. The multiplication of archaea in the ocean beds can trigger earth quakes in the ocean beds and massive tsunamis and floods land continental break down. The cycle of yugas described in vedic mythology would be a consequence of climate change related catastrophic extinctions and subsequent regeneration of life. The actinidic archaea also being extremophilic can inhabit the intergalactic spaces contributing to intergalactic magnetic fields whose rotation which leads to evolution of star systems. Seeding of life on earth would have come out of asteroids transporting the actinidic archaea into the earth. This would have led to subsequent evolution of the multicellular organism, primates and later on Neanderthal groups. The homo neanderthalis have the APOBEC phenotype which makes them resistant to retroviral infections and the HERV load in the Neanderthal genome is less. The increased archaeal growth and cholesterol catabolism in Neanderthals, schizophrenic and autistic phenotypes lead to increased endogenous digoxin synthesis. Digoxin produces sodium potassium ATPase inhibition and magnesium deficiency intracellularly. Magnesium deficiency inhibits reverse transcriptase activity and HERV expression. Therefore retroviral expression, multiplication and integration into the genome are defective in Neanderthals, autism and schizophrenia. This leads to less dynamicity and fluidity of the Neanderthal genome leading to defective synaptic connectivity, large sized brains and smaller prefrontal cortex. The deficient synaptic connectivity occurs due to two factors. The cholesterol synthesis is less and the glial cholesterol secretion acts as a trophic factor for synaptogenesis. The HERV expression leads onto jumping genes which are responsible for the fluidity and dynamicity of the genome required for the development complex large neuronal networks. This leads to the development of large brain size as in autism and Neanderthals. The cerebral cortex and cerebellum are both large. The cerebellum contains 50 percent of the neurons in the brain. Therefore in the absence of complex neuronal networks in the cerebral cortex especially prefrontal cortex the cerebellum becomes dominant and functions as the master of the brain. The homo sapiens lack the APOBEC phenotype and retroviral resistance. The homo sapiens did not have archaeal overgrowth, cholesterol catabolism and digoxin synthesis. There was no digoxin induced reverse transcriptase inhibition. The HERV expression and its integration into the genome via reverse transcriptase activity led to increase in non-coding region of the genome. Retroviral epidemics in African primates contributed to the evolution of homo sapiens and their brain in Africa. The homo sapiens evolved consequent to expansion of HERV sequences in the genome consequent to persistent retroviral infections in African primates. The increase in HERV sequences in the primate genome led to increased fluidity and dynamic nature of the genome leading to development of a dominant prefrontal cortex and limbic lobe. The synaptic connectivity required for the formation of complex neuronal networks based on a dynamic genome modulated by HERV jumping genes were present in the homo sapien brain. This resulted in a trim and lean but more efficient and logical brain with dominant prefrontal cortex function. The cerebellar function was inhibited with predominant control over motor functions. The increase in electromagnetic wave pollution due to internet addiction and persistent usage leads to prefrontal cortical atrophy. This leads to reversion to cerebellar dominance in the homo sapien brain and wide spread increasing incidence of autism, schizophrenia, obsessive compulsive neurosis, sexual addiction syndrome, attention deficit hyperactivity disorders and dyslexias. The lack of APOBEC phenotype in the homo sapiens and the development of resistant retroviral strains would lead to extinction of the homo sapiens species. In addition the global warming can lead to oxidative stress, HDAC inhibition, demethylation and HERV expression leading to reconstitution of retroviruses in the system contributing to the acquired immunodeficiency syndrome. HERV expression in the human genome non-coding area has been related to autism and schizophrenia. The development of resistant retroviral infections and the global warming related archaeal multiplication would lead to extermination of the homo sapiens species with its non coding area of genome contributed by HERV sequences. They will get replaced by Neanderthal hybrids with the non-coding region of the genome contributed by integrated archaeal sequence which multiply an increase in length owing to global warming. The multiplying symbiotic and environmental archaea will further contribute to increase global warming, further increased archaeal multiplication and dominance of Neanderthal hybrids in the world. The archaeal metabolism of cholesterol results in low cholesterol levels contributing to sex hormone deficiency, falling reproductive rates and extinction of Neanderthal hybrids generated.

The rising incidence of autism can be related to global warming related archaeal growth in the brain and low EMF exposure due to increased internet usage. The increase in homo sapien growth and increased industrial pollution and global warming leads to archaeal overgrowth and neanderthalisation of the brain leading to return of the magical world. This also would result from increased electromagnetic pollution and internet usage leading onto prefrontal cortex atrophy and autistic brain dominance. There would be a return to the dreamy world of the Neanderthals. The increase in archaeal growth in the oceans would also increase methanogenesis and global warming as also contributes to quakes in the ocean bed, leading to tsunamis. The global warming would lead to melting of the ice caps of the earth and flooding leading to eventual extinction of the world population. In addition the low cholesterol levels and low sex hormone levels would lead to an asexual gender equal world with aberrant sexual behavior and decreased reproductive rates contributing to population extinction. This would be the basis of the theories of Kali Yuga, and end of the world in mythologies. The quantal magical world of the Neanderthals would persist. Vitamin D deficiency can produce abnormalities in brain synaptogenesis and growth. Macrocephaly and large sized brains are seen in autism and Neanderthals. The Neanderthal have been postulated to have the APOBEC3G phenotype producing retroviral resistance as in Dravidian related Australian aboriginals. The Neanderthal hybrids are resistant to retroviral infections and have less of HERV load in the genome. The homo sapiens lack the apobec phenotype and are more susceptible to retroviral infections producing increased integration of HERV into the genome. HERV integration into the genome produces jumping genes and a dynamic genome. This dynamic genome is important in generation of complex synaptic networks and HLA phenotypes. This leads to the smaller size brain with increase in prefrontal cortex and autoimmunity in the homo sapiens unlike the Eurasian neanderthal phenotype. The homo sapien brain with its prefrontal cortex dominance and smaller size is a consequence of HERV expression in contrast to the large sized Neanderthal brain with smaller prefrontal cortex which is induced by endosymbiotic archaeal over growth. The increased cholesterol levels and bile acid levels in homo sapiens resulted in bile acid binding to olfactory GPCR receptors and limbic lobe stimulation. This resulted in prefrontal cortex and temporal cortex hypertrophy. The homo sapien brain was dominated by the large prefrontal cortex which was required for executive, logical, reasoning and questioning ability. This led onto the world of logic and reason. The homo sapien brain was dominated by a web of synaptic connections produced by HERV expression mediated dynamic genome. The prefrontal cortical dominance led to the evolution of large social groups and nation states. The evolution of language areas in the frontoparietal cortex developed into linguistic substrates of nation states. This resulted in lack of global consciousness and genesis of the idea of war between nations and persecution of linguistic groups or nations. This was a logical brain as compared to the intuitive and spiritual brain of the Neanderthals. The loss of extrasensory quantal perceptive modes of the homo sapien brain led to decreased communion with plants, animals and nature leading to decreased environmental consciousness in the Western homo sapien civilization. Homo sapiens alone were considered to have the life force of soul and the plant and animal kingdom was outside the pale of spirituality. The loss of environmental consciousness and spirituality resulted in environmental destruction and global warming. The communion with nature was lost and life became mechanical, logical and commonsensical. The magical dreamy trance like world of the Neanderthal brain was lost. This arose with the dominance of the Western Christian civilization. The dreamy trance like world of the hermetic faiths- Kabbala, Shamanism, Paganism, Hinduism, Taoism, Shintoism and Gnostic Christianity was lost with loss of the Neanderthal structure of the brain. The archaeal overgrowth related changes in the brain and development of Neanderthal hybrids contribute to schizophrenia and autism.

Low cholesterol leads to low testosterone and estrogen levels and defective sex hormone modulation of brain function and growth. This would lead to defective stress response and sexual reproductive rates leading to eventual extinction of the Neanderthal population. Low testosterone levels and estrogen levels would lead to less defined asexual phenotypes, lack of male dominance, gender equality and matriarchal societies with group motherhood. This is the basis of the matriarchal cultural phenotype with lack of male dominance. The low sex hormone levels would lead to low maturity rates seen in fossil specimens of characteristic of Neanderthals. Bile acids bind to the olfactory receptors and lead to limbic lobe stimulation and family bonding as well as bonding between individual mother and child. The group motherhood characteristic of matriarchy would be a reflection of low bile acid levels. The low bile acid levels leads to less family bonding. This contributes to autistic behaviour. There is no family bonding which gets replaced with common motherhood. This fits in with the grandmother hypothesis with dominant females regulating the society. The society becomes more gender equal with its astereotyped asexual behavioural patterns common in autism. These phenomena can lead to globalization, loss of national identity, loss of sexual identity and universalisation of behavior and thought. The homo sapiens had higher cholesterol levels leading to higher levels of sex hormone synthesis- testosterone and estrogen. This lead to the development of a male dominant patriarchal society in homo sapiens. The females were suppressed and were not allowed any rights and subjected to the rigid social codes enforced by the male dominant patriarchy. The sexual behavior was also more towards conservative forms with aberrations being considered as illegal. The homo sapien society gender unequal society. The increased cholesterol and bile acid levels led to increase in family bonding and family as a basic structure of society. The child was identified with the father and his family. The concept of nuclear family got strengthened in the homo sapien group. The group community feeling and group motherhood of the matriarchal Neanderthal society was lost. Neanderthal societies with its group motherhood, group consciousness, gender equality and togetherness were akin to a primitive form of communist society. This postulate has been put forward by Engels in his thesis 'The Mothers'. The Neanderthal society because of its group consciousness was more of a primitive communist or socialistic society and paganistic. The lack of sex hormone modulation of brain function in Neanderthal hybrids can contribute to schizophrenia and autism.

The human cell and tissues go into hibernation mediated by the actinidic archaeal colony secreted digoxin. The DNA polymerase, RNA polymerase, ribosomal function, fatty acid oxidation, glycolysis, TCA cycle, mitochondrial oxidative phosphorylation and cholesterol/fatty acid synthesis gets shut down owing to archaeal digoxin induced magnesium deficiency. The human cell and tissues go into hibernation with the energy for survival produced by membrane sodium potassium ATPase mediated ATP synthesis. The actinidic archaea forms a multicellular colony/network which takes over the human cell and tissues which are reduced to a zombie in hibernation. This produces a human zombie syndrome. The glucose, fatty acids and aminoacids accumulate in the cell as the metabolic and catabolic pathways are blocked. The actinidic archaeal metabolic using actinide catalysis takes over. Actinide dependent hexokinase activity and mitochondrial ATP synthase activity as well as cholesterol oxidase activity has been described in systemic disorders. The hyperglycemia generated due to actinidic archaea secreted digoxin induced block in glucose catabolism leads to diabetes mellitus. Endogenous digoxin leads to increase in vascular smooth muscle calcium, vasospasm and vascular thromobosis. The actinidic archaeal atavistic network and colony grows into neoplasms and cancer. The actinidic archaeal colony generated digoxin shuts down the metabolic machinery of the neuronal cell and over a period of time lead to cell death contributing to neurodegenerative disorders like Parkinson's disease, Alzhemier's disease and motor neuron disease. The actinidic archaeal colony secreted digoxin shuts down the neuronal metabolic machinery and synaptic networks resulting in dominance of quantal and magnetoperception. Quantal and magnetoperception is mediated by digoxin induced dipolar magnetite and archaeal porphyrins pumped phonon system. As the cerebellum contains 50 percent of the neurons in the brain the cerebellar magnetoperception and quantal perception dominates. The cerebellum becomes dominant. Cerebellar dominance can also occur due to electromagnetic pollution and wider internet usage. Low level of EMF is perceived by magnetite in the brain. This leads to prefrontal cortical atrophy and cerebellar dominance. Cerebellar dominance has been related to autism, schizophrenia, OCD, ADHD, sexual deviant traits and naïve childhood type disinhibited, impulsive behavior. The atavistic archaeal colony network takes over the body and tissues. This leads to immune activation, generation of autoantigens as the human body tries to fight the invading archaeal atavistic colony. This leads to autoimmune disease like lupus, multiple sclerosis and rheumatoid arthritis. The archaeal atavistic colony generated digoxin blocks reverse transcriptase activity and retroviral multiplication and integration. This leads to resistance to retroviral infection. The defective HERV expression leads to defective jumping genes and HLA genes contributing to autoimmune disease. The MHC genes are of Neanderthal origin and autoimmunity is related to Neanderthal MHC alleles. Autoimmunity and antibrain antibodies are characteristic of autism. Autism and schizophrenia is associated with systemic disorders. The autistic metabolonomic phenotype is also seen in cancer, autoimmune disease, degeneration, metabolic syndrome x and schizophrenia. This is due to a vagal neuropathy due to defective acetyl choline synthesis consequent to lack of substrate acetyl CoA. This also leads to sympathetic overactivity. Vagal neuropathy is associated with immune activation and autoimmune disease. Vagal neuropathy can contribute to insulin resistance and increased sympathetic activity to neoplastic transformation. The cholesterol synthetic defect leads to defective synaptogenesis seen in autism and schizophrenia. Cholesterol derived bile acid and vitamin D deficiency can contribute to schizophrenia and autism. Cholesterol is involved in contact inhibition and when the membranes are defective can lead to cell proliferation. Low cholesterol levels lead to low vitamin D and bile acid levels both of which bind to VDR producing immunosuppression. This can contribute to autoimmunity. Vitamin D deficiency can contribute to insulin resistance and metabolic syndrome phenotype in Neanderthals. Bile acids function as hormones regulating lipid and glucose metabolism and its deficiency can also contribute to syndrome x and insulin resistance. Thus the generation of atavistic archaeal colony/network leads to a new metabolic, immune and neuronal phenotype taking over the human body contributing to civilisational diseases like cancer, degenerations, autoimmune disease and metabolic syndrome x which are showing an epidemic increase in incidence like autism. The human body goes to hibernation and death as a zombie taken over by the actinidic archaeal colony network which rules over the human brain, organ systems, tissues and cell. The age of Neanderthals blooms again with its catastrophic consequences.

There is a mind change, linguistic change, cultural change, social change and spiritual change akin to climate change owing to increased archaeal growth as a consequence of global warming. The Neanderthal species evolved during periods of extreme climate change of the Ice age which led to increased extremophilic endosymbiotic archaeal growth. A similar extreme climate phenomenon of global warming is a feature of our current existence. This leads to increased extremophilic endosymbiotic archaeal growth and neanderthalisation of the population. Low cholesterol levels and low sex hormone levels would lead to asexual phenotypes and eventual population extinction. A new human species homo archaeax neanderthalis with its new anthropometric, metabolic, cultural, linguistic, neural, psychological and genetic atavistic phenotype is evolving. The Neanderthalisation of the human species is the basis of the global autistic, schizophrenic and civilisational disease epidemic- epidemic Neanderthal hybrid zombie syndrome.

The virus porphyrinoid usually forms within the endosymbiotic archaea which secretes it. The virus porphyrinoid heme proteins deplete heme and induce ALA synthase increasing porphyrin synthesis. The porphyrins will again self organize to form porphyrinoids and virus porphyrinoid structures. The porphyrin template forms the basis of abiogenetic replication of covid 19, emerging viruses and primitive archaea. Large quantal computing clouds of porphyrinoids, prions, RNA viroids, DNA viroids, archaea,

RNA viruses, DNA viruses and other bacteria replicating abiogenetically occupy the intergalactic space. The magnetotactic bacteria and archaea in the intergalactic space quantal computing cloud contributes to the intergalactic magnetic field which plays a vital role in the formation of planets and star systems creating the biological universe. The porphyrins are macromolecules with a wave-particle existence and can come out of nothing which can be described as the lotus of Brahma. The porphyrins arising out of nothingness is the initial observer and creates other molecules into existence. The porphyrins self organize to form porphyrinoids and serve as templates for formation of prions, archaea, virus and bacteria. The intergalactic large quantal computing cloud regulates the universe as quantal computer and the universe can be considered as a video game coming out of nothing. The endosymbiotic archaea and emerging viruses like covid 19 are messengers from the God-like giant intergalactic quantal computing cloud and reaches the earth via meteoritic impact fueling life on earth. The human species with integrated archaeal sequences in the genome forms the homo neanderthalis and the species with integrated retroviral sequences forms the homo sapiens. The humans are creations of giant symbiotic colonies of prions, archaea, viruses and porphyrions. The cell wall is an archaea, nucleus is a pox virus and contains retroviral sequences, the peroxisome is acinetobacter aceti, mitochondria is a rickettsia and cytoskeleton, axons and dendrites are spirochetes. There are no humans as such but giant colonies of archaea, viroids, prions and bacteria. The human's basic structure is formed of porphyrins and porphyrinoids and they have a wave-particle existence and the humans can slip into wave form and occupy multiple parallel universes. There is no end to the symbiotic colony described as humans but only existence in multiple parallel universes.

The covid 19 porphyria can produce a heme deficient state. Heme deficiency can lead to mitochondrial dysfunction and leakage of the rickettsial mitochondrial DNA can produce autoimmune diseases. . The Warburg phenotype can produce lymphocytic activation as the lymphocyte depends upon glycolysis for its energy needs. This can also lead to autoimmune disease. Mitochondrial dysfunction due to heme deficiency can produce glutamate excitotoxicity and neurodegeneration. Mitochondrial dysfunction can lead to the body depending upon glycolysis for its energy needs producing the Warburg phenotype the basis of cancer and metabolic syndrome. The covid 19 induced limbic encephalitis can lead to cortical atrophy and cerebellar domination producing the cerebellar cognitive affective disorder the basis of schizophrenia, autism and bipolar mood disorder. The porphyrions and magnetotactic archaea in the brain can quantlly perceive low level of EMF leading to frontal atrophy and cerebellar dominance and cerebellar cognitive affective disorder. Thus the covid 19 porphyria and heme depletion can lead to all the civilizational diseases. The covid 19 porphyria and covid 19 limbic encephalitis can produce neanderthalisation of the human brain. The covid 19 porphyria can produce porphyrin templates for archaeal synthesis. The archaea can produce neanderthalisation of the human species. Thus the covid 19 generated from the intergalactic giant quantal computing cloud of micro organisms can neanderthalise human species and produce species change. A similar speices change occurred several centuries ago due to retroviral infection arising from the giant microbial quantal computing cloud in the intergalactic space. The retrovirus got integrated into the human genome producing the modern human cortex and homo sapiens. We are all part of the biological universe created by Brahma and his lotus- the porphyrins which have a wave-particle existence and can come out of nothing. This is the world of Maya.

CHAPTER 52

CLIMATE CHANGE AND HUMAN SPECIES- HOMO NEANDERTHALIS, HOMO SAPIENS, HOMO SAPIEN EXTINCTUS AND HOMO NEONEANDERTHALIS – ROLE IN METABOLIC EVOLUTION

Endosymbiotic archaea and species evolution

The global warming leads to endosymbiotic as well as colonic archaeal growth leading to alteration in the structure and function of the human body and system. The archaeal overgrowth within the cells leads to generation of new cellular organelle called archaeaons. The archaea have the shikimate pathway which can synthesize tyrosine and dopamine. Dopamine can be converted to dopachrome and epinephrine to adrenochrome. Dopachrome and adrenochrome can polymerize by oxidation generating melanin. The archaeaons secreting melanin can be called as archaeal melanosomes. The melanin in melanosomes has the wide range of absorption of the light spectra and gamma radiation and can transduct it to generate energy. This energy transduction can split water into H_2 and O_2 and generate protons modulating the proton gradient across the mitochondrial membrane synthesizing ATP. The melanin in the melanosome can absorb photons reducing ubiquinone to ubiquinol and generate ATP synthesis by oxidative phosphorylation. Thus the melanin in the archaeaons in the human cell can function as photosynthetic organelle. The archaeaons and their melanin can utilize gamma radiation to synthesize ATP and can exist in extreme conditions. Thus the archaeaons can produce a source of energy from light and electromagnetic waves and gamma radiation. The melanin is capable of transducting electromagnetic waves and low level electromagnetic fields and can be capable of quantal perception. Thus the melanin in the melanosomes is capable of information sensing and storage as well as energy production from electromagnetic waves and water. The human brain could have evolved by this mechanism. The humans are hairless as compared to other primates and are exposed to more of light inducing melanin induced photosynthesis and energy generation which could have contributed to the evolution of the human cortex and the complex human brain. The archaeaons melanosomes are capable of quenching free radicals and resist phagocytic destruction. The melanosomes can also resist radiation and UV light. The archaeaons are indestructible and eternal. The archaeaons have got magnetite and are capable of quantal perception and information storage. The melanin also serves the purpose of quantal perception and information storage. The archaeaon can also synthesize magnetite particles forming subcellular organelle called magnetosomes. Magnetite can interact with melanin forming supermolecular complex systems. The archaeaon can synthesize porphyrins which can self organize to form self replicating structures called porphyrions. Porphyrions can interact with melanin also forming supramolecular complex systems. Eumelanin pigments contain indole based tetramers that are arranged in porphyrin-like domains. The indole based structures can self organize on porphyrin scaffolds to form tetrameric structures and melanin. The chemical structure of melanin on a macromolecular scale exhibit a tetrameric ring structure possibly because of self organization on porphyrin scaffolds.

Porphyrion can generate melanosome complexes and they can form self organizing supramolecular complex systems. The archaeaon particles of melanosomes, magnetosomes and porphyrions forming complex colony network with specialized functions. It can function as a quantal computing system. The porphyrions and melanosomes can transducer energy and synthesize ATP functioning as primitive photosynthetic system. The magnetosome, porphyrions and melanosomes can function as information storage systems. Magnetosomes and porphyrions are dipolar and can have a quantal perceptive function based on sodium potassium ATPase inhibition mediated pumped phonon system. The melanin can function as a superconductor for high frequency radiation and neurotransmission, as a semi-conductor for sound and heat, conduct body ionic charges and resonate for the frequencies of visible light. The archaeaon-magnetosome, porphyrions and melanosome network can function as a quantal computing brain reducing the human classical brain to a zombie brain. Thus the global warming induced archaeaon colony network and melanosomes are indestructible and eternal and takeover the human body. The human body metabolic programmes are suppressed including mitochondrial oxidative phosphorylation. The human body is reduced to a zombie or a framework for the archaeaon colony to thrive. The archaeaon induces stem cell transformation of the host human cells and change the metabolonomics of the human cells. The human cells oxidative phosphorylation is suppressed and it depends upon glycolysis for its energy needs. The human glycolytic pathway is taken over by the archaeaon for its needs. The glycolytic metabolites are channeled to the shikimic acid pathway and the D-xylulose phosphate pathway. The DXP pathway can synthesize cholesterol which is catabolized by the archaeaon for its energy. The cholesterol ring oxidases convert the cholesterol to pyruvate which then enters the GABA shunt pathway. The cholesterol side chain oxidases convert the side chain to short chain fatty acids and bile acids. The cholesterol aromatases converts the cholesterol ring to phenyl residues and synthesis of tyrosine and tryptophan. The shikimic acid pathway also utilizes substrates from the glycolytic pathway and generates tyrosine and tryptophan. The tyrosine that synthesize is converted to dopa, dopamine, dopachrome and oxidized to melanin. Melanin serves the purpose of capturing electromagnetic radiation, UV rays, Gamma radiation and light synthesizing ATP. Melanin can serve as a substrate for primitive archaeal photosynthesis. This leads to alteration in brain function and structure. The brain functions as an archaeaon melanosomal magnetite colony network capable of quantal perception, information storage and energy generation. This alters the brain function to an impulsive and anarchic mode of social function and functioning of the society as a group or collective organism. The quantal perception of the archaeaons also leads to evolution of a sort of communication with the quantal world creating a sort of universal personality or self. The human cell and system is converted to the stem cell colony which is immature and lacking functional differentiation becoming a zombie for the archaeal colony. The melanosome and melanin form a first line of defence against infection and is required for innate immunity. The melanosomes can kill the bacteria, viruses and other organisms as is evidenced by the albinism related Chediak Higashi syndrome and Griscelli syndrome. The archaeal melanin also protects it against high temperature, chemicals, oxygen radicals, oxidizing agents, UV radiation and heavy metals. The archaeal melanin makes the endosymbiotic archaea indestructible.

Intergalactic archaeal quantal computing cloud universalis

The intergalactic space contains microorganism especially extremophiles like archaea. The archaeal colony with its melanosomes, magnetosomes and porphyrions can form a giant quantal computing cloud in the intergalactic space functioning as a intergalactic superhuman intelligence. The porphyrions can form a template for the generation of RNA viroids, DNA viroids and prions which can self organize to form archaeaons. The porphyrions themselves are capable of a wave-particle existence and self replication. Thus the quantal computing cloud of extraterrestrial intelligence can arise on its own from the quantal electromagnetic fields of the intergalactic space. This extraterrestrial intelligence of quantal computing cloud of archaeaons, magnetosomes, melanosomes and porphyrions in the intergalactic space can be called as intergalactic archaeal quantal computing cloud universalis. This forms the ubiquitous anthropomorphic observer creating the universe out of the quantal foam, itself arising out the quantal foam. The porphyrins can arise sui generis from a quantal foam and forms a template for the formation of RNA viroids. An interstellar cloud of RNA viroids forms. The RNA viroids later code for DNA viroids and prions. An isoprenoid organism can also arise in the porphyrin scaffold. The interstellar cloud of dominant RNA viroids gives rise to a form of universal consciousness or gravitational waves. The RNA viroids can generate electric currents by the piezoelectric effect where mechanical energy due to the shearing stress of RNA viroidal population is converted to electrical energy and this can give rise to gravitational waves and consciousness. The helical protein of the viruses has negative and positive charged ends and acts as a dipole. When they are squashed by shearing stress of viroidal population the rod shape of the viroids gets changed to oval and dipole becomes uneven. This generates electromagnetic forces and gravitational waves. The gravitational wave forms the basis of consciousness. The RNA viroidal population can have a silicon coating and can reach the earth by asteroidal hits and gives rise to endogenous retroviruses. The human endogenous retroviruses contribute to the plasticity the human genome and the development of synaptic connectivity important for the evolution of the prefrontal cortex. The RNA viroidal population best thrives in the presence of gravity and play an important role in the development of human cerebral cortex in homo sapiens. The homo sapien brain is cerebral cortical dominant with a fully developed human consciousness due to increase in HERV sequences which increases genomic plasticity and synaptic connectivity. The homo sapiens are creatures with dominant conscious function and are logical and rational. The interstellar RNA viroidal population contributes to consciousness and gravitational waves which are linked. The intergalactic dark matter and dark energy contributes to nearly 90% of the universe energy. The dark energy contributes to antigravity forces which are repulsive and contributes to expansion of the universe. The dark energy, dark matter and antigravity contributes to the collective unconscious and human unconscious. The dark matter is made up of melanotic archaeal networks which form huge clouds in the universe. The melanotic archaea arise abiogenetically from porphyrin scaffolds which get structured out of the quantal foam spontaneously. On this porphyrin scaffolds the RNA viroids, the DNA viroids, prions, melanin and isoprenoids organisms form which symbiose to form the melanotic archaea. Thus the porphyrion/RNA viroidal population which mediates gravity and consciousness gives rise to melanotic archaeal clouds and antigravity mediating the collective unconscious. Thus gravity gives rise to antigravity and consciousness gives rise to the unconsciousness. The melanotic archaea can use antigravitational waves, cosmic radiation and gamma radiation as energy source for ATP synthesis. The dark matter of melanotic archaea contributing to antigravity thrives and multiplies in zero gravity situations. The melanotic archaea contains magnetite which can repulse each other when properly aligned contributing to the repulsive antigravity. The antigravity is related to the collective unconscious in the world as well as the human unconscious which is structured in the cerebellum. The dark matter containing melanotic archaea gets transferred to Eurasian land mass and earth by asteroidal hits and forms giant colonies and networks evolving to homo neanderthalis. The homo neanderthalis brain has a cerebellar dominant structure and function and is impulsive with a predominant unconscious function. The conscious function and cerebral cortex is less developed in homo neanderthalis as they are retroviral resistant. The archaea induces stem cell conversion and secretes digoxin which makes the homo neanderthalis cell population retroviral resistant. The deficiency of HERV sequences leads to maldevelopment of the homo neanderthalis cerebral cortex. The homo neanderthalis are impulsive creatures of the unconscious modulated by antigravitational waves. This extraterrestrial intelligence of quantal computing cloud can see life in different parts of the galaxies via asteroids and meteors. The human species evolved out of the seeded archaeaons from the extraterrestrial intelligence of the quantal computing cloud formed of the archaeal colony of archaeaons-magnetosomes, melanosomes and porphyrions. This would have reached the earth by meteoric and asteroidal hits. The hits of the meteors and asteroids would have occurred first in the Eurasian land mass especially in the northern Siberian tundra. The homo neanderthalis would have evolved in this Eurasian landmass. As the Siberian Eurasian landmass was cold and dark the homo neanderthalis were depigmented and fair-coloured, hairless with sparse red hair. They were deficient in melanin and melanin induced energy transduction and photosynthesis leading to synthesis of ATP. The homo neanderthalis was energy deprived and the neanderthalic cortex was primitively formed and the cerebellum dominated their cognitive function. The endosymbiotic archaeal network in the brain with its magnetosomes, melanosomes and porphyrions form a primitive quantal computing system. This functions as an information receptive and storage system in communication with the extraterrestrial intelligence of the quantal computing cloud in the intergalactic space. The homo neanderthalis owing to its lack of melanosomes and innate immunity became relatively extinct over a period of time with fossilized remnants in different parts of the world. The homo neanderthalis had quantal perception which created a feeling of oneness with gender and social equality in society. The society was gender equal and matriarchal. The matriarchal societies of the Dravidians, Basque, Celts, Harappans, Sumerians and Jews were fossilised remnants of the homo neanderthalis species. The extremes of cold temperature of the ice age led to the growth of endosymbiotic archaea in the absence of melanosomes in the Neanderthal. The melanosomes function as the first line of defence against infection and is important in innate immunity. The absence of melanosomes would have led to defective innate immunity and eventual partial extinction of homo neanderthalis with preservation of fossilised matrilineal clusters. The fossilised matrilineal neanderthalic clusters are present in different parts of the world. The fossilised homo neanderthalis are susceptible to increased archaeal endosymbiosis consequent to global warming and related civilizational diseases of metabolic syndrome, schizophrenia, cancer, autoimmune disease and degeneration. The homo neanderthalis will become extinct owing to civilizational disease consequent to global warming induced endosymbiotic archaeal growth.

The homo sapiens

The homo sapiens evolved in the tropical hot African landmass. The first human species to evolve is the homo neanderthalis in the Eurasian steppes. The homo sapiens would have evolved out of the archaea secreted porphyrions and RNA viroids independently. The porphyrions could have been transmitted to the tropical African landmass and would have served as a substrate for the formation of RNA viroids, DNA viroids and prions which symbiosed to form the primitive eukaryotic cell. The high temperature of the African continent would have contributed to mutations in RNA viroids and DNA viroids leading on to rapid evolution. The sub-Saharan African soil is depleted of selenium. Selenium deficiency leads to RNA viroidal mutations. Thus extremes of temperature and selenium deficiency lead to RNA viroidal diversity. This RNA viroidal diversity would have led to rapid evolution of homo sapiens from the eukaryotic cell. This eukaryotic cell would have evolved into homo sapiens species over a period of time. The RNA viroids are the basis of the HERV genes which contributes to the dynamicity of the homo sapien genome. The homo neanderthalis on the other hand are retroviral resistant while the homo sapiens is retroviral sensitive. The homo neanderthalis archaeaon secretes digoxin, a steroidal hormone which can destroy the retrovirus. The homo neanderthalis also has got endosymbiotic cholesterol catabolizing archaea which can alter the membrane sites for retroviral binding making the Neanderthal species resistant to retroviral infection. The homo neanderthalis have got a deficiency of HERV jumping genes in the genome and a rigid genome as compared to the HERV sequences mediated flexible genome of the homo sapiens. The homo sapiens as they evolved in the hot African savannah would have been exposed to heat and light. This would have related in increased melanogenesis and darker skin and plenty of hair in the evolved homo sapiens. The homo sapiens owing to their dark colour would have been energy surplus consequent to melanin induced energy transduction and ATP synthesis. This would have led to the evolution of the human cortex. The RNA viroids integrated into the genome would have function as jumping HERV genes contributing to the dynamicity of the genome. A dynamic and flexible genome is required for the development of synaptic connectivity and cerebral cortex. Thus the homo sapiens evolve the modern human cerebral cortex consequent to the surplus energy produced by melanin induced energy transduction and ATP synthesis. The increase in melanin and melanosomes increased the innate immunity of the homo sapiens making them resistant to endogenous archaeal endosymbiosis. The homo sapiens were resistant to endosymbiotic archaeal growth seen in extremes of climate of global warming and ice age. The homo sapiens which evolved out of hot tropical Africa had increased melanin content in the skin which inhibits archaeal endosymbiosis and neanderthalisation. The homo sapien species is thus protected against increased archaeal endosymbiosis consequent to global warming and related civilizational diseases of metabolic syndrome, schizophrenia, cancer, autoimmune disease and degeneration.

Homo sapien albino mutants and homo neoneanderthalis

The homo sapiens developed albino mutants which lacked the tyrosinase enzyme. These albino homo sapien mutants could not survive in the hot African savannah due to lack of pigmentation and migrated to the southern European landmass. This evolved into the patrilineal homo sapien European civilization. The patrilineal homo sapien European civilization arose out of the homo sapien patrilineal African civilization. The albino mutants homo sapiens forming the European civilization are susceptible to endosymbiotic archaeal growth consequent to global warming. The albino mutants homo sapiens lack melanin and melanosomes important in innate immunity. This leads to fertile conditions for endosymbiotic archaeal growth in the albino mutants, Caucasoid population. The endosymbiotic archaeal growth in the Caucasoid population leads to the evolution of a new human species. The human zombie controlled by endosymbiotic melanotic magnetite archaeaon colony network can be called as a new species- homo neoneanderthalis. Thus the species change is occurring in the albino mutant homo sapien population of Europe and American consequent to global warming and endosymbiotic archaeal growth. The homo neoneanderthalis species and fossilized homo neanderthalis are susceptible to increased archaeal endosymbiosis consequent to global warming and related civilizational diseases of metabolic syndrome, schizophrenia, cancer, autoimmune disease and degeneration. The homo neanderthalis and homo neoneanderthalis will become extinct owing to civilizational disease consequent to global warming induced endosymbiotic archaeal growth.

Homo sapien extinctus

The homo neanderthalis and homo neoneanderthalis have endosymbiotic archaeal symbiosis. The endosymbiotic archaea secrete RNA viroids which can be acted upon by HERV reverse transcriptase generating corresponding DNA sequences which can be integrated into the genome by HERV integrase. The archaeal digoxin can edit the RNA viroids producing widespread diversity. The archaeal porphyrins can serve as a template for the generation of RNA viroids, DNA viroids and prions. The RNA viroids and DNA viroids can recombine with RNA and DNA viruses in the environment generating new RNA and DNA viruses. The RNA and DNA viroids can exchange their sequences with environmental bacteria generating new bacteria. Thus there can be endogenous generation of new RNA viruses, DNA viruses and bacteria in homo neanderthalis and homo neoneanderthalis consequent to endosymbiotic archaeal overgrowth as a result of global warming. The homo neanderthalis and homo neoneanderthalis are resistant to this newly generated RNA viruses, DNA viruses and bacteria and act as an environmental reservoir for them. The new evolved RNA virus, DNA virus and bacteria generated from environmental reservoir of homo neanderthalis and homo neoneanderthalis infects the unprotected homo sapien species exterminating the homo sapien species. The homo sapien species is in decline as the homo sapien albino mutants are getting converted to homo neoneanderthalis and the African/Asian homo sapiens are getting exterminated by epidemics of new RNA viral infection generated by Neanderthal reservoirs. This homo sapien species can be called as homo sapien extinctus.

The archaea can induce stem cell conversion and neanderthalisation of the human species. The archaea catabolizes cholesterol generating digoxin which can modulate RNA editing and magnesium deficiency resulting in reverse transcriptase inhibition. The archaeal cholesterol catabolism can deplete the membrane rafts of the CD_4 cell of cholesterol impeding the entry of the retrovirus into the cell. The archaea can produce permanent immune activation producing resistance to viral and bacterial infection. The archaeal cholesterol catabolism depletes tissue cholesterol producing vitamin D deficiency and immune activation. Thus archaeal overgrowth results in retroviral resistance and generation of the Neanderthal phenotype. The endosymbiotic archaea can secrete virus like RNA and DNA particles. The endosymbiotic archaea can induce uncoupling proteins inhibiting mitochondrial oxidative phosphorylation and generating ROS. The endosymbiotic archaeal magnetite can generate low level of EMF. The low level of EMF and ROS are genotoxic and produce breakages in hotspots of chromosome. It can also trigger rearrangements in hotspots of chromosome inhabited by retroviral and non-retroviral elements producing their expression. The archaeal secreted DNA and RNA viroids can recombine with the expressed retroviral, non-retroviral elements and other genomic segments of the human chromosome generating new RNA and DNA viruses. Thus the neanderthalised humans can serve as an origin for new RNA and DNA viruses as well as mutated retroviruses. The endosymbiotic archaea converts the Neanderthal cells to stem cells. The stem cells are resistant to immune attack. The stem cells can serve as a reservoir for this new RNA and DNA viruses. The stem cells and archaeal cells can also serve as a reservoir for viruses and bacteria belonging to other plants and animals. This helps to generate the species barrier jump in noted in recent emerging viral and bacterial infections. Thus the endosymbiotic archaeal growth produces neanderthalised version of homo sapiens which are retroviral resistant and resistant to other viral and bacterial infection consequent to immune activation and digoxin induced RNA editing. The endosymbiotic archaeal overgrowth mediated neanderthalised version of homo sapiens generates new mutated RNA and DNA viruses as well as retroviruses at the same time being resistant to them as in the case of the species bat. The homo sapiens do not have the Neanderthal mechanisms of immune activation as their archaeal load is meagre. They serve as fodder for infection from Neanderthal generated viruses and bacteria and suffer eventual extinction.

Global warming and symbiotic evolution

Thus global warming leads to symbiotic evolution of the species. The extraterrestrial intergalactic quantal computing cloud of archaea forms an intelligent anthropomorphic observer. The quantal computing cloud of archaea seeds the archaea into the earth through meteoric and asteroidal impacts. The archaeal colonies eventually evolve into multicellular organism and further into homo neanderthalis. The homo neanderthalis can be conceived as a multicellular archaeal colony. The homo neanderthalis thus arises in earth in the Eurasian land mass out of the seeded archaeal colonies from the extraterrestrial intergalactic archaeal computing cloud. The homo neanderthalis is energy depleted. The homo neanderthalis secretes the archaeal steroidal trephone digoxin which modulates the neutral amino acid transporter increasing tryptophan transport over tyrosine. The homo neanderthalis is tyrosine depleted and deficient in melanin synthesis. There is no melanin induced ATP synthesis from electromagnetic waves and radiation transduction. The homo neanderthalis was energy depleted and therefore did not have the luxury for the development of a modern human cerebral cortex. The homo neanderthalis is also retroviral resistant. The homo neanderthalis were deficient in endogenous retroviral sequences contributing to a rigid and adynamic homo neanderthalic genome. This led to a reduction in synaptic connectivity and poor development of the homo neanderthalic cerebral cortex. The homo sapiens evolved out of terrestrial sources in Africa out of self replicating porphyrin complexes. The self replicating porphyrin complexes form a scaffold for supramolecular complexes of isoprenoid organism, RNA viroids, DNA viroids and prions to self organize. The isoprenoid organism formed the cell container which symbiosed the RNA viroids, the DNA viroids and prions to form the primitive eukaryotic and prokaryotic cell. The eukaryotic organism developed into multicellular colonies and eventually evolved into homo sapiens in Africa. Thus the homo sapiens is a multicellular eukaryotic colony which evolved over a period of time. In case of oncogenesis the homo sapiens reverts to the primitive eukaryotic or prokaryotic multicellular colony state. The homo sapiens in Africa thus evolved out of terrestrial abiogenetic sources. The homo sapiens owing to the harsh tropical environmental of Africa had increased melanin pigmentation in the skin for protection from UV rays as an evolutionary mechanism and were black. The homo sapien brain evolved out of the energy excess state produced by melanin. Melanin can transduce electromagnetic waves and radiation and produce ATP synthesis. The excess energy in homo sapiens led to the rapid evolution of the human cerebral cortex. The homo sapiens are also retroviral sensitive. The retroviral infection led to integration of retroviral genes into the homo sapien genome producing endogenous retroviral sequences functioning as jumping genes. The HERV genes contribute to dynamicity and flexibility of the homo sapien genome contributing to increased synaptic connectivity and formation of the human cerebral cortex. A tyrosinase mutation led to the evolution of homo sapien albino mutants. The homo sapien albino mutants being white were unable to withstand the hot climate of the African tropics and migrated to the cold European land mass. This created the homo sapien civilization in Europe. There was interbreeding between the homo sapien albino mutants and homo neanderthalis in southern Europe producing hybrids. The homo neanderthalis were matriarchal while homo sapiens albino mutants were patriarchal. The homo neanderthalis succumbed to civilizational diseases like metabolic syndrome X, tumours, autoimmune disease and neurodegeneration and became extinct leaving fossilised matrilineal societies like the Dravidians, Celts, Basques and Jews behind. The homo sapien albino mutants in the setting of global warming developed extremophilic endosymbiotic archaeal growth and gets converted to a homo neoneanderthalic species by the phenomena of symbiotic evolution. The homo sapiens species in Africa becomes liable to eventual extinction owing to infection by catastrophic epidemics of RNA viruses arising from homo neanderthalis and homo neoneanderthalis reservoirs. Endosymbiotic archaeal growth will lead to a species change and generation of two new species- homo sapien extinctus and homo neoneanderthalis. Death and aging indicates human endogenous archaeal overgrowth and takeover. This will lead to extinction of the human race as such and persistence as well as survival of the archaeaon colony of melanosomes, magnetosomes and porphyrions functioning as a quantal computing colony and intelligence. This will lead to the takeover of the world and the universe by the terrestrial and extraterrestrial archaeaon quantal computing clouds. The symbiotic evolution will eventually lead to extinction of all human species into eternal archaeal colonies which can have a wave-particle existence.

The human species- terrestrial and extraterrestrial origin

The homo sapiens evolved in earth from porphyrinoids generated abiogenetically. The porphyrinoid forms a template for the formation of RNA viroids, DNA viroids, isoprenoid organisms and prions which symbiosed to form the eukaryotic and prokaryotic cells. The eukaryotic multicellular colony evolved into homo sapiens. The prokaryotes can also form multicellular functional colonies called biofilms. The homo sapiens which evolved in the African savannah became pigmented owing to melanisation of the skin in response to the solar UV rays. The homo sapiens have skin melanin but owing to lack of endosymbiotic archaea are deficient in tissue melanin. The homo sapiens in view of the absence of endosymbiotic archaea and tissue melanin are susceptible to endogenous retroviral replication and a dynamic genome leading on to increased synaptic connectivity and evolution of the prefrontal cortex. The homo neanderthalis evolved in the Eurasian steppes out of extraterrestrial archaeal colonies hitting the earth by asteroidal impacts. The archaeal colonies evolved into multicellular structures and eventually homo neanderthalis. The endosymbiotic archaea have the shikimic acid pathway and melanin synthesis. The homo neanderthalis are rich in tissue melanin but having evolved in the cold Eurasian steppes are deficient in cutaneous melanin. The increase in tissue melanin inhibits endogenous retroviral replication. This decreases the density of endogenous retroviral jumping genes in the homo neanderthalis genome making it rigid and inflexible. This rigid inflexible genome leads to the reduction in synaptic connectivity and poor development of the cerebral cortex in the homo neanderthalis. The homo neanderthalis have a dominant cerebellar cortex and are impulsive in nature. The increased tissue melanin in homo neanderthalis is capable of energy transduction giving them a survival advantage in the extremes of the Eurasian north. The melanin is capable of sensing low EMF fields contributing to extrasensory perceptive capacity of the homo neanderthalis. The homo sapiens developed tyrosinase deficient albino mutants which could not survive in the tropical Africa and migrated to the European continent. The albino mutants lack melanin and are susceptible to endosymbiotic archaeal symbiosis leading to the genesis of homo neoneanderthalis from homo sapiens. Thus the human species can have a terrestrial origin as in the case of homo sapiens in Africa and also an extraterrestrial origin from intergalactic archaea as in the case of homo neanderthalis. There is also an intermediate species evolved in out of homo sapien albino mutants with endosymbiotic archaeal symbiosis called homo neoneanderthalis.

Global warming, endosymbiotic archaea, metabolic change and fructose disease

The Neanderthals lived in the Eurasian Steppes which was cold. They evolved hibernatory metabolism and a fat storage syndrome to protect them from the cold. The Neanderthals evolved due to endosymbiotic archaeal growth. Endosymbiotic archaea are extremophiles and grow in extremes of climate – the ice age and global warming. The global warming results in increase in endosymbiotic archaeal growth and neanderthalisation of the homo sapien species. Neanderthalisation is a symbiotic phenomenon. The global warming can lead to dehydration and osmotic stress. The archaea can catabolize cholesterol generating digoxin which can induce redox stress. Osmotic stress and redox stress leads to induction of the enzyme aldose reductase which converts glucose to sorbitol. Sorbitol is acted upon by sorbitol dehydrogenase and converted to fructose. Fructose can enter three metabolic schemes. The fructose is converted to alpha glycerophosphate and triglycerides. This results in storage of glucose and fructose as fat and a fat storage syndrome. The subcutaneous fat protects against variation in climatic temperature. The fructose can inhibit mitochondrial function and mitochondrial beta oxidation of fatty acids accentuating storage of fat. Fat can further fuel insulin resistance by fatty acids acting upon the insulin receptor. Insulin resistance leads to still further aldose reductase induction. The fructose can also enter the glucosamine pathway resulting in GAG synthesis and accumulation of mucopolysaccharides and proteoglycans. This can lead onto systemic connective tissue accumulation in visceral organs like liver producing cirrhosis, lung producing interstitial lung disease, kidney producing the MEN syndrome, the pancreas producing pancreatic fibrosis and CCP, the heart producing cardiomyopathy and EMF and the vascular tree producing mucoid angiopathy. The fructose has got a low km value for ketokinases as compared to glucose and gets selectively phosphorylated. This results in cellular depletion of ATP and membrane sodium potassium ATPase inhibition resulting in increase of intracellular calcium. The calcium produces mitochondrial PT pore dysfunction and redox stress. Redox stress can induce aldose reductase. The depletion of ATP results in further inhibition of phosphorylation of glucose. This results in hyperglycemia. The archaea has got the glycolytic pathway, a partial citric acid cycle and a reverse citric acid cycle for carbon dioxide fixation. The archaea can induce the Warburg phenotype in the human tissues with increase glycolysis, inhibition of pyruvate dehydrogenase and mitochondrial oxidative phosphorylation inhibition. This results in accumulation of pyruvate which enters the GABA shunt scheme generating succinyl CoA and glycine for porphyrin synthesis. The accumulated glucose due to blockade of glucose phosphorylation is metabolized by archaea generating pyruvate. The pyruvate can enter the TCA cycle via pyruvate dehydrogenase generating acetyl CoA for fatty acid and cholesterol synthesis. The archaea can catabolize cholesterol and generate energy. The archaea can convert pyruvate via GABA shunt as said before to porphyrins. Thus there is increased porphyrin synthesis, cholesterol synthesis and catabolism, triglyceride synthesis, nucleic acid synthesis and GAG synthesis. The metabolic patterns change. The blockade of glucose phosphorylation by fructose results in hyperglycemia which can block or inhibit porphyrin accumulation. The porphyrins have a wave particle existence in the macroscopic state and contribute to quantal perception or extrasensory perception in homo neanderthalis. The cellular depletion of ATP consequent to fructose phosphorylation results in generation of ADP and AMP which are acted upon by deaminases producing uric acid. Uric acid can block mitochondrial function generating redox stress and further induction of aldose reductase. Uric acid can inhibit the TCA cycle due to aconitase inhibition. This results in accumulation of citrate which blocks glycolysis still further. The citrate is acted upon by the induced citrate lyase and fatty acid synthase producing fatty acids. This can lead to triglyceride synthesis and accumulation and a fat storage syndrome. Fatty acids can block glucose metabolism and the glycolytic pathway. The mitochondrial function is blocked by uric acid, fructose and digoxin. The porphyrin arrays can function as a supramolecular organism called porphyrions and transfer electrons and photons. This functions as a primitive form of mitochondria generating ATP. The inhibition of membrane sodium potassium ATPase due to ATP depletion results in membrane sodium potassium ATPase mediated ATP synthesis. The porphyrin array and membrane sodium potassium ATPase mediated ATP synthesis can provide for body energetics. The fructosemia can lead to increased ribose synthesis via the pentose phosphate pathway inducing nucleic acid synthesis and cell proliferation. This can lead to oncogenesis. The fructosemia can lead to fructosylation of proteins producing antigenic proteins. The depletion of ATP consequent to fructose phosphorylation can produce redox stress, NFKB activation and immune activation. This leads to autoimmune disease. Fructose can inhibit brain derived neurotrophic growth factor and lead to genesis of schizophrenia and autism. The cellular depletion of ATP due to fructose phosphorylation can lead to cell death and neurodegeneration. The low km value of fructose for ketokinase can lead to selective phosphorylation of fructose at a rapid rate depleting the cell of ATP stores. This inhibits glucose phosphorylation producing inhibition of glucose metabolism resulting in hyperglycemia and metabolic syndrome. The uric acid generated by this pathway can result in endothelial dysfunction, coronary artery disease and strokes. Thus the global warming related actinidic archaeal growth can lead onto fructositis, fructosemia and a Lemurian syndrome affecting multiple organ systems.

Global warming, endosymbiotic archaea and Warburg phenotype

Archaea can induce the host AKT PI3K, AMPK, HIF alpha and NFKB producing the Warburg metabolic phenotype. The increased glycolytic hexokinase activity indicates the generation of the Warburg phenotype. The generation of the Warburg phenotype is due to activation of HIF alpha. This stimulates anaerobic glycolysis, inhibits pyruvate dehydrogenase, inhibits mitochondrial oxidative phosphorylation, stimulates heme oxygenase, stimulates VEGF and activates nitric oxide synthase. This can lead to increased cell proliferation and malignant transformation. The mitochondrial PT pore hexokinase is increased leading onto cell proliferation. There is induction of glycolysis, inhibition of PDH activity and mitochondrial dysfunction resulting in inefficient energetics and metabolic syndrome. The archaea and viroid generated cytokines can lead to TNF alpha induced insulin resistance and metabolic syndrome X. The increase in glycolysis can activate glyceraldehyde 3-phosphate dehydrogenase which gets translocated to the nucleus after polyadenylation. The PARP enzyme is activated by glycolysis mediated redox stress. This can produce nuclear cell death and neuronal degeneration. The increase in the glycolytic enzyme fructose 1,6-diphosphatase increases the pentose phosphate pathway. This generates NADPH which activates NOX. NOX activation is related to NMDA activation and glutamate excitotoxicity. This leads onto neuronal degeneration.

Referências

1. Kurup, R.K. and Kurup, P.A. The Ontogeny of Metabolic Syndrome – Type 2 Diabetes Mellitus with Coronary Artery Disease and Stroke - Human Atavistic Archaeal Colonies with Neanderthal Metabolonomics. New York: Open Science Publishers, 2016.

Printed by Books on Demand GmbH, Norderstedt / Germany